第51—76届
莫斯科
数学奥林匹克

苏 淳 编译
申 强 校对

中国科学技术大学出版社

内 容 简 介

本书包含了1988—2013年举办的第51—76届莫斯科数学奥林匹克的全部试题.书中对每一道试题都给出了详细解答,对有些试题还作了延伸性的讨论.对于一些我国读者难以理解的内容和一些较为陌生的数学概念,都以编译者注的形式给出了注释.为便于阅读,还在书中的专题分类中对有关数学知识和解题方法作了介绍.

本书可供对数学奥林匹克感兴趣的学生阅读,也可供教师、数学小组的指导者、各种数学竞赛活动的组织者参考使用.

图书在版编目(CIP)数据

第51—76届莫斯科数学奥林匹克/苏淳编译. —合肥:中国科学技术大学出版社,2015.6
(2025.3 重印)
ISBN 978-7-312-03544-9

Ⅰ.第… Ⅱ.苏… Ⅲ.数学—竞赛题—题解 Ⅳ.O1-44

中国版本图书馆 CIP 数据核字(2014)第 275763 号

出版	中国科学技术大学出版社
	安徽省合肥市金寨路96号,230026
	http://press.ustc.edu.cn
印刷	合肥市宏基印刷有限公司
发行	中国科学技术大学出版社
开本	787 mm×1092 mm 1/16
印张	28.75
字数	657 千
版次	2015年6月第1版
印次	2025年3月第2次印刷
定价	99.00元

前　言

自从《苏联中学生数学奥林匹克试题汇编 (1961—1992)》一书脱稿以后, 就转到这本《第 51—76 届莫斯科数学奥林匹克》的编译工作之中了, 迄今已有两年时光.

苏联是开展中学生数学竞赛活动最早, 内涵最丰富, 并且也是水平最高的国家. 苏联及苏联解体后俄罗斯的中学生数学竞赛资料具有很高的学术价值, 搜集、整理、编译、出版其中学生数学竞赛资料, 不仅具有重要意义, 而且也使自己得到升华.

在苏联和俄罗斯所开展的各种有代表性的数学竞赛活动中, 莫斯科数学奥林匹克具有难得的延续性. 由于苏联的解体, 城市的更名, 一些竞赛不得不重新命名和从头计算届数, 然而莫斯科数学奥林匹克却能够从 1935 年的第 1 届竞赛一直延续计数, 除了 1942—1944 年间由于第二次世界大战停办 3 年之外, 到 2013 年为止一共举办了 76 届. 我们曾经把 1987 年及其以前的资料翻译出来, 在 1990 年由科学出版社出版了中文版《第 1—50 届莫斯科数学奥林匹克》, 现在要奉献给读者的则是冠名《第 51—76 届莫斯科数学奥林匹克》的后续 26 届竞赛的全部试题和完整的解答.

在俄罗斯目前还找不到这样一本关于莫斯科数学奥林匹克的完整资料. 我们于 1990 年出版的中文版《第 1—50 届莫斯科数学奥林匹克》主要是根据莫斯科教育出版社 1986 年的俄文版翻译的, 该版仅收录到第 49 届为止 (其中第 49 届是放在附录中的), 后面的第 50 届 (1987 年) 则是我们根据《量子》杂志上的资料翻译后补入的. 接下来的资料就更不完整了. 2006 年, 莫斯科不间断数学教育中心所属的出版社出版了一本《莫斯科数学奥林匹克 (1993—2005)》, 其中仅收录了第 56—68 届的资料. 为了保持资料的完整性, 我们决定按照自己的思路进行编译, 即把 1988 年以后举办的各届竞赛资料全都汇编起来. 为此, 我们多方搜集资料. 其中, 对第 51—55 届, 我们主要依据在莫斯科数学会工作的俄罗斯朋友所提供的打印件翻译,部分地参考了当年国内出版的相关资料,对其中一些未解答的试题我们补做了解答. 至于第 69—76 届资料的搜集就比较容易了,莫斯科数学会每年都会在他们的网站上公布完整的电子版,只要有心搜集,总是可以下载到的. 与《第 1—50 届莫斯科数学奥林匹克》相比,最大的不同是: 前 50 届中的试题没有全部给出解答,特别是一些有深度的题目都没有作解; 而在后 26 届资料中,不仅对每道题都给出了解答,对于一些学术背景较深,内容较为新颖的题目,还进行了延伸性的讨论,使得读者在无形中开阔了眼界,提高了境界.

俄罗斯数学奥林匹克的举办经历了若干个不同的阶段. 在最早的年代里,由于莫斯科的首都地位,莫斯科数学奥林匹克与列宁格勒数学奥林匹克并列为苏联的两大数学竞赛,竞赛组委会都是由当年苏联最著名的数学家组成的,这些专家们不仅参与命题,而且参与竞赛辅导,一直保持着很高的学术水平. 1960 年莫斯科数学奥林匹克还一度成为全俄罗斯竞赛的替代品,被称为"第 0 届全俄罗斯数学奥林匹克". 在接下来的年代里,莫斯科数学奥林匹克都兼具双重功能: 既是独立的数学竞赛,又是全苏和全俄数学奥林匹克中的一轮比赛,承担着选拔参加全苏和全俄竞赛的莫斯科选手的功能. 这一状况到了第 72 届 (2009 年) 有所改变. 根据俄罗斯教育与科学部的决定,莫斯科竞赛不再作为全俄竞赛的一个阶段. 这不能不说是莫斯科数学竞赛活动中的一个重大转折点.

完全独立后的莫斯科数学奥林匹克不仅没有退化,相反地,却是越办越好,越办越出彩,不仅题目出得越来越漂亮,而且解答做得越来越深刻. 它已经超越了为竞赛而竞赛的境界,到达了让学生享受数学之美的层面. 学生参加这个竞赛完全是出于对数学的热爱,因为它不再兼具选拔功能,即使考了第一,也不能取得参加全俄竞赛的决赛资格,完全去除了功利色彩. 或许正因为如此,它才有了昂首绽放的机会!

支撑着这个竞赛的不仅是莫斯科数学会,不仅是莫斯科大学,而且还有一个闻名遐迩的莫斯科不间断数学教育中心. 这个中心不仅为中学生开设讲座,拥有自己的书店和出版社,而且是莫斯科数学界精英们的聚会场所. 每当闲暇时光,尤其是到了周末,莫斯科的数学爱好者们云集这里,开设讨论班,甚或是毫无拘束地闲聊,他们海阔天空地高谈阔论,随心所欲地道古论今. 其中不乏争论,不乏独到的见解,一些极具创新性的想法便在这种争论之中涓涓流出. 他们不拘小节,不拘形式,就像一群数学疯子. 只要看看他们是如何布置餐厅的墙壁的

(参阅下图), 就可以知道他们是何等热爱数学、何等痴迷数学了. 正是这样一批一心热爱数学的人引导了这样一个丝毫不带功利色彩的竞赛活动, 才使得它办得越来越精彩, 越来越生动活泼.

这几年我一直在做着搜集—整理—翻译—汇编苏联和俄罗斯数学竞赛资料的工作, 随着年龄的增长, 每每产生力不从心之感. 加之莫斯科资料的遣词造句中带有更多的口语色彩, 每每感觉难以确切遵循原作者的用意, 一直渴望能有一个既精通俄语又热爱数学的人助我一臂之力. 现在这一愿望实现了, 年富力强的申强先生担负起了本书的校对工作. 他不仅数学功底好, 思维敏捷, 而且具有极好的语言天赋, 自学了好几门外语. 他的俄语水平非同一般, 对俄语语法甚为精通, 对结构复杂的俄文长句具有很好的理解能力. 他的加盟, 大大提高了本书译文的准确性.

苏 淳

2014 年 3 月

合肥, 科大花园东苑

符 号 说 明

$\mathbf{N}_+$ —— 正整数集;

$\mathbf{Z}$ —— 整数集;

$\mathbf{Q}$ —— 有理数集;

$\mathbf{R}$ —— 实数集;

$a \in A$ —— 元素 a 属于集合 A;

$\varnothing$ —— 空集;

$B \subset A$ —— 集合 B 是集合 A 的子集;

$A \cup B$ —— 集合 A 与 B 的并集;

$A \cap B$ —— 集合 A 与 B 的交集;

$A \backslash B$ —— 集合 A 与 B 的差集 (由集合 A 中所有不属于集合 B 的元素构成的集合);

$f: A \to B$ —— 定义在集合 A 上的, 其值属于集合 B 的函数 f;

$\overline{a_1 a_2 \cdots a_n}$ —— 10 进制 (或其他进制)n 位数, 它的各位数字依次为 $a_1, a_2, \cdots, a_n$;

$\sum_{i=1}^{n} x_i = \sum_{1 \leqslant i \leqslant n} x_i$ —— 数 $x_1, x_2, \cdots, x_n$ 的和;

$\prod_{i=1}^{n} x_i = \prod_{1 \leqslant i \leqslant n} x_i$ —— 数 $x_1, x_2, \cdots, x_n$ 的积;

$\max\{x_1, x_2, \cdots, x_n\} = \max\limits_{1 \leqslant i \leqslant n} x_i$ —— 实数 $x_1, x_2, \cdots, x_n$ 中的最大值;

$\min\{x_1, x_2, \cdots, x_n\} = \min\limits_{1 \leqslant i \leqslant n} x_i$ —— 实数 $x_1, x_2, \cdots, x_n$ 中的最小值;

$[x]$ —— 实数 x 的整数部分, 即不超过实数 x 的最大整数;

$\{x\}$ —— 实数 x 的小数部分 ($\{x\} = x - [x]$);

$b|a$ —— b 整除 a, 即 a 可被 b 整除;

$b \equiv a \pmod{n}$ —— 整数 a 与 b 对 n 同余 (即整数 a 与 b 被 n 除的余数相同);

(a, b) —— 正整数 a 与 b 的最大公约数;

$[a, b]$ —— 正整数 a 与 b 的最小公倍数;

$\overset{\frown}{AC}$ ($\overset{\frown}{ABC}$) —— 弧 AC(有点 B 在其上面的弧 AC);

$P(M)$ 或 P_M —— 多边形 M 的周长;

$S(M)$ 或 S_M —— 多边形 M 的面积;

$V(M)$ 或 V_M —— 多面体 M 的体积;

$\boldsymbol{u} = \overrightarrow{AB}$ —— 以 A 为起点、以 B 为终点的向量 $\boldsymbol{u}$;

$(\boldsymbol{u},\boldsymbol{v}) = \boldsymbol{u} \cdot \boldsymbol{v}$ —— 向量 $\boldsymbol{u}$ 与 $\boldsymbol{v}$ 的内积;

$\angle(\boldsymbol{u},\boldsymbol{v})$ —— 向量 $\boldsymbol{u}$ 与 $\boldsymbol{v}$ 的夹角;

$n!$ —— n 的阶乘, 即前 n 个正整数的乘积, $n! = 1 \cdot 2 \cdot \cdots \cdot n$;

C_n^k —— 自 n 个不同元素中取出 k 个元素的组合数, 亦即 n 元集合的不同的 k 元子集的个数, $C_n^k = \dfrac{n!}{k!(n-k)!} (0 \leqslant k \leqslant n)$.

目　次

前言 i

符号说明 v

第一部分　第 51—76 届莫斯科数学奥林匹克试题 1

    第 51 届莫斯科数学奥林匹克 (1988) 3

    第 52 届莫斯科数学奥林匹克 (1989) 5

    第 53 届莫斯科数学奥林匹克 (1990) 7

    第 54 届莫斯科数学奥林匹克 (1991) 8

    第 55 届莫斯科数学奥林匹克 (1992) 11

    第 56 届莫斯科数学奥林匹克 (1993) 13

    第 57 届莫斯科数学奥林匹克 (1994) 15

    第 58 届莫斯科数学奥林匹克 (1995) 18

    第 59 届莫斯科数学奥林匹克 (1996) 20

    第 60 届莫斯科数学奥林匹克 (1997) 22

    第 61 届莫斯科数学奥林匹克 (1998) 24

    第 62 届莫斯科数学奥林匹克 (1999) 26

    第 63 届莫斯科数学奥林匹克 (2000) 29

    第 64 届莫斯科数学奥林匹克 (2001) 32

    第 65 届莫斯科数学奥林匹克 (2002) 34

    第 66 届莫斯科数学奥林匹克 (2003) 36

    第 67 届莫斯科数学奥林匹克 (2004) 39

    第 68 届莫斯科数学奥林匹克 (2005) 41

    第 69 届莫斯科数学奥林匹克 (2006) 44

    第 70 届莫斯科数学奥林匹克 (2007) 46

    第 71 届莫斯科数学奥林匹克 (2008) 49

    第 72 届莫斯科数学奥林匹克 (2009) 51

    第 73 届莫斯科数学奥林匹克 (2010) 54

    第 74 届莫斯科数学奥林匹克 (2011) 57

    第 75 届莫斯科数学奥林匹克 (2012) 60

    第 76 届莫斯科数学奥林匹克 (2013) 62

第二部分　解答或提示 67

第 51 届莫斯科数学奥林匹克 (1988) 69
第 52 届莫斯科数学奥林匹克 (1989) 74
第 53 届莫斯科数学奥林匹克 (1990) 82
第 54 届莫斯科数学奥林匹克 (1991) 89
第 55 届莫斯科数学奥林匹克 (1992) 97
第 56 届莫斯科数学奥林匹克 (1993) 103
第 57 届莫斯科数学奥林匹克 (1994) 119
第 58 届莫斯科数学奥林匹克 (1995) 133
第 59 届莫斯科数学奥林匹克 (1996) 145
第 60 届莫斯科数学奥林匹克 (1997) 157
第 61 届莫斯科数学奥林匹克 (1998) 171
第 62 届莫斯科数学奥林匹克 (1999) 181
第 63 届莫斯科数学奥林匹克 (2000) 193
第 64 届莫斯科数学奥林匹克 (2001) 208
第 65 届莫斯科数学奥林匹克 (2002) 219
第 66 届莫斯科数学奥林匹克 (2003) 232
第 67 届莫斯科数学奥林匹克 (2004) 250
第 68 届莫斯科数学奥林匹克 (2005) 266
第 69 届莫斯科数学奥林匹克 (2006) 280
第 70 届莫斯科数学奥林匹克 (2007) 294
第 71 届莫斯科数学奥林匹克 (2008) 309
第 72 届莫斯科数学奥林匹克 (2009) 324
第 73 届莫斯科数学奥林匹克 (2010) 339
第 74 届莫斯科数学奥林匹克 (2011) 356
第 75 届莫斯科数学奥林匹克 (2012) 372
第 76 届莫斯科数学奥林匹克 (2013) 400

附录　专题分类 **427**

组合 427
数论 429
几何 431
多项式 433
各种事实 435

关于第 119(b) 题的解答 **439**

本书资料来源 **442**

参考文献 **443**

第一部分　第 51—76 届莫斯科数学奥林匹克试题

苏联于 1991 年 12 月 25 日解体. 我们所搜集的试题跨越两个阶段, 其中: 第 51—54 届 (1988—1991 年) 属于苏联时期; 从第 55 届 (1992 年) 开始属于独立后的俄罗斯时期. 有意思的是, 俄罗斯人普遍认为他们的新阶段是从 1993 年开始的, 所以第 55 届 (1992 年) 莫斯科数学奥林匹克并未收录在他们自己出版的文集中.

莫斯科数学会举办的数学竞赛活动按年级进行. 其中, "莫斯科数学奥林匹克" 为中学的最高四个年级举办, "莫斯科数学节" 为接下来的两个较低年级举办.

苏联的中小学原为十年制, 所以 "莫斯科数学奥林匹克" 原先都在七至十年级举办; 从 1990 年开始, 苏联的学制延长一年, "莫斯科数学奥林匹克" 的举办年级也相应地改为八至十一年级, 这一局面一直延续至今.

"莫斯科数学节" 不与 "莫斯科数学奥林匹克" 同时进行.

第51届莫斯科数学奥林匹克 (1988)

七年级① 第 1—4 题

八年级 第 5—8 题

九年级 第 9—13 题

十年级 第 14—18 题

1. 证明,当质数 $p \geqslant 7$ 时,数 $p^4 - 1$ 可被 240 整除.

2. 在正方体 $ABCD\text{-}A'B'C'D'$ 的棱 AB 和 $B'C'$ 上分别取定内点 M 和 P. 试在侧面 $BCC'B'$ 中找出所有这样的点来:由它们沿着正方体的表面到达点 M 和点 P 的最短距离相等.

3. 试用直尺和分规② 过一给定点作一直线平行于已知直线.

4. 20 部电话机之间用导线接通,每 1 根导线连接两部电话机,每 2 部电话机之间至多连接 1 根导线,自每部电话机至多连出 2 根导线. 现在要给这些导线染色 (每 1 根导线从头到尾染为一种颜色),使得自每部电话机所连出的都是颜色两异的导线. 试问,为此最少需要用多少种不同的颜色?

5. 开始时,1,9,8,8 四个数自左至右写成一行. 对于每两个相邻的数,都用右边的一个数减去左边的一个数,并将所得的差写在两个数之间,得到由 7 个数所列成的行,称为进行了一次操作. 再对该行数进行所述的操作,并一直如此进行下去,共进行 100 次操作. 试求最后所得的一行数的和.

6. 今有一根无刻度的直尺和一件专用仪器,利用该仪器可以量取任意两点之间的距离,并可以任何已作直线上的任意一点为起点,在直线上截取这段距离. 试问,如何利用铅笔和这两件仪器将所给线段二等分?

7. 证明,任何四个正整数 x, y, z, t 都不能满足如下的等式:

$$3x^4 + 5y^4 + 7z^4 = 11t^4.$$

8. 在所给的四枚硬币中可能混有假币. 现知真币每枚重 10 g, 假币每枚重 9 g. 今有一台具有一个秤盘的台秤,可以称出盘中物体的总重量. 为了鉴别出哪些是真币,哪些是假币,最少需要作多少次称量?

---

① 苏联的中小学原为十年制,莫斯科数学奥林匹克为七至十年级举办.——编译者注

② 分规的形状与圆规类似,但两只脚都是针,用它可以截取等长的线段,但不能画出图形 (例如,不能作圆、画弧以及作圆弧之交等).——编译者注

9. 凸四边形被两条对角线分为 4 个三角形. 今知这些三角形的面积都是整数. 证明, 这 4 个整数的乘积不可能以 1988 结尾.

10. 设 $p_1, p_2, \cdots, p_{24}$ 都是不小于 5 的质数. 证明, $p_1^2 + p_2^2 + \cdots + p_{24}^2$ 可被 24 整除.

11. 平面上有两条相互垂直的已知直线. 试用分规在该平面上确定 3 个点, 使它们构成正三角形. 分规的作用参阅第 3 题附注.

12. 设 x 与 y 为正整数, 考察函数

$$f(x,y) = \frac{1}{2}(x+y-1)(x+y-2) + y.$$

证明, 函数 $f(x,y)$ 的值域是全体正整数, 并且对于每一正整数 $k = f(x,y)$, 数 x 与 y 之值是唯一确定的.

13. 20 部电话机之间用导线接通, 每 1 根导线连接 2 部电话机, 每 2 部电话机之间至多连 1 根导线, 自每 1 部电话机至多连出 3 根导线. 现在要给这些导线染上颜色 (每根导线只染 1 种颜色), 使得自每部电话机所连出的数根导线均颜色各异. 试问, 至少需要多少种不同的颜色?

14. 利用计算器可以完成 5 种运算: 加、减、乘、除和求平方根. 试给出一个公式, 使得可利用计算器按该公式运算, 求出任意两个实数 a 与 b 中的较大者.

15. 试问, 坐标平面上是否存在一条直线 ℓ, 使得函数 $y = 2^x$ 的图像关于 ℓ 对称?

16. 试问, 是否对所有的平行六面体, 都可用某个平面相截, 使得所截出的截面是矩形?

17. 今有一根没有刻度的直尺和一个长度规, 利用长度规可在任何已有直线上, 自其上任意一点起截取某一定长的线段. 试问, 如何利用这两件工具和铅笔, 求作已给直线的垂线?

18. 取两个正整数, 作其中较大者对较小者的带余除法 (如果两个数相等, 也用其中一者除以另一者). 再用所得的商和余数作为一对新的数, 继续进行上述运算, 直到其中一个数变为 0 为止. 证明, 如果最初所取两个数均不超过 1988, 则所作运算不可能超过 6 次.

第 52 届莫斯科数学奥林匹克 (1989)

  七年级 第 19—23 题
  八年级 第 24—29 题
  九年级 第 30—34 题
  十年级 第 35—40 题

19. 今有一个 4×4 方格表 (见图 1). 试在表中放入字母 A, B, C, D, 每个方格中放一个字母, 使得每一行、每一列及两条主对角线上均无相同的字母.

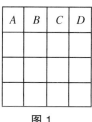

图 1

20. 试利用直尺和圆规, 过线外一给定点作一直线平行于已知直线, 要求所画的辅助线 (圆弧或直线) 的总条数最少.

21. 黑屋中的抽屉里杂乱地放着 4 双袜子, 其中有两种颜色和两种尺寸 (每种颜色、每种尺寸各一双). 试问, 至少应当拿出多少只袜子, 才能保证其中有两双袜子, 它们的颜色不同, 尺寸也不同?

22. 游客在 10:15 由码头划出一条小船, 他欲在 13:00 回到码头. 河水的流速为 $1.4\,\mathrm{km/h}$ (每小时 1.4 千米), 小船在静水中的速度为 $3\,\mathrm{km/h}$. 他每划 $30\,\mathrm{min}$ 就休息 $15\,\mathrm{min}$, 中途不改变方向, 并在某次休息后往回划. 试问, 他最多可划离码头多远?

23. 试求满足如下条件的所有正整数 x, 其中 x 的各位数字之积等于 $44x - 86868$, 而 x 的各位数字之和是完全立方数.

24. 求方程的实数解:
$$(x^2+x)^2 + \sqrt{x^2-1} = 0.$$

25. 今有一张无限大的方格纸, 其中有些方格被染为红色, 其余方格均为白色. 一只甲虫在红格之间跳跃, 一只跳蚤在白格之间跳跃, 每次跳跃可沿水平方向或竖直方向跳过任意多格. 证明, 它们可在总共至多跳过 3 次之后成为相邻.

26. 试利用直尺和圆规, 过一给定点求作已给直线的垂线, 要求所画的辅助线 (圆弧或直线) 的总条数最少, 其中:

  a) 给定点在已给直线之外;

  b) 给定点在已给直线之上.

27. 两位数集合 $\{00, 01, \cdots, 98, 99\}$ 的子集合 X 满足性质: 在由数码①构成的任一无穷数列中, 均有两个相邻数码构成 X 的元素. 试问, X 最少应当含有多少个元素?

---

  ① 数码, 又叫数字, 在 10 进制中指 $0, 1, 2, \cdots, 9$.—— 编译者注

28. 证明, 任何一群人都可分成两组, 使得同组中的朋友总对数小于异组间的朋友对数.

29. 二次三项式 ax^2+bx+c 在区间 $[0,1]$ 上的绝对值均不超过 1. 试问, $|a|+|b|+|c|$ 的最大可能值是多少?

30. 空间中有 4 条直线, 其中两条被染为红色, 两条被染为蓝色. 今知任一红线均与任一蓝线垂直. 证明, 或者两条红线相互平行, 或者两条蓝线相互平行.

31. 在 $\triangle ABC$ 的边 AB, BC, CA 上分别取点 M, K, L, 使得 $MK // AC$, $ML // BC$. 记 $BL \cap MK = P$, $AK \cap ML = Q$. 证明, $PQ // AB$.

32. 今知 $a_1, a_2, \cdots$ 与 $b_1, b_2, \cdots$ 都是等比数列. 试问, 能否由 $a_1+b_1, a_2+b_2, a_3+b_3, a_4+b_4$ 的值确定 a_5+b_5 的值?

33. 某市的街道平面图是一个 5×5 方格表 (见图 2), 在图中 A 处 (下沿左数第 2 个结点处) 有一部扫雪机. 试求扫遍所有街道并回到出发点的最短路线的长度.

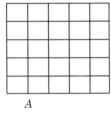

图 2

34. 由 10 个正数 $a_1, a_2, \cdots, a_{10}$ 构成的数组满足条件: 对 $k=1,2,\cdots,10$, 都有

$$(a_1+\cdots+a_k)(a_k+\cdots+a_{10})=1,$$

试求出所有这样的数组.

35. 解方程

$$\lg(x-2)=2x-x^2+3.$$

36. 试问, 是否存在这样的函数, 它在坐标平面上的图像与任何直线都有公共点?

37. 能否在无限大方格纸上的每个方格中都放上一个 "+" 或 "0", 使得在任一水平直线、竖直直线及对角线上都不出现 3 个相连的相同符号?

38. 给定 n 个互不相同的正整数, 试对

a) $n=5$;

b) $n=1989$.

证明, 存在某个无穷项的正数等差数列, 其首项不大于公差, 且数列中恰含有 3 个或 4 个所给定的数.

39. 欲将一个单位正方形剪裁后, 拼成一个对角线长度为 100 的矩形. 试求剪口长度的最小值, 要求误差不超过 2.

40. 在任一四面体的每条棱上各取一个点, 过每 3 条共顶点的棱上所取的点作一个平面. 证明, 如果所作的 4 个平面中有 3 个都与四面体的内切球相切, 则第 4 个平面也与之相切.

第 53 届莫斯科数学奥林匹克 (1990)

八年级① 第 41—45 题
九年级 第 46—50 题
十年级 第 51—55 题
十一年级 第 56—60 题

41. 设 $0 < a_1 < a_2 < \cdots < a_8 < a_9$, 证明

$$\frac{a_1 + a_2 + \cdots + a_8 + a_9}{a_3 + a_6 + a_9} < 3.$$

42. 设 m 与 n 都是正整数, 试问正整数
$$m(m+9)(m+2n^2+3)$$
最少有多少个不同的质约数?

43. 在选拔参加全苏数学奥林匹克选手时, 共邀请了 11 名市级奥林匹克的获奖者, 他们分别来自八、九、十和十一年级. 试问, 能否让他们围坐在一张圆桌旁, 使得在任何相连的 5 个人中, 都有来自全部 4 个不同年级的选手?

44. 四边形 $ABCD$ 内接于圆, 经过其顶点 A, B 及两条对角线的交点作一圆周, 该圆周与边 BC 相交于点 E. 证明, 如果 $AB = AD$, 则 $CE = CD$.

45. 信号盘上共有 64 个灯泡, 分别由 64 个按钮控制, 即每个灯泡各由自己的按钮控制. 每一次启动时, 可揿动任何一组按钮, 并可记录下来这时有哪些灯泡亮了. 试问, 为了弄清楚各个灯泡各由哪个按钮控制, 最少应当揿动多少次②?

46. 今有 7 个男孩, 其中每 1 个男孩在其余 6 个男孩中至少有 3 位兄弟. 证明, 所有这 7 个男孩都是兄弟.

47. 今有 53 个不同的正整数, 总和不超过 1990. 证明, 从中可找出两个数来, 它们的和为 53.

48. 在半径为 1 的圆周上取定一点, 经过该点引不同的弦, 再经过每条弦的两个端点作半径为 2 的圆 证明, 所有所作的圆都与某个定圆相切.

49. 今有 8 枚硬币, 其中有两枚伪币, 一枚轻于真币, 一枚重于真币. 现有一架没有砝码的天平. 试问, 能否经过 3 次称量确定出, 究竟是两枚伪币的重量之和大, 还是两枚真币的重量之和大? 还是两者一样?

---
① 自 1990 年开始, 苏联的学制延长一年, 莫斯科数学奥林匹克的举办年级也相应地改为八至十一年级. —— 编译者注
② 每次揿动之后都将所有灯泡恢复到熄灭状态. —— 编译者注

50. 如果在分数 $\dfrac{p}{q}(p,q\in\mathbf{N}_+)$ 的 10 进制展开式中具有长度为 n 的循环节, 那么, 在分数 $\left(\dfrac{p}{q}\right)^2$ 的 10 进制展开式中循环节的最大可能长度是多少?

51. 能否将一个正方形分成 3 个两两相似但互不全等的三角形?

52. 试找出所有满足如下条件的质数 p,q 和 r:
$$p^q + q^p = r.$$

53. 证明, 对一切参数值 a,b,c, 都能找到满足如下不等式的 x 值:
$$a\cos x + b\cos 3x + c\cos 9x \geqslant \dfrac{1}{2}(|a|+|b|+|c|).$$

54. 当圆上 4 点如何分布时, 两两之间距离的乘积达到最大?

55. 设 A,B,C,D 为空间 4 点, 点 A 和 C 都对线段 BD 张成视角① α, 点 B 和 D 都对线段 AC 张成视角 β. 如果 $AB \neq CD$, 试求比值 $AC:BD$.

56. 试求如下表达式的最大值:
$$x\sqrt{1-y^2}+y\sqrt{1-x^2}.$$

57. 设 $f(x)$ 是定义在区间 $[0,1]$ 上的连续函数, 且满足恒等式 $f(f(x))=x^2$, 证明,
$$x^2 < f(x) < x, \quad x\in(0,1),$$
并给出这种函数 $f(x)$ 的一个例子.

58. 在 $\triangle ABC$ 中作出中线 BD 和角平分线 BE. 试问, 可否出现这样一种情况, 即 BD 同时在 $\triangle BCE$ 中为角平分线, 而 BE 在 $\triangle ABD$ 中为中线?

59. 证明, 对于任何奇数都可以找到它的一个倍数, 该倍数的 10 进制表达式的各位数字都是奇数.

60. 当空间 4 点如何分布时, 它们可以恰好是某个点在某个四面体的 4 个侧面中的投影?

第 54 届莫斯科数学奥林匹克 (1991)

八年级　　第 61—65 题
九年级　　第 66—70 题
十年级　　第 71—75 题
十一年级　第 76—80 题

61. 设 $a>b>c$, 证明,
$$a^2(b-c)+b^2(c-a)+c^2(a-b)>0.$$

---
① 意即 $\angle BAD = \angle BCD = \alpha$. —— 编译者注

62. 设 A 与 B 为平面上两个定点, 今欲在射线 AB 上求作一点 C, 使得 $AC = 2AB$. 现仅有一把固定了两脚间距离 r 的圆规, 一支笔和一根没有刻度的直尺, 试问, 能否在如下两种情况下, 借助这把圆规来求出点 C:

a) $AB < 2r$;

b) $AB \geqslant 2r$.

63. 为守卫某目标, 需有人昼夜值班, 故分为白班与夜班. 可安排值班人员单值 1 个白班或 1 个夜班, 也可安排其连续值班 1 昼夜. 值过 1 个白班后, 值班人员应休息不少于 1 昼夜; 值过 1 个夜班后, 应休息不少于 1.5 昼夜; 连续值班 1 昼夜后, 应休息不少于 2.5 昼夜. 假设每班 1 人. 试问, 在这些条件下, 最少需要有多少人参与值班?

64. 今有 6 个外观相同的砝码, 分别重 $1\,\mathrm{g}, 2\,\mathrm{g}, 3\,\mathrm{g}, 4\,\mathrm{g}, 5\,\mathrm{g}$ 和 $6\,\mathrm{g}$, 在它们的面上分别刻有 "$1\,\mathrm{g}$" "$2\,\mathrm{g}$" "$3\,\mathrm{g}$" "$4\,\mathrm{g}$" "$5\,\mathrm{g}$" 和 "$6\,\mathrm{g}$" 的字样. 现有一架天平, 但再无其他砝码. 试问, 怎样通过两次称量, 以检验出其中有无字样与实际重量不相符的现象?

65. 两国之间开设有航空业务, 在分属两国的任何两个城市之间都恰有一条单向航线, 但每一城市都有飞往对方某些城市的航线. 证明, 可以从中找出 4 个城市 A, B, C, D, 使得可由 A 直接飞往 B, 由 B 直接飞往 C, 由 C 直接飞往 D, 由 D 直接飞往 A.

66. 解方程

$$(1+x+x^2)(1+x+\cdots+x^{10}) = (1+x+\cdots+x^6)^2.$$

67. 一副纸牌共有: a) 36 张; b) 54 张. 魔术师将其分为若干堆, 并在每张纸牌上写上一个数, 该数等于它所在堆中的纸牌数目; 然后, 魔术师用某种方法将所有纸牌混为一堆, 再重新分为若干堆, 并在每张纸牌上又写上一个数, 该数写在原来数的右边, 并等于它现在所在堆中的纸牌数目. 试问, 魔术师能否做到: 所写的数对都互不相同, 并且对每个所写的数对 (m, n) 都可找到数对 (n, m)?

68. 设 $A_1 A_2 \cdots A_{12}$ 为正十二边形. 证明, 对角线 $A_1 A_5, A_2 A_6, A_3 A_8, A_4 A_{11}$ 相交于一点.

69. 某人在绘出函数 $y = \dfrac{1}{x}$ 于 $x > 0$ 中的图像后, 擦去了坐标轴. 现假定连坐标轴的方向都是未知的. 试问, 如何利用圆规和直尺将坐标轴重新画出?

70. 今有一个 15×15 方格表, 在每一小方格内都写有一个非 0 数. 现知表中每一个数都等于其所有邻格中数的乘积 (具有公共边的方格称为相邻方格). 证明, 表中所写诸数均为正数.

71. 对于每个 $x \in (-\infty, \infty)$, 函数 $f(x)$ 都满足等式

$$f(x) + \left(x + \frac{1}{2}\right) f(1-x) = 1.$$

a) 试求 $f(0)$ 和 $f(1)$;

b) 试找出所有这样的函数 $f(x)$.

72. 今有 16 个同样的弹珠球, 欲从中取出 n 个来搭成一个空间图形, 使得其中每个球都刚好与另外 3 个球相切. 试问, n 应当为多少? 找出所有这样的 n, 并说明应当如何搭.

73. 两个相离的圆内切于一个定角, $\triangle ABC$ 介于两个圆周之间, 它的 3 个顶点分别位于定角的两条边上, 它的两条相等的边 AB 和 AC 分别与两个圆周相切. 证明, 该三角形中 BC 边上的高等于两个圆的半径之和.

74. 尺寸为 $10 \times 10 \times 10$ 的正方体由 500 个黑色单位正方体和 500 个白色单位正方体拼成, 两色单位正方体按国际象棋盘的式样排列 (即任何两个相贴的面均相互异色). 今从中取出 100 个单位正方体, 使得 300 个平行于正方体的棱的 $1 \times 1 \times 10$ 小柱的每一个之中, 都刚好缺掉一个单位正方体. 证明, 所取出的黑色单位正方体的个数是 4 的倍数.

75. 一副纸牌共有 54 张, 魔术师将其分为若干堆, 观众则在每张纸牌上写上一个数, 该数等于它所在堆中的纸牌数目; 然后, 魔术师用专门的方式混合纸牌, 并重新把它们分为若干堆, 观众们再次在每张纸牌上写上一个数, 该数亦等于它现在所在堆中的纸牌数目; 如此继续下去. 试问, 这种分堆过程最少需要进行多少次, 才可以使得各张牌上所写的数的集合互不相同 (不计写出的先后顺序)?

76. 在两个 1 之间夹有 1991 个数码 9, 即

$$1\underbrace{99\cdots99}_{1991\text{个}9}1,$$

试问:

a) 应当在哪两个数码之间放置 "$+$" 号, 以使得所得之和为最小?

b) 应当在哪两个数码之间放置 "$\times$" 号, 以使得所得之积为最大?

77. 图 3 中给出的是地球连同赤道的正交投影 (其中, A 与 B 是赤道投影与圆周的公共点), 如何利用圆规和直尺找出北极的投影?

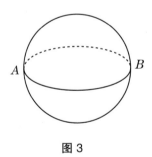

图 3

78. 证明, 可在正 54 边形中找出 4 条对角线, 它们都不通过多边形的中心却相交于一点.

79. 议会中共有 2000 名议员, 他们决定审核国家财政预算, 预算中包括 200 项支出条款. 每名议员都自己准备一份预算草案, 其中根据自己的看法, 逐条列出各项支出所能达到的最大数额, 但这些最大数额的和不超过给定的限额 S. 议会逐条审定各项支出的拨款数目时, 均将其确定为至少有 k 名议员所同意的数目 (即至少有 k 名议员所给出的数额不

低于这一数额). 试问, 最少应当把 k 定为多少, 才能保证最终所通过的拨款总数不超过限额 S?

80. 尺寸为 $m \times n$ 的屏幕被划分为一个个单元小方格, 其中亮着的小方格多于 $(m-1) \times (n-1)$ 个. 如果在某个 2×2 正方形中有 3 个小方格不亮, 那么经过一段时间后, 第 4 个小方格也会熄灭. 证明, 任何时候屏幕上都至少有一个小方格亮着.

第 55 届莫斯科数学奥林匹克 (1992)

八年级　　第 81—86 题
九年级　　第 87—92 题
十年级　　第 93—98 题
十一年级　第 99—104 题

81. 证明, 如果 $a+b+c+d > 0$, $a > c$, $b > d$, 则 $|a+b| > |c+d|$.

82. 在下国际象棋的过程中, 有无可能在棋盘中的 30 条对角线上都分别落有奇数枚棋子?

83. 数学奥赛分两天进行. 每一个参赛者第一天解出的题目道数都等于其余参赛者第二天所解出的题数之和. 证明, 所有参赛者都解出了同样多道题目.

84. 一组砝码可以分成重量相等的 3 堆, 也可以分成重量相等的 4 堆和 5 堆. 这组砝码最少有多少枚?

85. 证明, 在直角三角形中, 直角的平分线的长度不超过斜边在该平分线的垂直直线上的投影之长的一半.

86. 能否让 9 个人按 4 种不同的顺序在圆桌旁各坐一次, 使得每两个人都至多有一次相邻?

87. 在一次国际象棋比赛中, 每位参赛者执白棋所赢的局数都等于其余参赛者执黑棋所赢的局数之和. 证明, 所有的参赛者都赢了相同的局数.

88. 在小于 10000 的奇正整数中, 哪一类数 n 的个数较多, 是 n^9 的末 4 位数所形成的 4 位数比 n 大得多, 还是该 4 位数比 n 小得多?

89. 在正方形人蛋糕的中心有一粒小葡萄干. 允许用刀从蛋糕上切下三角形的小块, 但切口必须沿着一条与蛋糕的两条邻边都相交于内点的直线; 然后再对剩下的部分如此地切下第二块三角形小块, 并一直如此进行下去. 试问, 能否切到葡萄干[①]?

90. 在 9×9 方格表中将第 2,5,8 行与第 2,5,8 列相交处的 9 个方格做上记号. 现要将一枚棋子自左下角的方格移动到右上角处的方格中, 只允许沿着无记号的方格向上或向右

[①] 此处应将葡萄干视为一个点. ——编译者注

移动棋子,试问,有多少条不同的路径?

91. 设 $ABCD$ 为梯形,其对角线 AC 与腰 CD 相等. BD 关于 AD 的对称直线与直线 AC 相交于点 E. 证明,直线 AB 平分线段 DE.

92. 能否让 $2n+1$ 个人按 n 种不同的顺序在圆桌旁各坐一次,使得每两个人都至多有一次相邻,如果: a) $n=5$; b) $n=10$.

93. 证明,若四边形的各内角的余弦值之和等于 0, 则它或为平行四边形或为梯形,或可内接于圆.

94. 一个大蛋糕的形状为凸五边形. 允许用刀从蛋糕上切下三角形的小块,但切口必须沿着一条与蛋糕的两条邻边都相交于内点的直线;然后再对剩下的部分如此地切下第二块三角形小块,并一直如此进行下去. 试问,可以在蛋糕的哪些点上插上生日蜡烛,使得它们不会被切到?

95. 在 $m \times n$ 方格表左下角小方格 (小方格的大小为 1×1) 内放有一枚白色棋子;在右上角小方格内放有一枚黑色棋子. 两人轮流移动自己的棋子,每人每次只能将棋子沿着横向或纵向移动一格,且白子只能向上或向右移动. 谁将棋子移到对方的方格中,就算谁赢. 白子先开始. 试问,谁有取胜策略?

96. 一组砝码可以分成重量相等的 4 堆、5 堆和 6 堆. 这组砝码最少有多少枚?

97. 证明,可以在中心对称的凸多边形内部放入一个面积不小于其面积之半的菱形.

98. 凸多面体的每一个面都是偶数条边的多边形. 试问,能否将它的每条棱都染为两种颜色之一,使得每个面上的两种颜色的边数都相等?

99. 要在 $n \times n$ 方格表的每一个小方格内都填入一个实数,使得 $4n-2$ 条对角线中的每一条上的数之和都等于 1. 试问在如下的情形中能否做到:

a) $n = 55$;

b) $n = 1992$.

100. 在凸四边形 $ABCD$ 中, $\angle BAC = 30°$, $\angle ACD = 40°$, $\angle ADB = 50°$, $\angle CBD = 60°$, 且 $\angle ABC + \angle ADC = 180°$, 求其各内角.

101. 阿拉金到过地球赤道上的每一点,他一会儿向东,一会儿向西,而有时则在一瞬间由地球直径的一端移到另一端. 证明,存在一段时间,阿拉金在这段时间内,向东与向西走过的距离之差不小于赤道长度的一半.

102. 在四面体的内部放有一个三角形,它在四个面上的投影面积分别为 P_1, P_2, P_3, P_4. 证明:

a) 若四面体为正四面体,则有 $P_1 \leqslant P_2 + P_3 + P_4$;

b) 一般地,若四面体的 4 个面的面积分别为 S_1, S_2, S_3, S_4, 则有 $S_1 P_1 \leqslant S_2 P_2 + S_3 P_3 + S_4 P_4$.

103. 是否一定可将凸多面体的每条棱都染为两种颜色之一,使得每个面上两种颜色的边的数目都至多差 1?

104. 设 $a,b,c,d > 1$. 为了比较 $\log_a b$ 与 $\log_c d$ 的大小, 仪器按如下法则工作:

法则①: 如果 $b > a, d > c$, 则改为比较 $\log_a \dfrac{b}{a}$ 与 $\log_c \dfrac{d}{c}$;

法则②: 如果 $b < a, d < c$, 则改为比较 $\log_b a$ 与 $\log_d c$;

法则③: 如果 $(b-a)(d-c) \leqslant 0$, 则给出答案.

a) 试说明, 该仪器如何比较 $\log_{25} 75$ 与 $\log_{65} 260$ 的大小?

b) 证明, 对于任何两个对数, 仪器都只需比较有限次.

第 56 届莫斯科数学奥林匹克 (1993)

八年级　　第 105—110 题
九年级　　第 111—116 题
十年级　　第 117—122 题
十一年级　第 123—128 题

105. 将正整数 x 的各位数字之和记为 $S(x)$. 解方程:

a) $x + S(x) + S(S(x)) = 1993$;

b)*① $x + S(x) + S(S(x)) + S(S(S(x))) = 1993$.

106*. 已知数 n 是 3 个正整数的平方和, 证明, n^2 也是 3 个正整数的平方和.

107. 直线上放有两枚跳棋子, 白色棋子在左, 黑色棋子在右. 允许进行如下两种操作中的任何一种: 在直线上的任何位置相邻放上两枚同色棋子, 或者取走两枚相邻的同色棋子. 能否经过有限次这种操作, 使得直线上刚好有两枚棋子, 白的在右, 黑的在左?

108. 宫廷占星术师将一昼夜中这样的时间称为 "吉时": 如果在钟盘上分针走在时针之前, 并走在秒针之后. 试问, 一昼夜中的时间是 "吉时" 多, 还是 "凶时" 多②? 钟盘上的针均以常速前进.

109. 是否存在用俄文字母拼写的这样的长度有限的单词: 其中不包含两个相邻的相同子词, 但是只要在单词的任意一端添上任何一个俄文字母后, 就会出现相邻的相同子词?

注　这里的单词并不是真正意义上的俄文单词, 而是由俄文字母构成的任一有限序列. 俄文中有 33 个字母. 其实了不了解俄文字母并不重要, 只需把它们理解为 33 个不同符号即可. 例如: АБВШГАБ 是单词, 而 АБВ, Ш, ГАБ 都是它的子词.

110. 设与 $\triangle ABC$ 的边 BC 以及边 AB 和 AC 的延长线相切的旁切圆的圆心是 O. 以 D 为圆心的圆经过点 A, B 和 O. 证明, A, B, C, D 四点共圆.

---

① 题号右上方的 * 号表示题目较难, 系竞赛组委会在赛后公布的评注中所加.—— 编译者注

② 题目中没有给出 "凶时" 的定义, 只能理解为: 若非 "吉时", 则为 "凶时".—— 编译者注

111. 给定两点 A 和 B, 试求使得 $\triangle ABC$ 为锐角三角形, 且 $\angle A$ 的大小居中的顶点 C 的轨迹.

注 所谓居中, 意即不大于其中一个角, 不小于其中另一个角. 特别地, 等边三角形中的每一个角都是居中的.

112. 设 $x_1=4$, $x_2=6$, 而对于 $n\geqslant 3$, x_n 是大于 $2x_{n-1}-x_{n-2}$ 的最小合数, 试求 x_{1000}.

113. 纸质三角形的三个内角分别为 $20°, 20°$ 和 $140°$. 沿着它的一条角平分线将其分为两个三角形, 其中之一再沿着一条角平分线分为两个三角形, 并一直如此进行下去. 试问, 能否在进行了若干次之后, 得到与原来相似的三角形?

114. 别佳有 28 个同班同学. 这 28 个人中的任何两人在班上的朋友数目都不相同. 试问, 别佳有多少个朋友?

115. 对于每一对数 x 与 y, 都令其对应一个数 $x*y$. 如果已知对任何三个数 x, y 和 z, 都有 $x*x=0$ 和 $x*(y*z)=(x*y)+z$. 试求 $1993*1935$.

116. 给定凸四边形 $ABMC$, 其中有 $AB=BC$, $\angle BAM=30°$ 和 $\angle ACM=150°$. 证明, AM 是 $\angle BMC$ 的平分线.

117. 将实数 A 和 B 展开为 10 进制无限小数后发现, 它们的最小循环节长度分别是 6 和 12. 试问, $A+B$ 的最小循环节长度可能是多少?

118. 闵希豪森男爵的祖父建了一座城堡, 将它分为 9 个正方形大厅, 并在正中的大厅里设了一个军械库. 男爵的父亲将其余 8 个大厅都分成 9 个相等的厅室, 并将每个正中厅室都建成室内花园. 男爵本人则将 64 个剩下的厅室中的每一个都分为 9 个相等的房间, 并将每个正中的房间都建成室内游泳池, 其余的房间都留做卧室. 男爵吹嘘, 他可以走遍每间卧室一次, 并回到出发点 (任何两间相邻卧室的墙上都装有门). 试问, 男爵的话能否当真?

119. 由河的两岸的任何一处都可游到对岸的任何一处, 游过的距离都不多于 $1\,\text{km}$. 试问, 引水员能否把舰船始终引领在距离两岸都不大于 a) $700\,\text{m}$; b) $800\,\text{m}$ 的航线上?

注 已知河流连接着两个半径均为 $10\,\text{km}$ 的圆形湖泊, 河岸线由线段和圆弧构成. 应当把舰船看作点, 并认为河里没有岛屿.

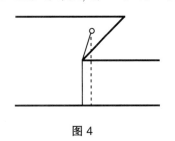

图 4

按 由河中的点到河岸的距离有两种不同的计算方式: 一种是沿着直线到达河岸的最短距离 (该直线可与对岸相交); 另一种是在河道里走的最短路程. 这两种距离有时会不一致, 因为我们有时会被曲折的河岸所阻挡 (参阅图 4). 在本题中应按第二种方式计算距离.

120. 对于每一对实数 a 和 b, 我们都考察数列 $p_n=[2\{an+b\}]$, 其中, $[c]$ 和 $\{c\}$ 分别表示实数 c 的整数部分和小数部分. 该序列中的任何相连的 k 项都称为 "单词". 试问, 是否由 0 和 1 构成的任一长度为 k 的序列, 都存在某两个实数 a 和 b 使其成为单词, 如果:

a) $k=4$;

121. 在生物学定义中, 各种植物是用 100 种特征来刻画的. 对于所描述的植物, 只需指出每种特征或者具有, 或者不具有. 如果每两种不同的植物都至少有一半特征不同, 那么这种定义就称为 "好的". 证明, 在好的定义中, 不可能描述多于 50 种不同的植物.

122. 以 $\triangle ABC$ 的边 AB 为边向外作一个正方形, 将正方形的中心记作 O. 设 M 与 N 分别是边 AC 和 BC 的中点, 而此两边之长分别为 a 和 b. 试求当 $\angle ACB$ 变化时, $OM+ON$ 的最大可能值.

123. 已知 $\tan\alpha + \tan\beta = p$, $\cot\alpha + \cot\beta = q$, 试求 $\tan(\alpha+\beta)$.

124. 单位正方形被分为有限个正方形 (大小不一定相同). 考察那些与主对角线相交[①]的正方形的周长, 试问, 这些正方形的周长的和能否大于 1993?

125. 在平面上有 $n \geqslant 3$ 个给定点, 其中任何 3 点不共线. 经过其中每两个点都作一条直线. 试问, 最少有多少条两两不平行的直线?

126. 一些盒子各装有一些石子. 每一步挑选一个正整数 k, 将每个盒子中的石子分为 k 粒一组, 所剩余数小于 k, 留下余数, 并在每一组中留下一粒石子[②], 再进行下一步. 试问, 能否如此经过 5 步, 使得每个盒子中都刚好剩有一粒石子, 如果开始时, 在它们的每一个中出现如下情形:

a) 不多于 460 粒石子;

b) 不多于 461 粒石子.

127. a) 已知函数 $f(x)$ 的定义域是闭区间 $[-1,1]$, 而对一切 x, 都有 $f(f(x)) = -x$, 其图像是有限个点和线段的并. 试画出函数 $f(x)$ 的图像[③].

b) 能否将函数 $f(x)$ 的定义域改为开区间 $(-1,1)$? 能否改为整个实轴?

128. 一只苍蝇飞进了一个棱长为 a 的正四面体状容器. 它最短需要飞行多少距离, 才能到达每一个面并回到出发点?

第 57 届莫斯科数学奥林匹克 (1994)

八年级　　第 129—134 题
九年级　　第 135—140 题
十年级　　第 141—146 题
十一年级　第 147—152 题

129. 生产合作社购进用同样白铁桶装的苹果汁和葡萄汁, 用它们混合成饮料 (不再掺水) 装罐出售. 1 铁桶苹果汁刚好够配 6 罐饮料, 1 铁桶葡萄汁刚好够配 10 罐饮料. 后来改

---

① 只要正方形与主对角线有一个公共点, 就认为它们是相交的. —— 编译者注
② 即把盒中的石子数对 k 做带余除法, 在盒中留下一些石子, 留下的石子数目等于商数与余数的和, 并取出其余的石子. —— 编译者注
③ 此处只需画出任意一个这种函数的图像即可. —— 编译者注

变了配方, 1 铁桶苹果汁刚好够配 5 罐饮料, 试问, 1 铁桶葡萄汁变得够配多少罐饮料?

130. 某学生漏看了写在两个 3 位数之间的乘号, 将其当成了一个六位数, 该六位数刚好是原来的乘积的 7 倍. 试求这些正整数.

131. 在 $\triangle ABC$ 中引出 $\angle A$ 和 $\angle C$ 的平分线, 由顶点 B 作二平分线的垂线, 垂足分别是 P 和 Q. 证明, $PQ // AC$.

132. 正方形的 4 个顶点上各停有一只蚂蚱. 每一分钟都有一只蚂蚱跳到关于另一只蚂蚱与自己原位置相对称的位置上去. 证明, 这些蚂蚱不可能在某一时刻刚好落在一个更大正方形的 4 个顶点上.

133. 宫廷占星术师将一昼夜中的这样的时间称为 "吉时", 如果钟盘上的 3 根针 (时针, 分针和秒针) 都落在钟盘的某一条直径的同一侧 (假定 3 根针绕着同一根轴转动, 且不发生跳动), 其余时间则称为 "凶时". 试问, 按照这一标准, 一昼夜中时间是 "吉时" 多, 还是 "凶时" 多?

134. 甲乙两人在一张 19×94 方格纸上做游戏, 他们轮流进行, 甲先开始. 每人每次涂黑一个以方格线为边的正方形 (不论大小), 但该正方形中不能有已经被涂黑了的部分 (每个小方格只能被涂黑一次). 谁涂黑了最后一个小方格, 就算谁赢. 试问, 在正确的策略之下, 谁将取胜? 为了取胜, 应当如何进行?

135. 是否存在这样的非凸五边形, 它的 5 条对角线中的任何两条都无公共点 (不算端点)?

136. 甲有一条长度为 k 的线段, 乙有一条长度为 l 的线段. 甲先将自己的线段分成 3 段, 乙再将自己的线段分成 3 段. 如果可用所得的 6 条线段组成两个三角形, 则乙取胜; 如果不能, 则甲取胜. 试问, 甲乙二人中, 谁有取胜策略? 试根据比值 $\dfrac{k}{l}$ 进行分析.

137. 证明, 方程 $x^2 + y^2 + z^2 = x^3 + y^3 + z^3$ 有无穷多组整数解 (x, y, z).

138. 两个圆相交于 A, B 两点. 由点 A 分别作两个圆的切线, 分别与两个圆周相交于点 M 和点 N. 直线 BM 和 BN 分别与两个圆周交出另外两个交点 P 和 Q (P 在 BM 上, Q 在 BN 上). 证明, 线段 MP 与 NQ 相等.

139. 试求具有如下性质的最大正整数: 它的末位数不为 0, 在删去它的某一位数 (但非首位数) 后, 它减小整数倍[①].

140. 要在 1 张 10×10 方格表中摆放如下一些硬纸片: 1 张 1×4 的, 2 张 1×3 的, 3 张 1×2 的和 4 张 1×1 的. 摆放后, 纸片与纸片之间不能有公共边, 甚至不能有公共顶点, 但纸片可以沿着方格表的边缘摆放. 证明:

a) 如果按纸片的尺寸由大到小的顺序摆放, 即先放 1×4 的, 再放 1×3 的, 等等, 则这一过程一定可以顺利进行到底, 并且在每一步上都只需考虑这一步怎么做, 而无须顾及后面的步骤;

b) 如果按纸片的尺寸由小到大的顺序摆放, 则可能出现不能继续摆放下一张的情形, 试举出例子.

141. 某学生漏看了写在两个 7 位数之间的乘号, 将其当成了一个 14 位数, 该 14 位数

[①] 意即原来的数是后来的数的整数倍. —— 编译者注

刚好是原来的乘积的 3 倍. 试求这些正整数.

142. 无穷序列 $\{x_n\}$ 定义如下: $x_{n+1} = 1 - |1 - 2x_n|$, 而 $0 \leqslant x_1 \leqslant 1$. 证明, 序列从某一项开始成为周期数列, a) 当 x_1 是有理数; b) 仅当 x_1 是有理数.

143. 1994 位国会议员中的每一位都恰好使自己的一位同事受过污辱. 证明, 可以组成一个包括 665 位议员的委员会, 使得其中任何两人都没有谁污辱过谁.

144. 点 D 在 $\triangle ABC$ 的边 BC 上, 分别作 $\triangle ABD$ 与 $\triangle ACD$ 的内切圆, 并作它们的外公切线 (异于 BC 的另一条外公切线), 交 AD 于点 K. 证明, 线段 AK 的长度与点 D 在 BC 上的位置无关.

145. 考察任意多边形 (不一定是凸的).

a) 是否一定都能找到多边形的一条弦①, 将多边形分为面积相等的两部分?

b) 证明, 任何多边形都可被自己的某条弦分成这样的两部分, 每一部分的面积都不小于多边形面积的 $\frac{1}{3}$.

146*. 是否存在这样的多项式 $P(x)$, 它自己具有负系数, 而对于任何整数 $n > 1$, 多项式 $[P(x)]^n$ 的系数却都是正数?

147. 试找出一个多面体, 它的任何三个面的边数都不完全相同.

148. 同第 142 题.

149. 酒杯的轴截面为函数 $y = x^4$ 的图像. 往酒杯里放入一颗樱桃, 即放入一个半径为 r 的小球. 试问, 当 r 最大为多少时, 樱桃可以接触到杯底的最低点 (换言之, 当 r 最大为多少时, 位于区域 $y \geqslant x^4$ 中的半径为 r 的圆可以经过坐标原点)?

150. 凸多面体 M 共有 9 个顶点, 将其中的一个顶点记作 A. 平移多面体 M, 使得顶点 A 依次重合于其余 8 个顶点, 得到 8 个与 M 全等的凸多面体. 证明, 这 8 个凸多面体中至少有两个具有公共内点.

151. 凸四边形 $ABCD$ 的边 AB 与边 CD 的延长线相交于点 P, 而边 BC 与边 AD 的延长线相交于点 Q. 证明, 如果如下 3 对角的平分线相交, 即位于顶点 A 与顶点 C 处的四边形的外角平分线相交, 位于顶点 B 与顶点 D 处的四边形的外角平分线相交, 位于顶点 P 与顶点 Q 处的 $\triangle QAB$ 与 $\triangle PBC$ 的外角平分线相交, 则三个交点共线.

152. 证明, 对于任何正整数 $k > 1$, 都能找到一个 2 的方幂数, 在它末尾的 k 个数字中, 至少有一半是 9 (例如, 对于 $k = 2$, 有 $2^{12} = 4096$; 对于 $k = 3$, 有 $2^{53} = \cdots 992$, 等等).

---

① 两个端点都在多边形的边上, 且整个属于多边形的线段称为多边形的弦. —— 编译者注

第 58 届莫斯科数学奥林匹克 (1995)

八年级　　第 153—158 题
九年级　　第 159—164 题
十年级　　第 165—170 题
十一年级　第 171—177 题

153. 某人用一张货币买了一块面包和一瓶克瓦斯 (一种饮料). 物价上涨 20% 后, 这张货币只够买半块面包和一瓶克瓦斯. 试问, 如果物价再上涨 20%, 这张货币是否够单买一瓶克瓦斯?

154. 证明, 正整数 10017, 100117, 1001117, ⋯ 都可被 53 整除.

155. 给定一个凸四边形 $ABCD$ 和其内部一点 O. 今知 $\angle AOB = \angle COD = 120°$, $AO = OB$, $CO = OD$, 而 K, L 与 M 分别是线段 AB, BC 和 CD 的中点. 证明:

a) $KL = LM$;

b) $\triangle KLM$ 是正三角形.

156. 要做一个至少能放入 1995 个单位正方体的非敞口的盒子, 它的各个面都是矩形. 试问, 如果准备: a) 962; b) 960; c) 958 平方单位的材料是否够用?

157. 若干个居民点中的每一个都有道路与市区相连, 但各个居民点之间没有道路相连. 一辆卡车上装有需立即送往所有居民点的物资. 每一趟出行的运费都等于卡车上所装的所有货物的重量与所跑路程的乘积. 今知, 各个居民点所需的货物重量都等于该居民点到市区的距离. 证明, 总运费与卡车到各个居民点的先后顺序无关.

158. 直线从正六边形 $ABCDEF$ 上截下一个三角形 $\triangle AKN$, 使得 $AK + AN = AB$. 试求六边形的各个顶点对线段 KN 所张成的视角的和 $\angle KAN + \angle KBN + \angle KCN + \angle KDN + \angle KEN + \angle KFN$.

159. 证明, 无论在数 12008 中的两个 0 之间添上多少个 3, 所得的数都可被 19 整除.

160. 给定等边三角形 $\triangle ABC$. 对于三角形内的任意一点 P, 我们观察直线 AP 与 BC 的交点 A', 直线 CP 与 BA 的交点 C'. 试求, 使得关系式 $AA' = CC'$ 成立的点 P 的几何位置[①].

161. 对任何正整数 k, 都将尺寸为 $1 \times k$ 的矩形称为带子. 试问, 对于哪些正整数 n, 可将尺寸为 $1995 \times n$ 的矩形剖分为若干条两两不同的带子?

162. 设 a, b, c, d 为正整数, 使得 $ab = cd$. 试问, 和数 $a + b + c + d$ 能否为质数?

163. 开始时给定 4 个彼此全等的直角三角形. 每一步都从已有的三角形中任意挑出一个, 沿着由直角顶点出发的高将其分为两个三角形. 证明, 无论经过多少步, 都可从所有的三角形中找到两个彼此全等的三角形.

164. 地质学家们在实验室里放了 80 袋标本, 它们的重量均已知且各不相同 (有一份清

[①] 几何位置即 "轨迹". —— 编译者注

单). 经过一段时间后, 口袋上所做的标记变得模糊不清, 已不可阅读了, 只有实验室主任一人记得什么东西放在哪个口袋里. 为了证明自己的记忆正确, 他不打开口袋, 仅利用留存的清单和一架带指针与两个秤盘的天平 (该天平可以显示两个秤盘中的物体重量的差), 来证明自己的结论正确. 证明, 为此目的,

a) 他只需利用天平做 4 次称量;

b) 仅作 3 次称量是不够的.

165. 已知 $\sin\alpha$ 的值. 试问:

a) $\sin\dfrac{\alpha}{2}$ 最多可能有几种不同的值;

b) $\sin\dfrac{\alpha}{3}$ 最多可能有几种不同的值.

166. 同第 160 题.

167. 设 $ABCD$ 为梯形, 它的两条对角线相交于点 K. 现知, 点 K 位于分别以梯形的两腰为直径的两个圆的外部. 证明, 由点 K 向这两个圆所作的切线相等.

168. 同第 163 题.

169. 设 a,b,c 为整数, 使得 $\dfrac{a}{b}+\dfrac{b}{c}+\dfrac{c}{a}$ 与 $\dfrac{a}{c}+\dfrac{c}{b}+\dfrac{b}{a}$ 都是整数. 证明 $|a|=|b|=|c|$.

170. 信号盘上有若干个指示灯亮着. 盘上有一些按钮. 按动各个按钮, 可以改变与之相连的各个指示灯的亮灭状态. 现知, 对于任何一组指示灯, 都能找到一个按钮, 它与该组中的奇数个指示灯相连[①]. 证明, 通过按动按钮, 可以熄灭所有的指示灯

171. 设 x,y,z 为实数, 证明:

$$|x|+|y|+|z|\leqslant |x+y-z|+|x-y+z|+|-x+y+z|.$$

172. 试问, 能否将 n 棱柱的棱分别染为 3 种不同颜色, 使得每个面上都是 3 色齐全, 并在每个顶点处也都汇聚着 3 种不同颜色的棱, 如果:

a) $n=1995$;

b) $n=1996$?

173. 在 $\triangle ABC$ 中, AA_1 为中线, AA_2 为角平分线, 点 K 在 AA_1 上, 使得 $KA_2//AC$. 证明, $AA_2\perp KC$.

174. 试将区间 $[-1,1]$ 分为一些黑色线段和白色线段, 使得任何如下式的函数沿着黑线段和白线段的积分相等:

a) 线性函数;

b) 二次三项式.

175. 对于怎样的最大的正整数 n, 可以找到两个均为两端无限的序列[②] A 和 B, 使得: B 中任何一个长度为 n 的片断都包含在 A 中, A 以 1995 为周期, B 却不具有此项性质 (非周期, 或具有不同的周期)[③].

176. 证明, 存在无限多个合数 n, 使得数 $3^{n-1}-2^{n-1}$ 可被 n 整除.

---

① 应当注意, 该按钮有可能还连着组外若干个指示灯. —— 编译者注

② 注意序列与数列的区别, 数列中的项一定是数, 序列中的项可以是各种不同的对象, 例如: 函数, 矩阵, 等等, 所以, 序列是比数列更为广泛的概念. —— 编译者注

③ 这里所说的是最小正周期. —— 编译者注

177. 是否存在这样的多面体以及体外一点，使得从该点看不见多面体的任何一个顶点？

第59届莫斯科数学奥林匹克 (1996)

八年级　　第 178—183 题
九年级　　第 184—189 题
十年级　　第 190—195 题
十一年级　第 196—201 题

178. 已知 $a+\dfrac{b^2}{a}=b+\dfrac{a^2}{b}$，试问，是否必有 $a=b$？

179. 沿着圆周放着 10 个铁哑铃. 在每两个铁哑铃之间都放有一个青铜小球. 每个小球的重量都等于它的两侧相邻哑铃的重量之差. 证明，可以把小球分放到天平两端，使得天平平衡.

180. 花圃犹如无限大的方格纸，在每个结点上都住着一个园丁，在园丁的周围种满了鲜花. 每一棵鲜花都受到离它最近的 3 个园丁的照看. 有一位园丁试图了解自己所应照看的鲜花的范围. 试替他画出该范围.

181. 给定等边三角形 △ABC. 边 BC 被点 K 和点 L 等分为 3 部分，而点 M 则把 AC 分为 1:2 的两段 ($AM:MC=1:2$). 证明，$\angle AKM+\angle ALM=30°$.

182. 在 $n \times n$ 国际象棋盘的一个角上的方格中放着一枚棋子车. 试问，对于怎样的 n，该棋子车交替地横向走动和纵向走动，在 n^2 步走动中走遍所有的方格并回到出发点？(仅计算它所到过的方格，不算它在走动中所越过的方格. 在每一次横走之后紧跟一次纵走，在每一次纵走之后紧跟一次横走.)

183. a) 8 个学生解出 8 道题，今知每道题都恰有 5 个学生解出. 证明，可以从中找出两个学生，使得每道题都有他们中的至少一个人解出.

b) 如果每道题都只有 4 个学生解出，则不一定能够找到两个学生满足上述条件.

184. 证明，在任何凸多边形中，至多有 35 个小于 170° 的内角.

185. 如果实数 a,b,c 满足条件 $|a-b|\geq|c|$，$|b-c|\geq|a|$，$|c-a|\geq|b|$，则它们之一等于其余两个数的和.

186. 经过点 A 与点 B 作 △ABC 外接圆的切线，两个切线相交于点 M. 点 N 位于边 BC 上，使得 $MN\parallel AC$. 证明，$AN=NC$.

187. 将整数 1 到 n 按递增顺序写在第一行中，再把这些整数按照某种顺序写在第二行中，能否使得每两个上下对齐的数的和都是完全平方数，如果：a) $n=9$；b) $n=11$；c) $n=1996$？

188. 设点 A 与点 B 位于同一个圆周上, 它们将圆周分为两段弧. 在每段弧上各取一个内点, 以它们为端点作弦. 试求所有这些弦的中点的轨迹.

189. 阿里巴巴和一个海盗瓜分 100 枚金币. 金币被分成 10 堆, 每堆 10 枚. 阿里巴巴选择 4 堆金币, 在每个选中的堆旁各放一个敛钱箱, 并把该堆中的一些金币装入箱中 (至少装 1 枚, 但不能装入全堆). 海盗改变这些敛钱箱的原来分布, 并把各箱中的金币倒入新靠近的堆. 阿里巴巴再从 10 堆金币中选择 4 堆, 再在每个选中的堆旁各放一个敛钱箱, 如此等等. 阿里巴巴在任何时候都可以离开, 并带走自己所选中的 3 堆金币. 如果海盗也想得到尽可能多的金币, 试问, 阿里巴巴最多可能得到多少枚金币?

190. 设 a, b, c 为正数, 有 $a^2 + b^2 - ab = c^2$. 证明, $(a-c)(b-c) \leqslant 0$.

191. 标出 10×10 方格表中每个小方格的中心, 共得 100 个标出点. 为了删去这些标出点, 最少需要引多少条不平行于方格线的直线①?

192. 设 $\triangle ABC$ 为等边三角形, 点 $P_1, P_2, \cdots, P_{n-1}$ 将其边 BC 分为 n 条相等的线段: $BP_1 = P_1P_2 = \cdots = P_{n-1}C$. 点 M 在边 AC 上, 使得 $AM = BP_1$. 证明:

$$\angle AP_1M + \angle AP_2M + \cdots + \angle AP_{n-1}M = 30°,$$

如果 a) $n = 3$; b) n 为任一正整数 (见图 5).

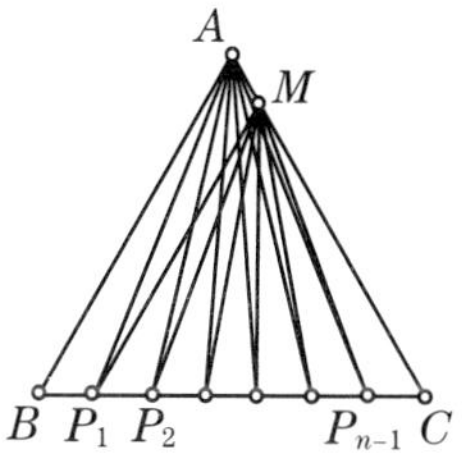

图 5

193. 在 $m \times n$ 国际象棋盘的一个角上的方格中有一枚棋子车. 甲乙二人轮流移动这枚棋子车, 每人每次可将棋子沿水平方向或沿竖直方向移动任意多格, 但不允许进入 (或飞越) 已经到过 (或已经飞越过的) 的方格. 谁先不能进行下一步, 就算谁输. 甲先开始. 谁能有策略保证自己取胜? 他应当如何行事?

194. 某国颁布了如下两条法令:

a) 一个居民可以参加篮球赛, 如果他比自己的大多数邻居都高;

b) 一个居民可以免费乘坐公交车, 如果他比自己的大多数邻居都矮.

居民的住房都用点表示在同一个平面上. 以自己的住房为圆心, 以某个正数为半径作一个圆, 住房落在圆内的居民都算是邻居. 半径可任自己选取, 并且可为第一条法令选一个半径, 为第二条法令再选一个半径, 两者可以不等. 试问, 该国能否有不少于 90% 的居民有权参加篮球赛, 并且有不少于 90% 的居民有权免费乘坐公交车?

195. 证明, 对于任何正整系数的 n 次多项式 $P(x)$, 都能找到一个整数 k, 使得 $P(k), P(k+1), \cdots, P(k+1996)$ 都是合数, 如果 a) $n = 1$; b) n 为任一正整数.

196. 同第 190 题.

197. 试找出一个整系数非零多项式, 使得 $\sqrt[5]{2+\sqrt{3}} + \sqrt[5]{2-\sqrt{3}}$ 是它的根.

198. 空间中等间距地分布着 8 个相互平行的平面. 试问, 能否在每个平面上各取一点, 使得它们是某个正方体的 8 个顶点?

199. 证明, 存在无穷多个正整数 n, 使得 n 可以表示为两个整数的平方之和, 而 $n+1$ 与 $n-1$ 都不能如此表示.

200. 设 ω_1 与 ω_2 是两个互不相交的圆, 点 X 位于圆 ω_1 和圆 ω_2 之外, 使得由点 X 向圆 ω_1 和圆 ω_2 所作的切线相等. 证明, 以四个切点为顶点的四边形的两条对角线的交点重

---

① 所谓删去, 就是用一些直线经过这些点. —— 编译者注

201. 在 $2^n \times n$ 的方格表的各行中, 写着由 1 或 -1 所形成的一切可能形式的长度为 n 的不同序列. 其中有些数后来被换成了 0. 证明, 可以从中找到一些行, 它们的和是一个全 0 的行 (即将这些行中的对应元素相加后, 所得的和都是 0).

第 60 届莫斯科数学奥林匹克 (1997)

八年级　　第 202—207 题
九年级　　第 208—213 题
十年级　　第 214—219 题
十一年级　第 220—225 题

202. 在国际象棋棋盘①的某些方格里放有棋子. 今知, 每一行中都至少放有 1 枚棋子, 而不同行中的棋子数目各不相同. 证明, 可以从中标出 8 枚棋子, 使得每一行每一列中都恰好有 1 枚标出的棋子.

203. 从火山车站到火山山顶需要沿着大路走 4 个小时, 再沿着山路走 4 个小时. 火山顶上分布着两个喷火口. 第一个喷火口喷发 1 个小时后间隙 17 个小时, 再喷发 1 个小时, 如此等等; 第二个喷火口喷发 1 个小时后间隙 9 个小时, 再喷发 1 个小时, 如此等等. 在第一个喷火口喷发时, 无论走大路还是走山路都很危险; 而在第二个喷火口喷发时, 只有走山路才危险. 某甲发现, 中午 12 时两个喷火口同时开始喷发. 试问, 他能否在某个时候成功到达火山山顶并顺利返回, 而不危及生命?

204. 设 $\angle XOY$ 为锐角, 在其内部取两个点 M 与 N, 使得 $\angle XON = \angle YOM$. 在射线 OX 上取一点 Q, 使得 $\angle NQO = \angle MQX$, 在射线 OY 上取一点 P, 使得 $\angle NPO = \angle MPY$. 证明: 折线 MPN 与折线 MQN 的长度相等.

205. 证明, 存在这样的正整数, 无论将它的哪 3 位相连的数字换成怎样的 3 个数字, 它都仍然是合数. 试问, 是否存在这样的 1997 位数?

206*. 在菱形 $ABCD$ 中, $\angle B = 40°$, 点 E 是边 BC 的中点, 点 F 是由顶点 A 作 DE 的垂线的垂足. 试求 $\angle DFC$.

207. 银行股东手中有一些外观相同的硬币, 他听说其中有 1 枚伪币 (较轻). 他要求鉴定人利用一架没有砝码的天平找出这枚伪币, 并且每枚硬币都至多参与两次称量. 为了使鉴定人能够在 n 次称量之中找出这枚伪币, 该股东手中至多能有多少枚硬币?

208. 三角形中有一边的长度是其余两边长度和的 $\dfrac{1}{3}$. 证明, 该边所对的角是该三角形的最小角.

209. 盘子里有 9 块大小不同的奶酪. 试问, 是否一定可以把其中的某一块切成两块, 使

---
① 国际象棋棋盘是一个 8×8 的方格表, 棋子放在方格里, 每个方格至多放 1 枚棋子.——编译者注

得可以把 10 块奶酪分成等重的两份, 每份 5 块?

210. 设 $AC_1BA_1CB_1$ 为凸六边形, 有 $AB_1 = AC_1$, $BC_1 = BA_1$, $CA_1 = CB_1$ 和 $\angle A + \angle B + \angle C = \angle A_1 + \angle B_1 + \angle C_1$. 证明, $\triangle ABC$ 的面积等于六边形面积的一半.

211. n 列列车等间距地同向运行, 轨道是一个巨大的圆形. 在圆的某个内接正三角形的三个顶点上设有车站 A, B, C (车站按列车运行方向依次标注). 伊拉走进车站 A, 辽莎同时走进车站 B, 他们都将乘坐最近的一列列车出行. 今知, 如果他们进入车站的时候, 司机罗曼所驾驶的列车正在穿行森林, 则伊拉将比辽莎早乘上列车, 其他情况下都是辽莎比伊拉早或者两人同时乘上列车. 试问, 轨道在森林中的部分占总长度的几分之几?

212. $2n$ 个乒乓球运动员进行了两轮单循环赛训练, 在每轮单循环赛训练中, 每两人都比赛一场, 赢者得 1 分, 败者得 0 分, 若为平局, 各得 $\frac{1}{2}$ 分. 证明, 如果在第二轮比赛中每个人的得分之和都比第一轮比赛变化了不少于 n 分, 则每人都刚好变化 n 分.

213. 设 $1 + x + x^2 + \cdots + x^n = F(x)G(x)$, 其中 F 与 G 都是系数为 1 或 0 的多项式. 证明, 多项式 $F(x)$ 与 $G(x)$ 之一可以表示为 $(1 + x + x^2 + \cdots + x^k)T(x)$ 的形式, 其中 T 也是系数为 1 或 0 的多项式.

214*. 是否存在不是球的凸几何体, 它在三个两两相互垂直的平面中的正交投影都是圆?

215. 证明, 在具有给定长度的对角线以及两条对角线夹角的所有凸四边形中, 平行四边形的周长最小.

216*. a) 按顺时针方向依次延长某凸四边形的各条边到原来的两倍, 发现延长后的线段的 4 个新端点正好是正方形的 4 个顶点. 证明, 原来的四边形就是正方形.

b) 按顺时针方向依次延长某凸 n 边形的各条边到原来的两倍, 发现延长后的线段的 n 个新端点正好是正 n 边形的 n 个顶点. 证明, 原来的凸 n 边形就是正 n 边形.

217. 给定实数 $a_1 \leqslant a_2 \leqslant a_3$ 和 $b_1 \leqslant b_2 \leqslant b_3$, 今知它们满足条件

$$a_1 + a_2 + a_3 = b_1 + b_2 + b_3,$$
$$a_1a_2 + a_2a_3 + a_3a_1 = b_1b_2 + b_2b_3 + b_3b_1.$$

证明, 如果 $a_1 \leqslant b_1$, 则 $a_3 \leqslant b_3$.

218. 网球赛中没有平局, 每局比赛赢者得 1 分, 败者得 0 分. 在网球单循环赛后计算了每个运动员的 "效益", 即各人所战胜的各个对手的得分之和. 结果发现, 各个人的 "效益" 相同, 并知, 参加单循环赛的运动员多于两人. 证明, 各个运动员都得了相同的分数.

219. 依次观察 5 的方幂数:

$$1, \ 5, \ 25, \ 125, \ 625, \ \cdots$$

它们的首位数构成如下数列:

$$1, \ 5, \ 2, \ 1, \ 6, \ \cdots$$

证明, 该数列中的任何一段按相反顺序写出后, 都会在 2 的方幂数的首位数所构成的数列 $(1, 2, 4, 8, 1, 3, 6, 1, \cdots)$ 中出现.

220. 在 △ABC 的边 AB, BC 和 CA 上分别取点 C', A' 和 B'. 证明, △A'B'C' 的面积等于

$$\frac{AB' \cdot BC' \cdot CA' + AC' \cdot CB' \cdot BA'}{4R},$$

其中 R 是 △ABC 的外接圆半径 (见图 6).

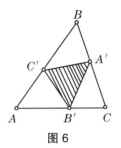

图 6

221. 计算

$$\int_0^{\pi/2} \left(\cos^2(\cos x) + \sin^2(\sin x)\right) \mathrm{d}x.$$

222. 黑板上写着 3 个函数

$$f_1(x) = x + \frac{1}{x}, \quad f_2(x) = x^2, \quad f_3(x) = (x-1)^2.$$

可以将它们相加、相减和相乘 (包括对它们取平方、取立方, 等等), 可以将它们乘以任意实数, 可以将它们加上任意实数, 甚至可以对所得结果再进行这些运算. 总之, 设法由它们得出函数 $f(x) = \frac{1}{x}$. 并证明, 如果去掉 f_1, f_2, f_3 中的任何一个, 都无法通过上述手段得到函数 $\frac{1}{x}$.

223. 能否将一个棱长为 1 的正四面体剖分为一些正四面体和正八面体, 使得它们每一个的棱长都小于 $\frac{1}{100}$?

224*. 设 a, b, c 为正数, 有 $abc = 1$, 证明

$$\frac{1}{a+b+1} + \frac{1}{a+1+c} + \frac{1}{1+b+c} \leqslant 1.$$

225. 在平面上给定了有限条带子①, 它们的宽度之和等于 100, 还给定了一个半径等于 1 的圆. 证明, 这些带子可以经过平移一起盖住这个圆.

第 61 届莫斯科数学奥林匹克 (1998)

八年级　　第 226—231 题
九年级　　第 232—237 题
十年级　　第 238—243 题
十一年级　第 244—249 题

226. 是否存在正整数 x, y, z 满足如下方程:

$$28x + 30y + 31z = 365?$$

---
① 即带状区域, 宽度有限, 长度无限. —— 编译者注

227. 是否存在这样 8 个正整数,其中任何一个数都不能被其余任何一个数整除;但是任何一个数的平方都能被其余任何一个数整除?

228. 设平行四边形 $ABCD$ 的对角线 AC 与 BD 相交于点 O. 点 M 在直线 AB 上, 有 $\angle AMO = \angle MAD$. 证明 $MC = MD$.

229. 练习本中写着数 $a_1, a_2, \cdots, a_{200}$,其中有些数是用蓝色铅笔写的,其余的数是用红色铅笔写的. 如果擦去所有红颜色的数, 则留下的数刚好是正整数 $1, 2, \cdots, 100$ 按递增顺序的排列; 而如果擦去所有蓝颜色的数, 则留下的数刚好是正整数 $100, 99, \cdots, 1$ 按递降顺序的排列. 证明, 在数 $a_1, a_2, \cdots, a_{100}$ 中包含着由 1 到 100 的所有正整数.

230. 围着一张圆桌坐着一些客人, 他们当中有些人相互认识. 每一位客人的所有熟人 (包括他自己) 都等间距地坐在桌旁. 对于不同的客人, 间距可能不同. 今知, 任何两位客人都至少有一个共同的熟人. 证明, 所有的客人都相互认识.

231. 100 个白色正方形盖着 1 个红色正方形. 在此, 所有的正方形全都同样大小, 并且每个白色正方形的边都平行于红色正方形的边. 试问, 是否一定能取走一个白色正方形, 使得剩下的白色正方形仍可完整地盖住红色正方形?

232. 试问, $4^9 + 6^{10} + 3^{20}$ 是否为合数?

233. 设 $\triangle ABC$ 为锐角三角形, AD 与 CE 是它的两条高. 作正方形 $ACPQ$ 和矩形 $CDMN$ 与矩形 $AEKL$, 其中 $AL = AB$, $CN = CB$. 证明, 正方形 $ACPQ$ 的面积等于矩形 $AEKL$ 与矩形 $CDMN$ 的面积之和.

234. 旅行者访问了一个村庄, 其中的有些居民永远说真话, 有些居民则总是说谎. 村里的居民围坐成一圈. 每个人都告诉旅行者, 他的右邻是老实人还是骗子. 根据大家所说, 旅行者唯一地判断出了这个村的居民中老实人所占的比例. 你能够给出判断吗?

235*. 纳诗亚国有若干个军事基地, 相互间有道路相连. 一组道路被称为 "重要的", 如果关闭了这组道路, 就会有某两个军事基地之间无道路相连. 重要的道路组称为 "战略的", 如果其中不包含更小的重要道路组. 证明, 这样的道路集合一定构成重要的道路组, 如果其中的每一条道路都恰属于某两个指定的战略道路组之一.

236. 点 O 在菱形 $ABCD$ 内部. 今知, $\angle DAB = 110°$, $\angle AOD = 80°$, $\angle BOC = 100°$. 试求 $\angle AOB$ 的度数.

237*. 区间 $[0, 1]$ 中被标出了有限个互不相同的点, 其中包括 0 和 1. 现知, 除了 0 和 1 外的每个被标出的点都是其他两个 (不一定与之相邻的) 被标出的点的中点. 证明, 所有被标出的点都是有理点.

238. 设 a, b, c 为非负整数, 有 $28a + 30b + 31c = 365$. 证明: $a + b + c = 12$.

239. 边长为 1 的正方形被分成了若干个矩形. 每个矩形都被标出了一条边. 证明, 所有被标出的边的长度和不小于 1.

240. 长 1km 的道路整个被路灯所照亮, 每盏路灯照亮 1m 长的路段. 现知, 如果去掉任何一盏路灯, 道路都不能完全被照亮. 试问, 该段道路上最多安装了多少盏路灯?

241. 是否存在这样的正整数: 它可被 1998 整除, 它的各位数字之和小于 27?

242. 地板上放着一个用胶木板锯成的正三角形 $\triangle ABC$. 地板上钉着 3 枚钉子, 它们分别紧贴着三角形的一条边, 使得胶木三角形不能移动. 其中一枚钉子将边 AB 分为 1:3

的两段 (从 A 算起), 第二枚钉子将边 BC 分为 2:1 的两段 (从 B 算起). 试问, 第三枚钉子将边 AC 分成怎样比例的两段?

243. 给定正整数 n, 将正整数 1 到 n 按任意顺序写成一行. 一种排列称为 "坏的", 如果其中存在 10 个按顺序依次递降的数 (不一定是排列中连续的项); 否则就称为 "好的". 证明, 好的排列不多于 81^n 种.

244. 实数 x, y, z 满足如下关系式:
$$x+y+z-2(xy+yz+zx)+4xyz = \frac{1}{2}.$$
证明, x, y, z 中至少有一个等于 $\frac{1}{2}$.

245. 设 f 为连续函数, 今知

a) f 在整个实轴上有定义;

b) f 在每个点处都有导数 (从而 f 的图像在每个点处都有切线);

c) f 的图像上不存在这样的点, 它的两个坐标值中一个为有理数, 一个为无理数.

试问, 能否由此断言 f 的图像是直线?

246. 设 $\triangle ABC$ 为非等腰三角形, AK 与 BL 为中线, 今知 $\angle BAK = \angle CBL = 30°$. 试求 $\triangle ABC$ 的各个内角.

247. 试求方程 $3^x + 4^y = 5^z$ 的正整数解.

248. 能否用 61 个相互咬合的转动着的同样的齿轮构成一个空间的闭链, 使得每两个咬合的齿轮之间的夹角都不小于 $150°$? 在此, 我们约定:

a) 为简单起见, 假定齿轮是圆的;

b) 所谓咬合, 是指相应的两个圆在接触点处有公切线;

c) 所谓两个齿轮之间的夹角, 是指两个圆在切点处所作的直径之间的夹角;

d) 第 1 个齿轮应当与第 2 个齿轮咬合, 第 2 个齿轮应当与第 3 个齿轮咬合, 如此下去, 第 61 个齿轮应当与第 1 个齿轮咬合, 齿轮之间再无其他公共点.

249. 同第 243 题.

第 62 届莫斯科数学奥林匹克 (1999)

八年级 第 250—255 题
九年级 第 256—261 题
十年级 第 262—267 题
十一年级 第 268—274 题

250. 试比较分数 $\frac{111110}{111111}, \frac{222221}{222223}, \frac{333331}{333334}$ 的大小, 将它们按照递增顺序列出.

251. 证明, 可以将任何四边形分为三个梯形 (平行四边形亦视为梯形).

252. 试找出 4 个互不相同的正整数 a,b,c,d, 使得 $a^2+2cd+b^2$ 与 $c^2+2ab+d^2$ 都是完全平方数.

253. 别佳在银行存有 500 美元. 银行只允许进行两种操作: 或者取出 300 美元, 或者存入 198 美元. 如果别佳身上没有任何现钱, 那么他最多可以从银行取出多少美元?

254. 在直角三角形 ABC 中, 点 O 是斜边 AC 的中点. 在边 AB 上取一点 M, 在边 BC 上取一点 N, 使得 $\angle MON$ 为直角. 证明, $AM^2+CN^2=MN^2$.

255. 在国际象棋训练赛中, 每两个参加者都比赛两次, 一次执白, 一次执黑. 比赛结束后, 发现所有参加者都得到相同的分数 (每次比赛中, 胜者得 1 分, 负者不得分, 若为平局, 各得半分). 证明, 存在两个参加者, 执白胜的次数相同.

256. 在实验室里的黑板上, 写着两个正数. 每天早上, 首席科学家别佳擦去这两个数, 代以写上它们的算术平均值和调和平均值①. 现知, 第一天早上黑板上写的两个数是 1 和 2. 试求第 1999 天早上写在黑板上的数的乘积.

257. 甲乙二人按如下规则做游戏: 甲根据自己的愿望每一步在黑板上写上一个字母 A 或 B (每次写一个字母, 由左至右, 每次接在前一次写的字母后面). 乙则在甲的每一步之后, 交换其中某两个字母的位置, 也可什么都不改变 (这也算作乙所做的一步). 两人各进行了 1999 步之后, 游戏即告结束. 试问, 是否无论甲如何行动, 乙都能使得黑板上所写的字母序列从左往右念和从右往左念都一样?

258. 平行四边形 $ABCD$ 的两条对角线相交于点 O. 经过点 A,O,B 的圆与直线 BC 相切. 证明, 经过点 B,O,C 的圆与直线 CD 相切.

259. 试求出所有这样的正整数 k, 使得

$$\underbrace{1\cdots1}_{k}\underbrace{2\cdots2}_{2000}-\underbrace{2\cdots2}_{1001}$$

是完全平方数.

260. 在 $\triangle ABC$ 中, $AB>BC$, 内切圆分别与边 AB 和 BC 相切于点 P 与点 Q. 设 RS 是平行于边 AB 的中位线, 点 T 是直线 PQ 与 RS 的交点. 证明, 点 T 在 $\angle ABC$ 的平分线上.

261. 比赛分为 n 轮进行, 每轮比赛项目不同, 共有 2^n 个运动员参加比赛. 对于每一个运动员, 都清楚他们在各种不同比赛项目下的实力. 比赛如此进行: 一开始, 所有运动员参加第 1 轮比赛, 比赛第一个项目, 取胜的一半运动员进入下一轮比赛, 比赛下一个项目; 如此下去, 直到经过 n 轮比赛, 决出最后的胜利者. 我们把一个运动员叫作 "潜在冠军", 如果在项目的某种顺序安排之下, 他能够成为最后的胜利者.

a) 证明, 可能有一半的运动员都是 "潜在冠军";

b) 证明, 任何时候 "潜在冠军" 的数目都不会多于 2^n-n;

c)* 证明, "潜在冠军" 的数目可能等于 2^n-n.

262. 设 a,b,c 是实数, 有 $(a+b+c)c<0$. 证明, $b^2>4ac$.

263. 二圆相交于点 P 和 Q, 第三个圆以 P 为圆心, 且分别与第一个圆相交于点 A 和

---

① 设 $ab\neq 0$, 则 a 与 b 的调和平均值是 $\dfrac{2}{\dfrac{1}{a}+\dfrac{1}{b}}$. —— 编译者注

B, 与第二个圆相交于点 C 和 D (参阅图 7①). 证明, $\angle AQD = \angle BQC$.

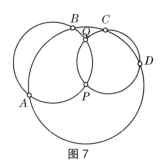

图 7

264*. 试求所有这样的正整数 x 和 y, 使得 x^3+y 与 y^3+x 都可被 x^2+y^2 整除.

265. $2n$ 条半径将圆等分为 $2n$ 个扇形, 其中有 n 个为红色, n 个为蓝色. 自某个蓝色扇形开始, 按逆时针方向, 在蓝色扇形中依次写上整数 1 至 n; 自某个红色扇形开始, 按顺时针方向, 在红色扇形中依次写上整数 1 至 n. 证明, 可以找到半个圆, 里面写着由 1 到 n 的所有整数.

266. 一只蚂蚱在区间 $[0,1]$ 中跳动. 每一步它可由所在的点 x 跳到点 $\dfrac{x}{\sqrt{3}}$ 或点 $\dfrac{x}{\sqrt{3}}+\left(1-\dfrac{1}{\sqrt{3}}\right)$. 在 $[0,1]$ 中任意取定一点 a. 证明, 蚂蚱无论从该区间中的哪一点出发, 都可在有限步内跳到与点 a 的距离小于 $\dfrac{1}{100}$ 的范围内.

267*. 将正整数 $1,2,\cdots,1999$ 按某种顺序写在一个圆周上, 计算每相连 10 个数的乘积, 再把这 1999 个乘积求和. 试求使得该和数达到最大的排列方式.

268. 设 a,b,c 是三角形的 3 边长度, 证明

$$\frac{a^2+2bc}{b^2+c^2}+\frac{b^2+2ac}{c^2+a^2}+\frac{c^2+2ab}{a^2+b^2}>3.$$

图 8

269. 平面上的一个凸图形的边界由线段 AB 与 AC, 以及圆弧 $\overset{\frown}{BC}$ 组成 (见图 8). 试作一条直线:

a) 平分该图形的周界;

b) 平分该图形的面积.

270. 正八面体的每个面都被染为黑色与白色中的一种颜色, 并且任何两个有公共棱的面都颜色互异. 证明, 正八面体内部的任何一点到各个黑色面的距离之和都等于它到各个白色面的距离之和.

271. 正方形的草坪上有一个圆窟窿. 草坪上有一只蚂蚱在跳动. 每一次跳动前, 它都选定正方形的一个顶点, 并朝着该顶点的方向跳过去, 所跳的距离是到该顶点的距离的一半. 试问, 蚂蚱能否跳入圆窟窿?

272. 由一些顶点, 以及这些顶点之间所连接的一些线段 (每一条线段仅连接其中的两个顶点) 所构成的集合称为图. 如果任何两个有线段相连的顶点都被染为不同的颜色, 那么就说图的顶点被正确染色. 现知某个图的顶点被正确染为 k 种颜色, 并知它们不可能被正

---

① 此处仅要求按照图中所展示的情况证明题中结论. 严格来说, 应当讨论字母 A,B,C,D 的不同标注方式所带来的不同情况. —— 编译者注

确染为更少种颜色. 证明, 该图中存在一条路①, 沿着它可以到达 k 种不同颜色的顶点恰好一次.

273*. 求方程的正整数解:
$$(1+n^k)^l = 1+n^m,$$

其中 $l>1$.

274. 证明, 数 2^{2^n} 的首位数构成非周期数列.

第 268—271 题必做, 第 272—274 题中任选两题.

第 63 届莫斯科数学奥林匹克 (2000)

八年级　　第 275—280 题
九年级　　第 281—286 题
十年级　　第 287—292 题
十一年级　第 293—298 题

275. 给定两个不同的数 x 与 y(不一定是整数), 使得 $x^2-2000x = y^2-2000y$. 试求 x 与 y 的和.

276. 议会中共有 100 个议席, 有 12 个政党参与竞选. 凡获得 (严格) 多于 5% 选民支持的政党可以进入议会. 在议会中各政党按照所得选票的比例分配议席 (即如果某个政党所得选票是另一政党的 x 倍, 则所得议席个数就是另一政党的 x 倍). 选举结束后发现, 每个选民都刚好支持了一个政党 (即没有任何选票是 "反对所有政党" 的, 也没有支持多于一个政党的), 并且每个政党按比例所应得的席位数都是整数. 现知, "数学爱好者党" 获得了 25% 的支持率, 试问, 它至多可分得多少个议席?

277. 梯形两底的长度分别为 m 和 n (m 和 n 都是自然数). 证明, 可以把它分为若干个彼此全等的三角形.

278. 在三角形 $\triangle ABC$ 中, 中线 BM 等于边 AC. 在边 BA 的延长线和边 AC 的延长线上分别取点 D 和 E, 使得 $AD=AB$ 和 $CE=CM$(见图 9). 证明, 直线 DM 与 BE 相互垂直.

279. 有一摞纸牌, 其中有些纸牌背面朝下. 某甲不断地从中随机地②取出一张或一小摞纸牌, 如果该张纸牌背面朝下, 或该小摞中的最上面与最下面的纸牌背面朝下, 把它们整体地翻个面再插回原来的位置③. 证明, 不论某甲具体操

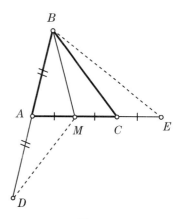

图 9

---
① 即由图中的线段构成的折线. —— 编译者注
② "随机地取出" 意即每张牌都有相同的机会被取出. —— 编译者注
③ 当不符合翻转的条件时, 则把所取出的牌原封不动地插回原位. —— 编译者注

作过程如何,最终所有纸牌都会背面朝上.

280. 最多可在 5×5 的方格纸上摆放多少枚棋子马,使得其中每枚棋子都刚好被另外两枚棋子马所搏杀[①]. (给出摆放的例子,并说明为何不能多放.)

281. 解方程
$$(x+1)^{63} + (x+1)^{62}(x-1) + (x+1)^{61}(x-1)^2 + \cdots + (x-1)^{63} = 0.$$

282*. 有 23 个正整数写成一行 (不一定互不相等). 证明,可以在它们之间适当添加括号、加号或乘号,使得所得的运算结果可被 2000 整除.

283. 给定一个圆及其内部一点 A. 构造所有可能的矩形 $ABCD$ 使得顶点 B 和 D 位于圆周上,试求顶点 C 的轨迹.

284. 甲把自然数 $1, 2, \cdots, 64$ 写入 8×8 方格表的各个方格中,每格一数. 他告诉了乙写在每两个相邻 (即有公共边的) 方格中的数的和,并且还告诉乙 1 和 64 位于同一条对角线上. 证明,乙根据这些信息就可以判断出各个方格中都写了什么数.

285*. 设 $ABCD$ 为凸四边形,分别以线段 AB 和 CD 为直径各作一圆,现知这两个圆外切于点 M,并且点 M 不是该四边形的对角线的交点. 将经过点 M 和线段 AB 中点的直线称为 ℓ. 今知经过点 A, M 和 C 的圆与直线 ℓ 再次相交于点 K,而经过点 B, M 和 D 的圆与直线 ℓ 再次相交于点 L. 证明,$|MK - ML| = |AB - CD|$.

286*. 防御工事由若干个避弹洞构成. 有些避弹洞之间有隧道连接,并且由任何一个避弹洞都可以通过隧道到达任何一个别的避弹洞. 其中一个避弹洞中隐蔽着一名步兵. 大炮一次发射可以命中其中任何一个避弹洞. 在大炮的每一次射击间隙,该名步兵都一定要沿着隧道之一转移到相邻的避弹洞 (即使该避弹洞刚刚遭受过大炮轰击,步兵也可以转移进去). 一个防御工事称为 "理想的",如果大炮没有把握命中步兵 (所谓有把握,是指不论步兵开始时所在的位置,也不论他后来如何转移,都可通过一系列发射,得以命中他).

a) 证明,如图 10 所示的防御工事是 "理想的";

b) 试找出所有这样的 "理想的" 防御工事,它们在任意一条隧道被破坏之后不再是 "理想的".

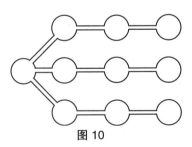

图 10

287. 在函数 $y = \dfrac{1}{x}$ $(x > 0)$ 的图像上取点 A 和 B,分别由它们向坐标轴作垂线,垂足分别为 H_A 和 H_B. 以 O 表示坐标原点. 证明,由线段 OA, OB 和曲线 AB 所围成的图形的面积等于由直线 AH_A, BH_B,坐标轴以及曲线 AB 所围成的图形的面积.

[①] 这里说的是国际象棋中的搏杀规则,棋子放在方格中. 如果两枚棋子马所在的方格处于 2×3 或 3×2 矩形的两个相对的角上 (即既不同行也不同列的另一个角上),则处于搏杀状态,因为与中国象棋中的 "马走日" 类似,在国际象棋中也是 "马走日",不过它们在中国象棋中是从 1×2 或 2×1 矩形的一个角上的方格跳到相对的角上的方格里.—— 编译者注

288. 设 $f(x) = x^2 + 12x + 30$,试解方程 $f(f(f(f(f(x))))) = 0$.

289. 在方格纸上画凸多边形,使得它的所有顶点都位于方格表的结点上,但是任何一条边都不在方格线上. 证明,位于多边形内部的横向方格线的长度之和等于纵向方格线的长度之和.

290. 同第 285 题.

291. 将序列 $x_1, x_2, \cdots, x_n, \cdots$ 记为 $\{x_n\}$. 由已有的序列 $\{b_n\}$ 与 $\{c_n\}$($\{b_n\}$ 与 $\{c_n\}$ 可以相同) 可以得到序列 $\{b_n + c_n\}$, $\{b_n - c_n\}$, $\{b_n \cdot c_n\}$, $\{b_n/c_n\}$ (如果 $c_n \neq 0$). 此外, 如果删去已有序列的前若干项, 也可得到新的序列. 假设一开始只有一个序列 $\{a_n\}$, 试问能否运用上述的各种操作, 由它得到序列 $\{n\}$, 即序列 $1, 2, 3, 4, \cdots$, 如果:

a) $a_n = n^2$;　　b) $a_n = n + \sqrt{2}$;　　c) $a_n = \dfrac{n^{2000} + 1}{n}$?

292. 从一副牌中取出 7 张, 把它们给所有的人看后, 洗一洗, 发给甲乙二人各 3 张, 剩下一张 a) 藏起来; b) 给丙.

甲乙二人可以轮流将自己手中的牌的任何信息大声地告诉对方. 他们能否做到这样: 通过这些交流, 知道彼此手中的牌, 而丙却不能通过这些信息判断出他所没有看到的任何一张牌的位置[①]? (甲乙二人不能事先商讨交换信息的办法, 不能约定暗号, 他们之间所有的信息交流都是公开的.)

293. 今知正整数 m 与 n 的最大公约数是 1, 试问, $m + 2000n$ 与 $n + 2000m$ 的最大公约数的最大可能值是多少?

294. 计算

$$\int_0^\pi \left(|\sin 1999x| - |\sin 2000x|\right) dx.$$

295. 设 AC 与 BD 是以 O 为圆心的圆中的两条弦, 它们相交于点 K. 而 $\triangle AKB$ 与 $\triangle CKD$ 的外心分别为 M 和 N. 证明, $OM = KN$.

296. 某甲有 3 根小棍. 如果不能用它们构造三角形, 他就把最长的小棍截短, 截去的长度等于其余两根小棍的长度之和. 只要小棍的长度不为 0, 并且还不能用它们构造三角形, 他就如此继续做下去. 试问, 这一过程能否无限次持续下去?

297. 在象棋比赛的每一局中, 胜者得 1 分, 败者得 0 分, 若为平局, 各得半分. 现举行象棋循环赛, 每两个参赛者都比赛一局, 最后按各人所得总分列出前后名次. 回顾比赛过程, 如果某局中名次在前的棋手输给了名次在后的棋手, 则称该局为 "非正常的". 试问: 在整个比赛中, "非正常的" 局数能否超过: a) 所有局数的 75%; b)* 所有局数的 70%?

298. 能否将无穷多个彼此全等的多面体置于由两个平行平面所形成的 "夹层" 中, 使得如果不移动别的多面体, 就不能取出其中任何一个多面体?

[①] 所谓位置, 是指: "在甲手中" "在乙手中" 或是 "被藏起来".——编译者注

第 64 届莫斯科数学奥林匹克 (2001)

八年级　　第 299—304 题
九年级　　第 305—310 题
十年级　　第 311—316 题
十一年级　第 317—322 题

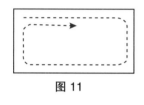

图 11

299. 今有一个 100×200 的方格表. 按照如图 11 所示的顺序依次涂黑表中的方格 (先涂黑左上角的方格, 再沿着第 1 行依次往右涂过去, 到了右边边缘后再沿着第 1 列往下涂, 如此等等, 只要到达已经涂过的行或列, 就转弯). 试问, 最后一个被涂黑的方格是哪一个? 试写出它的行号与列号①.

300. 能否在平面上相继给出 100 个点 (先给出第 1 个点, 再给出第 2 个点, 如此等等), 使得其中任何 3 点不共线, 而且在每一步上所得的点集都具有对称轴?

301. 给定 6 个俄文单词: ЗАНОЗА, ЗИПУНЫ, КАЗИНО, КЕФАЛЬ, ОТМЕЛЬ, ШЕЛЕСТ. 每一步允许将其中任何一个单词中的任何一个字母任意换为别的俄文字母 (例如, 可以将单词 ЗАНОЗА 在一步中变为 ЗКНОЗА). 为了把它们都变成一样的单词 (只是数学意义上的单词, 可以不是实际中的俄文词汇), 至少需要变换多少步? 试给出具体的步骤, 并证明步数不可能再少.

302. 在 $\triangle ABC$ 中, 分别作出角平分线 AK, 中线 BL 和高 CM. 今知 $\triangle KLM$ 是等边三角形. 证明, $\triangle ABC$ 是等边三角形.

303. 甲想好了一个两位数 (属于集合 $\{10, 11, \cdots, 99\}$), 乙试图通过若干次尝试猜出它来. 每一次尝试时, 乙说出一个两位数. 如果所说的两位数至多有一位数字与谜底相差不超过 1, 就算他猜对了 (例如, 假设谜底为 65, 若乙说 64, 65 或 75, 都算他猜对了; 而如果说 63, 76 或 56, 则都不行). 试找出一种办法, 使得不论甲所想的是哪一个两位数, 乙都至多需尝试 22 次就一定能猜对.

304. (续)证明, 不存在至多尝试 18 次就一定能猜对的办法.

305. 能否把四个球迷安排在足球场上, 使得他们两两之间的距离刚好分别等于 1, 2, 3, 4, 5, 6?

306. 某个国家收入最高的 10% 的人员的工资总数占所有人员的工资总数的 90%. 能否把该国的人分成若干部分, 使得在每一个部分中, 任何 10% 的人员的工资总数不超过本部分中的工资总额的 11%?

---

① 对行自上往下依次编号, 对列自左往右依次编号. 例如, 本题中右下角处的方格位于第 100 行第 200 列. —— 编译者注

307. 在一个顶点为 M 的角内标出一个点 A, 由点 A 发出一个球, 它先到达角的一边上的一点 B, 然后被反射到另外一条边上的点 C, 又被弹回了 A 点 (反射角 = 入射角, 参阅图 12). 证明, $\triangle BCM$ 的外心位于直线 AM 上.

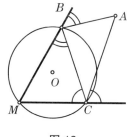

图 12

308. 有三堆石头, 第一堆中 51 块, 第二堆中 49 块, 第三堆中 5 块. 允许把任何几堆石头并成一堆, 也可以把有偶数块石头的堆等分为两堆. 试问, 能否把这 105 块石头分为 105 堆, 使得每堆一块?

309. 正整数 N 是自己的各位数字之和的 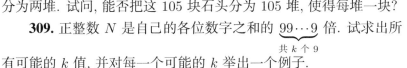 倍. 试求出所有可能的 k 值, 并对每一个可能的 k 举出一个例子.

310. 国际象棋训练赛中, 每两个参加者都比赛一次, 对于每一个参加者 A, 都计算出他的得分 (每赢一次得 1 分, 每输一次得 0 分, 每平一次各得 0.5 分), 并且按照如下公式计算他的实力系数: 实力系数 = 他所赢的那些选手们的得分总和 − 打败他的那些选手们的得分总和. 试问,

a) 可否所有参加者的实力系数都大于 0?

b) 可否所有参加者的实力系数都小于 0?

311. 是否存在三个二次三项式, 它们中的每一个都有实根, 但是其中任何两个的和都没有实根?

312. 能否把哨兵布局在一个点状目标周围, 使得无论是对目标, 还是对哨兵, 都无法进行偷袭 (每个哨兵都是隐藏的, 并且他能够看见前方 100 以内的目标)?

313. 试给出一个 2001 次的满足等式 $P(x)+P(1-x)=1$ 的多项式 $P(x)$ 的例子.

314. $\triangle ABC$ 是锐角三角形, 它的三条高为 AH_A, BH_B, CH_C. 证明, 以 $\triangle AH_BH_C$, $\triangle BH_AH_C, \triangle CH_AH_B$ 的垂心为顶点的三角形全等于 $\triangle H_AH_BH_C$.

315. 在国际象棋盘的两个方格中, 分别放着一枚黑色和一枚白色的跳棋, 每一步允许把其中任何一枚棋子移到横向的邻格或者纵向的邻格中, 但不能是对顶的邻格中, 并且两枚棋子不能放到同一个格子中. 试问, 用这样的办法能否得到这两枚棋子的所有可能的不同放法, 而且每种放法只出现一次?

316. 在科沙特游戏中, 两支军队侵略一个国家, 每一支军队每一次占领一个自由的城市, 每支军队所占领的第一个城市都是由空中入侵, 而后来的每一步都是只能占领与被他们占领的城市有道路相连的任何一个别的城市. 如果已经没有这样的城市存在, 那么该支军队就终止入侵行动, 但此时另一支军队还可能继续入侵行动. 试给出一个城市和道路的分布图, 使得第二支军队能够占领多于一半的城市, 而不论第一支军队如何行动. 城市的数目是有限的, 每条道路刚好连接两个城市.

317. 是否存在三个二次三项式, 其中的每一个都有两个不同的实根, 但是任何两个多项式的和都没有实根?

318. 给定一个等比数列, 已知它的第 1 项、第 10 项、第 30 项都是正整数, 那么它的第 20 项是否也一定是正整数?

319. 在 $\triangle ABC$ 中, I 是其内心, I' 是它的一个旁切圆的圆心, 该旁切圆与边 AB 相切,

并且与边 CB, CA 的延长线相切. 设 $\triangle ABC$ 的内切圆和该旁切圆分别与边 AB 相切于点 L 和 L'. 证明, 直线 $IL', I'L, \triangle ABC$ 的高 CH 三线共点.

320. 证明, 不存在这样的次数不低于 2 的非负整系数的多项式, 它在任何质数 p 处的值还是质数.

321. 证明, 在空间中存在 2001 个凸多面体, 使得其中的任何三个多面体都没有公共点, 而其中的任何两个多面体都相互外切, 即它们有公共的边界点, 但是没有公共的内点.

322. 沿着一个圆周放着若干个盒子, 在其中的每一个当中放着一个球, 或者若干个球 (包括 0 个球). 每一步允许从其中的任何一个盒子中取出所有的球, 然后沿着顺时针方向前进, 从它的下一个盒子开始, 每个盒子里放进一个球, 一直下去, 直到放完为止.

a) 证明, 如果在每一步, 球都是从前一步放入最后一个球的盒子里取出来的, 则在某一时刻, 就重复开始的动作;

b) 证明, 从任何一种分球方式开始, 经过若干步这样的分球, 都可以得到任何另外的一种分球方式①.

第 65 届莫斯科数学奥林匹克 (2002)

八年级　　第 323—328 题
九年级　　第 329—334 题
十年级　　第 335—340 题
十一年级　第 341—346 题

323. 某岛屿上, $\frac{2}{3}$ 的男人娶了妻子, $\frac{3}{5}$ 的女人嫁了人. 试问, 该岛屿上的居民中, 已婚者占多大比例②?

324. 设 A 为两位数. 今知, A 的两位数字之和的平方等于 A^2 的各位数字之和. 试求出所有满足条件的两位数 A.

325. 给定一个以线段 AB 为直径的圆, 另一个以点 A 为圆心的圆周交线段 AB 于点 C, 有 $AC < \frac{1}{2}AB$. 两个圆的公切线与第一个圆相切于点 D. 证明, 直线 $CD \perp AB$.

326. 甲乙二人轮流在 65×65 的棋盘上摆放围棋子, 要求每一行每一列中都至多摆放两枚棋子, 谁首先不能摆放, 就算谁输. 甲先开始, 试问, 谁有取胜策略?

327. 在 $\triangle ABC$ 中, AD 与 BE 为中线, 它们的交点是 M. 证明, 如果 $\angle AMB$ 是直角或锐角, 则都有 $AC + BC > 3AB$.

328. 在 $m \times n$ 方格表的每一个方格中都有一盏灯, 有的灯亮着, 有的灯不亮. 我们将具有公共边的方格称为相邻的. 每一分钟, 原来亮着的灯都熄灭, 而那些原来有奇数盏相邻的

---

① 注意, 根据题干, 在小题 b) 中, 可从任何一个盒子中取出所有的球, 而不是像小题 a) 那样, 只能从前一步放入最后一个球的盒子里取球. —— 编译者注

② 此处假定海岛上的人不与外界通婚. —— 编译者注

灯亮着的、不亮的灯全都亮起来. 试找出所有这样的方格 (m,n), 使得只要它们满足一定的初始亮灭状态, 则方格表中就始终会有亮着的灯.

329. 有一批新兵的脸朝着值勤军官站着, 按口令向左转, 其中有些新兵真的往左转, 有些往右转, 还有些就转了一个圈. 试问, 值勤军官是否总能够让这些新兵站成一行, 而他站在行里的某个位置上, 使得当他下达口令后, 他的两侧向他看的新兵一样多?

330. 设 a,b,c 是 $\triangle ABC$ 的三边之长, 证明, $a^3+b^3+3abc > c^3$.

331. $\triangle ABC$ 的 $\angle A$ 和 $\angle C$ 的平分线分别与外接圆相交于点 E 和 D. 线段 DE 与边 AB 和 BC 分别交于点 F 和 G, 将 $\triangle ABC$ 的内心记为 I. 证明, 四边形 $BFIG$ 为菱形.

332. 求方程 $x^4-2y^2=1$ 的所有整数解 (x,y).

333. 有 n 盏灯泡排成一行, 其中有些灯泡是亮着的, 每一分钟所有的灯泡都同时按照下述法则各改变状态: 那些在前一分钟亮着的灯泡现在还亮; 那些在前一分钟不亮, 但恰有一个相邻灯泡是亮着的灯泡就亮起来. 试问, 当 n 是哪些整数时, 我们可以点亮某些灯泡, 使得在以后的任何时刻都能至少找到一个不亮的灯泡?

334. 锐角三角形被一条直线分成了两个部分 (不一定是三角形), 然后, 其中的一部分又被直线分为两部分, 如此一直下去, 即在每一次都从已有的部分中选出一个, 然后沿直线把它分成两个部分. 有趣的是, 经过若干步以后, 原来的三角形刚好被分成一系列的三角形. 试问, 这些三角形能否都是钝角三角形?

335. 三角形的三内角的正切值都是正整数, 试问, 它们可能等于几?

336. 设 a,b,c 为正数, 使得 $\dfrac{1}{a}+\dfrac{1}{b}+\dfrac{1}{c} \geqslant a+b+c$. 证明 $a+b+c \geqslant 3abc$.

337. 在凸四边形 $ABCD$ 中, 边 BC 和 CD 的中点分别为 E 和 F, 线段 AE, AF 和 EF 将四边形分为四个三角形, 它们的面积为四个相连的正整数. 试问, $\triangle ABD$ 面积的最大可能值为多少?

338. 每一个购买了第一排电影票的观众都已经坐在第一排的一个位置上. 现知, 第一排座位都被坐满了, 但每个观众都没对号入座. 服务员可以交换任何两个相邻观众的位置, 如果他们都没有坐对位置. 试问, 他能否采用这种办法使得所有观众都对号入座?

339. Y 城按照如下法则选举市长: 如果在一轮选举当中, 任何一个候选人都没有得到超过半数的选票, 那么就进行新一轮的选举, 但是刚才得票最少的候选人就淘汰出局, 任何两个候选人都不会得到相同的票数, 如果有一个候选人所得票数超过半数, 那么他就当选市长, 选举结束. 每一个选民在每一轮选举中只能把选票投给一个候选人. 如果这个候选人进入下轮选举, 则该选民仍然把票投给他; 如果该候选人被淘汰出局, 那么原来投他票的所有选民在下一轮投票中都把票投给同一个剩下来的候选人. 在所有各轮的选举当中, 一共有 2002 个候选人被表决. 奥斯塔普在第一轮选举中得票数名列第 k 位, 但却最终当选为市长. 试确定 k 的最大可能值:

a) 如果奥斯塔普在第 1002 轮选举中当选市长;

b) 如果奥斯塔普在第 1001 轮选举中当选市长.

340. 能否把一个正方形中的点和一个圆中的点都分别进行二染色, 使得这两个图形当中的白点所构成的图形彼此相似, 而且黑点所构成的图形也彼此相似? (相似系数可以

341. 同第 335 题.

342. 证明, 在函数 $y = x^3$ 的图像上可以找到一个点 A, 而在函数 $y = x^3 + |x| + 1$ 的图像上找到一个点 B, 使得 A, B 的距离不大于 $\dfrac{1}{100}$.

343. 同第 338 题.

344. 在一个由正整数构成的递增数列中, 从第 2002 项开始每一项都是前面所有各项之和的约数. 证明, 该数列中可以找出一项, 从它开始, 每一项都是前面所有各项的和.

345. 设 $\triangle ABC$ 为锐角三角形, 它的三条高为 AA_1, BB_1, CC_1, 而 $\triangle AB_1C_1, \triangle BC_1A_1, \triangle CA_1B_1$ 的内切圆圆心分别为 O_A, O_B, O_C, 而 $\triangle ABC$ 的内切圆在边 BC, CA, AB 上切点分别为 T_A, T_B, T_C. 证明六边形 $T_AO_CT_BO_AT_CO_B$ 各边相等.

346. 同第 339 题.

第 66 届莫斯科数学奥林匹克 (2003)

八年级   第 347—352 题
九年级   第 353—358 题
十年级   第 359—364 题
十一年级 第 365—371 题

347. 某家庭共有 4 个人. 如果家中唯一的孩子的助学金加倍, 则全家的收入提高 5%. 而如果换成妈妈的工资加倍, 则全家的收入提高 15%. 如果换成爸爸的工资加倍, 则全家的收入提高 25%. 试问, 如果换成爷爷的退休金加倍, 则全家的收入提高百分之多少?

348. 试找出一个这样的 10 位数, 它的各位数字都不为 0, 将它加上它的各位数字的乘积后, 所得的数的各位数字的乘积与原来相同.

349. 能否将 8×8 方格表中的一些方格染为黑色, 使得在每个 3×3 子表中都刚好有 5 个黑格, 而在每个 (横的与竖的) 2×4 子表中都刚好有 4 个黑格?

350. 在 $\triangle ABC$ 中, 点 X 与 Y 分别在边 AC 和 BC 上, 使得 $\angle ABX = \angle YAC, \angle AYB = \angle BXC, XC = YB$. 试求 $\triangle ABC$ 的各个内角.

351. 某国共有 15 个城市, 某些城市之间开设有航线, 这些航线分别属于 3 家不同的航空公司. 今知, 无论哪一家航空公司退出营运 (停飞它的所有航线), 都仍然可利用其余两家公司的航线, 由任何城市飞往其他任何城市 (包括中转后到达). 试问, 该国最少有多少条航线?

352. 甲想好一个大于 100 的整数, 乙说一个大于 1 的整数, 如果甲的数可被乙所说的数整除, 则乙赢; 否则, 甲就从自己的数中减去乙所说的数, 乙再说下一个数. 在此过程中, 乙不能说已经说过的数. 而如果甲的数变成负的, 则乙输. 试问, 乙是否有取胜策略?

353. 平面上画有两个图形 T_1 和 T_2(参阅图 13, 右边的是 T_2). 其中图形 T_2 的画法是: 先画三个两两外切的相等的圆 $\odot A, \odot B$ 和 $\odot C$, 将 $\odot A$ 与 $\odot B$ 的切点记作 X, $\odot A$ 与 $\odot C$ 的切点记作 Y, $\odot B$ 与 $\odot C$ 的切点记作 Z. 在 $\odot A$ 的圆周上去掉劣弧 $\overparen{XY}$, 将剩下的部分与劣弧 $\overparen{XZ}$ 和劣弧 $\overparen{YZ}$ 所围成的区域称作 T_2. 图形 T_1 的画法是: 作一个与 $\odot A$ 相等的 $\odot D$, 再以 $\odot D$ 的水平直径为边向下作一个等边三角形, 将该水平直径上方的半圆和该等边三角形之并称为图形 T_1. 试问: 图形 T_1 和 T_2 中, 哪一个的面积较大?

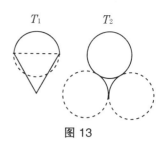

图 13

354. 试给出一个例子, 说明: 存在 5 个实数, 它们的乘积不等于 0, 将其中每个数都减去 1 之后, 乘积保持不变.

355. 商店共有三层, 顾客在各层之间移动均经过电梯. 经过一整天的观察发现, 该天中:

a) 在从二楼进入电梯的顾客中, 有一半人次前往三楼, 一半人次前往一楼;

b) 在走进电梯的顾客中有少于三分之一的人次前往三楼.

试问, 在该天中, 由一楼前往二楼的顾客人次与由一楼前往三楼的顾客人次相比, 哪一类较多?

356. 巧克力被做成边长为 n 的等边三角形, 其表面上被凹槽分隔为一系列边长为 1 的等边三角形. 两人做游戏. 每人每次从巧克力上沿着凹槽切下一个三角形状的小块, 把它吃了①, 并把剩下的部分交给对方. 谁吃到最后一个小块 (边长为 1 的等边三角形), 就算谁获胜. 而谁不能继续做下去, 就算谁提前输了. 谁将获胜? 是先开始者, 还是其对手?

357. 直角三角形 $\triangle ABC$ 的斜边为 AB, 点 K 是其外接圆上不包含点 A 的弧 $\overparen{BC}$ 的中点; N 是线段 AC 的中点; 而 M 是射线 KN 与圆周的交点. 过点 A 和 C 分别作圆周的切线, 将二切线的交点记作 E. 证明, $\angle EMK = 90°$.

358. 监狱中关有 100 名囚徒. 监管员告诉他们: "我将给你们一个晚上相互讨论, 然后就将你们分别单独关入囚室, 届时你们不能再相互交往. 有时我会把你们之中的一个人叫到一个有灯的房间里 (一开始灯是关着的). 从该房间离开时, 你们可以将灯熄灭, 也可以让它亮着. 如果某个时刻, 你们中的某个人告诉我, 你们每个人都去过那个房间, 并且确有其事, 那么我就释放了你们. 但如果说的是假话, 那么我将把你们全都喂鳄鱼. 但是, 不用担心, 如果你们都不说, 那么你们就都会有机会去到那个房间, 并且无论谁去了多少次, 都不是他的最后一次."

试为囚徒们想出一个可以获得自由的策略.

359. 是否存在三个正整数 a, b, c, 使得如下各个方程都有两个整数根:

$$ax^2 + bx + c = 0, \quad ax^2 + bx - c = 0, \quad ax^2 - bx + c = 0, \quad ax^2 - bx - c = 0?$$

360. 凸多面体有 2003 个顶点, 沿着它的棱作有一条闭折线, 该折线经过每个顶点刚好

---

① 每次只能沿着凹槽切一刀, 切下的都是等边三角形, 但不一定边长为 1. 所以吃掉的可以是边长大于 1 的等边三角形. 但只要剩下的巧克力块是边长大于 1 的等边三角形, 那么对手就要继续切下去, 不能一口吃了.—— 编译者注

一次. 证明, 在该折线把凸多面体的表面所分成的每一部分中, 都有奇数个具有奇数条边的面.

361. 设 $P(x)$ 是首项系数等于 1 的多项式, 整数数列 $a_1, a_2, \cdots$ 使得 $P(a_1) = 0$, $P(a_2) = a_1$, $P(a_3) = a_2$, 如此等等. 如果该数列中没有重复的项, 试问: $P(x)$ 可能是多少次的?

362. 设 M 是 $\triangle ABC$ 的重心, 由点 M 分别向边 BC, CA 和 AB 作垂线, 并依次在这些垂线上各取一点 A_1, B_1 和 C_1, 使得 $A_1B_1 \perp MC$, $A_1C_1 \perp MB$. 证明, 点 M 也是 $\triangle A_1B_1C_1$ 的重心.

363. 某国有若干个城市, 它们之间有道路相互连接, 其中有双向行车道路, 也有单向行车道路. 今知, 由任何一个城市到其他任何一个城市, 都恰好有一条不经过同一城市两次的道路. 证明, 可以将该国分成三个省, 使得任何一条道路都不连接同一个省的两个城市.

364. 给定无限多个多项式 $P_1(x), P_2(x), \cdots$. 试问, 是否一定存在有限个函数 $f_1(x)$, $f_2(x), \cdots, f_n(x)$, 使得每个给定的多项式都可以表示为它们的复合函数 (例如: $P_1(x) = f_2(f_1(f_2(x))))$?

365. 现知正数 x, y, z 满足等式

$$\frac{x^2}{y} + \frac{y^2}{z} + \frac{z^2}{x} = \frac{x^2}{z} + \frac{z^2}{y} + \frac{y^2}{x},$$

证明, x, y, z 中至少有两个数相等.

366. 给定首项系数等于 1 的 2003 次的实系数多项式 $P(x)$, 今取无穷整数数列 $a_1, a_2, \cdots$, 使得 $P(a_1) = 0$, $P(a_2) = a_1$, $P(a_3) = a_2$, 如此等等. 证明, 数列 $a_1, a_2, \cdots$ 中的数不会全都各不相等 (即该数列中一定有彼此相等的数).

367. 给定圆内接四边形 $ABCD$. 点 P 和 Q 分别是顶点 C 关于直线 AB 和 AD 的对称点. 证明: 直线 PQ 经过 $\triangle ABD$ 的垂心 H.

368. 沿着直径为 $\dfrac{n}{\pi}$ m 的圆形道路分布着 n 个小樱桃园. 如果在某一段弧的两端都有樱桃园, 那么该段弧上的其他樱桃园的数目就小于该段弧的长度 (以 m 为单位). 证明, 可以把圆形道路分成若干长度相等的段, 使得在每一段上都恰好有一个樱桃园.

369. 凸多面体的每一条棱处的内二面角都是锐角. 试问, 该凸多面体可能有多少个面?

370. 沿着圆心岛屿 Γ 的岸边分布着 20 个村庄, 每个村庄生活着 20 个武士. 在比武大会上, 每一个武士都与每一个别村的武士比试 (一个回合). 如果在 A, B 两个村武士的比试中, 有 k 个回合都以 A 村武士胜利告终, 那么就认为 A 村强于 B 村. 现知, 每个村庄都强于按顺时针方向与之相邻的村庄. 试求 k 的最大可能值. (假定所有武士的武艺各不相同, 比赛中总是强者取胜.)

371. 给定等式

$$(a^{m_1} - 1) \cdots (a^{m_n} - 1) = (a^{k_1} + 1) \cdots (a^{k_l} + 1),$$

其中, a, n, l 以及所有的指数都是正整数, 并且 $a > 1$. 试求 a 的所有可能值.

第 67 届莫斯科数学奥林匹克 (2004)

八年级　　第 372—377 题
九年级　　第 378—383 题
十年级　　第 384—389 题
十一年级　第 390—395 题

372. 每次操作将二次方程 $x^2+px+q=0$ 中的系数 p 与 q 分别增加 1, 如此共操作 4 次, 共得 5 个方程. 试给出一个初始方程的例子, 使得所得的 5 个方程的解都是整数.

373. 试将如图 14 所示的梯形分成三部分, 使得可用它们拼成一个正方形.

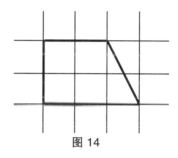

图 14

374. 在 $\triangle ABC$ 中, AC 为最短边, I 为内心. 在边 AB 与 CB 上分别取点 K 和 L, 使得 $KA=AC=CL$. 设 AL 与 KC 的交点为 M. 证明: 直线 MI 垂直于 AC.

375. "鹿角马蹄"公司的股票价格在每天中午 12:00 都上涨或下降同一比例 $n\%$, 其中 n 是一个固定的小于 100 的正整数 (股值不会无限上涨). 是否存在这样的 n, 使得股票价格可以两次取得同一数值?

376. a) 桌上放有 7 个用硬纸片剪成的凸多边形, 其中任何 6 个多边形都可以用两枚钉子把它们钉在桌子上, 但是 7 个多边形却不能用两枚钉子钉住. 试举出这样的 7 个多边形及其分布的例子 (多边形可以相互重叠).

b) 桌上放有 8 个用硬纸片剪成的凸多边形, 其中任何 7 个多边形都可以用两枚钉子把它们钉在桌子上, 但是 8 个多边形却不能用两枚钉子钉住. 试举出这样的 8 个多边形及其分布的例子 (多边形可以相互重叠).

377. 在 8×8 国际象棋盘上以任意方式互不重叠地放置了 32 个多米诺 (即 1×2 矩形). 在棋盘边上再贴上一个小方格如图 15 所示的那样, 每次操作可以从棋盘上取下任意一个多米诺, 再把它放在两个相邻的空格上面. 证明, 可以经过若干次这种操作, 使得所有的多米诺都为水平放置①.

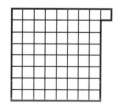

图 15

378. "鹿角马蹄"公司的股票在每天 12:00 或者增值 17%, 或者降值 17%. 试问, 股票的价格是否可能两次取得同一个值?

---
① 意即都是横边长于竖边. —— 编译者注

379. 将二次方程 $x^2 + px + q = 0$ 的系数 p, q 分别加 1 称为一次操作, 连续进行 9 次这样的操作, 能否使得所得到的 9 个方程的根全是整数?

380. 台球桌的形状是一个多边形, 但不一定是凸的. 它的每两个邻边都相互垂直, 每一个顶点上有一个球洞, 球一旦落在里边, 就会停在里头. 我们按一定的入射角, 以与球面成 $90°$ 的击球角度将球击出①, 它会按照反射定理被多边形的边所弹射, 即入射角等于反射角. 证明, 球在任何时候都不会回到原来的顶点.

381. $\triangle ABC$ 的 $\angle A, \angle B, \angle C$ 的平分线的长度分别为 l_a, l_b, l_c, 而相应边上的中线长度分别为 m_a, m_b, m_c. 证明,
$$\frac{l_a}{m_a} + \frac{l_b}{m_b} + \frac{l_c}{m_c} > 1.$$

382. 称一个正整数为可解的, 如果它有不多于 20 个互不相同的质因数. 开始时, 一堆石块中有 2004! 块石头, 两人做游戏, 每人每次从堆中取走若干块石头, 其数目一定是可解的正整数 (各次的数目可不相同). 谁取走了最后一块石头, 就算谁赢. 在正确的策略下, 谁将取胜?

383. 在特异功能者面前放着一摞牌, 一共有 36 张, 四种花色, 每种花色 9 张牌, 都是背面朝上. 他指着一张牌猜出它的花色, 然后将牌翻转并展示它. 接着他再说下一张牌的花色, 并如此下去. 他的任务是猜对尽可能多张牌.

牌的背面图案是不对称的, 而特异功能者可以看出它到底属于两种状态中的哪一种. 他的助手知道各张牌在摞中的顺序, 他不能改变它们的顺序, 但可以决定如何放置每张牌的背面②. 试问, 特异功能者能否跟他的助手达成这样的协议: 他不需要知道这些牌的顺序, 就可以保证猜中不少于

a) 19 张牌的花色;

b) 23 张牌的花色?

如果你能想出他能够猜出多于 23 张牌花色的办法③, 那么也请写出来.

384. 一个等差数列的各项都是整数, 它的前 n 项和是 2 的方幂数. 证明, n 自己也是 2 的方幂.

385. 是否存在这样的四面体, 它的各个面是相互全等的直角三角形?

386. 如果 a, b 为非零整数, 就称 $\sqrt{a + \sqrt{2b}}$ 为白数. 类似地, 如果 c 和 d 是非零整数, 就称 $\sqrt{c + \sqrt{7d}}$ 为黑数. 试问, 是否有这样的黑数, 它等于若干个白数的和?

387. 同第 382 题.

388. $\triangle ABC$ 的外接圆半径等于它的一个旁切圆的半径, 该旁切圆与边 AB 相切于 C' 点, 与其他两边的延长线分别相切于点 A' 与点 B'. 证明, $\triangle ABC$ 的外心与 $\triangle A'B'C'$ 的垂心重合.

389. 同第 383 题.

390. 证明, 任何二次三项式都可以表示为两个判别式为零的二次三项式的和.

391. 试问, 对于任何四条两两异面的直线, 能否在每一条直线上各取一个点, 使得这四

---

① 用行话说, 就是以 "中杆" 将球击出, 其意思是 "打出去之后球不会自己拐弯". —— 编译者注
② 纸牌的背面朝上, 由于图案不对称, 所以每张牌有两种不同放法, 即可以两头调转. —— 编译者注
③ 原文中是 19 张, 但根据上下文意思, 此处应当是 23 张. —— 编译者注

个点刚好是

a) 梯形的顶点;

b) 平行四边形的顶点?

392. 证明, 对任何正整数 d, 都存在一个正整数 n, 使得 n 可被 d 整除, 并且在 n 的 10 进制表达式中删掉某一个非零数字后, 所得的数还能被 d 整除.

393. 在 $\triangle ABC$ 中, 锐角 $\angle A = \alpha$, 它的外接圆的一条直径经过由顶点 B 所引出的高的垂足, 并且将 $\triangle ABC$ 分成面积相等的两个部分. 试求 $\angle B$.

394. 对于给定的正整数 $k_0 < k_1 < k_2$, 试问, 方程 $\sin k_0 x + A_1 \sin k_1 x + A_2 \sin k_2 x = 0 (A_1, A_2$ 均为实数) 在区间 $[0, 2\pi)$ 内最少有多少个根?

395. 两个哨兵沿着圆形城堡的城墙按顺时针方向巡逻, 哨兵甲的速度是哨兵乙的两倍, 此城墙长度为 1, 上面分布着射击口, 射击口的分布情况称为合乎要求的. 如果在某种初始状态之下, 在所有后续时刻中, 都至少有一个哨兵位于射击口位置.

a) 当射击口的长度为多少时, 存在着仅仅由这样一个射击口所构成的合乎要求的分布图?

b) 证明, 任何一个合乎要求的分布图中的射击口的总长都大于 $\frac{1}{2}$;

c) 证明, 对任何正数 $s > \frac{1}{2}$, 都存在着总长度小于 s 的射击口的合乎要求的分布图.

第 68 届莫斯科数学奥林匹克 (2005)

八年级   第 396—401 题
九年级   第 402—407 题
十年级   第 408—413 题
十一年级 第 414—419 题

396. 至少找出如下方程的一个整数解:
$$a^2b^2 + a^2 + b^2 + 1 = 2005.$$

397. 将一张 8×8 方格纸沿着方格线折叠若干次, 变为 1×1 正方形, 再沿着正方形的一组对边的中点连线剪开, 共能剪成多少块纸片?

398. 在 $\triangle ABC$ 中, 高 AA' 与高 BB' 相交于点 H. 线段 AB 与 CH 的中点分别为 X 和 Y. 证明, $XY \perp A'B'$.

399. 沿着圆周摆放着 2005 个正整数. 证明, 可以从中找到两个相邻放置的数, 在去掉它们以后, 其余的数不能分为两个和数相等的数组.

400. 将圆分为若干个彼此全等的部分, 使得圆心至少不在其中一个部分的边界上.

401. 平面上有 2005 个给定点 (其中任何 3 点不共线), 每两点都用线段连接. 小老虎和小毛驴做游戏: 小毛驴先将每条线段都标上一个数码[①], 然后小老虎再把每个给定点标上

[①] 数码又叫数字, 这里指的是 10 进制中的数码, 即 $0, 1, 2, \cdots, 9$. —— 编译者注

一个数码. 如果能够找到两个给定点, 它们所标的数码都与连接它们的线段所标数码相同, 则算小毛驴赢, 否则就算它输. 证明, 在正确的玩法之下, 小毛驴可以取胜 (即小毛驴有取胜策略).

402. 三个首项系数为 1 的二次三项式的判别式的值分别为 1, 4, 9. 证明, 可以分别取出它们的一个根, 使得所取出的三个根的和等于剩下的三个根的和.

403. 是否存在 2005 个两两不同的正整数, 使得其中任意 2004 个数的和可以被剩下的一个数整除?

404. 圆周 ω_1 经过圆周 ω_2 的圆心. 由圆周 ω_1 上的点 C 作 ω_2 的两条切线, 它们与 ω_1 分别相交于点 A 和 B. 证明, 线段 AB 垂直于经过两个圆心的直线.

405. 试问, 是否任何三角形都可以剪开为 1000 个部分, 使得可以用它们拼为一个正方形?

406. 圆周上放着 n 个非 0 数码. 甲乙二人分别将其中 $n-1$ 个相连放置的数码按顺时针方向依次抄为一行. 结果发现, 虽然他们从不同的位置开始抄写, 却得到了同样的 $n-1$ 位数. 证明, 可以将圆周分为若干段, 使得各段上面的数码形成相同的正整数.

407. 设 $\triangle ABC$ 为锐角三角形, 点 P 不与其垂心重合. 证明, 分别由 $\triangle PAB$, $\triangle PBC$, $\triangle PCA$, $\triangle ABC$ 的三边中点所决定的 4 个圆, 以及由点 P 在 $\triangle ABC$ 的三条边上的投影所决定的圆, 全都经过同一个点.

408. 是否存在这样的平面四边形①, 它的所有内角的正切值全都彼此相等?

409. 在整系数多项式的图像上取定两个整点 (坐标为整数的点). 证明, 如果它们之间的距离为整数, 则它们之间的连线平行于 x 轴.

410. 在 $\triangle ABC$ 的三条边上分别向外各作一个正方形 ABB_1A_2, BCC_1B_2 和 CAA_1C_2. 在线段 A_1A_2 和 B_1B_2 上分别向 $\triangle AA_1A_2$ 和 $\triangle BB_1B_2$ 形外一侧各作一个正方形 $A_1A_2A_3A_4$ 和 $B_1B_2B_3B_4$. 证明, $A_3B_4 \parallel AB$.

411. 某产品由一组长方体组成. 出厂时, 它们被装在一个长方体形状的盒子里. 在废品组中, 每个长方体的长、宽、高尺寸中都有其一短于标准值. 试问, 在放置废品时, 是否一定可以把盒子的长、宽、高尺寸中的某一个做得短一些 (在盒子中, 长方体的棱平行于盒子的棱放置)?

412. 给定数列 $a_n = 1 + 2^n + \cdots + 5^n$. 试问, 该数列中是否存在 5 个相连的项都可被 2005 整除?

413. 在空间中有 200 个给定点. 每两个点之间都有线段相连, 并且这些线段两两不交. 两人进行游戏. 甲先将每条线段染为 k 种颜色之一, 乙再把每个给定点染为 k 种颜色之一. 如果出现两个给定点和连接它们的线段都被染为同一种颜色, 则甲赢; 否则就算乙赢. 证明, 甲可以有取胜策略, 如果 a) $k = 7$; b) $k = 10$.

414. a) 实数 a 与 b 使得如下方程组中的第一个方程恰有两个根:

$$\begin{cases} \sin x + a = bx \\ \cos x = b \end{cases}$$

---
① 不局限于凸四边形. —— 编译者注

证明, 该方程组至少有一组解.

b) 实数 a 与 b 使得如下方程组中的第一个方程恰有两个根:
$$\begin{cases} \cos x = ax + b \\ \sin x + a = 0 \end{cases}$$
证明, 该方程组至少有一组解.

415. a) 公差为 d 的等差数列共有 n 项, 它的各项的绝对值之和等于 100. 如果把它的各项都加 1, 或者把它的各项都减 1, 则所得的两个等差数列的各项绝对值之和还是都等于 100. 试求 n^2d 的可能值.

b) 公差为 d 的等差数列共有 n 项, 它的各项的绝对值之和等于 250. 如果把它的各项都加 1, 或者把它的各项都减 2, 则所得的两个等差数列的各项绝对值之和还是都等于 250. 试求 n^2d 的可能值.

416. a) 2005×2005 方格表中的小方格的边长为 1. 将其中的一些小方格按某种顺序编为 $1, 2, 3, \cdots$ 号, 使得: 对于任何未编号的小方格, 都可以在小于 10 的距离之内找到编过号的小方格. 证明, 可以找到两个距离小于 150 的小方格, 它们的号码之差大于 23. (将方格中心之间的距离称为方格间的距离.)

b) 2005×2005 方格表中的小方格的边长为 1. 将其中的一些小方格按某种顺序编为 $1, 2, 3, \cdots$ 号, 使得: 对于任何未编号的小方格, 都可以在小于 5 的距离之内找到编过号的小方格. 证明, 可以找到两个距离小于 100 的小方格, 它们的号码之差大于 34.

417. 设 $ABCD$ 为凸四边形, 对其进行如下操作: 对所轮到的顶点, 作它的关于不经过它的对角线的中垂线的对称点, 用对称点取代它, 并标注与它相同的字母. 将这种操作依次对顶点 $A, B, C, D, A, B, C, D, \cdots$ 进行, 一共进行 n 次. 如果一个凸四边形的各条边长两两不同, 并且在每次操作之后仍然为凸四边形, 则称该四边形为 "可允许的". 试问:

a) 是否存在这样的可允许的四边形, 在经过 $n < 5$ 次操作之后, 所得的四边形与原来的全等?

b) 是否存在这样的正整数 n_0, 使得任何 "可允许的" 凸四边形, 在经过 $n = n_0$ 次操作之后, 都得到与原来全等的四边形?

418. 在某个正整数 n 的右端接连写上两个二位数 l 和 m, 所得的数 $10^4 n + 10^2 l + m$ 恰好等于 $(n+l+m)^3$. 试求出所有可能的三元数组 (n, l, m).

419. 在一张矩形纸上画有一个圆. 米沙在圆内选中了 n 个点 (但不在纸上标注出来), 称为 "米氏点". 柯良试图猜出这 n 个 "米氏点". 在每一次尝试中, 柯良 (在圆内或圆外) 指出一个点, 米沙则告诉他, 该点离最近的尚未被猜出的 "米氏点" 的距离是多少. 如果该距离为 0, 则算他猜中了一个 "米氏点". 柯良会在纸上标注点, 会累加距离, 还会运用圆规和直尺作图. 试问, 柯良能否一定可在少于 $(n+1)^2$ 次尝试后, 猜出所有 "米氏点"?

第 69 届莫斯科数学奥林匹克 (2006)

八年级　　第 420—425 题
九年级　　第 426—431 题
十年级　　第 432—437 题
十一年级　第 438—443 题

420. 2006 个学生参加数学竞赛,竞赛共有 6 道试题. 学生瓦夏只解出了 1 道题, 而且
a) 至少解出 1 道题的学生人数是至少解出 2 道题的学生的 4 倍;
b) 至少解出 2 道题的学生人数是至少解出 3 道题的学生的 4 倍;
c) 至少解出 3 道题的学生人数是至少解出 4 道题的学生的 4 倍;
d) 至少解出 4 道题的学生人数是至少解出 5 道题的学生的 4 倍;
e) 至少解出 5 道题的学生人数是解出所有 6 道题的学生的 4 倍.
有多少个学生 1 道题都未解出?

421. 在 3×3 方格表的每一格中都有一个实数. 现知每一行数的和、每一列数的和都是 0, 且表中共有奇数个非 0 数. 试问, 表中最少可能有多少个非 0 数?

422. $\triangle ABC$ 与 $\triangle A_1B_1C_1$ 都是等腰直角三角形 (AB 与 A_1B_1 为斜边), 顶点 C_1 在边 BC 上, 顶点 B_1 在边 AB 上, 顶点 A_1 在边 AC 上. 证明, $AA_1 = 2CC_1$.

423. 沿着圆周放着 9 枚外观相同的硬币, 其中有 5 枚真币, 4 枚伪币. 现知任何 2 枚伪币都不相邻. 所有真币的重量相等, 所有伪币的重量也相同 (伪币重于真币). 怎样在一架没有砝码的天平上称量两次, 以找出所有的伪币?

424. 谢辽莎想出一个图形, 他可以容易地把该图形分成两个部分, 再把这两个部分拼成一个正方形 (见图 16). 他断言, 还有另一种办法来做到这一点. 试找出这种办法.

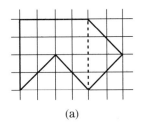 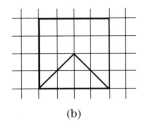

(a)　　　　　　　　(b)

图 16

425. 某班本学期共有 7 门功课, 每个学生每个星期都会得到每门功课的一个成绩 (3 分、4 分和 5 分, 分别相当于及格、良和优). 学生瓦良把一个星期叫作"成功的", 如果该星期所得的成绩中, (相比上个星期) 成绩上升的门数比下降的门数至少多两门. 现发现他有某连续的 n 个星期都是成功的, 并且最后一个星期的各门功课的成绩都与最初一个星期

的成绩完全相同[①]. 试求 n 的一切可能值.

426. 瓦夏的生日在 2 月 23 日, 这一天他收到了 777 颗巧克力, 瓦夏打算 n 天内吃完它们, 并且每一天都比前一天多吃一粒. 求 n 的最大可能值.

427. 数学奥林匹克上, m ($m>1$) 个学生共解出 n ($n>1$) 道题, 各个学生所解出的题数都不一样, 每道题被解出的人数也不一样. 证明, 其中必有一个学生正好解出一道题.

428. 在锐角 $\triangle ABC$ 的边 AB 和 BC 上分别向外作全等的矩形 $ABMN$ 和 $LBCK$, 使得 $AB=KC$. 证明, 直线 AL, NK 和 MC 相交于同一点.

429. 把表达式 $(x^4+x^3-3x^2+x+2)^{2006}$ 展开并合并同类项. 证明, 其中必有 x 的某一个方幂的系数是负的.

430. 把平面上的由圆弧所构成的闭合的且不自交的路径, 称为 "小路". 试给出一个 "小路" 的例子, 使得在它上有一个点 M, 凡是经过 M 点的直线都刚好平分这个 "小路" 的周长 (即在由该直线所分成的两个半平面内, 这个半平面内的弧的总长等于另外一个半平面内的弧的总长).

431. 老师在一个 5×5 的方格表的每一格中都填了一个整数, 这些整数互不相同. 他把这个表复印了两份, 分别交给波尔和米沙各一份. 波尔从表中选出最大的数, 然后把它所在的行与列全部删去, 接着在剩下的 4×4 方格表中再找出最大的数, 并且删去它所在的行与列, 如此一直下去. 米沙做类似的事情, 只不过是选表中最小的数. 试问, 老师能否这样来填表, 使得米沙所选出的 5 个数的总和反而比波尔所选出的 5 个数的总和还大?

432. 两个二次三项式的首项系数都是 1, 其中一个二次三项式的两个根都小于 1000, 另一个二次三项式的两个根都大于 1000. 试问, 这两个二次三项式之和能否刚好有一个根大于 1000, 还有一个根小于 1000?

433. 如果有一个三角形是锐角三角形, 另一个是钝角三角形, 那么, 其中一个三角形的三个内角的正切值的和是否可能等于另一个三角形的三个内角的正切值的和?

434. 能否用全等的四面体把整个空间都充满, 并且这些四面体的每个面都是直角三角形?

435. 在一个盒子里头放有写有号码 $1,2,\cdots,2006$ 的 2006 张卡片, 2006 号卡片在最下面, 它的上方放的是 2005 号卡片, 如此直到 1 号卡片. 每一步允许取出一个最上方的卡片, 把它或者放到一个空盒子里, 或者放在已经有卡片的盒子里, 但是最上方的卡片刚好比它大一号. 允许从任何一个盒子里取卡片. 为了能把所有的卡片全都移入另外一个盒子, 至少需要多少个空盒子?

436. 设 n 为正整数, 使得 $3n+1$ 和 $10n+1$ 都是完全平方数, 证明, $29n+11$ 是合数.

437. 给定 $\triangle ABC$ 以及它的外接圆圆周上的两个点 P 和 Q, 作 P 关于直线 BC 的对称点 P_a, 将直线 QP_a 和 BC 的交点记为 A', 按照类似的办法得到点 B' 和 C'. 证明, A', B', C' 三点共线.

438. 设 $\alpha_1, \alpha_2, \cdots, \alpha_5$ 都属于区间 $\left[0, \dfrac{3\pi}{2}\right]$, 并且形成递增的等差数列, 如果 $\cos\alpha_1$, $\cos\alpha_2, \cos\alpha_3$ 按照某种顺序成等差数列, 而且 $\sin\alpha_3, \sin\alpha_4, \sin\alpha_5$ 也按照某种顺序成等差数

[①] 这里应当理解为: 一共有连续的 $n+1$ 个星期, 其中第 2 星期直到最后一个星期都是成功的, 并且最后一个星期的各门功课的成绩都与第 1 个星期的成绩完全相同. —— 编译者注

列, 那么, $\alpha_1, \alpha_2, \cdots, \alpha_5$ 之间的公差是多少?

439. 找出所有的既约分数 $\dfrac{a}{b}$, 它的分数形式刚好是 $\overline{b.a}$(**注** 小数点的前后分别是正整数 b 与 a 的 10 进制表达式).

440. 能否把一根刚性的 (不可拉伸) 的带子缠绕到无限的圆锥上, 使得带子环绕它的轴无限多圈? 此处, 带子不可缠绕到圆锥的顶点上, 带子不可切断, 也不可翻折, 在必要时, 可以认为带子是无限长的, 而且圆锥的轴截面的顶角足够小.

441. 甲、乙二人做游戏, 钱包里开始有 1331 枚硬币, 他们轮流从钱包里取出硬币, 甲先开始取, 他第一次只取出了一枚, 在相继的步骤里, 每一个取钱的人所取的钱数都或者与对手刚才所取的枚数相同, 或者比他多一枚. 谁不能按规则取钱, 就算谁输. 问谁有取胜策略?

442. 在给定的角的平分线上有一个固定的点, 观察所有可能的这样的等腰三角形, 它们的顶点在该固定点上, 而底边的两个顶点分别在角的两边上. 试求这些三角形的底边中点的轨迹.

443. 仓库中把不同等级的糖果各装了 n 个盒子, 在这些盒子上分别标了价钱 $1,2,\cdots,n$ 元. 要求在任何一个盒中的糖果重量都不超过任何一个更贵的盒中的糖果重量的条件下, 购买这些盒中价钱之和最小的 k 盒糖果, 使得它们里边所装的糖果不少于糖果总量的 $\dfrac{k}{n}$:

a) 如果 $n=10, k=3$, 应该购买哪些盒糖果?
b) 对任何正整数 $n \geqslant k$, 再讨论同样问题.

第 70 届莫斯科数学奥林匹克 (2007)

八年级　　第 444—449 题
九年级　　第 450—455 题
十年级　　第 456—461 题
十一年级　第 462—468 题

444. 某村庄的人口, 第一年增加了 n 个人, 第二年增加了 300 个人; 若按比例看, 第一年人口增长了 300%, 第二年人口增长了 n%. 问, 该村庄第二年末有多少居民?

445. 给定一个正整数 n, 为了找出离 $\sqrt{n}$ 最近的正整数 a, 有人就去找离 n 最近的完全平方数 a^2. 试问, 这样找出的 a 是否一定就是离 $\sqrt{n}$ 最近的正整数?

446. 有 16 支球队参加足球冠军赛, 每两支球队都比赛一场, 胜者得 3 分, 败者得 0 分, 若为平局, 各得 1 分. 如果一支球队的总得分不少于它所可能得到的最多分数的一半, 我们就称它为 "成功的". 试问, 比赛中最多可能产生出多少支成功的球队?

447. 在 $\triangle ABC$ 中, $\angle C$ 为直角. 内切圆分别与边 AC, BC 和 AB 相切于点 M, K 与 N. 经过点 K 作与 MN 垂直的直线, 交直角边 AC 于点 X. 证明, $CK = AX$.

448. 船长弗鲁根在自己的舱室里把一副 52 张牌洗过以后,放置在一个圆周上,在圆周上还空出一个位置. 水手傅克斯在驾驶室里,他既不能中断驾驶又不知道牌的最初分布情况,但要说出一张牌. 若他所说的牌与空位相邻,船长就把这张牌挪到空位上,而且不告诉傅克斯;若非如此,则什么都不动. 接着傅克斯再说一张牌. 只要傅克斯不喊 "结束",那么这个过程就一直继续下去. 试问, 傅克斯能否使得所有的牌在结束时都不在开始时的位置上?

449. 在凸四边形 $ABCD$ 中, 有 $AB = BC = CD$, 而 M 是边 AD 的中点. 今知 $\angle BMC = 90°$. 试求 $ABCD$ 的两条对角线间的夹角.

450. 本届莫斯科数学奥林匹克是于 2007 年举行的第 70 届奥林匹克, 它的届数刚好是年份的末二位数字的倒置. 从今年 (2007 年) 起 1000 年内, 还会有哪些届数会出现这种现象①?

451. 在抛物线 $y = x^2$ 上取 4 个点 A, B, C, D, 使得直线 AB 与 CD 在纵轴上相交. 现知点 A, B, C 的横坐标分别为 a, b, c, 试求点 D 的横坐标.

452. 找出所有这样的有限项的等差数列, 它们中的每一项都是质数, 且项数大于公差.

453. 凸图形② F 具有如下性质: 任何边长为 1 的正三角形都可以经过平移, 把所有顶点都放到 F 的周界上. 试问, F 是否一定是圆?

454. $n > 4$ 支球队参加足球单循环训练赛, 每两支球队都比赛一场, 赢者得 3 分, 败者得 0 分, 若为平局, 各得 1 分. 现知比赛结果是各队所得总分相同.

a) 证明, 一定可以找到 4 支球队, 它们赢的场数相同, 败的场数相同, 平的场数也相同;

b) 当 n 至少多大时, 就未必能找到 5 支这样的球队?

455. 由点 T 看 $\triangle ABC$ 各边的视角③都是 $120°$. 证明, 直线 AT, BT 和 CT 分别关于 BC, CA 和 AB 的对称直线相交于同一点.

456. 在单位正方形的周界上取 4 个点 K, L, M 和 N, 其中线段 KM 平行于正方形的一组对边, 线段 LN 平行于正方形的另一组对边. 现知, 线段 KL 从正方形上截出一个周长为 1 的三角形. 试问, 线段 MN 从正方形上所截出的三角形的面积是多少?

457. 能否将图 17 中的 15 条线段分别染为 3 种不同的颜色④, 使得任何两条颜色相同的线段都不具有公共点?

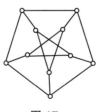

图 17

458. 是否存在这样的正整数 x 与 y, 使得 $x^2 + x + 1$ 是 y 的正整数次方, 而 $y^2 + y + 1$ 是 x 的正整数次方?

---

① 意即当届数是 k 位数时, 与年号的末尾 k 位数字倒置后所形成的 k 位数相同. —— 编译者注

② 一个图形称为凸图形, 如果连接图形中任何两点的线段都整个属于该图形. —— 编译者注

③ 意即 $\angle ATB = \angle BTC = \angle CTA = 120°$. —— 编译者注

④ 每条线段染为其中的一种颜色. —— 编译者注

459. 同第 448 题.

460. $\triangle ABC$ 的外心是 O. 点 X 是 $\triangle ABC$ 内部任意一点, 使得 $\angle XAB = \angle XBC = \varphi$. 点 P 使得 $PX \perp OX$, $\angle XOP = \varphi$, 并且 $\angle XOP$ 与 $\angle XAB$ 的方向相同. 证明, 所有这样的点 P 位于同一条直线上.

461. 对于有理数 x, 可以进行如下两种形式的操作: $x \mapsto \dfrac{1+x}{x}$ 或 $x \mapsto \dfrac{1-x}{x}$. 试问, 是否从任何非零有理数出发, 都可通过有限次这种操作, 得到任何有理数?

462. 圆形的靶子被分成 20 个扇形, 沿着圆周按某种方式将它们编为 1 至 20 号 (不一定依次编号). 例如, 可以编为

$$1, 20, 5, 12, 9, 14, 11, 8, 16, 7, 19, 3, 17, 2, 15, 10, 6, 13, 4, 18.$$

此时, 最小相邻号码差是 $12 - 9 = 3$ (用较大号码减去较小号码). 是否存在某种编号方式, 使得最小相邻号码差大于 3? 最小相邻号码差的最大可能值是多少?

463. 实数 a 使得下面的第一个方程有 2007 个根:

$$4^x - 4^{-x} = 2\cos ax, \quad 4^x + 4^{-x} = 2\cos ax + 4.$$

试问, 对于这个 a, 其中第二个方程有多少个根?

464. 设若干个互不相同的质数的乘积是其中每个质数减 1 的倍数. 试找出这种乘积的所有可能值.

465. 在棱锥 $SA_1A_2\cdots A_n$ 中有 $SA_1 = SA_2 = \cdots = SA_n$. 点 O 在底面 $A_1A_2\cdots A_n$ 中, 使得 $\angle SA_1O = \angle SA_2O = \cdots = \angle SA_nO$. 试问, 对于怎样的最小的 n, 可由上述条件推出 SO 是棱锥的高?

466. 在 $n \times n$ 方格表中, 开始时只有两个相对角①上的方格是黑色的, 其余方格均为白色. 现在允许将其中的一些白格染黑, 然后就只能整行、整列地改变方格的颜色 (白改黑, 黑改白). 试问, 最少需要将多少个白格染黑, 就可以通过有限次整行整列的变色, 使得表中所有方格都成为黑色?

467. 在 $\triangle ABC$ 中, 边 BC, CA 与 AB 的中点分别是 A', B' 和 C', 而 BH 是高. 证明, 如果 $\triangle AHC'$ 与 $\triangle CHA'$ 的外接圆都经过点 M, 并且 $M \neq H$, 则有 $\angle ABM = \angle CBB'$.

468. 米莎在意念中向给定的单位圆里放入一个凸多边形, 使得单位圆的圆心在多边形内部, 科莉亚试图猜出多边形的周长. 每一步, 科莉亚指给米莎一条直线, 米莎则告诉她该直线是否与多边形相交. 试问, 科莉亚有无办法大致地猜出多边形的周长:

a) 经过 3 步, 误差不超过 0.3;

b) 经过 2007 步, 误差不超过 0.003?

---

① 例如, 左上角和右下角. —— 编译者注

第 71 届莫斯科数学奥林匹克 (2008)

八年级　　第 469—474 题
九年级　　第 475—480 题
十年级　　第 481—486 题
十一年级　第 487—493 题

469. 是否在任何两个相连正整数乘积的末尾都能添加某两个数字, 使之成为完全平方数?

470. 电影院中共有 7 排座位, 每排 10 个位子. 一个由 50 个孩子组成的团体在该电影院看了早场电影后, 又看了晚场电影. 证明, 从中可以找到两个孩子, 他们在早场时坐在同一排, 晚场时也坐在同一排.

471. 在 $\triangle ABC$ 的边 AB 与 BC 上分别取点 K 和 M, 使得 $KM // AC$. 线段 AM 与 KC 相交于点 O. 现知 $AK = AO$, $KM = MC$. 证明, $AM = KB$.

472. 乒乓球训练中共有 20 个运动员和 10 名裁判员. 每两个运动员都比赛一场, 每场比赛均有一名裁判员担任裁判工作. 每场比赛过后, 两位运动员都与他们的裁判合影. 训练结束一年之后, 有人找出了所有这些相片 (光凭相片, 看不出谁是运动员, 谁是裁判员). 现在看来, 其中有些人确实难以确定身份, 即究竟是运动员还是裁判员. 试问, 其中有几个人难以确定身份?

473. 试在平面上找出 9 个点, 使得其中任何 4 个点都不在同一条直线上, 但在其中任何 6 个点中都有某 3 个点在同一条直线上. (试画出所有的这样的直线, 在其中每条直线上都有其中 3 个点.)

474. 游戏者手中有 M 枚金币和 N 枚银币. 在每一回合中, 游戏者先把某些钱币放在红格中, 把一些钱币放在黑格中 (也可以不放到某种颜色的格子中, 钱币也不一定全都放进格子). 在每一回合的末尾, 庄家会宣布哪一种颜色获胜. 对于放在获胜颜色的格子中的钱币, 庄家加倍付给游戏者金币和银币 (每一种钱币都按所放数目的 2 倍付给), 而收走放在未获胜的颜色的格子中的所有钱币 (归入自己囊中).

该游戏者希望自己的一种钱币枚数变为另一种钱币枚数的 3 倍 (特别地, 可以一枚都不剩). 试问, 对怎样的 M 和 N, 游戏者可以不受庄家行为的干扰达到自己的目的.

475. 两支代表队参加信息学比赛, 比赛共分 4 轮进行, 在每一轮比赛之后, 6 名裁判都分别给每个代表队打一个分数, 即给一个 1 到 5 的整数. 计算机则算出 6 个裁判所给分数的算术平均值, 以该平均值作为代表队在该轮比赛中的成绩, 平均值精确到小数点后面一位数. 最后以四轮成绩之和的较高者取胜. 试问, 能否存在这样的现象, 即各位裁判实际打给败北者的分数总和反而比打给获胜者的分数总和还要高?

476. 自行车运动爱好者沿着一条环状公路旅行, 他朝一个方向骑行, 每天骑行 $71\,\mathrm{km}$,

且夜宿路面. 公路上有一段长达 71 km 的异常路段, 如果他在该路段上夜宿, 那么当他入眠时距离路段一端的距离为 y km 的话, 醒来时就会发现身在距离另一端 y km 处. 证明, 无论他从什么地方开始旅行, 他都迟早要夜宿在出发点上.

477. 在 $\triangle ABC$ 中, AL 为角平分线, 点 O 为外心, 点 D 在边 AC 上, 使得 $AD = AB$. 证明, 直线 AO 垂直于直线 LD.

478. 如果在一个正整数的前面, 或者在它的末尾或者在它的任何两位数字之间加写一个数字, 都称为将该正整数加码. 试问, 是否存在这样的正整数, 无论怎样对它进行 100 次加码, 都不能得到完全平方数?

479. 某甲有 100 张银行卡, 他知道在其中一张卡上有 1 卢布存款, 一张卡上有 2 卢布存款, 如此一直下去, 直到一张卡上有 100 卢布存款, 但他弄不清楚哪张卡上有多少钱. 他每次把一张卡放进取款机, 输入所要取出的款数, 如果卡上的存款数目不少于所要取出的款数, 那么取款机就会吐出如此数目的钱来, 否则就一点钱都不支付. 两种情况下, 取款机都把卡吞掉, 并且不告知卡上的存款余额. 试问, 某甲最多可以保证自己取出多少钱?

480. 证明, 存在这样的凸图形, 它的边界是一些圆周上的弧段, 而且可以把该图形分割为若干块, 然后拼成两个凸图形, 使得它们的边界是另外一些圆周上的弧段.

481. 教室的形状是一个边长为 3 m 的正六边形. 在它的每个角上都放有一部鼾声测量仪, 用以确定不超过 3 m 的距离中的打瞌睡的学生人数. 如果所有测量仪所确定出的人数之和为 7, 那么该教室内共有多少个学生在打瞌睡?

482. 开始时, 在数轴上的点 P 处站着一个机器人. 甲乙二人按下述方式做游戏: 甲先说一个距离, 乙再说一个方向, 于是机器人就按照乙所说的方向移动甲所说的距离. 试问, 对于哪些点 P, 甲可以不受乙的行为的影响, 总能使得机器人在有限步移动之后, 到达坐标为 0 或为 1 的两个点之一处?

483. 从 -33 到 100 的所有整数被按照某种顺序写成一行, 求出每两个相邻数的和数, 这些和数当然都不等于 0; 将这些和数的倒数相加. 试问, 所得的和数能否为整数?

484. 证明, 如果整系数多项式在某 k 个整点处所取的值都在 1 与 $k-1$ 之间, 则当 $k \geq 6$ 时, 这些值全都相等.

485. 设 $\triangle ABC$ 为锐角三角形, 它的两条高 AA' 与 CC' 相交于点 H, 边 AC 的中点为 B_0. 分别考察直线 BB_0 关于 $\angle ABC$ 的平分线的对称直线和直线 HB_0 关于 $\angle AHC$ 的平分线的对称直线. 证明, 这两条被考察的直线的交点在直线 $A'C'$ 上.

486. 所有的正整数都被分别染为 N 种颜色之一, 并且每种颜色的整数都有无穷多个. 今知, 任何两个奇偶性相同的正整数的算术平均值的颜色都只与该两个数的颜色有关 (例如, 蓝色的数与红色的数的算术平均值一定是黄色的, 如此等等).

a) 证明, 任何两个奇偶性相同的同色正整数的算术平均值都一定与它们同色.

b) 试问, 对于怎样的 N 可以实现这种染色?

487. 设 p 与 q 为实数, 使得抛物线 $y = -2x^2$ 与 $y = x^2 + px + q$ 恰好有两个交点, 且围成一个有界图形. 试求二等分此图形面积的竖直直线的方程.

488. 试求最小的正整数 n, 使得 n^n 不是 $2008! = 1 \cdot 2 \cdot \cdots \cdot 2008$ 的约数.

489. 在一场统考中, 333 个考生共出现 1000 个错误. 试问, 能否出现这种情况, 即分别出现不少于 6 个错误的考生人数反而多于不超过 3 个错误的考生人数?

490. 设点 O 是 $\triangle ABC$ 的内心. 过点 O 作直线 AO 的垂线与直线 BC 相交于点 M, 再过点 O 作直线 AM 的垂线 OD. 证明, A,B,C,D 四点共圆.

491. 机床生产两种不同类型的元件. 在传送带上一字排开地放着它刚刚生产出的 75 件元件. 只要传送带一开始转动, 机床就着手生产那种在传送带上数量较少的元件. 传送带上每一分钟都有一件运转到末端的元件落入储藏箱. 在传送带运转若干分钟之后, 传送带上元件的分布情况会第一次重复出现初始时的状况.

a) 试问, 最少需要间隔多少分钟?

b) 试求出重复出现最初状况的所有可能的间隔时间.

492. 游戏者在电脑上玩猎人抓兔子的游戏, 共有一个猎人和两只兔子, 游戏者操纵猎人. 兔子窝位于正方形 $ABCD$ 上的顶点 A 处. 只要猎人不在顶点 A 上, 哪怕只要有一只兔子到达该处, 就算它进了窝, 那么游戏者就输了. 如果猎人与兔子刚好同时在同一个顶点上 (包括顶点 A), 那么猎人就把兔子抓住. 开始时, 猎人位于顶点 C 上, 而两只兔子分别在顶点 B 和 D 上. 猎人以不大于 v 的速度随处跑动, 而兔子只能以不大于 1 的速度沿射线 AB 和 AD 跑动. 对于怎样的 v 值, 猎人可以抓住两只兔子?

493. 是否在任何多面体上都可以找到 4 个顶点, 使得以它们为顶点的四面体在任何平面上的投影面积与原多面体在该平面上的投影面积的比值: a) 大于 $\frac{1}{4}$; b) 不小于 $\frac{1}{9}$; c) 不小于 $\frac{1}{7}$.

第 72 届莫斯科数学奥林匹克 (2009)

八年级   第 494—499 题
九年级   第 500—505 题
十年级   第 506—511 题
十一年级   第 512—517 题

494. 黑板上写着:

在这个句子中, $\cdots$% 的数字可被 2 整除; $\cdots$% 的数字可被 3 整除; $\cdots$% 的数字既可被 2 整除, 又可被 3 整除.

试将句子中的省略号换成某些整数, 使得该句子所说的事情成立.

495. 在直角三角形 $\triangle ABC$ 的斜边 AB 上取一点 K, 使得 $CK = BC$. 今知线段 CK 经过角平分线 AL 的中点. 试求 $\triangle ABC$ 的各角.

496. 设 a,b,c 为不同的非 0 实数, 今知二次方程 $ax^2+bx+c=0$ 与 $bx^2+cx+a=0$ 有公共实根. 试求出该公共实根.

497. 在 101×101 方格表中, 除了中心方格外, 每个方格里都标有记号:"转弯" 或 "直行". 玩具汽车从外面驶入一个靠着方格表边缘的方格, 并沿着平行于方格线的方向按如下

两条规则行驶:

a) 在标有 "直行" 的方格里沿原来方向行驶;

b) 在标有 "转弯" 的方格里转 $90°$ 行驶 (可朝左转, 也可朝右转, 任其选择).

中心方格中有一座房子. 能否如此来标注各个方格中的记号, 使得玩具汽车不可能冲进房子?

498. 可将平面上的两个点不太复杂地用 3 条折线连接起来, 以得到两个全等的多边形 (例如, 按图 18 所示的那样连接[①]). 请用 4 条折线连接两个点, 使得所得到的三个多边形彼此全等 (折线为不自交的, 且除了端点之外, 彼此之间没有公共点).

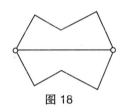

图 18

499. 两个人轮流在黑板上写数, 每人各占半块黑板, 每人每次在自己的半块黑板上写上一个正整数 (可以重复), 直到所写出的所有数的和超过 10000 为止. 当黑板上所有数的和等于 10000 时, 游戏以计算两半块黑板上的所有数字的和结束[②]. 谁的半块黑板上的数字的和较小, 就算谁胜 (如果相等, 则为平局). 试问, 其中能否有某个人一定能取胜, 不论其对手如何行事?

500. 下课时, 黑板上留有函数 $y = \dfrac{x}{k}$ ($k \neq 0$) 的图像以及 5 条平行于直线 $y = kx$ 的直线. 试求所有 10 个交点的横坐标的乘积.

501. 证明, 存在这样的多边形, 它可以被某条线段分成彼此全等的两部分, 而且该线段平分多边形的一条边, 并把另一条边分成长度比为 2:1 的两段.

502. 在 101×101 方格表中的每个方格里都标有记号:"转弯" 或 "直行". 玩具汽车可以从外面 (沿着与方格表的边垂直的方向) 驶入任意一个靠着边缘的方格. 如果它所落入的方格标有记号 "直行", 那么就沿原来的方向行驶; 如果它所落入的方格标有记号 "转弯", 那么就转 $90°$ 行驶 (可朝左转, 也可朝右转). 在中心处的方格中埋有宝藏. 能否如此来标注各个方格中的记号, 使得玩具汽车不可能进入中心方格?

503. 由正整数构成的数列称为有趣的, 如果除了第 1 项外的其余各项都或者等于它的前后两个邻项的算术平均值, 或者等于它们的几何平均值. 某甲从某个具有 3 项递增的等比数列开始, 依次添加数列中的项, 他希望得到一个无穷的有趣数列, 并且从任一项往后都不是清一色的算术平均值, 也不是清一色的几何平均值. 他是否不一定能实现自己的愿望?

504. 等腰三角形 $\triangle ABC$ 的顶角 $\angle B = 120°$. 由顶点 B 往形内方向发射出两条光线, 彼此夹成 $60°$. 两条光线经底边 AC 上的点 P 与 Q 反射后, 分别落到两腰上的点 M 与 N 处 (参阅图 19). 证明, $\triangle PBQ$ 的面积等于 $\triangle AMP$ 的面积与 $\triangle CNQ$ 的面积的和.

505. 给定整数 $n > 1$. 甲乙二人轮流在圆周上取点, 甲把自己所取的点标上红色, 乙把自己所取的点标上蓝色. 已经取过的点不能再取. 当每种颜色的点都标

[①] 在图 18 中, 中间是一条直线段, 上下方的两条折线关于中间的直线段对称. —— 编译者注

[②] 注意数的和与数字的和的区别. —— 编译者注

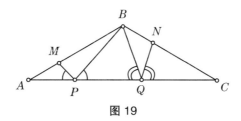

图 19

了 n 个时, 不再继续取点. 此时各人在圆周上找出以自己所标的点为端点的最长弧段, 要求该弧段上没有别的被标出的点. 以所得弧段较长者为胜 (如果两者等长, 或者都找不出符合所说条件的弧段, 则为平局). 其中能否有某个人可保证自己取胜?

506. 可在代办点为手机充值, 代办商要抽取费用的百分之整数[①]作为手续费. 费佳付了整数个卢布给代办商, 手机显示他所充的值为 847 卢布. 今知代办费低于本金的 30%, 试问费佳付给了代办商多少钱?

507. 给定一个各项都是正整数的无穷数列 $a_1, \cdots, a_n, \cdots$, 除 a_1 外, 数列中的各项或者等于它的前后两个邻项的算术平均值, 或者等于它们的几何平均值. 是否必然自某项开始, 都是清一色的算术平均值, 或都是清一色的几何平均值?

508. 正方形被分成了有限个矩形. 是否一定能找到两个矩形, 连接它们中心 (即对角线交点) 的线段仅与这两个矩形有公共点, 而与其余矩形都没有公共点?

509. 2009 枚珠子被用绳子串成一根项链, 珠子可在绳子上移动. 每一步可将任何一枚珠子移动到它的两枚相邻珠子的中点. 是否存在这样的初始状况和一系列的移动步骤, 使得某一枚珠子刚好移过整整一圈?

510. $\triangle ABC$ 的边 BC 和 AC 分别与各自边上的旁切圆相切于点 A_1 和点 B_1. 而点 A_2 与点 B_2 分别是 $\triangle CAA_1$ 与 $\triangle CBB_1$ 的垂心. 证明, 直线 A_2B_2 垂直于 $\angle C$ 的角平分线.

511. 证明, 对任何正整数 $k < m < n$, 组合数 C_n^k 与 C_n^m 都不互质.

512. 当游泳池往外放水时, 水的深度 h 随时间 t 的变化方程是
$$h(t) = at^2 + bt + c.$$
若在时刻 t_0 时有 $h(t_0) = h'(t_0) = 0$, 则表明水放光了. 如果在第一个小时里水刚好放掉原来的一半, 那么在几个小时内可把所有的水全都放光?

513. 一个底面半径为 6 的圆柱是用钢筋束扎成的, 它被 72 根底面半径为 1 的辐条[②]所穿透. 试问, 该圆柱的高能否也是 6?

514. 在平面上给出了一个直角坐标系, 但未标出长度单位, 只知横轴纵轴长度单位相同, 还给出了函数
$$y = \sin x, \quad x \in (0, \alpha)$$
的图像. 如何利用直尺和圆规作与之在指定点相切的切线, 如果:

---
① 若将抽取的钱表示为费用的 $x\%$, 则此处的 x 为正整数. —— 编译者注
② 辐条的形状是细长的圆柱. —— 编译者注

a) $\alpha \in \left(\dfrac{\pi}{2}, \pi\right)$;

b) $\alpha \in \left(0, \dfrac{\pi}{2}\right)$.

515. 某四边形具有内切圆. 由四边形的每一个顶点都作一条经过内切圆圆心的直线. 现知, 其中有 3 条直线都把四边形分成面积相等的两部分.

a) 证明, 第 4 条直线也具有同样的性质.

b) 如果已知四边形有一个内角为 $72°$, 那么它的其他各角可以为多少度?

516. 试对每个质数 p 找出 $p!$ 的最大方幂数, 使得 $(p^2)!$ 可被其整除.

517. 将所有二位数 $00, 01, 02, \cdots, 99$ 任意地分为两组. 证明, 在任何一种分法下, 都至少有一个组中的若干个数可以一个接一个地写成一列, 使得其中任何两个相邻数都相差 1, 10 或 11, 并且至少在一个数位上 (在个位数中或在十位数中) 能够出现所有 10 个不同的数码.

第 73 届莫斯科数学奥林匹克 (2010)

八年级   第 518—523 题

九年级   第 524—529 题

十年级   第 530—535 题

十一年级   第 536—541 题

518. КУБ 是立方数, 证明: ШАР 不是立方数. 此处, КУБ 和 ШАР 都是 3 位数, 不同的字母代表不同的数字①.

519. 在三角形的桌面上放着 28 枚尺寸相同的硬币 (参阅图 20). 现知任何 3 枚两两相切的硬币的重量之和都是 $10\,\mathrm{g}$, 试求周界上的 18 枚硬币的重量之和.

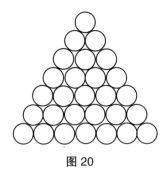

图 20

---

① 在俄文中, КУБ 是立方体的意思, ШАР 是球体的意思, 它们都是 3 维几何体. —— 编译者注

520. 在 △ABC 中，点 M 是边 AC 的中点，点 P 在边 BC 上，线段 AP 与 BM 相交于点 O. 今知 BO = BP, 试求比值 OM:PC.

521. 33 个勇士骑马沿着环状道路逆时针前行. 道路上只有一个点处可供他们相互超越. 试问, 他们能否无限长时间地按互不相同的常速行进?

522. 在 △ABC 中, 点 I 是内心, 点 M 和 N 分别是边 BC 和 AC 的中点, 今知, ∠AIN = 90°. 证明: ∠BIM = 90°.

523. 在 20×20 方格表的某些方格里各放有 1 个箭头, 箭头可能朝向 4 个不同方向. 现知沿着周界的方格中的箭头刚好顺时针地形成一圈 (参阅图 21), 并且任何两个相邻 (包括依对角线相邻) 方格中的箭头的方向都不刚好相反. 证明, 可以找到一个方格, 其中没放箭头.

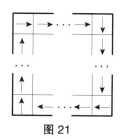

图 21

524. 大灰狼空腹吃了 3 头小猪和 7 只山羊以后仍然感觉到饿. 后来有一次它空腹吃了 7 头小猪和 1 只小山羊后觉得不饿了. 试问, 如果它空腹吃掉 11 只山羊, 它会感觉怎样?

525. 设 ABCD 为矩形, 点 M 在边 AB 上, 经过点 M 作直线 CM 的垂线, 与边 AD 相交于点 E. 由点 M 作直线 CE 的垂线, 垂足为 P. 试求 ∠APB.

526. 魔鬼城的每个居民都有自己的蟑螂, 但不是人人一样多. 两只蟑螂是 "同志", 如果它们有同一个主人 (特别地, 每只蟑螂是自己的 "同志") 试问, 是每个居民所平均拥有的蟑螂数目多, 还是每只蟑螂所平均拥有的同志数目多?

527. 圆周上放有 2009 个数, 每个数都是 +1 或 −1, 但它们不全相同. 考察其中一切可能的相连放置的 10 个数. 求出每相连 10 个数的乘积, 再把所有这些乘积相加. 试求可能得到的和数的最大值.

528. 给定一条具有 37 段的不自交的闭折线. 作出其上每一段所在的直线. 试问, 最少得到多少条互不相同的直线?

529. 某甲想由所给的正整数出发, 得到一个个位数. 为此, 他可以任意地在所给正整数的各位数字之间摆放加号, 并求出和数 (例如, 从所给的正整数 123456789 可以得到 $12345+6+789=13140$). 对所得的和数还可继续进行这种操作, 如此下去, 直到得到一个个位数为止. 试问, 是否任何时候都可以至多操作 10 次, 就可以得到一个个位数?

530. 现有 3 个二次三项式: x^2+ax+b, x^2+cx+d, x^2+ex+f. 今知其中任何两个二次三项式的和都没有实根. 试问, 这 3 个二次三项式的和能否有实根?

531. 设 ABCD 为梯形, 它的两底 AD = a, BC = b. 点 M 和 N 分别在腰 AB 和 CD 上, 使得线段 MN 平行于两底. 今知对角线 AC 与该线段相交于点 O. 如果 $S_{AMO}=S_{CNO}$, 试求线段 MN.

532. 能否通过对 2 用函数 sin, cos, tan, cot, arcsin, arccos, arctan, arccot 作用来得到数 2010 (可以以任意顺序作用, 且可作用任意多次)?

533. 正整数 n 的各位数字之和等于 100. 试问, n^3 的各位数字之和能否等于 100^3?

534. 在某非等腰三角形中, 有两条中线等于两条高. 试求第 3 条中线与第 3 条高的比.

535. 在平面上给出 $4n$ 个点, 然后用线段连接其中距离为 1 cm 的点对. 现知, 在其中任何 $n+1$ 个点中, 都至少有两个点之间连有线段. 证明, 一共至少连了 $7n$ 条线段.

536. 设 a,b,c 是互不相同的非零数字 (即个位数), 试求表达式 $\dfrac{1}{a+\dfrac{2010}{b+\dfrac{1}{c}}}$ 的最大可能值[①].

537. 在预先铺了一层厚度为 1 的均匀沙层的正方形沙箱里, 玛莎和芭莎用这些沙借助于高度为 2 的圆柱形的桶来 "做" 圆柱形的 "大蛋糕". 玛莎的 "蛋糕" 全都做成了圆柱形, 而芭莎的 "蛋糕" 却都塌下来, 变成了同样高度的圆锥. 最终所有的沙都用完了"蛋糕" 一个一个地放在沙箱里. 谁的 "蛋糕" 更多一些? 是玛莎的, 还是芭莎的?

538. 证明, 如果对于某两个数 p 与 q, 数 x,y,z 是如下的方程组的解:
$$\begin{cases} y = x^n + px + q, \\ z = y^n + py + q, \\ x = z^n + pz + q, \end{cases}$$
则有
$$x^2y + y^2z + z^2x \geqslant x^2z + y^2x + z^2y,$$
如果: a) $n=2$; b) $n=2010$.

539. 函数 f 使得每个 (以坐标原点为起点的) 空间向量 $\boldsymbol{v}$ 都对应一个数 $f(\boldsymbol{v})$, 并且对任何两个向量 $\boldsymbol{u}, \boldsymbol{v}$ 和任何两个实数 α 与 β, 函数值 $f(\alpha\boldsymbol{u}+\beta\boldsymbol{v})$ 至少不大于 $f(\boldsymbol{u})$ 与 $f(\boldsymbol{v})$ 中的一个. 试问, 这种函数 f 至多可能取多少个不同的值?

540. 点 P 在凸四边形 $ABCD$ 内部, 使得 $\angle PBA = \angle PCD = 90°$. 点 M 是边 AD 的中点, 且有 $BM = CM$. 证明, $\angle PAB = \angle PDC$.

541. 每个代表队由 n 个学生组成, 他们一起做游戏. 每个人都戴上一顶帽子, 帽子有 k 种不同颜色, 这 k 种颜色是大家事先知道的. 但每个人都不知道自己头上帽子的颜色 (看不见自己头上的帽子), 可以看见其他人头上的帽子, 但不许相互交流信息. 听到哨音后, 每个人都选择一条围巾. 代表队里有多少人所选的围巾与自己头上帽子的颜色相同, 该队就得多少分. 如果一个代表队事先研究好每个成员的行事策略, 那么该队最多可保证拿到多少分, a) 如果 $n=k=2$; b) 如果 n 与 k 是任意两个给定的正整数?

[①] 俄文版原题将表达式写为 $1:(a+2010:(b+1:c))$. —— 编译者注

第74届莫斯科数学奥林匹克 (2011)

八年级　　第542—547题
九年级　　第548—553题
十年级　　第554—559题
十一年级　第一天①为第560—565题
　　　　　第二天为第566—570题

542. 在六边形 $ABCDEF$ 的各个顶点上都放有一顶外观相同的帽子 (见图 22), 顶点 A 上的帽子重 1g, 顶点 B 上的帽子重 2g …… 顶点 F 上的帽子重 6g. 有人把某两顶处于对径点②上的帽子对调了位置. 今有一架有两个秤盘的天平, 可以展示两端物品谁轻谁重. 怎样通过一次称量确定出哪两顶帽子对调了位置?

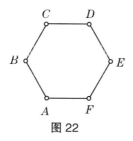

图 22

543. 彼得生于 19 世纪, 保尔生于 20 世纪. 有一次, 两兄弟在他们相同生日的庆典上相逢. 彼得说, 我现在的年龄刚好等于我出生年份的各位数字之和; 保尔说, 巧得很, 我现在的年龄也等于我出生年份的各位数字之和. 试问, 保尔比彼得小多少岁?

544. 是否存在这样的六边形, 它可以用一条直线分成 4 个彼此全等的三角形?

545. 一条不自交折线的每一段都包含着 100×100 正方形方格表中奇数个小方格的边, 相邻段之间相互垂直. 试问, 该折线能否经过方格表中的所有结点?

546. 在梯形 $ABCD$ 中, 两腰 AB 与 CD 的中点分别为 M 与 N. 由点 M 作对角线 AC 的垂线, 由点 N 作对角线 BD 的垂线, 二垂线相交于点 P. 证明, $PA = PD$.

547. 正方形方格表中的每个方格中都写着一个数. 现知每一行中两个最大的数的和都是 a, 每一列中两个最大的数的和都是 b. 证明, $a = b$.

548. 试比较如下两个数的大小:

$$2011^{2011} + 2009^{2009} \quad 与 \quad 2011^{2009} + 2009^{2011}.$$

---

① 从本届 (第 74 届) 开始, 十一年级改为考两天, 第一天同其他年级一样, 都是 6 道题, 第二天 5 道题. —— 编译者注
② 同一直径上的两个端点互为对径点. —— 编译者注

549. 训练赛中每两个参加者都比赛一场,每场比赛有一名裁判员担任裁判工作. 结果发现各个裁判员所担负的裁判场次数目各不相同. 参加者伊万诺夫断言,他的各场比赛中的裁判员各不相同. 参加者彼得罗夫和斯多罗夫也都作了这种断言. 试问,是否可能他们三人的断言都不错?

550. 在直角三角形 $\triangle ABC$ 中,$\angle C$ 为直角,$\angle A = 30°$,点 I 为内心. 线段 BI 与内切圆的交点为 D. 证明,$AI \perp CD$.

551. 黑板上写着 3 个不超过 40 的正整数 x, y, z. 每一步可将其中任何一个数加上自身的一个百分数,其分子等于其余两数之一,只要所得结果仍为整数 (例如 $x + x \cdot y\%$ 为整数,等等). 是否存在这样 3 个最初的正整数,可以在进行若干次上述操作之后,得到大于 2011 的整数?

552. 在梯形 $ABCD$ 中,AD 与 BC 为底. 射线 AB 与射线 DC 相交于点 K. 今知,$\triangle ABD$ 与 $\triangle BCD$ 的外心分别为点 P 与 Q. 证明,$\angle PKA = \angle QKD$.

553. 黑板上写着 $n(n-1)$ 个表达式:$x_1 - x_2, x_1 - x_3, \cdots, x_1 - x_n, x_2 - x_1, x_2 - x_3, \cdots, x_2 - x_n, \cdots, x_n - x_1, x_n - x_2, \cdots, x_n - x_{n-1}$,其中 $n \geqslant 3$. 女孩辽莎在练习本中写下了这 $n(n-1)$ 个表达式,又写下了它们中每两个的和、每三个的和,如此下去,一直写到所有表达式的和. 在写的过程中,辽莎进行了合并同类项的运算 (例如: 将 $(x_1 - x_2) + (x_2 - x_3)$ 改写为 $x_1 - x_3$; 将 $(x_1 - x_2) + (x_2 - x_1)$ 改写为 0). 最终辽莎一共得到多少个互不相同的表达式?

554. 是否存在这样的由 2011 个正整数组成的等差数列,其中可被 8 整除的项的数目少于可被 9 整除的项的数目,而可被 9 整除的项的数目少于可被 10 整除的项的数目?

555. 2010×2011 方格表被 2×1 的多米诺覆盖,其中有的多米诺横放,有的多米诺竖放. 证明,横放的多米诺与竖放的多米诺的边界长度① 是偶数.

556. 在 $\triangle ABC$ 中作出角平分线 BB_1 和 CC_1. 现知 $\triangle BB_1C_1$ 的外心在直线 AC 上. 试求三角形的内角 C.

557. 男孩呆瓜与男孩板斧各有 3 根短棍,长度之和都是 1m. 呆瓜和板斧都可以用自己的 3 根短棍构成三角形. 有一天夜里,小不点偷偷潜入两个男孩的家,把他们的短棍交换了一根. 第二天早晨,木瓜发现自己现有的 3 根短棍不能构成三角形了. 试问,能否断言板斧一定可用现有的 3 根短棍构成三角形?

558. 一个正方体被分成若干个长方体. 现知,对其中任何两个长方体,都存在正方体的一个面,使得它们在该面中的投影有重叠部分 (即投影的交为面积不为 0 的图形). 证明,对于其中任何三个长方体,都存在正方体的一个面,使得它们中任何两个的投影都在该面中不重叠.

559. 两个公司依次轮流招聘程序设计员,待招聘的人员中有 4 个是天才程序设计员. 每个公司都可以自由选择第一个被招聘者,而后面所招聘的人员则都应当认识某个已被该公司所招聘的人员. 如果某个公司不能按照这一法则继续下去,那么另一个公司仍可继续进行. 程序员的名单以及他们之间的相识关系都是预先知道的. 能否将相识关系构造成这样,使得那个后开始招聘的公司,不论先开始的公司如何动作,都能够招到至少 3 个天才程

---

① 意即横放的多米诺与竖放的多米诺所占据的区域之间的分界线的长度.—— 编译者注

序设计员?

560. 给定两个不同的数, 以它们作为开头两项, 构造出一个等比数列和一个等差数列. 现知, 等比数列中的第 3 项与等差数列中的第 10 项相同. 试问, 等比数列中的第 4 项与等差数列中的第几项相同?

561. 试比较如下两个方程的最小正根:

$$x^{2011}+2011x-1 \quad \text{与} \quad x^{2011}-2011x+1.$$

562. 设 $\triangle ABC$ 为等腰三角形, D 为底边 BC 上一点, 点 E 和 M 都在腰 AB 上. 今知 $AM=ME$, 线段 DM 平行于边 AC. 证明, $AD+DE>AB+BE$.

563. 正方形方格表中的每个方格中都写着一个实数. 现知每一行中 k 个最大的数的和都是 a, 每一列中 k 个最大的数的和都是 b. 证明,

a) 若 $k=2$, 则 $a=b$;

b) 当 $k=3$ 时, 存在正方形数表, 使得 $a\neq b$.

564. 给定一个棱长等于 1 的正四棱锥, 考察它在一切平面上的正交投影. 试求包含在投影中的圆的半径的最大可能值.

565. 售货员想把一块奶酪切成若干小块, 以便能够将它们分成等重的两包. 他能够借助于天平将任何一块奶酪分成重量比为 $a:(1-a)$ 的两块, 其中 $0<a<1$. 是否对于区间 $(0,1)$ 中任何一个长度为 0.001 的子区间, 都可以找到该子区间中的一个数 a, 使得售货员按照他的办法切分有限次即可达到他所希望的结果?

566. 一条曲线在某个直角坐标系中是函数 $y=\sin x$ 的图像. 是否存在另外一个坐标系, 使得同一条曲线在其中是函数 $y=\sin^2 x$ 的图像? 如果是, 那么该坐标系的原点在哪里? 长度单位是多少 (用前一个坐标系来表示)?

567. 今有 100 张卡片, 每张卡片上都写着 1, 2 或 3, 写每个数字的卡片都不多于 50 张. 是否一定可将这 100 张卡片排成一行, 使得其中不含任何片断 11, 22, 33, 123 或 321?

568. 点 O 在 $\triangle ABC$ 内, 使得

$$\angle ABO=\angle CAO, \quad \angle BAO=\angle BCO, \quad \angle BOC=90°.$$

试求比值 $AC:OC$.

569. 对于正整数 $1,2,\cdots,2011$ 的怎样的排列 $a_1,a_2,\cdots,a_{2011}$, 使得数 $a_1^{a_2^{\cdot^{\cdot^{\cdot^{a_{2011}}}}}}$ 最大?

570. 4 只甲虫沿着三棱锥的棱爬行. 每只甲虫都只在棱锥的一个面上爬行 (即三棱锥的每个面上都有一只 "自己的" 甲虫). 每只甲虫都按一定的方向沿着自己的面的周界爬行, 但是任何两只相邻面中的甲虫在它们的公共棱上的爬行方向都相反. 证明, 如果每只甲虫的爬行速度 (不一定为常速) 都恒大于 $1\,\text{cm}/\text{s}$(每秒 1 厘米), 则不论棱锥的形状、初始状态以及甲虫的速度如何, 都必然会有某两只甲虫在某一时刻相遇.

第 75 届莫斯科数学奥林匹克 (2012)

八年级　　第 571—576 题
九年级　　第 577—582 题
十年级　　第 583—588 题
十一年级　第一天为 589—594 题
　　　　　第二天为 595—599 题

571. 黑板上写着 4 个三位数, 它们的和等于 2012, 在它们的表达式中一共只用到两个不同数字. 试举出这样的 4 个三位数的例子.

572. 蚂蚱每一步只能刚好跳过 50 cm 的距离. 它希望跳遍图 23 中所示的 8 个点 (小方格的边长为 10 cm). 它最少需要跳动多少次? (允许跳到别的点上, 包括不是结点的点. 可从任何点开始, 并可结束于任何点.)

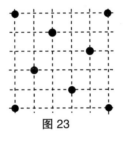

图 23

573. 平面上有 100 个给定点, 其中任何 3 点不共线. 萨沙将这些点分为 50 对, 并用线段连接每一对中的两个点. 试问, 他是否一定能够使得每两条线段都相交?

574. 在平行四边形 $ABCD$ 中, 高 BH 垂直于边 AD. 高 BH 上的点 M 与 C, D 等距. 设 K 为边 AB 的中点. 证明, $\angle MKD = 90°$.

575. 设 x, y, z 均为有理数, 使得 $x + y^2 + z^2$, $x^2 + y + z^2$, $x^2 + y^2 + z$ 都是整数. 证明, $2x$ 是整数.

576. 在 $m \times n$ 方格表的每个方格中都写着一个整数. 现发现, 每个方格中所写的数都刚好等于写在它的所有邻格中的 1 的个数 (具有公共边的方格称为相邻的), 并且方格表中的数不全为 0. 试问, 对怎样的大于 100 的正整数 m 和 n 有此可能?

577. 如果一个省份拥有超过全国 7% 的人口, 便称为大省. 现知, 对于某国的每个大省, 都可以找到该国另外两个各自拥有较少人口的省份, 他们所拥有的人口总数超过该大省. 试问, 该国最少可能拥有多少个省份?

578. $2n$ 个梨排成一行, 任何两个相邻的梨重之差都不超过 1 g. 证明, 可将这些梨分装到 n 个袋中, 每袋两个梨, 使得可将这些袋子排成一行, 每两个相邻袋子的重量之差仍然不超过 1 g.

579. 同第 574 题.

580. 设 x,y,z 均为有理数, 使得 $x+y^2+z^2$, x^2+y+z^2, x^2+y^2+z 都是整数. 试问, $2x$ 是否必为整数?

581. 直线 ℓ 与 $\triangle ABC$ 的内切圆相切, ℓ_a, ℓ_b, ℓ_c 分别是 ℓ 关于 $\triangle ABC$ 三个外角平分线的对称直线. 证明, ℓ_a, ℓ_b, ℓ_c 三条直线形成的三角形与 $\triangle ABC$ 全等.

582. a) 75 支球队参加足球训练赛, 每两支球队都比赛一场. 每场比赛赢者得 3 分, 输者不得分, 若为平局, 各得 1 分. 现知各支球队所得总分互不相同, 试求获得第一名的球队与获得最后一名的球队所得分数之差的最小可能值.

b) 对 n 支球队解答上述问题.

583. 甲在黑板上写出了 5 个整数, 它们是某个二次三项式的系数与根. 乙擦去了其中一个数, 还剩下以某种顺序排列着的 4 个数: $2, 3, 4, -5$. 试恢复被擦去的数并证明所恢复的数就是被擦去的数.

584. 在 $n \times n$ 方格表的每个小方格中都写着一个加号或一个减号. 每一次操作允许将某一行或某一列方格中的符号同时改为相反的符号 (加变减, 减变加). 现知, 可从最初状态变为所有方格中全是加号. 证明, 至多经过 n 次操作就可到达全为加号的局面.

585. 从平面上剪去一个等边三角形. 能否用彼此相似, 但不彼此位似的三角形盖住平面的其余部分①?

586. 沿着圆周分布着偶数个梨, 任何两个相邻的梨重相差都不超过 $1g$. 证明, 可将这些梨分对 (每对两个梨), 使得可将这些对子放到圆周上, 使得每两个相邻对子的重量之差仍然不超过 $1g$.

587. 给定一个锐角三角形 $\triangle ABC$. 对于任意一条直线 ℓ, 分别以 ℓ_a, ℓ_b, ℓ_c 表示 ℓ 关于 $\triangle ABC$ 的 3 条边的对称直线, 以 ℓ_I 表示由这 3 条直线所形成的三角形的内心. 试求 ℓ_I 的几何位置.

588. 图 G 的顶点集合与集合 $\{1,2,3,\cdots,n\}$ 的所有 3 元子集一一对应, 如果两个 3 元子集恰有一个公共元素, 则相应的两个顶点之间有边相连. 试对 $n=2^k$, 讨论最少需要多少种颜色, 可以把图 G 的每个顶点都染为其中一种颜色, 使得每两个有边相连的顶点均不同色?

589. 同第 583 题.

590. 对于所给定的值 a,b,c,d, 函数 $y=2a+\dfrac{1}{x-b}$ 与函数 $y=2c+\dfrac{1}{x-d}$ 的图像刚好有一个公共点. 证明, 函数 $y=2b+\dfrac{1}{x-a}$ 与函数 $y=2d+\dfrac{1}{x-c}$ 的图像也刚好有一个公共点.

591. 设 $\triangle ABC$ 的垂心是 H, 外接圆半径是 R. 证明, 如果 $\angle A \leqslant \angle B \leqslant \angle C$, 则有 $AH+BH \geqslant 2R$.

592. 一次会议共有 n 个人出席 $(n>1)$. 现知, 对于其中任何两个人, 都恰有另外两个与会者是他们的共同熟人.

---

① 位似即同位相似, 称图形 T_1 与 T_2 同位相似, 如果存在一个点 O 和一个非 0 实数 r, 使得 T_2 是 T_1 绕着点 O 旋转某个角度, 再按比例 $|r|$ 放大 (或缩小) 所得到的相似图形, 其中点 O 称为位似中心, r 称为位似系数. 当 $r<0$ 时, 需要再对图形作关于点 O 的反射. —— 编译者注

a) 证明, 各个与会者都有相同数目的熟人;

b) 说明, n 可以大于 4.

593. 对于 $n=1,2,3$, 称一个数是第 n 种类型的, 如果该数或者是 0, 或者是无穷等比数列 $1, n+2, (n+2)^2, \cdots$ 中的项, 或者是该数列中的一些不同项的和. 证明, 任何一个正整数都可以表示为一个第 1 种类型数、一个第 2 种类型数和一个第 3 种类型数的和.

594. 今有无穷多个矩形, 对于任何正数 S, 都能从中找出一些矩形, 它们的面积之和大于 S.

a) 试问, 是否一定可以利用这些矩形覆盖整个平面? 此处允许有重叠部分.

b) 如果所有的矩形都是正方形, 再回答上述问题.

595. 将若干个相连正整数中每一个数的末尾都添上两位数字, 得到一列相连正整数的平方. 试问, 该列正整数最多可能有多少个?

596. 在同一水平面中有 5 盏探照灯, 它们所射出的光线与水平面交成锐角 α 或 β 之一, 并可绕着经过射线端点的竖直轴旋转. 今知其中任何 4 盏探照灯所射出的光线都可相交于一点. 试问, 所有 5 盏探照灯所射出的光线是否一定可相交于一点?

597. 老师在黑板上写出了由字母 A 和 B 所组成的所有 2^n 个不同的 "单词", 它们按照字母表顺序排列. 然后, 他把每个字母 A 换成 x, 每个字母 B 换成 $1-x$, 从而将每个 "单词" 都变成了 n 个因式的乘积, 再把所得到的这些 x 的多项式中的前若干个相加. 证明, 他所得到的结果, 或者是常数, 或者是区间 $[0,1]$ 上的 x 的增函数.

598. 午餐后, 透明方形桌布上留下面积为 S 的暗色污斑. 现知, 如果沿着桌布的两组对边中点连线中的任何一条折叠桌布, 或者沿着一条对角线折叠桌布, 所看见的污斑的面积都是 S_1; 而若沿着另一条对角线折叠桌布, 则可看见的污斑面积仍然为 S. 试求 $S_1 : S$ 的最小可能值.

599. 以 $S(n, k)$ 表示 $(1+x)^n$ 的展开式中不可被 k 整除的系数的个数.

a) 试求 $S(2012, 3)$;

b) 证明, $S(2012^{2011}, 2011)$ 可被 2012 整除.

第 76 届莫斯科数学奥林匹克 (2013)

八年级　　第 600—605 题

九年级　　第 606—611 题

十年级　　第 612—617 题

十一年级　第一天为第 618—623 题

　　　　　第二天为第 624—628 题

600. 瓦夏写了几个质数, 从 1 到 9 的每个数码都刚好用了一次. 这几个质数的和等于 225. 能否也将从 1 到 9 的每个数码都用一次, 写出另外几个质数, 使得它们的和变小?

601. △ABC 为等腰三角形 (AB = BC). 边 AB 的中点是 M, 线段 CM 的中点是 P, 点 N 将边 BC 分为 3:1 的两段 (由顶点 B 算起). 证明, $AP = MN$.

602. 在数学兴趣班上 10 位同学解出了 10 道题. 各个人所解出的题目数量各不相同, 但各道题都有相同数目的学生解出. 学生某甲解出了第 1 题到第 5 题, 但未解出第 6 题到第 9 题. 试问, 他是否解出了第 10 题?

603. 沿着圆周写着 1000 个实数, 其中没有 0. 将它们交替地染为红色和蓝色. 现知, 每个红数都等于其两侧相邻的蓝数的和, 而每个蓝数都等于其两侧相邻的红数的乘积. 试求这 1000 个数的和.

604. 将坐标平面上的点称为格点, 如果它的两个坐标都是整数. 某个三角形的 3 个顶点都是格点, 并且在它的内部恰好还有两个格点 (在它的边上可能还有别的格点). 证明, 经过其内部两个格点的直线, 或者经过它的一个顶点, 或者平行于它的某条边.

605. 黑板上写着一个正整数 N. 甲乙二人做游戏, 轮流对其进行如下操作: 每一次操作或者将黑板上的数换成它的一个 (有别于 1 和自身的) 约数, 或者将其减去 1(只要减去后仍然为正数), 甲先做第一次操作. 谁不能再继续下去, 就算谁输. 对哪些 N, 甲可赢得游戏, 而不论其对手如何操作?

606. 沿着圆桌的圆周等间距地放着若干个包子. 伊戈尔沿着圆桌绕圈, 并把他所遇到的第 3 个包子吃掉 (一直绕下去, 每个可能被遇到多次). 当桌上的包子一个都不剩时, 他发现, 最后被吃掉的包子正是他第一个遇到的包子, 并且是在绕了 7 圈后被吃掉的. 试问, 开始时有几个包子?

607. 在 △ABC 中, $\angle B = 90°$, 而 $\angle A < \angle C$, 又 BM 为中线. 在边 AC 上取一点 L, 使得 $\angle ABM = \angle MBL$. 现知 △MBL 的外接圆与边 AB 相交于点 N. 证明, $AN = BL$.

608. 设 a, b, c, d, e 为正数, 使得
$$a^2 + b^2 + c^2 + d^2 + e^2 = ab + ac + ad + ae + bc + bd + be + cd + ce + de.$$
证明, 在这 5 个正数中存在 3 个数, 不能以它们作为三角形的 3 边之长.

609. 试将如图 24 所示的图形分为两个彼此全等的部分.

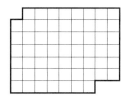

图 24

610. 将坐标平面上的点称为格点, 如果它的两个坐标都是整数. 某个三角形的 3 个顶点都是格点, 并且在它的内部至少还有两个格点. 证明, 在其内部的格点中可以找出两个这样的格点, 使得经过这两个格点的直线, 或者经过它的一个顶点, 或者平行于它的某条边.

611. 100 位智者乘坐由 12 节车厢组成的动车从 1 号车站前往 76 号车站. 他们知道, 在 1 号车站时, 有两个列车员分别坐到两节车厢里. 在过了 4 号车站以后, 在每两个相邻车站之间的区间中, 都有一位列车员转移到相邻的车厢中, 并且两人轮流进行转移. 如果列

车员在相邻的车厢里或者穿过所在车厢, 智者才能够看见列车员. 在每个车站上, 智者仅能沿着站台跑动不超过 3 节车厢的距离 (例如, 智者可由 7 号车厢跑到 4 号车厢或 10 号车厢, 并坐进所到的车厢). 试问, 最多可有多少个智者一次都不与列车员在同一节车厢里, 无论列车员如何进行转移? (除了题中所说的之外, 智者得不到其他任何信息. 智者们可以事先商量策略.)

612. 给定两个首项系数为 1 的二次三项式. 其中一个函数的图像与 Ox 轴相交于点 A 和 M, 与 Oy 轴相交于点 C. 另一个函数的图像与 Ox 轴相交于点 B 和 M, 与 Oy 轴相交于点 D. 其中 O 是坐标原点, 各个点的分布如图 25 所示. 证明, $\triangle AOC \sim \triangle BOD$.

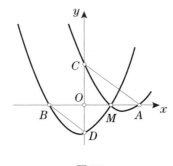

图 25

613. 在长凳上坐着一个男孩和一个女孩, 朝着他们又走来 20 个人, 每个新来者都坐在某两个已经坐下的人之间. 将一个女孩称作大无畏的, 如果他坐到某两个已经坐下的男孩之间, 相应地, 将一个男孩称作大无畏的, 如果她坐到某两个已经坐下的女孩之间. 当大家都已经坐下时, 长凳上的男孩与女孩恰好相间排列. 试问, 曾经有过多少个大无畏的人?

614. 给定一个正 $4n$ 边形 $A_1A_2\cdots A_{4n}$, 其面积为 S, 且 $n > 1$. 试求四边形 $A_1A_nA_{n+1}A_{n+2}$ 的面积.

615. 学校决定在文科班和理科班之间进行乒乓球训练. 文科代表队由 n 个学生组成, 理科代表队由 m 个学生组成 ($n \neq m$). 训练自始至终在一张乒乓球台上按如下方式进行: 一开始, 由两个代表队各出一个学生对打, 其余学生则不分彼此一起排成一队. 每一场对打结束之后, 那个排在队列最前面的学生替换台上的己方学生, 进行下一场对打, 被替换下的学生则排到队列的最后面. 证明, 每个理科代表队的学生与每个文科代表队的学生迟早都会上场对打.

616. 给定函数 $f(x)$, 它在任何整数 x 处的值都是整数. 今知, 对任何质数 p, 都存在一个次数不大于 2013 的整系数多项式 $Q_p(x)$, 使得对任何整数 n, 差值 $f(n) - Q_p(n)$ 都可被 p 整除. 试问, 是否存在一个实系数多项式 $g(x)$, 使得对任何整数 n, 都有 $g(n) = f(n)$?

617. 设 $\triangle ABC$ 为非等腰三角形, I 是其内心. 将 $\triangle ABC$ 的外接圆上劣弧 $\overset{\frown}{BC}$ 的中点记作 A_1, 而将优弧 $\overset{\frown}{BAC}$ 的中点记作 A_2. 由点 A_1 所作直线 A_2I 的垂线与直线 BC 相交于点 A'. 类似地定义点 B' 和 C'.

  a) 证明, A', B' 和 C' 在同一条直线 ℓ 上.

  b) 证明, $\ell \perp OI$, 其中点 O 是 $\triangle ABC$ 的外心.

618. 两个首项系数为 1 的二次三项式有公共根, 并且它们的和的判别式等于它们的判别式的和. 证明, 其中一个二次三项式的判别式为 0.

619. 试求出具有如下性质的所有质数 p 与 q, 其中, $7p+1$ 可被 q 整除, 而 $7q+1$ 可被 p 整除.

620. 给定凸四边形 $ABCD$, 其中有 $AB=BC$ 和 $AD=DC$. 设点 K, L 和 M 分别是线段 AB, CD 和 AC 的中点. 今知, 由点 A 所作直线 BC 的垂线同由点 C 所作直线 AD 的垂线相交于点 H. 证明, $KL \perp HM$.

621. 能否将无限大方格纸上的每个方格都染为黑色或白色, 使得每一条水平直线和每一条竖直直线都仅与有限个白色方格相交, 而每一条斜向直线都仅与有限个黑色方格相交?

622. 3 个运动员同时由点 A 出发, 以各自不同的常速沿直线朝着点 B 跑去. 到达点 B 之后, 各人立即折返, 分别以与原来不同的常速跑向终点 A. 他们的一位教练员随着他们跑动, 他始终将自己与三个运动员的距离之和保持为最小可能值. 今知, A 与 B 之间的距离为 $60\,\mathrm{m}$, 并且三个运动员同时到达终点. 试问, 教练所跑过的总路程能否小于 $100\,\mathrm{m}$?

623. 两个人数相等的代表队进行国际象棋比赛, 每个队的每一名队员都与对方的每一名队员比赛一场. 每场比赛赢者得 1 分, 败者得 0 分, 若为平局, 各得半分. 最终两个代表队所得总分相等. 证明, 其中必有两个参赛者所得总分相同, 如果:

a) 每队各有 5 位棋手;

b) 两队棋手人数相等, 但数目任意.

624. 两名海盗瓜分掠来的金锭, 金锭共有 5 块, 其中一块重 $1\,\mathrm{kg}$, 一块重 $2\,\mathrm{kg}$. 现知, 无论第一名海盗将这 5 块金锭中的哪两块据为己有, 第二名海盗都可以通过分配剩下的金锭, 使得两人所得金锭的总重量相等. 试问, 其余 3 块金锭的重量可能是多少?

625. 试求实数 $a>1$, 使得方程 $a^x = \log_a x$ 有唯一解.

626. 比较如下两个数的大小:

$$\left(1+\frac{2}{3^3}\right)\left(1+\frac{2}{5^3}\right)\cdots\left(1+\frac{2}{2013^3}\right) \quad \text{与} \quad \sqrt{\frac{3}{2}}.$$

627. 众所周知, 对 3 组相对棱各自相等的任何三棱锥, 都能沿着它的某三条棱剪开, 把它展开为一个三角形, 使得展开面的内部没有剪口 (参阅图 26)①. 是否能找到另外一个凸多面体, 可以沿着它的某几条棱剪开, 把它展开为一个三角形, 使得展开面的内部没有剪口?

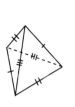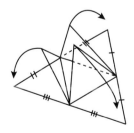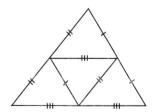

图 26

---

① 图中展示的是沿着共顶点的三条棱剪开. —— 编译者注

628. 萨沙沿着圆周以任意的顺序写了不多于 100 个互不相同的正整数, 而季玛试图猜出它们的个数. 为此, 季玛以某种顺序告知萨沙一些号码, 萨沙则从某一个固定的位置开始依顺时针方向, 把季玛所说的号码所对应的位置上所写的数逐个告诉季玛. 季玛能否猜出萨沙所写的数的个数, 如果季玛告知萨沙:

a) 17 个号码;

b) 少于 16 个号码?

第二部分　解答或提示

第51届莫斯科数学奥林匹克 (1988)

1. 我们有 $p^4-1=(p^2-1)(p^2+1)=(p-1)(p+1)(p^2+1)$, 由于 p 为奇数, 所以 $(p-1),(p+1)$ 和 (p^2+1) 都是偶数, 又 $3|(p-1)(p+1)$, $10|(p^4-1)$.

2. 展开正方体的侧面, 作线段 MP 的中垂线, 再讨论之.

3. 过给定点 A 作直线 AB 与已知直线 ℓ 相交, 交点为 B(见图 27), 在直线 AB 上截取 $BC=AB$, 过点 C 作另一直线 CD 与 ℓ 相交, 交点为 D, 在直线 CD 上截取 $DE=CD$, 则直线 AE 即为所求.

4. 答案:3 种颜色.

作一个图 G, 图的顶点是电话机, 图的边是连接电话机的导线 (参阅第 13 题解答). 由于从每个顶点连出至多两条边, 所以图 G 由一些非闭的路和圈组成. 对于非闭的路和偶圈, 显然只需用两种颜色交替染色; 而对于奇圈, 则只需 3 种颜色, 其中一条边用 3 号色, 其余的边交替地染为 1 号色与 2 号色.

5. 将开始时的四个数依次记为 a,b,c,d, 和数记作 S_0. 每进行一次操作, 和数增加 $d-a$, 所以 $S_{100}=S_0+100(d-a)=26+100\cdot 7=726$.

6. 设所给线段为 AB. 过点 A 任作一直线 (不与 AB 所在直线重合), 在其上截取 $AC=CD$, 连 BD. 过点 C 作直线平行于 BD(做法参阅第 3 题解答), 所得交点 E 即为线段 AB 的中点 (见图 28).

图 27　　　　　　　　　图 28

7. 假设存在满足题中等式的 4 个正整数 x,y,z,t.

如果 t 是奇数, 则有 $11t^4 \equiv 3 \pmod{8}$. 通过讨论等式左端被 8 除的余数, 可知 y 与 z 为偶数, x 为奇数. 但这样一来, 就有
$$5y^4+7z^4=3(t^2+x^2)(t+x)(t-x)+8t^4.$$
该式左端是 16 的倍数, 而右端却不是. 为看清这一点, 我们来看奇数 x 与 t 被 4 除的余数. 若二者余数相同, 则 $t-x$ 是 4 的倍数; 若二者余数不同, 则其一为 1, 另一为 3, 从而 $t+x$ 是 4 的倍数. 总之, $3(t^2+x^2)(t+x)(t-x)$ 必为 16 的倍数. 但 $8t^4$ 不是 16 的倍数. 这就说

明, t 不可能为奇数.

但若 t 为偶数, 而 x,y,z 中二奇一偶, 则通过考察被 8 除的余数, 可知 x 与 y 为奇数, z 为偶数. 然而这样一来, 就有
$$3x^4+5y^4=7(t^2+z^2)(t+z)(t-z)+4t^4.$$
由于 t 和 z 都是偶数, 所以 t^2+z^2 是 4 的倍数, 故知上式右端是 16 的倍数. 由于 x 与 y 为奇数, 故可设 $x=2m+1$, $y=2k+1$, 从而

$$3x^4+5y^4=3(2m+1)^4+5(2k+1)^4 \equiv 24m(3m+1)+40k(3k+1)+8 \pmod{16}$$
$$\equiv 8 \pmod{16},$$

意即右端不是 16 的倍数. 综合上述, 可知, 当 t 为偶数时, x,y,z 不可能二奇一偶. 最后只剩下一种情形: x,y,z,t 都是偶数. 然而此时, 只需在等式两端同时除以 2 的某个方幂, 即化为上述两种情形之一, 所以亦不可能.

总之, 我们证明了, 无论 t 为奇数还是偶数, 等式都不可能成立. 是故题意得证.

8. 称 3 次, 每次称 3 枚. 将 4 枚硬币的重量分别记为 a,b,c,d. 第一次称 $S_1=a+b+c$, 第二次称 $S_2=a+b+d$, 第三次称 $S_3=a+c+d$, 于是就有
$$S=S_1+S_2+S_3=3a+2b+2c+2d.$$
由 S 的奇偶性, 立知 a 究竟为 9 还是为 10. 再由 S_1-a 知 $b+c$, 由 $S_2+S_3-2a-(b+c)$ 知 d. 然后, 由 S_2-a-d 知 b, 由 S_3-a-d 知 c. 只称两次是不够的.

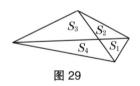

图 29

9. 将 4 个三角形的面积分别记为 S_1,S_2,S_3,S_4(见图 29). 易见 $S_1S_3=S_2S_4$, 所以
$$S_1S_2S_3S_4=(S_1S_3)^2$$

是完全平方数. 但是, 任何完全平方数都不以 8 结尾, 当然也不能以 1988 结尾.

10. 我们有

$$p_1^2+p_2^2+\cdots+p_{24}^2-24=(p_1-1)(p_1+1)+(p_2-1)(p_2+1)+\cdots+(p_{24}-1)(p_{24}+1).$$

而当 $p_i \geq 5$ 时, 有 $24 | (p_i-1)(p_i+1)$.

11. 如图 30 所示, 记二直线的交点为 O, 截取 $OA=OB=OC$(长度为 1), 再截取 $OD=AC(=\sqrt{2})$, 再截取 $OE=AD(=\sqrt{3})$. 于是就有 $AB=AE=BE=2$, 所以 A,B,E 三点即为所求.

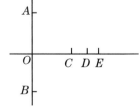

图 30

12. 当 x 与 y 为正整数时, $f(x,y)$ 的值显然是正整数. 只需再证, 对任何正整数 k, 都存在唯一的一对正整数 (x,y), 使得 $k=f(x,y)$.

先证存在性. 易知, 对任何正整数 k, 都存在唯一的正整数 n, 使得

$$\frac{1}{2}(n-1)(n-2) < k \leqslant \frac{1}{2}n(n-1).$$

令

$$\begin{cases} y = k - \frac{1}{2}(n-1)(n-2), \\ x = n - y, \end{cases}$$

就有

$$0 < y \leqslant \frac{1}{2}n(n-1) - \frac{1}{2}(n-1)(n-2) = n-1$$

及

$$x \geqslant n - (n-1) = 1,$$

从而知 x 与 y 都是正整数, 且 $x+y=n$, 故

$$\begin{aligned} k &= \frac{1}{2}(n-1)(n-2) + y \\ &= \frac{1}{2}(x+y-1)(x+y-2) + y = f(x,y). \end{aligned}$$

再证唯一性. 若对某个正整数 k, 除了如上所取的正整数对 (x,y), 还存在另一对正整数 $(x_1,y_1) \neq (x,y)$, 使得 $k = f(x_1,y_1) = f(x,y)$. 我们来考察 x_1+y_1. 显然, 如果 $x_1+y_1 = x+y$, 则必 $y_1 = y$, 因而 $x_1 = x$, 从而 $(x_1,y_1) = (x,y)$, 此与 $(x_1,y_1) \neq (x,y)$ 相矛盾. 如果 $x_1+y_1 > x+y$, 则由 x 与 y 的取法, 知 $x_1+y_1 \geqslant n+1$, 从而就有

$$k < \frac{1}{2}n(n-1) \leqslant \frac{1}{2}(x_1+y_1-1)(x_1+y_1-2),$$

于是

$$\begin{aligned} y_1 &= f(x_1,y_1) - \frac{1}{2}(x_1+y_1-1)(x_1+y_1-2) \\ &= k - \frac{1}{2}(x_1+y_1-1)(x_1+y_1-2) < 0, \end{aligned}$$

此与 y_1 为正整数的事实相矛盾. 如果 $x_1+y_1 < x+y$, 则由 x 与 y 的取法, 知 $x_1+y_1 \leqslant x+y-1$, 从而

$$k > \frac{1}{2}n(n-1) > \frac{1}{2}(n-1)(n-2) \geqslant \frac{1}{2}(x_1+y_1-1)(x_1+y_1-2),$$

于是就有

$$\begin{aligned} y_1 &= f(x_1,y_1) - \frac{1}{2}(x_1+y_1-1)(x_1+y_1-2) \\ &\geqslant k - \frac{1}{2}(n-1)(n-2) \\ &> \frac{1}{2}n(n-1) - \frac{1}{2}(n-1)(n-2) = n, \end{aligned}$$

这意味着 $y_1 > n = x + y > x_1 + y_1$, 从而 $x_1 < 0$, 此与 x_1 为正整数的事实相矛盾. 综合上述, 知必有 $(x_1, y_1) = (x, y)$, 唯一性获证.

13. 答案: 需要 4 种颜色.

作一个图 G, 图的顶点是电话机, 图的边是连接电话机的导线. 找出图 G 中的长度最长的圈. 如果其长度为偶数, 则用两种颜色相间地为它们染色 (称为 1 号色和 2 号色); 如果长度为奇数, 则将其中一条边染为 3 号色, 其余的边则仍用 1 号色和 2 号色相间地染色. 然后去掉这个圈以及由这个圈上顶点所连出的所有的边. 再找出剩下的图中的最长的圈, 按同样的原则染色, 再去掉这个圈及由圈上顶点所连出的所有的边. 如此一直下去, 直到图中没有圈为止. 此时, 再找出图中最长的链, 用 1 号色和 2 号色相间地为链上的顶点染色, 并去掉该链及由链上顶点所连出的所有的边. 再找出剩下的图中的最长的链 ······ 最终, 图中仅剩下一些孤立的顶点. 现在来考虑上述过程中被去掉的未染色的边的染色问题. 如果边的两个端点都是圈上的顶点或者链上的内顶点 (非端点), 就将该边染为 4 号色. 如果该边有一个端点是孤立点, 则其另一个端点一定是圈上的顶点或者链上的内顶点, 因此该顶点处还连有两条已经染色的边. 如果由某个孤立点 A 原来连有 3 条边, 而这 3 条边的另一端点处所连的另两条边都被染为了 1 号色和 2 号色. 那么, 就把其中一条边 e 的另一端点处所连的一条边 e' 改为 3 号色 (这样做是可以的, 因为每个圈上至多有一条边为 3 号色), 并把 e 染为 e' 原来的颜色; 然后把由 A 所连出的另外两条边分别染为 3 号色和 4 号色即可. 对于孤立顶点的其余情形均易处理. 对于那些有一个端点是链的端点的边, 可作类似处理. 所以 4 种颜色即够.

由图 31 可知, 3 种颜色不一定够用.

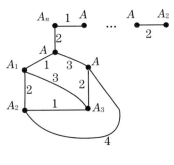

图 31

14. 所给公式可为 $\max\{a, b\} = \dfrac{1}{2}\left(\sqrt{(a-b)^2} + a + b\right)$.

15. 答案: 不存在这样的直线 ℓ.

首先, 函数 $y = 2^x$ 的图形都在直线 $\ell_1 : y = 0$ 的同一侧, 所以 ℓ_1 不是其对称直线. 假设某条与函数 $y = 2^x$ 的图像相交的直线 ℓ 是其对称直线. 将 ℓ_1 关于 ℓ 的对称直线称为 ℓ_2. 那么, 函数 $y = 2^x$ 的图像应当在直线 ℓ_2 的同一侧, 并以 ℓ_2 为渐近直线 (因为直线 ℓ_1 是其对称直线). 然而, 这样的直线是不存在的.

16. 答案: 一定.

众所周知, 平行六面体为中心对称图形, 其对称中心是四条体对角线的交点. 设平行六面体为 $ABCD\text{-}A'B'C'D'$. 如果四条体对角线中有两条长度相等, 则以它们为对角线的矩形即为所求. 否则, 不妨设它们长度的大小关系为 $AC' < BD' < CA' < DB'$ (这是允许的, 因为不但四条体对角线的地位是平等的, 且对于任何一条而言其他三条的地位也都是平等的).

以 BD' 为直径作球面, 根据对角线的长度关系, 顶点 A 与顶点 C' 在球的内部, 而顶点 A' 与顶点 C 在球的外部, 所以该球面和棱 AA' 至少有一个交点, 记为 M. 取 N 为 M 的对径点 (它在棱 CC' 上), 则矩形 $BMD'N$ 即为所求 (显然它所在平面与其他棱均无公共内点).

▽1. 利用余弦定理, 容易证明: 平行四边形成为矩形的充要条件是两条对角线相等.

▽2. 容易证明: 经过平行六面体对称中心的截面若为四边形, 则一定是平行四边形.

17. 设长度规所能截取的定长为 a. 如图 32 所示, 在已知直线 ℓ 上连续截取 $CE = EA = a$, 过点 A 任作一直线 ℓ_1 与直线 ℓ 相交, 在 ℓ_1 上截取 $AF = FD = a$, 连 CD, 则 $\triangle ADC$ 为等腰三角形. 连 DE 和 CF, 得交点 G, 则 G 为 $\triangle ADC$ 的重心. 连 AG 并延长使之与 CD 相交于点 L, 则有 $AL \perp CD$ (等腰三角形底边中线垂直于底边). 在直线 CD 上截取 $CK = KB = a$, 连 AB, 则 $\triangle ABC$ 亦为等腰三角形. 连 BE 与 AK 得交点 J, 则 J 为 $\triangle ABC$ 的重心. 再连 CJ 并延长使它与 AB 相交于点 M, 则有 $CM \perp AB$. 这样一来, AL 与 CM 分别是 $\triangle ABC$ 的边 BC 和边 AB 上的高, 它们的交点 H 是 $\triangle ABC$ 的垂心. 故只要作出直线 BH, 就有 $BH \perp AC$ (即直线 ℓ).

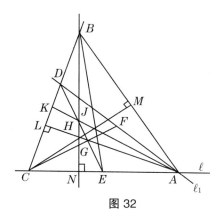

图 32

18. 由于余数必小于除数, 所以如果在作第 k 次运算时, 两个数中的较小者不超过 $7-k(k=1,2,\cdots,6)$, 则所作运算不可能超过 6 次. 在其他情况下, 两个数中的较大者不小于 $8-k$. 从而 6 次运算之后, 所得之商必不超过 $\dfrac{1988}{7!} < 1$, 从而为 0.

第52届莫斯科数学奥林匹克 (1989)

19. 例如, 可按如下方式放字母:

A	B	C	D
D	C	B	A
B	A	D	C
C	D	A	B

20. 答案: 3 条, 因为决定一个点至少需画两条线, 故过已知点作直线至少要画 3 条线.

设 A 为所给定的点, ℓ 为所给定的直线. 在直线 ℓ 上任取两点 B 和 C, 分别以点 A 和 C 为圆心, 以 BC 和 AB 为半径作弧交于点 D, 则直线 AD 即为所求. 这是因为 $AD = BC$, $AB = DC$, 故 $ABCD$ 是平行四边形 (见图 33).

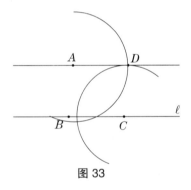

图 33

21. 答案: 最少应取 7 只袜子.

设两种颜色为 A 和 B, 两种尺寸为 a 和 b. 于是共有 Aa, Ab, Ba, Bb 的袜子各两只. 如果取出的 6 只袜子是 Aa, Aa, Ab, Ba, Ba, Bb, 则不合题意 (其中没有颜色不同, 尺寸也不同的两双袜子). 而若取出 7 只袜子, 则必有一种颜色的 4 只袜子全都取出 (设为 A), 而另一种颜色的袜子中必有两只尺寸相同 (设为 b). 于是 Aa, Aa, Bb, Bb 即为所求.

22. 答案: 1.7 km.

由于每划 30 分钟就休息 15 分钟, 故每 45 分钟为一周期. 由 10 时 15 分至 13 时的整个游程中包括 3 个周期和最后 30 分钟的划船时间. 注意, 在休息的过程中, 小船仍会被水流往下游冲 (每小时 1.4 km), 故若顺流划出, 则一个周期后, 驶离码头

$$\left(\frac{3+1.4}{2} + \frac{1.4}{4}\right) \text{ km} = 2.55 \text{ km},$$

易知无法按时划回码头. 所以只能逆流划出, 三个周期中最远可驶离码头

$$\left(\frac{3\times(3-1.4)}{2}-\frac{2\times 1.4}{4}\right)\text{km}=1.7\text{ km},$$

且可按时划回码头. 所以, 最多可划离码头 $1.7\,\text{km}$.

23. 答案: $x=1989$.

将 x 的各位数字之和记为 $S(x)$, 各位数字之积记为 $P(x)$.

因 $44x>86868$, 故 x 至少为 4 位数. 事实上,

$$x\geqslant \left[\frac{86868}{44}\right]+1-1975.$$

但若 x 的位数 $k\geqslant 5$, 则有

$$P(x)=44x-86868>4\times 10^k-10^5>3\times 10^k>9^k\geqslant P(x),$$

此为矛盾. 所以 x 恰为 4 位数.

于是有 $1\leqslant S(x)\leqslant 36$. 由于 $S(x)$ 是完全立方数, 故 $S(x)=1,8$ 或 27. 显然 $S(x)=1$ 不合要求. 又因

$$0<P(x)\leqslant 9^4=6561,$$

所以

$$x\leqslant \left[\frac{86868+6561}{44}\right]=2123.$$

综合上述可知, $1975\leqslant x\leqslant 2123$, 且 $S(x)=8$ 或 27, $P(x)>0$. 不难发现, 满足这些条件的 x 只有 4 个: $1989, 1998, 2114$ 和 2123. 经过检验, 只有 $x=1989$ 满足题中一切条件.

24. 答案: 只有一个实根 $x=-1$.

对实数 x, 有 $(x^2+x)^2\geqslant 0$, $\sqrt{x^2-1}\geqslant 0$, 所以 $(x^2+x)^2+\sqrt{x^2-1}=0$ 等价于 $(x^2+x)^2=0$ 且 $\sqrt{x^2-1}=0$, 亦即 $x^2+x=0$ 且 $x^2-1=0$. 方程 $x^2-1=0$ 有两个实根: $x=\pm 1$, 其中仅有 $x=-1$ 可使 $x^2+x=0$, 所以原方程只有一个实根: $x=-1$.

25. 如果甲虫与跳蚤原在同一水平直线或竖直直线上, 则此直线上的方格不全同色, 故必有两个相邻方格互为异色. 从而二者只需各跳一步即可达到目的.

如果二者原先既不同水平线也不同竖直线, 我们来观察甲虫所在水平直线与跳蚤所在竖直直线相交处的方格, 其颜色非红即白, 不妨设其为白色. 于是, 跳蚤可一步先跳入该格, 然后二者至多再共跳两步即可.

26. 最少需画 3 条线, 可参阅第 20 题解答.

27. 对于任意的 $i,j\in\{0,1,2,\cdots,9\}$, 子集 X 中都应当含有 ij 与 ji 之一, 否则无穷序列 $ijijijijij\cdots$ 便不能满足题中要求. 这种无序的对子 (i,j) 共有 $10+C_{10}^2=55$ 对, 所以 $|X|\geqslant 55$.

另一方面, 如果取

$$X=\{i,j|0\leqslant i\leqslant j\leqslant 9\},$$

则 $|X| = 55$, 且对由数码构成的任一无穷数列, 设 i 是它所含有的最小数码, j 为 i 后面一项, 则 $ij \in X$.

因此, X 最少含有 55 个元素.

28. 将每个人对应为平面上的一个点, 将是朋友的两人所对应的点之间用线段连接, 于是问题转化为: 可以适当地将每个点染为红蓝二色之一, 使得两端异色的线段多于两端同色的线段.

将点的数目记作 n, 我们来对 n 作归纳.

当 $n = 2$ 时, 可将二点染为一红一蓝, 命题成立.

假设命题对 $n = k$ 已经成立. 对 $n = k+1$, 先任取其中 k 个点 (在它们之间至少连有一条线段), 将它们按照要求染色. 观察剩下的第 $k+1$ 个点 A. 设由它连向蓝点的线段有 m_1 条, 连向红点的线段有 m_2 条. 如果 $m_1 \geqslant m_2$, 就把 A 染为红色, 否则就染为蓝色. 于是同色线段增加的条数不大于异色线段增加的条数, 所以结论仍然成立.

29. 答案: $|a| + |b| + |c|$ 的最大可能值是 17.

记 $f(x) = ax^2 + bx + c$. 不失一般性, 可设 $a > 0$, 此时对应的抛物线开口向上.

如果 a 与 b 同号, 则函数的最小值点 $x = -\dfrac{b}{2a} < 0$, 故函数 $f(x)$ 在区间 $[0,1]$ 中严格上升, $-1 \leqslant f(0) < f(1) \leqslant 1$, 故有 $c \geqslant -1$, $a+b+c \leqslant 1$. 由于 a 与 b 都是正数, 如果 c 亦为正数, 那么就有 $|a|+|b|+|c| = a+b+c \leqslant 1$; 如果 c 为负数, 则 $a+b \leqslant 1-c \leqslant 2$, 从而 $|a|+|b|+|c| = a+b+|c| \leqslant 3$.

如果 $b = 0$, 则 $f(x) = ax^2 + c$, 则对应的抛物线以 y 轴为对称轴, 函数 $f(x)$ 在区间 $[0,1]$ 中严格上升, $-1 \leqslant f(0) < f(1) \leqslant 1$, 故有 $-1 < c \geqslant -1$, $a+c \leqslant 1$, 亦有 $a \leqslant 1-c \leqslant 2$, $|a|+|b|+|c| = a+|c| \leqslant 3$.

如果 a 与 b 异号, 则函数的最小值点 $x = -\dfrac{b}{2a} > 0$. 如果 $x = -\dfrac{b}{2a} \geqslant 1$, 则函数 $f(x)$ 在区间 $[0,1]$ 中严格下降, $-1 \leqslant f(1) < f(0) \leqslant 1$, 意即 $-1 < c \leqslant 1$, $a+b+c \geqslant -1$, 从而 $a+b \geqslant -1-c \geqslant -2$, 由于 $-b \geqslant 2a$, 亦即 $b < -2a$, 故有 $-a > a+b \geqslant -2$, 从而 $0 < a \leqslant 2$, $0 > b \geqslant -2-a \geqslant -4$, $|a|+|b|+|c| = a+|b|+|c| \leqslant 2+4+1 = 7$.

最后, 如果 $0 < -\dfrac{b}{2a} < 1$, 则函数 $f(x)$ 在区间 $[0,1]$ 中先降后升, 于是 $-1 < f(0) \leqslant 1$, $-1 < f(1) \leqslant 1$, 而 $1 > f\left(-\dfrac{b}{2a}\right) \geqslant -1$. 故知 $-1 < c \leqslant 1$, $-1 < a+b+c \leqslant 1$. 此时可推得 $|a|+|b|+|c| \leqslant 17$.

特别地, 如果 $f(0) = 1$, $f(1) = 1$, $-\dfrac{b}{2a} = \dfrac{1}{2}$, 且 $f\left(\dfrac{1}{2}\right) = -1$, 则可求得 $c = 1$, $a = -b = 8$, 从而 $|a|+|b|+|c| = a+|b|+c = 17$.

30. 如果两条红线不平行, 则它们相交或异面. 此时必有一个平面与它们平行. 两条蓝线均垂直于该平面内的两条相交直线, 故都与该平面垂直, 所以两条蓝线平行.

31. 如图 34 所示, 有
$$\frac{KP}{PM} = \frac{BP}{PL} = \frac{BK}{KC} = \frac{BM}{MA} = \frac{KQ}{QA},$$
所以 $PQ//AB$.

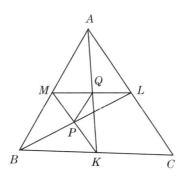

图 34

32. 答案: 可以.

令
$$a_n = ap^{n-1}, \quad b_n = bq^{n-1}, \quad S_n = a_n + b_n,$$
则有
$$S_{n+1}(p+q) = S_{n+2} + S_n pq.$$
如果 $S_1 S_3 \neq S_2^2$, 则由
$$\begin{cases} S_2(p+q) - S_1 pq = S_3, \\ S_3(p+q) - S_2 pq = S_4, \end{cases}$$
可唯一确定 $p+q$ 与 pq, 从而可唯一确定出
$$S_5 = S_4(p+q) - S_3 pq.$$

如果 $S_1 S_3 = S_2^2$, 则有 $ab(p-q)^2 = 0$, 从而 $a = 0$, 或 $b = 0$, 或 $p = q$. 但等比数列中不可能有 0, 所以仅存一种情况 $p = q$, 因而 $S_n = (a+b)p^{n-1}$, $S_5 = \dfrac{S_3^2}{S_1}$.

33. 图中共有 60 段长度为 1 的道路, 但有 16 个奇顶点 (每条边上的 4 个内结点均分别与 3 条道路相连), 由于可将它们分为 8 个 "相邻对", 在每个 "相邻对" 之间需往返一次, 所以最短路线的长度为 $60 + 8 = 68$.

34. 这样的数组有无穷多组.

首先, 我们有
$$a_1(a_1 + \cdots + a_{10}) = 1, \quad (a_1 + \cdots + a_{10})a_{10} = 1,$$
所以
$$a_1 = \frac{1}{a_1 + \cdots + a_{10}} = a_{10}. \tag{1}$$

且
$$a_2+\cdots+a_{10}=a_1+\cdots+a_9.$$

于是, 有
$$a_1+a_2=\frac{1}{a_2+\cdots+a_{10}}=\frac{1}{a_1+\cdots+a_9}=a_9+a_{10},$$

结合式 (1), 即得
$$a_2=a_9.$$

依此推导下去, 可依次得到
$$a_3=a_8,\quad a_4=a_7,\quad a_5=a_6.$$

其次, 当 $2\leqslant k\leqslant 5$ 时, 有
$$a_k=\frac{1}{a_k+\cdots+a_{10}}-(a_1+\cdots+a_{k-1}). \tag{2}$$

又显然 $a_1<1<a_1+a_2+\cdots+a_{10}$. 故若适当选取 $x>1$, 并令 $a_1+a_2+\cdots+a_{10}=x$, 则有
$$a_1=a_{10}=\frac{1}{a_1+a_2+\cdots+a_{10}}=\frac{1}{x};$$
$$a_2=a_9=\frac{1}{a_2+\cdots+a_{10}}-a_1=\frac{1}{x-a_1}-\frac{1}{x}=\frac{1}{x(x^2-1)}.$$

于是
$$a_1+a_2=\frac{1}{x}+\frac{1}{x(x^2-1)}=\frac{x}{x^2-1},$$

从而由式 (2) 得
$$a_3=a_8=\frac{1}{x-(a_1+a_2)}-(a_1+a_2)=\frac{1}{x-\frac{x}{x^2-1}}-\frac{x}{x^2-1}$$
$$=\frac{x^2-1}{x^3-2x}-\frac{x}{x^2-1}=\frac{1}{x(x^2-1)(x^2-2)}.$$

于是又有
$$a_1+a_2+a_3=\frac{x}{x^2-1}+\frac{1}{x(x^2-1)(x^2-2)}=\frac{x^2(x^2-2)+1}{x(x^2-1)(x^2-2)}$$
$$=\frac{x^2-1}{x(x^2-2)},$$

再由式 (2) 得
$$a_4=a_7=\frac{1}{x-(a_1+a_2+a_3)}-(a_1+a_2+a_3)=\frac{1}{x-\frac{x^2-1}{x(x^2-2)}}-\frac{x^2-1}{x(x^2-2)}$$

$$= \frac{x^3-2x}{x^4-3x^2+1} - \frac{x^2-1}{x(x^2-2)} = \frac{1}{x(x^2-2)(x^4-3x^2+1)}.$$

于是又有
$$a_1+a_2+a_3+a_4 = \frac{x^2-1}{x(x^2-2)} + \frac{1}{x(x^2-2)(x^4-3x^2+1)}$$
$$= \frac{x(x^2-2)}{x^4-3x^2+1}.$$

再由式 (2) 得
$$a_5 = a_6 = \frac{1}{x-(a_1+\cdots+a_4)} - (a_1+\cdots+a_4)$$
$$= \frac{1}{x-\dfrac{x(x^2-2)}{x^4-3x^2+1}} - \frac{x(x^2-2)}{x^4-3x^2+1}$$
$$= \frac{x^4-3x^2+1}{x^5-4x^3-x} - \frac{x(x^2-2)}{x^4-3x^2+1}$$
$$= \frac{4x^4-8x^2+1}{x(x^4-4x^2-1)(x^4-3x^2+1)}.$$

综合上述, x 是满足如下所有不等式的实数:

$$\begin{cases} x>0, \\ x^2-2>0, \\ x^4-3x^2+1>0, \\ x^4-4x^2-1>0, \\ x^4-3x^2+1>0, \\ 4x^4-8x^2+1>0. \end{cases}$$

35. 答案: 仅有一根: $x=3$.

由对数函数的定义域知, $x>2$. 令
$$f(x) = \lg(x-2) - (2x-x^2+3), \quad x>2.$$

由于
$$f(x) = \lg(x-2) + (x^2-2x-3),$$

$\lg(x-2)$ 显然是 $x>2$ 中的严格上升函数, 而对 $x>2$, 函数 x^2-2x-3 也是严格上升的, 所以 $f(x)$ 在其定义域内严格上升.

由于 $2<x<3$ 时, $\lg(x-2)<0$; $x>3$ 时, $\lg(x-2)>0$, 故易验证
$$f\left(\frac{5}{2}\right)<0, \quad f\left(\frac{7}{2}\right)>0,$$

故存在 $\dfrac{5}{2}<x_0<\dfrac{7}{2}$, 使得 $f(x_0)=0$.

由 $f(x)$ 的严格上升性, 知 $x=x_0$ 是方程 $\lg(x-2) = 2x - x^2 + 3$ 的唯一解. 另一方面, 容易看出: 当 $x=3$ 时, 有 $\lg(x-2) = 0 = 2x - x^2 + 3$, 所以 $x=3$ 是方程的唯一解.

36. 答案: 存在. 例如, 对任何奇数 $n \geqslant 3$, n 次多项式 $y = P(x)$ 均可满足题中要求.

事实上, 对任何直线 $y = ax + b\ (a \neq 0)$, 由于方程 $P(x) - ax - b = 0$ 至少有一个实根 x_0, 故二者有交点 $(x_0, P(x_0))$; 而对于任一水平直线 $y = c$, 二者亦有交点 $(P^{-1}(c), c)$.

37. 例如, 可按如下方式排列:

$$
\begin{array}{ccccccccccc}
\cdots & \cdots & \cdots & \cdots & \cdots & \cdots & \cdots & \cdots & \cdots & \cdots & \cdots \\
\cdots & + & + & 0 & 0 & + & + & 0 & 0 & + & + & \cdots \\
\cdots & 0 & 0 & + & + & 0 & 0 & + & + & 0 & 0 & \cdots \\
\cdots & + & + & 0 & 0 & + & + & 0 & 0 & + & + & \cdots \\
\cdots & 0 & 0 & + & + & 0 & 0 & + & + & 0 & 0 & \cdots \\
\cdots & \cdots & \cdots & \cdots & \cdots & \cdots & \cdots & \cdots & \cdots & \cdots & \cdots \\
\end{array}
$$

38. 对于任一正整数 a, 均可采用 2 进制

$$a = \overline{a_k a_{k-1} \cdots a_1} = \sum_{j=1}^{k} a_j 2^{j-1},$$

其中 $a_k = 1$, $a_j = 0$ 或 1, $j = 1, \cdots, k-1$.

当 $n = 5$ 时, 先考察所给定的 5 个正整数的 2 进制表达式中的 a_1. 由于只有两种情况: 0 和 1. 如果它们的 a_1 不全相同, 则其中有 3 个或 4 个数的 a_1 相同, 剩下的 2 个或 1 个数与它们不同. 此时, 如果相同的 $a_1 = 1$, 就将数列的首项取作 1, 公差取作 2, 则所得的无穷项等差数列中必含有相应的 3 个或 4 个数; 如果相同的 $a_1 = 0$, 就将数列的首项取作 2, 公差取作 2, 亦可收到同样的效果. 如果 5 个正整数的 a_1 全都相同, 就再看 a_2; 如果仍全都相同, 就再看 a_3; $\cdots\cdots$ 总之, 我们能找到某一位数 a_i 不全相同, 而 $a_{i-1}, \cdots, a_1$ 全都相同. 在所给定的 5 个正整数中, 会有 3 个或 4 个数的 a_i 相同. 这时, 如果 $\overline{a_i a_{i-1} \cdots a_1} \neq 0$, 那么就将数列的首项取作 $\overline{a_i a_{i-1} \cdots a_1}$ 所对应的 10 进制正整数; 如果 $\overline{a_i a_{i-1} \cdots a_1} = 0$, 就将数列的首项取作 2, 并且都把公差取作 2^i. 所得的数列即可满足要求.

假设对任何正整数 $5 \leqslant n \leqslant m$, 所述的断言成立, 要证, 断言对 $n = m+1$ 也成立. 依次考察这 $m+1$ 个正整数 2 进制表达式中的各位数字 $a_1, a_2, \cdots$, 直到找出某一位数 a_i 不全相同, 而 $a_{i-1}, \cdots, a_1$ 全都相同. 由于 a_i 非 0 即 1, 所以或者其中 0 的数目不少于一半, 或者其中 1 的数目不少于一半, 且都不超过 m 个. 再对其中不少于一半的正整数使用归纳假设 (如果其个数不少于 5); 或者直接处理之 (如果其个数为 3 或者 4).

39. 设剪口长度的最小值为 L, 矩形的两边之长为 a 和 b, 其中 $a \geqslant b$. 由于

$$a^2 + b^2 = 100^2, \quad ab = 1,$$

所以

$$a + b = \sqrt{a^2 + b^2 + 2ab} = \sqrt{100^2 + 2} > 100.$$

矩形的周长 $2(a+b)$ 应由正方形的周界线 (长度为 4) 与剪口给出, 且每段剪口给出自身长度的 2 倍, 从而

$$2L+4 \geqslant 2(a+b), \quad L \geqslant a+b-2 \geqslant 98.$$

另一方面, 任意两个同底等高的平行四边形可按图 35 的方式剪拼为矩形. 于是, 取一个单位正方形, 先将其剪拼为一边长为 a, 高为 b 的平行四边形, 再剪一刀 (长为 b), 即拼为所求的矩形. 此时总割线长度为 $a+b$, 所以

$$L \leqslant a+b < 100.01.$$

故得 $L \approx 99$, 误差不超过 1.01.

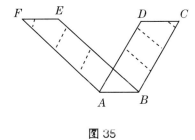

图 35

40. 设 $ABCD$ 为四面体, 在棱 AB, AC, AD 上所取的点分别为 K, L 和 Q, 而在棱 BC, BD 和 CD 上所取的点分别为 M, P 和 T. 假设平面 KMP, MLT 和平面 LKQ 都与四面体的内切球相切, 而平面 PQT 却不与内切球相切. 为确定起见, 设内切球与该平面相交. 经过直线 PQ 作一个平面与内切球相切, 设此平面与棱 CD 相交于点 T_1.

我们来观察多面体 $KLMPQTT_1$ (这是一个八面体). 为方便起见, 将它的面 KMP, MLT, LKQ 和面 PQT_1 都染为黑色, 而将它的其余四个面都保留为白色, 亦即将所有不属于四面体 $ABCD$ 的面都染为黑色, 而将该四面体原来的面都保留为白色. 不难看出, 任何两个黑色的面都没有公共棱. 而在白色的面中则有一个例外: TT_1 是两个白色的面的公共棱. 我们将八面体的八个面都与同一个球相切. 将每个面中的切点都与该面中的各个顶点相连, 每个面都被分为一些三角形. 每一个黑色三角形都全等于相邻面中与它共一条边的白色三角形. 而对于白色三角形则有一个例外: 棱 TT_1 是两个彼此全等的白色三角形的公共边.

容易计算黑色三角形中环绕着切点的内角之和, 因为该和显然为 $4 \cdot 2\pi = 8\pi$. 既然每个黑色三角形都与一个白色三角形对应全等, 所以白色三角形中相应的内角之和等于 $8\pi + 2\varepsilon$, 其中 ε 是边 TT_1 所对的以切点为顶点的角的大小 (如果平面与内切球不相交, 则相应的内角之和等于 $8\pi - 2\varepsilon$). 另一方面, 围绕着切点的白角之和应当等于 $4 \cdot 2\pi = 8\pi$. 这就表明 $\varepsilon = 0$, 亦即点 T_1 与点 T 重合.

第 53 届莫斯科数学奥林匹克 (1990)

41. 由题中条件知 $a_3+a_6+a_9>0$ 以及
$$a_1+a_2+a_3<3a_3,\quad a_4+a_5+a_6<3a_6,\quad a_7+a_8+a_9<3a_9.$$
将这三个不等式相加,在所得的不等式两端同时除以 $a_3+a_6+a_9$,即得所证.

42. 答案: 两个.

若 $m>1$, 则 m 与 $m+2n^2+3$ 的奇偶性不同, 故它们的乘积中除含有质因子 2 之外, 还至少含有一个奇数质因数, 故不少于两个质因数. 如果 $m=1$, 则 $m+2n^2+3=2(n^2+2)$, 如果 n 为奇数, 则 $2(n^2+2)$ 除含质因子 2 外, 还含有一个奇数质因数; 如果 $n=2k$ 为偶数, 则又有 $2(n^2+2)=4(2k^2+1)$, 仍然至少含有两个不同的质因数. 综合上述知, $m(m+9)(m+2n^2+3)$ 最少有两个不同的质约数.

43. 答案: 不能.

因为 4 个年级共 11 名选手, 故有 1 个年级不多于两名选手, 不妨设为八年级. 显然, 如果八年级只有 1 名选手, 结论一定不成立. 如果八年级有两名选手, 则其余年级共 9 名选手, 无论如何入座, 他们中都会有 5 人相连, 其中没有八年级选手.

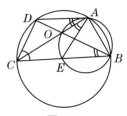

图 36

44. 如图 36 所示, 设对角线 AC 与 BD 的交点为 O. 连 AE, 称经过 A,B,C,D 4 点的圆为 ω_1, 称经过点 A,B 和 O 的圆为 ω_2. 在圆 ω_1 中有
$$\angle ACD=\angle ACB,\quad \angle CAD=\angle CBD.$$
在圆 ω_2 中, 又有 $\angle CAE=\angle OAE=\angle OBE=\angle CBD=\angle CAD$. 由于 AC 是公共边, 所以 $\triangle CAE\cong\triangle CAD$ (角, 边, 角), 从而 $CE=CD$.

45. 答案: 最少需揿动 6 次.

将 64 个按钮分别编为 0 至 63 号, 并将这些号码用 2 进制表示为 $000000,000001,\cdots,111111$. 在第 k 次揿动时, 揿动那些号码中第 k 位数字为 1 的按钮 ($k=1,2,\cdots,6$), 并把那些被揿亮的灯泡都记作 1, 未被揿亮的灯泡都记作 0(也记在第 k 个数位上). 于是, 揿动 6 次之后, 每个灯泡都有一个 2 进制 6 位数的记录. 显然, 该 6 位数就是那个控制它的按钮的号码. 故 6 次可以解决问题.

46. 任取其中甲乙二人, 如果没说他们是兄弟, 那么他们在其余 5 个男孩中都明说有 3 个兄弟, 从而其中有 1 个男孩丙是他们二人共同的兄弟, 这就说明他们二人也是兄弟.

47. 将 53 个正整数的集合记作 A, 将 A 中的元素总和记作 S. 如果不能从 A 中找出两个数, 使它们的和为 53, 则对任何正整数 $k < 53$, 数 k 与 $53 - k$ 必不同时属于 A, 这样一来, 就有

$$S \geqslant (1 + 2 + \cdots + 26) + (53 + 54 + \cdots + 79) = 2133 > 1990,$$

此与 $S \leqslant 1990$ 的事实相矛盾, 所以 A 中必有两个数的和等于 53.

48. 将单位圆上的给定点记作 A, 则所作的圆都经过点 A, 并且半径都是 2, 所以它们的圆心到点 A 的距离都是 2, 既如此, 它们的圆心都在以 A 为圆心, 以 2 为半径的圆周上, 所以它们都内切于以 A 为圆心, 以 4 为半径的圆.

49. 答案: 可以.

将重的伪币记作 G, 轻的伪币记作 g, 真币记作 a, 它们的重量也分别以同样的字母表示.

第一次称量时, 天平两端分别放两枚硬币. 如果平衡, 则说明一端是 aa, 另一端是 aa 或 Gg. 这时再将这 4 枚硬币集中于左端, 在右端放上其余 4 枚硬币, 作第二次称量, 并根据天平的状况 (向左倾, 向右倾, 还是平衡), 即可断定 $G + g$ 与 $2a$ 孰轻孰重.

如果第一次称量时不平衡, 不妨设左轻右重. 此时取下右端两枚硬币, 放上另外两枚, 左端的硬币不动, 作第二次称量, 并注意观察天平状况的变化 (诸如: 恢复平衡, 保持原状, 倾斜程度加剧, 倾斜程度减轻, 变为左重右轻, 等等) 以帮助判断硬币的真伪. 第三次称量时, 两端各置 4 枚硬币, 并应根据刚才的判断结果, 有意识地将两枚伪币置于同一端.

50. 答案: 在分数 $\left(\dfrac{p}{q}\right)^2$ 的 10 进制表示中循环节的最大可能长度是 $n(10^n - 1)$.

设 $(p, q) = 1$, $q = 2^\alpha \cdot 5^\beta \cdot d$, 其中 d 与 10 互质, $\alpha \geqslant 0$, $\beta \geqslant 0$. 则在分数 $\left(\dfrac{p}{q}\right)^2$ 的 10 进制展开式中, 循环节的长度 s 应是满足关系式

$$10^s \equiv 1 \pmod{d}$$

的最小正整数. 现有 $s = n$. 而为了求出 $\left(\dfrac{p}{q}\right)^2$ 的循环节长度, 就要求出满足关系式

$$10^s \equiv 1 \pmod{d^2}$$

的最小正整数. 由于 $10^n \equiv 1 \pmod{d}$, 所以 $10^n = 1 + kd$, 其中 k 是正整数. 于是

$$10^{n(10^n - 1)} = (1 + kd)^{n(10^n - 1)} = 1 + k_1 d^2,$$

其中 k_1 是正整数, 即有 $10^{n(10^n - 1)} \equiv 1 \pmod{d^2}$, 所以

$$s_0 \leqslant n(10^n - 1).$$

另一方面, 如果令 $d = 10^n - 1$, 即知该式中的等号是可以成立的. 所以分数 $\left(\dfrac{p}{q}\right)^2$ 的 10 进制展开式中循环节的最大可能长度是 $n(10^n - 1)$.

51. 答案: 不能.

在正方形 $ABCD$ 中连接对角线 AC, 过顶点 D 作 $DE \perp AC$, 点 E 为垂足, 则

$\triangle ABC$, $\triangle ADE$ 和 $\triangle CDE$ 都是等腰直角三角形,它们彼此相似,但 $\triangle ADE \cong \triangle CDE$,不完全满足题意.

我们来证明:不可能将一个正方形分成 3 个两两相似但均互不全等的三角形. 我们称一个点为 n 度的,如果它是 n 个三角形的公共顶点 (不言而喻,如果一个点仅为一个三角形的顶点,那么就是 1 度的). 按此观点,3 个三角形的所有顶点的度数之和是 9.

由于 3 个三角形的内角之和为 3π,所以除了正方形的 4 个顶点 A,B,C,D 之外,这些三角形在正方形的周界或内部还应有一个顶点 E,并且点 E 处为它们贡献内角 π,因此,点 E 是 2 度或 3 度的.

如果点 E 是 3 度的,那么 A,B,C,D 4 点一共为 6 度,从而其中至少有两个点为 1 度的,这就表明这 3 个三角形都是直角三角形,并且点 E 处为其中一个直角三角形 $\triangle_1$ 贡献直角,为其余两个直角三角形 $\triangle_2$ 和 $\triangle_3$ 贡献锐角,从而这两个三角形的直角顶点都是原正方形的顶点.

(1) 如果 $\triangle_2$ 和 $\triangle_3$ 的直角顶点是正方形 $ABCD$ 的两个相邻顶点,不妨设为 A 和 B,那么 E 在线段 AB 上,并且直角三角形 $\triangle_1$ 就是 $\triangle CED$. 然而这是不可能的,因为以 CD 作为直径的圆与直线 AB 没有公共点.

(2) 如果 $\triangle_2$ 和 $\triangle_3$ 的直角顶点是正方形 $ABCD$ 的两个不相邻顶点,不妨设为 A 和 C,那么直角三角形 $\triangle_1$ 就是 $\triangle EBD$,但事实上,正方形 $ABCD$ 中,除了顶点 A 和 C 之外的任何点 E,都不能使得 $\triangle EBD$ 为直角三角形,此为矛盾.

如果点 E 是 2 度的,那么 A,B,C,D 4 点一共为 7 度,显然其中不可能有 3 个为 1 度的,因若不然,则其中有一个顶点为 4 度的,这是不可能的,因为我们的最大度数是 3. 如果其中有两个为 1 度的,那么点 E 还应为一个三角形贡献直角,从而它就贡献了两个直角,此为不可能. 如此一来,A,B,C,D 中仅一个为 1 度的,有 3 个为 2 度的,不妨设顶点 A 为 1 度的,顶点 B,C,D 都是 2 度的,并且点 E 为两个三角形 $\triangle_1$ 和 $\triangle_2$ 贡献直角,而 $\triangle_3$ 则以 A 作为直角顶点. 如此一来,$\triangle_3$ 的另外两个顶点就是正方形 $ABCD$ 中的两个与 A 相邻的顶点,即 B 和 D,这样一来,$\triangle_3$ 就是直角等腰三角形 $\triangle BAD$,从而 $\triangle_1$ 和 $\triangle_2$ 就只能是以点 E 为直角顶点的两个直角等腰三角形,它们的斜边分别为 BC 和 CD,由于 $BC=CD$,所以 $\triangle_1 \cong \triangle_2$. 从而不可能两两相似,但两两互不全等.

52. 不妨设 $p<q$,于是仅有一解:$p=2$, $q=3$, $r=17$.

事实上,欲 r 为质数,p 与 q 必须一奇一偶,从而 $p=2$. 而若 q 为不小于 5 的质数,则

$$2^q+q^2=(2^q+1)+(q^2-1)=3(2^{q-1}-2^{q-2}+\cdots+1)+(q-1)(q+1)$$

是 3 的倍数,不可能为质数.

53. 可按 a,b,c 的正负情况,分 8 种情形讨论,例如:

当 $a \geqslant 0$, $b \geqslant 0$, $c \geqslant 0$ 时,可取 $x=0$;

当 $a \leqslant 0$, $b \leqslant 0$, $c \leqslant 0$ 时,可取 $x=\pi$;

当 $a \geqslant 0$, $b \leqslant 0$, $c \leqslant 0$ 时, 可取 $x = \dfrac{\pi}{3}$;

当 $a \leqslant 0$, $b \geqslant 0$, $c \geqslant 0$ 时, 可取 $x = \dfrac{2\pi}{3}$;

当 $a \geqslant 0$, $b \leqslant 0$, $c \geqslant 0$ 时, 可取 $x = \dfrac{2\pi}{9}$;

当 $a \leqslant 0$, $b \geqslant 0$, $c \leqslant 0$ 时, 可取 $x = \dfrac{7\pi}{9}$;

当 $a \geqslant 0$, $b \geqslant 0$, $c \leqslant 0$ 时, 可取 $x = \dfrac{2\pi}{27}$;

当 $a \leqslant 0$, $b \leqslant 0$, $c \geqslant 0$ 时, 可取 $x = \dfrac{8\pi}{9}$.

54. 答案: 当 A, B, C, D 为圆内接正方形的 4 个顶点时, 两两之间距离的乘积达到最大.

55. 答案: $\dfrac{AC}{BD} = \left| \dfrac{BC \cdot CD - AB \cdot DA}{AB \cdot BC - CD \cdot DA} \right|$.

利用余弦定理.

56. 最大值是 1.

首先, 由柯西 (Cauchy) 不等式和平均不等式, 得

$$x\sqrt{1-y^2} + y\sqrt{1-x^2} \leqslant (x^2+y^2)(2-x^2-y^2) \leqslant \left(\dfrac{x^2+y^2+2-x^2-y^2}{2} \right)^2 = 1,$$

故知最大值不超过 1.

其次, 当 $x \geqslant 0$, $y \geqslant 0$, 且 $x^2 + y^2 = 1$ 时, 有

$$x\sqrt{1-y^2} + y\sqrt{1-x^2} = (1-y^2) + (1-x^2) = 2 - x^2 - y^2 = 1.$$

57. 由 $f(x)$ 所满足的恒等式, 知对一切 $x \in [0,1]$, 都有 $f(x) \in [0,1]$.

设 $f(0) = a$, $f(1) = b$, 由 $f(f(x)) = x^2$ 知

$$f(a) = f(f(0)) = 0, \quad a^2 = f(f(a)) = f(0) = a,$$

所以 $a = 0$ 或 1. 同理可知, $b = 0$ 或 1.

但若 $a = b = 0$, 则

$$f(f(1)) = f(0) = 0 \neq 1,$$

与题中条件相矛盾, 故为不可能. 同理可知, 不可能有 $a = b = 1$.

又若 $a = 1$, $b = 0$, 我们来构造辅助函数

$$g(x) = f(x) - x,$$

则有

$$g(0) = 1, \quad g(1) = -1.$$

由于 $g(x)$ 在区间 $[0,1]$ 上连续, 所以存在 $x_0 \in (0,1)$, 使得 $g(x_0) = 0$, 即使得 $f(x_0) = x_0$. 但这样一来, 就有
$$x_0^2 = f(f(x_0)) = f(x_0) = x_0,$$
此与 $0 < x_0 < 1$ 的事实相矛盾. 所以必有
$$a = 0, \quad b = 1.$$

由以上证明还可推知, 对一切 $0 < x < 1$ 都有 $0 < f(x) < 1$, 且恒有 $g(x) > 0$ 或恒有 $g(x) < 0$.

但若恒有 $g(x) = f(x) - x > 0$, 即有 $f(x) > x$, 则有
$$g(f(x)) = f(f(x)) - f(x) = x^2 - f(x) > 0,$$
从而 $x^2 > f(x) > x$, 与 $0 < x < 1$ 的事实相矛盾. 所以对一切 $0 < x < 1$, 都有 $g(x) = f(x) - x < 0$, 即 $f(x) < x$. 于是又有
$$g(f(x)) = f(f(x)) - f(x) < 0,$$
即 $x^2 < f(x)$. 所以, 对一切 $0 < x < 1$ 都有
$$x^2 < f(x) < x.$$

例如:
$$f(x) = \begin{cases} \mathrm{e}^{\sqrt{2}\ln x}, & 0 < x \leqslant 1, \\ 0, & x = 0. \end{cases}$$

58. 答案: 不可能.

假设存在这样的三角形 (见图 37), 则应当有

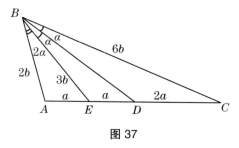

图 37

$$DC = 2DE = 2AE = 2a.$$

而由角平分线的性质知
$$\frac{BA}{BC} = \frac{AE}{EC} = \frac{1}{3}, \quad \frac{BE}{BC} = \frac{ED}{DC} = \frac{1}{2},$$

于是可令
$$BC = 6b, \quad BE = 3b, \quad BA = 2b.$$

这样一来, 如果分别在 $\triangle BCE$ 和 $\triangle BAE$ 中运用余弦定理, 即得
$$9a^2 = 45b^2 - 36b^2 \cos 2\alpha, \quad a^2 = 13b^2 - 12b^2 \cos 2\alpha.$$

从而应有
$$45b^2 - 36b^2 \cos 2\alpha = 117b^2 - 108b^2 \cos 2\alpha,$$

于是 $\cos 2\alpha = 1$, $2\alpha = 0°$, $\alpha = 0°$, 知这样的三角形不可能存在.

59. 设 m 是奇数. 分三种情况讨论.

(1) $5 \nmid m$. 则在数列
$$1, 11, 111, \cdots, \underbrace{11\cdots 1}_{n \uparrow 1}, \cdots$$

中, 必有某项是 m 的倍数. 事实上, 我们可从其中找出两个对 m 同余的数来, 它们的差是 m 的倍数. 这个差数具有形式

$$\underbrace{11\cdots 1}_{n_1 \uparrow 1}\underbrace{00\cdots 0}_{n_2 \uparrow 0} = \underbrace{11\cdots 1}_{n_1 \uparrow 1} \times 10^{n_2},$$

由于 $5 \nmid m$, 且 m 是奇数, 知 $(m, 10^{n_2}) = 1$, 所以 $\underbrace{11\cdots 1}_{n_1 \uparrow 1}$ 就是 m 的倍数.

(2) $m = 5^n$, $n \in \mathbf{N}_+$. 我们来对 n 归纳, 以证明存在一个 n 位数是 5 的倍数, 它的各位数字都是奇数.

当 $n = 1$ 时, 5 本身就是, 知断言成立. 假设当 $n = k$ 时, $\overline{a_k a_{k-1} \cdots a_1}$ 就是满足要求的 k 位数. 我们来证明: 存在某个 $a_{k+1} \in \{1, 3, 5, 7, 9\}$ 使得

$$\overline{a_{k+1} a_k a_{k-1} \cdots a_1} = a_{k+1} \times 10^k + \overline{a_k a_{k-1} \cdots a_1}$$

是 5^{k+1} 的倍数. 由于 $\overline{a_k a_{k-1} \cdots a_1}$ 是 5^k 的倍数, 所以

$$a_{k+1} \times 10^k + \overline{a_k a_{k-1} \cdots a_1} = 5^k(a_{k+1} \times 2^k + l),$$

其中 l 是奇数. 通过考察 2^k 被 5 除的余数的变化规律, 知不论 k 为何正整数, 不论 l 对 5 的余数如何变化, 均可取得所需的 a_{k+1}.

(3) $m = 5^l \cdot k$, 其中 $k, l \in \mathbf{N}_+$, $5 \nmid k$. 我们可先找出 5^l 的一个倍数 $\overline{a_l a_{l-1} \cdots a_1}$, 它的各位数字都是奇数. 然后利用 (1) 中的类似办法, 证明在数列

$$\overline{a_l a_{l-1} \cdots a_1}, \overline{a_l a_{l-1} \cdots a_1 a_l a_{l-1} \cdots a_1}, \cdots$$

中存在着是 $m = 5^l \cdot k$ 的倍数的项.

60[①]. 答案: 所求条件为这 4 点不共面, 或 4 点共面但任意 3 点不共线且 4 点不共圆.

我们不妨先考虑这道题目的二维版:

当平面上的 3 个点如何分布时, 它们可以恰好是某个点在某个三角形的 3 条边所在的直线上的投影?

由于一旦确定了这 3 条射影的方向 (即三角形 3 条边的法向量方向) 就确定了 3 条边所在直线的方向, 而且只要这 3 条直线两两不平行且不交于一点, 那么就能形成三角形.

设这三个点分别为 A, B, C, 并将所要投影的点记为 O.

如果 O 与 A, B, C 中的一点重合, 情况非常简单, 以下设不重合. 任取一点 O 使得它不与 A, B, C 中任何两点共线, 过 A, B, C 分别作 OA, OB, OC 的垂线, 它们只要不交于一点, 则所围成的三角形即符合要求.

如果这 3 条垂线交于一点 (设为 P), 则 A, B, C 都在以 OP 为直径的圆上, 亦即 O, A, B, C 4 点共圆, P 为该圆上 O 的对径点. 也就是说还应增加点 O 不与 A, B, C 共圆的条件, 这样一来, 过 A, B, C 分别作 OA, OB, OC 的垂线, 它们可以围成三角形, 该三角形的 3 个顶点就是点 O 分别在圆 OAB, OAC, OBC 上的对径点.

总而言之, 我们可对二维情况总结如下:

(1) 如果 A, B, C 3 点在同一条直线 ℓ 上, 则对直线 ℓ 上的任意一点 O, 都不存在三角形, 使得 A, B, C 分别是点 O 在其三条边上的投影; 而对于直线 ℓ 外的任意一点 O, 都存在三角形, 使得 A, B, C 分别是点 O 在其 3 条边上的投影.

(2) 如果 A, B, C 3 点不在同一条直线上, 则当把点 O 取为 A, B, C 中的任意一点时, 都存在三角形, 使得 A, B, C 分别是点 O 在其 3 条边上的投影; 否则, 对不在 A, B, C 中任意两点所决定的直线上且不在 A, B, C 3 点所决定的圆上的任意一点 O, 都存在三角形, 使得 A, B, C 分别是点 O 在其 3 条边上的投影.

对于三维的情况, 已知四面体 4 个面的法向量方向就确定了这 4 个面的方向. 而 4 个平面围成四面体的条件是: 不但要求两两不平行, 还要求任何 3 个平面不能共线或围成形如三棱柱的侧面的形状, 也就是说这 4 个法向量任意 3 个不能共面, 以及这 4 个平面不能共点. 设 4 个点分别为 A, B, C, D, 如果这 4 点不共面, 那么只要把 O 取在四面体 $ABCD$ 的内部, 则过 A, B, C, D 分别作 OA, OB, OC, OD 的垂面, 它们围成的四面体即符合要求.

以下假设这 4 点共面. 如果其中有 3 个点共线, 假设 A, B, C 共线, 则如果 O 和它们共线, OA, OB, OC 的垂面就互相平行; 如果 O 不和它们共线, OA, OB, OC 的垂面就围成形如三棱柱的侧面的形状, 从而不能成为四面体的 3 个面.

上面的情形默认了 O 不和 A, B, C, D 中的任何一点重合. 如果 O 和 A 重合, 也就是说 O 位于四面体的 1 个面所在平面上, 那么如果 A, B, C 共线, 则推出包含 B 的和包含 C 的那两个平面平行; 如果 B, C, D 共线, 与上同理, 推出包含 B, C, D 的 3 个面围成形如三棱柱的侧面的形状.

如果四点共面且任意 3 个不共线, 再分两种情况:

[①] 原解答已无从查找, 本解答由申强先生提供. —— 编译者注

(1) 这 4 点共圆, 则过该四点所在平面外任意一点 O, 过 A,B,C,D 分别作 OA,OB,OC,OD 的垂面, 它们交于 O,A,B,C,D 所确定的球面上 O 的对径点, 所以不能围成四面体.

(2) 这 4 点不共圆, 则过该四点所在平面外任意一点 O, 过 A,B,C,D 分别作 OA,OB,OC,OD 的垂面, 它们能围成一个四面体, 这是因为其 4 个顶点就是 O 在 4 个不同的球面 $OABC,OABD,OACD,OBCD$ 上分别的对径点.

综上所述, 所求条件为这 4 点不共面, 或 4 点共面但任意 3 点不共线且 4 点不共圆.

第 54 届莫斯科数学奥林匹克 (1991)

61. $a^2(b-c) + b^2(c-a) + c^2(a-b) = (a-b)(b-c)(a-c) > 0$.

62. 两种情形都可以. 首先我们指出, 如果 $AB = r$, 则如图 38 所示, 有 $C = A'$, 其中 A' 表示 A 关于 B 的对称点 (下面也采用同样的记法, 即 X' 表示 X 关于 B 的对称点). 事实上, 我们可以以 B 为圆心, 作一个半径是 r 的半圆, 再依次取得点 D, E 和 A'.

a) 如果 $AB < 2r$, 则可按图 39 所示的方式, 先求得点 D 和 E, 然后再求得点 A'.

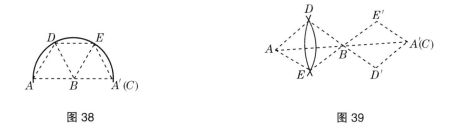

图 38　　　　　　　　　图 39

b) 如果 $AB \geqslant 2r$, 则如图 40 所示, 以 B 为圆心, 作一个半径是 r 的圆, 再从点 A 开始, 构造边长为 r 的正三角形网, 直到有顶点 D 和 E 落入所作的圆中为止. 再作出点 D' 和 E', 并根据它们作正三角形网关于点 B 的对称图形, 在它们上面即可找到所需的点 A', 即点 C.

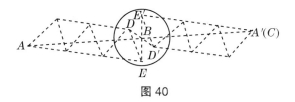

图 40

63. 答案: 至少需要 4 个人.

如果安排每个人值班 1 昼夜, 休息 3 昼夜, 则 4 个人即够. 下面来证明, 3 个人是不够的. 假设 3 个人就能保证昼夜有人值班. 我们用 x_i, y_i 和 z_i 来表示各个人在某连续的 m 个班次中所值的白班、夜班和昼夜班的数目, $i = 1, 2, 3$, 其中昼夜班以 1 个白班加 1 个夜班

计算, 则有
$$(x_1+y_1+2z_1)+(x_2+y_2+2z_2)+(x_3+y_3+2z_3)=m.$$

然后再往后, 两个人只能保证不间断地值不超过 4 个班 (白班、昼夜班、夜班), 所以对每个 i, 我们都有
$$3x_i+4y_i+7z_i \leqslant m+4.$$

于是就有
$$y_1+y_2+y_3+z_1+z_2+z_3$$
$$=3(x_1+x_2+x_3)+4(y_1+y_2+y_3)+7(z_1+z_2+z_3)-3m$$
$$\leqslant 12.$$

但两个白班不能相衔接, 所以 $x_1+x_2+x_3 \leqslant 13$ 及 $m \leqslant 37$, 此与 m 的任意性相矛盾.

64. 以 x_k 表示刻有 k g 字样的砝码的真正重量. 只需验证如下两个关系式:
$$x_1+x_2+x_3=x_6,$$
$$x_1+x_6<x_3+x_5,$$

因为它们对于正确标注都是重要的. 事实上, 如果这两个关系式都成立, 那么就有:

首先, 由前一个关系式以及估计式
$$x_1+x_2+x_3 \geqslant 1+2+3=6 \geqslant x_6$$

即可推知 $x_6=6$ 和
$$\{x_1,x_2,x_3\}=\{1,2,3\}, \quad \{x_4,x_5\}=\{4,5\}.$$

接着, 再由第二个关系式以及估计式 $x_1 \geqslant 1, x_3 \leqslant 3$ 和 $x_5 \leqslant 5$ 即可推得不等式
$$7 \leqslant x_1+x_6 < x_3+x_5 \leqslant 8,$$

于是即知
$$x_1+x_6=7, \quad x_3+x_5=8,$$

从而立得
$$x_1=1, \quad x_3=3, \quad x_5=5$$

与
$$x_2=2, \quad x_4=4.$$

即对一切 $k=1,2,\cdots,6$, 都有 $x_k=k$.

65. 将第 1 国的城市记为 $A_1,A_2,\cdots,A_n$, 将可由 A_i 直接飞往的第 2 国的所有城市所构成的集合记为 M_i. 由题意知, 对每个 i, 都有 $M_i \neq \varnothing$. 设 M_{i_0} 是其中所含城市数目最少的集合 (或之一). 如果对于任何 $i \neq j$, 都有 $M_i \subset M_j$ 或 $M_i \supset M_j$, 那么 M_{i_0} 便被其余所

有集合所包含. 由于 $M_{i_0} \neq \varnothing$, 所以有某个城市 $B \in M_{i_0}$. 根据我们的定义, 由第 1 国的每个城市都有航线直飞 B; 于是根据题意, 由 B 不能直接飞到第 1 国的任何城市, 此与题意不符. 这就说明, 并非对于任何两个集合都是一个包含另一个. 于是, 我们可以找到两个不同集合 M_i 与 M_j, 以及两个城市 $B_i \in M_i$ 与 $B_j \in M_j$, 有 $B_i \notin M_j$, $B_j \notin M_i$, 于是, 我们就可以由 A_i 直飞 B_i, 由 B_i 直飞 A_j, 由 A_j 直飞 B_j, 由 B_j 直飞 A_i, 从而找到了所需的 4 个城市.

66. 答案: $x_1 = -1$, $x_2 = 0$.

由于 $x = 1$ 不是原方程的解, 所以原方程等价于方程

$$\frac{x^3 - 1}{x - 1} \cdot \frac{x^{11} - 1}{x - 1} = \left(\frac{x^7 - 1}{x - 1}\right)^2,$$

即等价于方程

$$\frac{x^3 (x^4 - 1)^2}{(x-1)^2} = 0.$$

67. 答案: 能够做到.

用图 41 来表示两次分堆的情况, 每张牌都对应于一个方格, 并根据方格的行号 m 与列号 n, 对应于数对 (m, n). 于是, 我们就可以用该图中的两个表格分别回答题中的两个问题. 例如: 图 41(b) 中的第 2 行有 4 个 × 号, 这就表示在第一次分堆时, 分出两个各有两张牌的堆. 不难验证, 表中 × 号的个数等于牌的张数, 并且每一行每一列中的 × 号数目都分别是行号与列号的倍数, 并且 × 号的分布关于对角线对称.

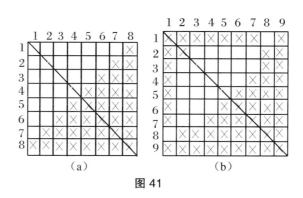

图 41

68. 见图 42, 由 $\overparen{A_5 A_8} = \overparen{A_8 A_{11}}$, $\overparen{A_{11} A_1} = \overparen{A_1 A_3}$, $\overparen{A_3 A_4} = \overparen{A_4 A_5}$, 可知直线 $A_3 A_8, A_5 A_1$ 和 $A_{11} A_4$ 分别是 $\triangle A_3 A_5 A_{11}$ 的 3 个角的平分线, 此因等弧对等角. 所以, 对角线 $A_1 A_5$ 经过对角线 $A_3 A_8$ 与 $A_4 A_{11}$ 的交点 O. 同理, 直线 $A_2 A_6, A_4 A_{11}$ 和 $A_8 A_3$ 分别是 $\triangle A_2 A_4 A_8$ 的 3 个角的平分线, 所以对角线 $A_2 A_6$ 也经过点 O.

69. 作双曲线 $y = \dfrac{1}{x}$ 的两条平行弦, 再过这两条平行弦的中点作直线, 于是所作直线与弦的夹角的平分线和坐标轴平行 (见图 43); 再作双曲线 $y = \dfrac{1}{x}$ 的另外两条平行弦, 并过这两条平行弦的中点作直线, 于是所作的两条直线的交点即为坐标原点.

为证明上述断言, 只需证明: 双曲线 $y = \dfrac{1}{x}$ 的任何一条平行于已知直线 $y = -ax$ 的弦的中点都在直线 $y = ax$ 之上. 事实上, 设弦所在的直线为 $y = -ax + b$, 那么它的两个端点

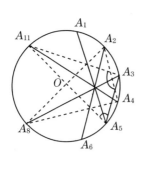
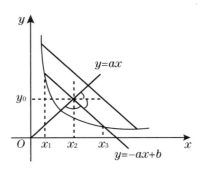

图 42

图 43

的坐标 x_1 和 x_2 满足方程
$$-ax+b=\frac{1}{x},$$
即 $ax^2-bx+1=0$, 而弦的中点具有坐标:
$$x_0=\frac{1}{2}(x_1+x_2), \quad y_0=\frac{1}{2}\left(\frac{1}{x_1}+\frac{1}{x_2}\right)=\frac{x_1+x_2}{2x_1x_2}=ax_0,$$
此处利用了根与系数的关系, 即 $x_1x_2=\frac{1}{a}$.

70. 如果在方格表中按照所写数的正负分别将它们换成 $+1$ 或 -1, 则所得的方格表仍然满足题中条件. 我们将填有 ± 1 且满足题中条件的 $m\times n$ 方格表称为 "合适的". 下面来证明, 任何合适的 $m\times 15$ 方格表都是平凡的, 即所有方格中都写着 $+1$, 其中 $m=1,3,7,15$.

可以直接验证合适的 1×15 方格表是平凡的: 它里面所填的所有的数都在边缘上, 其中之一必定是 $+1$, 循此下去即可推得所有的数都是 $+1$. 假定存在合适的非平凡的 15×15 方格表. 如果它关于中间一行对称, 那么该行中的每个数都等于它的左右两数的乘积, 因此如上所说, 这一行中的数都是 $+1$. 如此一来, 该行的上方就是一个合适的 7×15 方格表, 且为非平凡的 (否则全表都是平凡的). 如果合适的 15×15 方格表不关于中间一行对称, 那么我们若将其上方 7×15 方格表中的每个数都乘以其关于该行对称的那个数, 所得的 7×15 的方格表仍然是合适的, 且为非平凡的. 总之, 我们可由非平凡的 15×15 方格表的存在推出非平凡的 7×15 方格表的存在. 循此下去, 还可推出非平凡的合适的 3×15, 然后是 1×15 方格表的存在, 导致矛盾.

71. 答案: a) $f(0)=2, f(1)=-2$. b) 这样的函数只能是
$$f(x)=\begin{cases} \dfrac{2}{1-2x}, & \text{当 } x\neq \dfrac{1}{2}, \\ \dfrac{1}{2}, & \text{当 } x=\dfrac{1}{2}. \end{cases}$$

a) 分别将 $x=0$ 和 $x=1$ 代入所给函数方程, 得二元一次方程组
$$\begin{cases} f(0)+\dfrac{1}{2}f(1)=1, \\ \dfrac{3}{2}f(0)+f(1)=1, \end{cases}$$

解之, 即得 $f(0) = 2, f(1) = -2$.

b) 用 $1-x$ 取代所给等式中的 x, 得到

$$f(1-x) + \left(\frac{3}{2} - x\right) f(x) = 1,$$

故得

$$f(1-x) = 1 - \left(x - \frac{3}{2}\right) f(x).$$

将其代入原给等式, 得

$$f(x) + \left(x + \frac{1}{2}\right)\left(\frac{3}{2} - x\right) f(x) + \left(x + \frac{1}{2}\right) = 1.$$

由此可知, 当 $x \neq \dfrac{1}{2}$ 时, 满足题意的函数为

$$f(x) = \frac{\frac{1}{2} - x}{x^2 - x + \frac{1}{4}} = \frac{2}{1 - 2x};$$

而将 $x = \dfrac{1}{2}$ 代入原给等式, 便可得到 $f\left(\dfrac{1}{2}\right)$ 之值.

72. 答案: $n = 4, 6, 8, 10, 12, 14, 16$.

当 n 个弹子球可按所述的方式分布时, 切点数目的 2 倍刚好是 $3n$, 所以 n 应当为偶数, 且 $n > 2$. 对 $n = 4$, 可让 4 个球的球心形成正四面体的 4 个顶点, 得到所需的分布. 对于其余的 $n = 2k$ $(k > 2)$, 可先将 k 个球放在一个平面上, 使它们形成正 k 边形的 k 个顶点; 再在每个球的正上方各放上一个球, 使得该二球相切即可.

73. 设二圆周在定角的两边上的 4 个切点分别是 D, E, F, G; 在 $\triangle ABC$ 两腰上的切点分别是 K 与 L(见图 44). 令

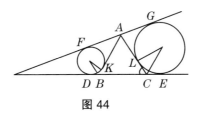

图 44

$$a = BK + CL, \quad \varphi = \angle ABC,$$

则两圆的半径之和等于

$$BK \cdot \tan \frac{\pi - \angle ABC}{2} + CL \cdot \tan \frac{\pi - \angle ABC}{2} = a \cdot \tan \frac{\pi - \varphi}{2}.$$

由于

$$AB + AC - a = AK + AL = AF + AG = FG = DE$$

$$= BC + BD + CE = BC + a,$$

所以

$$a = \frac{1}{2}(AB + AC - BC).$$

因此, 如果一开始就假设 $FG // BC$, 那么二圆的半径之和也不发生改变, 并且每条半径都等于此二直线间距离的一半. 此时所要证明的等式是成立的.

74. 设想将原来的大正方体划分为一系列尺寸为 $2 \times 2 \times 2$ 的小正方体, 并按如下方式将所有 1000 个单位正方体分为 8 个集合: 如图 45 所示, 将每个 $2 \times 2 \times 2$ 小正方体中的 8 个单位正方体按照它们的位置分别归入以大正方体的 8 个顶点命名的 8 个集合之中. 于是, 所有的黑色单位正方体形成 M_A, M_C, M_F 和 M_H 这样 4 个集合. 我们来证明: 在题中所述的取法之下, 黑色单位正方体是平均地取自这 4 个集合的 (由此即知它们的数目是 4 的倍数). 为此只需验证从集合 M_A 和 M_B 中一共取出了 25 个单位正方体. 由于 M_A 和 M_B 是用大正方体的同一条棱的两个端点命名的, 所以这一结论也将适用于其他任何两个用同一条棱的两端命名的集合. 例如, 如果从集合 M_A, M_B 和 M_C 中分别取出了 a, b, c 个单位正方体, 那么就有

$$a + b = b + c = 25,$$

从而就有

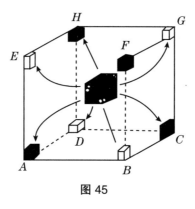

图 45

$$a = 25 - b = c.$$

下面就来证明

$$a + b = 25.$$

事实上, M_A 和 M_B 是由 25 条平行于棱 AB 的 $1 \times 1 \times 10$ 的长方条中的单位正方体组成的, 而自每一个这样的长方条中都取出了一个单位正方体, 所以

$$a + b = 25.$$

75. 答案: 最少需要进行 3 次.

参阅第 67 题解答中的附图 (见图 41(b)), 其中以表格的形式给出了对 54 张牌作两次分堆的可能方式, 据此还可将 54 张牌分成两个集合: 与对角线之上以及其上方的 30 个 ×

相应的 30 张牌为一个集合, 与对角线下方的 24 个 × 相应的 24 张牌为另一个集合. 如果在第三次分堆时, 就按此法分堆: 前一集合中的 30 张牌为一堆, 后一集合中的 24 张牌为另一堆, 则这次分堆不会抹煞原先不同的两张纸牌之间的区别, 反而将原来为 (m,n) 和 (n,m) 的一对纸牌区分开来, 使它们分别变为 $(m,n,30)$ 和 $(n,m,24)$, 其中 $m < n < 10$.

下面证明: 两次分堆是不够的. 事实上, 可用一个 $k \times k$ 的表格来对应两次分堆, 其中 k 是某次分堆时所分成的堆中的纸牌的最大张数, 比如说第一次分堆时的这种张数. 这时, 在表中的第 k 行中有 k 个 ×, 其中之一在对角线上. 所以, 第 k 列亦为非空, 意即该列中亦有 k 个 ×, 它们 (关于对角线) 对称于第 k 行中的 ×. 两个处于对称位置的 × 所对应的纸牌具有相同的集合 $\{m,n\}$ 和 $\{n,m\}$, 因此不合题意.

76. 答案: a) 在第 996 个与第 997 个数码之间; b) 在第 995 个与第 996 个数码之间.

含有前 m 个 9 的数等于 $2 \cdot 10^m - 1$, 剩下的数码构成了数 $10^{1992-m} - 9$.

a) 和数 $S(m) = 2 \cdot 10^m + 10^{1992-m} - 10$ 满足估计式:

$$S(996) \leqslant 2 \cdot 10^{996} + 10^{996} = 3 \cdot 10^{996},$$

$$当 m \geqslant 997 \text{ 时}, \quad S(m) > 10^m \geqslant 10 \cdot 10^{996},$$

$$当 m \leqslant 995 \text{ 时}, \quad S(m) \geqslant 2 \cdot 10 + 10^{997} - 10 > 10 \cdot 10^{996}.$$

b) 当量 $R(m) = 18 \cdot 10^m + 10^{1992-m}$ 达到最小时, 乘积

$$2 \cdot 10^{1992} + 9 - 18 \cdot 10^m - 10^{1992-m}$$

达到最大, 而 $R(m)$ 满足估计式:

$$R(995) = 18 \cdot 10^{995} + 10^{997} = 118 \cdot 10^{995},$$

$$当 m \geqslant 996 \text{ 时}, \quad R(m) > 18 \cdot 10^m \geqslant 180 \cdot 10^{995},$$

$$当 m \leqslant 994 \text{ 时}, \quad R(m) > 10^{1992-m} - 10 \geqslant 1000 \cdot 10^{995}.$$

77. 经过线段 AB 的中点 O 引垂线, 在垂线上标出点 C(北极的投影), 使得线段 OC 等于平行于 AB 且经过垂线与赤道投影的交点 D 的弦的一半 (见图 46(a)).

事实上, 地球在射线 AB 方向上的正交投影, 看上去就像是图 46(b) 所显示的那样, 其中 DE 是赤道的投影, C 是北极的投影. 由 $\angle COD = \angle C'OD' = 90°$ 知 $\triangle OCC'$ 与 $\triangle ODD'$ 都是直角三角形, 由于它们全等, 所以 $OC' = OD'$, 这一点在构作图 46(b) 时被用上了.

78. 我们来考察由原来的 54 边形所选出的顶点所构成的正 18 边形 $A_1 A_2 \cdots A_{18}$. 这时, 对角线 $A_1 A_8, A_2 A_9, A_4 A_{12}, A_6 A_{16}$ 就相交于同一个点. 为证题中结论, 只需考察 $\triangle A_2 A_6 A_{12}$ 与 $\triangle A_4 A_8 A_{16}$, 而 $A_2 A_9, A_6 A_{16}, A_{12} A_4$ 和 $A_4 A_{12}, A_8 A_1, A_{16} A_6$ 分别是它们中的角平分线 (参阅图 47). 以下的证明与第 68 题类似.

79. 答案: $k = 1991$.

如果 $k = 1991$, 则对每一项支出, 均只有不足 10 名议员所提议的款数少于所通过的数目, 因而一共有少于 2000 名议员可能各对一项支出所提议的数目少于所通过的数目. 故可

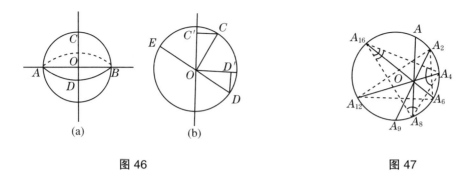

图 46　　　　　　　　　　　　　图 47

找到一名议员,他对所有各项支出所提议的数目均不少于所通过的数目. 但是, 他所提议的款数总额不超过 S, 所以所通过的拨款总额也不超过 S.

如果 $k=1990$, 则可能出现这样的情形, 即前 10 名议员均提议对第一项条款不予拨款, 而对其余条款则都提议拨给 $\frac{S}{199}$; 接下来的 10 名议员均提议对第二项条款不予拨款, 而对其余条款则都提议拨给 $\frac{S}{199}$; 如此等等. 这样一来, 对每个条款的拨款数目就都是 $\frac{S}{199}$, 从而所通过的拨款总额就将等于 $200 \cdot \frac{S}{199} > S$.

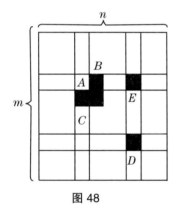

图 48

80. 假定有一天,屏幕上的小方格都不亮. 我们要来证明, 从一开始, 便应满足两个条件: (1) 在每一行每一列中都至少有一个小方格不亮; (2) 任何两个不亮的小方格都是相通的, 即可通过一串不亮的小方格连接它们, 这一串不亮的小方格中的任何两个相接的方格都在同一行或同一列中 (尽管不一定相邻). 为了证明这一断言, 首先指出, 在最后时刻这两个条件都是满足的. 我们来找出这两个条件同时满足的最初时刻. 如果它是在某个小方格 A 熄灭以后开始的, 那么首先, 在方格 A 所在的行与列中, 原先就有不亮的方格 B 和 C (见图 48); 其次, 与 A 相通的不亮方格原先就同 B 和 C 相通的, 而方格 B 和 C 原先也是相通的. 如此一来, 在方格 A 熄灭以前, 两个条件就已经被满足, 此与最初时刻的选择相矛盾.

下面再来对 $k=m+n$ 使用归纳法, 以证明不亮的方格数目 l 不少于 $k-1$ (这样, 就可由 $l<k-1$ 推出屏幕不会全都变黑). 如果不然, 则当 $m \geqslant n$ 且 $k>2$ 时, 可以找到某一行, 其中有不多于一个不亮的方格 D (否则 $l \geqslant 2m \geqslant k$), 它与其他任何不亮的方格相通时, 都必须经过与它同在一列的方格 E. 所以一旦删去所找出的行之后, 所得到的 $(m-1) \times n$ 方格表满足两个条件, 且有不等式

$$l-1 \geqslant (m-1)+n-1=k-2,$$

由此即得 $l \geqslant k-1$. 最后, 经检验可知, 当 $k=2$ 时, 不等式 $l \geqslant 1=k-1$ 仍然成立, 证毕.

第 55 届莫斯科数学奥林匹克 (1992)

81. 由 $a+b > -(c+d)$ 与 $a+b > c+d$ 即得所证.

82. 答案: 不可能.

事实上, 左上—右下的白色对角线为 8 条, 右上—左下的白色对角线为 7 条 (参阅图 49), 如果每条对角线上的棋子都为奇数枚, 那么若按两种不同方向相加, 则白色方格中的棋子总数一为偶数, 一为奇数.

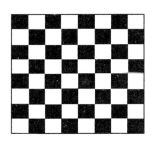

图 49

83. 设共有 n 个参赛者, 第 k 个参赛者两天各解出了 x_k 道和 y_k 道题目 $(k=1,2,\cdots,n)$, 并记 $S = \sum_{k=1}^{n} y_k$. 则

$$x_k + y_k = \sum_{i \neq k} y_i + y_k = S, \quad k = 1, 2, \cdots, n.$$

84. 答案: 9 枚.

由于总重量是 $3,4,5$ 的倍数, 故可设为 $60m$.

假设不然, 则至多 8 枚. 当分为 5 堆时, 至少有两堆分别只有 1 枚砝码, 它们都应该重 $12m$. 当分为 4 堆时, 每堆重 $15m$, 所以每一堆都至少应当有两枚砝码. 这样一来, 知刚好有 8 枚砝码.

我们来证明, 8 枚砝码中至少有 6 枚砝码的重量是 3 的倍数.

如果有 3 枚砝码各重 $12m$, 那么必然另有 3 枚砝码各重 $3m$, 此为分成重量相等的 4 堆所必须.

如果只有两枚砝码各重 $12m$, 那么另有两枚各重 $3m$ 外. 在分为 4 堆时, 这两枚重 $3m$ 的砝码所在的堆中都是两枚砝码, 所以它们都重 $9m$. 如此共有 6 枚.

现在 8 枚砝码中至多有两枚的重量不是 3 的倍数. 如果把 8 枚砝码分成 3 堆, 则必有一堆中的砝码的重量都是 3 的倍数. 然而此时每堆的总重量都是 $20m$, 此为矛盾.

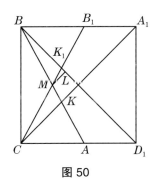

图 50

85. 题中结论对于等腰直角三角形显然成立, 故只需对非等腰的直角三角形证明之.

假设在 $\triangle ABC$ 中, $\angle C = 90°$, $\angle A = \alpha > 45°$, CK 为 $\angle C$ 的平分线, M 为斜边 AB 的中点. 以 BC 为边作正方形 A_1BCD_1, 使得 $\triangle ABC$ 含于其内. 于是, 直线 A_1C 平分 $\angle C$, 而 $BD_1 \perp A_1C$. 所以为证题中结论, 只需证明, CK 不大于线段 AB 在直线 BD_1 上的投影的一半.

易知 (参阅图 50), 点 M 位于经过 BC 中点和 A_1D_1 中点的直线 ℓ 上. 经过点 M 作平行于对角线 A_1C 的直线, 与另一条对角线 BD_1 相交于点 L, 易知 BL 就是斜边 AB 在直线 BD_1 上的投影的一半. 再在线段 BA_1 上取点 B_1, 使得 $BB_1 = CA$, 连线段 B_1C, 易知点 M 在线段 B_1C 上, 且

$\triangle B_1CB \cong \triangle ABC$, 将 BD_1 与 B_1C 的交点记作 K_1, 则 BK_1 就是直角 $\angle B_1BC$ 的平分线, 因而 $BK_1 = CK$. 注意: B_1C 与直线 ℓ 的夹角和 AB 与直线 ℓ 的夹角相等, 都是 α, 而直线 ML 与直线 ℓ 的夹角为 $45°$, 既然 $\alpha > 45°$, 所以 $BL \geqslant BK_1 = CK$. 此即为所证.

86. 答案: 可以.

例如, 可让 9 个人按顺时针方向依下列 4 种不同顺序入座:

(1) 1, 2, 3, 4, 5, 6, 7, 8, 9;
(2) 1, 3, 5, 7, 9, 2, 4, 6, 8;
(3) 1, 4, 7, 2, 5, 8, 3, 9, 6;
(4) 1, 5, 9, 4, 8, 2, 6, 3, 7.

87. 假设所有参赛者一共执黑赢了 n 局. 我们来考察其中任一参赛者某甲. 假设他执黑赢了 x 局, 于是其余参赛者一共执黑赢了 $n-x$ 局. 根据题意, 某甲刚好执白赢了 $n-x$ 局, 于是他一共赢了 $(n-x)+x=n$ 局. 既然该人是任意选出的, 所以这一结论对每个人都成立, 意即每个参赛者都赢了 n 局.

88. 答案: 一样多.

设正奇数 $n < 10^4$, 以 $\langle n^9 \rangle$ 表示 n^9 的末 4 位数所形成的 4 位数. 注意, $10^4 - n < 10^4$ 也是正奇数. 如果 $n < \langle n^9 \rangle$, 则

$$\langle (10^4-n)^9 \rangle = 10^4 - \langle n^9 \rangle < 10^4 - n,$$

反之亦然. 所以在两类正奇数之间建立了一一对应: $n \leftrightarrow 10^4 - n$, 故知它们一样多.

89. 答案: 不能切到.

因为葡萄干位于正方形蛋糕的两条对角线 l_1 与 l_2 的交点 O 上, 而每次切时, 都仅能伤及一条对角线, 而葡萄干却在另一条对角线上.

90. 答案: 678 条不同路径.

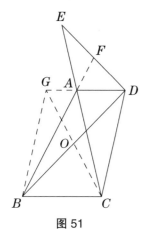

图 51

由起点 A 到终点 B 必须经过主对角线上的某个方格 D. 而由 "A 到 D" 与 "由 D 到 B" 是对称的.

91. 将直线 AB 与 DE 的交点记作 F(见图 51). 设 G 是射线 DA 上的一点, 使得 $DG = BC$. 将直线 CG 与 BD 的交点记作 O, 则易知 $\triangle ABC \cong \triangle CGD$(边角边).

因而,

$$\angle BCO = \angle CGD = \angle ABC = \angle FAD,$$
$$\angle BCD = \pi - \angle ADC = \pi - \angle DAC = \angle EAD,$$
$$\angle CBD = \angle BDA = \angle EDA.$$

这表明 $\triangle EAD \sim \triangle DCB$, 从而, 在相似变换只需前者变为后者, 点 F 变为点 O. 注意: CO 是 $\triangle BCD$ 中的中线, 即可得证题中断言.

92. a) $n=5$ 时, $2n+1=11$ 为质数, 故只需按照等差数列排出入座顺序即可, 即在第 m 种方式中按如下方式入座:

$$1, 1+m, 1+2m, 1+3m, \cdots, 1+10m,$$

其中的正整数按 mod 11 理解, 即在 $1+jm>11$ 时, 将其理解为减去 11 的整数倍后的介于 1 和 11 之间的差. 这一解答方式适用于 $2n+1=p$ 为质数的一般情形, $m=1,2,\cdots,n$.

b) $n=10$ 时, $2n+1=21$ 为合数, 故不能照搬上法. 注意, $p=19$ 为质数, 可先按上法对前 19 人列出 9 种顺序, 再将 20 与 21 插入其中, 并排出第 10 种顺序, 一种做法如下:

在已排好的前 19 人的 9 种顺序中.

在顺序 (1) 中： 将 20,21 接在 19 之后 (1 之前);
在顺序 (2) 中：$(18,1) \to (18,20,1)$, $(19,2) \to (19,21,2)$;
在顺序 (3) 中：$(8,11) \to (8,20,11)$, $(9,12) \to (9,21,12)$;
在顺序 (4) 中：$(17,2) \to (17,20,2)$, $(18,3) \to (18,21,3)$;
在顺序 (5) 中：$(7,12) \to (7,20,12)$, $(8,13) \to (8,21,13)$;
在顺序 (6) 中：$(16,3) \to (16,20,3)$, $(17,4) \to (17,21,4)$;
在顺序 (7) 中：$(6,13) \to (6,20,13)$, $(7,14) \to (7,21,14)$;
在顺序 (8) 中：$(15,4) \to (15,20,4)$, $(16,5) \to (16,21,5)$;
在顺序 (9) 中：$(5,14) \to (5,20,14)$, $(6,15) \to (6,21,15)$.

另排顺序 (10): $1,19,2,17,4,15,6,13,8,11,21,10,20,9,12,7,14,5,16,3,18$.

93. 设 4 个内角依次为 $\alpha_1,\alpha_2,\alpha_3,\alpha_4$, 则有

$$0<\alpha_i<\pi, \quad i=1,2,3,4; \quad \alpha_1+\alpha_2+\alpha_3+\alpha_4=2\pi.$$

令

$$2\beta = \pi-(\alpha_1+\alpha_2)=(\alpha_3+\alpha_4)-\pi. \tag{1}$$

因为

$$\cos\alpha_1+\cos\alpha_2+\cos\alpha_3+\cos\alpha_4=0,$$

故有

$$\cos\frac{\alpha_1+\alpha_2}{2}\cos\frac{\alpha_1-\alpha_2}{2}+\cos\frac{\alpha_3+\alpha_4}{2}\cos\frac{\alpha_3-\alpha_4}{2}=0. \tag{2}$$

将式 (1) 代入式 (2) 并化简, 即得

$$\sin\beta\left(\cos\frac{\alpha_1-\alpha_2}{2}+\cos\frac{\alpha_3-\alpha_4}{2}\right)=0. \tag{3}$$

再讨论式 (3) 即可.

94. 在由 5 条对角线所围成的小五边形 $A_1B_1C_1D_1E_1$ 内部的任何一点 (图 52 中阴影部分) 插生日蜡烛, 都不会被切到, 可参阅第 89 题的解答.

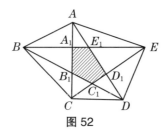

图 52

95. 当 $m+n$ 为奇数时, 白方有取胜策略; 当 $m+n$ 为偶数时, 黑方有取胜策略. 可用归纳法证之 (对 $k=m+n$ 归纳).

96. 先证至少应有 11 枚, 再说明可以为 11 枚, 例如, 可将 11 枚砝码的重量分别取为: 2, 2, 3, 3, 5, 5, 6, 7, 7, 10, 10. 可参阅第 85 题的解答.

97. 设 O 为对称中心, A 为距离对称中心最远的顶点, 顶点 B 与顶点 A 关于 O 对称. 作直线 AB 的三条垂线 l_A, l_B 和 l_O, 它们的垂足分别是点 A, B 和 O. 由于 A 和 B 是距离点 O 最远的顶点, 所以直线 l_A 和 l_B 夹住了整个多边形 (亦即整个多边形都在这两条平行直线形成的带状区域中). 假设直线 l_O 与多边形的周界的两个交点为 C 和 D, 由于 O 是该多边形的对称中心, 所以 C 和 D 关于点 O 对称 (参阅图 53). 经过点 C 和点 D 分别作直线 l_1 和 l_2, 使得 $l_1 // l_2$, 并使得整个多边形都在这两条平行直线形成的带状区域中[①]. 易知, 直线 l_A, l_B, l_1 和 l_2 围成一个平行四边形 $UVWT$, 并且 C 和 D 是其一组对边的中点, 且易知 $ACBD$ 是菱形, $S_{ACBD} = \frac{1}{2} S_{UVWT}$. 由于 l_A 和 l_B 夹住原来的多边形, l_1 和 l_2 也夹住这个多边形, 所以原来的多边形整个位于平行四边形 $UVWT$ 的内部, 所以菱形 $ACBD$ 的面积不小于其面积之半. 又由于原来的多边形是凸的, 点 A, C, B, D 都在其周界上, 所以菱形 $ACBD$ 的内部都在其内部.

98. 答案: 不一定.

如果可按题中要求为多面体的各条棱染色, 那么该多面体一共有偶数条棱. 事实上, 如果将两种颜色分别称为 1 号色与 2 号色, 并设共有 x_i 条棱被染为第 i 号, $i=1,2$. 那么, 第 i 号色的边的条数为 $2x_i$ (每条棱是两个面中的边). 由于每个面上两种颜色的边的数目都相等, 所以 $2x_1 = 2x_2$, 亦即 $x_1 = x_2$. 因此总棱数 $x_1 + x_2$ 是偶数.

但是, 却存在这样的多面体, 它的每个面都是凸偶数边形, 却一共有奇数条棱. 参阅图 54, 该多面体的每个面都是凸偶数边形, 但一共却有 19 条棱, 无法对这种多面体按要求染色.

99. 当 n 为奇数时, 可以做到, 一种做法如表 1 所示 (表中以 $n=5$ 为例).

当 n 为偶数时, 不能做到. 将方格表像国际像棋盘那样交替地染为黑色与白色 (参阅图 49), 考察所有白格中的数的总和的奇偶性, 可得出矛盾 (参阅第 82 题的解答).

[①] 如果点 C 和点 D 是多边形的顶点, 则由多边形的凸性知, 它们都是该多边形凸包的顶点, 故可分别经过它们作直线, 使得多边形在直线的一侧, 再由多边形的中心对称性知, 可使所作二直线 l_1 和 l_2 平行; 如果点 C 和点 D 在多边形的边上, 则它们所在的两条边相互平行, 故只需将此二边所在的直线作为 l_1 和 l_2 即可. —— 编译者注

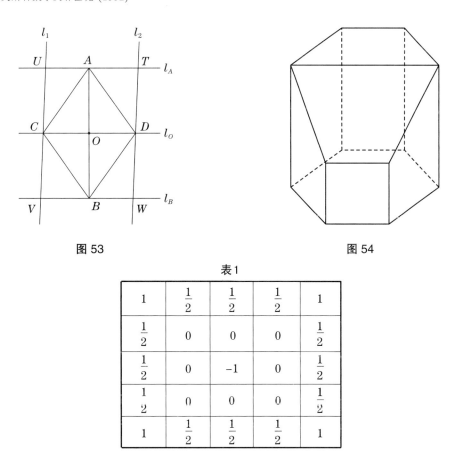

图 53

图 54

表1

1	$\frac{1}{2}$	$\frac{1}{2}$	$\frac{1}{2}$	1
$\frac{1}{2}$	0	0	0	$\frac{1}{2}$
$\frac{1}{2}$	0	-1	0	$\frac{1}{2}$
$\frac{1}{2}$	0	0	0	$\frac{1}{2}$
1	$\frac{1}{2}$	$\frac{1}{2}$	$\frac{1}{2}$	1

100. 答案: $\angle ABC = 100°$, $\angle ADC = 80°$, $\angle BAD = \angle BCD = 90°$ (见图 55).

由于 $\angle ABC + \angle ADC = 180°$, 所以四边形 $ABCD$ 内接于圆, 因而 $\angle ABC = \angle ABD + \angle CBD = \angle ACD + \angle CBD = 40° + 60° = 100°$. 类似地求得其余各角.

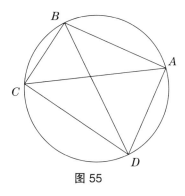

图 55

101. 首先把赤道上的每个点都"粘上"它的对径点, 并假定阿拉金不是沿着赤道走动, 而是沿着"粘贴"后的圆周走动, 于是他就不会在一瞬间由赤道上的某一点直接窜到其对径点上, 而是连续地走动并到达了圆周上的每一点两次. 以 $2\pi\varphi(t)$ 表示阿拉金在时刻 t 时的角坐标, 则可将 $\varphi(t)$ 取为连续函数. 于是我们只需证明如下结论: 对给定的连续函数 $\varphi(t)$, 角坐标 $2\pi\varphi(t)$ 取遍 $[0,2\pi]$ 中的所有值, 则 $\max_t \varphi(t) - \min_t \varphi(t) \geqslant 1$.

该结论是显然的, 因若 $\max_t \varphi(t) - \min_t \varphi(t) < 1$, 那么阿拉金就无法由 $2\pi \max_t \varphi(t)$ 处到达 2π 处, 亦无法由 0 处到达 $2\pi \min_t \varphi(t)$ 处.

102. 易见, 问题 a) 是问题 b) 的特例, 故只需证明 b) 中结论.

设 $\boldsymbol{v}_i$ 是四面体第 i 个面的法向量, 方向指向四面体内部, 长度等于该侧面面积, $i=1,2,3,4$; $\boldsymbol{p}$ 是垂直于所给三角形所在平面的向量, 长度等于三角形的面积, 指向任择其一. 于是根据投影多边形的面积公式知 $S_i P_i = |\boldsymbol{v}_i \cdot \boldsymbol{p}|$, $i=1,2,3,4$, 其中 $\boldsymbol{a} \cdot \boldsymbol{b}$ 表示向量 $\boldsymbol{a}$ 与 $\boldsymbol{b}$ 的内积.

引理 $\boldsymbol{v}_1 + \boldsymbol{v}_2 + \boldsymbol{v}_3 + \boldsymbol{v}_4 = \boldsymbol{0}$.

引理之证 设 $\boldsymbol{v}$ 是某个长度为 1 的向量, α 是一个与之垂直的平面. 则 $\boldsymbol{v} \cdot (\boldsymbol{v}_1 + \boldsymbol{v}_2 + \boldsymbol{v}_3 + \boldsymbol{v}_4)$ 就是四面体的各个侧面在平面 α 上的投影的面积的代数和, 其中, 若投影时的方向没有改变, 则相应的内积前面取正号, 否则就取负号. 然而, 该代数和为 0. 这就表明, 对任何向量 $\boldsymbol{v}$, 数 $\boldsymbol{v} \cdot (\boldsymbol{v}_1 + \boldsymbol{v}_2 + \boldsymbol{v}_3 + \boldsymbol{v}_4)$ 都是 0. 因此 $\boldsymbol{v}_1 + \boldsymbol{v}_2 + \boldsymbol{v}_3 + \boldsymbol{v}_4 = \boldsymbol{0}$. 引理证毕.

如此一来, 即知
$$S_1 P_1 = |\boldsymbol{v}_1 \cdot \boldsymbol{p}| = |\boldsymbol{v}_2 \cdot \boldsymbol{p} + \boldsymbol{v}_3 \cdot \boldsymbol{p} + \boldsymbol{v}_4 \cdot \boldsymbol{p}|$$
$$\leqslant |\boldsymbol{v}_2 \cdot \boldsymbol{p}| + |\boldsymbol{v}_3 \cdot \boldsymbol{p}| + |\boldsymbol{v}_4 \cdot \boldsymbol{p}| = S_2 P_2 + S_3 P_3 + S_4 P_4.$$

103. 答案: 不一定.

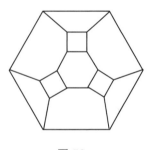

图 56

考察各面都是偶数边形, 却一共有奇数条棱的凸多面体, 此时各个面上两种颜色的边数都相等, 因而如第 98 题解答中所证, 该多面体共有偶数条棱, 此为矛盾. 反例参阅第 98 题的解答, 亦可参阅图 56, 该图是俯视图, 其中的凸多面体每个面都是偶数边多边形, 却一共有 23 条棱.

104. 设 a,b 为实数, 以 (a,b) 表示比较 a,b 的大小.

a) 答案: $\log_{25} 75 > \log_{65} 260$.

$(\log_{25} 75, \log_{65} 260) \mapsto (\log_{25} 3, \log_{65} 4) \mapsto (\log_4 65, \log_3 25) \mapsto \left(\log_4 \dfrac{65}{4}, \log_3 \dfrac{25}{3}\right) \mapsto \left(\log_4 \dfrac{65}{16}, \log_3 \dfrac{25}{9}\right) \mapsto \left(\log_4 \dfrac{65}{64}, \log_3 \dfrac{25}{27}\right)$, 至此有, $\log_4 \dfrac{65}{64} > 0 > \log_3 \dfrac{25}{27}$. 在上述各步中, 仅有第 2 步是根据法则 (2), 其余各步都是根据法则 (1).

b) 我们来改述仪器的工作法则. 为了比较 $x > 0$ 与 $y > 0$ 的大小, 题中所给的工作法则是

法则①: 若 $x > 1$, $y > 1$, 则改为比较 $x - 1$ 与 $y - 1$;

法则②: 若 $x < 1$, $y < 1$, 则改为比较 $\dfrac{1}{y}$ 与 $\dfrac{1}{x}$;

法则③: 若 $(x-1)(y-1) \leqslant 0$, 则给出结论.

下面来证明, 对于任何两个不等的实数, 都只需比较有限次.

我们指出, 所述的法则可以改述为 (分别以 $[x]$ 和 $\{x\}$ 表示实数 x 的整数部分和小数部分):

法则①′: 若 $[x] = [y]$, 则改为比较 $\dfrac{1}{\{y\}}$ 与 $\dfrac{1}{\{x\}}$;

法则② ′: 若 $[x] \neq [y]$, 则给出结论.

设 x_i 与 y_i 是按照上述法则工作到第 i 步时所得到的数, 则显然有

$$[x_i] = [x_1] + \cfrac{1}{[x_2] + \cfrac{1}{[x_3] + \cdots}}, \quad [y_i] = [y_1] + \cfrac{1}{[y_2] + \cfrac{1}{[y_3] + \cdots}}.$$

由于实数 x 的连分数序列收敛到 x, 所以不同实数 x 的连分数序列 $\{[x_i]\}$ 也不同, 因此, 必在有限个相同的项之后出现不同的项, 这也就意味着工作在有限步后结束.

第56届莫斯科数学奥林匹克 (1993)

105. 答案: a) 无解; b) $x = 1963$.

a) 根据被 3 整除的判别法则, x 与 $S(x)$ 被 3 除的余数相同, 因而 $S(S(x))$ 被 3 除的余数也跟它们相同, 从而 $x + S(x) + S(S(x))$ 是 3 的倍数, 然而 1993 不是 3 的倍数, 所以方程无解.

b) 显然 $x < 1993$. 在小于 1993 的正整数中, 以 1989 和 999 的各位数字之和最大, 为 27, 所以 $S(x) \leqslant 27$. 再进一步, 有 $S(S(x)) \leqslant S(S(19)) = 10$ 以及 $S(S(S(x))) \leqslant 9$. 于是, 由所给方程推知

$$\begin{aligned} x &= 1993 - S(x) - S(S(x)) - S(S(S(x))) \\ &\geqslant 1993 - 27 - 10 - 9 = 1947. \end{aligned}$$

由于 $x, S(x), S(S(x))$ 以及 $S(S(S(x)))$ 被 9 除的余数相同, 而 1993 被 9 除的余数为 4, 所以 x 被 9 除的余数是 1. 在 1947 与 1993 之间被 9 除余 1 的数有 1954, 1963, 1972, 1981, 1990. 经逐个检验, 仅有 1963 满足条件.

▽. 上述解答中用到这样一件事实: 如果 4 个被 9 除的余数相同的数的和被 9 除的余数是 4, 则其中每个数被 9 除的余数是 1. 这件事实是可以严格证明的:

设所求的数是 x, 则 $4x$ 被 9 除的余数就是 4, 亦即 $4(x-1) = 4x - 4$ 可被 9 整除, 这意味着 $x - 1$ 可被 9 整除, 所以 x 被 9 除的余数是 1.

106. 设 $n = a^2 + b^2 + c^2$, 则

$$n^2 = (a^2 + b^2 + c^2)^2 = a^4 + b^4 + c^4 + 2a^2b^2 + 2b^2c^2 + 2c^2a^2.$$

将上式继续变形, 得

$$\begin{aligned} & a^4 + b^4 + c^4 + 2a^2b^2 + 2b^2c^2 + 2c^2a^2 \\ &= (a^4 + b^4 + c^4 + 2a^2b^2 - 2b^2c^2 - 2c^2a^2) + 4b^2c^2 + 4c^2a^2 \\ &= (a^2 + b^2 - c^2)^2 + (2bc)^2 + (2ca)^2. \end{aligned}$$

107. 答案: 不能.

如果两枚棋子中, 白的在左, 黑的在右, 则称为不适宜棋子对. 考察所有不适宜棋子对的数目 (例如, 在图 57 中, 不适宜棋子对的数目是 3). 易见, 该数目的奇偶性在我们的操作之下不发生改变.

图 57

事实上, 如果我们放上两枚白色棋子, 而在它们的右方原有 k 枚黑色棋子, 那么不适宜棋子对的数目增加了 $2k$, 奇偶性未变. 对于其他 3 种操作情况 (放上两枚黑色棋子, 取走两枚相邻的白色棋子, 取走两枚相邻的黑色棋子), 亦有类似结论. 所以, 不适宜棋子对数目的奇偶性是一个不变量.

开始时, 有一个不适宜棋子对, 其数目是奇数; 而所期望的结果中没有不适宜棋子对, 其数目是偶数, 所以该愿望不可能实现.

108. 答案: "吉时" 与 "凶时" 一样多.

解题思路 当指针所指示的时间为 "吉时" 时, 它们的镜面反射像所指示的时间恰为 "凶时"; 反之亦然.

我们来观察如下两个时刻指针的位置: 从午夜往后经过时间 t 的时刻与从午夜往前推时间 t 的时刻. 容易看出, 这两个时刻下指针的位置刚好关于钟面的竖直对称轴互为镜面反射.

不难确信, 这两个时刻一凶一吉, 例如, 图 58(a) 所示的 1 时 15 分 22 秒是吉时, 而图 58(b) 所示的 10 时 44 分 38 秒是凶时.

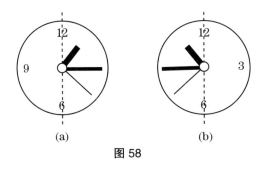

图 58

如此一来, 今天的每一吉时时刻都对应着昨天的一个凶时时刻. 如果将昼夜划分为一个个吉时区间和凶时区间, 则今天的吉时区间对应着昨天的凶时区间 (同样长度). 这就表明, 今天的吉时与昨天的凶时一样多.

109. 答案: 存在.

观察如下的字母序列:

А, АБА, АБАВАБА, АБАВАБАГАБАВАБА, …

其中后一项的构成法则是: 先写前一项, 接着写第一个未出现过的字母[①], 再重复一遍前

[①] 意即按俄文字母表顺序排列中的第一个未出现过的字母, 事实上, 在已经列出的各项中所出现的字母 А, Б, В, Г 就是俄文中的第 1—4 个字母. —— 编译者注

一项.

用 L_n 表示俄文字母表中的第 n 个字母. 把序列中的每一项都看成一个单词, 我们来用归纳法证明如下命题: 在第 n 个单词 w_n 中没有任何相邻的相同子词, 但只要在它后面添上字母表中前 n 个字母中的任意一个, 就必定出现两个相邻的相同子词.

$n = 1$ 时结论显然成立. 假设对某个 $k \geqslant 2$, 结论已经对所有 $n < k$ 都成立, 我们来看 $n = k$ 的情形.

在该单词中, 字母表中的第 k 个字母 L_k 位于正中间, 它的前后各是一个与第 $k-1$ 个单词相同的子词 w_{k-1}, 即 $w_k = w_{k-1} L_k w_{k-1}$. 如果能够在它里面找到两个相邻的相同子词, 那么根据归纳假设, 它们不可能两个都是 w_{k-1} 的子词, 这就意味着, 它们中含有第 k 个字母 L_k. 但是在第 k 个单词中只有 1 个字母 L_k, 此为矛盾, 所以在它里面没有任何相邻的相同子词. 但若在它的右端写上第 k 个字母 L_k, 那么它里面就有两个相邻的单词 (即 $w_{k-1} L_k$). 而如果对某个 $m < k$, 写上第 m 个字母 L_m, 那么就只要对居中的字母 L_k 后面的单词 w_{k-1} 运用归纳假设, 即知其中存在两个相邻的相同子词.

110. 将 $\triangle ABC$ 的三个内角分别记为 α, β 和 γ(见图 59), 则有

$$\angle BAO = \frac{\alpha}{2}, \qquad \angle CBO = 90° - \frac{\beta}{2}.$$

(注意: 点 O 在 $\angle B$ 外角的平分线上), 于是

$$\angle ABO = \beta + \angle CBO = 90° + \frac{\beta}{2}.$$

如此一来, 在 $\triangle AOB$ 中, 有

$$\angle AOB = 180° - \frac{\alpha}{2} - \left(90° + \frac{\beta}{2}\right) = 90° - \frac{\alpha}{2} - \frac{\beta}{2} = \frac{\gamma}{2}.$$

(注意: $\alpha + \beta + \gamma = 180°$). 另一方面, 在以 D 为圆心的圆经过点 A, B 和 O 的圆中, $\angle AOB$ 是圆周角, 而 $\angle ADB$ 是同弧所对圆心角, 所以 $\angle ADB = 2 \angle AOB = \gamma$.

于是, $\angle ADB = \angle ACB$, 从而 A, B, C, D 四点共圆.

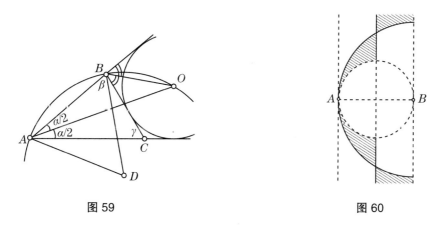

图 59 图 60

111. 答案: 如图 60 所示, 满足题中条件的点位于其中用阴影线标出的区域中和各条实线上面, 但没有在各条虚线上.

经过点 A 作垂直于线段 AB 的直线. 易知, $\angle BAC < 90°$, 当且仅当点 B 与点 C 位于该直线的同一侧. 于是, 我们便清楚了: 使得 $\angle BAC < 90°$, $\angle ABC < 90°$ 的点 C 的集合就是由经过点 A 的垂直于线段 AB 的直线与经过点 B 的垂直于线段 AB 的直线作为边界的带状区域 (见图 61(a)).

再以线段 AB 作为直径作一个圆. 如果点 C 在此圆周上, 则有 $\angle ACB = 90°$, 而若在该圆内部, 则 $\angle ACB > 90°$; 若在圆外部, 则 $\angle ACB < 90°$. 所以使得 $\triangle ABC$ 为锐角三角形的点 C 的集合就是图 61(b) 中的阴影部分.

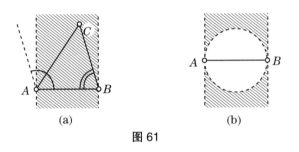

图 61

$\angle A$ 的大小居中的条件可以表示为

$$\angle B \leqslant \angle A \leqslant \angle C \quad 或 \quad \angle C \leqslant \angle A \leqslant \angle B.$$

在三角形中, 大角对大边, 所以条件 $\angle B \leqslant \angle A \leqslant \angle C$ 等价于

$$AC \leqslant BC \leqslant AB. \tag{1}$$

我们来观察线段 AB 的中垂线. 该直线上的点到点 A 和点 B 的距离相等. 而那些与点 A 同在该直线一侧的点离点 A 比离点 B 近. 所以, 使得 $AC \leqslant BC$ 成立的点 C 的集合就是由线段 AB 的中垂线所界出的点 A 所在的半平面.

再看以点 B 为圆心, 以线段 AB 为半径的圆, 条件 $BC \leqslant AB$ 等价于点 C 在该圆内部. 从而, 满足条件 (1) 点 C 的集合如图 62(a) 所示.

同理, 条件 $\angle C \leqslant \angle A \leqslant \angle B$ 等价于 $AB \leqslant BC \leqslant AC$, 相应的点 C 的集合如图 62(b) 所示.

合并图 62(a) 与图 62(b) 所示的点集, 即得使得在 $\triangle ABC$ 中以 $\angle A$ 的大小居中的顶点 C 的轨迹. 合并后的点集如图 62(c) 所示.

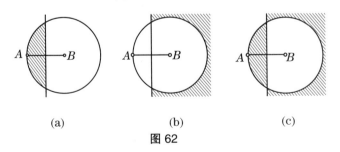

图 62

图 62(c) 所示的点集与图 61(b) 所示的点集的交集就是使得 $\triangle ABC$ 为锐角三角形, 且 $\angle A$ 的大小居中的顶点 C 的轨迹, 如图 60所示.

112. 答案: $x_{1000} = \dfrac{1000 \cdot 1003}{2} = 501500$.

由于 $2x_2 - x_1 = 8$, 而 x_3 是大于 8 的最小合数, 所以 $x_3 = 9$; 由于 $2x_3 - x_2 = 12$, x_4 是大于 12 的最小合数, 所以 $x_4 = 14$; 继续这种讨论, 可得 $x_5 = 20$, $x_6 = 27$, $\cdots$. 观察相邻项的差, 可知

$$x_2 - x_1 = 2,\ x_3 - x_2 = 3,\ x_4 - x_3 = 5,\ x_5 - x_6 = 6,\ x_6 - x_5 = 7,\ \cdots.$$

这令我们猜测

$$x_n - x_{n-1} = n+1, \quad n \geqslant 4.$$

如果这一猜测正确, 那么就可以得到

$$x_n = x_3 + 5 + 6 + \cdots + n + (n+1) = 2 + 3 + 4 + 5 + 6 + \cdots + n + (n+1) = \frac{n(n+3)}{2},$$

也就容易得到 x_{1000} 了.

当然, 我们也可以直接证明

$$x_n = \frac{n(n+3)}{2}. \tag{1}$$

下面就用归纳法直接证明式 (1).

当 $n=4$ 时, 确实有 $14 = x_4 = \dfrac{4 \cdot 7}{2}$.

假设对一切 $4 \leqslant n \leqslant k$, 式 (1) 都已经成立, 我们来证 $x_{k+1} = \dfrac{(k+1)(k+4)}{2}$.

由归纳假设知

$$2x_k - x_{k-1} = 2 \cdot \frac{k(k+3)}{2} - \frac{(k-1)(k+2)}{2} = \frac{(k+1)(k+4)}{2} - 1.$$

这说明, 比 $2x_k - x_{k-1}$ 大的最小整数是 $\dfrac{(k+1)(k+4)}{2}$. 只要 $\dfrac{(k+1)(k+4)}{2}$ 是合数, 就有 $x_{k+1} = \dfrac{(k+1)(k+4)}{2}$. 而 $\dfrac{(k+1)(k+4)}{2}$ 显然是合数, 因为 $k+1$ 与 $k+4$ 一奇一偶, 并且都不小于 5, 所以 $\dfrac{(k+1)(k+4)}{2}$ 是两个大于 2 的正整数的乘积. 如此一来, 即已完成了归纳过渡. 所以, 对一切 $n \geqslant 4$, 都有式 (1) 成立.

将 $n = 1000$ 代入式 (1), 即得

$$x_{1000} = \frac{1000 \cdot 1003}{2} = 501500.$$

113. 答案: 不能.

假设不然, 能够在某一步上得到一个与原来相似的三角形. 注意, 它的各个内角都是 $20°$ 的倍数. 我们来证明: 此前所有三角形的各个内角都是 $20°$ 的倍数.

假设三个内角分别为 α, β 和 γ 的三角形得自三个内角分别为 α_1, β_1 和 γ_1 的三角形, 其中 α_1 的角被平分, 从而 $\alpha_1 = 2\alpha$. 由于在剖分过程中, 原来的三角形中有一个内角被完整地保留给后来的三角形 (参阅图 63), 故可设 $\beta_1 = \beta$. 这样一来, 就有

$$\gamma_1 = 180° - \alpha_1 - \beta_1 = (\alpha + \beta + \gamma) - 2\alpha - \beta = \gamma - \alpha.$$

于是，只要 α,β 和 γ 都是 $20°$ 的倍数，则 α_1,β_1 和 γ_1 也就都是 $20°$ 的倍数.

这显然与事实不符，因为第一次剖分后得到的三角形中就有不是 $20°$ 的倍数的内角，由此得出矛盾.

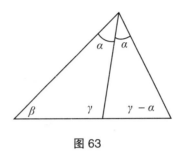

图 63

114. 答案：别佳有 14 个朋友.

由于连别佳一起，该班共有 29 位学生，所以朋友人数可能为 $0,1,2,\cdots,28$ 个. 但若有人有 28 个朋友，那就说明他同每个同学都是朋友，于是就无人没朋友，从而朋友人数可能为 $1,2,\cdots,28$ 个；而若有人没朋友，那就说明不可能有人同每个同学都是朋友，从而朋友人数可能为 $0,1,2,\cdots,27$ 个. 所以任何情况下，朋友数目都只有 28 种不同可能，即 $1,2,\cdots,28$ 个或 $0,1,2,\cdots,27$ 个. 由于别佳的 28 个同班同学的朋友人数各不相同，所以每个数目都对应着别佳的一个同学.

将朋友人数最多的人称为甲，朋友人数最少的人称为乙. 在一种情况下，甲有 28 个朋友，乙仅有 1 个朋友，就是甲. 在另一种情况下，甲有 27 个朋友，乙没有朋友，从而甲除了与乙不是朋友外，跟其余的人都是朋友. 这就说明，无论何种情况，甲与别佳都是朋友，乙跟别佳都不是朋友.

我们已经看到，如果不考虑甲乙二人之间的关系，那么甲与其余每个人都是朋友，而乙与其余每个人都不是朋友. 现在把甲乙二人调到另一个班级，于是剩下的每个人都刚好减少了 1 个朋友. 这时我们再考虑剩下的人中朋友数最多的人甲′和朋友数最少的人乙′，于是又可发现，无论如何，甲′ 与别佳都是朋友，乙′ 跟别佳都不是朋友. 当把甲′ 和乙′ 二人调到另一个班级后，剩下的每个人又都刚好减少了 1 个朋友. 如此继续下去，我们一共可找出 14 对人 (他们正好是别佳的所有同班同学)，其中一个是别佳的朋友，另一个不是别佳的朋友. 所以，别佳一共有 14 个朋友.

115. 答案：58.

在所给的第二个等式中令 $y=z$，得

$$(x*y)+y = x*(y*y) = x*0,$$

故知 $x*y = x*0-y$. 我们来计算 $x*0$. 为此，在所给的第二个等式中令 $x=y=z$，得

$$x*0 = x*(x*x) = (x*x)+x = x,$$

于是知：$x*y = x*0-y = x-y$. 从而 $1993*1995 = 1993-1935 = 58$.

注 可以验证，当 $x*y = x-y$ 时，题中所给的两个等式都成立.

116. 解法 1 设 B' 是点 B 关于直线 AM 的对称点 (参阅图 64(a)). 于是, $AB = AB'$, $\angle BAB' = 60°$, 而 $\triangle ABB'$ 是等边三角形. 于是, 点 A, C 和 B' 都在同一个以点 B 为圆心的圆周上. 从而, $\angle ACB'$ 是圆周角, $\angle ABB'$ 是同弧所对圆心角, 故 $\angle ACB' = \frac{1}{2} \angle ABB' = 30°$. 既然 $\angle ACM = 150°$, 所以点 B' 在直线 MC 上. 由所作可知, AM 是 $\angle BMB'$ 的平分线, 所以, 它也是 $\angle BMC$ 的平分线.

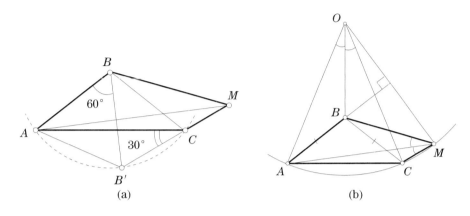

图 64

解法 2 作 $\triangle ACM$ 的外接圆, 圆心为 O (参阅图 64(b)).

由于 $AB = BC$, $OA = OC$, 所以 $\triangle ABO \cong \triangle CBO$, $\angle AOB = \angle COB = \frac{1}{2} \angle AOC$.

又由于 $\angle ACM = 150°$, 所以 $\overset{\frown}{AM} = 60°$, $\angle AOM = 60°$, 从而 $\triangle MAO$ 是等边三角形. 由于 $\angle BAM = 30°$, 所以点 B 在 $\triangle MAO$ 的一条对称轴上, 这表明:

$$\angle AMB = \angle AOB = \frac{1}{2} \angle AOC = \angle AMC,$$

亦即 AM 是 $\angle BMC$ 的平分线.

117. 答案: 12 或 4.

众所周知, 小数的最小循环节长度是它的其他循环节长度的约数. 我们来证明如下断言:

如果 k 既是 A 的某个循环节长度, 又是 B 的某个循环节长度 (不一定是最小循环节长度), 则 k 必是 $A + B$ 的某个循环节长度, 也必是 $A - B$ 的某个循环节长度.

仅对 $A + B$ 证明所述结论, 对于 $A - B$ 情形的证明可类似进行. k 既是 A 的某个循环节长度, 所以

$$A = \frac{X}{10^l(10^k - 1)},$$

其中, X 是某个整数. 同理, 存在某个整数 Y, 使得

$$B = \frac{Y}{10^m(10^k - 1)}.$$

不失一般性, 可认为 $l \geq k$, 于是

$$A + B = \frac{X + 10^{l-m}Y}{10^l(10^k - 1)},$$

这个表达式与以 k 为循环节的分数的表达式相同, 所以 k 是 $A+B$ 的某个循环节长度. 断言证毕.

设 A 以 6 为循环节长度, B 以 12 为循环节长度. 由所证断言, 知 12 是 $A+B$ 的某个循环节长度. 从而, $A+B$ 的最小循环节长度是 12 的约数.

然而, $A+B$ 不可能以 6 为循环节长度, 否则, 6 是 $B=(A+B)-A$ 的某个循环节长度, 此与 12 是 B 的最小循环节长度的事实相矛盾. 这表明, 6, 3, 2 和 1 都不是 $A+B$ 的循环节长度.

从而, $A+B$ 的最小循环节长度只可能是 12 或 4. 如下的例子表明, 这两种情况均有可能存在.

例 1 $A=0.(000001)$, $B=0.(000000000001)$, $A+B=0.(000001000002)$,[①] 此处, A,B 和 $A+B$ 的最小循环节长度分别是 6, 12 和 12.

例 2 $A=0.(000001)$, $B=0.(011100110110)$, $A+B=0.(0111)$, 此处, A,B 和 $A+B$ 的最小循环节长度分别是 6, 12 和 4.

118. 答案: 能当真.

按照图 65(a) 的方式, 可顺时针绕行 64 个厅室之一中的所有 8 个房间; 按图 65(b) 的方式, 可到遍两个厅室中的所有 16 个房间各一次; 按图 65(c) 的方式, 可到遍三个厅室中的所有 24 个房间各一次; 如此下去, 即可到遍每间卧室一次, 并回到出发点.

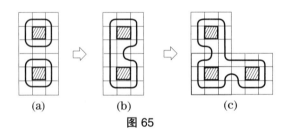

图 65

119. 答案: a) 不一定; b) 一定.

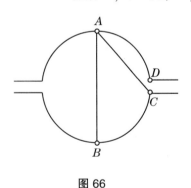

图 66

a) 不一定. 反例如图 66 所示, 其中 $AC=1000\,\mathrm{m}$, $AB>1400\,\mathrm{m}$. 舰船需要穿越线段 AB. 但是, AB 上任何一点到任一岸边的距离都大于 $700\,\mathrm{m}$.

b) 这一问题解答起来的复杂程度有些出人意料. 先陈述两个引理.

引理 1 在题中的条件之下, 没有任何圆心在河中的半径为 $750\,\mathrm{m}$ 的圆整个位于水中.

引理 2 如果由水中一点 O 到一侧岸边的距离不少于 $750\,\mathrm{m}$, 则由点 O 到另一侧岸边的距离不多于 $750\,\mathrm{m}$.

引理 2 可由引理 1 推出, 所以只需证明引理 1. 然后还需给出满足条件的航线, 其构造过程比较复杂, 将在后文中单独附章节介绍.

120. 答案: 当 $k=4$ 时能够; 当 $k=5$ 时不能.

[①] 这里采用的是俄式表达, 若按我国习惯, 则应表示为 $A=0.\dot{0}0000\dot{1}$, $B=0.\dot{0}0000000000\dot{1}$ 和 $A+B=0.\dot{0}0000100000\dot{2}$, 等等. —— 编译者注

我们用长度为 1 的圆周上的点来表示数, 于是小数部分相等的数都重合为同一个点. 此时, 数列 $x_n = \{an+b\}$ 对应为圆周上的点列, 其中点 $\{an+b\}$ 由点 $\{b\}$ 转 n 段长度为 $\{a\}$ 的弧得到. 而 $p_n = [2x_n]$.

易见, 如果 $x_n \in \left[0, \dfrac{1}{2}\right)$, 即 x_n 位于上半个圆周上时, $p_n = 0$; 而当 x_n 位于下半个圆周上时, $p_n = 1$.

a) 我们可以造出这样的序列 p_n, 其中出现所有以 0 开头的长度为 4 的单词. 其余的 8 个以 1 开头的长度为 4 的单词, 只需 a 和 b 换成 a 和 $b + \dfrac{1}{2}$ 即可得到. 因为, 在作了这样的取代之后, x_n 换到了原来的对径点上, 因而 p_n 变为 $1 - p_n$.

例 考察使得 x_n 形成正多边形顶点的 a 和 b, 见表 2[①]:

表 2

正多边形	a	b	由 $p_n = [2x_n]$ 得到的所需单词
正八边形	$\dfrac{1}{8}$	0	0000, 0001, 0011, 0111
正方形	$\dfrac{1}{4}$	0	0110
"正二边形"	$\dfrac{1}{2}$	0	0101
正三角形	$\dfrac{1}{3}$	0	0010, 0100

b) 我们来证明: 对任何实数 a 和 b, 都不能得到单词 00010. 假设不然, 能够实现这个单词. 考察序列中的相连 3 项 x_n, x_{n+1} 和 x_{n+2}.

如果 x_n 和 x_{n+2} 是对径点, 那么每接下来的一项就都是由它的前一项旋转 $90°$ 得到的, 显然, 在这样的序列里, p_n 中不可能有连续 3 个 0.

如果 x_n 和 x_{n+2} 不是对径点, 那么它们将圆周分成两段不等长度的弧. 于是, 可能出现两种不同情况: 一种情况是 x_{n+1} 位于优弧上 (见图 67(a)), 另一种情况是 x_{n+1} 位于劣弧上 (见图 67(b)).

假如 x_{n+1} 位于优弧上, 那么任何其他的连续 3 项 x_m, x_{m+1} 和 x_{m+2} 也会呈现类似的分布, 即 x_{m+1} 位于 x_m 和 x_{m+2} 之间的优弧上, 这是因为它们都是通过 x_n, x_{n+1} 和 x_{n+2} 旋转同样的角度得到的. 于是, 不可能有连续 3 项都位于上半圆周上, 从而 p_n 中不可能出现连续的 3 个 0.

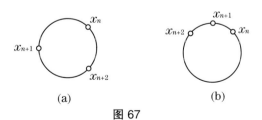

图 67

假如 x_{n+1} 位于劣弧上, 那么任何连续 3 项 x_m, x_{m+1} 和 x_{m+2} 亦是如此. 于是, 当 x_n

---

[①] 正 n 边形的顶点等分外接圆的圆周, 因此, "正二边形" 实际上就是圆的直径. —— 编译者注

和 x_{n+2} 都在上半圆周上时, x_{n+1} 也在上半圆周上, 从而 p_n 中不可能出现 010.

综合上述, 在一切情况下, 都不可能出现单词 00010.

121. 假设在好的定义中, 可能描述的植物品种为 m 种. 它们共形成 C_m^2 对, 每一对植物都至少有 51 种特征不同, 所以不同的特征对数目 $S \geqslant 51 C_m^2$.

另一方面, 如果以 m_i 表示拥有第 i 种特征的植物品种数目, 那么可以以 "是否拥有第 i 种特征" 来区分的植物有 $m_i(m - m_i)$ 对, 因此总的特征对数目为

$$S = \sum_{i=1}^{100} m_i(m - m_i).$$

由于对每个 i, 都有 $m_i(m - m_i) \leqslant \dfrac{m^2}{4}$, 所以

$$S \leqslant 100 \cdot \dfrac{m^2}{4} = 25 m^2.$$

综合上述两方面, 可得

$$51 C_m^2 \leqslant 25 m^2 \implies m \leqslant 51.$$

但是, 其中的等号不可能成立. 因若不然, 则 $m = 51$ 为奇数, 于是, 对每个 i, 都有 $m_i(m - m_i) < \dfrac{m^2}{4}$ (因为表达式左端为整数, 右端为分数, 不可能相等), 从而

$$51 C_m^2 \leqslant S < 25 m^2 \implies m < 51,$$

出现矛盾. 这就表明: $m \leqslant 50$.

122. 答案: $OM + ON$ 的最大可能值为 $\dfrac{1 + \sqrt{2}}{2}(a + b)$, 在 $\angle ACB = 135°$ 时达到.

假设以 $\triangle ABC$ 的边 AB 为边朝外所作的正方形是 $ABDE$ (见图 68(a)), 记 $\angle ACB = \gamma$. 由于 O 是正方形 $ABDE$ 的中心, M 是边 AC 的中点, 所以在 $\triangle OCD$ 中, OM 是中位线, $CD \overset{//}{=\!=} 2OM$. 同理, $CE \overset{//}{=\!=} 2ON$. 于是, 只需求出 $CD + CE = 2(OM + ON)$ 的最大可能值.

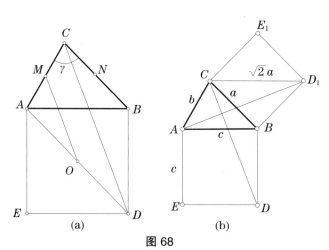

图 68

解法 1 以 $\triangle ABC$ 的边 BC 为边朝外作一个正方形 BCD_1E_1(见图 68(b)). 在 $\triangle ABD_1$ 与 $\triangle DBC$ 中, 有两条边及其夹角对应相等, 所以它们全等, 从而 $CD = AD_1$.

在 $\triangle ACD_1$ 中, 有两边已知: $AC = b$, $CD_1 = \sqrt{2}a$, 且 $\angle ACD_1 = \gamma + 45°$. 其第三条边 AD_1 达到最长, 当且仅当, 三角形退化为一条线段, 亦即 $\angle ACD_1 = \gamma + 45° = 180°$, 或 $\gamma = 135°$. 所以, 当 $\gamma = 135°$ 时,

$$\max CD = \max AD_1 = b + \sqrt{2}a.$$

同理, 当 $\gamma = 135°$ 时, 有

$$\max CE = a + \sqrt{2}b.$$

既然 CD 和 CE 同在 $\gamma = 135°$ 时达到最大值, 所以此时它们的和亦达到最大值, 这就表明, 当 $\gamma = 135°$ 时, 有

$$\max(OM + ON) = \frac{1+\sqrt{2}}{2}(a+b).$$

解法 2 记 $\angle CAB = \alpha$, $\angle ABC = \beta$, $AB = c$, $CD = d$, $CE = e$.
在 $\triangle ABC$ 中, 由余弦定理, 知

$$c^2 = a^2 + b^2 - 2ab \cdot \cos\gamma.$$

在 $\triangle AEC$ 中, 由余弦定理, 知

$$e^2 = b^2 + c^2 - 2bc \cdot \cos(90° + \alpha) = b^2 + c^2 + 2bc \cdot \sin\alpha.$$

把前面一式代入后面一式, 得

$$e^2 = 2b^2 + a^2 - 2ab \cdot \cos\gamma + 2bc \cdot \sin\alpha.$$

在 $\triangle ABC$ 中, 由正弦定理, 知 $\sin\alpha = \dfrac{a}{c}\sin\gamma$, 代入上式, 得

$$e^2 = 2b^2 + a^2 + 2ab \cdot (\sin\gamma - \cos\gamma).$$

同理可得

$$d^2 = 2a^2 + b^2 + 2ab \cdot (\sin\gamma - \cos\gamma).$$

由此可知, d 和 e 都在 $\sin\gamma - \cos\gamma$ 处达到最大值, 亦即 $\gamma = 135°$ 时, 达到自己的最大值.
剩下部分, 留给读者.

123. 如果 $\tan(\alpha+\beta)$ 的值确定, 则有

$$\tan(\alpha+\beta) = \frac{\tan\alpha + \tan\beta}{1 - \tan\alpha \cdot \tan\beta} = \frac{p}{1 - \tan\alpha \cdot \tan\beta}. \tag{1}$$

则乘积 $\tan\alpha \cdot \tan\beta$ 与 p 和 q 之间的关系是

$$q = \cot\alpha + \cot\beta = \frac{\tan\alpha + \tan\beta}{\tan\alpha \cdot \tan\beta} = \frac{p}{\tan\alpha \cdot \tan\beta}. \tag{2}$$

由式 (2) 可知, p 和 q 或者同时为 0, 或者同时不为 0.

$1°$. 如果 $p=0$ 且 $q=0$, 则由式 (1) 知 $\tan(\alpha+\beta)=0$, 此时应当验证式 (1) 中的分母不为 0. 事实上,

$$\tan\alpha+\tan\beta=0 \implies \tan\alpha=-\tan\beta \implies 1-\tan\alpha\cdot\tan\beta=1+\tan^2\alpha>0.$$

$2°$. 如果 $p\neq 0$, $q\neq 0$ 且 $p\neq q$, 则由式 (2) 知 $\tan\alpha\cdot\tan\beta=\dfrac{p}{q}$, 由式 (1) 知 $\tan(\alpha+\beta)=\dfrac{pq}{q-p}$.

$3°$. 如果 $p\neq 0$, $q\neq 0$ 但 $p=q$, 则 $\tan(\alpha+\beta)$ 无意义, 此时 $\alpha+\beta$ 在 Y 轴上.

$4°$. 如果 $p=0$ 或 $q=0$, 但 $p\neq q$, 此为不可能.

124. 答案: 能够.

将连接原正方形左上顶点和右下顶点的对角线称为主对角线.

将单位正方形等分为 4 个边长为 $\dfrac{1}{2}$ 的正方形, 将其中仅有一个顶点在主对角线上的正方形称为 1 级正方形; 再将每个非 1 级正方形的边长为 $\dfrac{1}{2}$ 的正方形等分为 4 个边长为 $\dfrac{1}{4}$ 的正方形, 将其中仅有一个顶点在主对角线上的正方形称为 2 级正方形; 再将每个非 2 级正方形的边长为 $\dfrac{1}{4}$ 的正方形等分为 4 个边长为 $\dfrac{1}{8}$ 的正方形, 如此等等 (参阅图 69), 共进行这种操作 500 次.

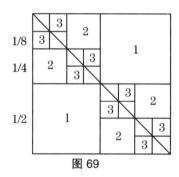

图 69

显然, 对于每个 $k\in\{1,2,\cdots,500\}$, 我们都得到 2^k 个 k 级正方形, 它们的边长都是 2^{-k}, 从而它们的周长之和都是 4. 将所有这些正方形的周长求和, 得 $500\cdot 4=2000>1993$.

125. 答案: n 条.

我们来考察正 n 边形的 n 个顶点, 显然它们中任何 3 点不共线. 下面将证明, 在它们两两连得的直线中, 恰有 n 条两两不平行.

首先证明, 在它们两两连得的直线中, 两两不平行的直线条数就等于正 n 边形的对称轴的条数.

将正 n 边形的每条边和它的每条对角线都对应于它们自己的中垂线, 这些中垂线就是正 n 边形的对称轴. 显然, 若边或对角线相互平行, 则它们的中垂线相互重合. 又显然, 对于正 n 边形的每一条对称轴, 都能找到跟它垂直的边或对角线, 反之, 对于每条边或对角线, 都能找到垂直于它的对称轴. 这就表明, 在将正 n 边形的 n 个顶点两两连得的直线中, 两两不平行的直线条数就等于正 n 边形的对称轴的条数. 再分别观察奇数的 n 和偶数的 n, 即可断言: "正 n 边形恰有 n 条对称轴."

下面证明：对于任意给定的 $n \geqslant 3$ 个点，只要其中任何 3 点不共线，就可以在它们两两连得的直线中，找到 n 条两两不平行的直线．事实上，其中每个点都与其余 $n-1$ 个点各连出一条直线，这 $n-1$ 条直线两两不平行．困难的是再找出一条与它们都不平行的直线来．

我们来找出 n 个给定点中最靠边缘的点，为此只需考察这 n 个给定点的凸包，即包含着这些点的最小凸多边形．假定点 O 是凸包多边形的一个顶点，它的两个相邻顶点是 A 和 B(参阅图 70)．于是，所有发自点 O 并经过其他 $n-3$ 个给定点的射线都在 $\angle AOB$ 的内部．显然，直线 AB 与所有这些射线都相交．于是，直线 AB 就是我们所要寻找的第 n 条直线．

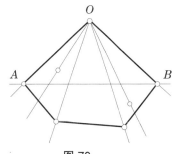

图 70

126. 答案：a) 可以；b) 不能．

对于选定的正整数 k，当盒中原有 m 粒石子时，做 m 对 k 的带余除法：$m = kq + r$，其中 $0 \leqslant r < k$，然后留下 $q+r$ 粒石子，取走其余石子．

易知，只需考察如下的起始状态：一共有 n 个盒子，开始时，第 1 个盒中有 1 粒石子，第 2 个盒中有 2 粒石子，如此下去，第 n 个盒中有 n 粒石子 (在 a) 中，$n = 460$；在 b) 中，$n = 461$)．

$1°$．我们从前述的起始状态开始，即设对某给定的正整数 n，一共有 n 个盒子，开始时，第 i 个盒中有 i 粒石子，$i = 1, 2, \cdots, n$．对选定的 k，进行题中所说的操作．以 $f(n,k)$ 表示操作后各盒中所剩石子的最大数目．显然，对于每个正整数 $1 \leqslant j \leqslant f(n,k)$，都能找到这样的盒子，其中剩有 j 粒石子．换言之，所剩石子数仍然像开始时那样，是若干个相连的正整数．我们来对 j 作反向归纳 (参阅专题分类 $24°$)．假设对某正整数 j，能够找到这样的盒子，其中刚好剩有 j 粒石子，那么就一定能找到一个正整数 m，使得 $j = q + r$，而 q 与 r 分别是 m 被 k 除的商数和余数．如果 $r \neq 0$，则原先放有 $m-1$ 粒石子的盒子现在有 $j-1$ 粒石子．如果 $r = 0$，则 $j = q$，这表明 $m = jk$，那么 $m - k = (j-1)k$，这说明，原先放有 $m-k$ 粒石子的盒子现在有 $j-1$ 粒石子．

$2°$．假设 $n+1$ 被 k 除的商数是 q，我们来看原先放着 $(q-1)k + (k-1)$ 粒石子的盒子．操作后，它里面剩有 $q + k - 2$ 粒石子．不难看出，这就是剩在盒子里的石子的最大数目 (若 $n+2$ 可被 k 整除，则亦存在放有这么多粒石子的盒子)，因而

$$f(n,k) = q + k - 2 = \left[\frac{n+1}{k}\right] + k - 2. \tag{1}$$

$3°$．我们把使得 $f(n,k)$ 达到最小值的 k 的值称为 k 的最佳值．我们来证明：k 的最佳值是 $\sqrt{n+1} + 1$．

证 我们有

$$f(n,k) = \left[\frac{n+1}{k} + k\right] - 2.$$

函数 $\dfrac{n+1}{x} + x$ 在区间 $(0, \sqrt{n+1})$ 中下降，在区间 $(\sqrt{n+1}, n]$ 中上升．由于 $[x]$ 是 x 的非降函数，所以 $f(n,k)$ 或者在 $k = [\sqrt{n+1}]$ 处，或者在 $k = [\sqrt{n+1}] + 1$ 处达到最小值．

为得我们的结论，只需再证

$$f([\sqrt{n+1}] + 1, k) < f([\sqrt{n+1}], k).$$

记 $[\sqrt{n+1}] = s$, 则有
$$s^2 \leqslant n+1 < (s+1)^2. \tag{2}$$

根据式 (1), 只需证明
$$\left[\frac{n+1}{s+1}\right] < \left[\frac{n+1}{s}\right].$$

由式 (2) 可知
$$\left[\frac{n+1}{s+1}\right] \leqslant s, \quad \text{而} \quad \left[\frac{n+1}{s}\right] \geqslant s.$$

因此为证结论, 只需证明, 上述二式中的等号不可能同时成立. 我们有
$$\left[\frac{n+1}{s}\right] = s \implies \frac{n+1}{s} < s+1 \implies \frac{n+1}{s+1} < s \implies \left[\frac{n+1}{s+1}\right] < s;$$
$$\left[\frac{n+1}{s+1}\right] = s \implies \frac{n+1}{s+1} \geqslant s \implies \frac{n+1}{s} \geqslant s+1 \implies \left[\frac{n+1}{s}\right] \geqslant s+1 > s.$$

综合上述, 知结论成立.

4°. 令
$$g(n) = f(n, [\sqrt{n+1}]+1).$$

从本解答开头所说的起始状态出发, 将 k 取为最佳值, 进行一次操作, 即可使得各个盒子中的石子的粒数分别为 $1, 2, \cdots, g(n)$. 剩下只需说明:
$$g(g(g(g(g(460))))) = 1, \quad g(g(g(g(g(461))))) = 2.$$

对于 $n = 460$, 操作过程可见表 3:

表 3

步骤	1	2	3	4	5	
n	460	40	10	4	2	1
k	22	7	4	3	2	

对于 $n = 461$, 从本解答开头所说的起始状态出发, 每一步都选取 k 的最佳值, 第一次操作后, 得到的石子数介于 1 和 $g(461) = f(461, 22) = 41$ 之间; 第二次操作后, 得到的石子数介于 1 和 $g(41) = 11$ 之间; 第三次操作后介于 1 和 5 之间; 第四次操作后介于 1 和 3 之间; 最后, 在第五次操作后, 各盒所剩石子数有 1 粒的, 也有 2 粒的. 这就表明, 对于 $n = 461$, 不能经过 5 步, 使得每个盒子中都刚好剩有一粒石子.

127. 答案: b) 不能.

a) 可以用以下的函数作为例子, 其图形如图 71 所示.

$$f(x) = \begin{cases} -\dfrac{1}{2} - x, & \text{若 } x \in \left[-1, -\dfrac{1}{2}\right); \\ x - \dfrac{1}{2}, & \text{若 } x \in \left[-\dfrac{1}{2}, 0\right); \\ 0, & \text{若 } x = 0; \\ x + \dfrac{1}{2}, & \text{若 } x \in \left(0, \dfrac{1}{2}\right]; \\ \dfrac{1}{2} - x, & \text{若 } x \in \left(\dfrac{1}{2}, 1\right]. \end{cases}$$

b) 假设存在定义在开区间 $(-1,1)$ 上的这样的函数 $f(x)$(定义在整个实轴上的情况与此类似).

1°. 函数 $f(x)$ 的图像在绕原点旋转 $90°,180°$ 和 $270°$ 的情况下变为自己. 事实上, 如果 (x,y) 是图像上的点, 则有 $y=f(x)$; 那么这就意味着 $f(y)=f(f(x))=-x$, 因此点 $(y,-x)$ 也在图像上. 而该点刚好是点 (x,y) 绕原点顺时针旋转 $90°$ 得到的. 这就说明, 图像在这样的旋转之后变为自己; 从而图像在旋转 $180°$ 和 $270°$ 之后也变为自己.

2°. $f(0)=0$, 而当 $x\neq 0$ 时, $f(x)\neq 0$. 事实上, 如果 $f(0)=y\neq 0$, 则点 $(0,y)$ 在图像上, 则由上所证知, 将点 $(0,y)$ 绕原点旋转 $180°$ 所得到的点 $(0,-y)$ 也在图像上, 此

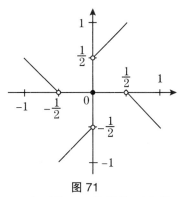

图 71

与函数的定义相矛盾. 而当 $x\neq 0$ 时, 若有 $f(x)=0$, 则点 $(x,0)$ 在图像上, 将其绕原点旋转 $90°$ 和 $270°$ 亦可得出矛盾.

3°. 根据题中条件, 函数图像是有限个点和线段①的并, 这表明, 该函数在第一象限 $\{x>0,y>0\}$ 中的图像可以表示为如下形式:

$$I_1\cup I_2\cup\cdots\cup I_n\cup P_1\cup P_2\cup\cdots\cup P_m.$$

在此, 可以认为不同的线段 I_k 互不相交, 诸点 P_l 各不相同, 并且都不属于线段 I_k. 而且根据 2°, 任何一条线段都不与纵坐标轴相交.

现设线段 J_k 是将线段 I_k 绕原点顺时针旋转 $90°$ 得到的. 根据前面所证, 该线段位于函数图像上且整个线段位于第四象限中. 再设点 Q_l 是将点 P_l 绕原点顺时针旋转 $90°$ 得到的.

不难看出, 线段 J_k 与点 Q_l 构成函数图像与第四象限的交. 因此, 函数图像在右半平面中的部分就是这些线段 I_k, J_k 和点 P_l, Q_l 的并 $(k=1,2,\cdots,n, l=1,2,\cdots,m)$. 这意味着它们在 x 轴上的投影将区间 $(0,1)$ 分为 $2n$ 个区间和 $2m$ 个点. 然而, 一个区间不可能被偶数个点分为偶数个区间. 此为矛盾!

128. 答案: $\dfrac{4}{\sqrt{10}}a$.

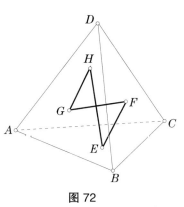

图 72

我们来考察正四面体 $ABCD$, 假定苍蝇到遍该四面体的每一个面, 并回到出发点. 不失一般性, 可认为苍蝇先到面 ABC, 再到面 BCD, 然后是 DAB, 最后是 ACD. 将苍蝇在各面中所到达的点分别记为 E,F,G 和 H(见图 72). 很清楚, 苍蝇所能飞过的最短距离就是空间四边形 $EFGH$ 的周长.

1°. 经过直线 DC 作垂直于 AB 的平面 (这是正四面体 $ABCD$ 的对称平面), 将空间四边形 $EFGH$ 关于该平面的对称图形记为 $E_1F_1G_1H_1$. 易知, 顶点 E_1 和 G_1 分别在 E 和 G 原来所在的平面中, 而 F_1 与 H 在同一个面中, H_1 与 F 在同一个面中. 当然, 四边形 $E_1F_1G_1H_1$ 的周长与四边形 $EFGH$ 的周长相等.

---

① 根据文中的意思, 此处的线段都是 "开线段", 即不包含端点的线段; 相应地, "闭线段" 就是 "开线段" 和它的两个端点的并. —— 编译者注

2°. 我们需要一个引理.

引理 设 $KLMN$ 为任一空间四边形 (参阅图 73(a)), P 与 Q 分别是棱 KL 和 MN 的中点, 则
$$PQ \leqslant \frac{1}{2}(KN + LM).$$

引理之证 设 R 是对角线 LN 的中点. 我们有 $PR = \frac{1}{2}KN$, $RQ = \frac{1}{2}LM$, 从而就有
$$PQ \leqslant PR + RQ = \frac{1}{2}(KN + LM).$$
引理证毕.

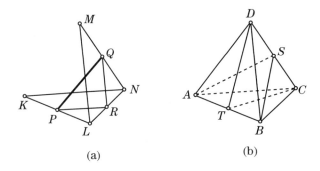

图 73

分别用 E_2, F_2, G_2 和 H_2 表示 EE_1, FH_1, GG_1 和 HF_1 的中点. 于是, 四边形 $E_2F_2G_2H_2$ 的顶点仍然在正四面体 $ABCD$ 的各面上, 而且根据引理, 它的周长不超过四边形 $EFGH$ 的周长. 此外, 顶点 E_2 和 G_2 (即 EE_1 和 GG_1 的中点) 在四面体的经过 CD 的对称平面上, 亦即分别在 $\triangle ABC$ 和 $\triangle ABD$ 的中线 CT 和 DT 上 (见图 73(b)).

由四边形 $E_2F_2G_2H_2$ 出发, 类似地得到它关于四面体的经过 AB 的对称平面的对称图像 $E_3F_3G_3H_3$, 再分别取连接这两个四边形的位于同一个面中的顶点的连线的中点, 得到四边形 $E_4F_4G_4H_4$, 它的所有顶点都在正四面体 $ABCD$ 的经过 CD 和 AB 的两个对称平面的并中. 换言之, 顶点 E_4 和 G_4 分别在线段 CT 和 DT 上, 而顶点 F_4 和 H_4 分别在 $\triangle ACD$ 和 $\triangle BCD$ 的中线 AS 和 BS 上. 并且, 四边形 $E_4F_4G_4H_4$ 的周长不超过四边形 $EFGH$ 的周长. 这意味着四边形 $EFGH$ 的周长不超过 $4d$, 其中 d 是直线 CT 与 BS 之间的距离.

3°. 只需造出长度为 $4d$ 的路径, 并求出 d 的值. 设 E_0 是 F_0 直线 CT 和 BS 的公垂线的垂足, E_0 在 CT 上, F_0 在 BS 上. 将 E_0 关于平面 ABS 的对称点记作 G_0. 由对称性可知, F_0G_0 是直线 BS 和 DT 的公垂线; 按同样的方法找出点 H_0, 在此, G_0H_0 和 H_0E_0 分别是直线 DT 与 AS, 直线 AS 与 CT 的公垂线. 这就意味着, 四边形 $E_0F_0G_0H_0$ 的周长是 $4d$. 当然我们还需验证, 这些公垂线的垂足都在四面体的各个面上, 而不是在它们的延展面上, 这件事将在下面来做, 此外还需求出 d 的值.

4°. 经过 AB 作与 CD 垂直的平面, 并把我们的四面体投影到该平面上, 得到 $\triangle ABD'$ (见图 74), 其中, $AB = a$, $D'T = \sqrt{\dfrac{2}{3}}a$. 点 S 的投影是 $D'T$ 的中点 S'. 所求的 d

的值等于点 T 到直线 BS' 的距离 (因为公垂线平行于投影平面). 又易见, 由点 T 向直线 BS' 所作的垂线的垂足在线段 BS' 上, 而不是在其延长线上, 这意味着点 F_0 在线段 BS 上. 类似可证, 四边形的其余顶点在中线上, 而不是在它们的延长线上.

在直角三角形 $\triangle BTS'$ 中, 已知 $BT = \dfrac{a}{2}$, $TS' = \dfrac{a}{2}\sqrt{\dfrac{2}{3}}$, 故知

$$BS' = \frac{a}{2}\sqrt{\frac{5}{3}}, \quad d = \frac{BT \cdot TS'}{BS'} = \frac{a}{\sqrt{10}}.$$

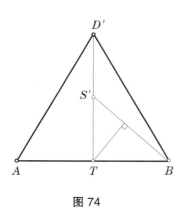

图 74

第 57 届莫斯科数学奥林匹克 (1994)

129. 答案: 15 罐.

由题中条件知, 原先一罐饮料含 $\dfrac{1}{6}$ 桶苹果汁和 $\dfrac{1}{10}$ 桶葡萄汁, 所以一罐容量相当于 $\dfrac{1}{6} + \dfrac{1}{10} = \dfrac{4}{15}$ 桶. 后来一罐饮料含 $\dfrac{1}{5}$ 桶苹果汁, 由 $\dfrac{4}{15} - \dfrac{1}{5} = \dfrac{1}{15}$ 可知, 现在一桶葡萄汁可配 15 罐饮料.

130. 答案: 两个 3 位数都是 143.

设这两个 3 位数分别为 x 与 y. 由题意知

$$10^3 x + y = 7xy,$$

故

$$y = \frac{10^3 x}{7x - 1}. \tag{1}$$

所以 $(7x-1) \mid 10^3 x$. 由于 $143 \times 7 = 1001$, 故可写

$$10^3 x = 143(7x - 1) + 143 - x,$$

由此知 $143 - x = k(7x - 1)$, 其中 k 为整数.

当 $k=0$ 时, 有 $x=143$, 代入式 (1), 解得 $y=143$, 并且
$$7 \times 143 \times 143 = 143143,$$
满足题意.

再说明这是唯一解. 由 $143 - x = k(7x - 1)$ 得
$$x = \frac{143 + k}{7k + 1}. \tag{2}$$
如果 k 为正整数, 由式 (2) 得知 $x \leqslant 16$ 不是 3 位数; 如果 $-1 \geqslant k \geqslant -143$, 由式 (2) 得知 $x \leqslant 0$, 不是正整数; 如果 $k \leqslant -144$, 由式 (2) 得知 $x \leqslant 1$ 也不是 3 位数. 综合上述, $k = 0$ 是唯一解, 从而 $x = y = 143$ 是唯一解.

131. 延长线段 BQ 和 BP, 使它们分别与直线 AC 相交于点 A_1 和 C_1. 在 $\triangle ABC_1$ 中, 线段 AP 是角平分线和高 (见图 75), 从而该三角形是等腰三角形 ($AB = AC_1$). 于是, AP 也是中线 ($BP = C_1P$). 同理, 线段 CQ 也是 $\triangle CBA_1$ 的中线, 亦即 $BQ = QA_1$. 因而, PQ 是 $\triangle A_1BC_1$ 的中位线, 故知 PQ 平行于 A_1C_1, 亦即平行于 AC.

132. 1°. 假设停有蚂蚱的正方形是方格纸上的以方格线为边的正方形 (小方格的尺寸为 1×1). 容易看出, 蚂蚱总是在方格的结点上跳动 (参阅图 76). 因为开始时, 蚂蚱都在结点上; 跳动后到达关于另一只蚂蚱的中心对称点上, 而任何结点关于另一结点的中心对称点仍然是结点①.

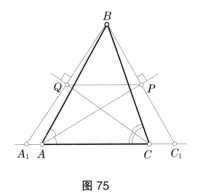

图 75   图 76

2°. 假设这些蚂蚱可能在某一时刻刚好落在一个更大正方形的 4 个顶点上, 那么让它们按相反的顺序依次跳回来, 就会落在一个较小正方形的 4 个顶点上. 但是由大正方形的结点开始的跳动中的每一步都只能落在大正方形的结点上. 换言之, 它们之间的距离不可能变得比大正方形的边长还短. 此为矛盾.

133. 答案: "吉时" 多于 "凶时"②.

我们指出如下的若干基本事实, 它们都是很明显的.

1°. 如图 77 所示, 任何两根指针决定一个 "凶扇形", 如果第三根针落在它们的延长线所夹成的扇形区域中, 那么就构成 "凶时". 这种扇形不会大于 $180°$.

2°. 每经过整数个小时, 分针与秒针都回到同样的位置.

---

① 如果开始时, 蚂蚱位于任一平行四边形的 4 个顶点上, 那么它们永远只能在由平行直线交织成的网格的结点上跳动. —— 编译者注

② 试比较第 108 题. —— 编译者注

3°. 每个"凶时"加上 6 小时一定是"吉时"(因为时针旋转了 180°, 跳出了"凶扇形", 进入了"吉扇形").

4°. "吉时"加上 6 小时可能还是"吉时".

5°. 现在将一昼夜划分为一个个"吉时"区间和"凶时"区间. 显然, 可将每个"凶时"区间都对应于一个与之等长的"吉时"区间 (将前者加上 6 小时即得), 从而"吉时"不会少于"凶时". 然而, 按此法则, 还有一些"吉时"区间所对应的仍然还是"吉时"区间, 例如: 3:00:00 — 3:00:05 对应着 9:00:00 — 9:00:05, 这两个区间都是"吉时"区间. 所以, "吉时"多于"凶时".

图 77

134. 答案: 第一个开始的人有取胜策略. 为了取胜, 应当采用轴对称策略.

假设方格纸的横边长 94, 竖边长 19.

甲先涂黑一个靠着方格纸横边的 18×18 正方形, 使得正方形的竖向对称轴与方格纸的竖向对称轴重合 (参阅图 78, 图中的方格纸尺寸为 7×14, 正方形为 6×6), 将对称轴所在直线称为 ℓ. 此后, 关于 ℓ 对称的余下部分中的矩形分布在两个彼此全等的区域中, 于是甲只需在此后的每一步上都采用与乙关于 ℓ 对称的步骤即可, 因为根据法则, 乙不可能涂黑任何与 ℓ 相交的正方形.

135. 答案: 存在.

设有 5 个点 A, B, C, D, E, 其中点 D 和点 E 位于 $\triangle ABC$ 内部. 它们之间的 10 条连线可以形成两条不自交的闭折线, 每条折线各有 5 段 (参阅图 79, 图中两条折线分别用粗细两种不同线条表示). 这两条折线中的任一条都围成满足题中要求的非凸五边形, 而剩下的一条折线则是其对角线.

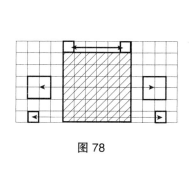

图 78

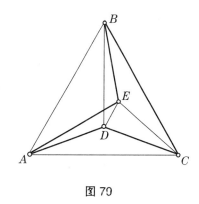

图 79

136. 情况 1 如果 $k > l$, 则甲会赢. 他只需从长度为 k 的线段上取下一段特别长的, 使其比其余线段的长度之和还长, 例如, 将长度为 k 的线段分成长度分别为 (见图 80)

$$l + \frac{2}{3}(k-l), \quad \frac{1}{6}(k-l), \quad \frac{1}{6}(k-l)$$

的 3 段, 那么就可成功地阻止两个三角形的形成. 因为三角形中的任何两边的长度之和都必须大于第三边, 因而长度为 $l+\frac{2}{3}(k-l)$ 不可能与其余线段中的任何两条形成三角形, 事实上, 其余所有线段的长度之和 $\left(\text{等于 } l+\frac{1}{3}(k-l)\right)$ 还小于其长度.

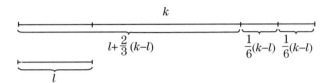

图 80

情况 2 如果 $k \leqslant l$, 则乙会赢. 设甲将长度为 k 的线段分成长度为 $k_1 \geqslant k_2 \geqslant k_3$ 的 3 段, 那么乙即可从自己的长度为 l 的线段上先分出一段长度为 k_1 的线段, 再将所剩部分平分, 亦即使得 (见图 81)

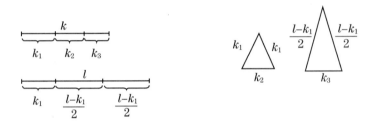

图 81

$$l = k_1 + \frac{l-k_1}{2} + \frac{l-k_1}{2},$$

那么就可以得到两个等腰三角形:

$$(k_1, k_1, k_2), \quad \left(\frac{l-k_1}{2}, \frac{l-k_1}{2}, k_3\right).$$

事实上, 可用 3 条长度分别为 a, a, b 的线段构成三角形, 当且仅当 $b < 2a$. 现在, 显然有 $k_2 \leqslant k_1 < 2k_1$; 同时, 由于 $k_1 + k_3 < k \leqslant l$, 所以

$$2 \cdot \frac{l-k_1}{2} = l - k_1 > k_3.$$

137. 例如, 对于任何正整数 k,

$$x = k(2k^2+1), \quad y = 2k^2+1, \quad z = -k(2k^2+1)$$

都是该方程的解.

关键是如何找出这些解? 若我们在原方程中令 $z = -x$, 可得 $2x^2 + y^2 = y^3$, $2x^2 = (y-1)y^2$. 再若 $\frac{y-1}{2} = k^2$ 为完全平方数, 即可得方程的解:

$$y = 2k^2+1, \quad x = k(2k^2+1).$$

138. 解法 1 假定两个圆的位置如图 82 所示, 我们把左下圆称为 ω_1, 右上圆称为 ω_2. 对于两个圆的其他位置情况证法类似.

由同弧所对圆周角相等, 可得 $\angle P = \angle N$, $\angle Q = \angle M$, 所以 $\triangle AQN \sim \triangle AMP$.

$\angle ABQ$ 是 $\triangle ABN$ 的外角, 所以 $\angle ABQ = \angle ANB + \angle BAN$. 另一方面, $\angle MAB$ 在圆 ω_1 中是弦切角, $\angle ANB$ 是其同弧所对圆周角, 所以

$$\angle MAN = \angle MAB + \angle BAN = \angle ANB + \angle BAN = \angle ABQ. \tag{1}$$

然而, $\angle MAN$ 在圆 ω_2 中是弦切角, 它所夹的弧是 $\widehat{AM}$, 所以 $\angle MAN = \dfrac{1}{2}\widehat{AM}$; $\angle ABQ$ 在圆 ω_2 中是圆周角, 它所对的弧是 $\widehat{AQ}$, 所以 $\angle ABQ = \dfrac{1}{2}\widehat{AQ}$. 结合式 (1), 知有

$$\widehat{AQ} = \widehat{AM} \implies AQ = AM.$$

由 $AQ = AM$ 和 $\triangle AQN \sim \triangle AMP$, 知 $\triangle AQN \cong \triangle AMP$, 从而 $MP = NQ$.

解法 2 根据切割线定理, 得

$$MP = \dfrac{AM^2}{MB}, \quad NQ = \dfrac{AN^2}{NB}.$$

所以为证题中结论, 只需证明

$$\dfrac{AM^2}{AN^2} = \dfrac{MB}{NB}. \tag{2}$$

由弦切角定理, 易得 $\triangle AMB \sim \triangle NAB$(见图 83), 此即表明

$$\dfrac{AM}{AN} = \dfrac{AB}{NB}, \quad \dfrac{AM}{AN} = \dfrac{MB}{AB}.$$

将此二式相乘, 即得式 (2).

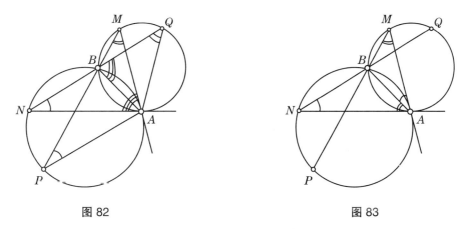

图 82　　　　　　　　图 83

139. 答案: 180625, 当把其中的数字 8 划去以后, 数值减小为原来的 $\dfrac{1}{17}$.

设被删去的数字是 x, 原数在 x 以左的部分是 a, 在 x 以右的部分是 c, 于是原数就是 $\overline{axc}$. 设 x 是原数的 (从右数) 第 $n+1$ 位数字. 则

$$\overline{axc} = a \cdot 10^{n+1} + x \cdot 10^n + c.$$

删去 x 以后, 得到的数是
$$\overline{ac} = a \cdot 10^n + c.$$
前后二数之比为
$$r = \frac{a \cdot 10^{n+1} + x \cdot 10^n + c}{a \cdot 10^n + c}, \quad 其中 \ c < 10^n. \tag{1}$$
在上式两端同时减 10, 经过化简, 可得
$$r - 10 = \frac{x \cdot 10^n - 9c}{a \cdot 10^n + c} \leqslant \frac{x}{a} \leqslant \frac{9}{a} \leqslant 9.$$
记 $l = r - 10$, 将上面的等号两端同乘右端的分母, 化简后, 可得
$$(x - la) \cdot 10^n = (l + 9)c. \tag{2}$$
如果 $l \leqslant 0$, 则式 (2) 左端为正, 这表明 $l + 9 > 0$, 从而
$$-8 \leqslant l \leqslant 9.$$
易知, $l \neq 0$, 因若不然, c 的 10 进制表达式中的末位数是 0.

引理 a 是个位数.

引理之证 分别考察 $l > 0$ 与 $l < 0$ 的情形.

若 $l > 0$, 则由式 (2) 可知 $x - la > 0$, 这表明
$$a < \frac{x}{l} \leqslant \frac{9}{l} \leqslant 9.$$
若 $l < 0$, 则
$$x - la = \frac{(l+9)c}{10^n} < \frac{9 \cdot 10^n}{10^n} = 9,$$
由此可知 $-la < 9$, 因而 $a < 9$. 引理证毕.

由所证引理知, $\overline{axc}$ 的 10 进制表达式中共有 $n + 2$ 位数字. 所以, 为了求出满足题意的最大正整数, 就要求出满足条件的最大的 n.

根据题意, c 不以 0 结尾. 所以, 在 c 的质因子分解式中, 或者没有 2, 或者没有 5.

$1°$. 设在 c 的质因子分解式中没有 2. 我们观察式 (2) 右端. 由于 $1 \leqslant l + 9 \leqslant 18$, $l + 9$ 可以被 2 的 4 次方整除 ($2^4 = 16$), 但不可被 2 的 5 次方整除 ($2^5 = 32 > 18$). 所以 $n \leqslant 4$. 令 $n = 4$, 则 $l + 9 = 16$, 于是可将式 (2) 改写为
$$(x - 7a) \cdot 5^4 = c.$$
既然 x 是个位数, 所以 $a = 1$, $x = 8$ 或 $x = 9$. 但若 $x = 9$, 则 c 以 0 结尾, 此为矛盾. 当 $x = 8$ 时, 得到 $c = 625$,
$$\overline{axc} = 180625.$$

$2°$. 设在 c 的质因子分解式中没有 5, 则 $l + 9$ 至多可被 5 的一次方整除, 因此 $n \leqslant 1$, 所对应的正整数不可能为最大.

140. 答案: b) 由图 84(a) 可以看出, 当把 9 个较小的矩形放入后, 有可能放不进第 10 个 1×4 的矩形.

a) 只需证明, 每一步上都可以为所要放入的一个矩形找到位置.

显然可以放入 1×4 的矩形. 为放入接下来的两个 1×3 的矩形, 我们在方格纸上标出 8 个 1×3 的方框 (见图 84(b)), 它们相互平行, 间隔两个方格. 每个所放入的矩形至多侵占两个 1×3 的方框, 所以可以逐个放入两个 1×3 的矩形.

假设已经放入一个 1×4 的矩形, 两个 1×3 的矩形和少于 3 个 1×2 的矩形, 我们来证明: 还能放入一个 1×2 的矩形. 如图 84(c) 所示, 我们在方格表中标出 12 个 1×2 的方框, 它们相互平行, 间隔两个方格. 相继放入的每个矩形都至多侵占两个 1×2 的方框, 所以还能放入一个 1×2 的矩形.

类似地, 如图 84(d) 所示, 我们在方格表中标出 16 个 1×1 的方框, 它们相互平行, 间隔两个方格. 相继放入的各个矩形至多侵占 15 个 1×1 的方框, 所以还能放入一个 1×1 的矩形.

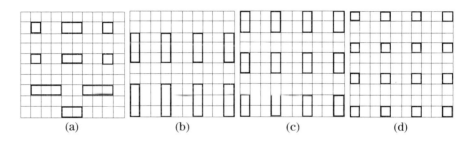

图 84

141. 答案: 3333334 和 1666667.

本题与第 130 题类似, 那里的分析更加详细.

解法 1 设 x 与 y 为所求的两个 7 位数, 则可得到方程: $3xy=10^7 x+y$, $3y=10^7+\dfrac{y}{x}$. 由于 $0<\dfrac{y}{x}<10$, 所以 $10^7<3y<10^7+10$, 故知

$$3333333\frac{1}{3}<y<3333336\frac{2}{3}.$$

往下有两种做法, 一种是分别考察 $y=3333334$, $y=3333335$ 和 $y=3333336$; 还有一种则是注意

$$\frac{y}{x}\leqslant\frac{3333336}{1000000}<4,$$

由此可知 $10^7+1<3y<10^7+4$. 在此区间内只有一个数是 3 的倍数, 即 10^7+2, 因此 $3y=10^7+2$, 故得 $y=3333334$ 和 $x=1666667$.

解法 2 $3xy=10^7 x+y$, $10^7 x=(3x-1)y$. 既然 $3x-1$ 与 x 没有公约数, 所以 $3x-1$ 是 10^7 的约数. 但 $3x-1\geqslant 3\cdot 10^6-1$, 所以, 或者 $3x-1=5\cdot 10^6$, 或者 $3x-1=10^7$. 但仅有 $3x-1=5\cdot 10^6$ 满足要求, 故知 $x=1666667$, 再由前面的等式, 得知 $y=3333334$.

142. a) 若 $0\leqslant x_n\leqslant 1$, 则 $0\leqslant x_{n+1}\leqslant 1$. 事实上, $0\leqslant x_n\leqslant 1\implies -1\leqslant 1-2x_n\leqslant 1\implies |1-2x_n|\leqslant 1\implies 0\leqslant x_{n+1}\leqslant 1$.

若 x_n 是有理数, 则 x_{n+1} 是有理数, 并且其既约分式中的分母不大于 x_n 的分母. 事实上, 若 $x_n = \dfrac{p_n}{q_n}$ 为既约分数, 则

$$x_{n+1} = 1 - \left|\frac{q_n - 2p_n}{q_n}\right| = \frac{q_n - |q_n - 2p_n|}{q_n},$$

如果这是既约分数, 那么其分母与 x_n 的相同; 如果不是既约分数, 那么约分后还要小.

因此, 数列中的项都是介于 0 和 1 之间的有理数, 也就是真分数. 但是, 分母不大于定值 q 的真分数只有有限多个. 从而必自某一项开始出现前面已经有过的数, 自此进入周期变化.

b) 反之, 设序列 $\{x_n\}$ 从某一项开始成为周期数列, 要证 x_1 是有理数.

解法 1 打开递推式 $x_{n+1} = 1 - |1 - 2x_n|$ 中的绝对值符号, 得知: 或有 $x_{n+1} = 2x_n$, 或有 $x_{n+1} = 2 - 2x_n$. 故知, $x_{n+1} = a_1 + 2b_1 x_n$, 其中, a_1 为整数, $b_1 = \pm 1$. 类似地, $x_{n+2} = a_2 + 4b_2 x_n$, 继续这一过程, 可得

$$x_{n+k} = a_k + 2^k b_k x_n,$$

其中, a_k 为整数, $b_k = \pm 1$.

如果 $x_{n+k} = x_n$, 则 x_n 是整系数线性方程 $a_k + 2^k b_k x = x$ 的根. 该方程有唯一解, 因为 $2^k b_k = \pm 2^k \neq 1$; 又因为这是一个有理系数线性方程, 所以作为它的解, x_n 是有理数. 再由递推式, 可知 x_{n-1} 是有理数, 然后知 x_{n-2} 是有理数, 如此等等. 最终得知 x_1 是有理数.

解法 2 写出 x_n 的 2 进制表达式

$$x_n = 0.a_1 a_2 a_3 \cdots.$$

如果 $a_1 = 0$, 则 x_{n+1} 的 2 进制表达式可由 x_n 的 2 进制表达式递进一位得到 (试验证之!):

$$x_{n+1} = 0.a_2 a_3 a_4 \cdots;$$

如果 $a_1 = 1$, 则 x_{n+1} 的 2 进制表达式可将 x_n 的 2 进制表达式中的 0 改为 1, 1 改为 0(称为反演) 来得到.

我们来证明: 如果 x_n 呈周期变化, 则 a_n 亦呈周期变化.

假设 $x_{n+k} = x_n$, 且在它们之间发生了偶数次反演, 则 $a_{n+k} = a_n$; 如果在 x_n 与 x_{n+k} 之间发生了奇数次反演, 则 $a_{n+2k} = 1 - a_{n+k} = a_n$. 在两种场合下, a_n 都呈周期变化. 若一个实数的 2 进制表达式是周期的, 则该数是有理数 (参阅专题分类 $13°$).

注 $1°$. 函数 $y = f(x) = 1 - |1 - 2x|$ 在区间 $\left[0, \dfrac{1}{2}\right]$ 和 $\left[\dfrac{1}{2}, 1\right]$ 上都是线性函数:

$$y = \begin{cases} 2x, & \text{若 } 0 \leqslant x \leqslant \dfrac{1}{2}, \\ 2 - 2x, & \text{若 } \dfrac{1}{2} \leqslant x \leqslant 1. \end{cases}$$

类似地, 把 x_1 变为 x_n 的函数

$$y = f_n(x) = \underbrace{f(f \cdots f(x) \cdots)}_{\text{复合} n \text{次}}$$

在每个区间 $\left[\dfrac{k}{2^n}, \dfrac{k+1}{2^n}\right]$ 上都是线性函数. 图 85 中给出的是 $y=f(x)$, $y=f_1(x)$ 和 $y=f_2(x)$ 的图像.

$2°$. 对于每个 $k=2,3,\cdots$, 至少存在一个以 k 为周期的点, 例如, 线段 $y=x$, $0\leqslant x\leqslant 1$, 与函数 $y=f_k(x)$ 的图像的最后的一个交点 $x_1=\dfrac{2^k}{2^k+1}$.

考虑一下这样一个问题: 对于每个周期 k, 存在多少个周期轨迹 (或者, 几乎是等价的问题: 多少个这样的点 x, 使得 $x=f_k(x)$, 而对于一切 $m<k$, 则都有 $x\neq f_m(x)$)?

$3°$. 本题中的问题, 产生于符号动力学. 函数 $f(x)=1-|1-2x|$ 叫作帐篷映射.

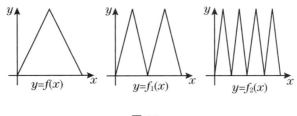

图 85

143. 解法 1 如果一个议员使另一个议员受过污辱, 那么就把这两个议员叫作互为敌人. 我们来对 n 进行归纳, 以证明如下断言: 如果议会中有 $M\geqslant 3n-2$ 位议员, 每一位议员都恰好使自己的一位同事受过污辱, 则可从中挑出 n 位议员组成一个委员会, 使得其中任何二人不互为敌人.

$n=1$ 时结论显然成立. 假设结论已经对 $n=k$ 成立, 我们来看 $n=k+1$ 的情形. 由于议员总人数与被污辱过的人次总数相等 (议员中的每一位都恰好使自己的一位同事受过污辱), 所以存在一个议员甲, 他至多被一个别的议员污辱过. 从而他一共只有两个敌人 (一个是污辱过他的人, 另一个是被他污辱过的人). 我们让甲进入委员会, 而让他的两个敌人都不进委员会. 于是, 至少还剩 $M-3\geqslant 3k-2$ 位议员, 他们都不是甲的敌人. 根据归纳假设, 可以让剩下的人中的 k 个人组成一个委员会, 使得其中任何二人不互为敌人. 再让甲进入这个委员会即可.

解法 2 我们来考虑有向图 Γ: 图中的顶点是议员, 如果一个议员污辱过另一个议员, 则在相应的两个顶点之间连一条有向边, 箭头指向被污辱过的议员.

我们把这样的图叫作有向树: 图中有一个根 1 级水平的顶点, 有一个自某个 2 级顶点引出的箭头指向它, 而对于 2 级顶点, 则有一个自某个 3 级顶点引出的箭头指向它, 如此等等, 直到有一个自某个 k 级顶点引出的箭头指向 $k-1$ 级顶点.

我们断言, 图 Γ 可以这样来看: 它里面有一个有向圈, 在圈的某些顶点下面 "挂着"(两两互不相交的) 有向树 (参阅图 86). 事实上, 我们可以从任意一个顶点出发, 沿着有向边按照箭头所指的方向走下去, 直到到达某个已经到过的顶点为止. 这是必然会发生的结果, 因为顶点的数目是有限的. 这就表明, 在图 Γ 中存在有向圈.

在圈上任取一个顶点, 必然有发自圈上某个顶点的箭头指向它, 还有可能有发自别的顶点的箭头也指向它. 将这些别的顶点称为 2 级顶点. 指向这些 2 级顶点的可能会有一些箭头, 把这些箭头所出发的顶点称为 3 级顶点, 如此等等.

现在把各个顶点分别染为 3 种不同颜色, 使得每条有向边的两端的颜色都不相同. 如果有向圈的长度为偶数, 则将其上的顶点交替地染为两种不同颜色; 如果长度为奇数, 则把其中 1 个顶点染为 3 号色, 再把其余顶点交替地染为 1 号色和 2 号色. 对于有向树上的顶点, 则按如下办法染色: 如果根已染为 1 号色, 则将 2 级顶点都染为 2 号色, 3 级顶点染为 1 号色, 如此等等. 不难明白, 有向图 Γ 的顶点至多被染为 3 种不同颜色.

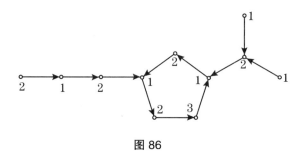

图 86

显然, 某一种颜色的顶点不少于总数的 $\frac{1}{3}$, 当然不少于 667 个. 只需让这些顶点所对应的议员组成一个委员会即可.

注 $1°$. 如果所有有向圈的长度都是偶数, 则只需两种颜色即可.

$2°$. 试构造一个例子, 说明不一定能组成一个 668 人的委员会.

$3°$. 可将题目中的问题进一步推广为如下形式: 假设一共有 n 位议员, 每位议员都污辱过自己的 k 位同事, 则可组成一个 "有礼貌的" 委员会 (即其中任何二人都没有谁侮辱过谁), 其中不少于 $\dfrac{n}{2k+1}$ 位议员. 解答思路如下: 树敌最少的议员有不多于 $2k$ 个敌人 (其中 k 个议员污辱过他, 另外 k 个议员被他污辱过). 让他进入委员会, 并取消他的所有敌人进入委员会的资格.

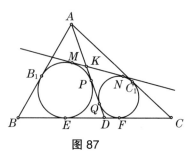

图 87

144. 我们先来从极端情况看看, AK 应当等于什么? 当点 D 趋向于 C 时, $\triangle ACD$ 的内切圆趋向于一个点, 此时 AK 演变成 $\triangle ABC$ 的内切圆的切线, 因此, $AK = \dfrac{1}{2}(AB + AC - BC)$. 下面来证明, AK 任何时候都等于这个值.

按照如图 87 所示的方式标注字母.

我们指出: $AB_1 = AP$, $AC_1 = AQ$, $KM = KP$, $KN = KQ$, 此因由同一个点所作同一个圆的两条切线相等. 又易见 $MN = EF$, 此因两个圆的两条外公切线相等. 利用这些等式, 我们来计算 $AB + AC - BC$:

$$AB + AC - BC = AB_1 + AC_1 - EF = AB_1 + AC_1 - MN$$
$$= AP + AQ - MN = AP + AQ - (MK + KN)$$
$$= (AP - KP) + (AQ - KQ) = 2AK.$$

故知

$$AK = \frac{1}{2}(AB + AC - BC),$$

其长度与点 D 在 BC 上的位置无关.

145. a) 可能不存在这样的弦. 这种多边形的反例如图 88 所示, 三个一样大小的正方形, 相互间用细窄的通道相连. 我们来证明: 对于这样的结构, 任何弦都不能将其分为面积相等的两部分.

设整个多边形的面积为 S, 每个正方形的面积为 $0.3S$, 所有通道的面积之和是 $0.1S$. 如果弦仅与通道相交, 则在它的一侧有两个正方形, 它们的面积之和大于多边形面积的一半. 如果弦与正方形之一相交, 那么它就不能与 3 条通道所形成的 "超级十字架" 相交, 于是在一个部分中又有两个正方形.

b) **解法 1** 我们采用调整法来证明, 即让弦沿着周界移动, 使得较小的一侧的面积增大.

选取弦的方向, 使其不平行于多边形的任何一条边和任何一条对角线, 并假定所选的方向是竖直方向. 此时, 弦至多经过多边形的一个顶点. 如果弦的任一内点都不是多边形的顶点, 则它刚好将多边形分成两个部分, 否则就分为三个部分.

如果较小部分的面积大于或等于 $\dfrac{S}{3}$, 则题目已经解毕, 否则我们就将弦沿着与竖直方向垂直的方向朝面积较大的一侧移动. 在弦移动的过程中, 有可能会 "碰上" 多边形的内顶点 (但不会同时碰上两个内顶点).

如果弦在移动过程中没有遇到障碍, 则较小一侧的面积连续变化. 如果在某一时刻, 它达到了 $\dfrac{S}{3}$, 那么题目已经解毕. 否则, 弦遭遇了内顶点. 在该处, 弦有可能突然变长 (参阅图 89(a)), 也有可能突然变短; 还有可能从一个部分跳到另一个部分 (参阅图 89(b)). 面积将会怎样变化呢?

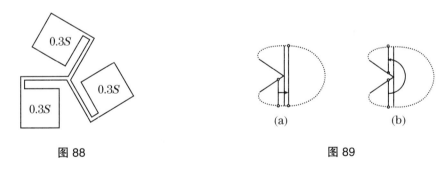

图 88　　　　　　　　　　图 89

在多边形的 3 个部分中, 最大的部分的面积应当不小于 $\dfrac{S}{3}$. 把竖直弦朝着最大部分平移, 两个较小的部分应当融合成一个. 如果它的面积也大于或等于 $\dfrac{S}{3}$, 则问题解毕. 否则, 我们继续移动弦, 一直到它碰到下一个内顶点.

我们断言, 这个过程迟早会结束, 亦即较小部分的面积迟早会大于或等于 $\dfrac{S}{3}$. 事实上, 较小部分的面积一直在增长, 所以我们不可能两次碰到同一个内顶点. 而内顶点的数目是有限的, 所以我们的过程势必会结束.

解法 2 (上抛法) 任何多边形都可被它的对角线划分为一系列三角形 (俗称三角形剖分). 我们来观察这种剖分. 每一条参与剖分的对角线都将多边形分为两个部分. 设 AB 就

是一条参与剖分的对角线, 它所分成的较小部分的面积达到最大. 设 $\triangle ABC$ 是剖分出的一个三角形, 它以 AB 为边, 且位于面积较大的部分中.

我们以 S_{AB}, S_{BC} 和 S_{AC} 表示分别以边 AB, BC 和 AC 为边界的位于 $\triangle ABC$ 之外的部分的面积. 于是, 多边形的总面积 S 等于

$$S = S_{AB} + S_{BC} + S_{AC} + S_{ABC}.$$

不失一般性, 可设 $S_{BC} \geqslant S_{AC}$. 再由前面的最大性假设, 可得

$$S_{AB} \geqslant S_{BC} \geqslant S_{AC}.$$

由这些不等式, 可推知 $S_{AB} + S_{ABC} \geqslant \dfrac{S}{3}$. 如果 $S_{AB} \geqslant \dfrac{S}{3}$, 则题目获得解决. 否则, 在边 AC 上存在一点 X, 使得 $S_{AB} + S_{ABX} = \dfrac{S}{3}$. 不难验证, 经过点 B 和点 X 的弦满足题中要求.

146. 答案: 存在.

重要的是找出这样的多项式, 它自己具有负系数, 而它的平方与立方的系数都是正数. 因为它的其他次方都可以由平方与立方乘得.

将一个多项式

$$a_n x^n + a_{n-1} x^{n-1} + \cdots + a_1 x + a_0$$

称为正的, 如果它的所有系数都是正数, 即有 $a_i > 0$, $i = 0, \cdots, n$.

对于多项式 $f(x) = x^4 + x^3 + x + 1$, 容易看出, $f^2(x)$ 和 $f^3(x)$ 都是正的多项式, 而它自己却不是, 因为它的 x^2 项的系数是 0, 不是正数. 我们的方针是略为 "扰动" 一下 $f(x)$.

观察 $g(x) = f(x) - \varepsilon x^2$, 当 $\varepsilon > 0$ 足够小时, $g^2(x)$ 和 $g^3(x)$ 的各项系数非常接近于 $f^2(x)$ 和 $f^3(x)$ 的相应项系数, 因而都成为正数. 对于没有学过数学分析的读者来说, 可以用不太严格的方法证实这一断言, 例如, 取 $\varepsilon = \dfrac{1}{125}$, 可以直接通过手算, 求出 $g^2(x)$ 和 $g^3(x)$ 的各项系数, 得知它们都是正数.

147. 我们来寻找具有此类性质的面数最少的多面体. 显然, 两个三角形面和两个四边形面不能构成一个多面体. 而具有两个三角形面、两个四边形面和两个五边形面的六面体却是存在的 (参阅图 90).

可以从四面体的两个相邻顶点处各截去一个小四面体来得到这种多面体. 也可以先作一个三棱柱, 再用由上底面的一条中位线和经过与之相对的顶点的侧棱的中点所决定的平面来截它. 还可以先作一个五棱柱, 并用由上底面的一个顶点和下底面中与之相对的边所决定的平面来截它.

▽1. 第 36 届 (1973 年) 莫斯科数学奥林匹克十年级有一道相关的试题: "证明, 任何凸多面体上都有两个边数相同的面."

▽2. 可以进一步考虑这样的问题: "在任何具有 $10n$ 个面的多面体上都能找到 n 个边数相同的面."

148. 同第 142 题.

149. 答案: $r = \dfrac{3\sqrt[3]{2}}{4}$.

我们先来做另一个题目: 做一个圆心在 y 轴上, 与 x 轴相切的圆, 问: 当半径 r 最小是多少时, 它与曲线 $y = x^4$ 具有除了坐标原点以外的公共点 (参阅图 91)? 换言之, r 最小是多少时, 如下的方程组具有非 0 解:

$$\begin{cases} y = x^4, \\ x^2 + (y-r)^2 = r^2? \end{cases}$$

直观看来, 这两个问题是等价的, 后面我们将给出严格证明.

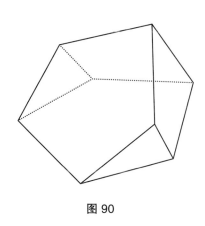

图 90   图 91

把 $y = x^4$ 代入圆的方程, 整理后, 得

$$x^6 - 2rx^2 + 1 = 0.$$

将 r 表示为 x 的函数:

$$r(x) = \frac{1}{2}\left(x^4 + \frac{1}{x^2}\right).$$

我们所要求的 r_0 是该函数的最小值. 对该函数求导:

$$r'(x) = 2x^3 - \frac{1}{x^3}.$$

当 $0 < x < x_0 = \dfrac{1}{\sqrt[6]{2}}$ 时, 导数值为负; 当 $x = x_0$ 时, 导数值为 0; 当 $x > x_0$ 时, 导数值为正. 这表明, 函数在 $0 < x < x_0$ 时下降, 在 $x = x_0$ 处达到最小值, 在 $x > x_0$ 时上升.

因此, 使得圆与曲线 $y = x^4$ 有公共点的最小的 r 值是

$$r_0 = r(x_0) = \frac{3\sqrt[3]{2}}{4}.$$

下面还需证明, 该 r_0 也就是原题所求的答案. 首先证明, 整个樱桃在酒杯里. 事实上, 对任何 $x \neq 0$, 我们都有 $r_0 \leqslant r(x)$, 亦即对任何 x, 都有

$$x^6 - 2r_0 x^2 + 1 \geqslant 0.$$

在上式两端同乘 x^2, 再代入 $y = x^4$, 得知, 对一切 x, $y = x^4$, 都有

$$x^2 + (y - r_0)^2 \geqslant r_0^2.$$

这就表明, 樱桃整个地在酒杯里.

下面再证, 如果 $r > r_0$, 则樱桃不可能接触到坐标原点. 事实上, 此时

$$x_0^6 - 2rx_0^2 + 1 < 0.$$

因此, 对 $y_0 = x_0^4$, 我们有

$$x_0^2 + (y_0 - r)^2 < r^2.$$

这表明, 与坐标轴相切于原点的半径为 r 的圆与函数 $y = x^4$ 的图像相交. 也就是说, 樱桃不与酒杯相切.

150. 首先, 以 A 为中心, 对凸多面体 M 作系数为 2 的同位相似, 则所得的凸多面体 M' 的体积是 M 的 8 倍. 我们来证明: 8 个经由平移所得到的凸多面体全都包含在 M' 的内部.

设顶点 A 被平移到顶点 B, 而 X 是多面体 M 中任意一点, Y 是 X 在相应的平移后所到达的点 (参阅图 92). 我们来证明点 Y 属于 M'.

线段 BX 整个地包含于凸多面体 M 中, 此因多面体 M 是凸的. 这表明 BX 的中点 K 属于凸多面体 M. 四边形 $ABYX$ 是平行四边形, 所以, Y 是点 K 在以 A 为中心, 以 2 为系数的同位相似之下的像. 因此, Y 属于 M'.

我们指出, 与顶点 A 靠得非常近的点不属于任何一个 "由平移得到的" 多面体. 事实上, 我们可以把顶点 A 放得比其余各个顶点都高, 使得存在一个平面位于顶点 A 的下方, 但却比其余所有顶点都高. 于是这个平面从多面体 M 上截下一个包含着顶点 A 的小多面体 N, 它与任何一个 "由平移得到的" 多面体都不相交.

如果 8 个 "由平移得到的" 多面体中任何两个都没有公共内点, 那么多面体 M' 的体积就不小于这 8 个 "由平移得到的" 多面体的体积与小多面体 N 的体积之和, 因而大于多面体 M 体积的 8 倍, 此为矛盾.

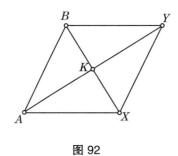

图 92

151. 很难画出本题的图形来, 因为交点彼此之间相距很远. 所以只能通过一般性的讨论来解题. 注意, 角平分线上任意一点到角的两边的距离相等.

对于每一条包含着四边形 $ABCD$ 的边的直线, 都定义一个函数 f_i, 即平面上的点到该直线的有号距离: 如果点与四边形在直线的同一侧, 则函数值就是该点到直线的通常距离; 如果在不同侧, 则函数值是通常距离的相反数. 易知, 这 4 个函数 f_1, f_2, f_3, f_4 关于点的坐标都是线性的函数, 意即可以写成 $f_i(x, y) = a_i x + b_i y + c_i$ 的形式.

我们指出，一个点位于四边形的某个外角的平分线上，当且仅当角的两边所在直线的函数在该点处的值的和为 0. 而对于题中所言的角平分线的交点，则所有 4 个函数在交点处的值的和为 0.

但是，线性函数的和仍然是线性函数. 对于非常数值的线性函数，使得它的值为常数的点的集合是直线.

我们的 4 个线性函数的和不是一个恒为 0 的函数，事实上，它在四边形内部就是正的，因此使得它们的和为 0 的点的集合是一条直线. 所以，题中所言的 3 个交点在同一条直线上.

152. 一个 2 的方幂数的 10 进制表达式中，何时才会出现众多的数字 9？当然，只有在该数略小于某个可被 10 的较高方幂数整除的数时. 例如，$2^{12}+4$ 可被 100 整除；$2^{53}+8$ 可被 1000 整除，等等.

我们先来尝试找出这样的数 2^n+1，它们可被 5 的较高方幂数整除，再把它乘以 2 的方幂数，得到形如 $2^k(2^n+1)$ 的可被 10 的较高方幂数整除的数，然后再去掉括号，丢掉较小的加项，得到所需的 2 的方幂数.

引理 对一切正整数 k，数 $2^{2\cdot 5^{k-1}}+1$ 可被 5^k 整除.

引理之证 对 k 运用归纳法. $k=1$ 时结论显然. 假设 $k=m$ 时结论成立，即数 $2^{2\cdot 5^{m-1}}+1$ 可被 5^m 整除，要证 $k=m+1$ 时结论也成立. 注意

$$2^{2\cdot 5^{m-1}}+1 = 4^{5^{m-1}}+1,$$

如果记 $4^{5^{m-1}}=a$，则由归纳假设知，$a+1$ 可被 5^m 整除. 现在

$$2^{2\cdot 5^m}+1 = 4^{5^m}+1 = a^5+1 = (a+1)(a^4-a^3+a^2-a+1).$$

既然 $5^m|(a+1)$，所以 $a \equiv -1 \pmod 5$，因此 $a^4-a^3+a^2-a+1 \equiv 0 \pmod 5$，从而

$$5^{m+1}|(a+1)(a^4-a^3+a^2-a+1) = 2^{2\cdot 5^m}+1.$$

所以，当 $k=m+1$ 时，结论也成立. 引理证毕.

如此一来，即知 $2^k(2^{2\cdot 5^{k-1}}+1)$ 的末尾至少有 k 个 0. 不难看出，当 $k>1$ 时，2^k 的位数不超过 $\dfrac{k}{2}$，因此，在数 $2^{2\cdot 5^{k-1}+k}$ 的末尾 k 个数字中，至多有 $\dfrac{k}{2}$ 个不是 9.

第 58 届莫斯科数学奥林匹克 (1995)

153. 答案：够了.

将这张货币的价值记作单位 1. 设一块面包和一瓶克瓦斯的价格分别为 x 和 y，则有

$$\begin{cases} x+y=1, \\ 1.2(0.5x+y)=1, \end{cases}$$

由此知 $1.5y=1$. 而物价再次上涨 20% 后, 一瓶克瓦斯的价格为 $1.2^2y=1.44y<1.5y$, 所以这张货币够买一瓶克瓦斯.

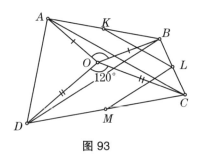

图 93

154. 经直接验算知第一个数 $10017=53\times 189$ 可被 53 整除, 而数列中相邻二数的差

$$100\underbrace{1\cdots 1}_{n\text{个}}7-100\underbrace{1\cdots 1}_{n-1\text{个}}7=901\underbrace{0\cdots 0}_{n\text{个}},$$

且 $901=53\times 17$ 可被 53 整除.

155. a) 将线段 AC 绕点 O 顺时针旋转 $120°$ 后变为线段 BD, 这表明它们的长度相等 (参阅图 93). 线段 KL 是 $\triangle ABC$ 的中位线, 所以它平行于 AC 且长度等于 AC 的一半.

同理, 线段 LM 平行于 BD 且长度等于 BD 的一半. 所以

$$KL=\frac{1}{2}AC=\frac{1}{2}BD=LM.$$

b) 既然线段 AC 旋转 $120°$ 后变为线段 BD, 所以它们的夹角等于 $60°$. 而线段 KL 与 LM 分别平行于 AC 与 BD, 所以它们的夹角也等于 $60°$. 再利用 a) 中的结论, 即知 $\triangle KLM$ 是正三角形.

156. 由于尺寸为 $11\times 13\times 14$ 的长方体的盒子的容积为 2002 立方单位, 足够放入 1995 个单位正方体, 而它的 6 个面的面积之和为 $2\times(11\times 13+11\times 14+13\times 14)=958$ 平方单位, 所以 3 种情况下的材料都够用.

157. 解法 1 首先证明, 如果改变相连的前后两次运输的顺序, 总运费保持不变. 换言之, 假设卡车原来先往居民点 M 送货, 再接着向居民点 N 送货, 我们要来证明, 如果改为先向居民点 N 送货, 再接着向居民点 M 送货, 则总运费不变.

假设由市区到居民点 M 和 N 的距离分别为 m 和 n, 则送往这两个居民点的货物重量也分别为 m 和 n. 在改变 M 和 N 的运送顺序时, 其他居民点的运送顺序不发生改变. 载着重量为 m 和 n 的货物穿行在其他居民点时, 为运这部分货物所需的运费也不发生变化. 我们来计算把货物 m 和 n 运往 M 和 N 的运费. 原先的费用为 $(m+n)m+nm+n^2$, 其中第一项为将货物运往居民点 M 的运费, 第二项为自居民点 M 返回市区的运费, 第三项为运往居民点 N 的运费.

同理, 如果改变 M 和 N 的运送顺序, 则运费为 $(m+n)n+mn+m^2$. 不难验证这两笔运费相等.

对于两种不同的运输顺序, 可以通过一系列的相连的前后两次顺序的交换, 把一种顺序变为另一种顺序. 这一断言不难用数学归纳法加以证明. 应当指出, 建立这一观念, 对于学习组合数学非常重要.

利用已经证得的结论, 结合上述断言, 即得题中结论.

解法 2 将各个居民点所需的货物按照它们运送的先后顺序, 依次记为 $a_1,a_2,\cdots,a_n$, 于是总运费为

$$a_1(a_1+2a_2+2a_3+\cdots+2a_n)+a_2(a_2+2a_3+\cdots+2a_n)$$

$$+\cdots+a_{n-1}(a_{n-1}+2a_n)+a_n^2$$
$$=a_1^2+a_2^2+\cdots+a_n^2+2a_1a_2+2a_1a_3+\cdots+2a_1a_n+2a_2a_3++\cdots+2a_{n-1}a_n$$
$$=(a_1+a_2+\cdots+a_n)^2,$$

该表达式与运输顺序无关.

158. 不妨设点 K 在边 AB 上, 点 N 在边 AF 上 (见图 94). 注意, $FK=AN$. 在边 BC 上取点 P, 在边 CD 上取点 R, 在边 DE 上取点 S, 在边 EF 上取点 T, 使得 $FK=AN=BP=CR=DS=ET$. 于是, $\angle KBN=\angle TAK$, $\angle KCN=\angle SAT$, $\angle KDN=\angle RAS$, $\angle KEN=\angle PAR$, $\angle KFN=\angle NAP$, 由此即知

$$\angle KAN+\angle KBN+\angle KCN+\angle KDN+\angle KEN+\angle KFN$$
$$=\angle KAN+\angle TAK+\angle SAT+\angle RAS+\angle PAR+\angle NAP$$
$$=\angle KAN+\angle KAN=120°+120°=240°.$$

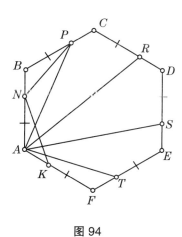

图 94

159. 将两个 0 之间的 3 的个数记作 n. 我们来对 n 归纳 (参阅专题分类24°).

奠基: 12008 可被 19 整除, 事实上, $12008=19\times 632$. 这表明, 当 $n=0$ 时, 题中结论成立.

归纳过渡: 假设当 $n=k-1$ 时, 题中结论已经成立. 由于

$$120\underbrace{3\cdots 3}_{k\text{个}3}08-120\underbrace{3\cdots 3}_{k-1\text{个}3}08=1083\cdot 10^k,$$

而 $1083=19\times 57$, 所以, 当 $n=k$ 时, 题中结论也成立.

160. 在边 BC 上任取一点 A', 连 AA'(见图 95(a)). 我们来证明: 起点为 C、终点在边 AB 上的且等于 AA' 的线段只有 CC_1 和 CC_2 两条, 其中, C_1 与 C_2 满足条件

$$\angle C_1CA=\angle A'AC,\quad \angle C_2CB=\angle A'AC.$$

事实上, 由 $\triangle ABC$ 关于从顶点 B 引出的高的对称性, 立知 $CC_1=AA'$; 而由其关于从顶点 C 引出的高的对称性, 则得 $CC_2=CC_1$.

下面证明, 再无其他线段可以满足条件. 假设 $CC' = AA'$, 其中点 C' 在边 AB 上. 我们来作高 AH_A 与 CH_C(见图 95(b)). 易知, 直角三角形 $\triangle C'H_C C$ 与直角三角形 $\triangle A'H_A A$ 全等, 故知 $\angle H_C CC' = \angle H_A AA'$. 显然, 仅存在如下两种情况: (1) 点 C' 位于点 A 与点 H_C 之间; (2) 点 C' 位于点 B 与点 H_C 之间. 在第一种情况下, 有 $\angle C'CA = \angle A'AC$, 在第二种情况下, 有 $\angle C'CB = \angle A'AC$.

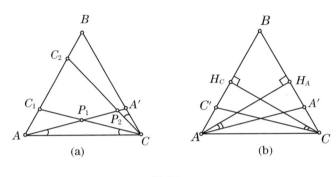

图 95

下面分别观察: (1) AA' 与 CC_1 的交点; (2) AA' 与 CC_2 的交点.

易知, AA' 与 CC_1 的交点 P_1 位于 $\triangle ABC$ 的由顶点 B 所引出的高上. 事实上, 由二底角相等, 可知 $\triangle AP_1C$ 是等腰三角形. 因此, 线段 AC 的中垂线是它的高, 亦即 $\triangle ABC$ 的由顶点 B 所引出的高经过点 P_1. 再由对称性, 知该高上的所有的点都满足条件. 所以, 点 P_1 的轨迹就是等边三角形 $\triangle ABC$ 的由顶点 B 所引出的高.

设 P_2 是 AA' 与 CC_2 的交点, 我们有

$$\begin{aligned}\angle AP_2C &= 180° - \angle A'AC - \angle C_2CA \\ &= 180° - \angle A'AC - (60° - \angle A'AC) \\ &= 120°.\end{aligned}$$

这表明, 点 P_2 的轨迹是以 A 和 C 为端点的一段 $120°$ 的圆弧, 显然该弧经过等边三角形 $\triangle ABC$ 的中心.

161. 答案: $n \leqslant 998$ 或 $n \geqslant 3989$.

解题思路 先拿出长度最长的带子 (其长度等于矩形的较大的边长), 然后将其余的带子两两配对, 使得每一对中的两条带子的长度之和等于矩形的较大的边长. 如果我们能够填满整个矩形, 则问题获得解决. 否则, 通过对矩形面积的讨论, 可知不能将矩形剖分为若干条两两不同的带子.

分别讨论 $n \leqslant 1995$ 和 $n > 1995$ 两种情形.

$n \leqslant 1995$ 的情形: 如果 $n \leqslant 998$, 则先将矩形分为 n 条长度为 1995 的带子. 将其中的第一条留下; 将第二条分为长度等于 1 和 1994 的两条带子; 将第三条分为长度等于 2 和 1993 的两条带子; 如此下去, 将最后一条分为长度等于 $n-1$ 和 $1996-n$ 的两条带子; 于是我们得到长度分别为

$$1, 2, \cdots, n-1, 1996-n, (1996-n)+1, \cdots, 1994, 1995$$

的带子. 其中, 前 $n-1$ 条带子的长度各不相同, 其余带子的长度也各不相同. 而为了使得前 $n-1$ 条带子中的任何一条的长度都不等于其余带子中的任何一条, 必须 (且只需) $n-1 < 1996-n$. 由于 $n \leqslant 998$, 所以该不等式成立. 图 96 以 5×9 的矩形为例, 说明此种分法.

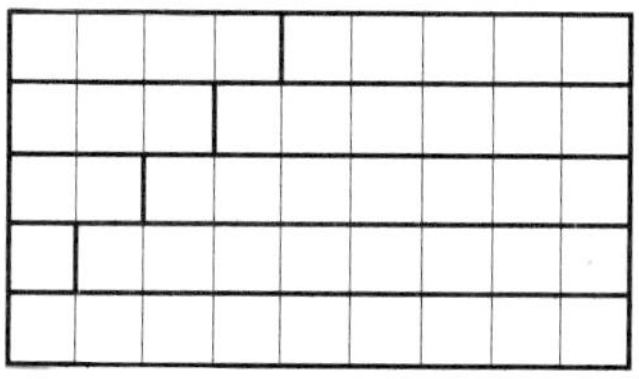

下面证明, 当 $998 < n \leqslant 1995$ 时, 不存在满足题中条件的分法. 事实上, 能够放入我们的矩形的最长带子是 1×1995. 这表明, 我们所能得到的带子仅有 1995 种不同的可能长度, 这些带子的面积之和为

$$1+2+3+\cdots+1994+1995 = \frac{1995 \cdot 1996}{2}.$$

图 96

另一方面, 我们的矩形的面积是 $1995n$. 故应有如下的不等式成立:

$$1995n \leqslant \frac{1995 \cdot 1996}{2},$$

这就表明 $n \leqslant 998$.

$n > 1995$ 的情形与上类似. 将我们的矩形分为 1995 条长度为 n 的带子. 将其中的第一条留下; 将第二条分为长度等于 1 和 $n-1$ 的两条带子; 如此下去, 将最后一条分为长度等于 1994 和 $n-1994$ 的两条带子; 于是我们得到长度分别为

$$1,2,\cdots,1994,n-1994,(n-1994)+1,\cdots,n$$

的带子. 如果 $1994 < n-1994$, 则所有带子的长度各不相同, 由此得知 $n \geqslant 3989$.

为证这一条件的必要性, 我们再来比较面积. 由于所有可能得到的带子的面积之和不超过 $\frac{n(n+1)}{2}$, 所以

$$1995n \leqslant \frac{n(n+1)}{2},$$

亦即 $n \geqslant 2 \cdot 1995 - 1 = 3989$.

注 可以证明, $n \times m$ 的矩形 $(n \geqslant m)$ 可以剖分为一系列长度各不相同的带子的充要条件是 $n \geqslant 2m-1$.

162. 答案: 和数 $a+b+c+d$ 不可能为质数.

由题意知

$$a+b+c+d = a+b+c+\frac{ab}{c} = \frac{(a+c)(b+c)}{c}$$

是整数, 所以上式中的分数是可以约分的[①]. 但由于其分子中的两个因数都大于分母 c, 因此无论将它们中的哪一个作了约分之后, 所得结果都大于 1. 这表明, $a+b+c+d$ 是两个大于 1 的因数的乘积, 故不是质数.

163. 解法 1 首先指出, 操作的顺序对于最终的结果是无关紧要的, 确切地说, 最终结果根本与操作顺序无关.

[①] 此处运用了这样的事实: 设 x,y,z 为整数, 使得 $\frac{xy}{z}$ 也是整数, 则可将 z 表示为 ts 的形式, 其中 t 和 s 为整数, 且 $t|x$, $s|y$. —— 编译者注

既然开始时有 4 个彼此全等的直角三角形, 所以仅当对其中某 3 个做了剖分后, 才会不存在两个开始时的三角形 (见图 97). 我们就来先做对这 3 个三角形的剖分 (沿着每一个三角形由直角顶点出发的高将其分为两个三角形), 其结果是出现两组彼此全等的直角三角形, 每组 3 个. 再对每组中的两个三角形做剖分 (剖分过程中的每一步上, 都存在两个彼此全等的三角形), 于是又出现了 4 个彼此全等的直角三角形, 即图 97 中所示的阴影三角形.

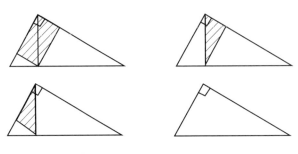

图 97

假设从 4 个彼此全等的三角形出发作所说的剖分, 经过某些次数的剖分之后, 得到一些彼此不全等的三角形, 我们来考察出现这种现象的剖分次数的最小值 n. 既然操作的顺序无关紧要, 我们先来做上面所说的 7 次剖分, 重新得到 4 个彼此全等的三角形. 下面接下来再经过 $n-7$ 次剖分后, 得到的所有三角形就应彼此都不全等. 此与 n 的最小性相矛盾, 所以题中结论成立.

解法 2 假设开始时的直角三角形的斜边长为 1, 两条直角边长分别为 p 与 q, 于是, 剖分后所得的三角形都与开始时的三角形相似, 相似比为 $p^m q^n$ (n 与 m 为非负整数). 如果再对这样的三角形进行剖分, 便又得到两个与开始时的三角形相似的三角形, 相似比分别为 $p^{m+1} q^n$ 与 $p^m q^{n+1}$. 现在可把题目陈述为: 在平面直角坐标系的第一象限中布上整值方格网. 开始时, 在左下方的方格里放着 4 枚围棋子. 每一次可将任意一枚棋子换成两枚棋子: 一枚放在右方邻格, 一枚放在上方邻格. 证明, 任何时候都不可能使得所有棋子放在各个不同的方格里.

在整值方格网中, 以方格左下方顶点的坐标为方格的坐标. 所以开始时的 4 枚围棋子都放在方格 (0,0) 中. 现在, 我们在坐标为 (m,n) 的方格中写上权数 $2^{-(m+n)}$, 并称放在方格 (m,n) 中的棋子的权数为 $2^{-(m+n)}$. 于是不难看出, 在整个操作过程中, 棋子的权数之和是一个不变量.

既然开始时, 权数和是 4, 所以在任何时候, 权数和都等于 4. 事实上,

$$\sum_{m=0}^{\infty} \sum_{n=0}^{\infty} 2^{-(m+n)} = \sum_{m=0}^{\infty} 2^{-m} \sum_{n=0}^{\infty} 2^{-n} = 2 \cdot 2 = 4.$$

因此, 如果在某一步上, 所有棋子分别在各个不同的方格里, 那么它们的权数之和必将小于 4, 此为不可能.

164. a) 从 3 的倍数考虑起较为简单, 所以我们先增加一个 "虚拟的" 口袋, 假定它的重量是 0.

先把 27 个最轻的口袋放在天平的左端, 把 27 个最重的口袋放在天平的右端. 借此实验室主任可使所有地质学家相信, 左端的 27 袋的确是最轻的, 而右端的 27 袋的确是最重

的. 于是所有口袋被分成 3 堆, 每堆各 27 袋, 并且所有地质学家都相信了分堆的正确性.

现在, 实验室主任再把每一堆中的最轻的 9 袋放在天平左端, 每一堆中的最重的 9 袋放在天平右端. 地质学家们都看着实验室主任做这些事, 注意到他并不混淆各个堆中拿出的口袋.

于是, 所有口袋被分为 9 堆, 每堆 9 袋, 并且地质学家们知道, 哪些口袋在哪一堆. 此时, 实验室主任再把每一堆中的最轻的 3 袋放在天平左端, 每一堆中的最重的 3 袋放在天平右端. 于是, 所有口袋被分为 27 堆, 每堆 3 袋, 并且地质学家们知道各堆中的口袋的分布情况. 剩下只需把每一堆中的最轻的口袋都放在天平左端, 每一堆中的最重的口袋都放在天平右端即可.

b) 每一次称量都把所有口袋分为 3 组: 天平左端一组, 右端一组, 不在天平上的一组. 通过一次称量, 地质学家们至多可以弄明白, 哪些口袋在哪一堆中.

根据抽屉原则, 经过第一次称量之后, 有一堆中不少于总数 $\frac{1}{3}$ 的口袋, 即 27 袋, 并且除了实验室主任外, 对于其他人而言, 这些堆都是无区别的. 在第二次称量之后, 这一堆又被分成 3 堆, 其中一堆中不少于 9 个口袋, 它们对于地质学家们亦是无区别的. 经过第三次称量后, 这不少于 9 个口袋的堆再次被分成 3 堆, 其中有一堆中不少于 3 个口袋. 所以, 只作 3 次称量是不够的.

165. 答案: a) 4 个值; b) 3 个值.

首先证明, $\sin\frac{\alpha}{2}$ 不可能多于 4 个不同的值. 事实上, 如果 $\sin\alpha = \sin\beta$, 则 $\beta = 2k\pi + \alpha$ 或 $\beta = \pi - \alpha + 2k\pi$, 其中 k 为整数. 故相应地有 $\frac{\beta}{2} = k\pi + \frac{\alpha}{2}$ 或 $\frac{\beta}{2} = \frac{\pi}{2} - \frac{\alpha}{2} + k\pi$. 在单位圆上, 这些角所在的点的代表值就是 $\frac{\alpha}{2}, \frac{\alpha}{2} + \pi, \frac{\pi}{2} - \frac{\alpha}{2}, \frac{3\pi}{2} - \frac{\alpha}{2}$, 并且仅此而已. 其中有些点可能重合, 但任何时候都不会多于 4 个点.

下面举例说明, 这 4 个点上的正弦值可能互不相同. 例如, 如果 $\sin\alpha = \frac{\sqrt{3}}{2}$, 那么在单位圆上, 与 $\frac{\alpha}{2}$ 相应的点就是 $\frac{\pi}{6}, \frac{\pi}{3}, \frac{7\pi}{6}, \frac{4\pi}{3}$, 它们的正弦值依次是 $\frac{1}{2}, \frac{\sqrt{3}}{2}, -\frac{1}{2}, -\frac{\sqrt{3}}{2}$.

b) 如果 $\sin\alpha = 0$, 则 $\alpha = k\pi$, 其中 k 为整数. 于是, $\sin\frac{\alpha}{3}$ 可能是 $\sin 0 = 0, \sin\frac{\pi}{3} = \frac{\sqrt{3}}{2}$ 和 $\sin\frac{4\pi}{3} = -\frac{\sqrt{3}}{2}$.

下面证明, $\sin\frac{\alpha}{3}$ 不可能有多于 3 个互不相同的值. 可用与 a) 中类似的方法证明, 也可另行证明之: 设 $\sin\frac{\alpha}{3} = t$, 利用 3 倍角的正弦公式, 得

$$\sin\alpha = \sin 3\cdot\frac{\alpha}{3} = 3t - 4t^3.$$

这是一个实系数 3 次方程, 它至多有 3 个不同的实数解.

166. 同第 160 题.

167. 不妨设梯形的腰是 AB 与 CD. 将 AC 与 BD 分别与以 AB, CD 作为直径的圆

的第二个交点记为 M 和 N (见图 98). 如果 AC 与以 AB 作为直径的圆相切, 我们可设 $M = A$. 类似地, 如果 BD 与以 CD 作为直径的圆相切, 也有相应的假设.

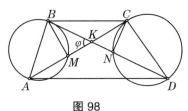

图 98

根据切割线定理, 由点 K 向以 AB 作为直径的圆所作的切线的平方等于 $KM \cdot KA$, 而向以 CD 作为直径的圆所作的切线的平方等于 $KN \cdot KD$. 这些等式在 $M = A$ 与 $N = D$ 时仍然成立. 因此, 为证题中结论, 我们只需证明

$$KM \cdot KA = KN \cdot KD. \tag{1}$$

由于 $\angle AMB$ 是半圆所对圆周角, 所以 $\angle KMB = 90°$. 这一结论在 $M = A$ 时仍然成立, 因为此时切线与经过切点的直径垂直. 记 $\angle AKB = \varphi$. 在直角三角形 $\triangle KMB$ 中, 我们有 $KM = KB \cos\varphi$. 同理, $KN = KC \cos\varphi$. 将此二等式代入式 (1), 知我们只需证明 $KB \cdot KA = KC \cdot KD$. 而这是梯形的周知的性质, 由 $\triangle KAD$ 与 $\triangle KBC$ 的相似性即可得知.

168. 同第 163 题.

169. 解法 1 假设题中结论不真. 由于可对 a, b, c 按它们的最大公约数约分, 故可设它们的最大公约数是 1, 即 $(a, b, c) = 1$. 设其中一个数不是 ± 1, 不妨就是 a. 设 p 是 a 的一个质约数. 由于 $(a, b, c) = 1$, 所以或有 $p \nmid b$, 或有 $p \nmid c$. 不妨设 $p \nmid c$. 以 $k(x)$ 表示整数 x 中质数 p 的最高幂次, 则 $k(c) = 0$. 不妨设 $k(a) \geqslant k(b)$. 我们有

$$\frac{a}{b} + \frac{b}{c} + \frac{c}{a} = \frac{a^2 c + b^2 a + c^2 b}{abc}.$$

质数 p 在分母中的最高幂次是 $k(a) + k(b)$, 这意味着分母可被 $p^{k(a)+k(b)}$ 整除. 但是, 质数 p 在 $a^2 c$ 中的最高幂次是 $2k(a) \geqslant k(a) + k(b)$, 在 $b^2 a$ 中的最高幂次是 $2k(b) + k(a) \geqslant k(a) + k(b)$, 但是在 $c^2 b$ 中的最高幂次是 $k(b) < k(a) + k(b)$, 这意味着 $a^2 c + b^2 a$ 可被 $p^{k(a)+k(b)}$ 整除, 但是 $c^2 b$ 却不可被 $p^{k(a)+k(b)}$ 整除, 从而分子不可被 $p^{k(a)+k(b)}$ 整除, 表明 $\frac{a}{b} + \frac{b}{c} + \frac{c}{a}$ 不是整数, 此与题中条件相矛盾.

解法 2 记 $x = \frac{a}{b}, y = \frac{b}{c}, z = \frac{c}{a}$. 于是 $xyz = 1$, 且

$$xy + yz + zx = \frac{xy + yz + zx}{xyz} = \frac{1}{x} + \frac{1}{y} + \frac{1}{z} = \frac{a}{c} + \frac{c}{b} + \frac{b}{a}$$

是整数. 我们来观察多项式

$$P(t) = t^3 - (x + y + z)t^2 + (xy + yz + zx)t - xyz.$$

根据上面所证, 该多项式的系数全是整数, 且首项系数是 1. 因此, 该多项式的所有有理根全是整数 (参阅下面的解法附注). 而由韦达定理, 该多项式的 3 个根就是 x, y 和 z(参阅专题分类 $20°$). 这表明, x, y 和 z 都是整数. 再由 $xyz = 1$, 即知 $x = \pm 1, y = \pm 1, z = \pm 1$. 此即表明 $|a| = |b| = |c|$.

注 我们来证明解法 2 中所用到的事实.

设 $f(x) = a_0 + a_1 x + \cdots + a_n x^n$ 是整系数多项式.

定理 设既约分数 $\dfrac{p}{q}$ 是多项式 $f(x)$ 的根, 则 $p|a_0, q|a_n$.

定理之证 由 $f\left(\dfrac{p}{q}\right) = 0$, 可得

$$a_0 q^n + a_1 p q^{n-1} + \cdots + a_n p^n = 0. \tag{1}$$

为证 $p|a_0$, 只需对任意质数 l, 证明 l 在 p 的质因子分解式中的幂次不大于它在 a_0 的质因子分解式中的幂次. 用反证法. 假设有某个质数 l_0 在 p 的质因子分解式中的幂次 x 大于它在 a_0 的质因子分解式中的幂次. 于是, $x \geqslant 1$ 且 p 可被 l_0^x 整除, 而 a_0 不可被 l_0^x 整除. 由于 $\dfrac{p}{q}$ 是既约分数, 所以 q 不可被 l_0 整除. 于是, 式 (1) 左端第一项不可被 l_0^x 整除. 然而其他各项均可被 l_0^x 整除. 这是不可能的 (参阅专题分类5°). 同理可证 $q|a_n$.

推论 如果 $a_n = 1$, 则多项式 $f(x)$ 的所有有理根都是整数.

170. 解法 1 首先指出, 相继按动若干个按钮的最终结果与按动的先后顺序无关. 设信号盘上共有 n 个指示灯. 我们来对 n 做归纳以证明题中结论.

当 $n = 1$ 时, 题中结论显然成立, 因为所有的指示灯就此一个, 作为一组, 可以找到一个按钮与该组中的奇数个指示灯相连, 那么恰好就是连着该指示灯. 假设题中结论已经对 $n = k - 1$ 成立, 我们来证明它对 $n = k$ 也成立.

观察第 i 号指示灯. 根据归纳假设, 我们可以熄灭除了第 i 号指示灯以外的所有 $k-1$ 个指示灯. 将为此所必须按动的所有按钮的集合记作 S_i. 如果有某个 i, 使得我们连第 i 号指示灯也熄灭了, 那么我们的归纳过渡已经完成. 否则, 对于每个 i, 按动 S_i 的结果, 都是使得仅有第 i 号指示灯亮着.

设 $i \neq j$, 如果我们先按动 S_i, 再按动 S_j, 会有什么结果呢? 易知, 此时只有第 i 号与第 j 号这两个指示灯的状态被改变 (其余指示灯都保持原状态). 这样, 我们便找到了改变任何一对指示灯状态的办法.

根据题意, 存在一个按钮 T, 它连着奇数个指示灯. 观察除了一个与 T 相连的指示灯 A 之外的其余 $k-1$ 个指示灯. 根据归纳假设, 我们可以熄灭这 $k-1$ 个指示灯. 如果此时指示灯 A 也不亮, 那么我们的过渡已经完成. 否则, 我们再一对一对地改变与 T 相连的其他指示灯的状态, 让它们全都亮起来. 最后再按一次按钮 T, 于是所有指示灯全被熄灭.

解法 2(运用线性代数知识) 将所有指示灯从 1 到 n 编号. 以向量

$$\boldsymbol{x} = (x_1, x_2, \cdots, x_n)$$

表示信号盘的状态, 其中 $x_i = 1$, 如果第 i 号指示灯亮着, 否则 $x_i = 0$. 所有这些向量的全体称为二元数域上的 n 维向量空间. 对于每一个按钮, 我们也用一个这样的向量 $\boldsymbol{a} = (a_1, a_2, \cdots, a_n)$ 表示, 其中 $a_i = 1$, 如果该按钮连着第 i 号指示灯, 否则 $a_i = 0$. 显然, 按动该按钮, 使得信号盘由状态 $\boldsymbol{x}$ 变为状态 $\boldsymbol{x} + \boldsymbol{a}$. 于是, 为了能从任何起始状态出发, 经过一系列这样的变换, 都能最后得到向量 $\boldsymbol{0}$, 我们只需证明, 所有的按钮所对应的向量集合能够张成我们的整个线性空间.

对于每一组指示灯, 我们都对应一个泛函:

$$(x_1, x_2, \cdots, x_n) \mapsto \sum x_i,$$

其中 x_i 参与求和, 如果第 i 号指示灯属于这一组.

以这种方式得到所有的泛函. 泛函值在这样的向量处变为 0, 当且仅当相应的按钮与该组中偶数个指示灯相连. 而题中断言变为, 任何一个向量都不在所有按钮上变为 0. 而这在线性代数上就等价于与按钮所对应的向量集合是完全系. 而这种等价性在线性代数上通常称为弗雷德霍姆互斥性.

171. 由于实数和的绝对值不超过绝对值的和, 所以
$$|x+y-z|+|x-y+z| \geqslant |(x+y-z)+(x-y+z)| = 2|x|.$$

同理可知
$$|x-y+z|+|-x+y+z| \geqslant 2|z|,$$
$$|x+y-z|+|-x+y+z| \geqslant 2|y|.$$

将上述 3 个不等式相加, 约去 2, 即得所证.

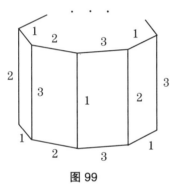

图 99

172. a) 可以. 注意, 1995 是 3 的倍数. 我们可以将下底面中的棱依次交替地染为 3 种颜色: 1 号棱染为 1 号色; 2 号棱染为 2 号色; 3 号棱染为 3 号色; 4 号棱染为 1 号色; 5 号棱染为 2 号色; 6 号棱染为 3 号色; 如此一直下去. 将上底面中的棱分别染为处于其下方的下底中的棱的同样颜色. 每条侧棱所连接的两个顶点均缺同一种颜色, 于是只要将其染为所缺的颜色即可 (见图 99). 此时每个顶点处都汇聚着 3 种不同颜色的棱.

b) 不能. 假设可对 1996 棱柱的棱按照要求染色. 此时下底面中应当出现 3 条接连出现的 3 种不同颜色的棱 (否则, 棱的颜色的变化周期为 2, 不可能出现 3 种不同颜色). 我们来观察这样的一个 "3 棱组", 并按逆时针方向为其上的颜色编号. 不难验证, 这一片断的染色情况唯一地决定着位于它们上方的侧棱的染色以及位于它们之后的下底中的棱的染色 (参阅图 99). 我们看到, 沿逆时针方向的下底中的下一条棱是 1 号色的. 重复这种讨论, 可知再下一条棱是 2 号色的, 如此等等. 这样一来, 下底面中的棱的颜色变化情况具有周期 3. 但是, 1996 不是 3 的倍数, 导致矛盾.

173. 解法 1 延长中线 AA_1, 使得 $A_1D = AA_1$, 由此得到平行四边形 $ABDC$ (见图 100). 由于 AA_2 为 $\angle BAC$ 平分线, 所以
$$\frac{A_2B}{A_2C} = \frac{AB}{AC}.$$

而由泰勒斯定理知, 点 K 亦将 AD 分为这样的比例:
$$\frac{KD}{KA} = \frac{A_2B}{A_2C} = \frac{AB}{AC} = \frac{CD}{AC}$$

(我们已经连续使用了泰勒斯定理), 这表明点 K 将 AD 分成的两段的比例与 $\angle ACD$ 的平分线所分成的比例相同, 所以 CK 就是 $\angle ACD$ 的平分线. 由于 $ABDC$ 是平行四边形, 而 AA_2 与 CK 是平行直线 AB 与 CD 的同侧内角的平分线, 所以 $AA_2 \perp CK$.

解法 2 周知, 在任何梯形中, 如下 4 点共线: 上下底边的中点, 对角线交点, 二腰所在直线的交点. 我们要来利用梯形的这一优良性质.

延长 CK, 使之与 AB 相交于点 C_1(见图 101). 注意, AKA_2C 是梯形, 所以, 底边 AC 的中点 B_1, 两条对角线的交点 R, 二腰延长线的交点 A_1 位于同一条直线上. 这表明, 点 R 在 $\triangle ABC$ 的中位线 A_1B_1 上, 故知 $CR = RC_1$. 结合已知条件, 知在 $\triangle CAC_1$ 中, AR 既是角平分线, 又是中线, 因此也是高. 所以 $AR \perp CC_1$, 即 $AA_2 \perp KC$.

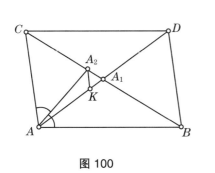

图 100

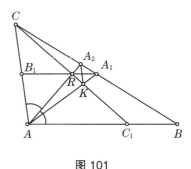

图 101

174. 我们用归纳法来证明: 对任何非负整数 n, 都可将任何有限区间分为一些黑色线段和白色线段, 使得任何次数不超过 n 的多项式沿着黑线段和沿着白线段的积分相等.

当 $n = 0$ 时, 0 次多项式是常数, 所以只需把区间等分为两部分即可.

假设结论已经对 $n = k - 1$ 成立, 我们来证明, 结论对于 $n = k$ 也成立. 考察区间 $[a, b]$, 设其中点为 c. 根据归纳假设, 可以将区间 $[a, c]$ 分为一些黑色线段和白色线段, 使得任何次数不超过 $k - 1$ 的多项式沿着黑线段和沿着白线段的积分相等. 将这些黑色线段记为 $B_1, \cdots, B_r$, 白色线段记为 $W_1, \cdots, W_s$. 将函数 $f(x)$ 沿着线段 B_i 的积分记作 $\int_{B_i} f(x) \mathrm{d}x$, 沿着线段 W_j 的积分记作 $\int_{W_j} f(x) \mathrm{d}x$. 将线段 B_i 往右移动距离 c, 将所得的线段改染为白色, 记作 W_{s+i}; 将线段 W_j 往右移动距离 c, 将所得的线段改染为黑色, 记作 B_{r+j}. 于是线段 $B_1, \cdots, B_{r+s}$ 和线段 $W_1, \cdots, W_{s+r}$ 形成对线段 $[a, b]$ 的划分. 对于 $n = 1$ 和 $n = 2$ 的情形如图 102 所示.

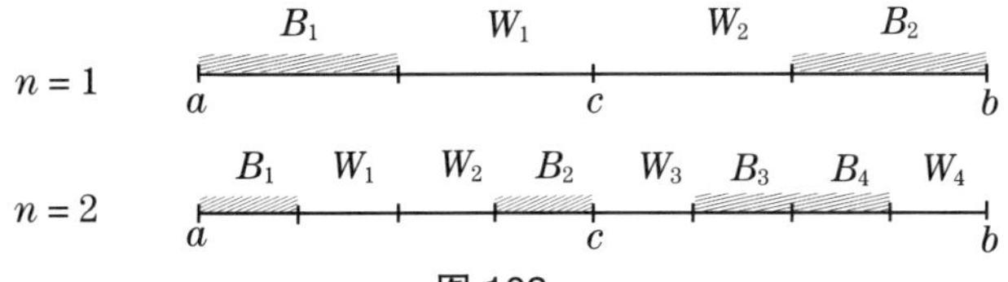

$n = 1$ ： B_1, W_1, W_2, B_2 （区间 $[a,c,b]$）

$n = 2$ ： B_1 W_1 W_2 B_2 W_3 B_3 B_4 W_4

图 102

我们来证明, 这一划分, 对于任何次数不超过 k 的多项式, 都具有所说的性质. 在证明之前, 我们提请大家注意如下的事实:

$$\int_{W_{r+i}} f(x) \mathrm{d}x = \int_{B_i} f(x+c) \mathrm{d}x,$$

该等式可用变元替换 $y = x - c$ 来证明, 并注意 $\mathrm{d}y = \mathrm{d}x$ 即可. 于是就有

$$\int_{W_{r+i}} f(x) \mathrm{d}x - \int_{B_i} f(x) \mathrm{d}x = \int_{B_i} \left(f(x+c) - f(x) \right) \mathrm{d}x.$$

同理可知
$$\int_{B_{r+j}} f(x)\mathrm{d}x - \int_{W_j} f(x)\mathrm{d}x = \int_{W_j} \Big(f(x+c) - f(x)\Big)\mathrm{d}x.$$
将所有这些等式相加, 得
$$\sum_{j=1}^{r+s} \int_{W_j} f(x)\mathrm{d}x - \sum_{i=1}^{s+r} \int_{B_i} f(x)\mathrm{d}x$$
$$= \sum_{i=1}^{r} \int_{B_i} \Big(f(x+c) - f(x)\Big)\mathrm{d}x - \sum_{j=1}^{s} \int_{W_j} \Big(f(x+c) - f(x)\Big)\mathrm{d}x.$$

如果 $f(x)$ 是次数不超过 k 的多项式, 那么 $f(x+c) - f(x)$ 就是次数不超过 $k-1$ 的多项式, 故由归纳假设知, 上式右端的差等于 0. 因此左端的差也是 0. 此即表明归纳过渡顺利完成.

175. 答案: 1994.

以 1995 为周期的序列 A 的例子如: 1 个 1 接着 1994 个 0, 如此往复不断. 而 B 是由 0 和 1 构成的非周期数列, 其中任何两个 1 的距离都不小于 1994. 显然, 序列 B 中的任何长度不大于 1994 的片断都包含在序列 A 中. 本例说明, 即使一个序列中的任何一个长度为 1994 的片断都包含在一个以 1995 为周期的序列中, 也不足以保障该序列成为周期序列.

下面证明: 如果 B 中的任何一个长度为 1995 的片断都包含在一个以 1995 为周期的序列 A 中, 那么 B 也是一个以 1995 为周期的序列.

首先证明, 1995 是 B 的一个周期长度. 假设不是如此, 则在 B 中可以找到一个长度为 1996 的片断, 它的头尾两项不相同:
$$B = \cdots x \underbrace{\cdots}_{1994\text{项}} y \cdots,$$

其中 x 与 y 是两个不同的符号. 将介于 x 与 y 之间的长度为 1994 的片断记为 Z. 假定符号 x 在片断 Z 中刚好出现 k 次. 我们来观察 xZ 与 Zy 这两个长度为 1995 的片断. 根据假设, 这两个片断都出现在序列 A 中. 由于 A 以 1995 为周期, 所以在它的任何一个长度为 1995 的片断中, 符号 x 应当出现相同的次数. 然而, x 在片断 xZ 中出现了 $k+1$ 次, 而在片断 Zy 中却刚好出现 k 次, 此为矛盾. 所以, 1995 是 B 的一个周期.

再证 1995 是最小的周期长度. 假设不然, 如果 B 存在更小的周期, 那么 B 中的某些长度为 1995 的片断就可以分成若干个完全相同的更小的片断. 这些小片断也都存在于序列 A 中, 从而 A 的最小周期长度也小于 1995, 此与题中条件不符.

176. 设 t 为正整数, 令
$$n = 3^{2^t} - 2^{2^t},$$

则当 $t \geqslant 2$ 时, n 为合数. 我们来证明: 对任何正整数 t, 都有
$$n \,|\, 3^{n-1} - 2^{n-1}. \tag{1}$$

周知, 如果 r, s, a 为正整数, $r|s$, 则 $a^r - 1 | a^s - 1$ (参阅专题分类 $8°$). 因此, 为证 (1), 只需证明 $2^t | n-1$, 意即只需证明 $2^t | 3^{2^t} - 1$ (因为 $2^t | 2^{2^t}$).

下面用归纳法证明: 对一切正整数 t, 都有 $2^{t+2} | 3^{2^t} - 1$.

$t=1$ 时结论显然. 假设 $t=k$ 时结论成立. 则当 $t=k+1$ 时, 有

$$3^{2^{k+1}}-1=(3^{2^k}+1)(3^{2^k}-1),$$

其中 $3^{2^k}-1$ 可被 2^{k+2} 整除, $3^{2^k}+1$ 是偶数, 所以 $2^{k+3} | 3^{2^{k+1}}-1$.

注 根据费玛小定理, 如果 a 为正整数, p 为质数, $p \nmid a$, 则 $p | a^{p-1}-1$. 由此可以推出, 对任何不小于 5 的质数 n, 都有 $n | 3^{n-1} - 2^{n-1}$. 本题中要求的 n 是合数.

177. 答案: 存在.

如图 103 所示, 用 6 根同样的细木棍搭成我们的多面体的骨架. 6 根细木棍分为 3 组, 每组 2 根, 分别平行于一条坐标轴, 中间如同夹着一个单位正方体 (正方体不属于我们的多面体, 只是用它来说明问题), 每根细木棍贴着正方体的面的中心、重合于单位正方体该相应面的中心, 并且遮住另外 2 个方向的细木棍的端点. 于是, 从单位正方体的中心看不见任何一根细木棍的任何一个端点.

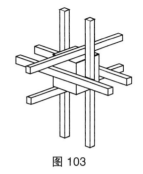

图 103

然后再在细木棍之间架设 "桥梁", 使之形成多面体. 在此过程中可能产生新的顶点, 但是从单位正方体的中心仍然看不见这些顶点.

第 59 届莫斯科数学奥林匹克 (1996)

178. 答案: 一定有 $a=b$.

将等式左端通分, 得 $a+\dfrac{b^2}{a}=\dfrac{a^2+b^2}{a}$; 对右端作类似处理, 代入原等式, 得

$$\frac{a^2+b^2}{a}=\frac{a^2+b^2}{b}.$$

原等式还表明 $a \neq 0, b \neq 0$, 所以 $a^2+b^2 \neq 0$. 将上式两端同时除以 a^2+b^2, 得 $\dfrac{1}{a}=\dfrac{1}{b}$, 亦即 $a=b$.

179. 将 10 个铁哑铃的重量依次记为 $m_1, m_2, \cdots, m_{10}$. 注意到

$$(m_1-m_2)+(m_2-m_3)+\cdots+(m_9-m_{10})+(m_{10}-m_1)=0,$$

由于每个括号中的数的绝对值都是一个青铜小球的重量, 所以它们都不为 0. 既然它们的和为 0, 所以其中有正有负. 将其中所有正值的括号留在等式左端, 把所有负值的括号移到等式右端. 这就相当于把对应的一些青铜小球置于天平左端, 把另一些青铜小球置于天平右端, 使得天平平衡.

180. 观察一棵鲜花所在的方格. 将该方格等分为 4 个小方格, 假定小方格的边长是 1, 于是原来方格的边长就是 2. 不妨设我们的鲜花位于左上角的小方格里 (见图 104). 将居住在原来方格的 4 个顶点上的园丁分别记为 A, B, C, D.

我们来证明如下断言: 园丁 A, B, C 都应当照看这棵鲜花.

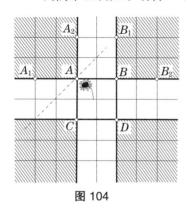

图 104

如图 104 所示, 园丁分别居住在 4 个不同的阴影区域里. 分别以园丁 A, B, C, D 命名他们所在的区域, 即园丁 A 所居住的区域就叫作区域 A, 园丁 B 所居住的区域就叫作区域 B, 等等.

我们指出, 园丁 A 比园丁 B 离我们这棵鲜花更近. 事实上, 从竖直方向看, 两者到鲜花的距离相同, 而从水平方向看, A 比 B 离鲜花更近 (A 到鲜花的水平距离小于 1, 而 B 到鲜花的水平距离大于 1).

同理可知, 园丁 A 比园丁 C 离这棵鲜花更近; 而园丁 B 和 C 比园丁 D 离这棵鲜花更近. 我们来观察区域 B. 显然, 该区域中除 B 之外, 离这棵鲜花最近的园丁是 B_1 和 B_2. 他们显然都比 B 离这棵鲜花远. 再以 B_1 为例, 他到鲜花的竖直距离大于 2, 水平距离大于 1, 因此他到这棵的距离比 C 远. 这样一来, 他就比 A, B, C 到这棵鲜花的距离都远, 所以他不用照看这棵鲜花. 同理, B_2 也不用照看这棵鲜花. 同理可证, 区域 C 中除 C 外的其他人都不用照看这棵鲜花.

下面来看区域 A. 现证, 园丁 A_1 和 A_2 也不用照看这棵鲜花. 以 A_1 为例. 易见他到这棵鲜花的距离比 B 远 (通过比较水平距离和竖直距离可知), 下面来证明, 他到这棵鲜花的距离比 C 远. 作线段 A_1C 的中垂线, 中垂线上的点到 A_1 和 C 的距离相等, 而中垂线下方的点离 C 比离 A_1 近. 而我们的鲜花位于中垂线的下方, 所以它到 C 比到 A_1 近.

综合上述, A, B, C 是到我们的鲜花最近的 3 位园丁, 所以他们都应当照看这棵鲜花.

现在我们来回答题中所说的园丁 X 的问题. 由上面的讨论结果知, 每个园丁都只需照看以自己住处为顶点的 4 个方格中的部分鲜花. 只需对其中一个方格画出鲜花的范围, 其余部分可利用对称性得出. 我们来观察方格 $XYZT$(参阅图 105 (a)). 将该方格等分为 4 个小方格. 由上所证, 对于画了阴影线的 3 个小方格中的鲜花, X 都是 3 个照看者之一; 而对于未画阴影线的小方格中的鲜花, 则应由 Y, Z, T 3 位园丁照看. 所以, X 所应照看的鲜花的范围是: 3 个画有阴影线的小方格以及由它们对称得出的其余 9 个小方格 (参阅图 105(b)).

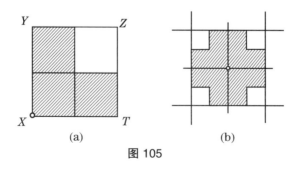

图 105

181. 不失一般性, 可设点 B, K, L, C 从左至右依次排列 (参阅图 106), 于是 $\triangle MKC$ 是正三角形 ($MC = KC$, $\angle MCK = 60°$), 从而 $AB // MK$, 此因 $\angle MKC = \angle ABC = 60°$, 因此 $\angle AKM = \angle BAK$(内错角).

由对称性可知 $\angle BAK = \angle CAL$, 从而 $\angle AKM = \angle CAL$, 于是知

$$\angle AKM + \angle ALM = \angle CAL + \angle ALM = \angle LMC,$$

此因 $\angle LMC$ 是 $\triangle AML$ 的外角, 等于两个不相邻的内角之和.

只需再证 $\angle LMC = 30°$. 然而 ML 是正三角形 $\triangle MKC$ 中边 KC 上的中线, 所以也是 $\angle KMC$ 的平分线, 因此 $\angle LMC = 30°$.

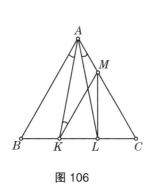

图 106

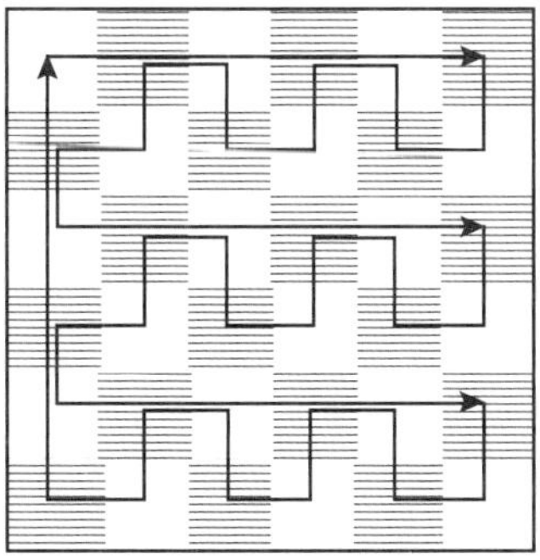

图 107

182. 答案: n 为偶数.

当 n 为偶数时, 可以实现题中的要求, 具体走法见图 107. 即先走遍第 1,2 行两行中的所有方格, 再走遍第 3,4 行两行中的所有方格, 如此等等.

现证, 对于奇数的 n, 题中的要求不可能实现. 任意观察一行, 只要不是第 1 行. 一旦棋子车落入这一行, 那么在接着的一步中, 它应当进入该行中的另一个方格, 再下一步就必须离开这一行 (必须横一步、纵一步交替进行, 并且要在 n^2 步走动中到遍每个方格一次并回到出发点), 因此这一行中的方格就被配成一对一对的, 意即在该行中应当有偶数个方格.

换言之, 棋子车第一次进入这一行, 它就到过该行中两个方格; 第二次进入这一行, 它就到过该行中 4 个方格, 如此等等. 而如果该行中共有奇数个方格, 那么势必在某一时刻, 棋子车到过该行中除了一个方格之外的其他所有方格. 然而, 棋子车迟早还要通过纵向移动进入这个方格, 此后在它应作横向移动时便无处可去.

183. a) 分两种情况:

(1) 如果有某个学生至少解出 6 道题, 那么必然有 1 个学生解出了其余 2 道题. 因若不然, 每个学生至多解出其余 2 题中的 1 道题, 那么解出这两题的人数之和不大于 8, 但事实上却有 $5+5=10$, 此为矛盾.

(2) 如果每个学生都至多解出了 5 道题, 那么通过计算各题解出的人数之和可知, 他们恰好都解出 5 道题. 现设学生甲解出了前 5 道题, 我们来证明: 其余学生中必有 1 人同时解出了第 6,7,8 题. 事实上, 由于每道题都恰好有 5 个人解出, 所以解出这 3 道题的人数之和为 15. 而若其余 7 个人中的每个人都至多解出了其中两道题, 那么解出这 3 道题的人数之和不多于 $7 \times 2 = 14 < 15$, 此为矛盾.

综合上述, 知题中结论成立.

b) 有反例如表 4 所示.

表4

学生	1	2	3	4	5	6	7	8
甲	√	√	√	×	×	√	×	×
乙	√	√	√	×	×	×	√	√
丙	√	√	×	√	×	×	√	√
丁	√	×	×	×	√	×	√	×
戊	×	√	√	√	×	×	×	√
己	×	×	×	√	×	×	×	×
庚	×	×	×	×	√	√	×	√
辛	×	×	×	×	√	√	×	×

184. 解法 1 假设不然, 存在某个凸 n 边形, 它至少有 36 个小于 $170°$ 的内角. 注意, 其余 $n-36$ 个内角都小于 $180°$, 于是它的所有内角之和小于 $36 \cdot 170° + (n-36) \cdot 180°$. 众所周知, 凸 n 边形的所有内角之和等于 $(n-2) \cdot 180°$, 从而就有

$$(n-2) \cdot 180° < 36 \cdot 170° + (n-36) \cdot 180°,$$

意即 $34 \cdot 180 < 36 \cdot 170$, 这显然是不对的.

解法 2 如果凸多边形的内角小于 $170°$, 那么相应的外角大于 $10°$; 如果这种内角不少于 36 个, 那么多边形的外角之和大于 $360°$, 此与任何凸多边形的外角之和都等于 $360°$ 的事实相矛盾.

185. 解法 1 首先假设 a,b,c 3 个数中有一个为 0, 不妨设 $a=0$. 于是由已知条件得 $|b| \geqslant |c|, |c| \geqslant |b|$, 从而 $|b|=|c|$, 亦即 $b=c$ 或 $b=-c$. 在第一种情况下, $a+b=c$; 在第二种情况下, $b+c=a$.

下设 a,b,c 皆不为 0. 不失一般性, 可设 a 的绝对值最大, 即 $|a| \geqslant |b|, |a| \geqslant |c|$, 且可设 $a>0$ (若不然, 可改为讨论 $a_1=-a, b_1=-b, c_1=-c$). 于是 $|a|=a, |a-b|=a-b, |c-a|=a-c$.

在这些假设之下, 可由不等式 $|b-c| \geqslant |a|$ 推知 $bc<0$, 即 b 与 c 不同号. 于是有如下两种情况:

$1°$. $b>0, c<0$, 此时 $|b|=b, |c|=-c, |b-c|=b-c$, 因而题中条件即为 $a-b \geqslant -c, b-c \geqslant a, a-c \geqslant b$. 由其中第一个不等式得 $b \leqslant a+c$, 由第二个不等式得 $b \geqslant a+c$, 故知 $b=a+c$.

$2°$. $b<0, c>0$. 经过与上类似的讨论, 可知此时题中条件即为 $a-b \geqslant c, c-b \geqslant a, a-c \geqslant -b$. 由其中第二个不等式得 $c \geqslant a+b$, 由第三个不等式得 $c \leqslant a+b$, 故知 $c=a+b$.

解法 2 将不等式 $|a-b| \geqslant |c|$ 两端同时平方, 移项后可得 $(a-b)^2-c^2 \geqslant 0$, 分解因式得

$$(a-b+c)(a-b-c) \geqslant 0,$$

亦即

$$(b-a-c)(a-b-c) \leqslant 0.$$

同理可得
$$(b-a-c)(c-a-b) \leqslant 0, \quad (c-b-a)(a-b-c) \leqslant 0.$$
将所得 3 个不等式相乘, 得
$$(b-a-c)^2(a-b-c)^2(c-b-a)^2 \leqslant 0.$$
这表明 3 个非负实数的乘积非正, 从而表明该乘积为 0, 意即其中有一个实数是 0, 由此即得题中结论.

186. 由于 $MN//AC$, 所以 $\angle MNA = \angle NAC$(内错角相等) 和 $\angle BNM = \angle NCA$(同位角相等)(参阅图 108). 又由弦切角与同弧所对圆周角的关系, 知 $\angle NCA = \angle BAM$. 从而 $\angle BNM = \angle BAM$, 故 A, M, B, N 四点共圆. 于是得到
$$\angle NCA = \angle BAM = \angle MBA = \angle MNA = \angle NAC.$$
所以 $\triangle ANC$ 是等腰三角形, 故 $AN = NC$.

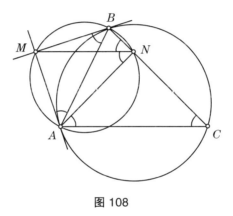

图 108

187. a) $n = 9$ 可以, 例如:

$$1\ 2\ 3\ 4\ 5\ 6\ 7\ 8\ 9$$
$$8\ 2\ 6\ 5\ 4\ 3\ 9\ 1\ 7$$

b) $n = 11$ 不行. 因为 $11 > 3^2$, $11 + 11 = 22 < 5^2$, 所以 11 只能与 5 相加得到 $16 = 4^2$. 另一方面, 同理可知, 4 也只能与 5 相加得到 $9 = 3^2$.

c) $n = 1996$ 可以. 事实上, 比 1996 大的最小平方数是 2025, 在 $29, 30, \cdots, 1995, 1996$ 的下方依次写上 $1996, 1995, \cdots, 30, 29$, 均可得和数 $2025 = 45^2$. 再在 $21, 22, \cdots, 27, 28$ 的下方依次写上 $28, 27, \cdots, 22, 21$, 均可得和数 $49 = 7^2$. 再在 $16, 17, 18, 19, 20$ 的下方依次写上 $20, 19, 18, 17, 16$, 均可得和数 $36 = 6^2$. 最后, 在 $1, 2, \cdots, 14, 15$ 的下方依次写上 $15, 14, \cdots, 2, 1$, 均可得和数 $16 = 4^2$.

188. 首先陈述两件简单事实:

(1) 连接圆心和弦的中点的线段垂直于弦.

(2) 条件 "弦的两个端点分别在由 A 和 B 所分成的两段弧的内部" 等价于 "弦与线段 AB 相交 (于内点)".

这样一来, 题目中的问题就可以陈述为: 设有 A,B 和 O 3 个给定点, 其中 $AO = BO$. 试求所有这样的点 M 的轨迹: 经过点 M 的与 OM 垂直的直线与线段 AB 相交 (于内点).

我们先来证明如下命题: 与线段 OM 垂直的直线与线段 AB 相交, 当且仅当 $\angle OMA$ 与 $\angle OMB$ 中有一个为钝角.

事实上, 垂线与线段 AB 相交, 当且仅当点 A 与点 B 分别位于由该垂线所分成的两个不同的半平面中. 容易看出, 如果点 B 位于点 O 所在的半平面中, 点 A 在另一个半平面中, 那么就有 $\angle OMA > 90°$, $\angle OMB < 90°$ (见图 109(a)). 而如果点 A 位于点 O 所在的半平面中, 点 B 在另一个半平面中, 则有 $\angle OMA < 90°$, $\angle OMB > 90°$. 如果点 A, B 和 O 位于同一个半平面中 (此时垂线不与线段 AB 相交), 那么这两个角就都是锐角, 如果 A 与 B 位于同一个半平面中, O 位于另一个半平面中 (此时垂线也不与线段 AB 相交), 则两个角都是钝角. 我们已经列举了所有情况, 故知断言成立.

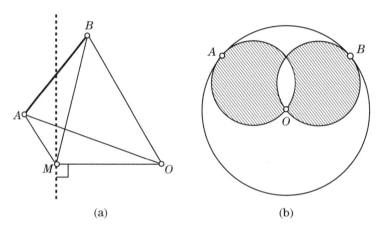

图 109

使得 $\angle OMA > 90°$ 的点 M 的轨迹是: 以 AO 作为直径所作的圆的内部; 而使得 $\angle OMB > 90°$ 的点 M 的轨迹是: 以 BO 作为直径所作的圆的内部 (参阅专题分类 14°). 这表明, 所求的轨迹是: 以线段 AO 作为直径所作的圆的内部与以线段 BO 作为直径所作的圆的内部的对称差, 即这两个圆的内部之并去掉它们的交集 (见图 109(b)).

189. 答案: 72 枚金币.

我们来证明, 阿里巴巴可以使得: 有 7 堆金币, 每堆不多于 4 枚; 而海盗可以使得每堆中都不少于 4 枚金币. 于是阿里巴巴得到 $100 - 7 \times 4 = 72$ 枚金币.

首先证明: 海盗可以使得每堆中都不少于 4 枚金币. 事实上, 开始时, 每堆中都不少于 4 枚金币. 假设到某一时刻, 每堆中仍都不少于 4 枚金币, 接着有些金币被放入敛钱箱. 如果海盗发现有某两个敛钱箱装有相同数量的金币, 那么他就交换这两个敛钱箱的位置, 于是各堆中的金币数量保持不变; 而如果各个敛钱箱所装金币数量互不相同, 那么最多的两个箱子中的金币分别不少于 4 枚和 3 枚, 他交换这两个箱子的位置, 仍可使得每堆中都不少于 4 枚金币.

再来证明, 阿里巴巴可以使得: 有 7 堆金币, 每堆不多于 4 枚. 假定有 4 堆金币, 每堆都多于 4 枚. 设它们中的金币枚数为 $x_1^{(0)} \geqslant x_2^{(0)} \geqslant x_3^{(0)} \geqslant x_4^{(0)} \geqslant 5$. 我们来证明, 阿里巴

以使得其中一堆中的金币枚数少于 5. 记

$$x_1^{(0)} = y_1 + 1, \quad x_2^{(0)} = y_2 + 2, \quad x_3^{(0)} = y_3 + 3, \quad x_4^{(0)} = y_4 + 4.$$

阿里巴巴把敛钱箱放在这 4 堆旁边, 分别在敛钱箱中放入 1,2,3,4 枚金币. 海盗交换敛钱箱后, 它们中的金币枚数变为

$$x_1^{(1)} = y_1 + z_1, \quad x_2^{(1)} = y_2 + z_2, \quad x_3^{(1)} = y_3 + z_3, \quad x_4^{(1)} = y_4 + z_4,$$

其中 z_1, z_2, z_3, z_4 是 1,2,3,4 的某种排列. 再把 $x_1^{(1)}, x_2^{(1)}, x_3^{(1)}, x_4^{(1)}$ 按递降顺序排列后代替 $x_1^{(0)}, x_2^{(0)}, x_3^{(0)}, x_4^{(0)}$ 进行下一步.

我们来证明: 必在某一步上出现一个金币枚数少于 5 的堆. 在进行第 j 步时, 我们有如下 3 种可能情况:

(1) $x_1^{(j)} > x_1^{(j-1)}$ (如果第一个敛钱箱被换).

(2) $x_1^{(j)} = x_1^{(j-1)}$, $x_2^{(j)} > x_2^{(j-1)}$ (如果第一个敛钱箱未动, 第二个敛钱箱被换).

(3) $x_1^{(j)} = x_1^{(j-1)}$, $x_2^{(j)} = x_2^{(j-1)}$, $x_3^{(j)} > x_3^{(j-1)}$ (如果前两个敛钱箱均未动).

显然, 在每一步中, 第一堆中的金币枚数都不减少. 由此可知, 情况 (1) 仅可能出现有限次. 又易见在每一步中, 第一堆与第二堆中的金币枚数之和都不减少, 所以情况 (2) 也仅可能出现有限次. 同理可知, 情况 (3) 也只可能出现有限次. 这就说明, 在有限步后, 我们的过程不能再继续. 换言之, 我们进行这种过程的前提不再存在, 意即其中有一堆金币的枚数少于 5. 反复进行这种过程, 就可使得至多有 3 堆枚数多于 4 的金币.

190. 解法 1 不妨设 $a \geqslant b$, 于是 $b^2 \leqslant ab$, $a^2 \geqslant ab$, 从而

$$a^2 \geqslant a^2 + b^2 - ab \geqslant b^2,$$

由此即得 $a \leqslant c \leqslant b$. 这表明, $(a-c)(b-c)$ 中的第一个因子非负, 第二个因子非正, 所以它们的乘积非正, 即 $(a-c)(b-c) \leqslant 0$.

解法 2 考察两边长度分别为 a 和 b, 且它们的夹角为 $60°$ 的三角形 (见图 110(a)). 由余弦定理知, 它的第三条边为

$$\sqrt{a^2 + b^2 - 2ab\cos 60°} = c.$$

由于任何三角形中的最大角不小于 $60°$, 最小角不大于 $60°$, 所以 $60°$ 的角是三角形中的不大不小的角. 又由于大边对大角, 所以或有 $a \geqslant c \geqslant b$, 或有 $a \leqslant c \leqslant b$, 从而 $a-c$ 与 $b-c$ 中一者非负, 另一者非正, 故有 $(a-c)(b-c) \leqslant 0$.

191. 答案: 18 条.

先引出所有平行于某条主对角线且至少包含两个标出点的直线, 共 17 条. 此时仅剩下两个角上的点未被删去, 于是只要再引一条直线即可, 此即另一条对角线 (见图 110(b)).

现证所引直线不能少于 18 条. 事实上, 只需关注那些沿着方格纸周界分布的标出点. 显然, 每条不平行于方格线的直线至多能盖住其中两个点, 而这样的标出点共有 36 个.

192. 三角形的外角等于两个不相邻的内角之和, 所以 $\angle P_k MC = \angle P_k AC + \angle AP_k M$, 亦即 $\angle AP_k M = \angle P_k MC - \angle P_k AC$. 将这些等式相加, 知所求之和即为

$$(\angle P_1 MC + \cdots + \angle P_{n-1} MC) - (\angle P_1 AC + \cdots + \angle P_{n-1} AC).$$

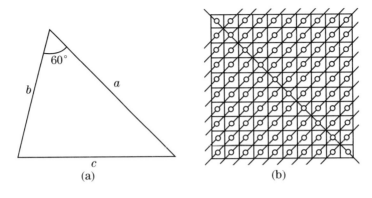

图 110

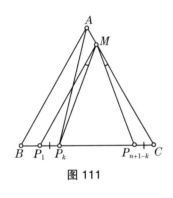

图 111

设 n 为奇数 (n 为偶数的情形与此类似). 利用关于等边三角形 $\triangle P_1MC$ 的高的对称性, 可知 $\angle P_kMC + \angle P_{n+1-k}MC = 60°$ (见图 111). 于是可将第一个括号内的加项配为 $\dfrac{n-3}{2}$ 对, 每对角的和为 $60°$, 此外 $\angle P_1MC = 60°$, $\angle P_{\frac{n+1}{2}}MC = 30°$. 所以, 第一个括号内的各项之和等于 $n \cdot 30°$. 与此同时, 第二个括号内的加项可配为 $\dfrac{n-1}{2}$ 对, 每对角的和为 $60°$, 所以第二个括号内的各项之和等于 $(n-1) \cdot 30°$. 由此即得题中结论.

193. 答案: 在 $m=n=1$ 的情况下, 乙赢; 在其余情况下, 甲有取胜策略.

$m=n=1$ 的情形十分明显, 因为甲无处可走. 下面考虑其余情况, 为确定起见, 设 $m \geqslant n$, 且开始时, 棋子车放在左上角的方格里.

看起来甲只需每一步都将棋子作最大可能距离的移动即可. 下面用反证法证明这一策略的正确性. 假设存在这样的 m 和 n ($m \geqslant n$), 使得甲不能在这样的策略下取胜, 我们来观察其中 mn 达到最小值的情形 (参阅专题分类 24°). 对于 $m \times 1$ 的棋盘, 结论是显然的, 所以下面假设 $m \geqslant n \geqslant 2$.

甲第一步将棋子沿水平方向走到底, 乙只能沿竖直方向移动棋子. 以下分 3 种情况讨论:

(1) 乙仅移动一步. 此时甲再沿水平方向把棋子往左移到底, 于是就如同在 $m \times (n-1)$ 的棋盘上甲先走第一步 (见图 112(a)). 由于 $m \geqslant 2$, 所以所化归的不是 1×1 的情形.

(2) 乙往下移到底. 此时甲再沿水平方向把棋子往左移到底. 如果 $m=n=2$, 则甲已经取胜. 在其余情况下, 就如同在 $(m-1) \times (n-1)$ 的棋盘上甲先走第一步 (见图 112(b)).

(3) 乙往下移了 k 格, $k \neq 1$, $k \neq n-1$, 则此时 $m \geqslant 3$. 甲先沿水平方向把棋子往左移到底. 如果接下来乙往上移动棋子, 则往后的游戏就如同在 $(m-1) \times k$ 的棋盘上进行. 由于 $m-1 \geqslant 2$, 所以未曾落到 1×1 的情形 (见图 112(c)).

如果接下来乙往下移动棋子, 则往后的游戏就如同在 $(m-1) \times (n-k)$ 的棋盘上进行. 在上述任何一种情形下, 游戏都将在不同于 1×1 的较小棋盘上进行. 而根据我们的假

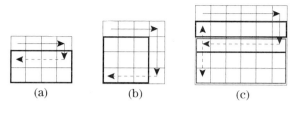

图 112

设, 在这些较小棋盘上所说的策略是有效的. 从而从一开始, 它就是有效的. 由此得到矛盾.

194. 答案: 可以.

我们来给出一个例子. 假设该国一共 10 个人, 住房分布在一条直线上, 且按主人的身高递增顺序排列, 住房之间的距离分别为: 1 km, 2 km, 3 km, 4 km, 5 km, 4 km, 3 km, 2 km, 1 km (见图 113). 于是, 除了最高的那个人之外, 其余 9 个人都能够免费乘坐公交车, 事实上, 最矮的 5 个人可以以 100 km 为半径作圆, 他们都至少比 9 个邻居中的 5 个矮; 而其余 4 个人所选的半径应当使得他们都分别只有一个邻居. 同时, 除了最矮的那个人之外, 其余 9 个人都能够参加篮球赛, 为此, 最高的 5 个人可以以 100 km 为半径作圆, 而其余 4 个人所选的半径应当使得他们都分别只有一个邻居.

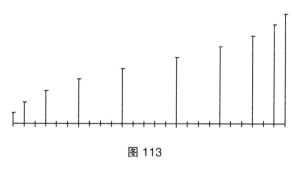

图 113

195. 由于 $P(x)$ 是正整系数多项式, 所以当 $N > M > 0$ 时, 有 $P(N) > P(M)$; 并且对任何 $N > 0$, 都有 $P(N) > 1$.

我们指出, 如果 $k | (x - y)$, 则有 $k | (P(x) - P(y))$ (参阅专题分类 20°). 令

$$A = P(1)P(2) \cdots P(1996),$$

则对 $k = 1, 2, \cdots, 1996$, 都有 $P(k) | (P(A+k) - P(k))$ (此因 $P(k) | A$, 从而 $P(k) | P(A+k)$. 由于 $P(k) > 1$, $P(A+k) > P(k)$, 所以 $P(A+k)$ 是合数, $k = 1, 2, \cdots, 1996$. 此即为所证.

196. 同第 190 题.

197. 分别记 $a = \sqrt[5]{2 + \sqrt{3}}$, $b = \sqrt[5]{2 - \sqrt{3}}$, $x = a + b$. 于是 $ab = 1$, $x = a + \dfrac{1}{a}$.

我们有

$$\left(a + \frac{1}{a}\right)^5 = a^5 + \frac{1}{a^5} + 5\left(a^3 + \frac{1}{a^3}\right) + 10\left(a + \frac{1}{a}\right), \tag{1}$$

$$\left(a + \frac{1}{a}\right)^3 = a^3 + \frac{1}{a^3} + 3\left(a + \frac{1}{a}\right), \tag{2}$$

将式 (2) 中的 $a^3+\dfrac{1}{a^3}$ 解出代入式 (1)，得

$$\left(a+\dfrac{1}{a}\right)^5=a^5+\dfrac{1}{a^5}+5\left[\left(a+\dfrac{1}{a}\right)^3-3\left(a+\dfrac{1}{a}\right)\right]+10\left(a+\dfrac{1}{a}\right),$$

由此并利用 $a^5+\dfrac{1}{a^5}=4$ 即得

$$x^5=4+5(x^3-3x)+10x,$$

亦即

$$x^5-5x^3+5x-4=0.$$

注 上述解答的本质就是设法用 $a+\dfrac{1}{a}$ 来表示 $a^5+\dfrac{1}{a^5}$. 这个问题并不难解决，事实上，对于任何正整数 n，都可以通过 $a+\dfrac{1}{a}$ 来表示 $a^n+\dfrac{1}{a^n}$：

$$a^n+\dfrac{1}{a^n}=P_n\left(a+\dfrac{1}{a}\right).$$

在这里，多项式 P_n 与所谓切比雪夫多项式 C_n 有关，确切地说，有 $C_n(x)=\dfrac{1}{2}P_n(2x)$，而切比雪夫多项式的定义是

$$\cos(nx)=C_n(\cos x).$$

上述解答中的答案恰恰是符合这种关系的，只需注意

$$\cos x=\dfrac{\mathrm{e}^{\mathrm{i}x}+\mathrm{e}^{-\mathrm{i}x}}{2},$$

其中 $\mathrm{i}=\sqrt{-1}$.

198. 答案：可以.

我们先来解决相反的命题：对于任意一个正方体，我们都可以经过它的各个顶点各作一个平面，使得这 8 个平面相互平行，且等间距分布.

事实上，对于任意取定的正方体，我们可以以该正方体的棱长为长度单位建立一个空间直角坐标系，使得坐标原点重合于它的一个顶点，3 条坐标轴的正向分别经过由该顶点发出的 3 条棱，于是该正方体的各个顶点的 3 个坐标都是 0 或 1，且如下 8 个平面分别经过各个顶点：

平面 $x+2y+4z=0$ 经过顶点 $(0,0,0)$；   平面 $x+2y+4z=1$ 经过顶点 $(1,0,0)$；

平面 $x+2y+4z=2$ 经过顶点 $(0,1,0)$；   平面 $x+2y+4z=3$ 经过顶点 $(1,1,0)$；

平面 $x+2y+4z=4$ 经过顶点 $(0,0,1)$；   平面 $x+2y+4z=5$ 经过顶点 $(1,0,1)$；

平面 $x+2y+4z=6$ 经过顶点 $(0,1,1)$；   平面 $x+2y+4z=7$ 经过顶点 $(1,1,1)$.

显然，这些平面相互平行，并且等间距分布.

我们可将所得的 8 个平面相似变换为题中所给的 8 个平面，得到所求的正方体.

199. 解法 1 首先指出，整数的平方被 4 除的余数只能为 0 或 1，被 9 除的余数只能为 0,1,4 或 7(参阅专题分类 $6°$). 因此，形如 $4k+3$ 或 $9k+3$ 的整数都不能表示为两个整数的平方之和.

设 k 为任一正整数，令
$$n = (36k+2)^2 + 4^2,$$
则 n 是两个整数的平方之和，然而，$n-1$ 被 4 除的余数是 3，$n+1$ 被 9 除的余数是 3，所以它们都不能表示为两个整数的平方之和．

解法 2 我们指出，整数的平方被 3 除的余数只能为 0 或 1．

设 k 为任一正整数，令
$$n = 9^k + 1 = (3^k)^2 + 1^2,$$
则 n 是两个整数的平方之和．然而，$n+1$ 被 3 除的余数是 2，不能表示为两个整数的平方之和[①]．

我们来证明：$n-1 = 9^k$ 不能表示为两个整数的平方之和．假设不然，有 $9^k = a^2 + b^2$．不失一般性，可设 a 与 b 中至少有一个不是 3 的倍数（否则，两端可以同除以 9）．如此一来，a 与 b 中的另一个也不能被 3 整除，于是，$a^2 + b^2$ 被 3 除的余数是 2，此与 9^k 是 3 的倍数的事实相矛盾．

▽1. 可以证明，完全平方数被 4 除的余数为 0 或 1．事实上，偶数的平方被 4 除的余数为 0．而奇数的平方具有形式 $(2k+1)^2 = (2k)^2 + 2 \cdot 2k + 1 = 4(k^2 + k) + 1$．

可以类似地证明完全平方数被除的余数是 0 或 1．根据专题分类 7° 可以利用枚举法讨论完全平方数被 9 除的余数．还应指出，奇数平方被 8 除的余数为 1．

▽2. 关于一个正整数 n 能否表示为两个整数的平方之和的问题，有一个非常著名的判别准则：在 n 的质因数分解式中（参阅专题分类 10°），每一个形如 $4k+3$ 的质数在该式中的指数都是偶数，可见参考文献 [30] 第 4—5 节，亦可参阅第 106 题．

200. 将 ω_1 与 ω_2 的圆心分别记为 O_1 和 O_2，它们的半径分别记为 r_1 和 r_2．

将二圆的内公切线与连心线 $O_1 O_2$ 的交点记作 D，则有
$$\frac{DO_1}{DO_2} = \frac{r_1}{r_2}.$$

设 AC 是所说四边形的一条对角线（见图 114）．我们来求 AC 与连心线 $O_1 O_2$ 的交点 S．由正弦定理，得
$$\frac{SO_1}{\sin \angle O_1 AS} = \frac{r_1}{\sin \angle O_1 SA}, \quad \frac{SO_2}{\sin \angle O_2 CS} = \frac{r_1}{\sin \angle O_2 SC}.$$

以 X 为圆心，作经过点 A 和点 C 的圆，则直线 AO_1 和 CO_2 都与该圆相切．根据弦切角定理（参阅专题分类15°），知
$$\angle O_1 AS + \angle O_2 CS = \frac{1}{2}(\overset{\frown}{AC} + \overset{\frown}{CA}) = \pi, \tag{1}$$

所以 $\sin \angle O_1 AS = \sin \angle O_2 CS$．而 $\angle O_1 SA$ 与 $\angle O_1 SA$ 是对顶角，故相等，如此一来，由式 (1) 即得
$$\frac{SO_1}{SO_2} = \frac{r_1}{r_2}.$$

[①] 原文如此．—— 编译者注

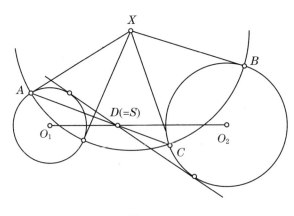

图 114

由于将线段分为相同比例的分点唯一, 所以点 S 与点 D 重合. 同理可证, 另一条对角线与连心线 O_1O_2 的交点也与点 D 重合. 于是, 两条对角线以及两条内公切线都经过同一个点 D, 由此即得题中结论.

201. 解法 1 我们来逐步挑选表中的被 0 "污损"后的行, 并以 $S = S(m)$ 表示将已选出的 m 行逐列求和所得到的行. 首先, 可选由 $(1,1,\cdots,1)$ 被 "污损"后的行作为第 1 个被选中的行, 所以 $S(1)$ 中仅排列着一些 1 和 0(如果其中都是 0, 那么该行就已经构成我们所需的集合). 接着, 选那个在 $S(1)$ 中 1 的位置上都放着 -1(而在 $S(1)$ 中是 0 的位置上都放着 1) 的行被 "污损"后的行作为第 2 个被选中的行. 于是 $S(2)$ 中也仅排列着一些 1 和 0. 假设一共已经选出了 k 行. 如果 $S(k)$ 重合于某个 $S(m)$, 其中 $m < k$, 则表明, 第 $m+1$ 行, 第 $m+2$ 行, $\cdots$, 第 k 行的和是一个全 0 的行, 于是我们的问题已经解毕. 如果不存在这样的 $m < k$, 则我们把那个在 $S(k)$ 中是 1 的位置上都放着 -1, 而在 $S(k)$ 中是 0 的位置上都放着 1 的行被 "污损"后的行作为第 $k+1$ 个被选中的行. 这个行应当是还没有被选到过的, 因为对于不同的 $S(m)$, 我们所选的行是不同的, 而现在的 $S(k)$ 是前面所没有遇到过的.

如果到了某一步上, 我们所得到的和是已经出现过的, 那么题目已经获得解答 (见上), 否则, 我们最终把所有的 2^n 行全都选了进来, 并得到了 2^n 个不同的和数 $S(k)$. 由于由 0 和 1 所构成的长度为 n 的不同序列也刚好有 2^n 个, 所以在我们所得到的 2^n 个不同的和数 $S(k)$ 中出现了所有这些不同的序列. 这就意味着, 必然有某个 k, 使得 $S(k)$ 就是一个全 0 的行 (即序列).

解法 2 将原来的 $2^n \times n$ 数表中的行依次记为 a_i, 而将被 0 "污损"后的数表中的行依次记为 b_i, $i = 1, 2, \cdots, 2^n$. 构造一个各行依次为 $c_i = a_i - 2b_i$ 的新的 $2^n \times n$ 数表. 易见, 新的数表在原来数表被 0 取代的位置上与原来的数相同, 而在未被 0 取代的位置上等于原来的数的相反数. 所以, 新数表亦由 1 列成. 于是, 对每个 i, 都存在某个 $j(i)$, 使得 $c_i = a_{j(i)}$. 我们来递推式地构造序列 $i_{k+1} = j(i_k)$(序列的第 1 项任取). 既然序列仅有有限种可能的取值, 所以必然出现某些相同的项. 假设对于某个 $k < l$, 有 $i_k = i_l$, 而所有脚标小于 l 的项都各不相同. 我们有

$$b_{i_k} + b_{i_{k+1}} + \cdots + b_{i_{l-1}}$$

$$= \frac{1}{2}(a_{i_k} - c_{i_k}) + \frac{1}{2}(a_{i_{k+1}} - c_{i_{k+1}}) + \cdots + \frac{1}{2}(a_{i_{l-1}} - c_{i_{l-1}})$$
$$= \frac{1}{2}(a_{i_k} - a_{i_{k+1}} + a_{i_{k+1}} - a_{i_{k+2}} + \cdots + a_{i_{l-1}} - a_{i_l}) = \frac{1}{2}(a_{i_k} - a_{i_k}) = 0,$$

这就是所要证明的.

第 60 届莫斯科数学奥林匹克 (1997)

202. 由于每一行中都至少放有 1 枚棋子, 而不同行中的棋子数目各不相同, 所以, 各行的棋子数从 1 到 8 都有. 意即有一行中恰有 1 枚棋子, 有一行中恰有 2 枚棋子, 如此等等, 直至有一行中恰有 8 枚棋子. 我们对行按照其中的棋子数目编号, 即恰有 1 枚棋子的行称为第 1 行, 恰有两枚棋子的行称为第 2 行, 如此下去.

显然, 可以标出第 1 行中的那枚棋子; 在第 2 行的 2 枚棋子中, 至多有一枚与已经标出的棋子同列, 因此至少还有一枚可以标出; 在第 3 行的 3 枚棋子中, 至多有 2 枚与已经标出的棋子同列, 因此至少还有一枚可以标出; 如此下去, 即知每一行中都可标出一枚棋子, 而且所标出的棋子均两两不同列.

203. 答案: 可以.

整个路途往返共需 16 个小时, 说明如果第一个喷火口喷发后立即出发, 不会有危险. 小路往返一共需要 8 个小时, 说明如果第二个喷火口喷发后立即出发, 也不会有危险.

登山者为了能平安到达火山山顶并顺利返回, 他应当在第一个喷火口停止喷发时上路, 经过 4 个小时, 在第二个喷火口停止喷发时沿小路进发.

我们来找出这种时间段. 第一个喷火口喷发的时间段为: 12—1 时, 18—19 时, 36—37 时, 54—55 时; 第二个喷火口喷发的时间段为: 12—1 时, 10—11 时, 20—21 时, 30—31 时, 40—41 时, 50—51 时. 因此, 如果该登山者在 37 时出发, 41 时刚好到达小路起点, 接着用 8 个小时往返小路, 49 时回到小路口, 均不在第二个喷火口喷发期间, 再用 4 小时, 于 53 时回到火山车站, 第一个喷火口还未喷发.

注 第一个喷火口于 $18x+1$ 时停止喷发, 第二个喷火口于 $10y+1$ 时停止喷发, 它们之间应当间隔 4 小时, 以便登山者由火车站转移到小路起点处, 故得不定方程

$$10y - 18x = 4.$$

该方程的最小非负整数解为 $y = 4$, $x = 2$.

204. 设点 L 与 K 分别是点 M 关于直线 OX 与 OY 的对称点 (见图 115(a)), 则点 K, P 和 N 在同一条直线上, 且 $NK = NP + PK = NP + PM$. 事实上, 线段 MK 垂直于直线 OY, 故若 A 是它们的交点, 则有 $MA = AK$. 于是, 直角三角形 $\triangle MAP$ 与 $\triangle KAP$ 全等, 因而 $\angle KPA = \angle MPY = \angle NPO$, 且 $PK = PM$.

同理, N, Q 与 L 三点共线, $NL = NQ + QL = NQ + QM$. 故只需再证 $NL = NK$, 为此, 我们证明 $\triangle KON \cong \triangle LON$. 由于点 K 与点 M 关于直线 OY 对称, 所以 $KO = MO$ (见

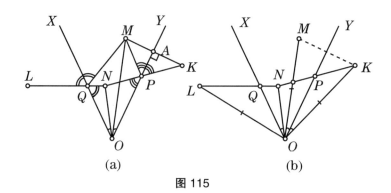

图 115

图 115(b)). 同理, $MO = LO$. 于是 $LO = MO$, 且

$$\angle KON = \angle KOP + \angle PON = \angle POM + \angle PON = \angle QON + \angle PON = \angle XOY.$$

可类似证得 $\angle LON = \angle XOY$, 从而 $\angle KON = \angle LON$. 所以 $\triangle KON \cong \triangle LON$.

205. 答案: 存在.

考察任何一个大于 9992 的偶数 n. 它肯定以偶数数字结尾. 这表明, 无论将它的哪 3 位相连的数字换成怎样的 3 个数字, 只要不换掉它的末位数, 它都仍然是偶数, 由于不是 2, 它就当然是合数 (但是, 若将 9992 的前 3 位数字都换成 0, 得到质数 0002).

所以我们只需关心末尾 3 个数字的置换问题. 我们构造一个正整数 n, 让它末尾 3 位数都是 0. 于是, 对 n 的末尾 3 位数所作的置换就相当于将 n 加上一个 3 位数. 于是, 我们就只要找到一个以 000 结尾的正整数 n, 使得

$$n, n+1, n+2, \cdots, n+999$$

都是合数就可以了. 为此, 我们将由 1001 到 1999 的所有奇数相乘. 由于它们一共有 500 个, 每一个都小于 2000, 所以它们的乘积小于

$$2000^{500} = 2^{500} \cdot 10^{1500} = 32^{100} \cdot 10^{1500} < 100^{100} \cdot 10^{1500} = 10^{1700}.$$

在该乘积的后面补上若干个 0, 再来一个 1, 再接上三个 0, 使其成为一个 1997 位数.

显然, 只要不改动该数的末位数, 它就始终是大于 2 的偶数. 如果将末 3 位数改为偶数, 它也仍然是大于 2 的偶数. 如果将末 3 位数改为奇数 $\overline{abc}$, 则它的末 4 位数就是 $\overline{1abc}$. 此时, 所得的 1997 位数显然是 $\overline{1abc}$ 的倍数, 因为 $\overline{1abc}$ 是由 1001 到 1999 的所有奇数的乘积的因数.

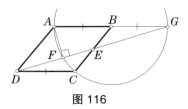

图 116

206. 答案: $\angle DFC = 110°$.

设直线 DE 与直线 AB 相交于点 G(见图 116). 易知 $\triangle DEC \cong \triangle BEG$. 因而 $BG = CD = BA$. 所以点 A, G, C 都在以点 B 为圆心的圆上, 且 AG 为直径. 由于 $\angle AFG = 90°$, 所以点 F 也在该圆上.

由圆周角的性质, 知 $\angle GFC = \dfrac{1}{2} \angle GBC = \dfrac{1}{2}(180° - 40°) = 70°$, 所以 $\angle DFC = 180° - \angle GFC = 110°$.

207. 答案: $2n^2+1$.

先解答一个较为容易的问题: 如果银行股东仅允许每枚硬币都至多参与一次称量, 那么通过 k 次称量, 至多能从多少枚硬币中找出潜藏在其中的一枚伪币?

显然, 如果在某次称量中, 在秤盘上多于一枚硬币, 那么就不可能从中鉴别出伪币来(因为每枚硬币只能被称量一次). 从而在每次称量时, 每个秤盘中都只能放入一枚硬币.

如果天平不平衡, 则伪币立即现形. 如果天平平衡, 那么两端都是真币, 未检测的硬币数目减少 2. 因此, 通过 k 次称量, 至多能从 $2k+1$ 枚硬币中找出隐藏在其中的一枚伪币.

现在回到原题, 用 $f(n)$ 表示我们的答案. 假设第 1 次称量时, 天平两端各置 s 枚硬币.

假若天平不平衡, 则需从较轻一端的 s 枚硬币中找出伪币, 其中每枚硬币至多还能再参与一次称量. 由于还允许再作 $n-1$ 次称量, 所以 $s \leqslant 2(n-1)+1 = 2n-1$.

假若天平平衡, 则我们需要通过 $n-1$ 次称量, 从 $f(n)-2s$ 枚硬币中找出潜藏的一枚伪币, 从而
$$f(n) - 2s \leqslant f(n-1).$$
故知
$$f(n) \leqslant f(n-1) + 2s \leqslant f(n-1) + 2(2n-1).$$
反复运用这一递推不等式, 即得
$$f(n) \leqslant 2(2n-1) + 2(2n-3) + \cdots + 2 \cdot 3 + f(1).$$
容易验证 $f(1) = 3$, 代入上式, 即得 $f(n) \leqslant 2n^2 + 1$.

另一方面, 如果在 $2n^2+1$ 枚硬币中潜藏一枚伪币, 那么我们在每一次称量时, 都把 s 取作最大可能值, 即在第 1 次称量时, 将 s 取为 $2(2n-1)$; 在第 2 次称量时, 将 s 取为 $2(2n-3)$; 如此等等, 则鉴定人必可通过 n 次称量, 从 $2n^2+1$ 枚硬币中找出那枚潜藏的伪币.

综合上述两方面, 得知 $f(n) = 2n^2 + 1$.

208. 设三角形的 3 边之长为 a, b 和 c. 由题意知 $a = \dfrac{b+c}{3}$.

由 $a+b > c$, 知 $\dfrac{b+c}{3} + b > c$, 此即 $2b > c$, 亦即 $a = \dfrac{b+c}{3} < b$. 同理可证 $a = \dfrac{b+c}{3} < c$. 所以, a 是三角形中的最小边长, 该边所对的角当然是三角形的最小角.

209. 答案: 一定可以.

设 9 块奶酪的重量依次为 $m_1 < m_2 < \cdots < m_9$ (不等号是严格成立的, 因为奶酪是大小不同的). 易知
$$m_1 + m_3 + m_5 + m_7 < m_2 + m_4 + m_6 + m_8,$$
$$m_1 + m_3 + m_5 + m_7 + m_9 > m_3 + m_5 + m_7 + m_9 > m_2 + m_4 + m_6 + m_8.$$
所以只需把第 9 块奶酪适当切成两块, 就可把 10 块奶酪分成等重的两份, 每份 5 块.

210. 首先指出, 凸六边形的内角和为 $720°$. 结合题中条件知
$$\angle A + \angle B + \angle C = \angle A_1 + \angle B_1 + \angle C_1 = 360°. \tag{1}$$

注意，$S_{AC_1BA_1CB_1} = S_{ABC} + S_{ABC_1} + S_{AB_1C} + S_{A_1BC}$(参阅图 117)，知为证题中结论，只需证明

$$S_{ABC} = S_{ABC_1} + S_{AB_1C} + S_{A_1BC}. \tag{2}$$

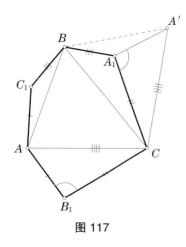

图 117

将 $\triangle AB_1C$ 绕点 C 逆时针旋转，使得点 B_1 重合于点 A_1(因为 $CA_1 = CB_1$，所以这是可以做到的)，将此时点 A 所到达的位置记为 A'. 我们有

$$\angle A'A_1B = 360° - \angle A'A_1C - \angle CA_1B$$
$$= 360° - \angle CB_1A - \angle CA_1B = \angle AC_1B,$$

其中用到式 (1)，以及旋转不改变角度这一事实. 由此即得 $\triangle A'BA_1 \cong \triangle ABC_1$，因而 $A'B = AB$. 再结合 $A'C = AC$(旋转不改变线段长度)，即知 $\triangle A'BC \cong \triangle ABC$. 故有式 (2) 成立.

211. 答案: 若 n 是 3 的倍数，则不存在森林; 若 n 被 3 除余 1，则轨道在森林中的部分占总长度的 $\dfrac{2}{3}$; 若 n 被 3 除余 2，则轨道在森林中的部分占总长度的 $\dfrac{1}{3}$.

我们把列车和车站都视为点. 容易明白，如果 n 是 3 的倍数，则伊拉和辽莎总是同时乘上列车，这意味着在这种情况下，不存在森林. 如果 n 不是 3 的倍数，则或者是伊拉比辽莎早乘上列车，或者是辽莎比伊拉早乘上列车.

将列车之间的间距记为 ℓ. 如果在点 X 处是森林，则在它前方距离为 ℓ 的整数倍的点 Y 处也一定是森林. 事实上，如果当司机罗曼所驾驶的列车在点 X 处时，伊拉刚好走进车站 A，那么她应当比辽莎早乘上列车; 而当司机罗曼所驾驶的列车在点 Y 处时，n 列列车的分布情况与他所驾驶的列车在点 X 处时完全相同，所以伊拉仍然应当比辽莎早乘上列车. 这就说明，点 Y 处也是森林.

这样一来，森林的"结构"是周期状的，从而只需弄清森林在长度为 ℓ 的区间中的分布情况.

假定列车均沿顺时针方向运行. 我们来观察刚好有某列列车正离开车站 B 的时刻 (见图 118). 假设伊拉所要乘坐的列车此时还未进站，它离开车站 A 还有距离 x(在车站 A 的逆时针方向，见图 118). 易知，介于该列车和车站 A 之间的整个区间均被森林覆盖. 事实上，如果此时司机罗曼所驾驶的列车正在该区间中，那么它将载走伊拉，因为辽莎"错过"了自己的列车 (严格地说，这表明 $x < \ell$).

我们再来证明，从车站 A 开始的顺时针方向上的一段长 $\ell - x$ 的区间上没有森林. 事实上，当所说的一列列车到达车站 A 时，在车站 B 的逆时针方向上离其最近的列车与它的距离为 $\ell - x$. 因而若司机罗曼所驾驶的列车正好行驶在这个长度为 $\ell - x$ 的区间中，辽莎将比伊拉早乘上列车，因为此时伊拉错过了所应乘坐的列车.

于是，在长度为 ℓ 的区间中，森林所占的部分长 x，空地所占的部分长 $\ell - x$. 由于森林

的"结构"以 ℓ 为周期,所以森林与空地所占的比例就是 x 比 $\ell - x$.

下面来求 x. 轨道总长为 $n\ell$, 从而优弧 $\overparen{BA}$ 长 $\frac{2}{3}n\ell$. 而 x 就是 $\frac{2}{3}n\ell$ 除以 ℓ 的余数. 因而, 若 n 被 3 除余 1, 则 $x = \frac{2\ell}{3}$; 若 n 被 3 除余 2, 则 $x = \frac{\ell}{3}$. 这就是说, 若 n 被 3 除余 1, 则轨道在森林中的部分占总长度的 $\frac{2}{3}$; 若 n 被 3 除余 2, 则轨道在森林中的部分占总长度的 $\frac{1}{3}$.

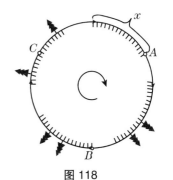

图 118

212. 将所有运动员分为两组: 第二轮得分高于本人第一轮得分者为第一组, 第二轮得分低于本人第一轮得分者为第二组. 显然, 至少有一组中不少于 n 个运动员, 不妨设第一组中的人数为 $x \geqslant n$ 人. 假设该组成员在第二轮中的得分总和比第一轮中的得分总和多 D, 则由题意立知

$$D \geqslant xn. \tag{1}$$

这些分数均由该组的 x 名运动员与其余 $2n - x$ 名运动员的比赛产生 (同组运动员间的比赛在两轮中所产生的总分都是 $\frac{x(x-1)}{2}$). 每一场比赛至多为第一组的得分总和增加 1 分, 所以

$$D \leqslant x(2n - x). \tag{2}$$

联立式 (1) 和式 (2), 得知 $2n - x \geqslant n$, 即 $x \leqslant n$. 结合前面的假设 $x \geqslant n$, 即知 $x = n$. 将此代入式 (1) 和式 (2), 又得 $D = n^2$, 即第一组中的每个运动员在第二轮中都刚好比自己在第一轮中多得 n 分.

由于第二组中也刚好有 n 个运动员, 所以经过类似的分析, 可知他们每个人在第二轮中都刚好比自己第一轮中少得 n 分.

注 从所得答案来看, 题中所说的情况仅可能发生在这样的场合下: 可将 $2n$ 个运动员分为两组, 每组 n 个运动员, 并且在第一轮比赛中, 第一组的每个成员都败给了第二组的每个成员; 而在第二轮比赛中, 反过来, 第一组的每个成员都战胜了第二组的每个成员.

213. 记

$$F(x) = a_0 + a_1 x + a_2 x^2 + \cdots,$$
$$G(x) = b_0 + b_1 x + b_2 x^2 + \cdots.$$

于是由题意知

$$(a_0 + a_1 x + a_2 x^2 + \cdots)(b_0 + b_1 x + b_2 x^2 + \cdots) = 1 + x + x^2 + \cdots + x^n.$$

比较上式两端的常数项, 得 $a_0 b_0 = 1$, 结合题中条件知 $a_0 = 1$, $b_0 = 1$. 再比较上式两端的 1 次项的系数, 得 $a_0 b_1 + a_1 b_0 = 1$, 于是, 或有 $a_1 = 0$, $b_1 = 1$, 或有 $a_1 = 1$, $b_1 = 0$. 为确定起见, 设 $a_1 = 1$, $b_1 = 0$.

如果 $F(x)$ 的各项系数都是 1, 则题中结论已经成立. 如果 $F(x)$ 的各项系数不全为 1, 我们来观察第一个为 0 的系数 a_m:

$$a_0 = a_1 = \cdots = a_{m-1} = 1, \quad a_m = 0.$$

我们期望能证明 $F(x) = (1+x+x^2+\cdots+x^{m-1})T(x)$, 其中 T 也是系数为 1 或 0 的多项式.

如果存在某个 $1 \leqslant l < m$, 使得 $b_l = 1$, 那么乘积 $F(x)G(x)$ 中 x^l 的系数必大于 1, 此因该系数不小于 $a_l b_0 + a_0 b_l = 2$, 此为不可能, 所以对一切 $1 \leqslant l < m$, 都有 $b_l = 0$. 于是, $b_m = 1$, 否则, 乘积 $F(x)G(x)$ 中 x^m 的系数为 0, 此亦不可能.

序列 $a_0, a_1, a_2, \cdots$ 中, 一定是连续一段 1, 连续一段 0 地交替出现. 我们来考察其中的一段 1: $a_r = \cdots = a_{r+s-1} = 1$, 而 $a_{r-1} = a_{r+s} = 0$.

显然, 这一段 1 的长度 s 不可能大于 m, 否则, 乘积 $F(x)G(x)$ 中 x^{r+m} 的系数必大于 1, 此因该系数不小于 $a_r b_m + a_{r+m} b_0 = 2$, 此为矛盾.

再证这一段 1 的长度 s 不可能小于 m. 假设不然, 我们来考察最左面一段长度 s 小于 m 的 1: $a_r = \cdots = a_{r+s-1} = 1$. 由于 $a_{r+s} = 0$, 所以乘积 $F(x)G(x)$ 中 x^{r+s} 的系数来自于某个 a_u 与某个 b_v 的乘积, 其中 $v > 0$, $u + v = r + s$.

不难看出, 如果 $u \neq 0$, 则 $a_{u-1} = 0$. 因若不然, 乘积 $F(x)G(x)$ 中 x^{r+s-1} 的系数必大于 1, 此因该系数不小于 $a_{u-1}b_v + a_{r+s-1}b_0 = 2$, 此为矛盾. 这表明, 存在一段 1: $a_u = \cdots = a_{u+m-1} = 1$(其长度应当等于 m, 因为 $u < r$, 所以这一段 1 位于 $a_r = \cdots = a_{r+s-1} = 1$ 的左面).

然而, $r+m-v = r+m-(r+s-u) = u+m-s$, 所以 $u < r+m-v < u+m-1$, 从而 $a_{r+m-v} = 1$, 我们又一次陷入 x^{r+m} 的系数大于 1 的矛盾, 因为它不小于 $a_r b_m + a_{r+m-v}b_v = 2$. 对于 $u = 0$ 的情形, 亦可类似得出矛盾.

综合上述, 所有的由 1 构成的段的长度 s 全都相等, 即有 $s = m$. 如此一来, 通过对多项式 $F(x)$ 做除法 (参阅专题分类 19°), 可知它等于 $1+x+\cdots+x^{m-1}$ 与某个多项式的乘积, 该多项式的各项系数也都是 0 或 1.

214. 答案: 存在.

解法 1 引入空间直角坐标系. 将其三个坐标平面分别记作 α, β 和 γ, 它们分别对应于方程 $z = 0, y = 0$ 和 $x = 0$. 我们来考察球 B, 其方程为

$$x^2 + y^2 + z^2 \leqslant 1.$$

球 B 在平面 α 上的投影是一个以原点为圆心的单位圆. 该单位圆与如下的柱体 C_1 在平面 α 上的投影重合:

$$x^2 + y^2 \leqslant 1.$$

仿此类似地定义出柱体 C_2 和 C_3, 它们在平面 β 和 γ 上的投影分别与球 B 在平面 β 和 γ 上的投影重合.

设 C 是柱体 C_1, C_2 和 C_3 的交集. 我们来证明空间几何体 C 即为所求.

首先, C 是凸的, 因为它是凸集 C_1, C_2 和 C_3 的交集, 当然是凸集.

其次，易见，C 在三个坐标平面 α, β 和 γ 上的投影都是圆。仅以平面 α 为例。显然，C 在平面 α 上的投影集合被包含在单位圆中，此因 C_1 在该平面上的投影是单位圆，而 C 被包含在 C_1 中。另一方面，这个单位圆被包含在 C 中，所以 C 的投影包含着该单位圆。于是 C 在平面 α 上的投影就是该单位圆。

下面只需证明，几何体 C 不是球。易知，点 $(x_0, y_0, z_0) = \left(\dfrac{\sqrt{2}}{2}, \dfrac{\sqrt{2}}{2}, \dfrac{\sqrt{2}}{2}\right) \in C$，事实上，由 $x_0^2 + y_0^2 = \left(\dfrac{\sqrt{2}}{2}\right)^2 + \left(\dfrac{\sqrt{2}}{2}\right)^2 = 1$ 知其属于 $C_1 : x^2 + y^2 \leqslant 1$；同理可知它属于 C_2 和 C_3。但是，$(x_0, y_0, z_0) \notin B$，因为 $x_0^2 + y_0^2 + z_0^2 = \dfrac{3}{2} > 1$。这就表明，$C \neq B$。

现在还剩下最后一个问题：C 是否可能是一个不同于 B 的球？这个疑问很容易解决。因为，C 在三个坐标平面上的投影都与 B 的投影重合。而如果 C 是球的话，则必与球 B 重合。既然 $C \neq B$，所以 C 不是球。

解法 2 此处仅给出证明的大概思路：考察球和它的三个投影，假设球面上的某个点 A 在每个投影中都不在边界上，则以点 A 为圆心的某个小圆具有同样的性质，从而可从球中挖出一个部分来，使得它不是球，但是投影却重合于原来的投影。

215. 设 $ABCD$ 为某个四边形，将其平移 $\overrightarrow{AC}$（参阅图 119），得到四边形 $A'B'C'D'$，其中 $A' = C$。易见，$BB'D'D$ 是平行四边形，此因 $BD \underline{\underline{\parallel}} B'D'$。

设点 A_0, B_0, C_0 与点 D_0 分别是线段 $BB', B'D'$ 与 $D'D$ 的中点。

我们可以断言，$A_0B_0C_0D_0$ 也是平行四边形，并且它的两条对角线长度分别等于 $ABCD$ 的两条对角线，对角线间的夹角也与 $ABCD$ 的相等。事实上，$A_0B_0C_0D_0$ 中的边 A_0B_0 和 C_0D_0 分别是 $\triangle B'BD$ 和 $\triangle B'D'D$ 中的中位线，又因为 $B_0D_0 \underline{\underline{\parallel}} BD$，$A_0C_0 \underline{\underline{\parallel}} AC$。

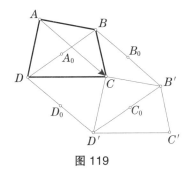

图 119

我们来证明：四边形 $ABCD$ 的周长不小于平行四边形 $A_0B_0C_0D_0$ 的周长。由中位线定理知，后者的周长等于 $B'D + BD'$。而由三角形的性质知 $BC + CD' \geqslant BD'$，$B'C + CD \geqslant B'D$。将此两个不等式相加即得所证。

216. a) 小题 a) 是小题 b) 的特例，这里只解答小题 b)。

b) 显然，延长正 n 边形 $A_1A_2\cdots A_n$ 的各边之后，所得的多边形 $B_1B_2\cdots B_n$ 仍然是正 n 边形。事实上，多边形 $A_1A_2\cdots A_n$ 是正 n 边形，当且仅当它在做了某种角度为 $\dfrac{2\pi}{n}$ 的旋转后变为自己。而若 $A_1A_2\cdots A_n$ 在此种旋转之后变为自己，$B_1B_2\cdots B_n$ 亦在此种旋转之后变为自己。

由于所有正 n 边形彼此相似，所以每一个正 n 边形都可以由某一个正 n 边形通过这样的过程来得到。下面只需指出，多边形 $A_1A_2\cdots A_n$ 可由多边形 $B_1B_2\cdots B_n$ 唯一确定。

解法 1 我们通过对边数 n 归纳，证明如下的更强的命题：

考察多边形 $A_1A_2\cdots A_n$。如果 B_1 在射线 A_1A_2 上，使得 $\dfrac{A_1B_1}{A_1A_2} = \alpha_1$；$B_2$ 在射线 A_2A_3

上, 使得 $\dfrac{A_2B_2}{A_2A_3} = \alpha_2$; 如此等等. 则多边形 $A_1A_2\cdots A_n$ 可根据多边形 $B_1B_2\cdots B_n$ 和系数 $\alpha_1, \alpha_2, \cdots, \alpha_n$ 被唯一地恢复.

先看 $n=3$ 的情况. 设直线 A_1A_2 与线段 B_2B_3 相交于点 B' (见图 120(a)). 由于我们已知 $\dfrac{A_2B_2}{A_2A_3}$ 和 $\dfrac{A_3B_3}{A_3A_1}$, 所以可根据梅涅劳斯定理[①]求得 $\dfrac{B_2B'}{B'B_3}$. 于是点 B' 可被唯一地恢复, 因而直线 A_1A_2 被唯一地恢复. 同理, 可唯一地恢复直线 A_2A_3 和 A_3A_1, 从而 $\triangle A_1A_2A_3$ 被唯一地恢复.

设 $k \geqslant 4$. 假设结论已对 $n = k-1$ 成立, 我们来看 $n = k$ 的情形. 设直线 A_kA_2 与线段 B_1B_k 相交于点 B' (见图 120(b)). 由于已知 $\dfrac{A_kB_k}{A_kA_1}$ 和 $\dfrac{A_1B_1}{A_1A_2}$, 所以可根据梅涅劳斯定理求得 $\dfrac{B_1B'}{B'B_k}$. 于是点 B' 可被唯一地恢复. 再由梅涅劳斯定理求得 $\dfrac{A_kB'}{A_kA_2}$, 将归纳假设应用于多边形 $A_2A_3\cdots A_k$ 和 $B_2\cdots B_{k-1}B'$, 于是顶点 $A_2, A_3, \cdots, A_k$ 都被唯一地恢复. 最后, 不难恢复顶点 A_1. 所以结论对 $n = k$ 也成立.

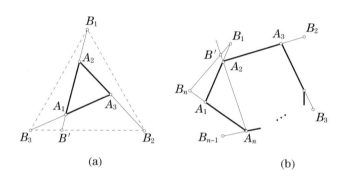

图 120

解法 2 设多边形 $B_1B_2\cdots B_n$ 是由多边形 $A_1A_2\cdots A_n$ 通过所说的方法得到的, 并且, A_2 是线段 A_1B_1 的中点, A_3 是线段 A_2B_2 的中点 $\cdots\cdots A_1$ 是线段 A_nB_n 的中点. 现在, 分别在点 $B_1, B_2, \cdots, B_n$ 上放置重量分别为 $1, 2, \cdots, 2^n$ 的物体, 我们来证明 A_1 是这个系统的重心.

为此, 我们也在点 A_1 上放置重量为 1 的物体. 于是, 点 A_1 与 B_1 的重心在点 A_2 处. 于是我们可以去掉 A_1 与 B_1 处的物体, 在 A_2 处放置一个重量为 2 的物体. 同理, 可以去掉 A_2 与 B_2 处的物体, 在它们的重心 A_3 处放置一个重量为 4 的物体. 如此一直下去, 最后发现重心就在点 A_1 处. 所以原来的系统的重心就在点 A_1 处.

由于系统的重心可以唯一地确定, 所以点 A_1 可被唯一确定. 同理, 可以唯一确定其余各个顶点 $A_2, A_3, \cdots, A_n$. 因此, 多边形 $A_1A_2\cdots A_n$ 被多边形 $B_1B_2\cdots B_n$ 唯一确定.

[①] 梅涅劳斯 (Menelaus), 公元 1–2 世纪, 古希腊数学家. 梅涅劳斯定理的内容是: 设点 A_1, B_1, C_1 分别在 $\triangle ABC$ 的边 BC, AC 和 AB 上 (或它们的延长线上), 则 A_1, B_1, C_1 三点共线的充要条件是

$$\dfrac{BA_1}{CA_1} \cdot \dfrac{CB_1}{AB_1} \cdot \dfrac{AC_1}{BC_1} = 1$$

且或者三者都在各相应边的延长线上, 或者恰有一者在边的延长线上. —— 编译者注

解法 3 设多边形 $B_1B_2\cdots B_n$ 是由多边形 $A_1A_2\cdots A_n$ 通过所说的方法得到的. 以 B_1 为中心作系数为 $\frac{1}{2}$ 的位似变换, 点 A_1 变为 A_2; 以 B_2 为中心作系数为 $\frac{1}{2}$ 的位似变换, 点 A_2 变为 A_3; 如此一直下去; 以 B_n 为中心作系数为 $\frac{1}{2}$ 的位似变换, 点 A_n 变为 A_1.

这表明, 在上述位似变换的复合之下, 点 A_1 变为自己. 众所周知, n 个系数为 $\frac{1}{2}$ 的位似变换的复合是系数为 $\frac{1}{2^n}$ 的位似变换, 并且其中心可由这 n 个位似变换所唯一确定. 而在我们的情况下, 这个中心就是点 A_1. 这就意味着, 点 A_1 可被唯一确定.

217. 题中条件的形式使我们想起韦达定理. 我们来考察多项式 $P(x) = (x - a_1)(x - a_2)(x - a_3)$ 与 $Q(x) = (x - b_1)(x - b_2)(x - b_3)$. 由题中条件知, 这两个多项式的区别仅在于常数项. 所以只要把其中一个函数的图像作纵向平移, 就可得到另一个函数的图像.

显然, 当 $x \leqslant b_1$ 时, 有 $Q(x) \leqslant 0$. 此因 $Q(x)$ 的 3 个因式此时都非正, 故由 $a_1 \leqslant b_1$ 知 $Q(a_1) \leqslant 0$. 然而我们却有 $P(a_1) = 0$. 这就表明, 图像 $y = Q(x)$ 在图像 $y = P(x)$ 的下方 (或与之重合). 特别地, 我们有 $Q(a_3) \leqslant P(a_3) = 0$.

但是当 $x > b_3$ 时, 有 $Q(x) > 0$. 因此 $a_3 \leqslant b_3$.

218. 假设不是各个运动员都得了相同的分数. 设得了第一名的运动员得了 k 分, 得了最后一名的运动员得了 l 分 (名次按所得总分多少排列, 不是按 "效益" 高低排列).

第一名的 "效益" 是 k 个数的和, 其中每一个数都不小于 l, 所以他的 "效益" 不小于 kl. 另一方面, 最后一名的 "效益" 是 l 个数的和, 其中每一个数都不大于 k, 所以他的 "效益" 不大于 kl.

由于各个人的 "效益" 相同, 特别地, 第一名的 "效益" 与最后一名的 "效益" 相同, 所以大家的 "效益" 都是 kl. 此时, 每个 "第一名" 都在得了 l 分的人那里赢了 k 次; 每个 "最后一名" 都在得了 k 分的人那里赢了 l 次. 如果不止一个第一名, 那么其中必有一人赢了另一人 (因为没有平局), 此与前述事实相矛盾, 所以仅有一个第一名. 同理, 也仅有一个最后一名.

根据题中条件, 还有第三个人参与了比赛. 根据所证, 他既没有败给第一名, 也没有败给最后一名, 意即他既赢了第一名, 又赢了最后一名. 但这样一来, 他就比第一名得到的分数还多, 因为第一名仅仅战胜了最后一名. 所得的矛盾说明开头的假设不真. 所以, 各个运动员都得了相同的分数.

219. 只需证明, 5 的方幂数的首位数所构成的数列中开头的任何一段, 按相反顺序写出后, 都会在 2 的方幂数的首位数所构成的数列中出现.

观察数列 $\frac{1}{2}, \frac{1}{4}, \cdots, \frac{1}{2^n}$. 其中各项的 10 进制表达式中的第一个非 0 数字刚好就是 $5, 5^2, \cdots, 5^n$ 的 10 进制表达式中的首位数. 因此, 如果把 2 的负方幂按指数的递增顺序排进 2 的方幂数的首位数所构成的数列中, 则题中的结论自动成立.

因此, 为解决题中的问题, 我们要设法找出负方幂数的替代项. 为此, 我们来证明: 对

于任何正整数 k, 都存在一个 2 的方幂数 $x=2^n$ 具有如下的 10 进制表达式:

$$1\underbrace{00\cdots 0}_{k\text{ 个 }0}y, \tag{1}$$

其中, y 是 10 进制表达式中的其余部分, 亦即 $x=10^m+y$, 且 $y<10^{m-k}$.

因为这样一来, 就有

$$2^{n-1}=\frac{2^n}{2}=500\cdots 0y_1, \quad 2^{n-2}=250\cdots 0y_2, \quad 2^{n-3}=1250\cdots 0y_3, \quad \cdots$$

确切地说, 就有

$$2^{n-l}=\frac{x}{2^l}=\frac{10^m+y}{2^l}=10^{m-l}5^l+\frac{y}{2^l}.$$

于是, 我们立即知道, 当 $l<k$ 时, 2^{n-l} 的首位数与 5^l 的首位数相同.

所以, 我们的问题就归结为证明式 (1) 的存在性. 下面给出两种证法.

证法 1 显然, 可以找到两个不同的 2 的方幂数, 它们的前 $k+1$ 位数字完全相同. 此因, 由 $k+1$ 个数字构成的有序数组只有有限种, 而 2 的方幂数却有无限多个. 再用这两个 2 的方幂数中大的除以小的. 我们先来证明如下引理:

引理 设 2^a 与 2^b 的 10 进制表达式中的前 $k+1$ 位数字相同, 且 $a>b$. 我们来看 2^a 与 2^b 不同的第一位数字. 如果 2^a 的该位数字大于 2^b 的该位数字, 则 2^a 与 2^b 的商, 即 2^{a-b} 的 10 进制表达式以 1 开头, 紧接着有 k 个 0. 而如果是 2^b 的不同的第一位数字大, 则 2^{a-b} 以 k 个 9 开头.

引理之证 将 2^a 与 2^b 的前 $k+1$ 位数记作 D. 设 2^a 是 p 位数, 2^b 是 q 位数 $(p \geqslant q)$. 则有 $2^a=10^{p-k-1}D+\alpha$, $2^b=10^{q-k-1}D+\beta$, 其中 $\alpha<10^{p-k-1}$, $\beta<10^{q-k-1}$. 我们有

$$\begin{aligned}|2^{a-b}-10^{p-q}|&=\left|\frac{10^{p-k-1}D+\alpha}{10^{q-k-1}D+\beta}-10^{p-q}\right|\\&=\frac{|\alpha-10^{p-q}\beta|}{10^{q-k-1}D+\beta}<\frac{10^{p-k-1}}{10^{q-1}}=10^{p-q-k}.\end{aligned} \tag{2}$$

如果是 2^a 的不同的第一位数字大, 则 $\alpha>10^{p-q}\beta$, 于是在式 (2) 中有 $0<2^{a-b}-10^{p-q}<10^{p-q-k}$, 意即

$$10^{p-q}<2^{a-b}<10^{p-q}+10^{p-q-k},$$

所以 2^{a-b} 的 10 进制表达式以 1 开头, 紧接着有 k 个 0. 而如果是 2^b 的不同的第一位数字大, 则可通过类似的分析得出结论. 引理证毕.

这样一来, 2^{a-b} 的 10 进制表达式或者以 1 开头, 紧接着有 k 个 0, 或者以 k 个 9 开头. 由前分析, 如果是前一种情况, 则题中结论已经成立. 如果是后一种情况, 则继续证明如下: 设 2^{a-b} 是 m 位数, 重复刚才的过程, 我们或者可以找到一个 2 的方幂数, 它以 1 开头, 紧接着 m 个 0, 那么此时问题已经解决; 或者可以找到一个 2 的方幂数 2^c, 它以 m 个 9 开头. 注意, $m>k$, 因此 2^c 与 2^{a-b} 的前 k 位数字相同, 并且是 2^c 的第一个不同的数字大 (因为 2^c 的 9 的个数等于 2^{a-b} 的位数). 于是根据引理, 2^{c-a+b} 的 10 进制表达式以 1 开头, 紧接着有 $k-1$ 个 0. 而 k 可以取任意大.

证法 2 我们来用关于无理数的有关定理, 证明形如式 (1) 的 2 的方幂数存在性. 事实上, 只需证明, 对任何正整数 k, 存在正整数 a 与 b, 使得

$$0 \leqslant 2^a - 10^b < 10^{b-k}. \tag{3}$$

而这等价于

$$1 \leqslant \frac{2^a}{10^b} < 1 + \frac{1}{10^k}.$$

取常用对数, 得到

$$0 < a\lg 2 - b < \varepsilon, \tag{4}$$

其中 $\varepsilon = \lg\left(1 + \dfrac{1}{10^k}\right)$.

式 (4) 表明 $\{a\lg 2\} < \varepsilon$, 其中 $\{t\}$ 表示实数 t 的小数部分. 这一要求不难实现, 因为对于无理数 α, 数列 $a_n = \{n\alpha\}$ 在区间 $[0,1]$ 中稠密.

220. 由于 $S_{ABC} = \dfrac{AB \cdot BC \cdot CA}{4R}$, 所以为证题中结论, 只需证明

$$\frac{S_{A'B'C'}}{S_{ABC}} = \frac{AB' \cdot BC' \cdot CA' + AC' \cdot CB' \cdot BA'}{AB \cdot BC \cdot CA}. \tag{$*$}$$

为此, 记 $\dfrac{AB'}{CA} = x$, $\dfrac{BC'}{AB} = y$, $\dfrac{CA'}{BC} = z$. 不难算得

$$\frac{S_{AB'C'}}{S_{ABC}} = x(1-y), \quad \frac{S_{A'BC'}}{S_{ABC}} = y(1-z), \quad \frac{S_{A'B'C}}{S_{ABC}} = z(1-x).$$

于是, 为证式 ($*$), 只需验证如下等式:

$$1 - x(1-y) - y(1-z) - z(1-x) = xyz + (1-x)(1-y)(1-z).$$

这是一件容易的事情, 只需去括号, 合并同类项即可.

221. 答案: $\dfrac{\pi}{2}$.

令 $y = \dfrac{\pi}{2} - x$, 得

$$\int_0^{\frac{\pi}{2}} \sin^2(\sin x)\mathrm{d}x = \int_{\frac{\pi}{2}}^0 \sin^2\left[\sin\left(\frac{\pi}{2} - y\right)\right](-\mathrm{d}y) = \int_0^{\frac{\pi}{2}} \sin^2(\cos y)\mathrm{d}y.$$

利用上式, 并注意 $\cos^2(\cos y) + \sin^2(\cos y) = 1$, 即有

$$\begin{aligned}
\int_0^{\frac{\pi}{2}} &\left[\cos^2(\cos x) + \sin^2(\sin x)\right]\mathrm{d}x \\
&= \int_0^{\frac{\pi}{2}} \cos^2(\cos x)\mathrm{d}x + \int_0^{\frac{\pi}{2}} \sin^2(\sin x)\mathrm{d}x \\
&= \int_0^{\frac{\pi}{2}} \cos^2(\cos y)\mathrm{d}y + \int_0^{\frac{\pi}{2}} \sin^2(\cos y)\mathrm{d}y \\
&= \int_0^{\frac{\pi}{2}} \left[\cos^2(\cos y) + \sin^2(\cos y)\right]\mathrm{d}y = \int_0^{\frac{\pi}{2}} \mathrm{d}x = \frac{\pi}{2}.
\end{aligned}$$

222. 由于 $f_2(x) - f_3(x) = 2x - 1$, 所以容易得到
$$\frac{1}{x} = f_1(x) - \frac{f_2(x) - f_3(x) + 1}{2}.$$

下面再证: 如果去掉 f_1, f_2, f_3 中的任何一个, 都无法通过所说的运算得到函数 $\frac{1}{x}$. 首先, 由于运算类型受限, 所以无法仅由 $f_2(x)$ 和 $f_3(x)$ 将 x 弄到分母上去. 事实上, 无论将多项式相乘, 还是相加、相减, 所得的仍然是多项式, 而 $\frac{1}{x}$ 却不是多项式.

我们再来证明, 不能绕开函数 $f_2(x)$. 由于 $f_1'(1) = f_3'(1) = 0$, 所以 $\left(f_1(x) + f_3(x)\right)'\Big|_{x=1} = 0$, 并且 $\left(f_1(x) \cdot f_3(x)\right)'\Big|_{x=1} = 0$, 事实上
$$\left(f_1(x) \cdot f_3(x)\right)'\Big|_{x=1} = f_1'(1)f_3(1) + f_1(1)f_3'(1) = 0.$$
因此, 在所允许采用的各种运算形式之下, 由 $f_1(x)$ 和 $f_3(x)$ 所得到的任何函数在 $x = 1$ 处的导数值都是 0. 但是函数 $\frac{1}{x}$ 在 $x = 1$ 处的导数值不是 0.

下面再证不能绕开函数 $f_3(x)$. 证法很多.

证法 1 显然, 通过所允许的各种运算从 $f_1(x)$ 和 $f_2(x)$ 得到的任何函数都具有形式 $\frac{f(x)}{x^n}$, 其中, n 为非负整数, $f(x)$ 是多项式 (这种多项式称为罗朗多项式①).

任何罗朗多项式都能写成 $\frac{f(x)}{x^n}$ 的形式, 其中 n 为偶数. 设
$$A = \left\{\frac{f(x)}{x^{2k}} : k \text{ 为非负整数}, x^2 + 1 | f(x) - f(-x)\right\}.$$

显然 $f_1(x) \in A$, 事实上, $f_1(x) = \frac{f(x)}{x^2}$, 其中 $f(x) = x(x^2 + 1)$, 并且 $f(x) - f(-x) = 2x(x^2 + 1)$ 可被 $x^2 + 1$ 整除. 更易验证 $f_2(x) \in A$, 因为 $f_2(x) = \frac{x^2}{x^0}$, 而 $x^2 - (-x)^2 = 0$ 当然可被 $x^2 + 1$ 整除. 但是 $\frac{1}{x} \notin A$, 因为 $\frac{1}{x} = \frac{x}{x^2}$, 而 $x - (-x) = 2x$ 不可被 $x^2 + 1$ 整除.

剩下只需证明, A 中任何两个罗朗多项式的和与积都仍在 A 中. 和的情况容易证明, 留给读者作为练习. 假设 $\frac{f(x)}{x^{2k}} \in A$, $\frac{g(x)}{x^{2l}} \in A$, 则
$$\frac{f(x)}{x^{2k}} \cdot \frac{g(x)}{x^{2l}} = \frac{f(x) \cdot g(x)}{x^{2(k+l)}},$$
且
$$f(x) \cdot g(x) - f(-x) \cdot g(-x)$$
$$= f(x) \cdot g(x) - f(-x) \cdot g(x) + f(-x) \cdot g(x) - f(-x) \cdot g(-x)$$
$$= g(x)\left(f(x) - f(-x)\right) + f(-x)\left(g(x) - g(-x)\right)$$

---
① 罗朗, Laurent P. A. (1813—1854), 法国数学家.—— 编译者注

可被 x^2+1 整除.

证法 2 我们的 3 个函数对所有复数 $x \neq 0$ 都有定义. 容易验证 $f_1(\mathrm{i}) = f_1(-\mathrm{i})$, $f_2(\mathrm{i}) = f_2(-\mathrm{i})$, 其中 $\mathrm{i} = \sqrt{-1}$. 因此, 通过所允许的运算, 由 $f_1(x)$ 和 $f_2(x)$ 得到的任何函数在 $x = \mathrm{i}$ 和 $x = -\mathrm{i}$ 处的值都相等. 然而 $\dfrac{1}{\mathrm{i}} \neq \dfrac{1}{-\mathrm{i}}$, 且 $f_3(\mathrm{i}) \neq f_3(-\mathrm{i})$, 所以不可缺少 $f_3(x)$ 这一角色.

223. 答案: 可以.

标出正四面体各条棱的中点, 很容易将其分为 1 个正八面体和 4 个正四面体. 换言之, 分别以原正四面体的 4 个顶点为中心, 作原正四面体的系数为 $\dfrac{1}{2}$ 的位似变换, 即可得到 4 个棱长为原来一半的小正四面体 (见图 121 (a)).

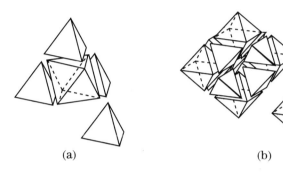

图 121

对正八面体的剖分显得较难理解一些. 分别以原正八面体的 6 个顶点为中心, 作原正八面体的系数为 $\dfrac{1}{2}$ 的位似变换, 除了得到 6 个棱长为原来一半的小正八面体以外, 还产生了 8 个小正四面体, 它们分别贴着原正八面体的各个面. 这些小正四面体都以原正八面体的中心作为自己的一个顶点, 其余的顶点则都是原正八面体的棱的中点 (见图 121 (b)).

在第 1 步剖分之后, 我们得到 1 个正八面体和 4 个正四面体, 它们的棱长都是 $\dfrac{1}{2}$. 在第 2 步剖分, 即对第 1 步所得的 4 个正四面体和 1 个正八面体进行所说的剖分之后, 我们所得的正四面体和正八面体的棱长都是 $\dfrac{1}{2^2}$. 如此下去, 在第 7 步剖分之后, 我们所得的正四面体和正八面体的棱长都是 $\dfrac{1}{2^7} < \dfrac{1}{100}$.

224. 设 $a = x^3$, $b = y^3$, $c = z^3$, 则有 $xyz = \sqrt[3]{abc} = 1$.

显然, 对任何实数 x 与 y, 都有 $x^2 + y^2 - xy \geqslant xy$. 如果 $x > 0$, $y > 0$, 则可在该不等式两端乘以 $x + y$, 得到 $x^3 + y^3 \geqslant (x+y)xy$, 由此可得

$$\frac{1}{a+b+1} = \frac{xyz}{x^3+y^3+xyz} \leqslant \frac{xyz}{(x+y)xy+xyz} = \frac{z}{x+y+z}.$$

同理可得关于 $\dfrac{1}{a+1+c}$ 和 $\dfrac{1}{1+b+c}$ 的类似不等式. 将所得 3 个不等式相加, 即得

$$\frac{1}{a+b+1} + \frac{1}{a+1+c} + \frac{1}{1+b+c} \leqslant \frac{z}{x+y+z} + \frac{y}{x+y+z} + \frac{x}{x+y+z} = 1.$$

225. 把每 1 条对应一个向量, 向量的方向与带子垂直, 长度等于带子的宽度. 把这些向量的起点挪到同一个点 O 上.

将整个平面分为 12 个以点 O 为顶点的 $30°$ 角. 对于每个角, 都算出位于其内部或边上的所有向量的长度之和, 共得 6 个值 (对于每一对对顶角得到一个值). 根据抽屉原理, 它们中至少有一个和值不小于 $\dfrac{100}{6}$.

取出和值不小于 $\dfrac{100}{6}$ 的一对对顶角, 通过改变一些向量的方向, 可以使得它们中的向量都落到同一个 $30°$ 角中.

向量的求和与加项的顺序无关. 将这组向量重新排序, 使得每后一个向量的方向都是由前一个向量按顺时针方向旋转得到的. 将它们中的每后一个向量的起点都移到前一个向量的终点处, 得到一条凸折线 $OO_1O_2\cdots O_n$ (参阅图 122(a)). 该折线的长度不小于 $\dfrac{100}{6}$. 线段 OO_n 的长度不小于 $\dfrac{100}{6}\cdot\cos 30°$. 这是因为折线上的任何一段与线段 OO_n 的夹角都不大于 $30°$, 所以线段 O_iO_{i+1} 在线段 OO_n 上的投影长度不小于 $O_iO_{i+1}\cdot\cos 30°$, 对折线上的各段求和, 即得所需的不等式.

现在平移有关带子, 使得折线上的每一段 $OO_1, O_1O_2, \cdots, O_{n-1}O_n$ 的端点都落在这些带子的边界上, 再分别过点 O 和点 O_n 作线段 OO_1 与 $O_{n-1}O_n$ 的垂线, 将它们的交点记作 M. 我们来证明: 凸多边形 $MOO_1O_2\cdots O_n$ 完全被这些带子盖住.

任取该多边形中任意一点 X. 设折线 $OO_1O_2\cdots O_n$ 上离 X 最近的点是 Y, 且点 Y 在线段 O_iO_{i+1} 上, 于是有 $XY\perp O_iO_{i+1}$. 从而, 点 X 被与 O_iO_{i+1} 垂直的带子盖住 (因为折线上的每一段都是垂直于它所在的带子的).

我们可以更为严格地证明上述事实. 假设点 X 未被任何带子盖住, 则 $\angle XOO_1$ 不是钝角 (参阅图 122(b)). 如果 $\angle XO_1O$ 也不是钝角, 那么与线段 OO_1 垂直的带子就盖住了点 X. 所以 $\angle XO_1O>90°$, 因此

$$\angle XO_1O_2 = \angle OO_1O_2 - \angle XO_1O < 180°-90°=90°.$$

同理可证, $\angle XO_2O_3<90°$. 把这一讨论继续下去, 即知, 假若点 X 未被垂直于线段 $OO_1, O_1O_2, \cdots, O_{n-2}O_{n-1}$ 的任一带子盖住, 则 $\angle XO_1O_2, \angle XO_2O_3, \cdots, \angle XO_{n-1}O_n$ 都是锐角. 但这样一来, 点 X 就被垂直于线段 $O_{n-1}O_n$ 的带子盖住了. 此为矛盾.

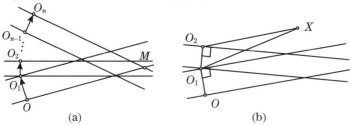

图 122

注意, 向量 $\overrightarrow{OO_1}$ 与 $\overrightarrow{O_{n-1}O_n}$ 的夹角不超过 $30°$, 所以 $\triangle MOO_n$ 中的 $\angle MOO_n$ 与 $\angle MO_nO$ 都不小于 $60°$. 这意味着, 该三角形将以线段 OO_n 作为一边的正三角形包含在自

己内部 (参阅图 123). 我们知道, 边长为 a 的正三角形的内切圆半径等于 $\dfrac{a}{2\sqrt{3}}$. 再由如下显然的不等式知题中断言成立:

$$\dfrac{\dfrac{100}{6}\cdot \cos 30°}{2\sqrt{3}} > 1.$$

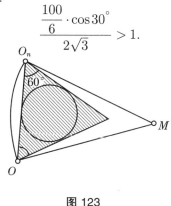

图 123

第 61 届莫斯科数学奥林匹克 (1998)

226. 答案: 存在. 例如 $x=1$, $y=4$, $z=7$.

一年中刚好 365 天, 分为 12 个月, 其中 2 月平, 28 天; 4 个小月 (4 月, 6 月, 9 月和 11 月), 每个月 30 天; 剩下 7 个月为大月, 每个月 31 天. 所以正整数 $x=1$, $y=4$, $z=7$ 满足方程 $28x+30y+31z=365$.

本题还有另一解: $x=2$, $y=1$, $z=9$.

227. 答案: 存在. 例如, 任取 8 个质数 $p_1<p_2<\cdots<p_8$, 再令

$$a_1=p_1^2 p_2\cdots p_8, \quad a_2=p_1 p_2^2\cdots p_8, \quad \cdots, \quad a_8=p_1 p_2\cdots p_8^2.$$

则 $a_1, a_2, \cdots, a_8$ 就具备所述的性质.

228. 分别将边 AB 与 CD 的中点记作 P 与 Q, 则线段 $PQ \stackrel{//}{=} AD$, 且 PQ 经过点 O, 有 $PO=OQ$.

如果点 M 不在线段 AP 上, 则 $\angle MPO=\angle MAD=\angle AMO$ (见图 124(a)), 故 $\triangle MPO$ 是等腰三角形, $MO=PO$. 如果点 M 在线段 AP 上, 亦不难验证 $\triangle MPO$ 是等腰三角形 (见图 124(b)), 从而 $MO=PO=OQ$. 这样一来, 在 $\triangle MPQ$ 中, 中线 MO 等于所在边 PQ 的一半, 所以 $\triangle MPQ$ 是直角三角形, $MQ\perp PM$. 由于 $PM//CD$, 所以 $MQ\perp CD$. 于是 MQ 是线段 CD 的中垂线 (因为 Q 是线段 CD 的中点), 所以 $MC=MD$.

229. 假设在数 $a_1, a_2, \cdots, a_{100}$ 中包含着 k 个蓝数和 $100-k$ 个红数. 由于蓝数按递增顺序排列, 所以这 k 个蓝数刚好就是 1 到 k; 而红数按递减顺序排列, 所以这 $100-k$ 个红数刚好就是 $100, 99, \cdots, k+1$. 所以 $\{a_1, a_2, \cdots, a_{100}\}=\{1, 2, \cdots, 100\}$.

230. 设 A 与 B 为邻座. 如果他们互不认识, 我们来看他们的共同熟人 C (因为任何两位客人都至少有一个共同的熟人). 注意, C 的所有熟人是等间距地坐在桌旁的, 既然 C 的

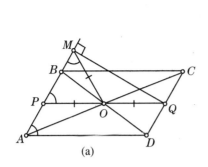
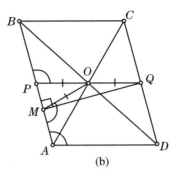

图 124

两个熟人 A 与 B 相邻而坐,所以 C 认识所有的客人. 如果 A 与 B 相互认识, 说明 A 有一个熟人与之相邻, 既然 A 的所有熟人是等间距地坐在桌旁的, 所以 A 认识所有的客人.

总之, 存在某个人 X 认识所有的客人. 此时, 我们来看他的邻座 Y. 既然 Y 的熟人 X 与他相邻, 所以 Y 的熟人之间彼此相邻坐满桌旁, 即 Y 认识所有的客人. 依次下去, 即可知每个人都认识所有的客人.

231. 答案: 不一定.

图 125 中画的是 8 个白色正方形的情形.

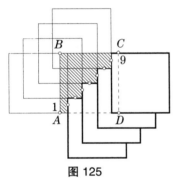

图 125

将红色正方形的 4 个顶点分别记为 A, B, C 和 D. 将其对角线 AC 分为 100 段相等的线段, 线段的端点依次记为 $1, 2, \cdots, 101$, 其中端点 A 记为 1, 端点 C 记为 101. 将白色正方形的边长记为 a. 对于每一对端点 k 与 $k+1$, 都恰好存在两个边长为 a, 边平行于红色正方形的边的正方形经过它们, 并且其中一个正方形包含着顶点 B, 却不包含顶点 D; 另一个则相反, 包含着顶点 D, 却不包含顶点 B (参阅图 125), $k = 1, 2, \cdots, 100$.

如果 k 为奇数, 我们就取那个包含着顶点 B 的正方形, 如果 k 为偶数, 我们就取那个包含着顶点 D 的正方形, 如此共得 100 个白色正方形. 它们完整地盖住了红色正方形. 然而, 无论取走哪一个白色正方形, 就都不能完整地盖住红色正方形. 事实上, 如果取走的是那个盖住端点 k 与 $k+1$ 的正方形, 那么对角线 AC 上介于端点 k 与 $k+1$ 之间的部分就暴露在外面了.

232. 答案: 是合数.

因为

$$4^9 + 6^{10} + 3^{20} = (2^9)^2 + 2 \cdot 2^9 \cdot 3^{10} + (3^{10})^2 = (2^9 + 3^{10})^2.$$

233. 作出 $\triangle ABC$ 的第三条高 BS, 并将其延长与 PQ 相交于点 T (参阅图 126). 容易证明, 矩形 $ASTQ$ 与矩形 $AEKL$ 的面积相等. 事实上, 直角三角形 $\triangle ABS$ 与直角三角形 $\triangle AEC$ 相似, 所以

$$\frac{AE}{AC} = \frac{AS}{AB} \iff AE \cdot AB = AS \cdot AC \iff AE \cdot AL = AS \cdot AQ.$$

同理可证, 矩形 $CSTP$ 与矩形 $CDMN$ 的面积相等. 此即表明, $ACPQ$ 的面积等于矩形 $AEKL$ 与矩形 $CDMN$ 的面积之和.

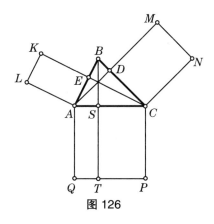

图 126

234. 答案: $\dfrac{1}{2}$.

设该村居民中老实人所占的比例为 x. 设想一下, 如果该村的老实人全都变成了骗子, 而所有的骗子全都"改邪归正"变为老实人, 那么旅行者所听到的话有无变化? 事实上, 毫无变化! 因为若每个人都改变了自己的诚实性, 那么每个人的右邻也都改变了自己的诚实性! 所以旅行者所听到的各人对自己右邻的评价与原先一模一样. 然而, 改变以后, 居民中老实人所占的比例为 $1-x$. 在一般情况下, 旅行者是判断不出 x 的值的, 除非 $x = 1-x$. 既然现在他能判断, 这就表明确有 $x = 1-x$, 意即 $x = \dfrac{1}{2}$.

▽. 可以对 "旅行者所听到的话前后无变化" 给出严格的数学证明: 将所有居民按顺时针方向依次编为 $1,2,\cdots,n$ 号, 令

$$a_k = \begin{cases} 0, & \text{若第 } k \text{ 号居民是老实人,} \\ 1, & \text{若第 } k \text{ 号居民是骗子.} \end{cases}$$

那么居民及告诉旅行者的是 $a_k + a_{k+1} \pmod 2$ $(k=1,2,\cdots,n)$, 并且 $a_{n+1} = a_1$.

显然, $a_k + a_{k+1} \pmod 2 = (1-a_k) + (1-a_{k+1}) \pmod 2$, 此即表明旅行者所听到的各人对自己右邻的评价与原先一模一样.

235. 由题中条件可以推知: 从任何基地都可到达任何别的基地. 因若不然, 空集便为重要道路组, 从而空集亦是唯一的战略道路组. 这显然与题意不符, 因为题中条件说: 存在两个不同的战略道路组.

引理 假设某个道路组 G 是战略道路组, 则当关闭 G 中的所有道路时, 所有基地之集被分成两个互不连通的子集, 并且每个子集中的任何一条道路都未被关闭.

引理之证 我们说, 两个基地属于同一个连通分支, 如果从其中之一可以到达另一个. 在关闭了 G 中的所有道路后, 基地被分为若干个连通分支, 在此属于同一个连通分支的基地可以相互到达, 而属于不同连通分支的基地不能相互到达 (参阅专题分类 $3°$).

下面来证明, 仅有两个连通分支. 假设至少有 3 个连通分支 X, Y 和 Z. 任取一条 (被关闭的) 连接着 X 与 Y 的道路 a (这种道路是存在的, 因为原来由任何基地可以到达任何

基地), 自战略道路组 G 中去掉 a(意即不关闭 a), 那么 G 中剩下的道路仍然构成重要道路组 G_1, 因为分支 X 与分支 Z 依然不能相互通达. 这就说明, 在战略道路组 G 中包含着更小的重要道路组 G_1, 此与战略道路组的定义相矛盾. 所以仅存在两个连通分支.

再来看任一分支内部的任何一条道路 b. 如果它在关闭 G 中的所有道路的过程中被关闭, 那么就表明 $b \in G$. 现在从 G 中去掉 b(意即不关闭 b), 那么两个分支间仍然不连通, 所以从 G 中去掉 b 后剩下的道路所构成的道路组依然是重要道路组, 我们又一次得到矛盾. 至此, 引理证毕.

设有两个不同的战略道路组 G 与 G'. 关闭 G 后, 所有基地分为两个连通分支, 将这两个分支中的基地集合分别记作 A 和 B; 关闭 G' 后, 所有基地分为两个连通分支, 将这两个分支中的基地集合分别记作 C 和 D.

令 $K = A \cap C$, $L = A \cap D$, $M = B \cap C$, $N = B \cap D$ (参阅图 127). 集合 K, L, M, N 两两不交, 它们的并就是所有基地之集. 现证, 这 4 个子集中至多有一个为空集. 事实上, 如果 $K = L = \varnothing$, 则 $A = \varnothing$, 这是不可能的; 而若 $K = N = \varnothing$, 则 $A = D$, $B = C$, 这与 G 和 G' 是两个不同的战略道路组的假设相矛盾. 其余情况类似可证.

在关闭了 G 中所有道路后, K 与 M, K 与 N, L 与 M, L 与 N 之间的所有道路均被切断, 只剩下 K 与 L, M 与 N 之间的道路. 而在关闭了 G' 中所有道路后, K 与 L, K 与 N, L 与 M, M 与 N 之间的所有道路均被切断, 只剩下 K 与 M, L 与 N 之间的道路.

所以, 那些恰属于不同的战略道路组 G 与 G' 之一的道路就是连接着 K 与 L, K 与 M, L 与 N, M 与 N 之间的所有道路. 这就表明, 一旦关闭该组中的所有道路, 那么, 所有的基地被分成两个没有道路连通的 (非空) 集合 $K \cup N$ 与 $L \cup M$. 所以, 这些道路构成重要的道路组.

236. 答案: $\angle AOB = 80°$ 或 $100°$.

$1°$. 首先指出, 与点 B 在直线 AD 同侧且使得 $\angle AOD = 80°$ 的点 O 的轨迹是一段以 A 和 D 为端点的圆弧; 而与点 A 在直线 BC 同侧且使得 $\angle BOC = 100°$ 的点 O 的轨迹是一段以 B 和 C 为端点的圆弧 (参阅图 128). 从而点 O 应当位于这两段弧的交点上, 这种交点不多于两个.

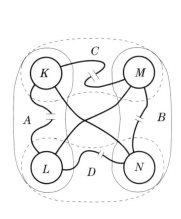

图 127

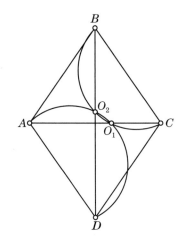

图 128

2°. 我们来标出这两个符合条件的点. 其中一个点 O_1 在对角线 AC 上, 使得 $\angle BO_1C = 100°$. 此时显然有 $\angle AO_1B = 80°$. 由关于 AC 的对称性, 知 $\angle AO_1D = \angle AO_1B = 80°$, 满足题中要求. 类似地, 另一个点 O_2 在对角线 BD 上, 使得 $\angle BO_2C = 100°$. 此时 $\angle AO_2D = 80°$ 且 $\angle AO_2B = 100°$.

容易看出, O_1 与 O_2 都在菱形 $ABCD$ 内部, 且 $O_1 \neq O_2$, 因为它们分别在两条不同的对角线上, 不在对角线的延长线上, 且不在两对角线的交点上.

注 记两对角线的交点为 P. 在 $\triangle BPC$ 中, $\angle BO_1P = 80° > 55° = \angle BCP$, 故知点 O_1 在菱形 $ABCD$ 内部. 同理, $\angle CBP = 35° < 80° = \angle CO_2P$, 所以 O_2 在对角线 BD 上, 而不在其延长线上.

237. 1°. 将所有的标出的依次记为 $x_0, x_1, \cdots, x_{n+1} (0 = x_0 < x_1 < \cdots < x_{n+1} = 1)$. 由题中条件知, 对每个 $i = 1, 2, \cdots, n$, 都存在某两个标出点 $a_i < b_i$, 使得
$$x_i = \frac{a_i + b_i}{2}.$$

2°. 对于所得的 n 个等式, 凡是其右端出现 x_1 的, 一律用 $\frac{a_1 + b_1}{2}$ 取代 x_1, 于是我们得到一组新的 n 个等式, 它们的左端如同原来, 而右端都不出现 x_1.

如果其中的第 2 个等式的右端带有形如 αx_2 的项, 则将其移至左端, 并在两端同时除以 $(1-\alpha)x_2$(下面将会证明 $\alpha \neq 1$). 于是, 第 2 个等式现在具有如下形式:
$$x_2 = \beta_3 x_3 + \beta_4 x_4 + \cdots + \beta_n x_n + \beta_{n+1},$$

其中 $\beta_3, \beta_4, \cdots, \beta_{n+1}$ 均为有理数.

下面再观察除了前两个等式以外的其他所有等式. 只要它们的右端出现 x_2, 那么就用刚才所得的表达式取代 x_2, 并且利用第 3 个等式得出用 $x_4, \cdots, x_{n+1}$ 表示 x_3 的表达式, 然后再用该表达式取代后面各式右端的 x_3, 再利用第 4 个等式, 如此等等, 一共进行 n 次此类操作.

最后, 我们得到一个等式 $x_n = \gamma$ (因为 $x_{n+1} = 1$). 由于每次操作都是进行加、减、乘、除运算, 所以所得的系数都是有理数. 既然如此, 所以 x_n 是有理数. 由于 x_{n-1} 是通过 x_n 与 x_{n+1} 表示的, 其中的系数都是有理数, 所以 x_{n-1} 也是有理数. 如此一直下去, 便知所有的数都是有理数.

3°. 我们来证明: 在任何一步上, 都没有除以 0.

我们知道, 任何时刻, 所有的等式都具有如下形式:
$$x_i = \delta_1 x_1 + \delta_2 x_2 + \cdots + \delta_n x_n + \delta_{n+1}.$$

下面来证明:

(1) 所有的系数 δ_k 都是非负的 $(k = 1, 2, \cdots, n+1)$.

(2) 至少存在一个 $k > i$, 使得 $\delta_k > 0$.

事实上, 在开始时, 这两点都是成立的. 在经过一系列置换之后, 对所有的 $j < i$, 右端的 x_j 都被取代, 它们是逐个被取代的. 在取代 x_j 时, δ_j 被变为 0, 其他的 δ_k 被换为 $\delta_k + \lambda \delta_j$, 其中 λ 是 x_k 在第 j 个等式中的系数. 在此过程中, 系数的非负性得以保持; 非 0

系数的最大脚标不下降, 所以它仍然大于 i. 故当把 $\delta_i x_i$ 移项到左端时, 右端仍然是正数. 事实上, 所有的 $x_1, x_2, \cdots, x_n$ 都是正数, 所有的系数 δ_k 都是非负的, 并且其中至少有一个为正数. 这就表明, 左端亦是正数, 从而 $1 - \delta_i > 0$. 这就说明, 在对等式两端做除法时, 分母是正有理数 $1 - \delta_i$, 从而所说的两点性质仍然保持.

238. 如果 $a + b + c \leqslant 11$, 则

$$28a + 30b + 31c \leqslant 31(a+b+c) \leqslant 31 \cdot 11 = 341 < 365,$$

此为不可能. 而若 $a + b + c \geqslant 14$, 则

$$28a + 30b + 31c \geqslant 28(a+b+c) \geqslant 28 \cdot 14 = 392 > 365,$$

亦为不可能. 下面只需证明 $a+b+c \neq 13$. 用反证法, 假设 $a+b+c = 13$. 如果 $a = 13$, $b = c = 0$, 则

$$28a + 30b + 31c = 28 \cdot 13 = 364 \neq 365.$$

故只剩下 $a+b+c = 13$, $a < 13$ 这种可能情况. 此时 $b + c = 13 - a > 0$, 而

$$28a + 30b + 31c = 28(a+b+c) + 2b + 3c \geqslant 28 \cdot 13 + 2(b+c) = 364 + 2(b+c),$$

由于 $2(b+c)$ 是一个正偶数, 所以 $364 + 2(b+c) \geqslant 366 > 365$. 故亦不可能.

综合上述, 知必有 $a+b+c = 12$.

239. 解法 1 将第 i 个矩形所标出的边的长度记作 a_i, 另一边的长度记作 b_i. 于是有 $\sum_{i=1}^{n} a_i b_i = 1$. 令 $b = \max_{1 \leqslant i \leqslant n} b_i$, 则有 $b \leqslant 1$, 且 $b \sum_{i=1}^{n} a_i \geqslant \sum_{i=1}^{n} a_i b_i = 1$, 从而

$$\sum_{i=1}^{n} a_i \geqslant \frac{1}{b} \geqslant 1.$$

解法 2 把所有被标出的边都投影到正方形的一条边 ℓ 上. 如果 ℓ 被这些投影所覆盖, 则表明所有被标出的边的长度和不小于 1. 否则, ℓ 上存在某个点 A 未被这些投影所盖住. 我们经过点 A 做 ℓ 的垂线 ℓ', 则 ℓ' 应当被那些所标出的边与 ℓ' 平行的矩形所覆盖 (否则垂足 A 应当被投影所盖住). 所以, 这些矩形中所标出的边的长度和不小于 1.

240. 答案: 1998.

沿着道路依次为路灯编号. 如果第 n 盏路灯与第 $n+2$ 盏路灯所照亮的路段有交 (哪怕有公共点), 那么第 $n+1$ 盏路灯就可以去掉. 因此, 具有相同奇偶性编号的路灯所照亮的路段都不应相交. 在 1000m 长的道路上, 不可能多于 999 段互不相交的 1m 长的路段. 因此, 每种奇偶性编号的路灯都不可能多于 999 盏, 所以一共不能多于 1998 盏.

另一方面, 可以安装 1998 盏路灯: 各盏路灯所照亮的路段的中点呈等差数列: 第 1 盏路灯所照亮的路段的中点离道路起点 $\frac{1}{2}$m, 第 1998 盏路灯所照亮的路段的中点离道路起点 $999\frac{1}{2}$m, 所以该数列的公差为 $\frac{999}{1997}$m. 此时, 第 n 盏路灯与第 $n+2$ 盏路灯所照亮的路段的中点之间的距离为 $\frac{1998}{1997}$m, 所以它们之间的长为 $\frac{1}{1997}$m 的路段只能靠第 $n+1$ 盏路

灯照亮. 因此, 谁也不能去掉.

241. 答案: 不存在.

$1°$. 如果一个正整数可被 1998 整除, 则可被 999 整除. 所以只需证明: 不存在这样的正整数: 它可被 999 整除, 它的各位数字之和小于 27.

我们先来证明: 将正整数的 10 进制表达式中的数字自右往左 3 个 3 个地分为一组 (最后一组可以为 1 个或 2 个数字), 再将各组数字所成的正整数相加. 一个正整数可被 999 整除, 当且仅当所得的和数可被 999 整除.

如果一个正整数的位数 m 不是 3 的倍数, 我们可在其前面补一个或两个 0, 使之成为 3 的倍数. 所以我们可以假定正整数的位数 m 是 3 的倍数. 写

$$n = \overline{a_{3k}a_{3k-1}a_{3k-2}\cdots a_6a_5a_4a_3a_2a_1},$$
$$S_3(n) = \overline{a_{3k}a_{3k-1}a_{3k-2}} + \cdots + \overline{a_6a_5a_4} + \overline{a_3a_2a_1}.$$

由于

$$n = \overline{a_{3k}a_{3k-1}a_{3k-2}} \cdot 10^{3k-3} + \cdots + \overline{a_6a_5a_4} \cdot 10^3 + \overline{a_3a_2a_1},$$

所以

$$n - S_3(n) = \overline{a_{3k}a_{3k-1}a_{3k-2}} \cdot (10^{3k-3} - 1) + \cdots + \overline{a_6a_5a_4} \cdot (10^3 - 1)$$

是 999 的倍数. 因此, n 可被 999 整除, 当且仅当 $S_3(n)$ 可被 999 整除.

$2°$. 由于上述原因, 在讨论被 999 的整除性时, 我们可以用 $S_3(n)$ 代替 n 进行讨论. 如果 $S_3(n)$ 的位数多于 3 位, 可再对它自右往左 3 个一组地分成若干个 3 位数, 再对它们求和, 得到 $S_3(S_3(n))$. 如此进行若干次, 终究会得到一个 3 位数. 如果 n 可被 999 整除, 那么最终势必得到 999. 它的各位数字之和是 27.

$3°$. 为了证明我们所需的结论, 只需再证: 在上述操作不会增大正整数的各位数字之和. 以 $S(n)$ 表示正整数 n 的各位数字之和. 通过加法的竖式演算, 不难看出 $S(n+m) = S(n) + S(m) - 9T(n,m)$, 其中 $T(n,m)$ 是 n 与 m 相加时所进位的数字, 所以 $S(n+m) \leqslant S(n) + S(m)$. 由此即可得出我们的断言.

242. 答案: 从 A 算起, 5:7.

$1°$. 首先解决一枚钉子的情形. 假设仅钉入一枚钉子, 它紧贴着边 AC 上的点 M. 固定假想中的旋转中心 (点 O). 现在的问题是: 能否将三角形围绕点 O 旋转一个不大的角度? 如果能, 那么是朝着哪个方向旋转?

设三角形放置如图 129(a) 所示. 经过点 M 作直线 AC 的垂线, 它将平面分作两个部分. 如果点 O 与顶点 C 落在同一个部分中, 则三角形可围绕点 O 作逆时针旋转, 而如果落在不同的部分中, 则作顺时针旋转.

假如点 O 落在垂线上, 那么当点 O 与顶点 B 落在直线 AC 的同一侧时 (只要点 O 在 $\triangle ABC$ 形内, 那么就总是如此), 三角形不可能作任何旋转; 当点 O 与顶点 B 落在直线 AC 的不同侧时, 三角形可作朝任何方向旋转.

2°. 现在回到原题中的 3 枚钉子的情形. 经过各枚钉子作所靠的边的垂线.

(1) 我们来证明: 如果 3 条垂线不相交于同一点, 则三角形可以旋转.

事实上, 在现在的情况下, 3 条垂线将三角形分成 7 个部分, 如图 129(b) 所示. 我们在各个部分中分别标注 +− 号, 其中第一个 + 号表示, 紧贴着边 AB 的钉子不能妨碍三角形绕着该区域中的点作逆时针旋转, 依此类推. 于是每个区域都有一个 +− 号的 3 元有序组, 而且各不相同. 因此, 其中或者有 +++, 或者有 −−−. 在前一种情况下, 三角形可作逆时针旋转; 在后一种情况下, 三角形可作顺时针旋转.

(2) 如果 3 条垂线相交于同一点.

如果点不在任何一条垂线上, 则在对它所标注的 +− 号的 3 元有序组中, 至少有一个 + 号, 也至少有一个 − 号. + 号阻止三角形围绕该点作顺时针旋转, − 号阻止三角形围绕该点作逆时针旋转.

如果点在某一条垂线上, 并且在三角形内部, 则如上所说, 该垂线所经过的钉子阻止三角形作任何方向的旋转. 而如果点在某一条垂线上, 但在三角形外部, 则另两枚钉子阻止三角形作任何方向的旋转.

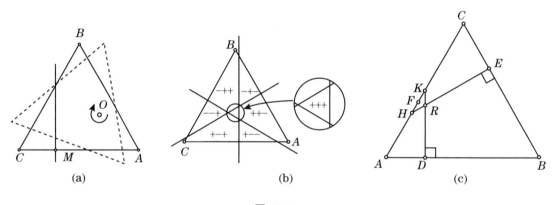

图 129

3°. 综上所述, 为了使得胶木三角形不能移动, 必须使得经过 3 枚钉子所作的各相应边的垂线相交于同一点.

设 3 枚钉子分别紧贴着边 AB 上的点 D, 边 BC 上的点 E 和边 AC 上的点 F(见图 129(c)). 再设经过点 D 所作的边 AB 的垂线交 AC 于点 K, 经过点 E 所作的边 BC 的垂线交边 AC 于点 H, 并设此二垂线相交于点 R. 于是

$$AK = \frac{AD}{\cos 60°} = \frac{1}{2}AC, \quad CH = \frac{CE}{\cos 60°} = \frac{2}{3}AC.$$

又由于 $\angle HKR = \angle KHR = 30°$, 所以 $\triangle HRK$ 是等腰三角形. 由此可知 $HF = FK$, 所以从 A 算起, 点 F 将边 AC 分成 5:7 的两段.

243. 1°. 我们来证明: 如果一种排列是"好的", 那么就可以将每个数都染为 9 种颜色之一, 使得每种颜色的数都是按递增顺序排列的.

把 9 种颜色编为 1 至 9 号色. 自左至右为数染色. 每一次都用号数最小的颜色为现在的数染色, 只要已经染为该种颜色的数都小于现在的数. 如果我们不能用这种方法为现在

的数 (将其记为 a_{10}) 染色, 那么说明前面已经用 9 号色染过一个比它大的数 a_9. 而 a_9 之所以未能用 8 号色染色, 是因为它前面已经有用 8 号色染的比它还大的数 a_8. 如此下去, 便找到 10 个按顺序递降的数, 此与该种排列是 "好的" 相矛盾.

$2°$. 现在只需把每个数都染为 9 种颜色之一, 再把每个位置分配给各种颜色即可. 因为各种颜色的数都需在所分得的位置上按递增顺序排列. 显然, 染色方式有 9^n 种; 位置的分配方式也至多有 9^n 种, 因此好的排列不多于 81^n 种.

▽. 由 1 到 n 的正整数共有 $n!$ 种不同的排列. 根据数学分析中的一个经典结论, 知
$$\lim_{n\to\infty}\frac{81^n}{n!}=0.$$
所以, 当 n 很大的时候, "好的" 排列明显地少于 "不好的" 排列.

244. 由于
$$x+y+z-2(xy+yz+zx)+4xyz-\frac{1}{2}=\frac{1}{2}(2x-1)(2y-1)(2z-1),$$
当题中的等式成立时, 上式左端为 0, 所以右端也为 0, 故右端的 3 个因式中至少有一个为 0, 意即 x,y,z 中至少有一个等于 $\frac{1}{2}$.

245. 答案: 不能.

反例如下 (参阅图 130):
$$f(x)=\begin{cases} 2-x, & \text{如果 } x\leqslant 1, \\ \dfrac{1}{x}, & \text{如果 } x>1. \end{cases}$$

显然, f 的图像不是直线.

我们的函数 f 在整个实轴上有定义; 又因 $2-x$ 与 $\dfrac{1}{x}$ 在 $x=1$ 处的导数相等, 所以 f 在每个点处都有导数. 如果 x 是有理数, 那么 $2-x$ 也是有理数, 又若 $x>1$ 是有理数, 则 $\dfrac{1}{x}$ 也是有理数, 所以当 x 是有理数时, $f(x)$ 是有理数. 反之, 如果 $y=f(x)$ 是有理数, 那么, 或者 $x=2-y$, 或者 $x=\dfrac{1}{y}$ (注意, y 恒正), 都是有理数. 所以 f 的图像上不存在这样的点, 它的两个坐标值中一个为有理数, 一个为无理数.

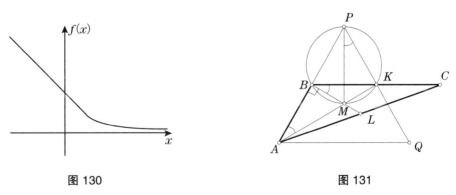

图 130 图 131

246. 答案: $\angle B=120°$, $\angle C=\arccos\dfrac{5}{2\sqrt{7}}$, $\angle A=\arccos\dfrac{2}{\sqrt{7}}$.

$1°$. 将 $\triangle ABC$ 的重心记作 M. 我们来观察等边三角形 $\triangle APQ$, 其中 AK 是中线, 点 P 在直线 AB 上 (参阅图 131). 由于重心将中线分为 $2:1$ 的两段, 由于 M 是 $\triangle ABC$ 的重心, AK 是边 BC 上的中线, 所以它将 AK 分为 $2:1$ 的两段, 而 AK 也是 $\triangle APQ$ 的边 PQ 上的中线, 所以 M 是该等边三角形的中心. 这表明 $\angle KPM = 30° = \angle KBM$. 从而 M, K, P, B 四点共圆. 由于 $\angle MKP = 90°$, 所以 MP 是该圆的直径. 这表明, 亦有 $\angle PBM = 90°$, 从而

$$\angle ABC = \angle ABM + \angle CBL = 90° + 30° = 120°.$$

$2°$. 直线 AP 与我们的圆恰好有两个交点, 其中之一为点 P, 另一个交点为 B, 它刚好是线段 AP 的中点. 设等边三角形 $\triangle APQ$ 的边长为 $2a$, 则 $AB = a$, $AK = \sqrt{3}a$. $\triangle BKP$ 为等边三角形, $BK = a = KC$, 于是 $BC = 2a$, 进而 $\angle ABK = 120°$, 于是由余弦定理, 得

$$AC^2 = AB^2 + BC^2 - 2AB \cdot BC \cdot \cos 120° = a^2 + 4a^2 + 2a^2 = 7a^2.$$

再由余弦定理, 知

$$\cos \angle ACB = \frac{4+7-1}{2 \cdot 2\sqrt{7}} = \frac{5}{2\sqrt{7}}, \quad \cos \angle CAB = \frac{7+1-4}{2\sqrt{7}} = \frac{2}{\sqrt{7}}.$$

247. 答案: 唯一解 $x = y = z = 2$.

方程右端被 3 除的余数应当与左端一样, 即为 1. 因此 z 是偶数. 同理, 左端被 4 除的余数应当是 1, 从而 x 也是偶数. 这样一来, $4^y = 5^z - 3^x = 5^{2u} - 3^{2v}$, 于是 $2^{2y} = (5^u - 3^v)(5^u + 3^v)$, 从而 $5^u - 3^v = 2^k$, $5^u + 3^v = 2^l$, 其中 k 与 l 是非负整数, 且 $k + l = 2y$. 因而 $5^u = \frac{1}{2}(2^k + 2^l)$,

$$3^v = \frac{1}{2}(2^l - 2^k) = 2^{l-1} - 2^{k-1}.$$

这表明 $2^{l-1} - 2^{k-1}$ 是奇数, 所以 $k = 1$. 从而 $2^k = 2$, $3^v = 2^{l-1} - 1$. 由此可知 $l-1$ 是偶数, $l - 1 = 2s$, $3^v = (2^s - 1)(2^s + 1)$. 于是 $2^s - 1$ 与 $2^s + 1$ 都只能是 3 的方幂数, 因而只能是 1 和 3. 故知

$$s = 1, \, l = 2s + 1 = 3.$$

由此不难知 $x = y = z = 2$.

248. 答案: 可以.

乍一看来, 似乎觉得这种结构不可能存在. 因为如果第 1 个齿轮顺时针旋转, 那么第 2 个齿轮就逆时针旋转, 第 3 个齿轮又顺时针旋转, 如此下去, 第 61 个齿轮应当顺时针旋转, 从而难以想象它能够与第 1 个齿轮咬合.

但是别忘了, 我们是在空间中考虑问题. 一个齿轮究竟是顺时针旋转还是逆时针旋转, 取决于我们从哪里观察它. 事实上, 满足题中要求的空间齿轮结构是存在的, 如图 132 所示.

我们来结合图形, 说明它的构造: 齿轮 13—61 以及齿轮 1 都包含在平面 Oxy 中; 其余的齿轮则都包含在平面 Oxz 中. 如果我们在平面 Oxy 中观察, 则齿轮 13, 15, 17, $\cdots$, 61 都是顺时针旋转, 而齿轮 14, 16, $\cdots$, 60 以及齿轮 1 都是逆时针旋转. 而在 1—13 这一段上面发生了 "奇偶性反转": 齿轮 1 与齿轮 13(平面 Oxy 中) 的旋转方向相反.

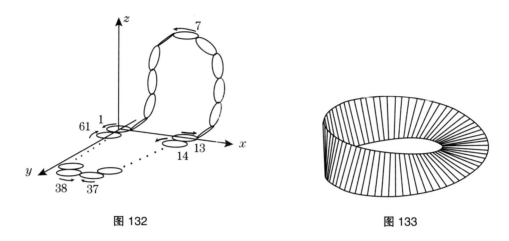

图 132   图 133

注 所谓 "奇偶性反转" 本质上与如图 133 所示的麦比乌斯带有关. 一般的曲面都有正面与反面之分; 麦比乌斯带却没有, 它仅有一个面! 如果一只蚂蚁沿着这个曲面爬行, 它可以到遍曲面上的任何一处, 无须从这个面翻到那个面.

249. 同第 243 题.

第 62 届莫斯科数学奥林匹克 (1999)

250. 分别记 $x = \dfrac{111110}{111111}$, $y = \dfrac{222221}{222223}$, $z = \dfrac{333331}{333334}$. 则有

$$1-x = \frac{1}{111111}, \quad 1-y = \frac{2}{222223}, \quad 1-z = \frac{3}{333334},$$

它们的倒数相应为

$$\frac{1}{1-x} = 111111, \quad \frac{1}{1-y} = 111111 + \frac{1}{2}, \quad \frac{1}{1-z} = 111111 + \frac{1}{3},$$

因此有 $\dfrac{1}{1-x} < \dfrac{1}{1-y} < \dfrac{1}{1-z}$. 既然所有的数都是正的, 所以 $1-x > 1-z > 1-y$, 亦即 $x < z < y$.

251. 具体分法如图 134 所示. 其中, 图 134(a) 中的 $ABCD$ 为梯形; 图 134(b) 中的 $ABCD$ 为一般的凸四边形; 图 134(c) 中的 $ABCD$ 为非凸四边形.

在任一四边形 $ABCD$ 中, 都可以找到两个相邻的角, 它们的和不小于 $180°$. 事实上, 对于非凸的四边形, 只需取它的大于 $180°$ 的角及其任一邻角即可; 而若 $ABCD$ 是凸四边

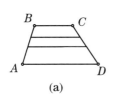
(a)
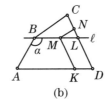
(b)
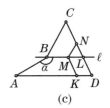
(c)

图 134

形, 则因
$$(\angle A+\angle B)+(\angle C+\angle D)=360°,$$
所以, 或有 $\angle A+\angle B\geqslant 180°$, 或有 $\angle C+\angle D\geqslant 180°$. 不妨设 $\angle A+\angle B\geqslant 180°$.

如果 $\angle A+\angle B=180°$, 则 $AD//BC$, $ABCD$ 是梯形, 可按图 134(a) 的方式划分.

如果 $\angle A+\angle B>180°$, 且 $\angle B$ 是最大内角. 经过顶点 B 作直线 ℓ 平行于 AD. 将直线 ℓ 与边 AB 的夹角记作 α, 则有
$$\alpha=180°-\angle A<\angle B.$$

因此, 直线 ℓ 沿着 $\angle B$ 的内部伸展, 从而必与边 BC 相交于某点 L. 作平行于 BC 的直线, 使之与线段 AD 和 BL 都相交, 记其与 AD 的交点为 K, 与 BL 的交点为 M. 再经过点 M 作平行于 BC 的直线, 记其与边 CD 的交点为 N. 则我们已经将四边形 $ABCD$ 分成三个梯形: $AKMB$, $KDNM$ 和 $CNMB$.

图 134(b) 为凸四边形的情形, 图 134(c) 为非凸四边形的情形.

252. 若 $ab=cd$, 则 $a^2+2cd+b^2$ 与 $c^2+2ab+d^2$ 都是完全平方数. 这样的正整数很多, 例如 $a=3, b=8, c=4, d=6$.

253. 答案: 498.

由于 300 与 198 都是 6 的倍数, 所以别佳所能够取出的美元数目只能为 6 的倍数, 不超过 500 的 6 的最大倍数是 498.

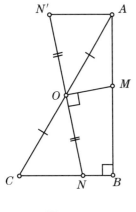

图 135

我们来证明可以取到 498 美元. 先按照如下步骤进行操作: $500-300=200, 200+198=398, 398-300=98, 98+198=296, 296+198=494$, 于是银行里的钱数减少了 6 美元.

连续进行 16 次类似的操作, 别佳取出 96 美元. 然后, 他再取出 300 美元, 再存入 198 美元, 最后再取出 300 美元, 于是一共取出 498 美元.

254. 将点 N 关于点 O 的对称点记作 N'(见图 135).

由两边及其夹角对应相等, 知 $\triangle ONC\cong\triangle ON'A$. 并且还有 $\angle N'AM=90°$, 事实上
$$\angle N'AM=\angle N'AO+\angle MAO$$
$$=\angle ACB+\angle BAC=90°.$$

于是，由勾股定理得
$$AM^2+CN^2=AM^2+AN'^2=MN'^2.$$
再由 OM 是线段 NN' 的中垂线可得 $MN'=MN$，代入上式，即得所证.

255. 假设共有 n 位棋手参加比赛，于是共赛 $n(n-1)$ 次，每次比赛都产生 1 分. 既然所有参加者都得到相同的分数，所以每个人都得了 $n-1$ 分. 每位棋手都执白比赛了 $n-1$ 次. 如果每两个棋手执白所胜的次数都不相同，那么他们执白所胜的次数就有 n 种不同的可能：$0,1,2,\cdots,n-1$. 我们来看两个最极端的人物：执白赢得 $n-1$ 分的棋手 A 和执白未赢一次的棋手 B.

我们来设想一下 A 执黑与 B 对弈的情形. 一方面，A 已经执白赢得了 $n-1$ 局，因此他凡执黑都应输棋，包括这一局也应输棋；但另一方面，B 执白一局未赢，既然这一次他执白，所以他也应当输棋. 由此得出矛盾.

256. 答案：2.

黑板上所写两个数的乘积是不变的，事实上
$$\frac{a+b}{2}\cdot\frac{2}{\frac{1}{a}+\frac{1}{b}}=\frac{a+b}{2}\cdot\frac{2ab}{a+b}=ab.$$

既然开始时黑板上所写两个数的乘积是 2，所以第 1999 天早上写在黑板上的数的乘积仍然是 2.

257. 答案：乙可以做到.

如果所写的字母序列从左往右念和从右往左念都一样，我们就称之为回文.

乙可以采取如下策略：前 1000 步他统统放过，什么都不改变. 在第 $k+1000$ 步时，让最后的 $2k+1$ 个字母形成回文，$k=1,2,\cdots,999$.

我们来对 k 归纳，证明乙可以达到目的. 当 $k=0$ 时，显然. 假设当 $k=n-1$ 时，乙可以使得最后的 $2n-1$ 个字母形成回文.

如果甲所写的第 $1000+n$ 个字母与已写的第 $1000-n$ 个字母相同，那么乙就什么都不改变. 如果甲所写的第 $1000+n$ 个字母与已写的第 $1000-n$ 个字母不同，那么其中之一与第 1000 个字母不同，于是乙将其与第 1000 个字母交换位置，即可使得第 $1000+n$ 个字母与已写的第 $1000-n$ 个字母相同. 而第 $1001-n$ 个字母至第 $999+n$ 个字母仍然形成回文. 所以当 $k=n$ 时，乙也可以使得最后的 $2n+1$ 个字母形成回文.

如此一来，在经过 1999 步之后，所得的字母序列形成回文.

258. 由于弦切角与同弧所对圆周角相等，所以 $\angle CBO = \angle BAC$. 而由关于平行线的内错角相等，知 $\angle BAC = \angle ACD$（见图 136）. 所以 $\angle CBO = \angle ACD$. 反向运用弦切角与同弧所对圆周角的关系定理，即知经过点 B,O,C 的圆与直线 CD 相切.

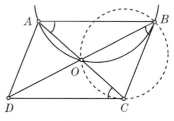

图 136

259. 答案：$k=2$.

记 $n=1000$. 看两种情形：

$1°$. $k > n$, 此时

$$\underbrace{1\cdots1\overbrace{2\cdots2}^{k}}_{2n} - \underbrace{2\cdots2}_{n+1} = \underbrace{1\cdots1}_{2n-k}\overbrace{2\cdots2}^{k-(n+1)}\underbrace{0\cdots0}_{n+1}.$$

该数末尾有 $n+1 = 1001$ 个 0. 而若它是完全平方数, 那么它的末尾必须有偶数个 0. 所以此时它一定不是完全平方数.

$2°$. $k \leqslant n$, 此时

$$\underbrace{1\cdots1\overbrace{2\cdots2}^{k}}_{2000} - \underbrace{2\cdots2}_{1001} = \underbrace{1\cdots1}_{2n-k}\underbrace{0\cdots0}_{k} - \underbrace{2\cdots2}_{n+1-k}\underbrace{0\cdots0}_{k}$$
$$= 10^k(\underbrace{1\cdots1}_{2n-k} - \underbrace{2\cdots2}_{n+1-k}). \tag{1}$$

该数末尾有 k 个 0, 作为完全平方数, k 应当是偶数. 我们记 $l = \dfrac{k}{2}$.

式 (1) 中的数是完全平方数, 当且仅当如下的数是完全平方数:

$$A = \underbrace{1\cdots1}_{2n-2l} - \underbrace{2\cdots2}_{n+1-2l}.$$

注意

$$A = \frac{1}{9} \cdot \underbrace{9\cdots9}_{2n-2l} - \frac{2}{9} \cdot \underbrace{9\cdots9}_{n+1-2l} = \frac{1}{9}\left(10^{2n-2l} - 1 - 2(10^{n+1-2l} - 1)\right).$$

显然, A 是完全平方数, 当且仅当 $B = 9A$ 是完全平方数. 而

$$B = 9A = 10^{2n-2l} - 2 \cdot 10^{n+1-2l} + 1 = (10^{n-l})^2 - 2 \cdot 10^{n-l} \cdot 10^{1-l} + 1. \tag{2}$$

如果 $l = 1$, 则 B 是一个完全平方数:

$$B = (10^{n-l})^2 - 2 \cdot 10^{n-l} + 1 = (10^{n-l} - 1)^2.$$

如果 $l > 1$, 则由式 (2) 知

$$(10^{n-l} - 1)^2 = (10^{n-l})^2 - 2 \cdot 10^{n-l} + 1 < B < (10^{n-l})^2.$$

此时 B 介于两个相连的完全平方数之间, 所以一定不是完全平方数.

综合上述, 仅当 $k = 2$ 时, $\underbrace{1\cdots1\overbrace{2\cdots2}^{k}}_{2000} - \underbrace{2\cdots2}_{1001}$ 是完全平方数.

260. 分别将边 AB, BC 和 AC 的长度记作 c, a 和 b, 以 p 表示 $\triangle ABC$ 的半周长. 由题中条件知 $c > a$. 不妨设点 R 在边 AC 上, 点 S 在边 BC 上 (见图 137). 于是

$$RQ = |RC - QC| = \left|\frac{b}{2} - (p-c)\right| = \left|\frac{b}{2} - \frac{a+b-c}{2}\right| = \frac{c-a}{2}.$$

由 $RS // AB$ 知 $\triangle PAQ \sim \triangle TRQ$. 然而 $\triangle PAQ$ 是等腰三角形, 所以 $RQ = RT$. 因而

$$ST = RS - RT = RS - RQ = \frac{c}{2} - \frac{c-a}{2} = \frac{a}{2} = BS.$$

这表明 $\triangle TSB$ 是等腰三角形,$\angle SBT = \angle STB = \angle TBA$,因而 BT 是 $\triangle ABC$ 中内角 $\angle ABC$ 的平分线.

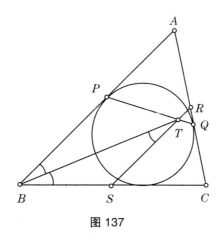

图 137

261. 各个小题的解答均采用数学归纳法,不过归纳的难度逐步加大.

a) $n=1$ 时结论显然,2 个运动员经过一轮比赛,产生 1 个冠军,占总数的一半.

假设 $n=k$ 时存在这样的例子,即根据项目安排顺序的不同,在 2^k 个运动员中有 2^{k-1} 个可能成为冠军. 我们把这样的例子叫作 $\varGamma_k$.

我们来构造一个由 2^{k+1} 个运动员构成的例子 $\varGamma_{k+1}$,使得其中有 2^k 个 "潜在冠军",即存在恰当的比赛顺序,使得其中有 2^k 个运动员可能成为冠军. 将 2^{k+1} 个运动员分为两组 A 和 A',每组 2^k 人,使得:

(1) 在第 1 至第 k 个项目中,每一组运动员的排名情况都与 $\varGamma_k$ 中相同.

(2) 在第 $k+1$ 个项目中,A' 组的所有运动员都强于 A 组的所有运动员;而在其他项目中,则都刚好相反.

(3) 在第 k 个与第 $k+1$ 个项目中,A 组运动员的排名顺序完全相同.

下面证明这个例子满足要求.

如果第一轮比赛就赛第 $k+1$ 个项目,那么留下 A' 中所有运动员. 根据归纳假设,他们中有一半人是 "潜在冠军".

如果第一轮比赛就赛第 k 个项目,那么留下 A 中所有运动员. 根据归纳假设,对于 A 中的一半运动员,都分别能找到某种比赛顺序,使得他们成为冠军. 但是在这些顺序中,有第 $k+1$ 个项目,而没有第 k 个项目 (第 k 个项目已经赛过了). 然而,由于 A 组运动员在第 k 个与第 $k+1$ 个项目中的排名顺序完全相同,所以在 $\varGamma_k$ 中成为冠军的人现在仍可成为冠军.

综合上述,A 中与 A' 中都各有一半运动员可能成为冠军,所以一共有 2^k 个 "潜在冠军".

b) 我们来证明:对于每一个项目,都能指出一个运动员,不论比赛顺序如何安排,他都一定在该项目的比赛中被淘汰 (甚至在较前的比赛中已经被淘汰). 并且对于不同的项目,被指出的人互不相同. 如此一来,这 n 个人必不能成为冠军,从而 "潜在冠军" 不会多于

$2^n - n$ 个.

$k = 1$ 时显然, 这个人就是那个在这一轮比赛中的最弱者.

假设已经找出集合 $A_k = \{a_1, a_2, \cdots, a_k\}$, 其中 a_i 是在第 i 个项目的比赛中一定会被淘汰 (甚至在较前的比赛中已经被淘汰) 的人. 我们来看如何找出 a_{k+1}.

显然, 我们应当取那个在第 $k+1$ 个项目中除了 A_k 中的人之外的最弱的人作为 a_{k+1}. 现证 a_{k+1} 满足要求. 假设第 $k+1$ 个项目排在第 r 轮进行, A_k 中的人在此之前进行的 $r-1$ 轮比赛中已经有 w 个人被淘汰出局, 从而在第 r 轮比赛中至多有 $k-w$ 个人比 a_{k+1} 还弱. 该轮比赛将要淘汰掉 2^{n-r} 个人, 如果 a_{k+1} 不被淘汰, 则只能是 $2^{n-r} \leqslant k-w$. 但这是不可能的. 因为在进行完毕第 $k+1$ 个项目的比赛之后, 第 1 至第 k 个项目中至多还有 $k-w$ 个项目未进行比赛, 然而 $k-w \leqslant n-r < 2^{n-r}$, 所以 a_{k+1} 最迟在第 $k+1$ 个项目的比赛中被淘汰出局.

c) 为证明 "潜在冠军" 的数目可能等于 $2^n - n$, 我们需要如下引理:

引理 2^n 个运动员参加 $n+1$ 个不同项目的比赛, 其中第 $n+1$ 个项目必须参加, 其余的项目可任选 $n-1$ 个项目参加. 则存在这样的情况, 其中除了那个在第 $n+1$ 个项目[①]中最弱的人之外, 其余所有的人都是 "潜在冠军".

先看如何运用引理解决问题 c), 再证明引理. 我们把满足引理情况的例子记作 E_n.

$n = 1$ 时, 结论 c) 显然成立. 假设当 $n = k$ 时存在例子 D_k, 使得在 2^k 个运动员中确有 $2^k - k$ 个 "潜在冠军". 我们来构造 $n = k+1$ 时的例子 D_{k+1}. 现在共有 2^{k+1} 个运动员, 把他们分为两组 A 和 A', 每组 2^k 人, 使得:

(1) A' 组成员在第 1 个至第 k 个项目中的实力排名完全与 D_k 相同.

(2) 在第 $k+1$ 个项目中, A' 组的每个成员的实力都强于 A 组所有成员; 而在其他项目中则刚好相反.

(3) A 组成员的实力分布情况如同例子 E_k.

如果第 1 轮比赛就赛第 $k+1$ 个项目, 则留下 A' 组所有成员. 根据归纳假设, 他们中有 $2^k - k$ 个 "潜在冠军".

我们来看 A 组, 注意其中成员的实力分布如同例子 E_k. 考察其中任一 "潜在冠军" 某甲, 观察可以使得他登上冠军宝座的项目安排顺序. 假定他未选第 j 个项目. 如果我们现在在第 1 轮中就进行第 j 个项目的比赛, 根据 (1), 被淘汰出局的全都是 A' 组的成员, 而 A 组的成员全都可以进入下一轮比赛. 如果后面的项目安排恰好又就是例子 E_k 中使得某甲成为冠军的顺序, 那么他当然又可问鼎冠军. 如此一来, 根据引理, A 组中仅有一人无缘冠军.

综合上述, 共有 $(2^k - k) + (2^k - 1) = 2^{k+1} - (k+1)$ 个 "潜在冠军".

引理之证 我们把引理中那个唯一无缘冠军的人称为黑马, 下面除了证明引理的结论之外, 还将证明: 黑马有可能坚持到最后一轮才被淘汰.

$n = 1$ 时, 结论显然成立. 假设当 $n = k$ 时存在满足条件的例子 E_k. 我们来构造 $n = k+1$ 时的例子 E_{k+1}. 将 2^{k+1} 个运动员分为两组 B 和 B', 每组 2^k 人, 使得:

在第 1 个项目中, B' 组的每个成员的实力都强于 B 组所有成员; 而在其他项目中则刚

[①] 第 $n+1$ 个项目不一定为第 $n+1$ 个举办, 项目可按任何顺序举办. —— 编译者注

好相反. 在第 j 个项目中, B 和 B' 组成员的实力分布情况都与 E_k 中的第 $j-1$ 个项目的分布情况相同 $(2 \leqslant j \leqslant k+2)$. 此外, 还假定 B 组中的黑马其实是 B 组第 1 个项目中的最强者.

假如一开始就进行第 1 个项目的比赛, 则留下 B' 组, 从而有 2^k-1 个 "潜在冠军", 并且根据归纳假设, 在某种项目安排顺序之下, 黑马可坚持到最后一轮才被淘汰.

如果根本不进行第 1 个项目的比赛, 则 B' 组在第一轮比赛中整个被淘汰出局, 后面的 k 轮比赛均与他们无关. 根据归纳假设, 视项目安排顺序的不同, B 组中除了黑马外, 会有 2^k-1 个人具有问鼎冠军的机会, 并且存在这样的顺序安排, 使得黑马直到最后一轮才被淘汰出局.

为了完成归纳, 还需证明 B 组中的黑马仍然具有问鼎冠军的机会: 事实上, 我们只要把最后淘汰黑马的那个项目安排在第一轮进行, 于是整个 B 组就被保留了下来, 然后再按照使得黑马能够坚持到最后的顺序安排比赛, 最后再进行第 1 个项目的比赛, 于是黑马成为冠军. 引理证毕.

整个命题的证明也随之完成.

262. 如果 $a=0$, 则 $b \neq 0$, 否则 $c^2 < 0$, 此为不可能. 从而有 $b^2 > 0 = 4ac$.

如果 $a \neq 0$, 我们来观察二次三项式 $f(x)=ax^2+bx+c$. 有 $f(1)=a+b+c$, $f(0)=c$, 故由题中条件知

$$f(1)f(0)(a+b+c)c = (a+b+c)^2 c^2 > 0 \quad \text{和} \quad f(1)f(0) < 0,$$

这表明 $f(1)$ 与 $f(0)$ 一正一负, 从而函数图像 $y=f(x)$ 在区间 $(0,1)$ 中穿越 x 轴, 亦即方程 $ax^2+bx+c=0$ 有实数解, 所以其判别式 $\Delta = b^2-4ac > 0$, 即 $b^2 > 4ac$.

263. 由于 AP, BP, CP, DP 都是第三个圆的半径, 所以 $\triangle APB$ 与 $\triangle DPC$ 都是等腰三角形. 记 $\angle ABP = \angle BAP = \alpha$, $\angle CDP = \angle DCP = \beta$. 四边形 $ABQP$ 与 $DCQP$ 都内接于圆, 所以 $\angle AQP = \angle ABP = \alpha$, $\angle DQP = \angle DCP = \beta$(参阅图 138). 再由圆内角的关系, 得

$$\angle AQD = \angle AQP + \angle DQP = \alpha + \beta.$$

进而 $\angle BQP = \pi - \angle BAP = \pi - \alpha$, $\angle CQP = \pi - \beta$ 和

$$\angle BQC = 2\pi - \angle BQP - \angle CQP = \alpha + \beta.$$

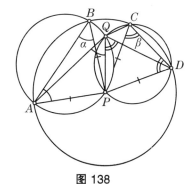

图 138

所以, $\angle AQD = \angle BQC$.

264. 答案: $x=y=1$.

首先证明, 如果正整数 x 和 y 满足要求, 则它们必然互质. 假设不然, 则它们都可被某个质数 p 整除. 假设 p 在 x 和 y 中的幂次分别为 $a \geqslant 1$ 与 $b \geqslant 1$. 不失一般性, 可设 $a \geqslant b$. 于是, x^3+y 中 p 的最高幂次是 b, 这因 x^3 可被 p^{3a} 整除, 故必可被 p^{b+1} 整除, 然而 y 仅可被 p^b 整除, 所以 x^3+y 亦仅可被 p^b 整除. 另一方面, x^2+y^2 可被 p^{2b} 整除. 此为矛盾. 所以 x 和 y 互质.

根据要求, $x^3+y-(y^3+x)=y(xy-1)$ 可被 x^2+y^2 整除. 由于 x 与 y 互质, 所以 y 与 x^2+y^2 不可能有大于 1 的公约数, 从而 $xy-1$ 可被 x^2+y^2 整除. 但 $xy-1$ 不可能大于 0, 此因 $x^2+y^2 \geqslant 2xy > xy-1$. 从而必有 $xy-1=0$, 即 $xy=1$, 亦即 $x=y=1$.

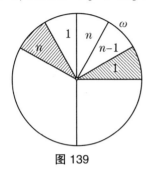

图 139

265. 为方便起见, 将红色扇形中的数称为 "红数", 蓝色扇形中的数称为 "蓝数". 将位于 a 与 b 之间的较短的弧上的数的个数称为 a 与 b 的距离. 注意, 圆周上每种数都有两个 (两个 1, 两个 2 …… 两个 n). 找出其中距离最小的两个相同的数 (如果这种数有好几对, 则任取其中一对). 由于蓝数与红数都是按逆时针方向依次写出的, 故不失一般性, 可设所找出的数对就是红 1 与蓝 1, 且可设它们之间的短弧 ω 是由红 1 沿逆时针方向到蓝 1 的 (见图 139). 易知, 在短弧 ω 上, 或者没有任何数 (此时红 1 与蓝 1 相邻), 或者都是同一种颜色的数. 事实上, 如果在 ω 上有两种不同颜色的数, 那么其中就既有红 n, 又有蓝 n, 于是红 n 与蓝 n 之间的距离就小于红 1 与蓝 1 之间的距离, 导致矛盾.

不妨设在短弧 ω 上都是蓝数. 作介于蓝 1 和它按顺时针方向的下一个数 (该数或者是红 1, 或者是蓝 n) 之间的直径 (该直径经过两个相邻扇形的分界线). 下面证明, 该直径即为所求.

我们观察包含着蓝 1 的半圆. 从蓝 1 开始, 按逆时针方向依次读出该半圆上的蓝数: $1, 2, \cdots, l$, 其中 l 是某个整数. 然后再读该半圆上的红数, 仍然按逆时针方向依次读出. 由于在短弧 ω 上没有红数, 所以在该半圆上第 1 个遇到的红数就是红 n. 换言之, 我们依次读出的红数是: $n, n-1, \cdots, n-m$. 这就是说, 在我们的半圆上有 l 个蓝数和 $m+1$ 个红数. 因此 $l+(m+1)=n$, 亦即 $n-m=l+1$. 这就表明, 我们半圆上的 n 个数中, 有蓝数 $1, 2, \cdots, l$ 和红数 $l+1, \cdots, n$. 此即为所证.

266. 构造两个函数: $f, g: [0,1] \mapsto [0,1]$, 其中

$$f(x)=\frac{x}{\sqrt{3}}, \quad g(x)=\frac{x}{\sqrt{3}}+\left(1-\frac{1}{\sqrt{3}}\right).$$

于是, f 的值域是 $\left[0, \frac{1}{\sqrt{3}}\right]$, g 的值域是 $\left[1-\frac{1}{\sqrt{3}}, 1\right]$. 这两个区间的长度都是 $\frac{1}{\sqrt{3}}$, 它们盖住了整个区间 $[0,1]$.

设 n 为正整数, 则蚂蚱从区间 $[0,1]$ 中的某点 x 出发, 经过 n 次跳动后所到达的位置是: $h_1(h_2(\cdots(h_n(x))\cdots))$, 其中对每个 $i \in \{1,2,\cdots,n\}$, h_i 都是 f 或 g. 所以我们要来考察一切可能形式的这类复合函数. 容易知道, 任何一个这种形式的复合函数的值域都是一个长度为 $\left(\frac{1}{\sqrt{3}}\right)^n$ 的区间. 我们要来证明, 所有这些复合函数的值域的全体盖住了区间 $[0,1]$.

当 $n=1$ 时, 如开头所说, f 的值域 $\left[0, \frac{1}{\sqrt{3}}\right]$ 与 g 的值域 $\left[1-\frac{1}{\sqrt{3}}, 1\right]$ 都是长度为 $\frac{1}{\sqrt{3}}$ 的区间, 它们盖住了整个区间 $[0,1]$. 假设一切可能形式的复合函数 $h_1(h_2(\cdots(h_{k-1}(x))\cdots))$ 的值域的全体盖住了整个区间 $[0,1]$. 任意取定一个这样的函数, 那么显然, 这个函数的**值域**被函数 $h_1(h_2(\cdots(h_{k-1}(f(x)))\cdots))$ 的值域和函数 $h_1(h_2(\cdots(h_{k-1}(g(x)))\cdots))$ 的值域所**覆盖**. 根据归纳法原理, 我们的断言成立.

现在, 在 $[0,1]$ 中任意取定一点 a. 令 $I=(a-0.01,a+0.01)$. 我们来证明: 蚂蚱无论从该区间中的哪一点出发, 都可在有限步内跳到区间 I 中. 取 n 充分大, 使得 $\left(\frac{1}{\sqrt{3}}\right)^n<0.01$ (例如, 取 $n=10$ 即可). 如上所证, 可以选定函数 $h_1(h_2(\cdots(h_n(x))\cdots))$, 使得 a 在其值域内. 此时, 该函数的整个值域 (一个长度为 $\left(\frac{1}{\sqrt{3}}\right)^n<0.01$ 的区间) 都在区间 $I=(a-0.01,a+0.01)$ 之中. 这就表明, 无论蚂蚱从区间 $[0,1]$ 中的哪一点出发, 都只需依次作相应于 $h_n,h_{n-1},\cdots,h_1$ 的 n 次跳动, 即可到达与点 a 的距离小于 $\frac{1}{100}$ 的范围内.

267. 答案: 所求的排列之一如图 140 所示, 还可通过对称、旋转等变换得到满足要求的其他排列.

先来证明一个引理.

引理 假设沿着圆周放着 1999 个互不相同的正数 $a_1,a_2,\cdots,a_{1999}$, 并且 $a_1>a_{1998}$. 对于每个 $i\in\{2,3,\cdots,999\}$, 我们都观察 a_i 与 a_{1999-i}, 如果 $a_i<a_{1999-i}$, 那么就对换 a_i 与 a_{1999-i} 的位置; 如果 $a_i>a_{1999-i}$, 那么就不动. 在此过程中, 哪怕只有一对数交换了位置, 那么每相连 10 个数的乘积之和也都会上升.

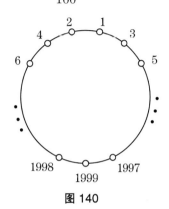

图 140

引理之证 观察对称的 10 元数组 $a_i,a_{i+1},\cdots,a_{i+9}$ 与 $a_{1999-i},a_{1998-i},\cdots,a_{1990-i}$. 以 z 表示那些既属于第一组又属于第二组的数的乘积 (例如, 当 $i=991$ 时, a_{999} 与 a_{1000} 既属于第一组又属于第二组, 如果没有这样的数, 那么就令 $z=1$). 以 y 表示操作前属于第一组, 操作后属于第二组的数的乘积; 以 y' 表示操作前属于第二组, 操作后属于第一组的数的乘积. 以 x 表示操作前后都属于第一组的数的乘积, 以 x' 表示操作前后都属于第二组的数的乘积. 当所说的数不存在时, 都认为相应的乘积等于 1. 于是, 操作前, 这两组数乘积之和为 $s_1=zyx+zy'x'$; 操作后, 这两组数乘积之和为 $s_2=zy'x+zyx'$. 易知, $s_1-s_2=z(x-x')(y-y')$. 由操作过程, 知 $x\geqslant x'$, $y\leqslant y'$, 因此 $s_1\leqslant s_2$.

如果在操作过程中, 至少有一对处于对称位置的数互换了位置, 则至少在一对包含这两个数的对称的 10 元数组中, 有 $y<y'$, 此因 a_1 与 a_{1998} 是不互换位置的, 从而引理中的结论成立. 引理证毕.

下面来解答原题. 假定正整数 $1,2,\cdots,1999$ 按某种顺序等间距地写在一个圆周上, 并假定它们的排列方式是 "最佳的", 即使得每相连 10 个数乘积的总和达到最大. 作正 1999 边形的一条对称轴 (这是经过某个数 k 所在的顶点及其对边中点的直径). 那么, 关于该轴对称的每一对数中, 都是较小的同在一边, 较大的同在另一边. 事实上, 如果我们从 k 的大的邻数开始依次将各数记为 $a_1,a_2,\cdots,a_{1999}$, 其中 $a_{1999}=k$, 则有 $a_{1998}<a_1$, 从而可以根据引理, 由于在 "最佳的" 排列中没有数对需要交换位置, 所以一定都是较小的同在对称轴的一边, 较大的同在另一边.

看来, 若抛开对称与旋转不计, 仅有唯一的一种排列对于所有的直径具有这种性质. 事实上, 1 与 2 应当相邻. 因若不然, 可以找出那条把 1 和 2 分在两边, 但它们却不处于对称位置的直径. 把此时分别与 1 和 2 对称的数记作 x 和 y, 则有 $x>1$ 和 $y<2$, 根据引理, 此

与排列的最佳性相矛盾.

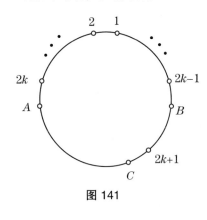

图 141

我们再来利用归纳进一步探讨最佳排列的结构. 假定数 $1,2,\cdots,2k$ 已经按照答案中的方式排列在圆周上 $(1\leqslant k\leqslant 1998)$, 亦即 (为确定起见, 假定按顺时针方向) 排为 $2k,2k-2,\cdots,2,1,3,\cdots,2k-1$. 设 $2k$ 的逆时针方向的邻数是 A, 而 $2k-1$ 的顺时针方向的邻数是 B(见图 141). 假设 $2k+1$ 既不是 A 也不是 B, 并假定 $2k+1$ 顺时针方向的邻数是 C. 于是 C 不同于数 $1,2,\cdots,2k$. 数 C 与数 $2k-1$, 数 $2k+1$ 与 B 关于同一条直径对称, 然而 $C>2k-1$, $2k+1<B$, 与排列的最佳性相矛盾. 这就意味着, 或者 $A=2k+1$, 或者 $B=2k+1$. 但若 $A=2k+1$, 就又会导致矛盾, 这只需看那条 $2k$ 与 $2k-1$ 关于其对称的直径即可. 因此必有 $B=2k+1$. 同理可证, $A=2k+2$. 由此完成对断言的全部证明.

268. 三角形中的任何一边的长度都大于其余两边的长度之差. 因此, $a>|b-c|$, 两端平方, 得 $a^2>b^2+c^2-2bc$, 即 $a^2+2bc>b^2+c^2>0$, 故知 $\dfrac{a^2+2bc}{b^2+c^2}>1$. 同理亦知

$$\frac{b^2+2ac}{c^2+a^2}>1, \quad \frac{c^2+2ab}{a^2+b^2}>1.$$

将所得 3 个表达式相加, 即得所证.

269. a) 先找出折线 BAC 的中点 M(即把折线分为等长的两部分的点), 再找出弧 $\overparen{BC}$ 的中点 D, 经过点 M 和点 D 的直线即为所求.

b) 由于点 D 是弧 $\overparen{BC}$ 的中点, 所以由弦 BD 和 DC 所割出的弓形面积相等 (参阅图 142). 故只需考察等分凸四边形 $ABDC$ 面积的经过点 D 的直线. 设对角线 BC 的中点为 F, 经过点 F 作平行于 AD 的直线 ℓ. 不妨设直线 ℓ 与线段 AC 相交, 记 $E=\ell\cap AC$, 下面来证明直线 DE 即为所求.

事实上, 由于 F 是 BC 的中点, 所以 $S_{BDF}=S_{CDF}$, $S_{ABF}=S_{ACF}$, 因此 $S_{BDF}+S_{ABF}=\dfrac{1}{2}S_{ABDC}$. 再由 $\ell//AD$ 知 $\triangle AED$ 与 $\triangle AFD$ 同底等高, 从而面积相等. 于是 (参阅图 142)

$$\frac{1}{2}S_{ABDC}=S_{BDF}+S_{ABF}=S_{ABD}+S_{AFD}=S_{ABD}+S_{AED},$$

意即直线 DE 等分凸四边形 $ABDC$ 的面积.

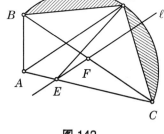

图 142

对于直线 ℓ 与线段 AB 相交的情形, 证法类似.

270. **解法 1** 黑色的面所在的平面围成一个正四面体, 白色的面所在的平面也围成一个正四面体, 而且这两个正四面体全等. 我们可以通过如下方式看出这一点:

参阅图 143, 观察正方体 $ABCDEFGH$ 以及两个正四面体 $ACFH$ 和 $BDEG$. 这两个正四面体的交就是一个正八面体. 事实上, 交的顶点是正方体的各个面的中心, 而正方体的各个面的中心就是一个正八面体的顶点.

这样一来, 由如下断言就可以推出题中结论: 正四面体内部一点到各个面的距离之和为定值, 即等于该四面体的体积除以一个面的面积的商的三倍.

我们来证明这一断言. 设正四面体的各个顶点为 A, B, C, D, 而 O 是其内部一点. 将点 O 到面 BCD, ACD, ABD 和 ABC 的距离分别记为 h_A, h_B, h_C 和 h_D. 设正四面体 $ABCD$ 的一个面的面积为 S. 于是, 四面体 $BCDO, ACDO, ABDO$ 和 $ABCO$ 的体积分别是 $\frac{1}{3}Sh_A, \frac{1}{3}Sh_B, \frac{1}{3}Sh_C$ 和 $\frac{1}{3}Sh_D$. 因此, 正四面体 $ABCD$ 的体积即为

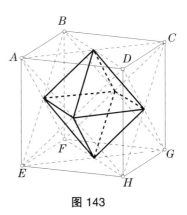

图 143

$$\frac{1}{3}S(h_A + h_B + h_C + h_D),$$

由此即可得出欲证之断言.

解法 2(非初等解法) 我们来考察点到平面的有向距离. 确切地说, 如果点与八面体位于平面的同一侧, 则距离前面取正号, 否则, 就取负号.

下面来证明比题中结论更强的命题: 从任何一点到各个黑面所在的平面的有向距离的和都与该点到各个白面所在的平面的有向距离的和相等. 注意, 这里并不要求点在八面体内部.

点到平面的有向距离可以表示为空间的线性泛函 (参阅专题分类 $25°$), 这意味着, 到任一颜色的面所在平面的有向距离的和也是线性泛函. 将点 A 到各白面所在平面的有向距离的和记为 $l_w(A)$, 到各黑面所在平面的有向距离的和记为 $l_b(A)$. 我们希望证明, 对任何 A, 都有 $l_w(A) - l_b(A) = 0$. 假若不是如此, 那么集合 $\{A : l_w(A) - l_b(A) = 0\}$ 就是一个平面. 然而, 对于正八面体的 8 个顶点 $A_1, A_2, \cdots, A_8$, 都有 $l_w(A_i) - l_b(A_i) = 0$, 此为矛盾. 所以必对任何 A, 都有 $l_w(A) - l_b(A) = 0$.

271. 答案: 可以.

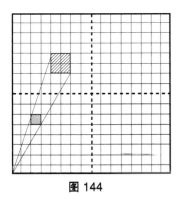

图 144

设正方形的边长为 1. 将其各边都分成 2^n 等份, 并用平行直线连接对边上的对应分点, 形成 $2^n \times 2^n$ 的方格网, 于是小方格的边长是 2^{-n}. 只要 n 取得足够大, 就会有某个这样的小方格整个落在圆窟窿里. 事实上, 只要把 n 取得这样大, 使得 2^{-n} 小于圆窟窿的半径的一半即可.

于是只需证明: 对任何 n, 蚂蚱都可以跳到如上所说的 4^n 个小方格中的任意一个之中.

我们来对 n 归纳, 以证明这个断言.

对于 $n = 0$, 结论显然成立. 下面来看, 如何由 $n = k$ 向 $n = k+1$ 过渡. 考察任意一个 $2^{-(k+1)} \times 2^{-(k+1)}$ 的小方格 G.

将正方形等分为 4 个边长为 $\frac{1}{2}$ 的正方形 (参阅图 144). 不失一般性, 设我们的小方格 G 位于左下角的 $\frac{1}{2} \times \frac{1}{2}$ 正方形中. 以大正方形的左下顶点为中心, 作系数为 2 的位似变换,

则小方格 G 变为边长为 2^{-k} 的方格 G', 并且它就是将大正方形的每边作 2^k 等分所得到的 4^k 个小方格之一.

根据归纳假设, 蚂蚱可以跳入方格 G'. 如果此时蚂蚱再接着朝大正方形的左下顶点跳动一次, 那么它就落入小方格 G 了.

272. 将图中所染的 k 种颜色分别称为 1 至 k 号颜色. 如果某两个顶点之间有线段相连, 就称它们相邻. 如果有某个被染为 2 号颜色的顶点不与任何 1 号色的顶点相邻, 那么就将该顶点改染为 1 号色. 改染后的图仍然是正确染色的, 所以根据题中条件知, 它的顶点仍然有 k 种不同颜色. 如果其中有某个 2 号色的顶点未被改染, 那就意味着它与某个 1 号色的顶点相邻, 再把那些不与任何改染后剩下的 2 号色顶点相邻的 3 号色的顶点都改染为 2 号色. 当然, 改染后的图仍然是正确染色的. 把这种操作一直进行下去, 直到把那些不与任何改染后剩下的 $k-1$ 号色顶点相邻的 k 号色的顶点都改染为 $k-1$ 号色为止. 每一步上所得到的都是被正确染色的图, 因此, 每种颜色的顶点都至少有一个.

现在, 我们来看其中任意一个 k 号色的顶点 A_k. 它之所以未被改染, 就是因为它与某个前一步未被改染的 $k-1$ 号色的顶点 A_{k-1} 相邻. 再推下去, 知 A_{k-1} 与某个再前一步未被改染的 $k-2$ 号色的顶点 A_{k-2} 相邻, 如此等等, 最终到达某个不是经过改染得到的 1 号色的顶点 A_1. 这样, 我们就找到了一条路 $A_k - A_{k-1} - A_{k-2} - \cdots - A_1$, 它依次到遍 k 种不同颜色的顶点各一次, 而且这些顶点都没有被改染过.

273. 答案: 方程有唯一解: $n=2$, $k=1$, $l=2$, $m=3$.

设 p 是 l 的一个质因数, 由于 $n^m = (1+n^k)^l - 1$, 所以 n^m 可被 $(1+n^k)^p - 1$ 整除 (参阅专题分类 8°). 而由二项式定理知

$$(1+n^k)^p - 1 = C_p^1 \cdot n^k + C_p^2 \cdot n^{2k} + r \cdot n^{3k},$$

其中 r 是某个非负整数. 将该式右端除以 n^k, 知 n^m 可被如下的数整除:

$$p + \frac{p(p-1)}{2} \cdot n^k + r \cdot n^{2k}.$$

如果 n 不可被 p 整除, 则该数与 n 互质, 所以 p 是 n 的质因数. 于是,

$$1 + \frac{p-1}{2} \cdot n^k + \frac{n^{2k}}{p} \cdot r$$

是正整数. 如果 $k > 1$ 或 p 是奇数, 则其中的第二项是 n 的倍数; 而第三项永远是 n 的倍数. 这表明, 此时上述三项的和与 n 互质. 因此, 必有 $k=1$, $p=2$. 于是 2 是 l 的唯一质因数, 从而 l 必为 2^s 的形式.

再次利用二项式定理, 得

$$n^m = (1+n^k)^l - 1 = (1+n)^l - 1 = ln + \frac{l(l-1)}{2} n^2 + \cdots + n^l.$$

上式右端自第二项开始都可被 n^2 整除, 而因 $m > 1$, 所以 l 是 n 的倍数. 如此一来, n 就与 l 一样, 也是 2 的方幂数.

由于 $2|l$, 所以 $(1+n)^l - 1$ 可被 $(1+n)^2 - 1 = n(2+n)$ 整除. 由于 n 是 2 的方幂数, 所以 $(1+n)^2 - 1 = n(2+n)$ 是 2 的方幂数, 故 n 与 $2+n$ 都是 2 的方幂数, 从而 $n=2$.

如果 $l \geqslant 4$, 则 $(1+n)^l - 1$ 可被 $(1+n)^4 - 1 = 80$ 整除, 从而 $n^m = (1+n)^l - 1$ 不可能为 2 的方幂数, 此为不真, 所以 $l = 2$, 并由此得知 $m = 2$.

274. 将周长为 1 的圆周视为区间 $[0,1)$, 于是数 $\lg 2^m = m \lg 2$ 的小数部分 f_m 可视为该圆周上的点. 我们来观察圆周上的如下一些点: $0, \lg 2, \cdots, \lg 9$, 以及由它们所分出的 9 个左闭右开区间 $I_1 = [0, \lg 2), I_2 = [\lg 2, \lg 3), \cdots, I_9 = [\lg 9, 0)$.

2^m 的首位数等于 s, 当且仅当 f_m 落在区间 I_s 中. 例如, 若 2^m 的首位数是 7, 则对某个正整数 l, 有
$$7 \cdot 10^l \leqslant 2^m < 8 \cdot 10^l,$$
从而 $m \lg 2$ 的小数部分等于 $m \lg 2 - l$, 它介于 $\lg 7$ 与 $\lg 8$ 之间, 亦即落在区间 I_7 中.

假若 2^{2^n} 的首位数自某个 n_0 以后, 以某个周期 k 重复出现, 那么对任何 $n > n_0$, 数 $2^n \lg 2$ 与 $2^{n+k} \lg 2$ 的小数部分都落在同一个区间. 不难看出, 9 个区间中最长的区间是 I_1, 其长度为 $\lg 2 < \dfrac{1}{3}$.

请注意如下事实:

(1) 如果在圆周上标注了两个正数 a 与 b 的小数部分, 这两个小数部分互不相同, 且不互为对径点, 在它们将圆周所分成的两段弧中较短的弧的长度为 x; 那么, 不难直接证明: 连接 $2a$ 与 $2b$ 的小数部分的两段弧之一的长度为 $2x$.

(2) 如果数 a 与 b 的小数部分落在同一个区间 I_s 中, 那么只要观察 $2a$ 与 $2b$ 的小数部分, $4a$ 与 $4b$ 的小数部分, 如此等等, 则如上所说, 连接它们的较短弧长至少在不长于 $\dfrac{1}{2}$ 的情形下, 是以公比 2 上升的. 于是, 势必会在某一步上超过 $\dfrac{1}{3}$, 但却小于 $\dfrac{2}{3}$. 于是这两个小数部分不可能属于同一个区间.

(3) 我们来观察正数 $a = 2^{n_0} \lg 2$ 与 $b = 2^{n_0 + k} \lg 2$. 当把它们视为圆周上的点时, 它们是互不相同的, 且不互为对径点, 此因 $\lg 2$ 是无理数. 故由上述第 (2) 款即可得出关于周期性的矛盾.

第 63 届莫斯科数学奥林匹克 (2000)

275. 答案: $x + y = 2000$.

将 $2000x$ 移到等式右端, 将 y^2 移到左端, 得到
$$x^2 - y^2 = 2000x - 2000y.$$

分解因式, 得
$$(x - y)(x + y) = 2000(x - y).$$

由于 $x \neq y$, 所以可将两端同时除以 $x - y$, 得 $x + y = 2000$.

276. 答案: 50 个议席.

将 "数学爱好者党" 简称为 "爱数党".

解题思路 如果投给落选 (即得票率不超过 5%, 无权进入议会的) 政党的选票总数最多, 那么 "爱数党" 将获得最多的席位.

如果有 10 个政党都分别获得刚好 5% 的选票, 则它们都被淘汰出局, 剩下的两个政党各得 25% 的选票, 平分秋色, 都获得 50 个席位.

再证 "爱数党" 不可能得到更多的席位. 如果有 11 个政党被淘汰出局, 那么总得票率不多于 $11 \times 5\% + 25\% = 75\% < 100\%$, 此为不可能. 这就意味着最多可有 10 个政党被淘汰出局, 它们的总得票率不多于 50%. 所以进入议会的政党的总得票率不少于 50%. 由于 "爱数党" 的得票率是 25%, 所以它至多获得议会中一半的席位, 即 50 个.

277. 设 $m > n$. 延长梯形的两腰使它们相交, 将所得的三角形的各边都 m 等分, 并经过各个分点引边的平行线 (参阅图 145), 得到一系列彼此全等的小三角形. 梯形的上底是所引的平行线之一, 因为其长度是下底的 m 分之 n, 而 m 和 n 都是正整数. 这样一来, 梯形也就被分成了一系列彼此全等的小三角形.

278. 记 $CM = a$(参阅图 146). 设点 M 关于点 A 的对称点是 K, 则 $KM = MB = ME = 2a$. 于是 $\triangle KBE$ 是直角三角形: $KB \perp BE$.

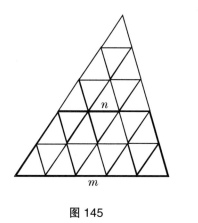

图 145

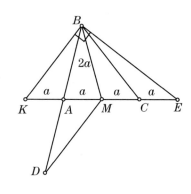

图 146

四边形 $DKBM$ 是平行四边形, 因为它的两条对角线相互平分. 这表明 $DM // KB$, 因此 $DM \perp BE$.

279. 我们用一个正整数来表示这摞纸牌的状态, 数的位数与牌的张数一样多, 数的从右数起的第 k 位数字是 1, 如果摞中从下方数起的第 k 张牌的背面朝上; 否则, 该位数字是 2. 例如, 如果一摞牌都是背面朝下, 那么这个正整数的各位数字就都是 2.

不难看出, 在甲的每次操作之后, 该数都不增大. 当不符合翻转的条件, 原封不动地把牌插回原位时, 该数当然不变; 而当实行翻转时, 该数中有若干位相连的数变为与原来相反的数 (1 变 2, 2 变 1), 而发生变化的最左面一位数是由 2 变为 1, 因此该数变小. 由于取数是随机进行的, 所以变小的操作不会老不进行.

由于由数字 1 和 2 构成的 10 进制有限位正整数只有有限个, 因此变小的操作不可能无止境地进行下去, 换言之, 我们终究会到达各位数字都是 1 的地步.

280. 答案: 16 枚棋子马.

图 147(a) 中给出了满足题中要求的 16 枚棋子马的放法.

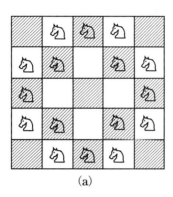 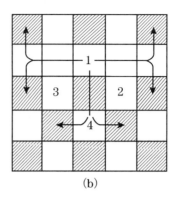

图 147

我们来证明: 不可能放入更多的棋子马. 按照国际象棋棋盘状, 分别将方格交替地染为白色和黑色, 并使角上的方格为黑色. 我们指出, 放在白格中的棋子的枚数与放在黑格中的棋子的枚数相等. 事实上, 如果用线段连接处于搏杀状态的各对棋子, 那么每一条线段势必都连着一个白格和一个黑格. 另一方面, 从每个方格连出两条线段. 这意味着, 所连线段的数目, 等于放在白格中的棋子枚数的两倍, 也等于放在黑格中的棋子枚数的两倍. 所以, 放在白格中的棋子的枚数与放在黑格中的棋子的枚数相等.

由于一共有 12 个白格和 13 个黑格, 所以如果有 n 个白色空格, 那么就有 $n+1$ 个黑色空格. 我们只需证明 $n \geqslant 4$.

在每种最佳的放置状态下, 中心方格都是空的. 因若中心方格不空, 那么就有 8 个白格一旦放置棋子马, 就与之处于搏杀状态, 从而在题中的条件下, 其中恰有 6 个是空格, 于是 $n \geqslant 6$, 这意味着棋子的枚数不多于 $25-6-(6+1)=12$.

现在假设中心方格为空格. 我们再来观察图 147(b) 中的 1 号方格. 如果它不空, 那么就有 6 个黑格一旦放置棋子马, 就与之处于搏杀状态, 从而在题中的条件下, 其中恰有 4 个是空格. 于是连同中心方格, 一共有 5 个黑格为空格, 此即表明 $n+1 \geqslant 5$, 故所说结论已经成立. 现在设 1 号方格为空格. 根据同样的道理, 亦应设 2,3 和 4 号方格为空格. 这样一来, 就亦有 $n \geqslant 4$, 证毕.

281. 答案: $x=0$.

将原方程与等式 $(x+1)-(x-1)=2$ 相乘, 将其化为
$$(x+1)^{64}-(x-1)^{64}=0.$$
由此易得
$$(x+1)^{64}=(x-1)^{64} \iff |x+1|=|x-1|.$$
由于 $x+1 \neq x-1$, 所以我们得 $x+1=-(x-1)$, 故有 $x=0$.

282. 将 23 个正整数按相连的位置关系分为 7 组: 有 3 组各为 5 个数, 有 4 组各为 2 个数, 组与组之间的顺序无关紧要, 但各组之内的成员一定是原来相连放置的数. 把每一组数分别放入一个括弧, 在各个括弧之间添置乘号.

先看 2 数组. 如果 2 个数的奇偶性相同, 则在 2 个数之间放置加号; 如果不同, 就放置乘号. 总之, 每个 2 数组的运算结果都是 2 的倍数.

再看任一 5 数组 a_1, a_2, a_3, a_4, a_5, 它们都是原来的行中相连排列的数. 考察如下各和数:

$$a_1, \quad a_1+a_2, \quad a_1+a_2+a_3, \quad a_1+a_2+a_3+a_4, \quad a_1+a_2+a_3+a_4+a_5.$$

如果其中有一个和数是 5 的倍数, 则把该和数再置于一个括弧中, 未在该和数中出现的其余的数均置于括弧外面, 在括弧与这些数之间都添置乘号. 如果每个和数都不是 5 的倍数, 则其中必有两个和数被 5 除的余数相同, 用其中较大的和数减去较小的和数, 所得之差是 5 的倍数. 将该差数置于一个括弧中, 未在该差数中出现的其余的数均置于括弧外面, 在括弧与这些数之间都添置乘号. 总之, 每个 5 数组的运算结果都是 5 的倍数.

综合上述知, 最终的运算结果是 $2^4 \times 5^3 = 2000$ 的倍数.

283. 答案: 若将题中所给的圆的圆心记作 O, 半径记作 R, 则所求顶点 C 的轨迹是以 O 为圆心, 以 $\sqrt{2R^2-OA^2}$ 为半径的圆.

1°. 先来证明

$$OC^2 = 2R^2 - OA^2.$$

为此, 我们引入如图 148(a) 所示的符号. 线段 OC 是直角三角形的斜边, 两条直角边的长度分别是 x 与 y, 根据勾股定理, 知

$$OC^2 = x^2 + y^2 = (x^2+t^2) + (y^2+z^2) - (t^2+z^2) = 2R^2 - OA^2,$$

此因 $x^2+t^2 = y^2+z^2 = R^2, t^2+z^2 = OA^2$. 由此即知, 顶点 C 到点 O 的距离恒为常数 $\sqrt{2R^2-OA^2}$, 这就是说, 动点 C 位于以 O 为圆心、$\sqrt{2R^2-OA^2}$ 为半径的圆上.

2°. 反之, 设点 C 与点 O 的距离是 $\sqrt{2R^2-OA^2}$, 我们来证明: 存在矩形 $ABCD$ 使得顶点 B 和 D 位于原来的圆周上.

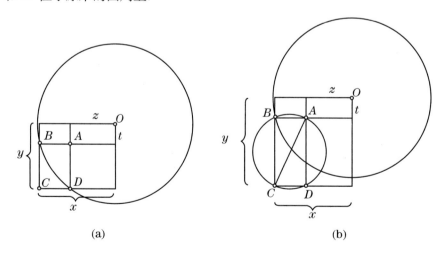

图 148

如图 148(b) 所示, 以 AC 作为直径作圆, 该圆与原来的圆相交于两个点, 将其中之一记为 B, 则有 $\angle ABC = 90°$ (参阅专题分类 14°). 将 $\triangle ABC$ 扩充为矩形 $ABCD$. 我们只需

证明, 顶点 D 也在原来的圆周上. 采用图 148(b) 中的记号, 我们有

$$\begin{aligned}
OD^2 &= y^2 + z^2 \\
&= (x^2 + y^2) + (z^2 + t^2) - (x^2 + t^2) \\
&= OC^2 + OA^2 - R^2 \\
&= (2R^2 - OA^2) + OA^2 - R^2 = R^2,
\end{aligned}$$

此即为所证.

284. 假定方格表已经按照国际象棋棋盘那样, 把所有的方格交替地染为黑色与白色. 假设乙有足够多的多米诺[①]. 如果他把两个多米诺放在方格表上, 使得它们同时盖住同一个方格 (参阅图 149(a), 即有一个方格重合, 另外的方格不重合, 于是两个多米诺共盖住三个方格). 假定其中一个多米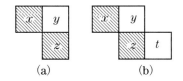

图 149

诺盖住的两个方格中的两个数的和为 $x+y$, 另一个多米诺盖住的两个方格中的两个数的和为 $y+z$, 于是乙可获知 $x-z$ 的值, 这两个数写在两个同色方格之中. 乙再把第三个多米诺放到方格表上, 使得它有一个方格盖住 z, 另一个方格盖住一个未被覆盖的方格 (例如, 如图 149(b) 所示). 在获知这个多米诺所盖住的两个数的和 $z+t$ 之后, 与 $x-z$ 相加, 乙可获知 $x+t$ 的值, 这两个数写在两个相互异色的方格中. 如此继续下去, 所放置多米诺形成一个链, 由此可以获知写在任何相互异色的方格中的数的和, 以及写在任何相互同色的方格中的数的差.

由于 1 和 64 位于同一条对角线上, 所以它们所在的方格相互同色. 它们的差是 63, 而其余任何两个方格中的数的差都小于 63. 因此, 乙可以确定 1 和 64 写在哪两个方格里. 又由于乙已知 64 与写在其余任一方格中的数的差或和, 从而容易判断出其余各个方格中都写了什么数.

285. 解法 1 设点 P 和点 Q 分别为线段 AB 和 CD 的中点, 点 O_1 和 O_2 分别为 $\triangle AMC$ 与 $\triangle BMD$ 的外心, 而点 H_1 和 H_2 分别为点 O_1 和 O_2 在直线 PQ 上的投影 (参阅图 150).

$1°$. 点 M, P 和 Q 三点共线. 事实上, 直线 PM 和直线 QM 分别经过两个外切于点 M 的圆的直径, 因此它们都垂直于这两个圆的公切线.

$2°$. 点 P 和 Q 都在以 O_1O_2 为直径的圆上. 事实上, $PO_1 \perp PO_2$, 因为它们分别是线段 MA 与 MB 的中垂线, 而 $MA \perp MB$ (因为点 M 位于以 AB 为直径的圆上). 同理可证 $QO_1 \perp QO_2$.

$3°$. 显然, $KH_1 = H_1 M$, $LH_2 = H_2 M$ (经过弦的中点的半径平分该弦).

$4°$. $PH_1 = QH_2$, 因为线段 O_1O_2 的中点的投影平分线段 $H_1 H_2$, 而这一投影也平分线段 PQ (由圆心作弦的垂线, 则该垂线平分弦). 最终得知

$$|MK - ML| = 2|MH_1 - MH_2| = 2|MP - MQ| = 2\left|\frac{1}{2}AB - \frac{1}{2}CD\right| = |AB - CD|.$$

[①] 即 1×2 的矩形. —— 编译者注

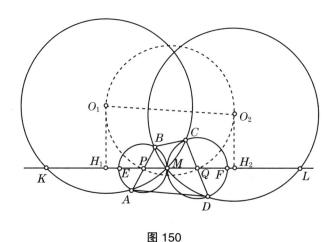

图 150

解法 2 将 △AMB 外接圆记为 ω_{AMB}，△AMC 的外接圆记为 ω_{AMC}，如此等等.

设点 E 是直线 KL 与圆 ω_{AMB} 的交点，点 F 是该直线与圆 ω_{AMC} 的交点 (见图 151). 由于线段 EM 是圆 ω_{AMB} 的直径，所以 $EM = AB$. 这表明 $MK - AB = KE$. 同理可知 $ML - CD = FL$. 故为证题中结论，只需证明 $KE = FL$.

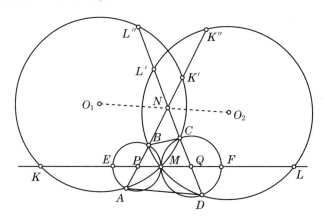

图 151

延长线段 AB，使之与圆 ω_{AMB} 相交于点 K'. 我们来证明 $KE = BK'$.

事实上，如果考察关于 ω_{AMB} 和 ω_{AMC} 的连心线的对称变换，则这两个圆都变为自身，这表明它们的两个交点 A 和 M 互相变为对方. 由于圆 ω_{AMB} 的圆心 P 变为自身，所以直线 AK' 变为 MK. 由于圆 ω_{AMC} 变为自身，所以点 K 变为 K'. 同理，点 E 变为点 B. 这表明线段 KE 变为线段 $K'B$，所以 $KE = BK'$.

经过类似的讨论可知，如果点 L' 是直线 CD 与 ω_{BMD} 的不同于 D 的交点，则有 $FL = CL'$. 因此只需再证 $BK' = CL'$.

设点 L'' 是直线 CD 与 ω_{AMC} 的交点. 我们来考察关于 ω_{AMC} 和 ω_{CMD} 的连心线的对称变换. 我们看到，$MK = CL''$. 同理可知，$AK' = MK$. 故知 $CL'' = AK'$. 设弦 CL'' 与 AK' 的交点为 N. 由于此二弦相等，所以 $\angle ANL''$ 的平分线经过 ω_{AMC} 的圆心.

类似可证，该角平分线经过 ω_{BMD} 的圆心 (需延长 AK'，使之与圆 ω_{BMD} 相交于点 K''，并证明 $BK'' = DL'$). 这表明，在关于该角平分线的对称变换之下，圆 ω_{AMC} 和 ω_{BMD}

变为自身, 而直线 CL'' 与直线 AK' 相互变为对方. 从而线段 CL'' 与线段 AK' 相互变为对方, 因而此二线段相等. 证毕.

286. a) 我们来证明, 如图 152(a) 所示的防御工事是 "理想的". 为方便计, 称这种形状的工事为 "三叉戟".

开始时, 让步兵处于避弹洞 O, A_2, B_2 或 C_2 中, 于是, 此时大炮就会朝着这些避弹洞射击. 我们来证明, 大炮没有把握击中该名步兵.

将这几个避弹洞 (即避弹洞 O, A_2, B_2 和 C_2) 称为 "偶的", 将其余的避弹洞都称为 "奇的". 于是, 步兵从偶的避弹洞只能转移到奇的避弹洞, 而从奇的避弹洞只能转移到偶的避弹洞. 因此, 在大炮的第偶数次射击之前, 步兵待在奇的避弹洞中, 而在大炮的第奇数次射击之前, 步兵待在偶的避弹洞中. 这意味着, 大炮的第偶数次射击应当朝着奇的避弹洞开炮, 而第奇数次射击应当朝着偶的避弹洞开炮.

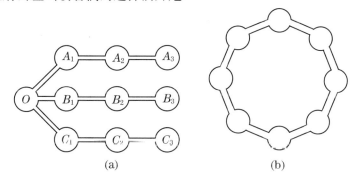

图 152

我们来证明: 在大炮的任一第奇数次射击之前, 步兵都可以藏在避弹洞 O 及另两个偶的避弹洞之一中 (意即炮手无从判断步兵到底藏在这三个避弹洞中的哪一个中). 我们来对大炮的射击次数运用数学归纳法.

开始时, 我们的断言是成立的. 假设在大炮的第 $2k-1$ 次射击前, 步兵可以藏在避弹洞 O 及另两个偶的避弹洞 (例如 A_2 和 B_2) 之一中.

我们来看大炮的第 $2k-1$ 次射击.

情形 1 如果它朝着避弹洞 O 开炮, 那么在它的下一次射击前, 步兵可能位于避弹洞 A_1, A_3, B_1 或 B_3 中的任何一个里面. 它的第 $2k$ 次射击将朝着某一个奇的避弹洞开炮. 不难看出, 在任何情况下, 在大炮的第 $2k+1$ 次射击前, 步兵又将重新位于避弹洞 O, A_2, B_2 之一中.

情形 2 如果大炮的第 $2k-1$ 次射击朝着避弹洞 A_2 开炮, 那么在它的下一次射击前, 步兵可能位于避弹洞 A_1, B_1, C_1 或 B_3 中的任何一个里面. 如果第 $2k$ 次射击朝着避弹洞 A_1 开炮, 则在第 $2k+1$ 次射击前, 步兵处于避弹洞 O, B_2, C_2 之一中. 如果第 $2k$ 次射击朝着避弹洞 B_1 开炮, 则在第 $2k+1$ 次射击前, 步兵处于避弹洞 O, A_2, C_2 之一中. 如果第 $2k$ 次射击朝着避弹洞 A_3, B_3, C_3 之一开炮, 则在第 $2k+1$ 次射击前, 步兵可能处于四个偶的避弹洞之一中. 总之, 在第 $2k+1$ 次射击前, 步兵处于避弹洞 O 及另两个偶的避弹洞之一中.

情形 3 如果大炮的第 $2k-1$ 次射击朝着避弹洞 B_2 开炮, 则接下来的情形与上面所说完全类似.

情形 4 如果大炮的第 $2k-1$ 次射击朝着避弹洞 C_2 开炮, 则在它的下一次射击前, 步兵可能位于避弹洞 A_1, A_3, B_1 或 B_3 中的任何一个里面, 与情形 1 完全相同.

总而言之, 在大炮的任一第奇数次射击以前, 步兵都有可能藏在多个不同的避弹洞里, 因此炮手无命中他的把握. 同理可证, 在大炮的任一第偶数次射击中亦无把握命中步兵.

b) 答案: 这样的 "理想的" 防御工事就是 a) 中所说的工事 (如图 152(a) 所示) 以及由若干个避弹洞所围成的链, 即环状工事 (如图 152(b) 所示).

如果防御工事中具有由若干个避弹洞连成的圈 $A_1 - A_2 - \cdots - A_n - A_1$, 则这样的防御工事是 "理想的", 因为步兵只需沿着这个链不断地转移即可, 每一步他都有两个转移方向可供选择, 故炮手无把握命中.

我们指出, 只要工事中的某个部分是 "理想的", 那么步兵就可以仅仅藏在这个部分中, 因而整个工事系统就都是 "理想的" 了. 但若除了圈 $A_1 - A_2 - \cdots - A_n - A_1$ 之外, 工事系统中还有其他部分, 那么这样的工事系统就已经不是最小的了. 破坏掉一段隧道, 例如 $A_n - A_1$, 我们得到线性链 $A_1 - A_2 - \cdots - A_n$. 我们来看炮手将如何动作. 假定他依次射击避弹洞 $A_2, A_3, \cdots, A_n$. 如果开始时, 步兵在某个具有偶数编号的避弹洞中, 则在某个第偶数次射击中他可能会被击中 (试证明之!). 如果这一轮射击未击中他, 大炮将进行下一轮射击, 从 A_1 或 A_2 开始, 对各个避弹洞按编号递增的顺序依次射击下去. 究竟是从 A_1, 还是从 A_2 开始, 取决于步兵所在的避弹洞编号的奇偶性 (这是容易算清楚的, 因为开始时的编号是偶数, 而每转移一次, 奇偶性都改变一次).

下面只需考虑不含圈的理想工事系统. 我们来证明, 只有 "三叉戟" 这一种工事是理想的. 任取一种既不含圈, 又非三叉戟的工事系统, 我们来说明炮手应当如何动作. 我们仅对连通的工事系统说明炮手的取胜策略, 对于非连通的系统, 亦即由若干个部分组成 (部分与部分之间无隧道沟通) 的系统, 则炮手应当对各个部分相继分别使用这些策略.

称一个避弹洞为 "多叉的", 如果由它连出三条或更多的隧道. 称一条由避弹洞连出的隧道为 "顺畅的", 如果穿过它以后, 步兵无须回到已经到过的避弹洞, 至少还能再转移两次. 例如, 在 "三叉戟" 中, 由避弹洞 A_1 所连出的隧道 $A_1 - A_2$ 就不是顺畅的, 而避弹洞 A_2 所连出的隧道 $A_2 - A_1$ 是顺畅的. 最后, 一个避弹洞称为 "死角", 如果由它仅连出一条隧道.

由于在现在的系统中不含有圈和 "三叉戟", 所以从每个避弹洞至多连出两条 "顺畅的" 隧道. 我们来确定, 炮击应当从何处开始. 任取一个 "多叉的" 避弹洞. 如果从它连出两条顺畅的隧道, 它们都引向另外的 "多叉的" 避弹洞. 选择其中一条顺畅的隧道, 并沿着它到达最近的下一个 "多叉的" 避弹洞, 如此一直进行下去, 直到到达这样一个避弹洞为止: 由它或者仅连出一条顺畅的隧道; 或者连出两条隧道, 但沿着其中之一, 可以不经过任何 "多叉的" 避弹洞, 进到一个 "死角". 这样一来, 我们便可确定从哪个避弹洞开始炮轰.

把所有的避弹洞分成 "偶的" 和 "奇的", 使得步兵出了偶的避弹洞, 必然进入奇的; 出了奇的, 一定进入偶的. 由于工事系统中不含圈, 所以这是可以做到的. 我们来证明: 炮手的取胜策略就是猜测一下步兵开始时所在的避弹洞的奇偶性, 并从具有此种奇偶性的避弹洞开始炮轰. 如果这样一轮轰击未能击中步兵, 那就说明开始时的猜测错误, 因而确切地知道了步兵所在避弹洞的奇偶性, 从而可在下一轮炮击中击中他.

假设大炮从所选择的避弹洞开始进行了一系列炮轰, 并终止于某个"多叉的"避弹洞, 则步兵不在工事系统被炮击的线性部分上. 我们如此来选择最先炮击的避弹洞, 使得在由它所连出的隧道中, 至多有一条是顺畅的. (如果一共有两条顺畅的隧道, 则另一条仅仅通向已经被炮击的部分.) 任一不顺畅的隧道或者通向死角, 或者通向这样的避弹洞, 由它往前只能去往死角或回到多叉的避弹洞. 在两种情况下, 在此条隧道后面, 至多有一个避弹洞是偶的. 在大炮轰击多叉的避弹洞之后, 步兵刚好转移到奇偶性与其相反的避弹洞中, 因而如果他进入这样一条隧道, 那么当大炮轰击这条隧道所通往的避弹洞后, 他刚好被大炮所击中. 如果不是这样, 那么大炮就接着轰击多叉的避弹洞, 不给步兵返回轰击过的部分的机会. 验证过所有非顺畅的隧道之后, 炮击逼近唯一的顺畅的隧道, 并轰击该条隧道所通往的避弹洞, 继而再依次轰击连往最近的多叉的避弹洞沿途的所有避弹洞. 再在那里验证所有非顺畅的隧道, 如此等等, 最终可以验证整个系统.

综合上述可知, 任何不含有圈和"三叉戟"的工事系统都是不理想的. 破坏掉任一"三叉戟", 我们都可得到一个不理想的工事系统, 因而"三叉戟"是最小的理想的工事系统. 最终, 任何由"三叉戟"以及其他部分所构成的工事系统也是理想的, 不过不是最小的系统.

287. 可以认为点 A 的横坐标小于点 B 的横坐标 (见图 153). 设 AH_A 与 OB 的交点为 K. 我们所要考察的两个图形的公共部分就是曲边三角形 AKB, 因而它们的面积之差等于 $\triangle OAK$ 与梯形 H_AKBH_B 的面积之差, 下证该差为 0:

$$S_{OAK} - S_{H_AKBH_B} = S_{OAH_A} - S_{OBH_B}$$
$$= \frac{1}{2}OH_A \cdot AH_A - \frac{1}{2}OH_B \cdot AH_B$$
$$= \frac{1}{2} - \frac{1}{2} = 0.$$

其中最后一步用到这样的事实: 点 A 和点 B 都在函数 $y = \frac{1}{x}$ $(x>0)$ 的图像上, 因此它们的横坐标与纵坐标的乘积都等于 1, 故 $OH_A \cdot AH_A = 1$, $OH_B \cdot AH_B = 1$.

288. 答案: $x = -6 \pm \sqrt[32]{6}$.

由于 $f(x) = x^2 + 12x + 30 = (x+6)^2 - 6$, 故知

$$f(f(x)) = (((x+6)^2 - 6) + 6)^2 - 6 = (x+6)^4 - 6,$$
$$f(f(f(x))) = (x+6)^8 - 6,$$

如此等等, 以至于

$$f(f(f(f(f(x))))) = (x+6)^{32} - 6.$$

所以原方程即为 $(x+6)^{32} = 6$, 它的解为 $x = -6 \pm \sqrt[32]{6}$.

289. 我们来证明, 这两个和数都等于该多边形的面积. 先考察纵向方格线的长度之和, 为此作出这些线段, 并把它们的长度依次记为 $a_1, a_2, \cdots, a_n$ (参阅图 154). 此时, 多边形被分为两个三角形和 $n-1$ 个梯形, 它们的高都等于 1 (小方格的边长). 如果再记 $a_0 = a_{n+1} = 0$,

那么第 i 个图形的面积等于 $\dfrac{a_{i-1}+a_i}{2}$, $i=1,2,\cdots,n+1$, 因而它们的面积之和等于

$$\sum_{i=0}^{n+1}\dfrac{a_{i-1}+a_i}{2}=\dfrac{a_0+a_{n+1}}{2}+a_1+a_2+\cdots+a_n=a_1+a_2+\cdots+a_n,$$

此即为所证.

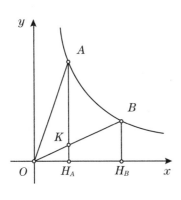

图 153

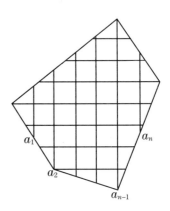

图 154

▽1. 本题中的结论对于非凸多边形也成立.

▽2. 我们来看平面上的具有足够好的性质的集合, 例如多边形或者凸集, 等等. 设直线 $x=a$ 被该集合所截出的线段的长度为 $f(a)$, 直线 $y=b$ 被该集合所截出的线段的长度为 $g(b)$, 则该集合的面积等于

$$S=\int_{-\infty}^{\infty}f(x)\mathrm{d}x=\int_{-\infty}^{\infty}g(y)\mathrm{d}y.$$

本题中的结论就是这一结论的离散版本.

290. 同第 285 题.

291. 答案: a), c) 可以; b) 不能.

先说明对于 a) 和 c) 可以如何操作. 删去数列 $\{a_n\}$ 中的第 1 项, 使之成为 $\{a_{n+1}\}$. 将该序列减去原来的数列, 得到 $\{a_{n+1}-a_n\}$, 把对数列 $\{a_n\}$ 所作的这种变换记作 T, 把相继进行 m 次这种操作所对应的变换记作 T^m. 对所给的数列 $\{a_n\}$ 还可通过变换 $\{a_n/b_n\}$ 得到各项都是 1 的常数数列 I. 下面给出 a) 和 c) 的具体操作过程:

a) 由数列 $\{n^2\}$ 得到 $\{n\}$:

$$\{n^2\}\xrightarrow{T}\{2n+1\}\xrightarrow{-I}\{2n\}\xrightarrow{/(I+I)}\{n\}.$$

c) 由数列 $\left\{\dfrac{n^{2000}+1}{n}\right\}$ 得到 $\{n\}$ 的过程较为复杂.

易知, 如果 $P(n)$ 是 n 的 m 次多项式, 若对数列 $\{P(n)\}$ 实行变换 T, 得到数列 $\{Q(n)\}$, 则 $Q(n)$ 是 n 的 $m-1$ 次多项式. 由此可知, 若对数列 $\{P(n)\}$ 实行变换 T^{m-1}, 则所得到的数列中的项是 n 的一次多项式, 即 $\{an+b\}$, 而实行变换 T^{m+1}, 则得到全零数列.

我们有
$$\left\{\frac{n^{2000}+1}{n}\right\}=\left\{n^{1999}+\frac{1}{n}\right\}.$$

对加项 n^{1999} 实行变换 T^{2000}, 可得到全零数列; 而若对加项 $\frac{1}{n}$ 实行变换 T^{2000}, 则不难 (例如, 运用数学归纳法) 验证, 所得的数列的通项为 $\frac{2000!}{n(n+1)\cdots(n+2000)}$.

因此, 我们可依次进行如下各操作: 先对数列 $\left\{\frac{n^{2000}+1}{n}\right\}$ 实行变换 T^{2000}, 得到数列 $\left\{\frac{2000!}{n(n+1)\cdots(n+2000)}\right\}$; 再以数列 I 的各项除以该数列中的对应各项 (实行 b_n/c_n 型变换), 得到其倒数数列 $\left\{\frac{n(n+1)\cdots(n+2000)}{2000!}\right\}$; 将 2000! 个数列 I 相加, 得到各项都是 2000! 的常数数列, 再将这个数列的各项乘以数列 $\left\{\frac{n(n+1)\cdots(n+2000)}{2000!}\right\}$ 的对应各项, 得到数列 $\{n(n+1)\cdots(n+2000)\}$; 再对它实行变换 T^{2000}, 得到形如 $\{an+b\}$ 的数列, 其中 a,b 为整数, $a\neq 0$. 后继的步骤是显然的.

b) 下面证明, 不可能由数列 $\{n+\sqrt{2}\}$ 得到数列 $\{n\}$. 为此, 我们指出, 由数列 $\{n+\sqrt{2}\}$ 可以得到的任何数列都具有 $\left\{\frac{P(n+\sqrt{2})}{Q(n+\sqrt{2})}\right\}$ 的形式, 其中 P 与 Q 都是整系数多项式. 事实上, 数列 $\{n+\sqrt{2}\}$ 本身具有这种形式. 在对这种形式的数列进行相加、相减、相乘和相除之后, 显然仍然得到这种形式的数列, 而删去数列中的若干项则等价于将函数 $\left\{\frac{P(x)}{Q(x)}\right\}$ 变为函数 $\left\{\frac{P(x+r)}{Q(x+r)}\right\}$, 其中 r 是某个正整数, 因而在对分子、分母同时去括号后, 仍可化为所说的形式. 从而, 若可由数列 $\{n+\sqrt{2}\}$ 得到数列 $\{n\}$ 的话, 那么 $\{n+\sqrt{2}\}$ 就应当可以表示成这种形式, 于是, 恒为 $\sqrt{2}$ 的常数数列也就可以表示成这种形式. 然而, 由等式 $\frac{P(n+\sqrt{2})}{Q(n+\sqrt{2})}=\sqrt{2}$ 只能推知, P 与 Q 的首项系数的商等于 $\sqrt{2}$, 而这是不可能的, 因为 P 与 Q 都是整系数多项式, 它们的首项系数的商是有理数, 而 $\sqrt{2}$ 却是无理数.

292. 答案: 两种情况下都可以做到.

a) 甲先大声说出两个 "3 牌组": 自己手中的一组, 以及由不在自己手中的某 3 张牌组成的一个 "3 牌组", 并说: "其中有一组牌在我手中." 乙听到后, 便知甲手中的所有的牌 (因为甲手中的 "3 牌组" 与自己手中的 "3 牌组" 没有交集, 而另一个 "3 牌组" 则与自己手中的 "3 牌组" 有交集).

此时只有两种情况: 如果甲所说的另一个 "3 牌组" 不与乙手中的 "3 牌组" 相重合, 那么乙就应当说出自己手中的 "3 牌组" 和甲手中的 "3 牌组", 并说: "其中有一组牌在我手中." 如果甲所说的另一个 "3 牌组" 与乙手中的 "3 牌组" 相重合, 那么乙就应当顾左右而言他 (以免泄漏天机), 除说出自己手中的 "3 牌组" 以外, 不能说出甲手中的 "3 牌组", 而应当说出那张被藏起来的牌和甲手中任意两张牌所构成的 "3 牌组".

此后, 甲乙二人便都心知肚明, 而丙却依然被蒙在鼓里. 事实上, 甲乙二人一共说了 3 个 "3 牌组" A, B 和 C. 甲说: "我或者拥有 A, 或者拥有 B", 乙则说: "我或者拥有 A, 或者拥有 C"(B 和 C 恰有两张牌相交, 而 A 和 B 不相交, A 和 C 也不相交). 这意味着: 或者甲拥有 A, 乙拥有 C; 或者甲拥有 B, 乙拥有 A, 显然, 这是两种完全不同的可能, 由此丙无从判断, 他甚至连哪张牌被藏起来都弄不清楚.

b) 我们指出, a) 中的办法现在已经不灵, 因为丙知道剩下的那张牌, 必须易弦更张. 将 7 张牌用 0 到 6 编号. 让甲和乙依次说出自己手中牌的号码之和被 7 除的余数 (参阅专题分类 7°). 接下来, 甲乙二人都只需将自己的余数与对方的余数相加, 求出和数被 7 除的余数, 再用 7 减去该余数, 所得之差就是丙手中那张牌的号码; 当然, 各人随之也就清楚了对方手中都有哪些牌了. 我们来检验此时丙是否依然一头雾水.

观察编号为 s 的牌. 它有可能落到甲的手中, 不论他说出的余数是怎样的 a. 事实上, 只要另外两张牌的号码和为 $a-s$(按模 7 理解), s 就会在他手中. 不难验证, 存在这样的可能性, 事实上, 有三个互不相交的号码对的和等于 $a-s$(按模 7 理解). 其中有一对可能落到乙手中, 有一对中可能有牌落在丙手中, 但终究还是会有一对可能落在甲手中. 同理可证, 任何一张牌也都可能落在乙手中. 如此一来, 丙便无从判断究竟哪张牌在哪里.

293. 答案: 2000^2-1.

设 $a=2000m+n$, $b=2000n+m$, 并设 a 与 b 的最大公约数为 d. 于是, d 亦是如下两个数的约数:

$$2000a-b=(2000^2-1)m, \quad 2000b-a=(2000^2-1)n.$$

由于 m 与 n 互质, 所以 $d|(2000^2-1)$. 另一方面, 如果 $m=2000^2-2000-1$, $n=1$, 则有 $a=(2000^2-1)(2000-1)$, $b=2000^2-1=d$.

▽. 在解答中, 运用了如下命题: 若正整数 m 与 n 互质, 则对任何正整数 d, 正整数 md 与 nd 的最大公约数是 d. 这一结论不难利用正整数的质因子分解定理证明.

294. 答案: 0.

由于函数之差的积分等于函数积分的差, 所以

$$\int_0^\pi \left(|\sin 1999x|-|\sin 2000x|\right)\mathrm{d}x = \int_0^\pi |\sin 1999x|\mathrm{d}x - \int_0^\pi |\sin 2000x|\mathrm{d}x. \tag{1}$$

我们来证明, 对任何正整数 k, 都有

$$\int_0^\pi |\sin kx|\mathrm{d}x = 2, \tag{2}$$

由此和式 (1) 即可得知所求的积分值为 0.

解法 1 函数 $|\sin kx|$ 是以 $\dfrac{\pi}{k}$ 为周期的函数, 所以

$$\int_0^\pi |\sin kx|\mathrm{d}x = k\int_0^{\frac{\pi}{k}} |\sin kx|\mathrm{d}x = k\int_0^{\frac{\pi}{k}} \sin kx \mathrm{d}x, \tag{3}$$

作变量代换 $u=kx$, 得

$$k\int_0^{\frac{\pi}{k}} \sin kx\mathrm{d}x = \int_0^\pi \sin u\mathrm{d}x = 2,$$

结合式 (3) 即知式 (2) 成立.

解法 2(直观想法) 函数 $|\sin kx|$ 在区间 $[0,\pi]$ 上的图像由 k 个相同的 "帽子" 构成 (参阅图 155). 该图像是将函数 $|\sin x|$ 的图像朝着纵轴的方向压缩到原来的 k 分之一得到

的, 因此每个 "帽子" 下方的面积都变成原来的 k 分之一, 而 k 个 "帽子" 下方的面积之和却保持不变. 由于函数 $|\sin x| = \sin x$ 在区间 $[0, \pi]$ 中的图像下方的面积等于 2, 所以式 (2) 成立.

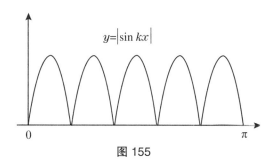

图 155

295. 设 X 是线段 KB 的中点 (参阅图 156(a)), 则有 $\angle KMX = \dfrac{1}{2} \angle KMB = \angle KAB = \angle KDC$ (圆周角是同弧所对圆心角的一半, 同弧所对圆周角相等). 显然 $MX \perp BD$, 因此 $KM \perp CD$. 在此有 $ON \perp CD$, 因而 $ON // KM$. 同理可知 $OM // KN$.

若点 O, K, M, N 不在同一条直线上, 则四边形 $OKMN$ 为平行四边形, 且有 $OM = KN$. 否则, 我们来看线段 OM 与 KN 在直线 AC 上的投影 (参阅图 156(b)). 由于点 O, M 与 N 的投影分别是线段 AC, AK 和 KC 的中点, 所以, 线段 OM 与 KN 的投影相等, 都等于 $\dfrac{1}{2} KC$. 由于这些线段都在同一条直线上, 所以由它们投影的长度相等可以推知它们自身的长度相等.

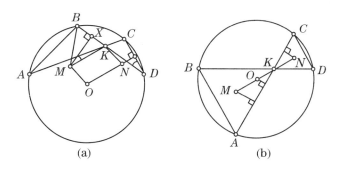

图 156

296. 答案: 能够.

周知, 如果 $a > b > c$, 且 $a > b + c$, 则长度为 a, b 和 c 的三条线段不能形成三角形.

考察多项式函数 $P(x) = x^3 - x^2 - x - 1$. 易知 $P(1) < 0$, 而 $P(2) > 1$, 所以存在 $x_0 > 1$, 使得 $P(x_0) = 0$.

如果某甲手中的 3 根小棍的长度分别为 x_0^3, x_0^2 和 x_0, 那么就有 $x_0^3 = x_0^2 + x_0 + 1 > x_0^2 + x_0$, 因此不能构成三角形. 按照某甲的做法, 从最长的小棍上截去其余两根小棍的长度, 得到 1. 从而新的 3 根小棍的长度依次为 x_0^2, x_0 和 1, 它们的比例未变, 即有 $x_0^2 = x_0 + 1 + \dfrac{1}{x_0} > x_0 + 1$, 再次截短后, 得到长度依次为 $x_0, 1$ 和 $\dfrac{1}{x_0}$, 它们的比例依然未变, 因此, 这一过程可以无限次地持续下去.

297. 答案: a) 不能; b) 可以.

a) 设参赛的总人数为 n, 令 $m = \left[\dfrac{n}{2}\right]$. 我们将取得前 m 名的选手称为强手, 其余的称为弱将 (得分相同的选手之间名次任意排列). 设 x 是强手与弱将之间 "正常" 比赛的局数. 强手与强手之间比赛的分数总和为 $C_m^2 = \dfrac{m(m-1)}{2}$, 而从弱将那里所得的分数不超过 x. 将强手所得的分数之和记为 S_1, 弱将所得的分数之和记为 S_2, 则有

$$S_1 \leqslant \frac{m(m-1)}{2} + x, \quad S_1 + S_2 = C_n^2 = \frac{n(n-1)}{2}.$$

如果各人得分相同, 则根据题意, 所有的局都是正常的. 故可假设有某两个选手所得分数不同.

先设 $n = 2m$ 为偶数. 此时强手与弱将的人数相等, 都是 m 个. 此时显然有 $S_1 > S_2$, 意即

$$S_1 > \frac{S_1 + S_2}{2} = \frac{n(n-1)}{4},$$

由此可知

$$x \geqslant S_1 - \frac{m(m-1)}{2} > \frac{n(n-1)}{4} - \frac{m(m-1)}{2}$$
$$= \frac{m(2m-1)}{2} - \frac{m(m-1)}{2} = \frac{m^2}{2} = \frac{n^2}{8} > \frac{n(n-1)}{8} = \frac{C_n^2}{4}.$$

再看 $n = 2m+1$ 为奇数的情形. 此时应从平均得分入手. 强手的平均得分 $\dfrac{S_1}{m}$ 显然高于弱将的平均得分, 当然也就大于所有人的平均得分, 意即

$$\frac{S_1}{m} > \frac{C_n^2}{n} = \frac{n-1}{2},$$

从而 $S_1 > \dfrac{m(n-1)}{2}$. 由此可知

$$x \geqslant S_1 - \frac{m(m-1)}{2} > \frac{m(n-m)}{2} > \frac{n(n-1)}{8} = \frac{C_n^2}{4},$$

上式中的最后一个不等号源自 $m = \dfrac{n-1}{2}$.

总之, 无论 n 为奇数偶数, 正常的局数都超过总数的 25%. 所以, "非正常的" 局数不能超过总数的 75%.

▽. 上述 n 为奇数时的证法亦适用于 n 为偶数的情形.

b) 我们来举例说明, "非正常的" 局数有可能超过所有局数的 70%.

先设有 $2k+1$ 个选手, 他们被编为第 1 至 $2k+1$ 号. 对于每个 $i \leqslant k$, 第 i 号选手都败给了第 $i+1, \cdots, i+k$ 号选手, 战胜了其余选手; 而对于每个 $i > k$, 第 i 号选手都战胜了第 $i-k, \cdots, i-1$ 号选手, 败给了其余选手. 显然, 每位选手都获得 k 分.

观察如图 157 所示的赛况表. 在该表中的主对角线下方的 $\dfrac{2k(2k+1)}{2}$ 个方格中有 $\dfrac{k(k+1)}{2}$ 个方格写着 1, 其余的方格中为 0. 现在我们来 "扩充" 每个选手, 将每个人都扩充

为一个组, 每个组都有 n 个人. 假设来自不同组的选手之间的赛况如同前述 (把选手的号码视为他所在的组号), 而同组的选手彼此全都战平. 如此得到一个新的赛况表, 其中各个人所得分数仍然彼此相等.

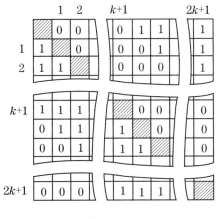

图 157

再来修正赛况表, 使得各组之间得分不等. 将第 $k+1$ 组选手与第 $k+1-i$ 组选手比赛中的 in 个胜局换成平局, 于是每个第 $k+1$ 组成员都减少 $\frac{i}{2}$ 分, 而每个第 $k+1-i$ 组成员都增加 $\frac{i}{2}$ 分; 再将第 $k+1$ 组选手与第 $k+1+i$ 组选手比赛中的 in 个败局换成平局, 于是每个第 $k+1$ 组成员都增加 $\frac{i}{2}$ 分, 而每个第 $k+1-i$ 组成员都减少 $\frac{i}{2}$ 分. 其结果是: 每个第 $k+1$ 组成员的得分未变; 而每个第 $k+1-i$ 组成员都增加 $\frac{i}{2}$ 分; 每个第 $k+1-i$ 组成员都减少 $\frac{i}{2}$ 分.

这样一来, 第 1 组成员的得分最高, 第 2 组成员的得分次之, 如此等等. 我们来计算其中的 "非正常局" 的数目.

显然, 对每个 $i \leqslant k$, 由第 i 组成员获得的所有败局都是 "非正常的". 这样的败局共有 $kn^2 - (k+1-i)n$ 局 (莫忘了第 $k+1$ 组将 $k+1-i$ 个对第 i 组的胜局换成了平局). 类似地, 对于每个 $i > k+1$, 第 i 组的败局中有 $(2k+1-i)n^2$ 局是 "非正常的". 最终, 第 $k+1$ 组的败局中有 $kn^2 - \frac{k(k+1)n}{2}$ 局是 "非正常的".

如此一来, "非正常的" 局数为

$$\sum_{i=1}^{k}\left[kn^2-(k+1-i)n\right]+\sum_{i=k+2}^{2k+1}(2k+1-i)n^2+kn^2-\frac{k(k+1)n}{2}$$
$$=\frac{3k^2+k}{2}n^2-k(k+1)n.$$

这表明, 当 k 与 n 同时趋于无穷时, "非正常局" 的数目与 $\frac{3}{2}k^2n^2$ 等价 (亦即两者之比趋于 1), 而总局数则与 $2k^2n^2$ 等价. 这就意味着, "非正常局" 的数目与总局数之比趋于 $\frac{3}{4} > 0.7$. 因此, 只需将 k 与 n 取足够大, 就可使得它们的比值大于 70%.

若不愿从极限观点看问题的话，可直接令 $k=n=20$，得知"非正常局"的数目与总局数的比值为
$$\frac{235600}{335790} > 0.7.$$

298. 答案：能够.

我们来把这样的正四面体置于两个平行平面所形成的"夹层"中，这些正四面体的相对棱之间的距离恰好等于这两个平行平面之间的距离. 让正四面体的一条棱位于一个平面中，它的相对棱位于相对的平面中. 两个正四面体之间如此放置：第一个正四面体的"上棱"的一个端点重合于第二个正四面体"上棱"的中点，第一个正四面体的"下棱"的中点重合于第二个正四面体"上棱"的一个端点. 在此，两个正四面体的"上棱"与"下棱"均相互垂直. 将这一过程扩展到整个"夹层"中，于是每个四面体都被四个别的四面体所包围（参阅图 158），其中两个卡住它的上方，另两个卡住它的下方.

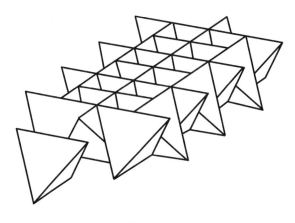

图 158

第 64 届莫斯科数学奥林匹克 (2001)

299. 答案：第 51 行第 50 列.

首先涂黑边缘上的方格，此后还剩余 98×198 的方格表；再涂黑这个方格表的边缘上的方格，此后还剩余 96×196 的方格表；如此下去.

我们来看如此涂了 49 轮之后的情况（参阅图 159）. 此时，上方的 49 行与下方的 49 行都已经涂黑，仅在第 50 行与第 51 行中尚有部分未涂黑的方格. 同理，左方的 49 列（第 1 至 49 列）与右方的 49 列（第 152 至 200 列）均已被涂黑. 因此，尚未涂黑的方格分布在第 50 至 151 列与第 50 和 51 行相交处，这是一个 2×102 的方格表. 最后涂黑的是这个方格表中左下角处的方格，它位于第 51 行第 50 列.

300. 答案：可以.

例如，把 100 个点等间距地放置在一个圆周上，只要间距足够的小（不大于周长的百分之一）即可使得所得的点集在每一步上都具有对称轴（参阅图 160）. 事实上，当点的个数为

奇数时, 圆的经过中间的点的直径就是对称轴; 而当点的个数为偶数时, 圆的经过中间一段弧的中点直径就是对称轴.

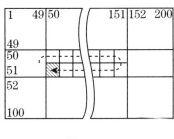

图 159

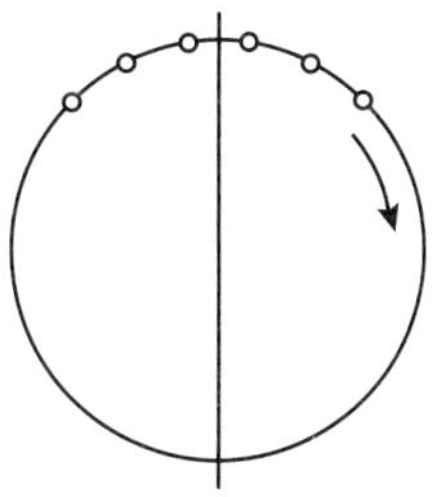

图 160

301. 答案: 最少需要 25 步.

把所给的 6 个单词列成一个表格:

$$
\begin{array}{l}
\text{З А Н О З А} \\
\text{З И П У Н Ы} \\
\text{К А З И Н О} \\
\text{К Е Ф А Л Ь} \\
\text{О Т М Е Л Ь} \\
\text{Ш Е Л Е С Т}
\end{array}
$$

在把它们都作了字母置换之后, 每一列字母都变为相同的. 如果在每一列中都保留下数目最多的字母 (如果数目最多的字母不止一个, 就任意保留其中的一个), 那么变换的步骤将达到最少. 例如: 在第 1 列中可以保留字母 З, 也可以保留字母 К. 在这两种情况下, 都需要换掉 4 个字母. 在第 2 列中也需要换掉 4 个字母. 在第 3 列中 6 个字母各不相同, 因此需要换掉 5 个字母. 在后三列中都需要换掉 4 个字母. 所以最少的步骤为 $4+4+5+4+4+4=25$ 步.

▽. 易知, 本题中可以得到多种不同的单词, 例如: ЗЕЛЕНЬ, КАПЕЛЬ, КАФЕЛЬ.

302. 我们知道, 直角三角形斜边上的中线等于斜边的一半; 反之, 如果某个三角形的某一边上的中线等于该边的一半, 则该三角形是直角三角形 (参阅专题分类 14°).

$\triangle AMC$ 是直角三角形, AC 是其斜边, 所以该边上的中线 ML 等于它的一半, 即 $\frac{1}{2}AC$, 故而

$$ML = AL = CL.$$

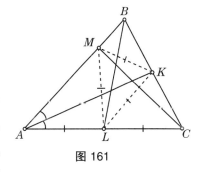

图 161

根据题意, $\triangle KLM$ 是等边三角形, 所以 $KL = ML$ (见图 161). 这表明, $\triangle AKC$ 的边 AC 上的中线等于该边的一半, 所以 $\triangle AKC$ 是直角三角形, 即 $AK \perp BC$. 这样一来, $\triangle ABC$ 中 $\angle BAC$ 的平分线 AK 又是其对边上的高, 于是它是等腰三角形, $AB = AC$, 从而 AK 又是边 BC 上的中线, 即 $BK = CK$.

这样一来, 在直角三角形 BMC 中, MK 是斜边 BC 上的中线, 从而 $BC = 2MK = 2KL = AC$. 于是 $AB = AC = BC$, 所以 $\triangle ABC$ 是等边三角形.

303,304. 如图 162(a) 所示, 将所有的二位数依次写在一个 9×10 的方格表里, 使得最下面一行依次写着 $10, 11, \cdots, 19$, 从下面数起的第二行依次写着 $20, 21, \cdots, 29$, 如此等等, 最上面一行依次写着 $90, 91, \cdots, 99$. 于是, 横向的每两个邻数的差都是 1, 纵向的每两个邻数的差都是 10.

乙在每一次尝试中, 都挑选一个由五个方格形成的十字架 (参阅图 162(a)), 并说出处于十字架中心方格中的数, 于是, 十字架中的其余 4 个数都与它仅有一位数字相差 1, 于是就相当于猜出了写在该十字架中的任何一个数 (当所说的数中含有数字 0 或 9 时, 则相应十字架中有些方格越出方格表边界, 这些方格中当然不含有任何数). 从而, 乙的任务就是设法用尽可能少的十字架覆盖整个方格表. 我们来证明, 用 22 个十字架可以达到覆盖的目的, 而 18 个则不够.

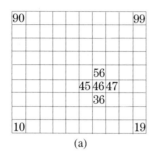 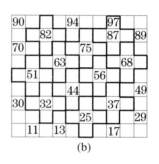

图 162

容易找到用 22 个十字架覆盖整个方格表的办法. 事实上, 我们可以用十字架互不重叠地覆盖整个平面, 因此只要适当地安排方格表边缘上的十字架, 即可达到目的. 例如, 可按图 162(b) 所示的办法, 选择中心处的数分别为 $11, 13, 17, 25, 29, 30, 32, 37, 44, 49, 51, 56, 63, 68, 70, 75, 82, 87, 89, 90, 94$ 和 97 的十字架.

18 个十字架的总面积为 $18 \times 5 = 90$, 刚好等于方格表的面积. 但是在覆盖边缘上的方格时, 十字架会不可避免地越出方格表的边界, 这些损失妨碍了对整个方格表的覆盖.

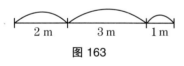

图 163

305. 答案: 可以. 只需把他们安排在一条直线上, 自左至右依次称他们为甲、乙、丙、丁, 如图 163 所示, 使得甲和乙相间 2m, 乙和丙相间 3m, 丙和丁相间 1m.

306. 答案: 可以做到.

例如, 使得每一部分中的人的收入相同, 而把那些占人数 10% 的高收入人员作为一个部分.

举一个具体的例子: 假设一共有 10000 个人, 把他们分成两个部分. 第一部分中有 1000 个人, 第二个部分中有 9000 个人. 假设第一部分中每个人每月工资是 x 卢布①, 第二部分中每个人每月工资是 y 卢布, 并且 $x > y$. 显然, 在每一部分中, 任何 10% 的人员的工资总数都不超过本部分工资总额的 11%, 事实上, 任何 10% 的人员的工资总数都刚好等于本部分工资总额的 10%.

第一部分中的 1000 个人属于高收入人员, 他们的工资总额为 $1000x$ 卢布; 第二部分中的 9000 个人属于低收入人员, 他们的工资总额为 $9000y$ 卢布. 于是, 所有人员的工资总额

---

① 俄罗斯货币单位, 在 2014 年初时, 1 元人民币大约相当于 5 卢布.—— 编译者注

为 $1000x+9000y$ 卢布. 如果设
$$1000x = 90\% \cdot (1000x + 9000y),$$
可得 $x = 81y$. 这意味着, 可令 $y = 1000$ 卢布 / 月, $x = 81000$ 卢布 / 月.

307. 解法 1 作出 $\triangle BCM$ 的外接圆, 记其圆心为 O. 将点 M 的对径点记作 M' (参阅图 164(a)). 由于半圆上的圆周角是直角, 所以 $M'B \perp MB$, $M'C \perp MC$. 由于反射角 = 入射角, 所以 BM' 是 $\angle ABC$ 的平分线, 而 CM' 是 $\angle BCA$ 的平分线, 从而 M' 是 $\triangle ABC$ 的内心.

设点 B' 在线段 AB 的延长线上, 而点 C' 在线段 AC 的延长线上. 易知, 点 M 就是 $\angle B'BC$ 的平分线与 $\angle BCC'$ 的平分线的交点, 因此它是 $\triangle ABC$ 的与边 BC 相切的旁切圆的圆心, 于是它在 $\angle BAC$ 的平分线上. 这表明, 直径 MM' 连同点 O 一起都在 $\angle BAC$ 的平分线 AM 上.

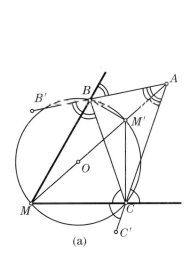 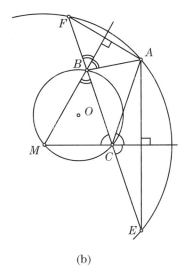

(a) (b)

图 164

解法 2 记 $\triangle BCM$ 的外心为 O. 我们有
$$\angle BMO = \frac{\pi}{2} - \frac{1}{2}\angle MOB = \frac{\pi}{2} - \angle BCM. \tag{1}$$

式 (1) 中的第一个等号缘自 $OB = OM$, 亦即 $\triangle MOB$ 是等腰三角形, 第二个等号是由于 $\angle BCM$ 为锐角, 刚好与 $\angle MOB$ 都是劣弧 $\overset{\frown}{MB}$ 所对. 因若不然, 点 A 在 $\triangle BCM$ 内部, 于是 $\angle CBM$ 亦为非锐角, 从而 $\triangle BCM$ 有两个非锐角的内角, 此为不可能.

设点 A 关于直线 MB 的对称点为 F, 关于直线 MC 的对称点为 E(见图 164(b)). 由对称性知, $MA = MF$, $MA = ME$, 所以点 A, E 和 F 都在同一个以点 M 为圆心的圆上. 而由 "反射角 = 入射角" 推知, E, C, B, F 4 点共线. 于是就有
$$\angle BMA = \frac{1}{2}\angle FMA = \angle AEF = \angle AEC = \frac{\pi}{2} - \angle BCM. \tag{2}$$

比较式 (1) 与式 (2), 即得
$$\angle BMO = \angle BMA,$$

此即表明, M, O, A 三点共线.

▽. 数学台球是数学中的一个非常有趣的分支, 里面有许多未曾解决的问题, 例如, 可参阅参考文献 [85].

308. 答案: 不能.

我们指出, 如果某一时刻, 各堆中的石块数目都是某个奇数 a 的倍数, 那么此后无论怎样进行符合要求的操作, 所得到的任何一堆中的石块数目都仍然是 a 的倍数.

由于开始时, 各堆中的石块数目都是奇数, 所以第一次操作只能是把某几堆石块合并成一堆. 但如果把所有 3 堆并成一堆, 得到 105 块, 那么就无法再进行任何操作了. 如果第一步把前两堆合并, 得到块数分别为 100 和 5 的两堆, 则它们的块数都是 5 的倍数, 从而后续的操作都只能得到块数为 5 的倍数的堆. 如果第一步把第一、三两堆合并, 得到块数分别为 56 和 49 的两堆, 则它们的块数都是 7 的倍数, 从而后续的操作都只能得到块数为 7 的倍数的堆. 如果第一步把后两堆合并, 得到块数分别为 51 和 54 的两堆, 则它们的块数都是 3 的倍数, 从而后续的操作, 都只能得到块数为 3 的倍数的堆. 所以, 无论怎样, 都不能把这 105 块石头分为一块一堆的 105 堆.

▽. 试比较第 113 题.

309. 注意 $\underbrace{99\cdots 9}_{k\text{ 个 }9} = 10^k - 1$, 我们来考察数 $n_k = 9k \cdot (10^k - 1)$, 并且证明它满足题中条件. 设 $9k = \overline{s_1\cdots s_t 0\cdots 0}$, 此处 $s_t \neq 0$, 而末尾的 0 有可能不存在 (可参阅专题分类 11°). 只需验证 n_k 的各位数字之和等于 $9k$. 用归纳法不难证明, 对任何正整数 k, 都有 $9k < 10^k$ (可参阅专题分类 24°). 有鉴于这一点, 可用竖式计算 $9k \cdot 10^k$ 与 $9k$ 的差:

$$
\begin{array}{r}
s_1 s_2 \cdots s_{t-1} \quad s_t \quad \overbrace{0\cdots 0 \quad 0 \quad \cdots \quad 0 \quad\quad 0}^{k\text{ 个 }0} \quad 0\cdots 0 \\
- \phantom{s_1 s_2 \cdots s_{t-1} \quad s_t \quad 0\cdots 0\quad} s_1 \quad \cdots \quad s_{t-1} \quad s_t \quad 0\cdots 0 \\
\hline
s_1 s_2 \cdots s_{t-1}(s_t - 1) \quad 9\cdots 9 \quad (9-s_1) \quad \cdots \quad (9-s_{t-1}) \quad (10-s_t) \quad 0\cdots 0
\end{array}
$$

其中最下面一行写的就是 n_k, 容易看出, 它的各位数字之和等于

$$s_1 + s_2 + \cdots + s_{t-1} + (s_t - 1) + \underbrace{9 + \cdots + 9}_{k-1\text{ 个 }9} + 10 - s_1 - \cdots - s_t = 9k.$$

▽. 这里所给出的 n_k 是唯一的等于自己的各位数字之和的 $10^k - 1$ 倍的正整数. 事实上, 如果 N 是这样的正整数, 我们可以证明, 必有 $N = n_k$.

假设 N 是 10 进制的 l 位数. 那么它的各位数字之和不超过 $9l$. 由于 N 是自己的各位数字之和的 $10^k - 1$ 倍, 所以

$$N \leqslant 9l(10^k - 1).$$

又因 N 是 10 进制的 l 位数, 所以 $N \geqslant 10^{l-1}$, 从而

$$10^{l-1} \leqslant 9l(10^k - 1). \tag{1}$$

我们试图证明, 除了一个例外, 式 (1) 都蕴含着 $l \leqslant 2k$. 用归纳法不难证明, 对 $l \geqslant 5$, 都有 $9l < 10^{\frac{l-1}{2}}$, 从而

$$10^{\frac{l-1}{2}} < \frac{10^{l-1}}{9l} \leqslant 10^k - 1, \quad l \geqslant 5.$$

由此立知, 对于 $l \geqslant 5$, 都有 $\frac{l-1}{2} < k$, 因而 $l \leqslant 2k$. 而对于 $l = 1$ 和 $l = 2$, 显然有 $l \leqslant 2k$, 因为 $k \geqslant 1$. 把 $l = 4$ 代入 (1), 亦知此时不等式 $l \leqslant 2k$ 成立. 而若把 $l = 3$ 代入 (1), 则可发现, $k = 1, l = 3$ 是唯一的例外. 读者可以自行验证, 这种情况是不可能发生的 (不存在这样的 3 位正整数, 它等于自己的各位数字之和的 9 倍). 从而在一切可能发生的情况下, 都有 $l \leqslant 2k$.

把 N 的 10 进制表达式中的各位数字自右至左每 9 个分为一组 (最后一组可能不满员), 不等式 $l \leqslant 2k$ 表明, 至少可以分为两组. 事实上, 就是分成为两组. 于是

$$N = 10^k A + B = (10^k - 1)A + (A + B),$$

其中, B 是一个 10 进制 9 位数, A 的位数不超过 9. 由于 N 是 $10^k - 1$ 的倍数, 所以 $A + B$ 可被 $10^k - 1$ 整除. 然而, 不可能有 $A = B = 10^k - 1$, 所以只能有 $A + B = 10^k - 1$. 这表明, 在 A 与 B 相加时没有产生进位现象, 因而 N 的各位数字之和就是 $9k$. 这样一来, 就有 $N = 9k(10^k - 1) = n_k$.

310. 答案: 都不能.

设一共有 n 个参赛者, 将他们编号为 $1, 2, \cdots, n$. 以 S_i 表示第 i 号参赛者所得的总分, 以 F_i 表示他的实力系数. 我们来证明

$$\sum_{i=1}^{n} S_i F_i = 0. \tag{1}$$

为此, 我们定义数 $r_{i,j}$ 如下:

$$r_{i,j} = \begin{cases} 1, & \text{如果第 } i \text{ 号参赛者赢了第 } j \text{ 号参赛者}; \\ 0, & \text{如果第 } i \text{ 号参赛者与第 } j \text{ 号参赛者战平}; \\ -1, & \text{如果第 } i \text{ 号参赛者输给了第 } j \text{ 号参赛者}. \end{cases}$$

于是 $F_i = \sum_{j \neq i} r_{i,j} S_j$, 这表明

$$\sum_{i=1}^{n} S_i F_i = \sum_{i \neq j} r_{i,j} S_i S_j.$$

我们来计算该式右端的和. 易知, 如果第 i 号参赛者与第 j 号参赛者战平, 则 $r_{i,j} = r_{j,i} = 0$; 如果第 i 号参赛者与第 j 号参赛者未战平, 则 $r_{i,j}$ 与 $r_{j,i}$ 二者中一个为 1, 一个为 -1, 这就表明该和为 0. 从而 (1) 获证.

$S_1, \cdots, S_n$ 均为非负数, 且根据记分法则知, 其中至少有一个正数 (事实上, 其中至多有一个为 0). 因此, 如果所有的 F_i 都大于 0, 那么 $\sum_{i=1}^{n} S_i F_i$ 应当为正数, 但事实上它等于 0. 所以, 不可能所有参加者的实力系数都大于 0. 同理, 亦不可能所有参加者的实力系数都小于 0.

▽. 数学中经常会遇到如下类型的求和式:

$$\sum_{i,j} a_{i,j} x_i x_j.$$

如果系数 $\{a_{i,j}\}$ 反对称, 亦即对一切 i,j, 都有 $a_{i,j}=-a_{j,i}$, 则该和为 0. 当系数不是反对称时, 可选择 $\{x_i\}$, 使得该和非 0.

311. 答案: 存在.

例如: x^2, $(x-1)^2$ 和 $(x-2)^2$ 就是这样的三个二次三项式, 它们中的每一个都有根, 但是其中任何两个的和都没有根. 图 165 中给出了这三个二次三项式, 以及它们两两之和的函数图像.

312. 答案: 能够.

例如图 166 中所给出的 6 个哨兵的位置就符合题中要求, 其中位于中心的圆点是点状目标, 其周围的 6 个圆点是 6 个哨兵, 箭头表示哨兵的监视方向.

▽. 为了作出符合题中要求的安排, 5 个哨兵是不够的. 事实上, 如果 5 个哨兵就可以安排得符合题中要求, 我们来观察他们 "视线" 的交点, 考察由这些交点构成的有限点集的凸包, 并证明哨兵们都在该凸包多边形的内部. 如若不然, 我们可用一条直线将该哨兵与所有的交点隔开. 假定敌人从没有任何视线交点的半平面 P 中向该哨兵扑来, 他可以绕开哨兵的视线, 仍然保持在半平面 P 中 (他之所以可以绕开视线, 是因为该视线在半平面 P 中不与任何别的视线相交).

凸包是一个顶点个数不少于 3 的凸多边形. 它的每一个顶点都至少是两个哨兵视线的交点. 我们要来证明, 每个哨兵的视线都至多被汇聚在凸包多边形的一个顶点处 (由此即可推得至少需要 6 个哨兵, 因而得证我们的结论). 事实上, 如果有某个哨兵甲的视线被汇聚在凸包多边形的两个顶点 A 和 B 处, 那么他就应当位于直线 AB 上, 但他却在线段 AB 之外, 亦即在凸包多边形之外或其边界之上, 导致矛盾.

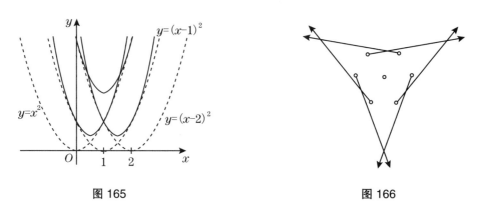

图 165   图 166

313. 答案: 例如 $P(x)=\left(x-\dfrac{1}{2}\right)^{2001}+\dfrac{1}{2}$, 事实上

$$P(1-x)=\left(\dfrac{1}{2}-x\right)^{2001}+\dfrac{1}{2}=-\left(x-\dfrac{1}{2}\right)^{2001}+\dfrac{1}{2},$$

因此有 $P(x)+P(1-x)=1$.

314. 设 $\triangle AH_BH_C$, $\triangle BH_AH_C$ 和 $\triangle CH_AH_B$ 的垂心分别为 H_1, H_2 和 H_3; $\triangle ABC$ 的垂心为 H; 线段 H_BH_C, H_CH_A 和 H_AH_B 的中点分别是 M_1, M_2 和 M_3. 我们来证明, 点 H_i 与点 H 关于点 M_i 对称 ($i=1,2,3$). 以 $i=2$ 为例. 由于 $H_CH_2\perp BC$, $AH\perp BC$, 所以 $H_CH_2/\!/AH$(参阅图 167(a)). 同理, $H_AH_2/\!/HH_C$. 这表明, $H_CH_2H_AH$ 是平行四边

形, 而点 H_2 与点 H 关于对角线 H_AH_C 的中点对称, 亦即关于点 M_2 对称. 可对点 H_1 和点 H_3 进行类似的讨论.

相应的图形如图 167(b) 所示. 由于线段 M_1M_2 是 $\triangle H_AH_BH_C$ 和 $\triangle H_1H_2H$ 的共同中位线, 所以 $H_AH_B = H_1H_2$. 同理可证 $H_BH_C = H_2H_3$ 和 $H_AH_C = H_1H_3$. 因此, $\triangle H_1H_2H_3 \cong \triangle H_AH_BH_C$.

315. 答案: 不能.

如果两枚棋子都在同一种颜色的方格中, 我们称其为"单色分布"; 如果它们位于两个不同颜色的方格中, 就称为"双色分布". 易知, 在根据法则移动棋子的过程中,"单色分布"与"双色分布"交替出现. 如果能够用题中法则规定的移动办法, 得到两枚棋子的所有可能的不同放法, 而且每种放法只出现一次, 那么"单色分布"与"双色分布"的方法数目应当相等, 或只相差 1.

易知,"双色分布"的方法数目为 64×32 种. 事实上, 可任意为黑色棋子挑选一个方格放置, 有 64 种选法, 此后只能挑选与已经选中的方格异色的方格, 故有 32 种选法. 然而,"单色分布"的方法数目却只有 64×31 种. 这是因为, 一旦为黑色棋子选定方格后, 白色棋子只能放在与之同色的 31 个方格中. 所以, 题中的要求是不可能实现的.

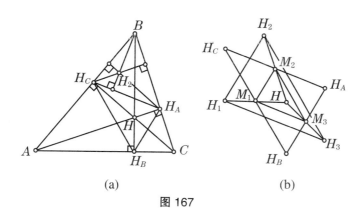

(a)　　　　(b)

图 167

316. 观察如图 168 所示的国家, 其中的点表示该国的城市, 线段表示城市间的道路. 我们首先来证明, 第二支军队至少能占领两个城市 A_i. 事实上, 如果第一支军队第一步占领了位于某个包含了 k 个城市的"枝杈"上的一个城市, 那么第二支军队就占领该"枝杈"端头的城市 A_i; 如果第一支军队占领城市 A_i, 那么第二支军队就占领城市 B_i; 如果第一支军队占领城市 B_i, 那么第二支军队就占领与 B_i 有道路相连的两个城市之一 A_j. 接下来的步骤就很明显了.

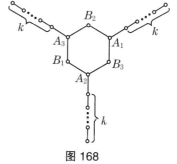

图 168

在经过这些军事行动之后, 第二支军队至少占领了两个城市 A_i, 从而也就可以占领位于它们之间的城市 B_j. 显然, 第一支军队仅能占领分布在某一个"枝杈"上的城市. 因此, 它至多可占领 $k+3$ 个城市. 第二支军队则可占领其余的所有城市, 因此它所占领的城市数目与所有城市数目的比值不小于 $\dfrac{2k+3}{3k+6}$. 就是在 $k=1$ 时, 该比值就已经大于 $\dfrac{1}{2}$ 了.

▽. 可将它们中的 $\frac{1}{2}$ 换成任何 $\alpha < \frac{2}{3}$, 事实上, 由于

$$\lim_{k\to\infty} \frac{2k+3}{3k+6} = \frac{2}{3},$$

所以, 只要 k 足够大, 就有 $\frac{2k+3}{3k+6} > \alpha$.

317. 答案: 能够. 例如: $(x-10)^2-1$, x^2-1 和 $(x+10)^2-1$ 就是这样的三个二次三项式, 它们中的每一个都有两个不同的实根, 但是

$$x^2 + (x\pm 10)^2 = 2(x\pm 5)^2 + 50 \geqslant 50, \quad (x-10)^2 + (x+10)^2 = 2x^2 + 200 \geqslant 200,$$

所以它们中的任意两者之和都没有实根.

▽1. 试比较第 311 题.

▽2. 如何找到这些函数的? 事实上, 如果选取函数 $(x-10)^2, x^2$ 和 $(x+10)^2$, 则它们中的每一者都仅有一个实根, 它们中的任意两者之和都没有实根. 但是题中却要求每个二次三项式都要有两个不同的实根, 于是便想到把它们中的每一者都减去一个足够小的正数, 只要所减去的数足够小, 就可使得它们中的任意两者之和都仍然没有实根, 却可以使得它们中的每一者都有两个不同的实根.

318. 答案: 它的第 20 项一定是正整数.

设 $a_1, a_2, \cdots, a_n, \cdots$ 是所给定的等比数列, q 为其公比. 根据题意, a_1, $a_{10} = a_1 q^9$ 和 $a_{30} = a_1 q^{29}$ 都是正整数. 由此可知, $q^2 = \frac{q^{29}}{(q^9)^3}$ 是正有理数, 从而 $q = \frac{q^9}{(q^2)^4}$ 亦为正有理数.

设 $q = \frac{m}{n}$, 其中 m 与 n 为互质的正整数. 由于 $a_{30} = \frac{a_1 m^{29}}{n^{29}}$ 是正整数, 而 m^{29} 与 n^{29} 为互质的正整数, 所以 a_1 是 n^{29} 的倍数. 由此可知

$$a_{20} = \frac{a_1 m^{19}}{n^{19}} = \frac{a_1 m^{19} n^{10}}{n^{29}}$$

是正整数.

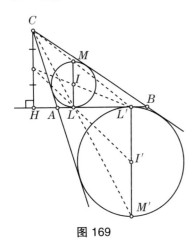

图 169

319. 我们来证明, 直线 IL' 与直线 $I'L$ 都经过高 CH 的中点. 将 $\triangle ABC$ 的内切圆上与点 L 对径的点记为 M, 而将旁切圆上与点 L' 对径的点记为 M'(参阅图 169). 从而, ML 与 $L'M'$ 就分别是内切圆和旁切圆的直径, 并且都平行于 $\triangle ABC$ 的高 CH. 以顶点 C 作位似变换, 把内切圆变为旁切圆, 此时, 直径 ML 变为与其平行的直径 $L'M'$. 所以, C, M, L' 三点共线, C, M', L 也三点共线. 由此可知, $\triangle L'LM$ 与 $\triangle L'HC$ 在以点 L' 为中心的位似变换之下相互重合. 既然线段 $L'I$ 在 $\triangle L'LM$ 中是中线, 所以直线 $L'I$ 经过 CH 的中点. 同理,$\triangle LL'M'$ 与 $\triangle LHC$ 在以点 L 为中心的位似变换之下相互重合. 由于线段 LI' 在 $\triangle LL'M'$ 中是中线, 所以直线 LI' 也经过 CH 的中点. 由此即得题中断言.

320. 假设存在这样的多项式 $Q(x)$. 令 $Q(x) = a_n x^n + a_{n-1} x^{n-1} + \cdots + a_1 x + a_0$, 其中, $a_0, a_1, \cdots, a_n$ 都是非负整数, 且 $a_n \neq 0$, $n \geqslant 2$.

如果 $a_0 = 0$, 则 $Q(x) = x(a_n x^{n-1} + a_{n-1} x^{n-2} + \cdots + a_1)$, 于是在任何质数 p 处, $Q(p)$ 可被 p 整除, 并且 $Q(p) > p$(此因 $Q(x)$ 的次数不低于 2), 因此 $Q(p)$ 是合数, 与题意相矛盾. 假若 $a_0 \geqslant 2$, 以 p 表示 a_0 的一个质约数, 则 $Q(p) = p(a_n p^{n-1} + a_{n-1} p^{n-2} + \cdots + a_1) + a_0$ 可被 p 整除, 并且 $Q(p) > p$, 因此 $Q(p)$ 是合数, 又与题意相矛盾. 故仅剩一种可能情况: $a_0 = 1$.

如果在任何质数 p 处, $Q(p)$ 都是质数, 那么, 在任何质数 p 处, $Q(Q(p))$ 都是质数. 这表明, 多项式 $Q(Q(x))$ 的常数项 $Q(Q(0))$ 等于 1. 然而, $Q(0) = a_0 = 1$, 因此, $Q(Q(0)) = Q(1) = a_n + a_{n-1} + \cdots + a_1 + 1 > 1$, 此为矛盾. 所以, 不存在所述的多项式.

321. 令 $N = 2001$, 我们来给出空间 N 个凸多面体, 其中任何三个多面体都没有公共点, 而其中任何两个都相互外切.

观察以坐标原点 O 为顶点的开口向上的以 Oz 轴为对称轴的无限圆锥. 在平面 $z = 1$ 与该圆锥相截所得的圆周上, 取 N 个等分点 $A_1, A_2, \cdots, A_N$(它们是一个正 N 边形的顶点). 再把劣弧 $\overset{\frown}{A_1 A_2}, \overset{\frown}{A_2 A_3}, \cdots, \overset{\frown}{A_N A_1}$ 的中点记作 $B_1, B_2, \cdots, B_N$. 一般地, 将平面 $z = t$ 与该圆锥相截所得的圆周记为 $C(t)$, 将其圆心记作 O^t. 将射线 OA_i, OB_i 与圆周 $C(t)$ 的交点分别记为 A_i^t 与 B_i^t, 其中, $t > 0$, $1 \leqslant i \leqslant N$. 此处及往下, 脚标均按模 N 理解, 例如, $A_{N+1} = A_1$, 等等.

我们来证明一个引理.

引理 假设凸多边形 M 位于圆 $C(t_0)$, $t_0 > 0$ 的内部. 我们来观察上方无限的 "棱柱" P, 它的底面是多边形 M, 它的侧棱平行于某条直线 OB_i. 将圆 $C(t)$ 与 "棱柱" P 相交所得的多边形记作 $M(t)$, 它们都全等于 M, 且 M 就是 $M(t_0)$. 则存在 $T > t_0$, 使得对一切 $t > T$, 多边形 $M(t)$ 都整个地包含在圆 $C(t)$ 的弓形 $S_i(t) = A_i^t B_i^t A_{i+1}^t$ 中.

引理之证 多边形 $M(t)$ 是多边形 M 平移之下的像, 平移的向量平行于母线 OB_i. 所以, $M(t)$ 包含于一个全等于 $C(t_0)$ 的圆内, 该圆与圆 $C(t)$ 相切于点 B_i^t. 由点 B_i^t 到直线 $A_i^t A_{i+1}^t$ 的距离与母线 OB_i^t 的长度成正比. 因此, 存在 $T > t_0$, 使得对一切 $t > T$, 该距离大于圆 $C(t_0)$ 的直径 (见图 170). 这就意味着, 多边形 $M(t)$ 整个地位于弓形 $S_i(t)$ 中. 引理证毕.

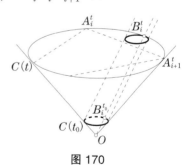

图 170

下面来归纳式的构造满足题意的空间结构. 对每个 n ($1 \leqslant n \leqslant N$), 我们选取正数 $t_1 < t_2 < \cdots < t_n$, 作凸多边形 $M_1, M_2, \cdots, M_n$, 使它们分别含于圆 $C(t_1), C(t_2), \cdots, C(t_n)$ 内; 再作上方无限的棱柱 $P_1, P_2, \cdots, P_n$, 使它们的底面分别为 $M_1, M_2, \cdots, M_n$, 侧棱分别平行于母线 $OB_1, OB_2, \cdots, OB_n$, 并使得任何两个棱柱都彼此相切, 但其中任何 3 个棱柱都没有公共点. 具体做法如下:

选取 $t_1 > 0$. 在圆 $C(t_1)$ 内取一个凸多边形 M_1, 以 M_1 为底作上方无限的棱柱 P_1, 其侧棱平行于母线 OB_1.

假设对某个 n ($1 \leqslant n < N$), 已经定义好了正数 $t_1 < t_2 < \cdots < t_{n-1}$, 构造了凸多边

形 $M_1, M_2, \cdots, M_{n-1}$ 和上方无限的棱柱 $P_1, P_2, \cdots, P_{n-1}$. 根据引理, 存在 $t_n > t_{n-1}$, 使得多边形 $M_1(t_n)$ 含于圆 $C(t_n)$ 中的弓形 $S_1(t_n)$ 中; 多边形 $M_2(t_n)$ 含于圆 $C(t_n)$ 中的弓形 $S_2(t_n)$ 中; 如此下去; 多边形 $M_{n-1}(t_n)$ 含于圆 $C(t_n)$ 中的弓形 $S_{n-1}(t_n)$ 中. 对每个 $i = 1, 2, \cdots, n-1$, 我们来将直线 $A_i^{t_n} A_{i+1}^{t_n}$ 朝着向量 $O^{t_n} B_i^{t_n}$ 的方向平移, 直到其重合于与多边形 $M(t_n)$ 相切的直线 $l_i(t_n)$ 为止. 现在来构造凸多边形 M_n, 使其含于圆 $C(t_n)$ 中, 与每个 $M_i(t_n)$ 相切, 且不与之在直线 $l_i(t_n)$ 的同一侧. 对每个 i, 我们都取多边形 $M_i(t_n)$ 与直线 $l_i(t_n)$ 的切点: 当 $n > 3$ 时, 这些点就是凸 $n-1$ 边形的顶点, 我们就把这个凸 $n-1$ 边形作为多边形 M_n; 对于 $n = 2$ 和 3, 还需要增加一些别的点. 我们来看上方无限的棱柱 P_n, 它的下底是多边形 M_n, 它的侧棱平行于母线 OB_n. 当我们依次构造出棱柱 $P_1, P_2, \cdots, P_N$, 这一过程即告结束. 接下来只要用平面 $z = T$ 横截这些上方无限的棱柱, 使它们都成为正常的棱柱即可, 其中 $T > t_N$.

我们来证明, 所得到的这些正常的棱柱即可满足题中要求. 为此只需对每个 $2 \leqslant n \leqslant N$, 证明棱柱 P_n 仅在圆 $C(t_n)$ 中与棱柱 P_i 相切 $(1 \leqslant i < n)$ 即可. 如若不然, 则可对某个 $1 \leqslant i < n$ 和某个 $t > t_n$, 在 $C(t)$ 中找到棱柱 P_i 与 P_n 的公共点 R. 经过点 R 分别作 OB_i 和 OB_n 的平行直线, 将它们与圆 $C(t_n)$ 所在平面的交点记作 R_i 和 R_n. 于是, 点 R_i 应当属于多边形 $M_i(t_n)$, 而点 R_n 应当属于多边形 $M_n(t_n)$. 向量 $\overrightarrow{R_i R_n}$ 与向量 $\overrightarrow{B_i^{t_n} B_n^{t_n}}$ 的方向相反, 此因
$$\overrightarrow{RR_n} = -(t - t_n)\overrightarrow{OB_n} \quad \text{而} \quad \overrightarrow{RR_i} = -(t - t_n)\overrightarrow{OB_i}.$$

但这是不可能的, 因为点 R_i 和 $B_i^{t_n}$ 位于直线 $l_i(t_n)$ 的一侧, 而点 R_n 和 $B_n^{t_n}$ 位于该直线的另一侧. 由此得出矛盾. 所以, 所得到的那些正常的棱柱满足题中要求.

322. a) 题中的每一种状态是由各个盒子中所放的球数以及下一步将从哪一个盒子中取球这两点来描述的, 所以一共只有有限种不同的状态. 从任何一种状态出发, 通过取球和放球所能变成的另一种状态, 都是唯一确定的. 反过来, 由现在的状态也可唯一地推知它的前一种状态 (即推知现在的状态是由哪一种状态变来的). 事实上, 前一次的放球过程是在某个盒子中放入最后一个球后结束的. 因此, 为了恢复前一个状态, 就应当从该盒中取出一个球, 并且从其开始, 按顺时针方向依次从各个盒中各取出一球, 直到不能继续为止. 此时我们必然碰到一个空盒, 应当把所有取出的球都放进这个盒子, 并把这个盒子做上标记, 得到被恢复了的原来的状态. 这便是一个与题中所说的操作相逆的操作. 如果我们将每种状态都在平面上用一个点来表示, 而如果能够通过题中所说的操作将一种状态变为另一种状态, 那么就用一条带箭头的线段连接这两个点, 箭头指向所能变成的状态, 意即构作一个有向图. 易知, 从图的每一顶点都刚好有一个出来的箭头, 也刚好有一个进去的箭头, 即每个顶点的入度与出度都是 1. 我们从所给的状态 A_1 开始, 沿着箭头走到下一个状态, 并如此持续下去, 即可得到一个由先后到达的顶点依次列出的序列 $A_2, A_3, \cdots$. 既然一共只有有限种状态, 所以序列 $\{A_n\}$ 中势必出现已经出现过的项. 不妨设对某个 $k < n$, 有 $A_k = A_n$, 那么由于只有一个箭头进入 A_k, 所以由等式 $A_k = A_n$ 即可推出 $A_{k-1} = A_{n-1}, \cdots, A_1 = A_{n-k+1}$. 这就表明, 在经过 $n-k$ 步之后, 将会回到状态 A_1.

b) 与小题 a) 不同, 现在的状态仅仅由如何放置小球来决定. 在每一步上都存在多种可能性, 意即有多少个不同的空盒, 就有多少种不同的走法. 不难看出, 也就有多少种不同的

逆操作. 用图论的语言来说, 就是每个顶点的出度与入度相等.

我们先来证明两个辅助命题.

引理 1　不论初始状态如何, 都可以达到这样的同一种状态, 即使得所有的球都集中到某个预先指定的盒子 X 中.

引理 1 之证　如果每一次操作, 都从按逆时针方向离盒子 X 最近的非空的盒子中取球, 那么在这种操作之下, 或者盒子 X 中的球数增加, 或者盒子 X 中的球数不变, 但是离盒子 X 最近的非空的盒子与盒子 X 的距离更近了. 这种操作不可能持续无限多次. 引理 1 证毕.

引理 2　如果可将状态 A 变为 B, 那么也就可以将状态 B 变为状态 A.

引理 2 之证　我们注意到, 如果由顶点 A 有箭头指向顶点 C, 那么也就可以沿着箭头所指示的方向由顶点 C 走到顶点 A. 事实上, 我们可沿箭头由 A 走到 C, 然后再按照小题 a) 那样, 在后续的每一步上, 都从前一步所放的最后一个球所在的盒子里取球. 于是根据小题 a) 所证, 我们将会重复最初的状态, 即重新出现状态 A. 因此, 如果可将状态 A 变为 B, 那么也就可以将状态 B 变为状态 A. 引理 2 证毕.

现在回到小题 b). 假定 A 和 B 是任意两个状态, 而 K 是把所有的球全都集中到某个盒子 X 中的状态. 于是根据引理 1, 我们可将状态 A 变为 K; 再由引理 2 知, 可将状态 K 变为 B. 这就表明, 可将状态 A 变为 B.

第 65 届莫斯科数学奥林匹克 (2002)

323. 答案: $\dfrac{12}{19}$.

设该岛屿上恰有 n 对夫妻. 根据题意, n 个已婚妇女占了岛上女人总数的 $\dfrac{3}{5}$, 这意味着岛上共有 $\dfrac{5n}{3}$ 个女人. 同理, 由于 n 个已婚男人占了岛上男人总数的 $\dfrac{2}{3}$, 所以岛上共有 $\dfrac{3n}{2}$ 个男人. 所以, 岛上共有
$$\frac{5n}{3} + \frac{3n}{2} = \frac{19n}{6}$$
个居民, 其中有 $2n$ 个人已婚, 故已婚者占人口总数的比例为
$$\frac{2n}{\frac{19n}{6}} = \frac{12}{19}.$$

324. 答案: 共 9 个, 它们是: 10, 11, 12, 13, 20, 21, 22, 30 和 31.

解法 1　我们指出, $A^2 \leqslant 99^2 = 9801 < 9999$, 所以 A^2 的各位数字之和小于 $9 \times 4 = 36$, 由于它等于 A 的两位数字之和的平方, 所以 A 的两位数字之和小于 $\sqrt{36} = 6$, 这就意味着 A 的两位数字之和不大于 5.

列举出所有的各位数字之和不大于 5 的两位数, 发现它们共有 15 个: 10, 11, 12, 13, 14, 20, 21, 22, 23, 30, 31, 32, 40, 41 和 50. 逐一验证, 发现只有答案中列出的 9 个数满足

条件.

解法 2 以 $S(n)$ 表示正整数 n 的各位数字之和. 我们指出, 在作两个正整数的加法运算遇到进位情况时, 仅在上一位数中增加 1, 所以每次这样的进位都使得和数的数字之和减小 9. 因此, 无论多少个正整数相加, 和数的各位数字之和都不大于各个加数的各位数字之和的和数. 特别地, 我们有 $S(n) \leqslant n$, 因为可将 n 看成 n 个 1 相加, 并且等号仅对个位数 n 成立. 此外, 在整数的末尾添加 0 时, 各位数字之和保持不变, 故知 $S(10n) = S(n)$.

设所求的两位数为 $A = \overline{ab} = 10a + b$, 则有

$$\begin{aligned}S(A^2) &= S((10a+b)^2) = S(100 \cdot a^2 + 10 \cdot 2ab + b^2) \\ &\leqslant S(100 \cdot a^2) + S(10 \cdot 2ab) + S(b^2) = S(a^2) + S(2ab) + S(b^2) \\ &\leqslant a^2 + 2ab + b^2 = (a+b)^2 = (S(A))^2.\end{aligned}$$

上式中的等号成立, 当且仅当 a^2, $2ab$ 和 b^2 都是个位数. 其必要性显然, 而当它们都是个位数时, 在将 $100 \cdot a^2$, $10 \cdot 2ab$, b^2 这三个数相加时, 不产生进位, 故知充分性也成立.

而为了 a^2, $2ab$ 和 b^2 都是个位数, 必须且只需 $1 \leqslant a \leqslant 3$, $1 \leqslant b \leqslant 3$ 和 $1 \leqslant ab \leqslant 4$, 由此经过枚举, 即可得到答案.

▽. 由此产生出一个问题, 即如何找出所有满足条件 "A 的各位数字之和的平方等于 A^2 的各位数字之和的所有正整数 A (不仅仅是两位数)", 供题人目前依然不知道这个问题的明确答案. 但可证明, 任何具有所述性质的正整数 A 都具有如下性质:

(1) 在它的 10 进制表达式中仅出现数字 0, 1, 2 和 3.

(2) 数字 3 不与数字 2 相邻.

但是这些条件并不是充分的, 例如

$$222^2 = 49284,$$

而 49284 的各位数字之和是 27, 并不等于 $(2+2+2)^2 = 36$.

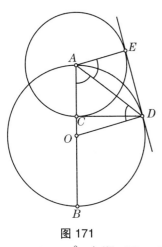

图 171

325. 将给定的以线段 AB 为直径的圆记作 ω_1, 将另一个以点 A 为圆心的圆记作 ω_2. 将两个圆的公切线与 ω_2 的切点记作 E, 将 ω_1 的圆心记作 O (参阅图 171). 由于 OA 与 OD 都是 ω_1 的半径, 所以 $\triangle AOD$ 是等腰三角形, $\angle ODA = \angle OAD$.

众所周知, 切线垂直于经过切点的半径, 所以 OD 与 AE 都垂直于公切线 DE, 这表明 $OD // AE$. 从而 $\angle DAE = \angle ODA$ (内错角相等), 即 $\angle DAE = \angle OAD = \angle DAC$.

在 $\triangle DEA$ 与 $\triangle DCA$ 中, 除了刚刚证得的 $\angle DAE = \angle DAC$ 外, 还有 $AE = AC$ (它们都是圆 ω_2 的半径) 和公共边 AD, 所以 $\triangle DEA \cong \triangle DCA$ (边角边), 从而 $\angle DCA = \angle DEA = 90°$, 亦即 $CD \perp AB$.

326. 答案: 乙有取胜策略.

我们指出, 如果对棋盘的列进行重新排列, 则不会导致局面的任何改变. 换句话说, 如

果某种局面是甲的致败局, 我们把棋盘沿纵向方格线剪成一条一条的, 把它们重新排列后再拼接起来, 则所得的局面依然是甲的致败局. 相应地, 如果原来的局面是甲的致胜局, 则重排后的局面依然是甲的致胜局. 究其原因, 概因各行中的棋子数目未变. 同理, 如果对棋盘的行进行重新排列, 亦不会导致局面的任何改变.

假设甲已经在棋盘中放下了第 1 枚棋子. 我们来对行与列作重新排列, 使得该枚棋子位于某列的正中, 但不在棋盘的中心. 此后, 乙应当采用关于中心的对称策略. 于是, 乙所放的棋子也在某一列的正中, 从而甲不能占据棋盘中的中心方格.

容易验证, 只要甲能摆放棋子, 那么乙就可采用关于中心的对称策略. 事实上, 在乙的每一步之后, 棋盘中的棋子都呈现 (关于中心的) 对称分布. 如果甲可在正中一列中摆放棋子 (注意, 他不能把棋子放到棋盘的中心方格里), 这就意味着该列中原来是空的, 从而乙可在 (关于中心的) 对称位置上摆放棋子. 如果甲能在某个既不处于任何一行的中点, 又不处于任何一列的中点的某个方格中摆放棋子, 那么该方格所在的行与列中都至多放有一枚棋子. 该方格关于棋盘中心的对称方格不仅是空的, 而且它所在的行与列中也都至多放有一枚棋子, 因此, 乙可以以对称策略回应.

▽. 游戏必定在 129 步或 130 步之后结束. 事实上, 根据抽屉原理, 在不多于 128 步之后, 或者会有一个空行, 或者会有两行, 其中每一行都只放有一枚棋子. 对列而言, 亦有类似情况, 即或者会有一个空列, 或者会有两列, 其中每一列都只放有一枚棋子. 如果存在一个空行, 那么就可在它与那个至多放有一枚棋子的列的相交处的方格中放入一枚棋子. 如果有两行, 每一行都只放有一枚棋子, 那么就取一个至多放有一枚棋子的列, 观察它与这两行相交处的方格, 其中至少有一个为空格, 从而可以放入一枚棋子.

第 130 步并不总是可以进行的, 在第 129 步之后, 必有一行, 其中仅有一枚棋子; 也必有一列, 其中仅有一枚棋子; 其余的各行各列则都分别放有两枚棋子. 如果在该行与该列相交处的方格是空格, 当然可以放入一枚棋子; 但该格也有可能非空, 此时则为甲取胜.

在第 128 步之后, 可能有四种不同的局面. (1) 一个空行与一个空列; (2) 有两列, 每列都只放有一枚棋子和一个空行; (3) 有两行, 每行都只放有一枚棋子和一个空列; (4) 有两列, 每列都只放有一枚棋子, 同时有两行, 每行都只放有一枚棋子. 不难看出, 在解答中所陈述的策略之下, 仅存在第 (2) 种和第 (4) 种可能情况. 在第 (2) 种情况下, 乙肯定能取胜. 在第 (4) 种情况下, 我们来看这两列和这两行相交处的四个方格 A, B, C, D (见图 172). 在其中某些方格中可能已经放有棋子. 例如, 如果在 A 中已经放有棋子, 而 D

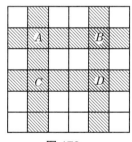

图 172

中没有, 那么甲就可以在 D 中放入一枚棋了, 因而取胜. 但是在我们的策略之下, 这种情况不可能发生, 因为在乙的每一步之后, 所有的棋子都处于关于中心的对称位置上, 所以, 要不这四个格子全都空着, 要不某两个处于同一对角线上的方格 (或者 A 与 C, 或者 B 与 D) 全都被占. 无论是哪一种情况, 乙都可以进行第 130 步, 因而取胜.

327. 解法 1 在 $\triangle AMB$ 中, 作出中线 AF 与 BG, 将它们的交点记作 N (见图

173(a)). 中线的交点即三角形的重心把每条中线分成 1:2 的两段, 所以

$$MF = \frac{1}{2}MB = ME,$$

此因根据题中条件, 点 M 是 $\triangle ABC$ 的重心. 如果 $\angle AMB$ 是直角, 则 $\triangle AME \cong \triangle AMF$, 因而 $AF = AE$. 如果 $\angle AMB$ 是锐角, 则由顶点 A 作 BE 的垂线的垂足 P 位于线段 MB 上, 这表明 $AF < AE$; 事实上, 由于 M 是线段 EF 的中点, 垂足 P 位于线段 MB 上, 故 $PF < PE$, 因此由勾股定理知

$$AF = \sqrt{AP^2 + PF^2} < \sqrt{AP^2 + PE^2} = AE.$$

总之, 无论 $\angle AMB$ 是直角还是锐角, 都有 $PF \leqslant PE$, 从而

$$AN = \frac{2}{3}AF \leqslant \frac{2}{3}AE = \frac{1}{3}AC,$$

此因点 N 是 $\triangle AMB$ 的重心.

同理可证, $BN \leqslant \frac{1}{3}BC$. 再利用三角形不等式, 即得

$$AC + BC \geqslant 3(AN + BN) > 3AB.$$

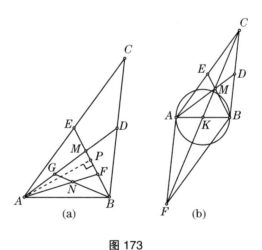

图 173

解法 2 在 $\triangle ABC$ 中, 作出第三条中线 CK, 并将它延长一倍, 得到点 F, 即使得 $KF = CK$ (见图 173(b)). 于是 $ACBF$ 是平行四边形. 由 $\triangle ACF$ 可得 $AC + AF > FC = 2CK$, 这意味着 $AC + BC > 2CK$.

以边 AB 作为直径作圆. 由于 $\angle AMB$ 非钝角, 所以点 M 不在此圆中, 从而 $MK \geqslant AK = \frac{1}{2}AB$. 又因 $CK = 3MK$(三角形重心性质), 所以

$$AC + BC > 2CK = 6MK \geqslant 3AB.$$

328. 将方格表中始终有亮着的灯的初始状态称为 "活态".

首先看 $1\times n$ 的方格表. 对 $n=2$ 和 $n\geqslant 4$, 在 $1\times n$ 方格表中都存在 "活态": 如图 174 所示, 其中每种情况的变化周期都是 2, 亦即在偶数分钟时都重现最初的状态. 我们对 $n\geqslant 4$ 按被 4 除的余数作了分类. 其中, 形如 ⊠○○⊠ 的部分是可以复制的, 即对于更大的 n, 只需增加这样的部分即可 (⊠ 表示亮着的方格, ○ 表示不亮的方格).

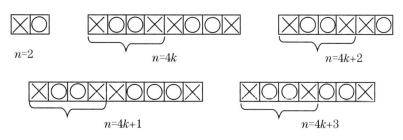

图 174

我们指出, 对于 $n=4k+1$, 表中有一盏永远不亮的灯, 而对于其余的 n, 则每个方格都交替地经历亮和灭.

假设对某个 n, 在 $1\times n$ 方格表中存在 "活态", 那么这样的 "活态" 在任何 $m\times n$ 方格表中都存在. 事实上, 只需在 $m\times n$ 方格表的第一行 (即 $1\times n$ 方格表) 中造出这样的 "活态", 再把它复制到其余各行中即可. 因为这时, 方格表的各列中的方格同时经历亮和灭的变化, 如同 $1\times n$ 方格表中的各个方格. 原来亮着的方格当然同时灭去, 而原来灭着的方格的上下方的方格也是灭的, 只有它在同一行中原有奇数个亮着的方格时, 它才会变亮, 既然每一行都是第一行的复制, 那么每一列的方格同时亮起或都不亮. 如此一来, 只要第一行是 "活态", 那么整个 $m\times n$ 方格表就是 "活态".

我们可以认为 $m\leqslant n$(否则将表格旋转 $90°$ 即可). 如此一来, 对 $n=2$ 和 $n\geqslant 4$, 都已经证得了在 $m\times n$ 方格表中存在 "活态". 下面只需再看 1×1, 1×3 和 3×3 方格表.

对于 3×3 方格表, 存在如图 175 所示的 "活态". 下面证明, 对于 1×1 和 1×3 方格表, 不论起始状态如何, 表格中的所有的灯或迟或早都会灭掉. 1×1 的情况显然. 对于 1×3 方格表, 不难看出, 只有如下三种可能的状态 (可以从第二步看起): ○⊠⊠ ○⊠○ ○○⊠, 读者可自行验证其中所有的灯迟早都会灭掉.

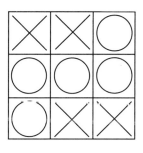

图 175

329. 答案: 一定能够.

当值勤军官站在队列中时, 将站在他左侧脸朝着他的新兵人数记作 m, 将站在他右侧脸朝着他的新兵人数记作 n.

开始时, 让该军官站在队列的最左端, 此时无任何新兵从左侧朝他看 ($m=0$). 如果此时也无任何新兵从右侧朝他看 ($n=0$), 则问题已经解决. 如若不然, 则 $n>0$, 我们就让该军官从左往右一个人一个人地交换位置. 如果他所换过来的那个新兵是背对着他的, 那么 m 就增加 1, 而 n 保持不变. 如果他所换过来的那个新兵是脸朝着他的, 那么 n 就减少 1, 而 m 保持不变. 如果他所换过来的那个新兵是整个转了一圈的, 则 m 与 n 都保持不变.

我们来观察差数 $m-n$ 的变化情况. 开始时它是负的, 而在该军官的移动过程中, 该差值每次至多增加 1. 而当该军官到达最右端时, n 减少到 0, 即差数 $m-n$ 变为非负. 这就说明, 差值 $m-n$ 从一个负整数开始, 经过若干次变化, 每次增加 1, 最后成为非负整数. 从而其间必有某一时刻该差值为 0, 此时 $m=n$, 亦即当该军官站在这个位置上时, 左右两侧脸朝着他的新兵人数相等.

330. 解法 1 由三角形不等式得 $a+b>c$. 又显然对任何两个实数 a 和 b, 都有 $a^2-ab+b^2 \geqslant 0$. 事实上, 如果 $ab \leqslant 0$, 则 $a^2 \geqslant 0$, $-ab \geqslant 0$, $b^2 \geqslant 0$, 从而 $a^2-ab+b^2 \geqslant 0$; 而如果 $ab \geqslant 0$, 则
$$a^2-ab+b^2 \geqslant a^2-2ab+b^2 = (a-b)^2 \geqslant 0.$$
于是
$$(a+b)(a^2-ab+b^2) \geqslant c(a^2-ab+b^2).$$
由此即得
$$a^3+b^3+3abc = (a+b)(a^2-ab+b^2)+3abc$$
$$\geqslant c(a^2-ab+b^2)+3abc = c(a^2+2ab+b^2) = c(a+b)^2 > c^3.$$

解法 2 记 $d=c-b$, 于是 $d+b=c$ (d 可能为负). 根据三角形不等式, 有 $a>d$. 我们得
$$a^3+b^3+3abc > d^3+b^3+3dbc = d^3+b^3+3bd(d+b)$$
$$= d^3+3b^2d+3bd^2+b^3 = (d+b)^3 = c^3.$$

331. 作 $\triangle ABC$ 关于直线 DE 的对称变换 (参阅图 176). 由于
$$\angle AED = \angle ACD = \angle BCD = \angle BED,$$

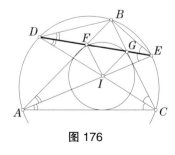

图 176

其中第一个与第三个等号是由于同弧所对圆周角相等; 第二个等号是由于 AE 是角平分线, 所以, 在这个对称变换之下, 直线 AE 变为 BE. 同理可知, 直线 CD 变为 BD. 于是, 直线 AE 与 CD 的交点, 即内心 I, 变为直线 BE 与 BD 的交点, 即点 B. 这就表明, 在这个对称变换之下, $\triangle IFG$ 变为 $\triangle BFG$. 因此, $IF=BF$, $IG=BG$, 且 $BI \perp DE$. 由于 BI 是 $\angle FBG$ 的平分线, 这就表明, 在 $\triangle BFG$ 中, 高就是角平分线, 所以它是等腰三角形, 亦即 $BF=BG$.

如此一来, 四边形 $BFIG$ 的四条边彼此相等, 从而该四边形为菱形.

332. 答案: $x = \pm 1$, $y = 0$.

易知, 如果 (x,y) 是原方程的解, 则 $(-x,y)$, $(x,-y)$ 和 $(-x,-y)$ 也是原方程的解, 所以我们可以仅讨论方程的非负整数解. 易见 x 是奇数, 写 $x = 2t+1$, 并将原方程改写为

$$x^4 - 1 = (x-1)(x+1)(x^2+1) = 2t(2t+2)(4t^2+4t+2) = 2y^2.$$

由此可见, y 是偶数, 写 $y = 2u$, 并将方程两端同除以 8, 得

$$t(t+1)\big(2t(t+1)+1\big) = u^2.$$

不难验证, $t, t+1$ 和 $2t(t+1)+1$ 两两互质. 例如, 若

$$d|t+1 \quad \text{且} \quad d|2t(t+1)+1,$$

则由于 $d|t+1 \Longrightarrow d|2t(t+1)$, 故再由 $d|2t(t+1)+1$, 即得

$$d\big|\big(2t(t+1)+1\big) - 2t(t+1) = 1,$$

所以 t 与 $2t(t+1)+1$ 互质. 同理可证其余两对数互质.

三个两两互质的整数的乘积是完全平方数, 根据质因数分解定理知, 它们中的每一个都是完全平方数.

t 与 $t+1$ 都是完全平方数, 这仅当 $t=0$ 时才有可能. 事实上, 如果 $t = \alpha^2$ 与 $t+1 = \beta^2$, 其中 $\alpha \geqslant 0$, $\beta \geqslant 0$, 则有

$$(\beta - \alpha)(\beta + \alpha) = 1,$$

因此 $\beta - \alpha = 1$, $\beta + \alpha = 1$, 故知 $\alpha = 0$, 因而 $t = 0$. 这样一来, $u = 0$, 从而 $x = \pm 1$, $y = 0$.

333. 答案: $n \neq 1$ 和 3.

参阅第 328 题的解答, 那里的关于 $1 \times n$ 方格表的解答恰好适合于本题.

334. 答案: 不可能.

首先指出, 所得到的所有多边形都是凸的. 我们来对所分得的多边形的数目作归纳, 以证明断言: 在每一步分割之后, 都能从所得的多边形中找到一者, 它至少具有三个非钝角.

开始时, 仅有一个三角形, 它的三个内角都是锐角, 断言成立.

假设到某一步为止, 在依次进行的每一步上断言都成立, 特别地, 在这一步所得的多边形中存在一个至少具有三个非钝角的多边形 M. 我们来看下一步的分割.

如果下一步所用的直线 l 不穿过 M, 那么 M 依然存在, 断言显然成立. 如果直线 l 穿过 M, 那么 M 被分成了两个部分. 将直线 l 与 M 的边界的两个交点分别记为 A 和 B.

如果交点 A 在 M 的某条边的内部, 则 M 的该条边被 l 分成两段, 且在 l 与该条边所交出的两个角中至少有一个非钝角. 如果交点 A 是 M 的一个顶点, 则 l 将 M 在顶点 A 处的内角分成两个角, 其中显然有一个角为非钝角 (由于 M 是凸多边形, 它的每个内角都小于 $180°$). 特别地, 如果 M 在顶点 A 处的内角本身就是非钝角, 那么所分成的两个角就都是非钝角. 总之, 这次分割之后, 在交点 A 处都增加了一个非钝角. 同理, 在交点 B 处也增加了一个非钝角.

根据归纳假设, 在 M 中原来至少有 3 个非钝角, 现在则增加到了至少有 5 个, 它们被直线 l 分隔在两个新得的多边形中, 其中一个中当然有不少于 3 个. 至此, 归纳过渡完成, 断言获证.

如此一来, 正如断言所说, 在最终所得的一系列三角形中, 必有一个三角形的三个内角都是非钝角, 从而不可能都是钝角三角形.

335. 答案: 可能等于 1,2 和 3.

解法 1 将三角形的三内角分别记为 α, β, γ ($\alpha \leqslant \beta \leqslant \gamma$). 由于 $\alpha+\beta+\gamma=\pi$, 故显然有 $0<\alpha \leqslant \dfrac{\pi}{3}$, 因此 $0<\tan\alpha \leqslant \sqrt{3}$. 由于 $\tan\alpha$ 是正整数, 所以 $\tan\alpha=1$, 从而 $\alpha=\dfrac{\pi}{4}$. 于是 $\beta+\gamma=\dfrac{3\pi}{4}$, 故有

$$-1 = \tan(\beta+\gamma) = \frac{\tan\beta+\tan\gamma}{1-\tan\beta\tan\gamma} \implies \tan\beta+\tan\gamma = \tan\beta\tan\gamma - 1$$
$$\implies (\tan\beta-1)(\tan\gamma-1) = 2.$$

由于 2 是质数, 所以等式左端的两个括号中的表达式只能是一个为 1, 另一个为 2(容易验证, 不可能一个为 -1, 另一个为 -2). 结合假设 $\alpha \leqslant \beta \leqslant \gamma$, 知 $\tan\beta=2$, $\tan\gamma=3$.

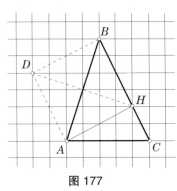

图 177

解法 2 如图 177 所示, 在方格纸上画出 $\triangle ABC$. 通过数方格, 可以看出 $\tan\angle BAC=3$, $\tan\angle ACB=2$. 再在图上标出 H 和 D 两个点, 通过数方格, 可以看出 $ADBH$ 是对角线相等的菱形, 因而是正方形, 从而知 $\angle ABC=\dfrac{\pi}{4}$ 和 $\tan\angle ABC=1$. 所以, 所画的三角形满足题中条件.

我们来证明, 三角形内角的正切值再不可能等于别的正整数. 如同解法 1 开头所证, 最小的内角一定等于 $\dfrac{\pi}{4}$. 如此一来, 次小的锐角一定大于 $\dfrac{\pi}{4}$. 如若不然, 则最大的内角就等于 $\pi-\dfrac{\pi}{4}-\dfrac{\pi}{4}=\dfrac{\pi}{2}$, 其正切值不存在, 与题意相矛盾. 由此易知, 三个内角都是锐角, 且两个较大的锐角都大于 $\dfrac{\pi}{4}$. 这表明, 在它们的正切值中, 有一个等于 1, 有两个大于 1$\left(\text{因为正切值在区间} \left[0, \dfrac{\pi}{2}\right) \text{中严格上升}\right)$.

既然三角形的三个内角和等于 π, 所以不可能在改变一个内角的正切值时, 不影响其余两个角的正切值. 所以除了我们已知的 $(1,2,3)$ 之外, 只需再考察形如 $(1,m,n)$ 的情形, 其中 $m>2, n>3$. 但这无异于保持三角形的一个内角不变, 而使另外两个内角增大, 这显然是不可能的. 从而图 177 所展示的解是唯一的.

336. 由平均不等式知

$$\frac{a^2+b^2}{2} \geqslant ab, \quad \frac{a^2+c^2}{2} \geqslant ac, \quad \frac{b^2+c^2}{2} \geqslant bc.$$

将三个不等式相加, 得到

$$a^2+b^2+c^2 \geqslant ab+bc+ca,$$

因此

$$a^2+b^2+c^2+2ab+2bc+2ca \geqslant 3(ab+bc+ca),$$

亦即
$$(a+b+c)^2 \geqslant 3(ab+bc+ca). \tag{1}$$

在已知的不等式
$$\frac{1}{a}+\frac{1}{b}+\frac{1}{c} \geqslant a+b+c$$

两端同乘 abc, 得到与之等价的形式
$$bc+ac+ab \geqslant (a+b+c)abc. \tag{2}$$

联立不等式 (1) 和 (2), 得
$$(a+b+c)^2 \geqslant 3(ab+bc+ca) \geqslant 3(a+b+c)abc,$$

此即
$$a+b+c \geqslant 3abc.$$

337. 假设所分成的 4 个三角形的面积分别为 $n,n+1,n+2$ 和 $n+3$, 于是, 四边形 $ABCD$ 的面积为 $4n+6$. 不难看出 $S_{BCD}=4S_{ECF}$. 所以 $S_{BCD} \geqslant 4n$, 因此
$$S_{ABD}=S_{ABCD}-S_{BCD} \leqslant (4n+6)-4n=6.$$

当 S_{ECF} 达到所分出的三角形的面积的最小值时, 上式中的等号成立.

6 是可以达到的. 具体例子如: $ABCD$ 为等腰梯形, 下底 $AD=6$, 上底 $BC=4$, 高为 2(图 178 中的数表示面积).

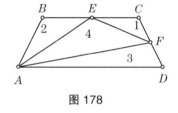

图 178

338. 答案: 一定可以.

我们按票上的号码称呼观众, 即拿 k 号票的观众就称为观众 k. 假定座位是自左往右编号的, 即最右端的位子是第 n 号, 最左端的位子是第 1 号. 我们只要证明, 可以按照给定的办法, 把观众 n 换到第 n 号位子上, 并且使得其余观众都仍然不在自己的位子上.

开始时, 大家都不在自己的位子上. 如果观众 n 与他右邻的观众交换位子后, 大家仍然都不在自己的位子上, 那么服务员就让他们两人交换座位.

如果观众 n 不能被换到比第 k 号更右的位子上, 则说明在第 $k+1$ 号位子上坐着观众 k(一旦交换, 观众 k 就坐到自己的位子上了). 找出这样的最大的 m, 使得在第 $k+1,k+2,\cdots,k+m$ 号位子上依次坐着观众 $k,k+1,\cdots,k+m-1$. 我们来看两种不同情况: $(1)k+m<n,(2)k+m=n$.

如果 $k+m<n$, 设在第 $k+m+1$ 号位子上坐着观众 j, 且 $j \neq k+m+1$, 显然还有 $j \notin \{k,k+1,\cdots,k+m-1,k+m\}$. 因此, 可以将观众 j 一步步往左调, 一直调到与观众 n 相邻, 从而又能与观众 n 交换位子. 这时观众 n 已经坐在第 $k+1$ 号位子上, 从而他可以依次与观众 $k,k+1,\cdots,k+m-1$ 换位, 到达第 $k+m+1$ 号位子. 显然, 此时所有的观众仍然都不在自己的位子上.

如果 $k+m=n$, 那么只需把观众 n 依次与观众 $k,k+1,\cdots,k+m-1$ 换位, 其结果是观众 $k,k+1,\cdots,n$ 都到达了自己的位子.

通过若干次上述操作, 可以使得最右端的若干个观众都坐在自己的位子上, 而剩下的人则都没有坐在自己的位子上. 从而把原题转化为观众数目较少的问题.

339. 答案: a) $k=2001$; b) $k=1$.

a) 在第一轮选举中, 奥斯塔普不能得最后一名, 即不能得第 2002 名, 否则他当即被淘汰出局, 所以 $k\leqslant 2001$.

假定所有候选人在第一轮的得票几乎相等, 且奥斯塔普排在倒数第二名, 而在后续的每一轮中, 他都得到原在前一轮中投给被淘汰出局的候选人的所有选票. 那么他可在被淘汰出局的候选人人数达到一半时成功当选, 而这刚好发生在第 1002 轮选举中.

可以确切地描述这种可能情况: 假定在第一轮选举中各人所得选票数目为: $10^6+2001, 10^6+2000, \cdots, 10^6+1, 10^6$. 那么在第 1001 轮选举中, 奥斯塔普所得的选票数目还不足一半, 即第一轮选举中投给排在后面的 1001 个候选人的选票数目之和还不足总数的一半, 而在第 1002 轮选举中情形就改观了. 事实上, 在这一轮选举中, 奥斯塔普可得到

$$\sum_{m=0}^{1001}(10^6+m)=1002\cdot 10^6+\sum_{m=0}^{1001}m=1002501501$$

张选票, 而选票总数为

$$\sum_{m=0}^{2001}(10^6+m)=2002\cdot 10^6+\sum_{m=0}^{2001}m=2004003001,$$

所以奥斯塔普所得票数超过总数的一半.

b) 假定 $k>1$. 我们把在前 1000 轮选举中就被淘汰出局的候选人称为出局者, 把除了奥斯塔普和出局者之外的其他人称为领先者. 把在第一轮选举中得票最多的候选人称为走运者. 由于共有 1000 个出局者和 1001 个领先者, 所以必有一个领先者得不到原先投给任何一个出局者的选票. 此人在第一轮以及后续的 999 轮选举中, 所得的票数都多于所有的出局者 (因为他未被淘汰出局). 因而, 走运者在第一轮选举中所得的票多于任何一个出局者, 所以走运者是领先者.

奥斯塔普在第 1001 轮选举中所能得到的最多票数等于各个出局者在被淘汰出局时所得的票数之和再加上他自己在第一轮所得的票数. 每一个领先者在前 1000 轮 (甚至在第 1001 轮) 中所得的票数都多于相应轮中的出局者. 走运者所得之票则多于奥斯塔普在第一轮中所得的票数. 因此, 领先者和走运者所得的票数之和多于奥斯塔普的票数, 故而他不能当选.

▽1. 一个新的问题: 如果每轮投给被淘汰出局的人的选票在下一轮中不是集中投给同一个人, 而是任意投给剩下的各个人, 题中的结论有无变化?

▽2. 小题 a) 中的情形只能在选民数目超过 2000000 的大城市中才能实现, 事实上, 该市选民数不能少于

$$0+1+\cdots+2001=2003001,$$

因若不然, 在第一轮选举中就会有候选人的得票数相同.

340. 答案: 能够.

我们来这样给正方形着色: 在正方形内作内切圆, 将正方形中的圆外部分染成黑色; 再作圆的内接正方形, 使它的边平行于原正方形的边, 将圆中在该正方形外的部分染成白色; 再作这个正方形的内切圆, 并将该正方形中的圆外部分染成黑色; 如此一直下去 (见图 179(a)). 此处我们约定, 边界都属于 "内图形". 这样一来, 每个正方形的边界都被染成了黑色, 除了它与内切圆的切点; 而每个圆的边界都被染成了白色, 除了它与内接正方形的交点.

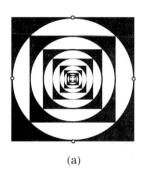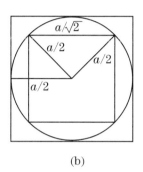

(a) (b)

图 179

假设原正方形的边长是 a, 那么所作的下一个正方形的边长为 $\dfrac{a}{\sqrt{2}}$, 从而正方形的边长趋于 0, 这就表明, 正方形中的所有点, 除了中心之外, 都被染了色. 现在把中心染为黑色.

显然, 整个正方形中的黑点集合相似于其内切圆中的黑点集合 (只需以正方形的中心为中心作系数为 $\dfrac{1}{\sqrt{2}}$ 的位似变换, 就可把前者变为后者). 而整个正方形中的白点集合则与其内切圆中的白点集合重合 (见图 179(b)).

▽1. 在对著名的康托—博恩斯坦定理的证明中, 就运用了与此类似的结构 (例如, 可参阅参考文献 [71] 第 1.5 节或参考文献 [36] 第 10 节).

▽2. 两者颜色的点的集合都是通过不断地按同一比例缩小图形的相似变换的无限过程得到的. 假如不是这样做, 而是从图形中割出 "坏集合", 则会遇到许多意想不到的问题: 例如, 从球上可以割出一个部分, 由这一部分可以叠成两个与原来半径相等的球. 关于这些结论可以参阅参考文献 [36] 第 10 节.

341. 同第 335 题.

342. 设 $t > 0$, $c = t^3 + t + 1$. 令 $B = (t, c)$, 则点 B 在函数 $y = x^3 + |x| + 1$ 的图像上; 而点 $A = (\sqrt[3]{c}, c)$ 在函数 $y = x^3$ 的图像上. 我们来证明, 只要 t 足够大, 就能使得点 A 与点 B 的距离不大于 $\dfrac{1}{100}$.

易知, 点 A 与点 B 的距离 $r = \sqrt[3]{c} - t$. 从而 $(t+r)^3 = c$, 因而

$$3t^2 r + 3tr^2 + r^3 = t + 1,$$

故知 $3t^2 r < t + 1$, 意即

$$r < \frac{t+1}{3t^2}.$$

这表明, 我们只要选取这样的 t, 使得 $\dfrac{t+1}{3t^2} < \dfrac{1}{100}$ 即可. 这样的 t 很多很多, 只要它足够大即可, 例如 $t = 100$ 即可, 事实上,
$$\frac{t+1}{3t^2} = \frac{101}{3 \times 100 \times 100} < \frac{1}{100}.$$

▽. 设 $f(x)$ 与 $g(x)$ 都是 $n \geqslant 2$ 次多项式, 它们的 n 次项系数与 $n-1$ 次项系数皆对应相同, 意即
$$f(x) = a_n x^n + a_{n-1} x^{n-1} + \text{较低次数项},$$
$$g(x) = a_n x^n + a_{n-1} x^{n-1} + \text{较低次数项}.$$

以下我们假定 $a_n > 0$, 于是就有
$$\lim_{x \to +\infty} f(x) = +\infty, \quad \lim_{x \to +\infty} g(x) = +\infty.$$

$\varphi(y)$ 定义为满足条件 $f(\varphi(y)) = y$ 的函数. 多于足够大的 y, 这种函数 $\varphi(y)$ 是唯一存在的 (如果你熟悉《数学分析》知识, 可尝试自行证明这一结论). 类似地, 以条件 $g(\psi(y)) = y$ 定义函数 $\psi(y)$. 于是, 点
$$(\varphi(y), y) \quad \text{和} \quad (\psi(y), y)$$
分别在函数 f 与 g 的图像上, 这两点间的距离等于 $|\varphi(y) - \psi(y)|$, 我们来证明
$$\lim_{y \to +\infty} |\varphi(y) - \psi(y)| = 0.$$

事实上, 在必要的时候, 适当改变一下多项式 f 与 g, 可以认为, 对充分大的 x, 都有 $f(x) \geqslant g(x) \geqslant 0$, 于是 $\psi(y) \geqslant \varphi(y)$. 记 $h(x) = f(x) - g(x)$, 则 $h(x)$ 是次数不大于 $n-2$ 的多项式. 我们有
$$h(\varphi(y)) = f(\varphi(y)) - g(\varphi(y)) = f(\varphi(y)) - g(\psi(y)) + g(\psi(y)) - g(\varphi(y))$$
$$= g(\psi(y)) - g(\varphi(y)) = g'(\xi)(\psi(y) - \varphi(y)),$$
其中 $\psi(y) \geqslant \xi \geqslant \varphi(y)$, g' 是 g 的导函数, 最后一步来自微分中值定理.

对于某个 $C > 0$, 函数 $g'(x)$ 在区间 $(C; +\infty)$ 中上升. 这意味着, 对足够大的 x, 有
$$\psi(y) - \varphi(y) = \frac{h(\varphi(y))}{g'(\xi)} \leqslant \frac{h(\varphi(y))}{g'(\varphi(y))}.$$

下面只需指出
$$\lim_{t \to +\infty} \frac{h(t)}{g'(t)} = 0$$
即可. 事实上, 这是显然的, 因为 $h(t)$ 是次数不大于 $n-2$ 的多项式, 而 $g'(t)$ 作为 n 次多项式 $g(t)$ 的导函数, 是 $n-1$ 次多项式.

可以尝试证明: 如果 $f(x)$ 与 $g(x)$ 的 $n-1$ 次项的系数 a_{n-1} 与 b_{n-1} 不等, 则所求的极限为 $\dfrac{|a_{n-1} - b_{n-1}|}{na_n}$.

343. 同第 338 题.

344. 将数列中的第 n 项记作 a_n, 将前 n 项之和记作 S_n. 设 S_{n-1} 被 a_n 除的商是 k_n, 则有 $S_{n-1} = a_n k_n$. 由题中条件知, 当 $n \geqslant 2002$ 时, k_n 都是正整数.

由于 $a_{n+1} > a_n$, 所以

$$k_{n+1} = \frac{S_n}{a_{n+1}} = \frac{S_{n-1}+a_n}{a_{n+1}} < \frac{S_{n-1}+a_n}{a_n} = k_n + 1,$$

这意味着, 当 $n \geqslant 2002$ 时, 都有 $k_{n+1} \leqslant k_n$, 此因它们都是正整数.

这就是说, 当 $n \geqslant 2002$ 之后, k_n 非升. 我们知道, 非升的正整数序列是渐近趋稳的, 意即它终究会成为常数列, 自某一项开始, 数列中的各项都相等. 设自某项开始, 数列中的各项都等于 k, 意即对某个正整数 n_0, 有 $k_n = k$, $n \geqslant n_0$. 然而, 此时我们有

$$a_{n+1} = \frac{S_{n-1}+a_n}{k} = a_n + \frac{a_n}{k} = \left(1+\frac{1}{k}\right)a_n,$$

这就是说, 从第 n_0 项开始, 原来的数列成为公比为 $1+\dfrac{1}{k}$ 的等比数列:

$$a_n = \frac{k+1}{k}a_{n-1} = \left(\frac{k+1}{k}\right)^2 a_{n-2} = \cdots = \left(\frac{k+1}{k}\right)^{n-n_0} a_{n_0} = \frac{(k+1)^{n-n_0} a_{n_0}}{k^{n-n_0}}.$$

这表明, 对任意大的 n, 只要 $n \geqslant n_0$, 就有 $k^{n-n_0} | (k+1)^{n-n_0} a_{n_0}$, 然而 k^{n-n_0} 与 $(k+1)^{n-n_0}$ 互质, 从而 $k^{n-n_0} | a_{n_0}$, 只有 $k=1$ 时才可能. 所以 $k=1$ 正是所要证明的.

345. 将 $\triangle ABC$ 的内心记作 I, 将其内切圆半径记作 r, 令 $\angle BAC = \alpha$ (见图 180). 我们来证明, 六边形 $T_A O_C T_B O_A T_C O_B$ 的各边都等于 r.

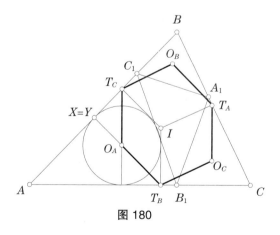

图 180

先来证明 $T_B O_A \perp AB$.

我们知

$$AB_1 = AB\cos\alpha, \quad AC_1 = AC\cos\alpha.$$

在 $\triangle BAC$ 与 $\triangle B_1 AC_1$ 中, $\angle BAC$ 为公共角, 且

$$\frac{AB_1}{AB} = \frac{AC_1}{AC} = \cos\alpha,$$

故 $\triangle BAC \sim \triangle B_1AC_1$, 且相似系数为 $\cos\alpha$. 设 X 为点 O_A 在直线 AB 上的投影. 于是, 线段 AX 与线段 AT_B 都是由顶点 A 到 $\triangle BAC$ 与 $\triangle B_1AC_1$ 中的相应边与内切圆的切点的连线, 所以它们的长度之比也等于这两个三角形的相似比, 故知 $AX = AT_B\cos\alpha$. 而若 Y 为点 T_B 在直线 AB 上的投影, 则亦有 $AY = AT_B\cos\alpha$, 这表明 $AX = AY$, 意即点 X 与点 Y 重合. 由此可知 $T_BO_A \perp AB$.

可类似地证得

$$T_AO_B \perp AB, \quad T_CO_B \perp BC, \quad T_BO_C \perp BC, \quad T_AO_C \perp AC, \quad T_CO_A \perp AC.$$

又显然有 $IT_C \perp AB$, $IT_A \perp BC$, $IT_B \perp AC$, 且 $IT_A = IT_B = IT_C = r$. 在四边形 $T_BO_AT_CI$ 中两组对边分别平行, 所以 $T_BO_AT_CI$ 是平行四边形, 在它里面有

$$IT_B = IT_C = T_BO_A = T_CO_A = r.$$

同理可得

$$T_CO_B = T_AO_B = T_AO_C = T_BO_C = r,$$

所以六边形 $T_AO_CT_BO_AT_CO_B$ 各边都等于 r, 故彼此相等.

▽. 由上述证明可知, 六边形 $T_AO_CT_BO_AT_CO_B$ 是中心对称图形. 亦可看出, 它的对称中心位于 $\triangle ABC$ 的内心与外心的连接线上. 请读者自行证明这些结论.

346. 同第 339 题.

第 66 届莫斯科数学奥林匹克 (2003)

347. 答案: 全家的收入提高 55%.

解法 1 如果家中唯一的孩子的助学金加倍, 则全家的收入增加的数目就是孩子的助学金的数目, 既然此举提高了全家的收入的 5%, 就说明孩子的助学金占全家的收入的 5%. 同理可知, 妈妈的工资占全家的收入的 15%; 爸爸的工资占全家的收入的 25%. 从而爷爷的退休金占全家的收入的 55%($= 100\% - 5\% - 15\% - 25\%$), 这也就意味着, 如果爷爷的退休金加倍, 可使全家的收入提高 55%.

解法 2 如果家庭中的每个人的收入都加倍, 则全家的收入提高 100%. 这其中, 孩子的贡献是 5%; 妈妈的贡献是 15%; 爸爸的贡献是 25%. 剩下的都是爷爷贡献的, 占 55%. 这也就意味着, 如果爷爷的退休金加倍, 可使全家的收入提高 55%.

348. 答案: 例如, 1111111613 就是一个这样的 10 位数.

我们先来找一个正整数 (不一定是 10 位数), 使得将它加上它的各位数字的乘积后, 所得的数的各位数字的乘积与原来相同, 甚至只是各位数字交换了位置而已. 例如, 如果一个正整数的最后两位数是 13, 为了使它的两位数字交换位置, 需要加上 18. 而为了它的各位数字的乘积是 18, 需要增加一位数字 6. 于是发现 613 就可满足要求.

现在, 为了得到满足要求的 10 位数, 只要在 613 的左面添加若干个数字 1 即可, 易见 1111111613 + 18 = 1111111631, 各位数字的乘积不变.

▽. 一开始除了可选择 613 之外, 还可选择 326, 819 等, 它们加上自己的各位数字之积后, 也都仅仅是后两位数字交换了位置, 事实上, $326 + 3 \times 2 \times 6 = 362$, $819 + 8 \times 1 \times 9 = 891$.

另外, 还可选择 28, 我们有 $28 + 2 \times 8 = 44$, 各位数字都变了, 但乘积不变.

349. 答案: 不能.

假设可以这样染色.

首先注意, 8×8 方格表可以分成 8 个 4×2 子表, 因此, 在整个 8×8 方格表中一共有 $8 \times 4 = 32$ 个黑格.

我们来将 8×8 方格表分成 4 个 3×3 子表, 3 个 4×2 子表, 以及右上角上的一个 2×2 子表 (见图 181). 在 4 个 3×3 子表和 3 个 4×2 子表中一共有 $4 \times 5 + 3 \times 4 = 32$ 个黑格, 因此, 角上的那个 2×2 子表里就不能有任何黑格.

运用类似的划分, 亦可证得其他三个角上的 2×2 子表中也都不能有任何黑格.

在去掉四个角上的 2×2 子表后, 剩下的部分可以分成 6 个 4×2 子表, 因此, 在整个 8×8 方格表中一共有 $6 \times 4 = 24$ 个黑格, 此为矛盾.

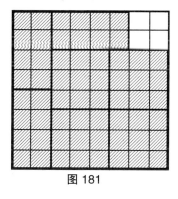

图 181

350. 答案: $\triangle ABC$ 是等边三角形, 它的各个内角都是 $60°$.

对于 $\triangle ABX$ 与 $\triangle CAY$ 的外角 $\angle BXC$ 和 $\angle AYB$, 我们有 (参阅图 182)

$$\angle BXC = \angle ABX + \angle BAX,$$
$$\angle AYB = \angle YAC + \angle YCA.$$

而由题中条件知: $\angle AYB = \angle BXC$, $\angle ABX = \angle YAC$, 所以由上面两个等式得 $\angle BAX = \angle YCA$, 故知 $\triangle ABC$ 是等腰三角形, $AB = BC$.

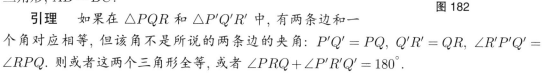

图 182

引理 如果在 $\triangle PQR$ 和 $\triangle P'Q'R'$ 中, 有两条边和一个角对应相等, 但该角不是所说的两条边的夹角: $P'Q' = PQ$, $Q'R' = QR$, $\angle R'P'Q' = \angle RPQ$. 则或者这两个三角形全等, 或者 $\angle PRQ + \angle P'R'Q' = 180°$.

引理之证 在射线 PR 上取一点 R_1, 使得 $PR_1 = P'R'$, 于是 $\triangle P'Q'R' \cong \triangle PQR_1$(边角边). 这就意味着, 如果点 R_1 与点 R 重合, 则 $\triangle P'Q'R' \cong \triangle PQR$.

否则, 点 R_1 可能在线段 PR 内部, 也可能在其外部 (见图 183(a) 与图 183(b)). 注意, $QR_1 = Q'R' = QR$, 所以 $\triangle RQR_1$ 是等腰三角形, 且 $\angle QRR_1 = \angle QR_1R$. 如果 R_1 在线段 PR 内部, 则
$$\angle PRQ = \angle RR_1Q = 180° - \angle PR_1Q = 180° - \angle P'R'Q'.$$
如果 R_1 在线段 PR 外部, 则情况类似. 引理证毕.

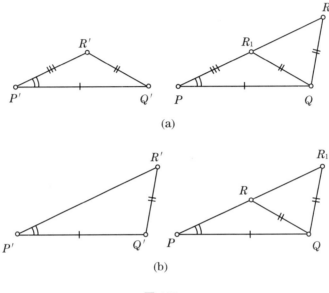

图 183

我们来观察 $\triangle XBC$ 与 $\triangle YAB$. 它们有两条边和一个非夹角对应相等: $XC = YB$, $BC = AC$, $\angle BXC = \angle AYB$. 根据引理, 或者这两个三角形全等, 或者有 $\angle XBC + \angle YAB = 180°$. 但是后一种情况不可能出现, 此因 $\angle XBC + \angle YAB < \angle ABC + \angle CAB = 180° - \angle ACB < 180°$. 从而必有 $\triangle XBC \cong \triangle YAB$, 因此 $\angle ABY = \angle BCX$, 意即 $\triangle ABC$ 是等边三角形.

▽. 对于解答中所证明的引理, 还可作进一步的延伸. 如果还有第三个三角形 $\triangle P''Q''R''$ 满足条件 $P''Q'' = PQ$, $Q''R'' = QR$, $\angle R''P''Q'' = \angle RPQ$, 则在 $\triangle PQR$, $\triangle P'Q'R'$ 和 $\triangle P''Q''R''$ 中至少有两个三角形彼此全等. 这个命题叫作基于两边及一个非夹角对应相等的三角形的半全等判别条件.

351. 答案: 该国最少有 21 条航线.

首先证明, 不能少于 21 条航线. 事实上, 为了能从任何城市飞到任何城市 (包括中转后到达), 不得少于 14 条航线. 因为无论从哪个城市出发, 为了到遍其余所有城市, 在每到达一个未到过的城市时都需要一条新的航线 (参阅专题分类 $3°$).

将属于 3 家不同航空公司的航线数目分别记为 a, b 和 c. 根据题中条件知 $a + b \geqslant 14$, $b + c \geqslant 14$, $a + c \geqslant 14$ (因为利用任何两家公司的航线, 都可由任何城市飞往任何城市). 将这三个不等式相加, 得 $2(a+b+c) \geqslant 42$, 故知 3 家航空公司一共至少有 21 条航线.

下面只需给出例子, 说明 21 条航线就够了. 这种例子如图 184 所示.

352. 答案: 乙有取胜策略.

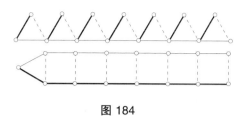

图 184

我们以乙的角色参加游戏. 第 1 步很自然地应当说 2. 如果我们未赢, 则说明甲的数是奇数, 于是第 2 步改说 3. 如果我们仍然未赢, 让我们来对已经进行过的步骤做些分析.

可以看出, 在前面两步中, 我们已经对甲的数被 6 除的余数 (注意, 2 与 3 的最小公倍数是 6) 进行了分析. 如果该余数是 0, 2 或 4, 则乙在第 1 步就已经赢了; 如果该余数是 5, 那么经过第 1 步之后, 它变成 3, 从而乙在第 2 步中获胜. 既然这些情况都未出现, 说明甲的数被 6 除的余数只能是 1 或 3. 经过两步之后, 它被减去了 $2+3=5$, 因此, 现在它被 6 除的余数变为 2 或 4.

在第 3 步中我们可以尝试说 4. 由于 2, 3, 4 的最小公倍数是 12, 所以我们要来考察现在甲的数被 12 除的余数. 由于它被 6 除的余数是 2 或 4, 所以被 12 除的余数可能为 2, 4, 8 或 10. 如果在这一步中乙仍然未赢, 则说明该余数是 2 或 10 (其他两种情况都可被 4 整除), 在减去 4 之后, 该余数变为 10 或 6.

现在, 我们应该说 6. 如果现在的数被 12 除的余数是 6, 我们立即取胜, 否则说明该余数是 10, 减 6 之后变为 4. 但是 4 已经说过了, 不能再说. 于是我们改说 16, 因为如果一个数被 12 除的余数是 4, 则减去 16 之后, 一定可被 12 整除, 从而我们下一步就说 12, 取得最终的胜利. 事实上, 在整个过程中, 甲从自己的那个大于 100 的整数中一共减去了 $2+3+4+6+16=31$, 从而不会变为负数.

在下面的表 5 中展示了乙的应对步骤以及甲的数的可能情况. 观察整个游戏过程, 可以预先看到, 只需观察数被 12 除的余数 (即表 6).

表 5

乙所说的数	乙说之前, 甲的数的可能值	乙说之后, 甲的数的可能值
2	任何整数	$2k+1$
3	$6k+1$, $6k+3$, $6k+5$	$6k+4$, $6k+2$
4	$12k+2$, $12k+4$, $12k+8$, $12k+10$	$12k+10$, $12k+6$
6	$12k+6$, $12k+10$	$12k+4$
16	$12k+4$	$12k$
12	$12k$	

表6

乙所说的数	乙说之前,甲的数被12除的余数的可能值	乙说之后,甲的数被12除的余数的可能值
2	0, 1, 2, 3, 4, 5, 6, 7, 8, 9, 10, 11	11, 1, 3, 5, 7, 9
3	1, 3, 5, 7, 9, 11	10, 2, 4, 8
4	2, 4, 8, 10	10, 6
6	6, 10	4
16	4	0
12	0	

每经过一个步骤,乙排除掉一些可能的余数,通过 5 个步骤,仅剩下一种情形,即甲的数必具形式 $12k+4$,但由于 4 已经说过,不得不改说 16,此举仍可把数变为 12 的倍数,所以最后一步说 12,必可取胜.

▽1. 参赛学生在答卷中还有一些别的解法,例如,乙依次说的数为 6, 4, 3, 2, 5, 12.

▽2. 本题的内容与"用等差数列覆盖自然序列"的问题密切相关. 请读者自行寻找: 能够覆盖整个自然序列的公差不同的等差数列的最少个数是多少[①]?

353. 答案: 两个图形的面积相等.

把两个图形都叫作"蝌蚪".

解法 1 把两个"蝌蚪"叠合在一起,如图 185(a) 所示. 如果把"蝌蚪" T_1 中的两个带阴影线的弓形分别绕着点 A_1 和点 B_1 旋转 $180°$,那么就变成了"蝌蚪" T_2,这就说明,两个图形的面积相等.

解法 2 可以把上述的证明写得严格一些,而不仅仅利用直观.

将圆 $\odot A$ 的面积记作 S_{KP},将边长等于圆 $\odot A$ 的直径的等边三角形的面积记作 S_{TP},那么图形 T_1 的面积等于 $S_{TP}+\dfrac{S_{KP}}{2}$. 我们来证明图形 T_2 的面积也等于 $S_{TP}+\dfrac{S_{KP}}{2}$.

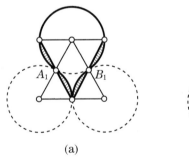 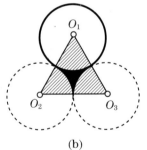

(a)   (b)

图 185

如图 185(b) 所示,等边三角形 $\triangle O_1O_2O_3$ 的边长就是 $\odot A$ 的直径,把它分成 3 个带阴影线的扇形和 1 个黑色区域. 3 个带阴影线的扇形的圆心角都是 $60°$,它们的面积都等于

[①] 自然序列就是全体正整数按递增顺序列成的数列. 此处希望读者考虑的问题简单来说就是: 最少可将几个公差互不相同的等差数列的项合在一起, 就能包含所有的正整数? —— 编译者注

$\frac{S_{KP}}{6}$. 所以黑色区域的面积是 $S_{TP} - 3 \cdot \frac{S_{KP}}{6} = S_{TP} - \frac{S_{KP}}{2}$. 图形 T_1 的面积等于圆 $\odot A$ 的面积与黑色区域的面积的和, 所以

$$S_{KP} + S_{TP} - \frac{S_{KP}}{2} = S_{TP} + \frac{S_{KP}}{2}.$$

这就证明了图形 T_1 与图形 T_2 的面积相等.

354. 答案: 例如: $2, 2, 2, 2, -\frac{1}{15}$ 或 $5, 6, 7, 8, -1$.

例如, 可让前 4 个数都是 2(不能是 1, 否则减去 1 后就变为 0 了), 设第 5 个数为 x. 为满足题中条件, 只需 $16x = x - 1$, 由此解得 $x = -\frac{1}{15}$.

355. 答案: 在该天中, 由一楼前往三楼的顾客比由一楼前往二楼的顾客少.

解法 1 假设在该天中, 共有 x 名顾客从一楼进入电梯, 共有 y 名顾客从二楼进入电梯, 共有 z 名顾客从三楼进入电梯. 我们指出, 一天中, 乘电梯到达各个楼层的顾客数等于乘电梯离开该楼层的顾客数目.

由题中条件 a) 知, 从二楼进入电梯的顾客中, 有一半人前往三楼, 一半人前往一楼, 这就表明, 由二楼前往三楼的顾客数为 $\frac{y}{2}$; 由二楼前往一楼的顾客数亦为 $\frac{y}{2}$. 题中条件 b) 则表明: $z < \frac{1}{3}(x + y + z)$, 亦即 $2z < x + y$.

由一楼直接前往三楼的顾客数目为 $z - \frac{y}{2}$, 因为在前往三楼的顾客中有 $\frac{y}{2}$ 来自二楼. 而由一楼前往二楼的顾客数目为 $x - \left(z - \frac{y}{2}\right)$, 即等于一楼进入电梯的人数减去前往三楼的人数. 本题就是要求比较如下两个数的大小:

$$z - \frac{y}{2} \quad \text{与} \quad x - \left(z - \frac{y}{2}\right);$$

也就是要比较如下两个数的大小:

$$z - \frac{y}{2} + z + \frac{y}{2} \quad \text{与} \quad x - \left(z - \frac{y}{2}\right) + z + \frac{y}{2};$$

即要比较如下两个数的大小:

$$2z \quad \text{与} \quad x + y.$$

如前所说, 题中条件 b) 已经表明 $2z < x + y$, 所以 $z - \frac{y}{2} < x - \left(z - \frac{y}{2}\right)$, 意即在该天中, 由一楼前往三楼的顾客比由一楼前往二楼的顾客少.

解法 2 以 n_{ij} 表示该日由第 i 层前往第 j 层的顾客人数. 于是可以把所有顾客分为三类: 前往三楼的人数: $n_{13} + n_{23}$; 离开三楼的人数: $n_{31} + n_{32}$; 在一楼和二楼之间穿行的人数: $n_{12} + n_{21}$. 根据题意, 第一类人数少于总人数的 $\frac{1}{3}$. 另一方面, 第一类人数与第二类人数相等, 因为到达三楼的人数与离开三楼的人数相等. 这就表明, 第三类人数最多:

$$(n_{13} + n_{23}) = (n_{31} + n_{32}) < (n_{12} + n_{21}).$$

又因 $n_{21} = n_{23}$, 把其代入上式, 即得 $n_{13} < n_{12}$, 即由一楼前往三楼的顾客比由一楼前往二楼的顾客少.

356. 答案: 若 n 为质数, 则后开始的人赢, 在其余场合下, 都是先开始的人赢.

在第一步之后, 巧克力肯定变为等腰梯形. 我们来看, 在正确的策略之下, 巧克力可能变为什么形状.

假设一个游戏者 (称为 A) 在某一步上所面对的巧克力的形状为等腰梯形, 一条底边长为 a, 另一条底边长为 b ($b>a$)(那么此时腰长为 $b-a$). 如果 A 切下的一个三角形[①]的边长小于 $b-a$, 则其对手 (称为 B) 立即切下边长为 1 的三角形, 于是 A 不能继续做下去, 当即告输 (参阅图 186(a)). 所以此时 A 必须切下一个边长为 $b-a$ 的三角形, 此后巧克力变为平行四边形, 它的两条边长分别为 a 和 $b-a$.

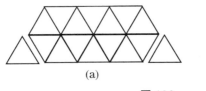 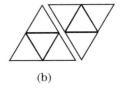

图 186

如果游戏者所面对的巧克力的形状是边长为 a 和 b 的平行四边形 ($b>a$), 则根据类似的讨论, 他应当切下边长为 a 的三角形, 把巧克力变为两底长度分别为 b 和 $b-a$ 的等腰梯形.

如此一来, 只要某个游戏者在某一步上所面对的巧克力是边长为 a 和 b 的平行四边形 ($b>a$), 则两步之后, 他所得到的巧克力就是一个两边长度分别为 a 和 $b-a$ 的平行四边形.

如果某个游戏者所面对的巧克力是边长相等的平行四边形 (即菱形), 则在他的操作之后, 巧克力的形状变为三角形 (参阅图 186(b)).

若 n 为质数, 我们来陈述后开始的人 (称为乙) 的取胜策略, 将先开始者称为甲. 实际上, 乙只需在每一步上都切下可能的尺寸最大的等边三角形. 去证这一策略可使乙获胜. 假设甲第一步切下边长为 k 的三角形, 那么在乙切过之后, 巧克力变为两边长度分别为 k 和 $n-k$ 的平行四边形. 这是两个互质的正整数, 因为 n 是质数. 此后, 凡是乙切过之后, 巧克力都为平行四边形, 一直到最终变为菱形. 在每一步上所得的平行四边形的两边长度都是互质的 (因为 k 与 n 互质, 所以 k 与 $n-k$ 互质, 参阅专题分类 5°). 这意味着最终所得的菱形的两边长度也互质, 从而它们只能是 1! 甲只能从它上面切下一个边长为 1 的三角形, 从而乙得到最后一个边长为 1 的三角形, 因此获胜.

若 $n=1$, 则显然甲获胜. 下设 n 为合数. 设 p 为 n 的任一质约数. 假设甲第一步切下一个边长为 p 的三角形, 并在后续的每一步中都切下尽可能大的三角形. 于是一段时间后, 乙将面对一个边长为 p 的等边三角形, 于是如上所证, 他将在几步之后告输.

▽. 所说的步骤无异于欧几里得算法.

357. 设 $\triangle ABC$ 的外心为 O. 由于 $\triangle ABC$ 是直角三角形, 所以 O 就是斜边 AB 的中点 (见图 187). NO 是 $\triangle ABC$ 的中位线, 所以它平行于边 BC. 又因 $\triangle BOC$ 是等腰三角形 ($OB=OC$), 而 OK 是 $\angle BOC$ 的平分线, 所以 $OK \perp BC$. 这就表明 $ON \perp OK$, 即 $\angle NOK = 90°$.

不难看出, 点 E, N 与点 O 三点共线. 事实上, 在直角三角形 $\triangle ECO$ 与直角三角形

[①] 本题解答中所说的三角形都是等边三角形. —— 编译者注

$\triangle EAO$ 中, 有 $EC = EA$, $OC = OA$, 所以 $\triangle ECO \cong \triangle EAO$, 因此 EO 是 $\angle AEC$ 的平分线. 另一方面, $\triangle AEC$ 是等腰三角形 ($EC = EA$, 因为它们都是切线), EN 是中线, 所以它也是 $\angle AEC$ 的平分线. 于是 EN 与 EO 重合, 意即点 E, N 与点 O 三点共线.

由于 $\angle ECO = \angle EAO = 90°$, 所以点 A, E, C 和 O 四点共圆. 根据相交弦定理, 知

$$AN \cdot NC = EN \cdot NO. \qquad (1)$$

再对原来的圆中的弦 AC 和 MK 运用这一定理, 得知

$$AN \cdot NC = MN \cdot NK. \qquad (2)$$

综合式 (1) 和式 (2), 得知

$$MN \cdot NK = EN \cdot NO.$$

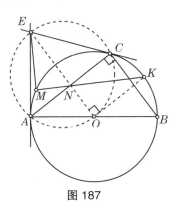

图 187

根据相交弦定理的逆定理, 知点 M, K, E 和 O 四点共圆.

由于 $\angle EOK$ 是直角, 而 $\angle EMK$ 与 $\angle EOK$ 是同弧所对圆周角, 所以 $\angle EMK = \angle EOK = 90°$.

358. 仅陈述一个可供囚徒们采用的策略. 从囚徒中挑出一个人 (把他称为 "计数者", 把其余的囚徒称为 "群众"). 他采用如下的方法计算到过那个房间的囚徒人数. 一开始该数目是 0. 接下来, 每当他去到那个房间一次, 如果他发现灯是亮的, 那么就把所计的数目增加 1, 关掉灯, 回到自己的囚室; 如果他发现灯是灭的, 那他就什么都不做, 回自己的囚室. 而每个 "群众" 则按照如下规则行事: 每当他去到那个房间一次, 如果他发现灯是灭的, 而且此前他从来就没有开亮过这盏灯, 那么他就把灯开亮; 在其余情况下, 他就什么都不做. 一旦 "计数者" 所计的数目达到 99, 他就可以向监管员说: 所有的囚徒都到过那个房间了.

我们来证明, 这一策略可为囚徒们带来自由. 事实上, 按照这个策略行事之后, 每个 "群众" 至多把那个房间里的灯开亮一次, 而 "计数者" 则一次都没开亮. 所以一旦所计的数目达到 99, 就说明每个 "群众" 都至少去过那个房间一次, 而 "计数者" 本人则当然去过那个房间.

剩下只需证明, "计数者" 所计的数目可以达到 99, 即每个 "群众" 都会有机会开亮那个房间的灯. 假若不是如此, 则 "计数者" 所计的数目终止于某个数 $m < 99$, 即在 "计数者" 第 m 次熄灭那个房间里的灯后, 它就再也没有被开亮过 (否则, "计数者" 在下一次熄灭那个房间里的灯后, 他所计的数目就会增加到 $m+1$). 由于每个囚徒都有机会去到那个房间, 而且 "群众" 的数目多于 m, 所以必有某个 "群众" 从未开亮过那个房间的灯. 根据题中条件, 该囚徒有机会去到那个房间, 他却不把灯开亮, 这与我们的行事策略不符, 导致矛盾.

▽. 试为囚徒们考虑一个逃生的策略, 如果不知道开始时那个房间的灯是灭的还是亮的.

359. 答案: 存在, 例如 $a = 1$, $b = 5$, $c = 6$.

可以直接验证题中结论, 事实上, $a = 1$, $b = 5$, $c = 6$ 就可满足需要.

下面来说明, 如何可以找出这样的 3 个正整数. 注意, 仅在一次项 bx 的符号上有别的两个二次方程的根的性状相同, 所以只需保证方程 $ax^2 + bx + c = 0$ 与 $ax^2 + bx - c = 0$ 都

有两个整数根,因为这样一来,方程 $ax^2-bx+c=0$ 与 $ax^2-bx-c=0$ 也会随之都有两个整数根.

设 x_1 与 x_2 是方程 $ax^2+bx+c=0$ 的两个整数根,则由韦达定理知 $b=-a(x_1+x_2)$, $c=x_1x_2a$,这表明,从方程的各项系数中都可约去公约数 a,并且约去之后的方程的根不变. 故不失一般性,可令 $a=1$.

解法 1 如果 x_1 与 x_2 是方程 $x^2+bx+c=0$ 的两个整数根,则由韦达定理知 $x_1x_2=c$, $x_1+x_2=-b$;同理,如果 y_1 与 y_2 是方程 $x^2+bx-c=0$ 的两个整数根,则由韦达定理知 $y_1y_2=-c$, $y_1+y_2=-b$. 于是,只需找出 4 个整数 x_1, x_2, y_1, y_2,使得

$$x_1+x_2=y_1+y_2, \quad x_1x_2=-y_1y_2.$$

显然,$x_1=-2$, $x_2=-3$, $y_1=1$, $y_2=-6$ 可满足要求.

解法 2 为了方程 $x^2+bx+c=0$ 与 $x^2+bx-c=0$ 都有两个整数根,只需它们的判别式都是完全平方数,即 $b^2-4c=m^2$, $b^2+4c=n^2$,反之,如果 $b^2-4c=m^2$, $b^2+4c=n^2$,则由于 $\sqrt{b^2\pm 4c}$ 的奇偶性与 b 相同,所以方程 $x^2+bx+c=0$ 与 $x^2+bx-c=0$ 都有两个整数根.

事实上,存在无穷多组正整数 b,c,m,n 满足条件 $b^2-4c=m^2$, $b^2+4c=n^2$,我们只需取出其中一组即可. 在两个等式中消去 c,可得 $n^2-b^2=b^2-m^2$,为保证 c 是整数,只需 b,m,n 的奇偶性相同. 枚举 1 至 9 之间所有奇数的平方,发现 $7^2-5^2=5^2-1^2=24$, $c=\dfrac{24}{4}=6$. 于是我们找到了可使两个判别式都是完全平方数的 $b=5$ 和 $c=6$.

▽. 在解法 2 中我们将 $2b^2$ 表示为 m^2+n^2 的形式,有别于 b^2+b^2,然后通过尝试,找出合适的 b,m,n. 事实上,将所给的正整数表示为两个完全平方数的和的问题是有专门讨论的,例如,可见关于第 199 题的解答及其评述.

360. 任选所分成的一个部分,我们来考察和数 $a_1+a_2+\cdots+a_n$,其中,a_i 是第 i 个面的边数.

折线所没有经过的每一条棱在该和中都被计算了两次,所以和数的奇偶性与这些棱的数目无关 (参阅专题分类 $23°$). 折线所经过的每条棱在和数中都刚好被计算了一次,这种棱共有 2003 条,所以使得和为奇数.

而若其中奇数条边的面有偶数个,那么该和则应为偶数,此为矛盾. 所以,具有奇数条边的面为奇数个.

▽1. 试举出这样的多面体和这样的折线的例子.

▽2. 试比较著名的 "火星人" 问题. 火星人有任意多只手. 有一次, 所有的火星人全都互相手牵着手, 没有哪一个火星人有空着的手. 证明, 其中有奇数只手的火星人的数目为偶数.

361. 答案: $P(x)$ 仅可能是 1 次的多项式.

若多项式 $P(x)$ 的次数为 0, 则 $P(x)=1$, 此因它的首项系数等于 1. 而这样一来, $P(a_1)\neq 0$, 与题意不符. 若 $P(x)$ 的次数为 1, 例如 $P(x)=x-1$, 则只要令 $a_n=n$, 则有整数数列 $\{a_n\}$ 满足题中要求.

再证不存在这样的 2 次以及 2 次以上的多项式. 反证, 假设存在这样的 2 次以及 2 次

以上的多项式 $P(x)$.

引理 存在 $C>0$, 使得只要 $|x|>C$, 就有 $|P(x)|>|x|$.

引理之证 设 $P(x)=x^n+b_{n-1}x^{n-1}+\cdots+b_2x^2+b_1x+b_0$. 令 $C=|b_{n-1}|+\cdots+|b_2|+|b_1|+|b_0|+1$. 如果 $|x|>C$, 则有

$$\begin{aligned}|P(x)| &\geqslant |x|^n-|b_{n-1}x^{n-1}+\cdots+b_2x^2+b_1x+b_0|\\ &\geqslant |x|^n-(|b_{n-1}|\cdot|x|^{n-1}+\cdots+|b_2|\cdot|x|^2+|b_1|\cdot|x|+|b_0|)\\ &\geqslant |x|^n-(|b_{n-1}|\cdot|x|^{n-1}+\cdots+|b_2|\cdot|x|^{n-1}+|b_1|\cdot|x|^{n-1}+|b_0|\cdot|x|^{n-1})\\ &=|x|^{n-1}\cdot\Big(|x|-(|b_{n-1}|+\cdots+|b_2|+|b_1|+|b_0|)\Big)>|x|^{n-1}\geqslant|x|.\end{aligned}$$

(在上述推导中, 我们两次用到 $|x|>1$ 这一事实.) 引理证毕.

我们指出, 数列 $a_1,a_2,\cdots$ 中的每一项的绝对值都不超过 C. 假设不然, 对某个 n, 有 $|a_n|>C$, 那么就有 $C<|a_n|<|P(a_n)|=|a_{n-1}|$, 继续这一过程, 就会得到

$$\begin{aligned}C<|a_n|<|P(a_n)|=|a_{n-1}|&<|P(a_{n-1})|=|a_{n-2}|<\cdots<|P(a_2)|\\ &=|a_1|<|P(a_1)|=0,\end{aligned}$$

此为不真.

于是, 我们得知, 数列 $a_1,a_2,\cdots$ 中的每一项的绝对值都不超过 C; 另一方面, 由题意知, 数列中的各项都是整数, 从而它们只有有限种不同的值, 但是数列却有无限多项, 这就表明, 数列中存在重复的项, 与题意相矛盾.

362. 解法 1 (向量法) 记

$$\overrightarrow{BC}=\boldsymbol{a};\quad \overrightarrow{CA}=\boldsymbol{b},\quad \overrightarrow{AB}=\boldsymbol{c},\quad \overrightarrow{MA_1}=\boldsymbol{x},\quad \overrightarrow{MB_1}=\boldsymbol{y},\quad \overrightarrow{MC_1}=\boldsymbol{z}.$$

根据题中条件, 如下各内积都等于 0:

$$\boldsymbol{z}\cdot\boldsymbol{c}=\boldsymbol{x}\cdot\boldsymbol{a}=\boldsymbol{y}\cdot\boldsymbol{b}=0, \tag{1}$$

$$(\boldsymbol{x}-\boldsymbol{y})\cdot(\boldsymbol{a}-\boldsymbol{b})=(\boldsymbol{x}-\boldsymbol{z})\cdot(\boldsymbol{a}-\boldsymbol{c})=0. \tag{2}$$

将式 (2) 去括弧, 并结合式 (1), 可得

$$\boldsymbol{a}\cdot\boldsymbol{y}+\boldsymbol{b}\cdot\boldsymbol{x}=\boldsymbol{a}\cdot\boldsymbol{z}+\boldsymbol{c}\cdot\boldsymbol{x}=0.$$

由于 $\boldsymbol{a}=-\boldsymbol{b}-\boldsymbol{c}$, $\boldsymbol{b}=-\boldsymbol{c}-\boldsymbol{a}$, 故由上式得

$$0=\boldsymbol{a}\cdot\boldsymbol{y}+\boldsymbol{b}\cdot\boldsymbol{x}=(-\boldsymbol{b}-\boldsymbol{c})\cdot\boldsymbol{y}+(-\boldsymbol{c}-\boldsymbol{a})\cdot\boldsymbol{x}=-(\boldsymbol{c}\cdot\boldsymbol{y})-(\boldsymbol{c}\cdot\boldsymbol{x}).$$

同理可得

$$0=\boldsymbol{a}\cdot\boldsymbol{z}+\boldsymbol{c}\cdot\boldsymbol{x}=(-\boldsymbol{b}-\boldsymbol{c})\cdot\boldsymbol{z}+(-\boldsymbol{c}-\boldsymbol{a})\cdot\boldsymbol{x}=-(\boldsymbol{b}\cdot\boldsymbol{z})-(\boldsymbol{b}\cdot\boldsymbol{x}).$$

为证题中结论, 只需证明

$$\boldsymbol{x}+\boldsymbol{y}+\boldsymbol{z}=\boldsymbol{0}.$$

而为证此式, 只需证明
$$b\cdot(x+y+z)=c\cdot(x+y+z)=0.$$
事实上, 利用已经证得的等式, 立即得知
$$b\cdot(x+y+z)=b\cdot x+b\cdot z=0,$$
$$c\cdot(x+y+z)=c\cdot x+c\cdot y=0.$$

解法 2 本解法的基本思想是: 将问题转化为较为简单的等价形式, 就像解方程时化简方程那样. 我们来用仿射变换把问题化为等边三角形的情形.

在原来的三角形中, 点 A_1, B_1 和 C_1 是通过如下条件给出的:

$$MA_1\perp BC, \quad MB_1\perp AC, \quad MC_1\perp AB, \quad A_1B_1\perp MC, \quad A_1C_1\perp MB.$$

把 $\triangle A_1B_1C_1$ 绕着点 M 逆时针旋转 $90°$, 得到 $\triangle A'B'C'$ (见图 188(a)), 其中点 A', B', C' 满足条件:

$$MA'/\!/BC, \quad MB'/\!/AC, \quad MC'/\!/AB, \quad A'B'/\!/MC, \quad A'C'/\!/MB. \tag{3}$$

在此, $\triangle A_1B_1C_1$ 的重心是点 M, 当且仅当 $\triangle A'B'C'$ 的重心是点 M. 通过仿射变换, 把 $\triangle ABC$ 变为等边三角形. 在仿射变换之下, 线段的交点变为它们的像的交点, 平行直线仍然变为平行直线.

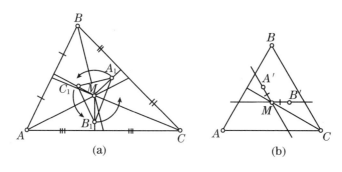

图 188

既然如此, 如果在式 (3) 中把点 $A_1, B_1, C_1, A', B', C'$ 都换成它们的像, 那么式 (3) 中的所有关系仍然成立. 因此, 只需在 $\triangle ABC$ 是等边三角形的假定下, 证明点 M 是 $\triangle A'B'C'$ 的重心.

此种情形下, 中线 MC 与 AC 和 BC 的夹角相等. 于是, 由式 (3) 中的第 1、第 2 和第 4 个条件推知, $\triangle A'MB'$ 是等边三角形 (见图 188(b)). 同理可知, $A'M=C'M$, 至此已不难明白 $\triangle A'B'C'$ 是等边三角形, 点 M 是它的重心.

363. 我们来给出一种分省的办法, 使之满足题中的条件. 如果该国只有一个城市, 则题中断言显然成立, 因为可以让两个省为空集.

将由该国一些城市 (连同它们之间所连接的道路) 构成的子集称为 "自治区", 如果由该子集中的任一城市都可以驶往该子集内的任一城市, 而无须越出它的边界. 容易看出, 题

中的条件, 即由任一城市到其他任一城市都恰好有一条不经过同一城市两次的道路, 在 "自治区" 中仍然成立.

任取一个城市, 它显然构成一个 "自治区", 该 "自治区" 可以划分为三个省满足题中条件. 我们来逐步扩充 "自治区" 的范围, 每一步往里增加若干个城市, 使之仍然满足题中条件, 并将扩充后的 "自治区" 按照题中要求划分为三个省.

假设 "自治区" 尚未包含该国所有城市, 那么就会有一条道路由该自治区中的某个城市 X 连向某个暂时还不属于自治区的城市 Y. 事实上, 如果由自治区中各个城市所连出的所有道路都只通向自治区内的城市, 那么由该自治区中的任何城市都只能去往自治区内的其他城市, 此与题意不符. 我们来看由 Y 通向 X 的不自交的道路 (不经过同一城市两次的道路序列). 一般来说, 它可以经过自治区内的其他城市而通达城市 X. 我们要来证明, 这是不可能的, 亦即在该条道路上不可能遇到自治区内的其他城市, 除了最后到达的城市 X.

设 Z 是由 Y 去向 X 的路上所遇到的自治区内的第一个城市, 并设 Z 不是 X(参阅图 189). 由于自治区满足题中条件, 所以在自治区内存在由 X 到 Z 的不自交的道路. 这样一来, 就存在两条由 X 到 Z 的不同的不自交的道路了: 一条在自治区内部, 另一条经过 Y, 此与题中条件相矛盾.

这样一来, 由 Y 去往 X 的路上除 X 外, 再无自治区内的其他城市. 现在就可以把这条道路连同它所经过的所有城市 (包括 Y) 都并入自治区, 并把这些城市相间地划入 X 所不在的两个省.

我们指出, 现在由任一新补入的城市都可去往任一新补入的城市以及自治区中原有的任一城市而无须越出现在的边界, 反之亦然. 这就表明, 我们所得的仍然是一个自治区. 再证它已经被准确地划分为三个省. 因为由任一城市到任一城市都只有一条路, 它不经过同一城市两次, 所以, 连接着所有被补入的城市的道路只有一条, 意即由 Y 去向 X 的路. 同理, 只有两条路连接着任一新补入的城市和自治区内的任一原有城市, 这就是由 X 前往 Y 的路和由 Y 去向 X 的路上的最后一条路 (参阅图 190). 因此, 没有道路连接属于同一个省的城市. 从而, 所得的自治区已经被准确地划分为三个省.

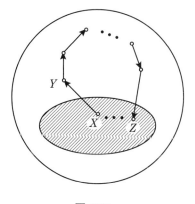

图 189

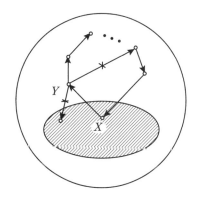

图 190

如此地逐步进行下去, 直到所有城市都被扩充到自治区里为止, 这时候我们就已经把全国的所有城市都准确地划分为三个省.

▽. 试想一想, 满足题中条件的国家的地图是怎样的?

364. 答案: 一定存在.

例如, 可令

$$f(x) = \pi + \arctan x, \quad g(x) = x + \pi,$$
$$h(x) = P_n(\tan x), \quad n\pi - \frac{\pi}{2} < x < n\pi + \frac{\pi}{2}, \quad n \in \mathbf{N}_+,$$

意即 $h(x)$ 系由 P_n 逐段拼接而成, 见图 191.

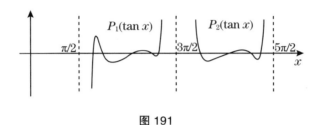

图 191

于是

$$P_n(x) = h(n\pi + \arctan x) = h(g(g(\cdots(g(f(x)) \cdots)))),$$

其中运用 $n-1$ 次 g.

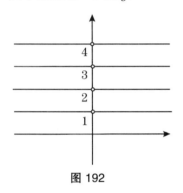

图 192

▽1. 考察所有这样的数对 (x,n) 的集合, 其中 x 是实数, n 是正整数. 这种集合记作 $\mathbf{R} \times \mathbf{N}_+$, 称为实数集合与正整数集合的笛卡儿乘积. 这个集合可以用坐标平面上的平行于横轴的直线族来表示, 这些直线经过点 $(0,n)$, 其中 $n = 1, 2, 3, \cdots$ (见图 192).

考察映射:

$$H: \mathbf{R} \times \mathbf{N}_+ \to \mathbf{R}, \quad H(x,n) = P_n(x),$$
$$F: \mathbf{R} \to \mathbf{R} \times \mathbf{N}_+, \quad F(x) = (x,1),$$
$$G: \mathbf{R} \times \mathbf{N}_+ \to \mathbf{R} \times \mathbf{N}_+, \quad G(x,n) = (x, n+1).$$

映射 H 可以 "演绎" 出来所有的多项式 $P_n(x)$, 且不难看出

$$P_n(x) = H(G(G(\cdots(G(F(x)))\cdots))),$$

其中 G 使用 $n-1$ 次. 然而, 这还不符合我们题目中的要求, 因为题中要求的是函数, 即由 $\mathbf{R}$ 到 $\mathbf{R}$ 的映射, 而不是由 $\mathbf{R}$ 到 $\mathbf{R} \times \mathbf{N}_+$ 的映射. 我们的解决办法是再增加一道由 $\mathbf{R} \times \mathbf{N}_+$ 到直线的映射, 并通过 $A(x,n) = n\pi + \arctan x$ 来实现这一添加.

▽2. 题中的断言对任何函数序列 $\{F_n(x)\}$(不一定是多项式序列) 都能成立.

365. 去分母, 将所给等式化为

$$x^3z - x^3y + z^3y - z^3x + y^3x - y^3z = 0. \tag{1}$$

将其左端分解因式

$$x^3z - x^3y + z^3y - z^3x + y^3x - y^3z$$

$$\begin{aligned}
&= x^3(z-y) + z^3(y-x) + y^3(x-z) \\
&= x^3\Big((z-x)+(x-y)\Big) + z^3(y-x) + y^3(x-z) \\
&= (x^3-y^3)(z-x) + (x^3-z^3)(x-y) \\
&= (z-x)(x-y)(x^2+xy+y^2) + (x-z)(x-y)(x^2+xz+z^2) \\
&= (x-z)(x-y)(xz+z^2-xy-y^2) = (x-y)(x-z)(z-y)(x+y+z).
\end{aligned}$$

注意, 当 x,y,z 都是正数时, 有 $x+y+z > 0$; 而当 x,y,z 互不相等时, $(x-y)(x-z)(z-y) \neq 0$, 从而式 (1) 不能成立. 现在既然式 (1) 成立, 所以 x,y,z 中至少有两个数相等.

▽. 如何看出上面的因式分解的结果的? 我们将式 (1) 左端记为 $P(x,y,z)$. 则易见当 $x=y$ 时, 有 $P(x,y,z)=0$, 这就表明, $P(x,y,z)$ 可被 $x-y$ 整除. 同理可知, $P(x,y,z)$ 可被 $x-z$ 和 $z-y$ 整除. 因此知, $P(x,y,z)$ 可被 $(x-y)(x-z)(z-y)$ 整除.

因式 $x+y+z$ 亦无须通过计算得到. 事实上, 如果交换多项式 $P(x,y,z)$ 中任意两个变量的位置, 则它的值就被乘以 -1 (这种多项式称为反对称的). 而多项式 $(x-y)(x-z)(z-y)$ 亦具有反对称性. 这意味着, $P(x,y,z)$ 除以 $(x-y)(x-z)(z-y)$ 所得的商式是一个对称多项式 (意即它的值在交换它的自变量的位置时不发生变换). 从而不难明白, 该商式具有形式 $C(x+y+z)$, 其中 C 为常数 (运用了该商式是一次多项式的事实). 这就表明

$$P(x,y,z) = C(x-y)(x-z)(z-y)(x+y+z).$$

为了确认 $C=1$, 只需观察其中某一项, 例如 x^3z 的系数.

366. 由于 $P(x)$ 是 x 的首项系数等于 1 的 2003 次实系数多项式, 写

$$P(x) = x^{2003} + b_{2002}x^{2002} + \cdots + b_1 x + b_0.$$

易知, 当 $x \to \infty$ 时, $P(x) \to \infty$. 而当 $x > 1 + \sum_{k=0}^{2002}|b_k|$ 时,

$$\begin{aligned}
|P(x)| &\geqslant |x|^{2003} - |b_{2002}x^{2002} + \cdots + b_1 x + b_0| \\
&\geqslant |x|^{2003} - \Big(|b_{2002}||x|^{2002} + \cdots + |b_1||x| + |b_0|\Big) \\
&> |x|^{2003} - \Big(|b_{2002}| + \cdots + |b_1| + |b_0|\Big)|x|^{2002} \quad (\text{因为}|x|>1) \\
&= |x|^{2002}\Big(|x| - (|b_{2002}| + \cdots + |b_1| + |b_0|)\Big) \\
&> |x|^{2002} > |x| \quad (\text{因为}|x|>1).
\end{aligned}$$

记 $C = 1 + \sum_{k=0}^{2002}|b_k|$, 易知, 对一切正整数 n, 都有 $a_n \leqslant C$. 事实上, 如果存在正整数 n, 使得 $a_n > C$, 那么就有

$$1 < C < a_n = P(a_{n-1}) < a_{n-1} = P(a_{n-2}) < \cdots < P(a_2) = a_1 < P(a_1) = 0,$$

此为矛盾.

既然数列 $a_1, a_2, \cdots$ 是无穷的整数数列, 又有界, 所以其中必有彼此相等的项.

367. 设点 U 和 V 分别是 ($\triangle ABD$ 的) 垂心 H 关于直线 AB 和 AD 的对称点, 点 X 是直线 UC 与直线 AB 的交点, 点 Y 是直线 VC 与直线 AD 的交点. 我们首先指出, 点 U 和 V 位于四边形 $ABCD$ 的外接圆上 (见图 193). 事实上, 我们有

$$\angle AUB = \angle AHB = \angle ADB,$$

其中, 第一个等号得自 H 和 U 关于直线 AB 的对称性, 第二个等号是由于 $\angle AHB$ 的两边与 $\angle ADB$ 的两边对应垂直, 再由关于同弧所对圆周角定理的逆定理, 即知点 U 位于四边形 $\triangle ABD$ 的外接圆, 亦即位于四边形 $ABCD$ 的外接圆上. 同理可证关于点 V 的断言.

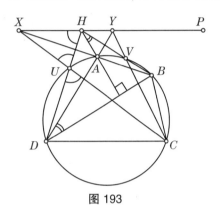

图 193

如此一来, 就有

$$\angle XHY = \angle XHU + \angle UHV + \angle VHY$$
$$= \angle DUC + \angle DHB + \angle CVB$$
$$= \angle DAC + \pi - \angle DAB + \angle CAB = \pi,$$

故知 X, H, Y 三点共线.

由关于直线 AB 的对称性知, 直线 PH 经过点 X, 而直线 QH 经过点 Y, 由此即可得知题中断言.

▽. 本题解答中的角度关系依赖于图 193, 在该图中, $\angle DAB$ 为钝角. 当 $\angle DAB$ 为锐角时, 总体证法不变, 但有些角度变为相等关系. 如果 $\angle DAB$ 是直角, 则点 A 与点 H 重合, 可直接由最后一步得出结论.

368. 任取圆周上一点 A_0 作为计数起点. 以 A_i 表示自计数起点 A_0 开始沿顺时针方向的第 i 个樱桃园, 以 a_i 表示自计数起点 A_0 到 A_i 的距离, 记 $b_i = a_i - i$.

引理 对任何脚标 m 和 k, 都有 $|b_m - b_k| < 1$.

引理之证 不妨设 $m > k$. 我们只需证明 $b_m - b_k < 1$ 和 $b_k - b_m < 1$. 观察 A_m 和 A_k (即第 m 个和第 k 个樱桃园). 它们将圆周分为两段弧. 首先观察由 A_k 按顺时针方向到达 A_m 的一段弧. 这段弧的长度等于 $a_m - a_k$, 弧上的樱桃园数目为 $m - k - 1$ 个. 根据题意, 樱桃园的数目就小于该段弧的长度, 所以 $m - k - 1 < a_m - a_k$, 从而

$$b_k - b_m = (a_k - k) - (a_m - m) < 1.$$

再看由 A_k 按逆时针方向到达 A_m 的一段弧. 该弧的长度为 $n - (a_m - a_k)$, 弧上的樱桃园数目为 $n - 2 - (m - k - 1) = n - (m - k) - 1$ 个, 由题意知

$$n - (m - k) - 1 < n - (a_m - a_k),$$

由此可知 $b_m - b_k < 1$. 至此, 引理证毕.

设 b_s 是诸 b_i 中最小的一个, 于是对任何 i, 都有 $0 \leqslant b_i - b_s < 1$. 取定一个略小于 b_s 的实数 x, 则可使得对一切 i, 都有 $x < b_i < x + 1$, 亦即 $x + i < a_i < x + 1 + i$. 此即表明, 如果

在圆周上自计数起点 A_0 开始, 按顺时针方向依次取与之距离①为 $x, x+1, \cdots, x+n-1$ 的点作为分点即可②.

▽. 本题与著名的"加油站问题"类似: 在环状公路上分布着若干个加油站, 每个加油站都还残存着一些汽油. 现知各个加油站所存的汽油加在一起够一辆汽车绕着该环状公路跑完一圈. 证明, 该汽车可从某个加油站 (假定开始时它的油箱是空的) 装上它的所有存油后, 沿着公路行驶, 一路上带上它所经过的每一个加油站的存油 (假定该汽车的油箱容积为无限大), 而环绕公路一圈.

369. 答案: 该凸多面体一定是四面体, 它只能有 4 个面.

考察该凸多面体的每一个面上的外法向量, 该向量垂直于相应的面, 方向朝外 (朝向多面体外侧).

(1) 我们证明, 任何两个面的外法向量的夹角都是钝角, 或是平角. 假若不是如此, 则存在两个面 Γ_1 和 Γ_2, 它们所在的半平面 Π_1 和 Π_2 形成的二面角不大于 $\dfrac{\pi}{2}$.

在面 Γ_2 上取一点 P, 设它在面 Γ_1 上的投影是 P', 由于 Γ_1 和 Γ_2 上的外法向量的夹角不大于 $\dfrac{\pi}{2}$, 而我们的多面体是凸的, 所以点 P' 在面 Γ_1 之外. 因此, 存在经过面 Γ_1 的一条边 r 的直线把点 P' 与面 Γ_1 分隔在其两侧. 由于边 r 是面 Γ_1 与它的一个邻面的公共边, 而我们的多面体位于它们所在的半平面所成的二面角之中, 由题中条件知, 该二面角是锐角, 但是点 P 却在该二面角之外 (参阅图 194), 此为矛盾.

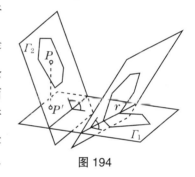

图 194

(2) 剩下只需再证: 空间中至多有 4 个两两夹角为钝角或平角向量.

假若不是如此, 存在 5 个向量 $\boldsymbol{u}_0, \boldsymbol{u}_1, \boldsymbol{u}_2, \boldsymbol{u}_3, \boldsymbol{u}_4$, 它们两两夹成钝角或可展. 引入空间直角坐标系, 使得 Oz 轴与向量 $\boldsymbol{u}_0$ 同向.

将向量 $\boldsymbol{u}_i$ 在平面 Oxy 上的投影记作 $\boldsymbol{v}_i$. 记 $\boldsymbol{u}_i = (x_i, y_i, z_i)$, 则有 $x_0 = y_0 = 0, z_0 > 0$ 和 $\boldsymbol{v}_0 = \boldsymbol{0}$.

条件两两夹角为钝角或可展, 等价于两两内积为负数. 故而

$$z_0 z_i = \boldsymbol{u}_0 \cdot \boldsymbol{u}_i < 0,$$

这表明: $z_i < 0$, $i = 1, 2, 3, 4$, 故对 $1 \leqslant i < j \leqslant 4$, 都有 $z_i z_j > 0$ 和

$$\boldsymbol{v}_i \cdot \boldsymbol{v}_j = \boldsymbol{u}_i \cdot \boldsymbol{u}_j - z_i z_j < \boldsymbol{u}_i \cdot \boldsymbol{u}_j < 0.$$

这表明, $\boldsymbol{v}_1, \boldsymbol{v}_2, \boldsymbol{v}_3, \boldsymbol{v}_4$ 是同一平面上的 4 个两两夹成钝角或平角的向量, 然而这是不可能的.

这样一来便说明, 该凸多面体只能有 4 个面. 而具有 4 个面的多面体只能是三棱锥, 或者四面体.

---
① 本题中的所有距离均按弧长计算. —— 编译者注
② 如果 $x < 0$, 则理解为在 A_0 的逆时针方向上与之距离为 $|x|$ 的点. —— 编译者注

370. 答案: k 的最大可能值是 290.

我们首先给出例子, 说明当 $k \leqslant 290$ 时, 所描述的现象可以出现.

将所有武士按实力强弱列队, 并按由弱到强的顺序为他们编号 (1 号最弱, 400 号最强). 将前 210 号武士称为生手, 后 190 号武士称为强手. 显然, 每一个新手都弱于每一个强手. 再对村庄按逆时针方向依次编号. 假设最弱的一个生手和最弱的 19 个强手属于 1 号村庄; 剩下的生手中的最弱的两个和剩下的强手中的最弱的 18 个属于 2 号村庄; 再剩下的生手中的最弱的 3 个和再剩下的强手中的最弱的 17 个属于 3 号村庄; 如此等等; 而最强的 20 个弱手都居住在 20 号村庄中. 详情如表 7 所示, 其中武士号码为斜体的是生手, 为黑体的是强手.

表7

村庄	武 士	村庄	武 士
1	*1*, **211—229**	11	*56—66*, **356—364**
2	*2—3*, **230—247**	12	*67—78*, **365—372**
3	*4—6*, **248—264**	13	*79—91*, **373—379**
4	*7—10*, **265—280**	14	*92—105*, **380—385**
5	*11—15*, **281—295**	15	*106—120*, **386—390**
6	*16—21*, **296—309**	16	*121—136*, **391—394**
7	*22—28*, **310—322**	17	*137—153*, **395—397**
8	*29—36*, **323—334**	18	*154—171*, **398—399**
9	*37—45*, **335—345**	19	*172—190*, **400**
10	*46—55*, **346—355**	20	*191—210*

我们来证明, 对每个 $1 < i \leqslant 20$, i 号村庄都强于 $i-1$ 号村庄. 事实上, i 号村庄拥有 i 个生手和 $20-i$ 个强手. 在比赛中, i 号村庄的每一个强手都能战胜 $i-1$ 号村庄的每一个武士, 而 i 号村庄的每一个弱手都能战胜 $i-1$ 号村庄的每一个弱手. 所以一共有 $20(20-i)+i(i-1) = i^2 - 21i + 400$ 个回合都以 i 号村庄的武士胜利告终. 这是一个二次函数, 它所对应的抛物线开口向上, 其最小值点在 $i = 10.5$ 处, 所以对于整数而言, 最小值在 $i = 10$ 和 $i = 11$ 处达到, 为 $10^2 + 21 \times 10 + 400 = 290$.

这就说明, 如果 $k \leqslant 290$, 则对每个 $1 < i \leqslant 20$, i 号村庄都强于 $i-1$ 号村庄; 而 1 号村庄的每一个强手都能战胜 20 号村庄的所有新手, 共计赢得 $20 \times 19 = 380 > 290$ 个回合, 所以 1 号村庄也强于 20 号村庄; 满足题中所有条件.

下面证明, 如果 $k > 290$, 则不可能出现这种场景. 将每个村庄的武士都按由强到弱的顺序排列, 叫出每个村庄的第 10 号选手. 我们来证明, 这些被叫出的选手中, 最弱的一个所居住的村庄甲不可能强于按顺时针方向与之相邻的村庄乙. 将这两个村庄被叫出的选手分别记为 A 和 B. 在村庄甲中有 11 个武士的实力不比 A 强 (包括 A 自己), 而在村庄乙中一共有 10 个武士的实力不比 B 弱. 在这些人之间的每一场比赛, 都是村庄甲失败, 共有 $11 \times 10 = 110$ 个回合, 因此, 村庄甲取胜村庄乙的回合数目不会多于 $20 \times 20 - 110 = 290$ 个.

371. 答案: a 的所有可能值为 2 和 3.

首先, $a = 2$ 和 $a = 3$ 可以满足题中要求, 事实上, $2^2 - 1 = 2 + 1$, $(3-1)^2 = 3+1$. 下面来证明, a 不可能大于 3.

假设对某个 $a > 3$, 所要求的等式成立:

$$A = (a^{m_1} - 1) \cdots (a^{m_n} - 1) = (a^{k_1} + 1) \cdots (a^{k_l} + 1). \tag{1}$$

我们来证明, 必有如下各结论成立:

引理 1 每个 m_i 以及 $a-1$ 都是 2 的方幂数.

引理 1 之证 假设 γ 是某个 m_i 的奇数约数 (γ 可以等于 1), 而 p 是 $a^\gamma - 1$ 的任意一个质约数, 则 $p | A$(参阅专题分类 $8°$), 这表明, 在式 (1) 右端的乘积中存在一个因式 $a^{k_j} + 1$, 有 $p | a^{k_j} + 1$(参阅专题分类 $9°$). 我们指出

$$\left((a^{k_j})^\gamma + 1\right) - \left((a^\gamma)^{k_j} - 1\right) = 2.$$

另一方面, 由于 $p | a^{k_j} + 1$, 所以 $p | (a^{k_j})^\gamma + 1$; 由于 $p | a^\gamma - 1$, 所以 $p | (a^\gamma)^{k_j} - 1$. 如此一来, 就有 $p | 2$, 所以 $p = 2$. 这就表明, 2 是 $a^\gamma - 1$ 的唯一的质因数, 换言之, $a^\gamma - 1$ 是 2 的方幂数 (参阅专题分类 $10°$), 意即存在正整数 k, 使得 $2^k = a^\gamma - 1 = (a^{\gamma-1} + \cdots + a + 1)(a-1)$. 由于 γ 是奇数, 所以该式右端的第一个括号所表示的数是奇数, 意即 2^k 的奇约数, 因而等于 1, 这就表明 $\gamma = 1$, $a - 1 = 2^k$. 此外, 我们还证明了 1 是 m_i 的唯一的奇因数, 所以 m_i 是 2 的方幂数. 引理 1 证毕.

由于 $a - 1 > 2$, 所以 $a - 1$ 可被 4 整除, 从而对任何正整数 b, 数 $a^b + 1$ 被 4 除的余数都是 2(参阅专题分类 $7°$).

记 $a_i = \dfrac{a^{2^i} + 1}{2}$, 则 a_i 是奇数. 且我们有如下等式:

$$a^{2^d} - 1 = (a-1)(a+1)(a^2+1)(a^4+1) \cdots (a^{2^{d-1}} - 1) = 2^k \cdot 2^d \cdot a_0 \cdots a_{d-1}. \tag{2}$$

引理 2 式 (2) 中的所有 a_i 均两两互质.

引理 2 之证 我们来证明 a_i 与 a_j 互质, 不妨设 $i > j$. 由式 (2) 知 $a_j | 2^{2^i} - 1$, 另一方面, $a_i | 2^{2^i} + 1$, 从而 a_i 与 a_j 的公约数是 2 的约数, 此因 $2 = (2^{2^i} + 1) - (2^{2^i} - 1)$. 又由于 a_i 与 a_j 都是奇数, 所以它们的公约数只能是 1, 意即它们互质. 引理 2 证毕.

根据引理 1, 在式 (1) 中, 有 $a^{m_i} - 1 = a^{2^{d_i}} - 1$, $i = 1, \cdots, n$, 因此都具有式 (2) 中的表达式, 将这些表达式相乘, 得到

$$A = 2^N (a_0)^{N_0} \cdots (a_q)^{N_q}, \tag{3}$$

并且 $N > N_0 + \cdots + N_q$. 又由于每个 $a^{k_j} + 1$ 被 4 除的余数都是 2, 所以式 (1) 右端的因式个数 $l = N$. 然而, 每个 $a^{k_j} + 1$ 都可被 a_i 中的某一个整除 (事实上, 如果 $k_j = 2^r s$, 其中 s 是奇数, 则 $a^{k_j} + 1$ 可被 a_r 整除). 既然 $l > N_0 + \cdots + N_q$, 所以有某个 a_i 可整除多于 N_i 个数 $a^{k_j} + 1$, 从而 A 可被 $a^{N_i} + 1$ 整除. 此与表达式 (3) 中的 a_i 均为奇数且两两互质的事实相矛盾.

第 67 届莫斯科数学奥林匹克 (2004)

372. 答案: 例如 $x^2+3x+2=0$.

不难验证, 方程 $x^2+3x+2=0$ 的两个根是 -1 和 -2. 当把它的常数项与一次项系数分别加 1 以后, 得到两个根为 -1 和 -3 的方程 $x^2+4x+3=0$; 然后得到两个根为 -1 和 -4 的方程 $x^2+5x+4=0$; 然后再得到两个根为 -1 和 -5 的方程 $x^2+6x+5=0$; 最后得到两个根为 -1 和 -6 的方程 $x^2+7x+6=0$.

事实上, 我们的 5 个方程都具有形式 $x^2+(p+1)x+p=0$, 其中 p 为整数. 根据韦达定理的逆定理, 该方程的两个根为 -1 和 $-p$:

$$(-1)+(-p)=-(p+1), \quad (-1)\cdot(-p)=p.$$

▽1. 试比较第 403 题.

▽2. 任何一个有一个根为 -1 的, 另一个根为整数的方程都能满足题中要求, 把它的常数项与一次项系数分别加 1 以后, 根 -1 仍然保留, 另一个根则减小 1.

▽3. 为什么把常数项与一次项系数分别加 1 以后, 根 -1 仍然可以保留? 原来我们所做的事情就是把原方程加上 $x+1$. 该式在 $x=-1$ 处的值是 0. 这就表明, 如果 -1 是原方程的根, 则现在仍然是新方程的根.

▽4. 我们来力图说明, 是如何想到方程必须有一个根为 -1 的.

假设 x_1 和 x_2 是方程 $x^2+px+q=0$ 的两个根, 则由韦达定理知

$$x_1+x_2=-p, \quad x_1\cdot x_2=q.$$

这就表明, 当把 p 与 q 分别增加 1 以后, 二根之和减小 1. 实现这一点的一个最简单的办法就是保持一个根 x_1 不变, 而让另一个根 x_2 减小 1, 即

$$x_1+(x_2-1)=-(p+1).$$

此时二根之积变为

$$x_1\cdot(x_2-1)=x_1x_2-x_1,$$

意即它减小了 x_1. 但事实上, 它却增大了 1, 由此即知 $x_1=-1$.

373. 答案: 一种分拼方式如图 195 所示.

这种分法构思过程如下: 原来的梯形是由一个面积为 4 的正方形和一个面积为 1 的直角三角形拼成的, 所以它的面积等于 5, 这也就是说, 所要拼成的正方形的边长为 $\sqrt{5}$. 而长度为 $\sqrt{5}$ 的线段是勾和股分别为 1 和 2 的直角三角形的斜边. 循此易得所示分法.

▽. 一个有趣的问题是: 可以把怎样的线段放置到坐标平面上, 使得它们的两个端点都是整点? 记线段的长度为 d. 根据勾股定理, d^2 应当是正整数. 但是光有这一点还不够, 例

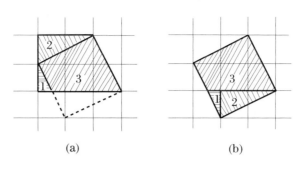

图 195

如 $d=\sqrt{3}$ 就不行. 事实上, 使得所述目的可以达到的充要条件是: d^2 是两个完全平方数的和, 参阅关于第 199 题和第 106 题的解答.

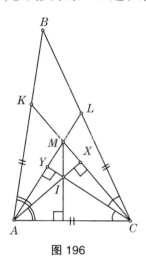

图 196

374. 延长 AI 使之与 KC 相交于点 X, 延长 CI 使之与 LA 相交于点 Y (参阅图 196). 内心 I 为 $\triangle ABC$ 三个内角平分线的交点, 这意味着 AX 是等腰三角形 $\triangle KAC$ 中的顶角平分线, 因此它垂直于底边, 亦即 $AX \perp KC$. 同理可知 $CY \perp AL$. 因此, AX 与 CY 是 $\triangle AMC$ 中的两条高, 于是它们的交点 I 就是该三角形的垂心, 所以直线 MI 垂直于 AC.

375. 答案: 不存在这样的 n.

解法 1 我们指出, 在题中的条件下, 股票每上涨一次, 股值都乘以一个因式 $1+\dfrac{n}{100}$; 而每下降一次, 股值都乘以因式 $1-\dfrac{n}{100}$. 因此, 在上涨 k 次, 下降 l 次以后, 股值变为原来的

$$\left(1+\frac{n}{100}\right)^k\left(1-\frac{n}{100}\right)^l. \tag{1}$$

我们来证明, 该乘积不可能等于 1.

将 $\dfrac{n}{100}$ 写为既约分数 $\dfrac{a}{b}$, 其中 $b>1$. 于是 $1+\dfrac{n}{100}=\dfrac{b+a}{b}$, $1-\dfrac{n}{100}=\dfrac{b-a}{b}$, 而式 (1) 则变为

$$\frac{(b+a)^k(b-a)^l}{b^{k+l}}. \tag{2}$$

由于 $\dfrac{a}{b}$ 是既约分数, 所以 $b+a$ 与 b 互质, $b-a$ 也与 b 互质 (参阅专题分类 5°), 故而 (2) 亦为既约分数, 这也就意味着它不可能等于 1, 此即为所证.

▽1. 可以详细证明 (2) 为既约分数. 假设不然, 则存在质数 p, 它可同时整除 (2) 的分子与分母, 特别地, 它可整除 b (参阅专题分类 9°). 又因 p 可整除分子, 所以它可整除 $(b+a)^k$ 或 $(b-a)^l$, 因此, 它可整除 $b+a$ 或 $b-a$, 无论哪种情况, 它都可整除 a (因为它可整除 b). 此与 a,b 互质的事实相矛盾.

▽2. 由我们的解答可以看出, 每当股值变化一次, 在现有股值与原始股值的比值中, 小数点后面的位数就增加一次 (想一想, 这是为什么).

解法 2 如果 (1) 中的分数值可等于 1, 则有

$$(100+n)^k(100-n)^l = 100^{k+l}.$$

等式右端的数是偶数, 所以左端的数也是偶数, 因此 n 是偶数. 类似地, 等式右端的数是 5 的倍数, 所以左端的数也是 5 的倍数, 因此 n 是 5 的倍数. 从而 n 可被 10 整除. 但是, 取遍 $n = 10, 20, \cdots, 90$, 发觉它们都不可能. 例如, 若 $n = 10$, 则等式左端可被 11 整除, 右端却不可能.

也可不用枚举. 假设 n 不可被 25 整除, 则 $100+n$ 与 $100-n$ 亦不可被 25 整除, 于是 5 在 $(100+n)^k(100-n)^l$ 中的次数仅为 $k+l$ 次. 但是它在等式右端的次数却是 $2(k+l)$ 次. 这就表明, n 可被 25 整除. 类似可证, n 可被 4 整除, 于是 n 可被 100 整除, 但这是不可能的, 因为 $0 < n < 100$.

376. a) 考察凸七边形 $ABCDEFG$(例如正七边形). 于是, 以正七边形的每两条邻边为边的 7 个三角形, 即图 197(a) 中的 $\triangle ABC, \triangle BCD, \triangle CDE, \triangle DEF, \triangle EFG, \triangle FGA$ 和 $\triangle GAB$ 为所求. 我们来证明它们满足题中条件. 考察其中的任意 6 个三角形, 例如除了 $\triangle GAB$ 之外的 6 个三角形. 显然, 只要在点 F 和点 C 处各砸下一枚钉子就可把它们一起钉在桌上. 另一方面, 每一名钉子至多可钉住 3 个三角形, 所以两枚钉子不能钉住所有 7 个三角形.

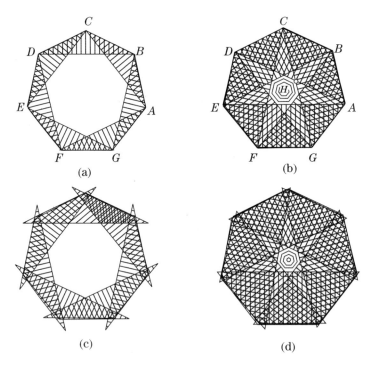

图 197

b) 考察正七边形 $ABCDEFG$(参阅图 197(b)), 其中四边形 $ABCD, BCDE, CDEF, DEFG, EFGA, FGAB, GABC$ 以及正中间的由对角线 AD, BE, CF, DG, EA, FB 和 GC 所围成的小七边形即为所求. 事实上, 对于其中的 7 个四边形, 只要在点 A 和点 E 处

各砸下一枚钉子就可把它们一起钉在桌上; 而对于其中的 6 个四边形和中间的小七边形, 例如除了四边形 $BCDE$ 之外的其余 6 个四边形, 则只要在点 H 和点 F 处各砸下一枚钉子就可把它们一起钉在桌上, 其中 H 是线段 AD 与 CG 的交点.

下面证明, 不可能用两枚钉子钉住所有 8 个多边形. 假若可以用两枚钉子把所有 8 个多边形全都钉住, 那么其中有一枚钉子必须钉住中间的小七边形, 因而这枚钉子就至多能钉住两个四边形, 这就意味着另一枚钉子必须钉住其余 5 个四边形, 这是做不到的. 此为矛盾.

▽1. 可以构造钉子钉住多边形内部的例子, 例如可将上述解答中的多边形稍稍移动, 让它们稍有重叠 (参阅图 197(c) 和 (d)).

▽2. 著名的赫利定理断言: 如果在平面上给定了若干个凸图形, 对于其中的任意 3 个图形, 都可用一枚钉子把它们钉住, 那么就可以用一枚钉子把所有图形都钉住. 我们的题目表明, 在两枚钉子的情形下, 不能成立类似的断言.

377. 32 个多米诺共占据 64 个方格, 所以总有一个空格. 我们首先指出, 如果在空格所在的行中至少有一个竖放的多米诺, 那么至少可以把一个竖放的多米诺变成横放. 事实上, 只要通过移动介于空格与竖放的多米诺之间的横放的多米诺, 使得空格与一个竖放的多米诺相邻, 再把该竖放的多米诺横过来即可. 如此一直进行下去, 直到空格所在的行中没有竖放的多米诺为止 (这一时刻必然会到来, 因为每进行一次所说的操作, 都减少一个竖放的多米诺).

当所说的过程进行完毕时, 空格必然位于最上面一行中, 因为此时空格所在的行中所有的多米诺都是横放的, 这就表明, 该行中共有奇数个方格. 而整个表中除了最上面一行外, 都有偶数个方格 (参阅专题分类 23°).

现在我们来构造 "蛇行" 路线: 把空格移至左上角处, 用一个竖放的多米诺盖住空格 (我们的 "蛇" 占据了第一行中的所有方格, 见图 198(a)).

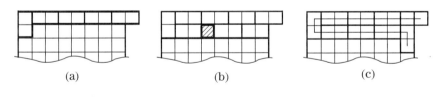

图 198

现在来看方格表中的其余部分. 把前面所说的操作运用于这一部分, 此后, 空格处于第二行中, 并且该行中只有一个竖放的多米诺 (见图 198(b)). 再将空格移至第二行的最右端, 并用一个竖放的多米诺盖住它. 此时, 我们的 "蛇" 已经占据上面两行中的所有方格 (见图 198(c)).

重复进行这一过程, 最终我们得到由所有 32 个多米诺所构成的 "蛇"(见图 199(a)). 此时再让我们的 "蛇" 往前爬行一格, 就可使得所有的多米诺都是横放的 (见图 199(b)).

▽. 所谓 "让蛇往前爬行一格" 就是进行我们开头所说的那种操作.

378. 答案: 不可能.

股票增值时将价格乘以 $\dfrac{117}{100}$, 降值时将价格乘以 $\dfrac{83}{100}$. 因此在经过 k 次增值和 l 次降

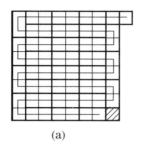
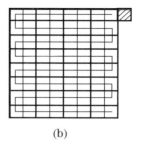

图 199

值后, 价格变为原来的 $\left(\dfrac{117}{100}\right)^k \left(\dfrac{83}{100}\right)^l$ 倍. 如果欲其为 1, 则须有 $117^k \cdot 83^l = 100^{k+l}$, 但这是不可能的, 因为该式左端为奇数, 右端为偶数.

▽. 试与第 375 题的解答相比较.

379. 答案: 可能.

例如, 只要 q 为整数, $p = q + 1$ 即可. 事实上, 由韦达定理立知, 对任何整数 q, 方程 $x^2 + (q+1)x + q = 0$ 的两个根分别为 -1 和 $-q$.

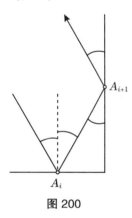

图 200

380. 用反证法, 假设台球能够回到原来的顶点. 将原来的顶点记为 A, 将中途所经过的折射点分别记为 $A_1, A_2, \cdots, A_n$. 选择台球桌的一条边, 把与它平行的直线都称为竖直的, 与它垂直的直线称为水平的. 于是, 台球桌的每条边不是竖直的, 就是水平的. 我们指出, 台球行进路线与竖直直线间的夹角 (通常意义上的夹角, 无方向性的角) 是常值 (不难验证, 无论是在对于竖直直线的反射, 还是在对于水平直线的反射之下, 其值都不发生变化, 参阅图 200). 可以认为, 它不等于 $0°$ 和 $90°$, 否则台球落入相邻的球囊. 由于 A 是内角的顶点, 所以仅存在一条以 A 为端点的射线与竖直方向形成所述的定角且落在台球桌所在的象限内. 这就表明, 台球将沿着开始时被射出去的那条直线回到点 A, 即 $A_1 = A_n$.

因此, 台球路径上的第一段与最后一段重合. 我们考察在点 A_1 处被壁所作的两次弹射 (第一次与最后一次), 可以发现, 台球回到点 A 的最后一程的轨迹与它从点 A 出发的最初一程的轨迹重合. 因此, 台球的倒数第二程的轨迹与它的第二程轨迹亦重合, 这就说明, 台球的轨迹具有如下形式:
$$A \to A_1 \to A_2 \to \cdots \to A_2 \to A_1 \to A.$$
继续进行类似的讨论, 最终可知台球的轨迹具有如下形式:
$$A \to A_1 \to A_2 \to \cdots \to A_{k-1} \to A_k \to A_{k-1} \to \cdots \to A_2 \to A_1 \to A.$$
换言之, 台球在前一半时间内沿着某一条轨迹前进, 在后一半时间内沿着这一条轨迹回来. 这表明, 台球在点 A_k 处被弹射后又沿着原路返回, 刚好与抵达点 A_k 处时的方向相反. 如此一来, 线段 $A_{k-1}A_k$ 垂直于多边形的边, 因而与垂直方向形成的角度为 $0°$ 或 $90°$. 由于这个夹角是不变的, 所以该夹角一开始就是 $0°$ 或 $90°$, 而这是不可能的.

所以, 球在任何时候都不会回到原来的顶点.

381. 设 $\triangle ABC$ 的 3 边之长为 a, b, c, 不失一般性, 可认为 $a \leqslant b \leqslant c$. 设 I 是 $\triangle ABC$ 的内心 (见图 201), 则有

$$\frac{l_a}{m_a} + \frac{l_b}{m_b} + \frac{l_c}{m_c} > \frac{l_a}{m_a} + \frac{l_b}{m_b} \geqslant \frac{l_a + l_b}{c} > \frac{AI + IB}{c} > 1.$$

其中, 第二个不等号是由于三角形内部的任一线段 (特别地, 任一中线) 都不长于三角形的最长边; 第三个不等号是由于 $l_a > AI$ 和 $l_b > IB$; 最后一个不等号得自 $\triangle AIB$ 中的任意两边之和大于第三边.

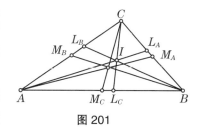

图 201

▽1. 我们的问题不过是一类极为广泛的命题的特殊情况: 由解答过程可见, 所证的不等式有可能对别的连接三角形顶点与对边上的点的线段也成立. (试考虑一下, 如果将对角线换为高, 相应的不等式能否成立?)

▽2. 我们不等式中的估计是精确的, 亦即为了使得该不等式对任何三角形都成立, 不能把右端换成任何大于 1 的数 (试证之!).

382. 答案: 在正确的策略下, 后开始者将取胜.

设 l 是前 21 个质数的乘积, 则 l 是最小的不可解的正整数. 易知, 第 21 个质数是 $71 < 2004$, 所以 2004! 可被 l 整除.

将二人按开始的先后分别称为甲和乙. 我们考察甲取了第一次之后剩下的石块数目 m. 由于甲所取走的石块数目是可解的, 故不可被 l 整除, 因而剩下的石块数目 m 也不可被 l 整除. 观察 m 被 l 除的余数 r, 由于 r 小于 l, 所以它不能被多于 20 个质数整除. 于是, 乙可取走 r 个石块, 使得剩下的石块数目仍可被 l 整除, 如此等等.

这样一来, 乙每次都可取走被 l 除的余数块石块, 甲每次取后所剩石块数目都不可被 l 整除, 而乙每次取后所剩石块数目都可被 l 整除. 这就表明, 甲不可能取得最后一块石头, 所以乙将获胜.

383. 答案: a), b) 都可以.

a) 首先指出, 猜出 18 张牌不是一件困难的事情. 事实上, 助手可以利用前两张牌的背面放置状况 "告知" 特异功能者第 2 张牌的花色 (两张牌的背面共有 4 种不同放置状况, 将每种状况对应于一种花色即可), 再用接下来的两张牌 "告知" 第 4 张牌的花色, 如此等等.

当摞中仅剩下两张牌时, 特异功能者是可以知道它们的花色的 (因为他已经看见 34 张牌的花色了), 因此助手可以有办法告诉特异功能者剩下的两张牌的顺序, 事实上, 只要他们事前约定 "哪种花色为大", 那么助手就可利用第 35 张牌的背面放置状况来告知到底是第 35 张牌的花色 "大", 还是第 36 张牌的花色 "大". 如此一来, 特异功能者就一共可以说对 19 张牌的花色.

b) 将牌自上往下依次编号, 观察除了第 1 和 35 号牌①以外的所有奇数编号的牌以及第 2 号牌, 共 17 张牌. 根据抽屉原理, 在这 17 张牌中必能找到 5 张同一花色的牌, 将它们称为基本牌. 利用开头两张牌的背面放置状况, 助手可以告诉特异功能者基本牌的花色. 利

---

① 原文此处为 "第 1 和 33 号牌", 似有歧义. —— 编译者注

用第 $2k-1$ 张牌和第 $2k$ 张牌的背面放置状况, 助手可以告诉特异功能者第 $2k$ 张牌的花色 ($2 \leqslant k \leqslant 17$). 利用第 35 张牌的背面放置状况, 助手可以告诉特异功能者最后两张牌的花色 (参阅小题 a) 解答). 在翻动所选定的 17 张牌时, 特异功能者皆说基本牌的花色. 这样一来, 他在这些牌中至少可以说对 5 张牌的花色. 而对于除了第 2 号牌和最后一张牌之外的所有偶数编号的牌, 他都可以说对花色, 并且他可说对最后两张牌的花色. 如此算来, 他一共可至少说对 23 张牌的花色.

▽. 我们来介绍可以说对 24 张牌的花色的办法.

为了能说正确 24 张牌的花色, 只需在前 34 张牌中说对 22 张牌的花色 (参阅小题 a) 的解答). 将这些牌除了第 1 张牌外的 33 张牌分为 11 组, 每一组为摞中相连的 3 张牌.

利用第 1 张牌背面的放置状况 (它不属于第 1 组), 助手可以展示第 1 组中哪种颜色的牌居多 (黑的, 还是红的①). 不失一般性, 可设黑色牌居多.

我们来看第 1 组中的牌. 将组中前两张黑色的牌叫作 "自然的", 把剩下的一张牌叫作 "非自然的"(它可能是红色的, 也可能是黑色的). 通过调整两张 "自然的" 牌的背面的放置状态, 助手可以告知特异功能者应当说出两种黑色花色中的哪一种. 利用这种办法, 特异功能者可以说对两张 "自然的" 牌的花色. 而利用 "非自然的" 牌的背面状态, 可以告知下一组中哪种颜色的牌居多. (应当注意, 如果第一组中的 "非自然的" 牌不在最后, 那么只有在翻开它以后, 特异功能者才能知道它是非自然的.)

接下来, 特异功能者在第二组中重复刚才的做法, 说对两张自然的牌的花色并了解下一组中哪种颜色的牌居多, 如此等等. 如此一来, 至多除了第一张牌和各组中的 "非自然的" 牌之外, 其余 24 张牌的颜色都可被正确说出.

现在已经知道, 有能够正确说出 26 张牌的花色的办法, 不过要复杂得多 (参阅参考文献 [89],[90]).

384. 设该等差数列的第 1 项是 a, 第 n 项是 b, 则它的前 n 项和 S 为
$$S = \frac{a+b}{2} n.$$
这表明 $n | 2S$. 既然 $2S$ 是 2 的方幂数, 所以 n 也是 2 的方幂数.

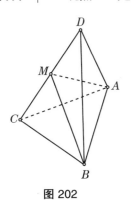

图 202

385. 答案: 不存在.

假设存在这样的四面体 $ABCD$(见图 202). 设 AB 是直角三角形 $\triangle ABC$ 的斜边, 那么它也是直角三角形 $\triangle ABD$ 的斜边. 不难看出, 此时 CD 是直角三角形 $\triangle ACD$ 和 $\triangle BCD$ 的斜边. 将斜边 CD 的中点记作 M, 于是 M 就是直角三角形 $\triangle ACD$ 和 $\triangle BCD$ 的外心, 因而
$$AM = BM = \frac{CD}{2} = \frac{AB}{2}.$$
A, B 和 M 不可能三点共线, 因若不然, A, B, C, D 四点共面. 我们来考察 $\triangle ABM$, 在它里面有三角形不等式成立, 即 $AB < AM + BM$. 然而, 另一方面却有
$$AB = \frac{AB}{2} + \frac{AB}{2} = AM + MB,$$

---
① 黑的有黑桃与梅花两种不同花色, 红的有方块和红心两种不同花色.—— 编译者注

386. 答案: 存在.

例如,
$$\sqrt{3+\sqrt{2}}+\sqrt{3-\sqrt{2}}=\sqrt{6+2\sqrt{7}}.$$

通过两边平方, 容易验证这一等式.

问题是: 这个例子是如何找出的? 如果我们试图找出两个白数, 使得它们的和是黑数, 那么经验告诉我们, 应当从共轭白数入手:
$$\sqrt{a+b\sqrt{2}}+\sqrt{a-b\sqrt{2}}=\sqrt{c+d\sqrt{7}}. \tag{1}$$

将该式两端同时平方, 得到
$$2a+2\sqrt{a^2-2b^2}=c+d\sqrt{7}.$$

因此, 只需选取 a 和 b, 使得 $a^2-2b^2=7$, 然后再令 $c=2a$, $d=2$ 即可.

▽1. 方程 $a^2-2b^2=7$ 有无穷多组整数解, 因此方程 (1) 也就有无穷多组解. 此事与贝尔方程 $a^2-2b^2=1$ 有无穷多组整数解有关 (参阅参考文献 [26]).

▽2. 能否把一个整数表示为 a^2-2b^2 的形式 (其中 a 与 b 为整数) 同能否把一个整数表示为两个平方数的和一样, 具有类似的检验法则 (参阅关于第 199 题解答的评注).

▽3. 本题可有另一解答:
$$\sqrt{26-18\sqrt{2}}+\sqrt{5+3\sqrt{2}}+\sqrt{27+9\sqrt{2}}=\sqrt{54+18\sqrt{7}}.$$
$$\sqrt{mn+n+2m\sqrt{n}}+\sqrt{mn+n-2m\sqrt{n}}+\sqrt{n+1+2\sqrt{n}}+\sqrt{n+1-2\sqrt{n}}$$
$$=\sqrt{4mn+4n+8n\sqrt{m}}.$$

其中, 第一个等式由下式推出:
$$\left((2-\sqrt{2})+(1+\sqrt{2})\right)\sqrt{3-\sqrt{2}}+3\sqrt{3+\sqrt{2}}=3\sqrt{6+2\sqrt{7}}.$$

它表明白色加项的数目可以为 3 个. 第二个等式则表明, 数对 $(2,7)$ 可以换成任何别的非完全平方数的数对 (这个等式实际上是由参赛学生想出来的).

▽4. 有趣的是, 关于类似问题中的 "寻常根" 的答案却是否定的. 如果 $p_1, p_2, \cdots, p_n$ 是互不相同的质数, 则任何一个平方根 $\sqrt{p_i}$ 都不能表示为其他数的平方根的有理系数的和. 这一事实的初等证明可参阅参考文献 [24]. 更有如下的普遍命题成立: 形如 $\sqrt[n_i]{p_i^{m_i}}$ 的数的有理系数的和是无理数, 如果所有的分数 $\dfrac{m_i}{n_i}$ 都是真分数且互不相同.

387. 同第 382 题.

388. **解法 1** 将 $\triangle ABC$ 的外心和所说的旁心分别记为 O 和 O'. 不妨设点 A' 在射线 CB 上, 点 B' 在射线 CA 上 (参阅图 203(a)). 只需证明 $OA'\perp B'C'$ 和 $OB'\perp A'C'$. 不难看出, $O'A\perp B'C'$, 因此为证 $OA'\perp B'C'$, 只需证明 $O'A//OA'$. 我们来证明
$$\angle A'O'A=\angle O'AO.$$

于是就有两个圆半径相等, 因而 $A'O'AO$ 是等腰梯形, 从而直线 $O'A$ 与 OA' 平行.

由四边形 $A'O'C'B$ 知
$$\angle A'O'C' = 360° - 90° - 90° - \angle A'BC'$$
$$= 180° - \angle A'BC' = \angle B.$$

同理知 $\angle B'O'C' = \angle A$, 因此
$$\angle A'O'A = \angle A'O'C' + \frac{1}{2}\angle B'O'C' = \angle B + \frac{1}{2}\angle A.$$

另一方面, 如果 $\angle C$ 为锐角, 则
$$\angle O'AO = \angle O'AB + \angle BAO$$
$$= \frac{1}{2}\angle B'AC' + (90° - \angle C)$$
$$= 180° - \angle C - \frac{1}{2}\angle A = \angle B + \frac{1}{2}\angle A.$$

在第二个等号中我们用到等腰三角形 $\triangle AOB$ 中的 $\angle O$ 等于 $2\angle C$. 至于当 $\angle C$ 为钝角时, 关于 $\angle O'AO$ 的这一等式的证明, 留给读者作为练习. 因此有 $\angle O'AO = \angle A'O'A$, 故知 $OA' \perp B'C'$. 同理可证 $OB' \perp A'C'$. 所以点 O 是 $\triangle A'B'C'$ 的垂心.

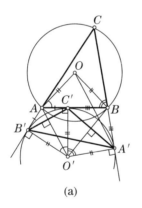
(a)

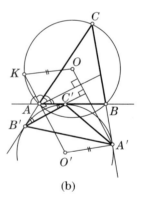
(b)

图 203

解法 2(本解答取自参赛学生答卷) 设 $\triangle ABC$ 外接圆上弧 $\overparen{BAC}$ 的中点为 K(参阅图 203(b)), 则 $OK \perp BC$. 此外, 根据题意, 还有 $O'A' \perp BC$, 以及 $OK = O'A'$. 故知 $OKO'A'$ 为平行四边形, 且 $OA' // O'K$. 利用圆周角性质, 不难知
$$\angle KAC = \frac{\pi - \angle CAB}{2},$$

所以 AK 是 $\triangle ABC$ 的顶点 A 处的外角平分线, 意即 K, A 与 O' 三点共线, 且相互平行的线段 OA' 与 $O'K$ 垂直于 $\angle CAB$ 的平分线. 不难看出, $\angle CAB$ 的平分线平行于直线 $B'C'$. 这意味着 $B'C' \perp OA'$. 同理, $A'C' \perp OB'$. 所以, 点 O 是 $\triangle A'B'C'$ 的垂心.

389. 同第 383 题.

390. 解法 1 考察二次三项式 $f(x) = ax^2 + bx + c$, 我们来从中分离出一个完全平方项, 为此, 记 $t = x + \dfrac{b}{2a}$ 和 $D = b^2 - 4ac$, 于是就有

$$ax^2 + bx + c = a\left(t^2 - \dfrac{D}{4a^2}\right).$$

当 $D < 0$ 时, 令 $p = \dfrac{\sqrt{-D}}{2a}$, 则所求的表达式就是

$$ax^2 + bx + c = a\left(t^2 - \dfrac{D}{4a^2}\right) = \dfrac{a}{2}\left((t-p)^2 + (t+p)^2\right)$$

$$= \dfrac{a}{2}\left(x + \dfrac{b - \sqrt{-D}}{2a}\right)^2 + \dfrac{a}{2}\left(x - \dfrac{b - \sqrt{-D}}{2a}\right)^2.$$

当 $D > 0$ 时, 令 $q = \dfrac{\sqrt{D}}{2a\sqrt{2}}$, 则所求的表达式就是

$$ax^2 + bx + c = a\left(t^2 - \dfrac{D}{4a^2}\right) = \dfrac{a}{2}\left(2(t+q)^2 - (t+2q)^2\right)$$

$$= 2a\left(x + \dfrac{b + \sqrt{\dfrac{D}{2}}}{2a}\right)^2 - a\left(x + \dfrac{b + \sqrt{2D}}{2a}\right)^2.$$

解法 2 如果二次三项式 $f(x)$ 可以表示为两个判别式为零的二次三项式的和, 则二次三项式 $Af(ax+b)$ 也可以这样表示, 其中, A, a 和 b 为常数 $(A \neq 0, a \neq 0)$.

何时可以通过这样的变换把二次三项式 $f(x)$ 变为二次三项式 $g(x)$? 不难看出, 可以这样做的充分必要条件是: 它们的判别式的符号相同.

我们来给出这一事实的证明大致步骤: 通过分离完全平方项, 可将任何二次三项式变成 $\alpha x^2 + \beta$ 的形式, 再通过适当选配常数 A 和 a, 可将其变为 x^2 或 $x^2 \pm 1$ 的形式. 又若 $f(x)$ 和 $g(x)$ 都可变为二次三项式 $h(x)$, 则 $f(x)$ 可以变为 $g(x)$.

根据所说的道理, 我们只需对判别式的各种情况, 分别给出一种二次函数的表达方式即可, 例如:

$$x^2 + x^2 \ (D=0), \quad x^2 + (x+1)^2 \ (D<0), \quad (2x+1)^2 - x^2 \ (D>0).$$

391. 答案: a) 可能; b) 不可能.

a) 设 a, b, c, d 是 4 条两两异面的直线. 作两个平行平面 α 与 β, 使得 $\alpha \supset a$ 与 $\beta \supset b$ (见图 204). 类似地, 作两个平行平面 γ 与 δ, 使得 $\gamma \supset c$ 与 $\gamma \supset d$. 任取一个不平行于这些平面的向量 $\boldsymbol{v}$. 将直线 a 沿着 $\boldsymbol{v}$ 的方向投影到平面 β 中, 设该投影与直线 b 的交点是 B, 并设 B 在平面 α 中的原像是 A, 则直线 AB 平行于 $\boldsymbol{v}$ 的方向. 类似地作点 C 和 D, 于是直线 CD 也平行于 $\boldsymbol{v}$ 的方向. 这样一来, 或者 A, B, C, D 四点共线, 或者四边形 $ABCD$ 是梯形, 或者四边形 $ABCD$ 是平行四边形. 下面来排除四点共线和平行四边形的情形.

问题的困难在于如何排除四点共线的情形. 我们首先让平面 α 与平面 γ 不平行.

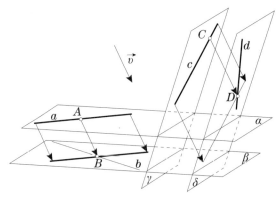

图 204

1°. 我们从远处开始. 考察空间中由方程

$$x^2 + y^2 - z^2 = 1 \tag{1}$$

所给出的曲面 H(参阅 205(a)). 这种曲面叫作单叶双曲面 (参阅参考文献 [69] 第 7 章). 它与平面 $z = 0$ 的交是一个圆. 经过这个圆上每个点, 都有两条整个位于 H 中的直线 (见图 205). 读者可以自行验证这一性质以及后续的一系列断言.

这些直线称为单叶双曲面的母线, 它们分为两族: 同一族的直线相互异面, 不同族的直线相交. 此外, 单叶双曲面上再无其他类型的直线.

如果把这些直线都平移到坐标原点, 那么它们刚好形成圆锥

$$x^2 + y^2 - z^2 = 0.$$

2°. 可以证明, 任何 3 条不平行于同一平面的两两异面的直线都可以通过仿射变换变为任何别的具有这一性质的 3 条直线 (参阅参考文献 [69] 第 3 章). 既然平面 α 不平行于平面 γ, 所以在必要时通过改变直线的名称标注, 可以认为直线 a, b, c 不平行于同一平面.

现在, 在曲面 H 上任取 3 条属于同一族的母线 a', b', c', 不难验证它们也不平行于同一平面, 因此, 可以通过仿射变换, 把它们变为直线 a, b, c. 我们的问题在仿射变换下是不变的, 所以可以从一开始就认为直线 a, b, c 在曲面 H 上, 它们属于同一个母线族, 我们将这一母线族称为 1 号族.

不难看出, 任何一条直线, 或者在曲面 H 上, 或者与曲面 H 至多有两个交点. 这就表明, 那些与直线 a, b, c 中每一条都相交的直线刚好构成 H 的 2 号母线族. 因此, 一共只有如下两种可能情况:

情况 1 直线 d 在曲面 H 上 (从而它也属于 1 号母线族), 于是 2 号族中的每一条母线与 a, b, c, d 都相交;

情况 2 直线 d 与曲面 H 至多有两个交点, 此时, 与直线 a, b, c, d 中每一条都相交的直线至多只有两条.

现在我们要求向量 $\boldsymbol{v}$ 不平行于平面 $z = 0$. 既然曲面 H 的任何一条母线都不平行于平面 $z = 0$, 那么 A, B, C, D 4 点不会共线.

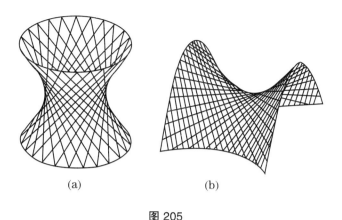

图 205

3°. 为了排除平行四边形的情形, 只需做到 $AB \neq CD$. 注意, $AB = \dfrac{p}{\sin\varphi}, CD = \dfrac{q}{\sin\psi}$, 其中 p 是平面 α 与 β 之间的距离, q 是平面 γ 与 δ 之间的距离, φ 是向量 $\boldsymbol{v}$ 与平面 α 之间的夹角, ψ 是向量 $\boldsymbol{v}$ 与平面 γ 之间的夹角.

从而只需满足如下不等式即可:

$$\sin\varphi \leqslant \frac{p}{q}\sin\psi. \tag{2}$$

设平面 α 与平面 $z=0$ 的交线是 f. 先设直线 f 不平行于平面 γ. 如果令向量 $\boldsymbol{v}$ 平行于直线 f, 则 $\varphi = 0, \psi \neq 0$. 如果让该向量稍稍翘起, 即与直线 f 形成很小的夹角, 但仍然与平面 $z=0$ 平行, 则根据连续性, 式 (2) 仍然成立, 而相应的点 A, B, C, D 将成为梯形的 4 个顶点.

如果直线 f 平行于平面 γ. 我们考察任意一个这样的平面 κ, 它与平面 $z=0$ 间的夹角小于 $\dfrac{\pi}{4}$, 且使直线 $\alpha \cap \kappa$ 不与平面 γ 平行. 可以断言这样的平面不平行于曲面 H 的任何一条母线 $\left(\text{因为曲面 } H \text{ 的母线与平面 } z=0 \text{ 的夹角为 } \dfrac{\pi}{4}\right)$. 再以平面 κ 取代前述结构中的平面 $z=0$ 即可.

4°. 现设平面 $\alpha, \beta, \gamma, \delta$ 彼此平行, 于是对任何向量 $\boldsymbol{v}$ 都有 $\varphi = \psi$, 从而为使不等式 $AB \neq CD$ 成立, 只需 $p \neq q$, 而至多通过改变直线的名称标注, 总能做到 $p \neq q$.

为了使得 A, B, C, D 不共线, 可采用如下办法.

观察双曲抛物面 $xy = z$ (见图 205(b)), 在它上面也有两个母线族, 其中一族平行于平面 $x=0$, 另一族平行于平面 $y=0$.

令平面 α', β', γ' 平行于平面 $x=0$, 它们彼此之间的距离与 α, β, γ 之间的距离相同. 这三个平面中的每一个都从双曲抛物面上截得一条直线. 不难看出, 可以通过仿射变换把直线 a, b, c 变为双曲抛物面上的相应的直线. 因此, 可以认为直线 a, b, c 就是双曲抛物面上的母线. 现在只需将向量 $\boldsymbol{v}$ 取得不平行于平面 $x=0$ 和 $y=0$ 即可.

▽. 为了排除平行四边形和共线情况, 可用的办法还有: 这两种情形在一定的意义上说, 都是很罕见的. 例如, 富有经验的读者可以尝试证明: "坏的" 向量 $\boldsymbol{v}$ 的集合是一个零测集.

b) 取 4 个相互平行的平面, 它们彼此之间的距离各不相同. 在每个平面上取一条直线, 使得这些直线两两异面. 我们可证明, 不存在这样的平行四边形, 它的 4 个顶点分别在这 4

条直线上. 事实上, 任何两条端点在这些直线上的线段的长度都与相应的平面间的距离成比例, 因此它们不会相等.

392. 解法 1 可将 n 写成 $n = 10^k(10a+b)+c$ 的形式, 其中 $0 \leqslant c < 10^k$, 而 b 是将被删去的非零数字, a 是由列在 b 前面的数字所构成的非负整数. 于是, 在删去数字 b 之后, 将会得到整数 $n_1 = 10^k a + c$. 前后二数之差为 $n - n_1 = 10^k(9a+b)$. 故为满足题中要求, 只需 $9a+b$ 和 $10^k a + c$ 都可被 d 整除 (参阅专题分类 $5°$).

如果 d 不可被 9 整除, 则将 d 被 9 除的余数取作 b; 如果 d 可被 9 整除, 就取 $b=9$, 于是 $d-b$ 可被 9 整除. 我们取 $a = \dfrac{d-b}{9}$, 就有 $9a+b = d$. 接着再选取 k 和 c, 使得 $10^k a + c$ 可被 d 整除. 设 k 是这样的正整数, 使得 $10^{k-1} > d$. 我们来做 $10^k a + 10^{k-1}$ 除以 d 的带余除法: $10^k a + 10^{k-1} = qd + r$, $0 \leqslant r < d$ (参阅专题分类 $7°$). 并令 $c = 10^{k-1} - r > 0$, 那么就有 $10^k a + c = qd$ 是 d 的倍数.

解法 2 (取自参赛学生的答卷) 设正整数 d 为 10 进制 l 位数. 对任意正整数 k, 考察数 $n_k = 10^k d - d$. 当 k 充分大 (意即 $k > l$) 时, 在 n_k 的 10 进制表达式中, 必然呈现这样的状况: 最前面是 $d-1$ 的各位数字, 接着是连在一起的若干个 9, 最后是 $10^l - d$ 的各位数字 (参阅专题分类 $11°$). 这样一来, 只要 $k > l$, 就可以通过在 n_{k+1} 中删去一位中部的 9 来得到 n_k. 显然, 所有的 n_k 都可被 d 整除.

393. 答案: $\pi - 2\alpha$ 或 $\dfrac{\pi}{2} - \alpha$.

我们来证明: 满足题中条件的 $\triangle ABC$ 或者是等腰三角形, 或者是直角三角形.

设 H 是由顶点 B 引出的高的垂足. 则 H 一定在边 AC 上而不是在它的延长线上, 否则它将位于三角形外, 不可能有外接圆的直径经过它.

设题目条件中的直径 d 与 $\triangle ABC$ 相交于 H 和 G 两点 (参阅图 206(a)). 将边 AC 的中点记作 M.

如果直径 d 包含着线段 BM, 则 $H = M$, 从而 $\triangle ABC$ 是等腰三角形, 而 $\angle B = \pi - 2\alpha$ (参阅图 206(b)).

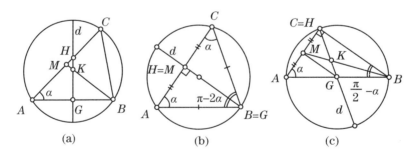

图 206

下设直径 d 不包含线段 BM. 由于线段 d 和 BM 都将 $\triangle ABC$ 分成面积相等的两个部分, 所以这两条线段必然相交, 设它们的交点为 K. 显然, $\triangle BGK$ 与 $\triangle MKH$ 的面积相等, 因而 $\triangle BGH$ 与 $\triangle BMH$ 的面积也相等. 这表明, 这两个三角形中边 BH 上的高相等, 因而 $BH // GM$, 于是, GM 是边 AC 的中垂线. 这也就意味着 GM 是 $\triangle ABC$ 外接圆的直径上的一部分, 从而 G 属于它的两条不同的直径, 所以它就是 $\triangle ABC$ 的外心 (参阅图 206(c)). 若点 G 在边 BC 上, 则 $\alpha = \frac{\pi}{2}$ (参阅专题分类 14°), 此与题意相矛盾; 而若点 G 在边 AB 上, 则 $\angle C = \frac{\pi}{2}, \angle B = \frac{\pi}{2} - \alpha$.

另解 设题目条件中的直径 d 与 $\triangle ABC$ 相交于 H 和 G 两点. 假设点 G 在边 AB 上 (可与点 B 重合), 则 $\triangle AHG$ 的面积为

$$S_{AHG} = \frac{AG}{AB} \frac{AH}{AC} S_{ABC} = \frac{AG}{AC} S_{ABC} \cos\alpha$$

(参阅专题分类 18°). 此时可将题中条件改述为

$$AG = \frac{AC}{2\cos\alpha}.$$

于是, AG 是这样一个直角三角形的斜边: 它的一条直角边等于 $\frac{AC}{2}$, 该直角边与斜边的夹角为 α. 由此立知, 点 G 是线段 AC 的中垂线与直线 AB 的交点. 而弦的中垂线包含着圆的直径, 这就表明, 或者点 G 是圆心; 或者该直径与 d 重合. 在前一种情况下, AB 也是直径, 因而 $\angle C = \frac{\pi}{2}$. 在后一种情况下, 点 H 是边 AC 的中点, $\triangle ABC$ 是等腰三角形.

如果点 G 在边 BC 上, 却不与点 B 重合, 则如上所证, 有 $\alpha = \frac{\pi}{2}$, 与题意相矛盾.

394. 答案: $2k_0$ 个.

我们用 $N(F)$ 表示函数 F 在区间 $[0, 2\pi)$ 上的零点个数, 亦即使得 $F(x) = 0$ 的自变量 $x \in [0, 2\pi)$ 的个数. 则当 $A_1 = A_2 = 0$ 时, 我们有 $N(\sin k_0 x) = 2k_0$, 事实上, 这些零点是

$$x_n = \frac{n\pi}{k_0}, \quad \text{其中 } n = 0, 1, \cdots, 2k_0 - 1.$$

任意取定 A_1 和 A_2, 我们来证明函数

$$F(x) = \sin k_0 x + A_1 \sin k_1 x + A_2 \sin k_2 x$$

在区间 $[0, 2\pi)$ 上的零点个数都不少于 $2k_0$ 个. 记

$$f_m(x) = \begin{cases} \sin x, & \text{如果 } m \text{ 可被 4 整除,} \\ -\cos x, & \text{如果 } m - 1 \text{ 可被 4 整除,} \\ -\sin x, & \text{如果 } m - 2 \text{ 可被 4 整除,} \\ \cos x, & \text{如果 } m - 3 \text{ 可被 4 整除.} \end{cases}$$

显然有 $f'_{m+1}(x) = f_m(x)$. 下面来依次定义函数

$$F_m(x) = f_m(k_0 x) + A_1 \left(\frac{k_0}{k_1}\right)^m f_m(k_1 x) + A_2 \left(\frac{k_0}{k_2}\right)^m f_m(k_2 x),$$

其中 $m = 0, 1, \cdots$, 则有 $F_0 = F$ 和 $F'_{m+1} = k_0 F_m$. 显然, 2π 是每个函数 F_m 的周期.

引理 设 f 是以 2π 为周期的可导函数, 则它在半开半闭区间 $[0, 2\pi)$ 上的零点个数不会多于它的导函数在这一区间上的零点个数.

引理之证 我们将利用罗尔定理, 即在可导函数的两个零点之间存在其导函数的一个零点, 来证明本引理. 设 $x_1, x_2, \cdots, x_N$ 是该可导函数在该区间上的所有零点. 于是根据罗尔定理, 在每个区间 $(x_1, x_2), (x_2, x_3), \cdots, (x_{N-1}, x_N), (x_N, x_1 + 2\pi)$ 中都至少有一个它的导函数的零点. 尽管最后一个区间中的零点 (记之为 y) 可能不在区间 $[0, 2\pi)$ 中, 但此时 $y - 2\pi$ 却在该区间中, 并且是导函数的一个零点, 此因导函数也是以 2π 为周期的函数. 引理证毕.

由引理可知 $N(F_m) \geqslant N(F_{m+1})$, 所以只需对足够大的正整数 M, 证明 $N(F_M) \geqslant 2k_0$. 由于 $\dfrac{k_0}{k_1} < 1, \dfrac{k_0}{k_2} < 1$, 所以对于足够大的 M, 有 (参阅专题分类 $27°$)

$$\varepsilon = \left| A_1 \left(\frac{k_0}{k_1}\right)^M \right| + \left| A_2 \left(\frac{k_0}{k_2}\right)^M \right| < 1.$$

选择形如 $4m + 3$ 的这样的 M, 就有

$$F_M\left(\frac{n\pi}{k_0}\right) = \cos n\pi + A_1 \left(\frac{k_0}{k_1}\right)^M \cos\left(\frac{k_1 n\pi}{k_0}\right) + A_2 \left(\frac{k_0}{k_2}\right)^M \cos\left(\frac{k_2 n\pi}{k_0}\right).$$

所以, 对于偶数的 n, 有 $F_M\left(\dfrac{n\pi}{k_0}\right) > 1 - \varepsilon > 0$; 对于奇数的 n, 有 $F_M\left(\dfrac{n\pi}{k_0}\right) < -1 + \varepsilon < 0$. 这就表明, 在任何两个相邻的点 $x_n = \dfrac{n\pi}{k_0}$ 之间都有 F_M 的零点, 其中 $n = 0, 1, \cdots, 2k_0$. 所以 $N(F_M) \geqslant 2k_0$.

▽1. 可将周期函数表示为定义在圆周上的函数, 从而引理中的命题变为: 函数在圆周上的零点个数不多于其导函数在圆周上的零点个数, 证明起来则要直观得多.

▽2. 罗尔定理的证明思路: 考察可导函数在两个相邻零点之间的极值点 (极大值或极小值点). 如果极值之一可在区间内部达到, 则导函数值在极值点处为 0. 如果两个极值都在端点处达到, 则函数在该区间中恒等于零.

▽3. 一般来说, 存在这样的可能性, 即可导函数在半开半闭区间上有无穷多个零点, 那么此时其导函数在该半开半闭区间上亦有无穷多个零点. 试验证, 前面的证明在此种场合下仍然有效.

395. 答案: a) $\dfrac{2}{3}$.

a) 假设射击口的长度为 $s < \dfrac{2}{3}$. 则在哨兵乙刚走完城墙上无射击口部分 (其长度为 $1 - s$) 时, 哨兵甲已经走过距离 $2(1 - s) > s$, 因此, 存在这样一个时刻, 两位哨兵都不在射击口位置, 此与题中要求相矛盾, 所以 $s \geqslant \dfrac{2}{3}$.

如果开始时哨兵甲在哨兵乙的前面 $\dfrac{1}{3}$ 处, 则当射击口的长度为 $\dfrac{2}{3}$ 时, 题中的条件可以满足.

b) 设若干个射击口的长度总和为 s. 不失一般性, 可认为开始时两位哨兵在同一个点上, 而哨兵乙一小时刚好绕城堡巡逻一圈. 为了使得射击口的分布图是合乎要求的, 必须在每个小时中, 有哨兵在射击口位置时间也不能少于一个小时, 甚至还应多于一个小时, 因为存在这样的时间间隔, 两位哨兵同时在一个射击口处相遇.

另一方面, 在一个小时中, 每位哨兵都有 s 个小时是处于射击口位置 (哨兵甲绕了城堡两圈, 但速度也是乙的两倍, 所以在射击口位置时间相同). 因而 $2s > 1$, 故 $s > \frac{1}{2}$.

c) 我们构造集合 $A \subset [0,1]$, 使之具有下述性质:

(1) 集合 A 是若干个互不相交的区间的并.

(2) 这些区间的长度之和不大于 s.

(3) 如果 $t \notin A$, 则 $\{2t\} \in A$ (其中 $\{x\}$ 表示实数 x 的小数部分).

一旦这个集合构造出来, 那么题中的问题就不难解决. 如同前面, 假设在时刻 $t = 0$, 两位哨兵位于同一点处, 而在时间间隔 $[0,1]$ 里哨兵乙刚好绕城堡巡逻一圈. 我们在城墙上哨兵乙在时刻 t 时所处的位置也标上数 $t \in [0,1]$. 假定射击口分布在与集合 A 中的各个区间相对应的位置上. 于是它们的长度之和不大于 s. 由于对任何 $t \in [0,1]$, 都有 $t \in A$ 或 $\{2t\} \in A$, 所以在任何时刻都至少有一个哨兵处于射击口位置.

集合 A 的构造思路: 假设我们成功地将区间 $[0,1]$ 里分成集合 A 与 B, 使得若 $t \in A$ 则 $\{2t\} \in B$, 而若 $t \in B$ 则 $\{2t\} \in A$, 则上面的性质 (3) 自动成立. 暂时我们认为集合 A 与 B 都是区间的并集 (这当然是不可能的), 则不难验证, 构成集合 A 的区间的长度之和与构成集合 B 的区间的长度之和相等, 即都是 $\frac{1}{2}$. 遗憾的是, 这种集合并不存在 (见题后的评注). 然而, 我们却可以构造出集合 A 与 B, 使得这些性质以 $s - \frac{1}{2}$ 的 "精确度" 成立. 我们下面就来进行之.

选取正整数 n, 使得 $\frac{1}{2^n} < s - \frac{1}{2}$, 可以认为 n 是奇数. 考察半开半闭区间 $[0,1)$ 中的数 t 的 2 进制表达式

$$t = 0.a_1 a_2 a_3 \cdots,$$

其中所有的 a_k 都是 0 或 1. 给定正整数 q, 以 M_q 表示半开半闭区间 $[0,1)$ 中的这样的数 t 的集合: 在 t 的 2 进制表达式的小数点之后的前 qn 位数中含有数组 $1\underbrace{00\cdots 0}_{n-1 \text{个} 0}$. 易见, M_q 是有限个半开半闭区间的并集.

以 G_q 表示 $[0,1)$ 中这样的数 t 的集合: 在它们的 2 进制表达式中的任何一段

$$a_{kn+1} a_{kn+2} \cdots a_{(k+1)n} \quad (k = 0, 1, \cdots, q-1)$$

都不具有形式 $1\underbrace{00\cdots 0}_{n-1 \text{个} 0}$. 则 M_q 在 $[0,1)$ 中的补集 $[0,1)/M_q$ 包含在集合 G_q 中. 构成集合 G_q 的半开半闭区间的长度之和等于

$$g_q = \left(\frac{2^n - 1}{2^n}\right)^q.$$

由于 $\frac{2^n - 1}{2^n} < 1$, 所以当 q 无限增大时, g_q 趋于 0 (n 是固定的). 所以只要将 q 取得足够大, 就可使得 $g_q < \frac{1}{2^{n+1}}$. 可以认为 q 是偶数.

将 M_q 分成 B_q 与 C_q 两个集合, 其中 B_q 中的数 t 的 2 进制表达式中首次出现的段 $1\underbrace{00\cdots 0}_{n-1 \text{个} 0}$ 从奇数位开始 (即使得 $a_k a_{k+1} \cdots a_{k+n-1} = 1\underbrace{00\cdots 0}_{n-1 \text{个} 0}$ 的最小的 k 是奇数). 类似地,

C_q 中的数 t 的 2 进制表达式中首次出现的段 $1\underbrace{00\cdots0}_{n-1\text{个}0}$ 从偶数位开始. 将构成集合 B_q 的所有半开半闭区间的长度之和记作 b_q, 将构成集合 C_q 的所有半开半闭区间的长度之和记作 c_q.

设 $t = 0.a_1a_2a_3\cdots$ 属于集合 B_q, 则 $\dfrac{t}{2} = 0.0a_1a_2a_3\cdots$ 属于集合 C_q(此处我们用到 n 是奇数, q 是偶数). 此外, 只要数 t' 的小数点后面的前 $n-1$ 位数 $a_1a_2\cdots a_{n-1}$ 不是 $\underbrace{00\cdots0}_{n-1\text{个}0}$, 则 $\dfrac{t'+1}{2} = 0.1a_1a_2\cdots$ 也属于集合 C_q. 显然, $\dfrac{t}{2} \neq \dfrac{t'+1}{2}$ (因为 $\dfrac{t}{2} < \dfrac{1}{2}$ 而 $\dfrac{t'+1}{2} \geqslant \dfrac{1}{2}$). 由此得到

$$c_q \geqslant \frac{b_q}{2} + \frac{1}{2}\left(b_q - \frac{1}{2^{n-1}}\right).$$

这意味着 $b_q < 1 - c_q \leqslant 1 + \dfrac{1}{2^n} - b_q$, 亦即 $b_q < \dfrac{1}{2} + \dfrac{1}{2^{n+1}}$.

令 $A' = B_q \cup G_q$, 则 A' 是一些两两不交的半开半闭区间的并集. 将 A' 中的所有半开半闭区间换为闭区间, 即得集合 A.

性质 (1) 显然成立. 构成集合 A 的所有区间的长度之和不超过

$$b_q + g_q < \frac{1}{2} + \frac{1}{2^{n+1}} + \frac{1}{2^{n+1}} < s,$$

而性质 (2) 则已获得证明. 为证性质 (3), 我们指出, 如果 $t \notin A$, 则 $t = 0.a_1a_2\cdots$ 属于集合 C_q, 意即在其 2 进制表达式中小数点后面的前 qn 位数中含有片断 $1\underbrace{00\cdots0}_{n-1\text{个}0}$, 并且当它第一次出现时是从偶数位开始的, 此时 $\{2t\} = 0.a_2a_3\cdots$, 因而 $\{2t\}$ 属于集合 $B_q \subset A$.

▽. 记 $\psi(x) = \{2x\}$, 则可将 ψ 视为单位圆周到自身的映射. 可以尝试用如下的方法解答本题: 将圆周分为集合 A 和 B, 使得 $\psi(A) = B$, $\psi(B) = A$. 我们用区间的并来 "逼近" 集合 A, 并用这个区间的并集作为射击口的集合. 不难看出, 如果集合 A 和 B 可测, 那么它们的测度应当相等. 但看来这种集合不是可测的, 这与 $\psi(\psi(x)) = \{4x\}$ 是遍历的有关. 关于这方面的详细讨论可参阅参考文献 [77].

第 68 届莫斯科数学奥林匹克 (2005)

396. 为解本题, 只需验证 $a = 2$, $b = 20$ 满足方程即可.

关键的问题是如何找到该方程的整数解 (尽管这不是题目所要求的, 却是我们应当学习的本领). 对方程左端作因式分解:

$$a^2b^2 + a^2 + b^2 + 1 = a^2(b^2+1) + b^2 + 1 = (a^2+1)(b^2+1),$$

知原方程即为 $(a^2+1)(b^2+1) = 2005$. 为解它, 对 2005 做质因数分解: $2005 = 5 \times 401$, 由此可知, 2005 一共只有 4 个不同的正约数: $1, 5, 401$ 和 2005.

但是, a^2+1 不可能等于 2005, 因为这将导致 $a^2=2004$, 而 2004 不是完全平方数. 同理, b^2+1 也不可能等于 2005. 所以, 只可能有

$$\begin{cases} a^2+1=5, \\ b^2+1=401, \end{cases} \text{或} \quad \begin{cases} a^2+1=401, \\ b^2+1=5. \end{cases}$$

解这些方程, 得 $a=\pm 2$, $b=\pm 20$ 或 $a=\pm 20$, $b=\pm 2$.

397. 答案: 9 块纸片.

假定是按竖直方向剪开的 (按水平方向剪开的情况与此类似)(见图 207). 我们在所有的 1×1 方格中做出两条水平边的中点连线, 这些连线全都位于 8 条竖直直线上. 可见分割原来的方格纸正是这些直线, 而且也只有这些直线, 所以, 方格表被分成了 9 个竖条.

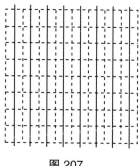

图 207

▽. 重要的是我们的解答符合一切可能的折叠方式, 而不仅仅针对某种特殊的折叠方式. 因为题目中并没有说是如何折叠的, 更没有说每次都是对折. 千万不能仅对某种折叠方式给出解答.

398. 由于 AA' 与 BB' 都是高, 所以 $\triangle AA'B$, $\triangle AB'B$, $\triangle CA'H$ 和 $\triangle CB'H$ 都是直角三角形 (见图 208). 直角三角形斜边上的中线等于斜边的一半, 所以 $XA'=\frac{1}{2}AB=XB'$, $YA'=\frac{1}{2}CH=YB'$. 由此可知 $\triangle XB'Y\cong\triangle XA'Y$, 于是 YX 是 $\angle B'YA'$ 的平分线. 但 $\triangle B'YA'$ 是等腰三角形, 它的顶角平分线就是底边上的高, 故知 $XY\perp A'B'$.

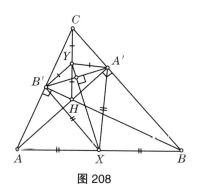

图 208

另解 分别以 AB 和 CH 作为直径作圆①, 设它们的圆心分别为 X 与 Y, 设它们相交于点 A' 和 B'. 则 $A'B'\perp XY$, 由此可推出题中结论.

---

① 注意 "以 AB 作为直径作圆" 和 "以 AB 为直径作圆" 的区别, 后者只是作一个圆使其直径等于线段 AB 的长度; 而前者则是以线段 AB 的中点为圆心作圆, 使其直径等于线段 AB 的长度.——编译者注

399. 假设所说不真, 则在删去任意两个相邻的数之后, 其余的数都可以分为两个和数相等的数组. 现设所有的数都是偶数. 将每个数都除以 2, 易知, 新得的数组仍然具有原来的性质, 即在删去任意两个相邻的数之后, 其余的数都可以分为两个和数相等的数组. 如果新的数组中所有的数都是偶数, 则再把每个数都除以 2, 如此进行若干次以后, 就会使得在 2005 个正整数中, 至少有一个为奇数.

下面分两种情况讨论:

情况 1 所有 2005 个数的和为偶数;

情况 2 所有 2005 个数的和为奇数.

在情况 1 中, 由于所有数的和为偶数, 所以其中奇数的个数为偶数, 但因一共有 2005 个数, 故其中既有奇数, 又有偶数. 这样一来, 可以从中找到两个相邻的数为一奇一偶, 如果删去它们, 那么剩下的 2003 个数的和为奇数, 从而不能分为两个和数相等的数组, 导致矛盾. 在情况 2 中, 所有数的和为奇数. 我们指出, 其中一定有两个相邻数的奇偶性相同, 因若不然, 奇数与偶数必然相间排列, 但因一共有 2005 个数, 所以此为不可能. 于是, 一旦删去这两个奇偶性相同的相邻数, 则剩下的 2003 个数的和亦为奇数, 所以也不能分为两个和数相等的数组, 同样导致矛盾.

▽1. 如果将题目条件中的正整数改为非零有理数, 题目结论依然成立, 这一点可由读者自己证明. 事实上, 换成非零实数也是成立的, 不过证明要复杂得多. 可参阅专题分类 $25°$ 和第 237 题的解答.

▽2. 有这样一个与本题类似的题目: 牛群中有 101 头牛. 如果随便去掉 1 头牛, 剩下的牛都可以分成两群, 使得两群牛的体重之和相同, 证明, 所有牛的体重全都相等.

400. 设圆心为 O, 圆的半径为 r. 将圆周等分为 6 部分, 设分点为 A,B,C,D,E 和 F. 易知, $\triangle OAB$ 是等边三角形, 此因 $OA = OB$, $\angle AOB = \dfrac{360°}{6} = 60°$. 同理, $\triangle OBC, \triangle OCD, \triangle ODE, \triangle OEF, \triangle OFA$ 都是等边三角形.

以 A 为圆心作半径为 r 的弧 $\overset{\frown}{OB}$, 再分别以 B,C,D,E 和 F 为圆心作半径为 r 的弧 (见图 209(a)), 将圆分成了 6 个全等的部分, 再将每个部分等分为两个部分, 可供采用的两种分法如图 209(b) 所示. 由此所得的将圆分为 12 个全等的部分的两种分法如图 209(c) 所示. 在图 209(d) 中还给出了关于圆的另一种分法.

▽. 本题打开了通向现代几何学中的一个神奇迷人的世界, 那里有着许许多多没有解决的问题, 即使在其中任一方向上稍加探究, 都会遇到一系列未曾寻得答案的问题. 下面开列其中的一些可供研究的问题:

(1) 如果圆被分成了 12 个全等的部分, 圆心位于其中某些部分但不是所有部分的边界上, 那么, 各个部分是否一定就是我们解答中所给出的那种样子? 迄今无人知晓!

(2) 对于哪些正整数 n, 可将圆分成 n 个全等的部分, 使得圆心位于其中某些部分但不是所有部分的边界上? (目前仅对形如 $6k$ 的 n 找出了分法, 其中 $k \geqslant 2$. 另外, 在参考文献 [84] 中, 给出了前不久才证明了的: 对于 $n = 2$, 不可能进行所要求的划分. 此外, 再一无所知!)

(3) 如果将圆分成若干个全等的部分, 那么是否每一部分的直径都不小于圆的半径? 迄今无人知晓! (图形上的两点间的最大距离称为图形的直径.)

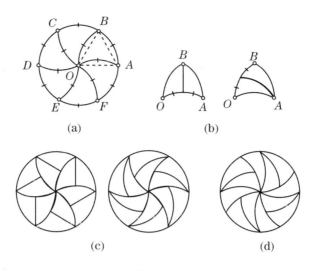

图 209

(4) 能否将圆分成若干个全等的部分,使得圆心严格地位于其中一个部分的内部,而不是在其边界上? 不仅对于圆, 而且对于正 n 边形 $(n \geqslant 4)$, 这个问题的答案都无人知晓!

(5) 空间中关于球的相应问题, 迄今未有任何答案, 甚至与我们第 400 题中相对应的问题, 也没有答案!

如果你能解出上述任何一个问题或者找出我们第 400 题的其他答案, 请与俄罗斯 Sergei Markelov 联系 (markelov@mccme.ru).

401. 先以仅有 8 个给定点的情况为例解释解题思路, 这时只需用到 3 个数码 (注意, $2^3 = 8$). 小毛驴应当按照图 210 所示的方式为线段标注数码 (4 条竖直线段未画, 上面都标了 1; 另外还有 16 条线段未画出, 在它们上面均标注了数码 2).

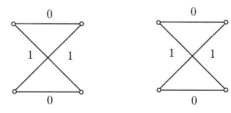

图 210

我们来证明小老虎必败. 先看左上方的 4 个顶点. 显然, 其中上面的两个顶点不能都是 0, 下面的两个顶点也不能都是 0, 但这两个非 0 顶点又不能都是 1, 从而其中必有一个为 2. 同理, 右下方 4 个顶点中也必有一个为 2. 但是连接这两个顶点的线段也标的是 2. 所以无论如何, 小老虎都失败.

现在回到原题, 我们运用所有 10 个数码来标注, 并且只需运用其中 $2^{10} = 1024$ 个顶点, 即小毛驴可以合理地为线段标注数码, 并且只需观察其中某 1024 个点, 不论小老虎如何为顶点标注, 小毛驴都可从这 1024 个顶点中找到两个顶点, 它们所标注的数码与连接它们的线段上的数码相同.

将这 1024 个点分成 512 对, 小毛驴在每一对点的连线上都标注 0; 然后, 它再把这些点对两两配成 256 个 "4 点组", 在每一组内部的所有未标注数码的连线上全都标注 1; 再把这些 "4 点组" 两两配成 128 个 "8 点组", 在每一组内部的所有未标注数码的连线上全都标注 2; 如此等等, 最后, 它把两个 "512 点组" 合并为一组, 并将组内所有未标注数码的连线上全都标注 9.

假设小老虎能够为每个顶点标注数码, 使得找不到任何一条连线, 它的标号与两端标号一致.

我们指出, 在最初的 512 个点对的每一个中, 都有一个顶点标注的是非 0 数码. 因若不然, 就有一条连线, 其两端和其上都标了 0, 与我们的假设相矛盾.

我们来证明: 在 256 个 "4 点组" 的每一个中, 都有一个顶点标注的数码既不是 0, 也不是 1. 观察其中任意一个 "4 点组". 由于其中已经有两对点的连线上面标注了 0, 所以这两条线段各有一个端点要标注非 0 数码. 但是, 这两个顶点的连线在第二轮标注中已经标了数码 1, 所以, 它们中至少有一个不能再标注 1, 否则又与我们的假设相矛盾. 从而, 在 256 个 "4 点组" 的每一个中, 都有一个顶点标注的数码既不是 0, 也不是 1.

继续这种讨论, 即可知道: 在 128 个 "8 点组" 的每一个中, 都有一个顶点标注的数码不是 0, 1 和 2; 在 64 个 "16 点组" 的每一个中, 都有一个顶点标注的数码不是 0, 1, 2 和 3; 如此等等, 最后, 在两个 "512 点组" 的每一个中, 都有一个顶点标注的数码不是 $0, 1, 2, \cdots, 7$ 和 8, 从而只能标注 9. 但是, 在这两个点的连线上, 已经被小毛驴标了 9. 此与我们的假设相矛盾.

所以, 无论如何, 小老虎都以失败告终.

▽. 由上述证明知, 在 1024 个点时, 小毛驴可以取胜; 亦可证明, 在 121 个点时, 小毛驴可以取胜. 试比较第 413 题.

402. 由于二次三项式 x^2+px+q 的两个根分别为 $x_1 = \frac{1}{2}(-p+\sqrt{\Delta})$ 和 $x_2 = \frac{1}{2}(-p-\sqrt{\Delta})$, 所以 $x_1 - x_2 = \sqrt{\Delta}$. 如此一来即知, 所述三个二次三项式的二根之差分别为

$$x_1 - x_2 = 1, \quad y_1 - y_2 = 2, \quad z_1 - z_2 = 3,$$

即

$$x_1 - x_2 = 1, \quad y_1 - y_2 = 2, \quad z_2 - z_1 = -3,$$

从而 $x_1 + y_1 + z_2 = x_2 + y_2 + z_1$.

403. 答案: 存在.

不难找到 3 个两两不同的正整数, 使得其中任意 2 个数的和可以被剩下的 1 个数整除, 例如 (1,2,3). 值得注意的是, 其中有 1 个正整数是其余两个正整数的和, $1+2=3$. 往该数组中增加 1 个数 $6=1+2+3$, 得到 1 个 4 元数组 (1,2,3,6), 其中任意 3 个数的和可以被剩下的 1 个数整除.

我们来证明, 按照这个方案 (即每次都往数组中增加一个数, 该数等于数组中所有原有成员之和) 逐步扩充而成的数组即具有所要求的性质. 事实上, 如果 $a_1, a_2, \cdots, a_k$ 中任何 $k-1$ 的和都可以被剩下的一个数整除, 那么 $S_k = a_1 + a_2 + \cdots + a_k$ 就可以被 $a_1, a_2, \cdots, a_k$ 中每一个成员整除. 这样一来, 在数组 $(a_1, a_2, \cdots, a_k, a_{k+1} = S_k)$ 中, 除 a_i 之外的所有成员

之和等于 $2S_k - a_i$，当然可被 a_i 整除.

404. 分别将圆 ω_1 与圆 ω_2 的圆心记作 O_1 与 O_2. 由点 C 向 ω_2 作的两条切线全等，所以 $\angle ACO_2 = \angle O_2CB$(见图 211). 由于 $\angle ACO_2$ 与 $\angle O_2CB$ 是圆 ω_1 中的圆周角，所以它们所对的弧全等，即 $\overparen{AO_2} = \overparen{O_2B}$，从而它们所对的弦 $AO_2 = O_2B$. 这意味着点 A 与点 B 关于连心线 O_1O_2 对称，从而线段 AB 垂直于连心线 O_1O_2.

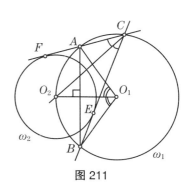

图 211

405. 答案：不是.

我们来看这样的直角三角形：它的两条直角边分别为 $AC = 20000, BC = \dfrac{1}{10000}$. 显然，它的面积为 1. 假设可以把它剪开为 1000 个部分，并拼为一个正方形，那么正方形的边长就等于 1. 用点 $A = A_0, A_1, A_2, \cdots, A_{999}, A_{1000} = C$ 将边 AC 分为 1000 等份. 由于有 1001 个分点，但是却只有 1000 个部分，所以必有某两个分点落在同一个部分中. 由于任何两个分点之间的距离都是 20，所以该部分不可能放入边长为 1 的正方形中 (该正方形中的任何两点之间的距离不超过 $\sqrt{2}$). 这个矛盾表明，不可能将所述的三角形剪开为 1000 个部分，并用它们拼为一个正方形.

▽. 在 1807 年，匈牙利数学家波尔约 (博利亚)[①]证明了一个非比寻常的定理：任何两个面积相等的多边形是等组的 (即可将其中一个多边形剖分为若干部分，再将这些部分拼成另一个多边形). 随之便自然地产生出一个问题：对于两个具体的等积多边形，如何确定应当分成的部分的最少数目？这道题目告诉我们：这并不是一个简单的问题，甚至对于正方形和三角形这些最简单的多边形，都不能预先限定剖分出来的部分的数目. 在这个方面，学术界对于一些最最简单的情况也知之甚少. 表 8 中仅仅列出了关于正 n 边形 ($n \leqslant 10$) 之间的剖分拼接问题中到目前为止所知道的一些最佳结果.

例如：可将一个正三角形分成 4 个部分，并用它们拼成一个正方形；可将一个正八边形分成 5 个部分，并用它们拼成一个正方形；如此等等. 只要认真观察，就不难明白这些剖分和拼接是如何进行的. 但是对于剖分数目的最小性，却至今连一个都没能证明出来 (读者可尝试改进其中的一些结果). 与表 8 所示相对应的某些分割方式如图 212 所示.

表 8

	3	4	5	6	7	8	9
4	4						
5	6	6					
6	5	5	7				
7	8	7	9	8			
8	7	5	9	8	11		
9	8	9	10	10	13	12	
10	7	7	10	9	11	10	13

[①] Bolyai J. 匈牙利数学家，1802—1860. —— 编译者注

直到不久以前, 化圆为方问题都还是一个未决的问题, 即如何把一个圆分成若干部分, 再用它们拼成一个等积的正方形? 绝大多数人都认为这是一个不能做到的问题, 亦即认为它是一个无解的问题. 然而, 1988 年, Laczkovich[①]却给出了令人吃惊的结论 (参阅参考文献 [87]): 他找到了化圆为方[②]的办法. 他把圆分成 10^{49} 个部分, 然后证明了可以拼成一个正方形!

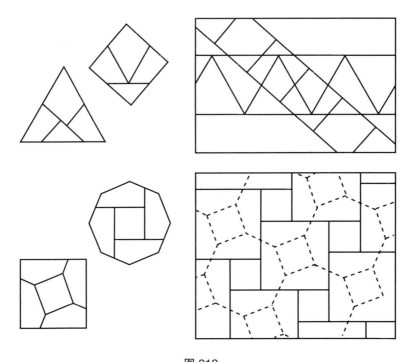

图 212

关于空间形体也有类似的问题. 德国数学家 Dehn 证明了, 存在两种体积为 1 的四面体, 它们不可以通过切割拼为彼此全等的多面体 (参阅参考文献 [86])! 但是, 如果不仅允许用平面作切割, 也允许用曲面作切割的话, 那么是否可将任何多面体切拼为任何多面体? 这同样也是一个未决的问题!

为了引起对切拼问题的兴趣, 大家可以考虑如下问题 (它们的答案是已知的):

(1) 能否用两条直线将一个非凸四边形分成 6 个部分?

(2) 在平面上作一个非等腰三角形 $\triangle ABC$ 以及它的关于直线的对称图形 $\triangle DEF$. 能否将 $\triangle ABC$ 分成若干个部分, 再用它们拼成 $\triangle DEF$, 使得任何一个部分都不需翻转?

(3) 给定如图 213 所示的多边形, 最少需要将它剖分为多少个部分, 才可用它们拼成一个正方形?

(4) 能否将某个非凸五边形分成两个全等的五边形?

(5) 能否将一个三角形 (包括内部与边界) 分成一系列线段, 即能否把它表示为一些互不相交的线段的并集?

[①] Laczkovich Miklós, 匈牙利数学家, 1948 年 2 月 21 日出生. —— 编译者注

[②] 化圆为方、立方倍积和三等分任意角并称为古希腊三大几何难题, 在限定只能利用无刻度的直尺和圆规进行有限次操作的条件下, 它们被先后证明为不可能解决的问题. 然而科学的发展是无止境的, 尤其是计算机科学的发展使得许多原先无法完成的工作成为可能. 诸如这里所说的将一个圆分成 10^{49} 个部分的证明, 离开了计算机, 那是无法想象的. —— 编译者注

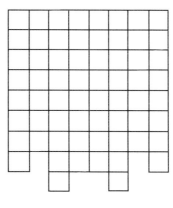

图 213

406. 由于甲乙二人得到同样的 $n-1$ 位数,所以在他们的数中,数码 $1,2,\cdots,9$ 都分别出现相同的次数. 由于各个数码在圆周上的出现次数为常数,所以未被甲写出的数码同样也未被乙写出. 假设甲乙二人抄写数码时的起点位置之间 (按顺时针方向) 间隔 $k-1$ 个数码. 由题意和上面所说,如果将圆周按顺时针方向转动 k 个数码,那么每个数码都重合于一个与自己相同的数码.

设 m 是使得 "将圆周按顺时针方向转动 k 个数码后,每个数码都重合于一个与自己相同的数码" 的最小的非 0 数码. 我们来证明: n 可被 m 整除. 作 n 对 m 的带余除法,得到 $n=m\cdot q+r$. 由此易见,当将圆周按顺时针方向转动 r 个数码后,每个数码也都重合于一个与自己相同的数码. 由于 $0 \leqslant r < m$,故由 m 的最小性,知 $r=0$,所以 $m|n$.

这就表明,可以将圆周每 m 个数码分为一段,即可使得各段上面的数码形成相同的正整数.

▽1. 试比较第 175 题.

▽2. 对于周期数列的详细讨论可见参考文献 [81].

407. 分别将 AP 与 BC 的中点记为 A_1 和 A_2,将点 P 在 BC 上的投影记为 A_3(见图 214(a)). 类似地定义出点 B_1,B_2,B_3 和 C_1,C_2,C_3(参阅图 214(b)). 将 $\triangle B_1C_2A_1$ 与 $\triangle C_1B_2A_1$ 的外接圆交点记为 Q. 我们来证明,$\triangle C_1B_1A_2$ 的外接圆也经过点 Q.

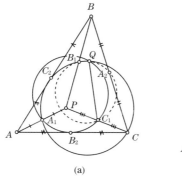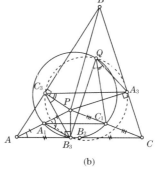

(a)   (b)

图 214

注意
$$\angle A_1QC_1 = 180° - \angle A_1B_2C_1 = 180° - \angle A_1PC_1$$
以及 $\angle A_1QB_1 = 180° - \angle A_1PB_1$，可知
$$\angle B_1QC_1 = \angle A_1QB_1 + \angle A_1QC_1 = 360° - \angle A_1PC_1 - \angle A_1PB_1$$
$$= \angle B_1PC_1 = \angle B_1A_2C_1.$$

此即说明 $\triangle C_1B_1A_2$ 的外接圆也经过点 Q.

同理可证，$\triangle A_2B_2C_2$ 的外接圆也经过点 Q.

下面只需再证 $\triangle A_3B_3C_3$ 的外接圆经过点 Q. 为此，只需证明 $\angle A_3C_3B_3 = \angle A_3QB_3$. 点 C_3 与点 P 关于 A_1B_1 对称，所以 $\angle A_1C_3B_1 = \angle A_1PB_1 = \angle A_1C_2B_1$，则点 C_3 位于 $\triangle A_1C_2B_1$ 的外接圆上.

由于 A_1, B_3, B_2, C_1, Q 五点共圆，而四边形 AB_3PC_3 内接于圆 (它的两个内角 $\angle B_3$ 与 $\angle C_3$ 均为直角)，所以
$$\angle B_3QC_1 = \angle B_3A_1C_1 = \angle C_1A_1P = \angle PAB_3 = \angle B_3C_3P.$$

同理可得 $\angle A_3C_3P = \angle A_3QC_1$. 这就表明
$$\angle A_3C_3B_3 = \angle A_3C_3P + \angle B_3C_3P = \angle B_3QC_1 + \angle A_3QC_1 = \angle A_3QB_3,$$
这就是所要证明的.

对于点的其他分布情况可以类似证明.

▽. 为解答更为广泛的问题，而不仅仅考虑如题中所说的几个点，需要用到有向角的概念，见参考文献 [46] 第 2 章.

408. 答案：存在.

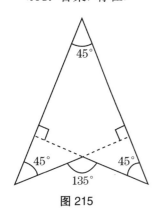

图 215

乍一看来，似乎觉得不存在这样的四边形，因为 4 个内角彼此全等的四边形只有矩形一种. 但是，由正切值相等，不一定推出角度相等，而只能说明角度相差 $180°$ 的整数倍，所以就在这个方向上下功夫.

经过寻找，发现这样的四边形的例子有：它的 4 个内角中有 3 个等于 $45°$，剩下的 1 个等于 $225°$ (参阅图 215).

▽. 可以证明，满足题中条件的四边形只有上述的一种.

409. 将所给定的整系数多项式记为 $P(x)$. 假定所取的两个整点的坐标分别为 $(x_1, P(x_1))$ 和 $(x_2, P(x_2))$，其中 $x_1 \neq x_2$. 由距离公式可得

$$\sqrt{(x_1-x_2)^2 + [P(x_1)-P(x_2)]^2} = |x_1-x_2|\sqrt{1+\left[\frac{P(x_1)-P(x_2)}{x_1-x_2}\right]^2}. \tag{1}$$

我们知道，对任何正整数 n，$x_1^n - x_2^n$ 都可以被 $x_1 - x_2$ 整除，又由于 $P(x)$ 是整系数多项式，所以 $m = \dfrac{P(x_1)-P(x_2)}{x_1-x_2}$ 是整数. 由题意知，$(x_1, P(x_1))$ 和 $(x_2, P(x_2))$ 之间的距离为整数，

所以式 (1) 表明 $\sqrt{1+m^2}$ 为有理数, 故即为整数①. 可是我们知道, 仅当 $m=0$ 时, $1+m^2$ 才是完全平方数. 这就是题目所要证明的.

410. **解法 1** 如图 216 所示, 由于
$$AB = BB_1, \quad BC = BB_2, \quad \angle B_1BB_2 = \pi - \angle ABC,$$
所以 $S_{\triangle ABC} = S_{\triangle BB_1B_2}$. 同理可知
$$S_{\triangle B_1A_2A_3} = S_{\triangle AA_1A_2} = S_{\triangle ABC} = S_{\triangle BB_1B_2} = S_{\triangle B_1A_2B_4}.$$

这样一来, $\triangle B_1A_2A_3$ 与 $\triangle B_1A_2B_4$ 不仅有公共边, 而且面积相等, 所以它们公共边上的高相等, 因而 $A_3B_4 \parallel A_2B_1 \parallel AB$ (参阅专题分类 18°).

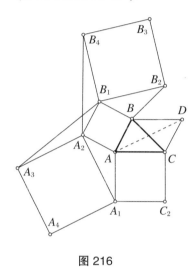

图 216

解法 2 首先我们来指出: 在 $\triangle ABC$ 中, 由顶点 A 所作的中线垂直于线段 A_1A_2, 并且等于它的一半.

事实上, 如果将 $\triangle ABC$ 扩充为平行四边形 $ABDC$(见图 216), 那么 $\triangle ABD$ 就是 $\triangle A_2AA_1$ 围绕着正方形 ABB_1A_2 中心旋转 $90°$ 所得的像.

这表明, 线段 A_2A_3 平行于 $\triangle ABC$ 中由顶点 A 所作的中线, 且等于其长度的二倍. 同理, 线段 B_1B_4 平行于 $\triangle ABC$ 中由顶点 B 所作的中线, 且等于其长度的二倍. 所以
$$\overrightarrow{A_3B_4} = \overrightarrow{A_3A_2} + \overrightarrow{A_2B_1} + \overrightarrow{B_1B_4} = (\overrightarrow{AB} + \overrightarrow{AC}) + \overrightarrow{AB} + (\overrightarrow{AB} + \overrightarrow{CB}) = 4\overrightarrow{AB},$$
从而我们不仅证得了题中断言, 而且证明了 $A_3B_4 = 4AB$.

411. 答案: 未必都行.

我们来描述一种最简单的可能情况: 假定要将两个 $1 \times 2 \times 3$ 的工件装入一个尺寸为 $2 \times 2 \times 3$ 的长方体形状的盒子. 如果其中一个工件在长度 3 方向上略有短缺, 另一个工件

---

① 这里用到这样一件事实, 即: 若整数的平方根是有理数, 那么就一定是整数. 事实上, 若 $\sqrt{A} = \dfrac{p}{q}$, 其中 A 为整数, 而 $\dfrac{p}{q}$ 是既约分数. 如果 $q \neq 1$, 则有 $p^2 = Aq^2$, 这表明 $q^2|p^2 \Longrightarrow q|p$, 此与 $\dfrac{p}{q}$ 是既约分数的事实相矛盾, 所以 $q = 1$.——编译者注

在长度 2 方向上略有短缺. 由于第二个工件有一个尺寸为 3, 所以盒子的高不能缩小. 由于两个工件的高都大于 2, 所以它们都只能竖着放. 又显然不能改变两个工件放置时的相对位置, 所以盒子的水平尺寸也不能缩小.

▽. 请读者考虑: 如果所有的工件都有两个方向上的尺寸缩水, 则情况如何?

412. 答案: 不存在.

众所周知, 对于任何不可被 5 整除的正整数 m, 数 m^4-1 都可被 5 整除 (这是费马小定理的特殊情形, 亦可直接验证). 这样一来, 凡当 n 为 4 的倍数时, a_n 都不可被 5 整除, 当然也不可被 2005 整除.

用反证法, 假设存在相连 5 项 $a_m, a_{m+1}, \cdots, a_{m+4}$ 都可被 2005 整除. 那么对于 $n = m, m+1, m+2, m+3$, 就都有 $b_n = a_{n+1} - a_n = 2^n + 2\cdot 3^n + 3\cdot 4^n + 4\cdot 5^n$ 可被 2005 整除; 同理, 对于 $n = m, m+1, m+2$, 也就有 $c_n = b_{n+1} - 2b_n$ 都可被 2005 整除. 那么只要再考察 $d_n = c_{n+1} - 3c_n$ 和 $d_{n+1} - 4d_n$, 并且最终得到 $24\cdot 5^n$ 可被 2005 整除, 但这是不可能的.

▽. 事实上, 题中的断言是如下命题的特例: 设 k 为任意一个正整数, 则对于任何质数 $p > k$, 在数列 $a_n = 1 + 2^n + \cdots + k^n$ 中都不存在 k 个相连的项均被 p 整除. 证法与上类似.

413. a) 我们来用归纳法证明: 如果有 n 种颜色和不少于 2^n 个给定点, 那么甲可以有办法保证自己取胜.

$n = 1$ 的情形显然成立. 假设断言已经对 $n-1$ 成立, 我们来看 n 的情形. 将所有的点分为两个集合, 使得每个集合中都有不少于 2^{n-1} 个点. 甲在每个集合中都根据归纳假设用前 $n-1$ 种颜色给线段染色, 而对于连接两个集合中的点的线段, 则用第 n 种颜色为其染色. 于是, 只要有一个集合中的点全都是用前 $n-1$ 种颜色染成的, 那么根据归纳假设, 甲可以取胜. 而如果两个集合中都有点被染为第 n 种颜色, 那么由于连接它们的线段也是第 n 种颜色的, 所以甲亦获胜.

b) 我们来证明: 甲可以按照所要求的方式为 121 个点之间的连线染色. 我们用 (a, b) 为 121 个点编号, 其中 a 与 b 都是 1 至 11 的整数. 对于点 (a_1, b_1) 与点 (a_2, b_2), 如果 $11 \mid (a_2 - a_1) - k(b_2 - b_1)$, 其中 $k = 0, 1, \cdots, 9$, 那么就将它们之间的连线染为第 $k+1$ 种颜色. 而如果 $k = 10$ 或不存在, 则可任意染色. 于是这 121 个点之间的所有连线都有了染色方案.

任取一种颜色 (称为 j 号色). 易见, 如果点 (a_1, b_1) 与点 (a_3, b_3) 之间的连线, 点 (a_3, b_3) 与点 (a_2, b_2) 之间的连线都是 j 号色的, 那么点 (a_1, b_1) 与点 (a_2, b_2) 之间的连线也一定是 j 号色的. 从而可以把点划分为若干个集合, 使得同一个集合内的点之间的连线都是 j 号色的. 在这里, 由于对于任何 a_1, b_1, b_2, 都唯一地存在 a_2, 使得点 (a_1, b_1) 与点 (a_2, b_2) 之间的连线为 j 号色, 所以这 121 个点被分为 11 个集合, 每个集合中各有 11 个点. 这称为按 j 号色对 121 个点所作的划分.

不论乙如何为这 121 个点染色, 其中都有 12 个点被染为同一种颜色, 不妨设为 i 号色. 那么其中必有两个点属于按 i 号色对 121 个点所划分出的 11 个集合中的同一个集合. 于是这两个点及其连线都是 i 号色的, 所以甲赢.

414. a) 由题中条件知, 函数 $y = \sin x + a - bx$ 恰好在两个点 x_1, x_2 ($x_1 < x_2$) 上等于

0. 这两个点将实轴分为三个区间: $(-\infty, x_1], (x_1, x_2], (x_2, +\infty)$. 由于 $b \neq 0, |\sin x| \leqslant 1$, 所以函数在区间 $(-\infty, x_1)$ 与 $(x_2, +\infty)$ 上具有不同的符号. 由于函数在区间 (x_1, x_2) 中不变号, 所以函数在区间 (x_1, x_2) 中的符号或者与 $(-\infty, x_1)$ 中的相同, 或者与 $(x_2, +\infty)$ 中的相同. 这就说明, 或者 x_1, 或者 x_2, 是函数的极值点. 从而函数的导数 $y' = \cos x - b$ 在该点处为 0.

b) 解答与上类似.

▽1. 请自行证明该方程组仅有一组解.

▽2. 可以用几何语言改述我们的问题:

考察函数 $y = \sin x$ 的图像 (正弦曲线) 与函数 $y = bx - a$ 的图像 (直线), 那么我们的问题就是: 如果直线与正弦曲线刚好有两个交点, 那么交点之一必为切点.

▽3. 本题由 Голенищевый-Кутузовый 和 И.Ященко 的问题改编而成.

瓦夏乘降落伞以 1 m/s 的常速下降, 而他的朋友米沙乘观察气球以常速前进 (观察气球的起始高度低于降落伞起始高度). 今知, 在瓦夏的整个降落过程中, 他们二人一共有四次处于同样的高度, 包括瓦夏着陆时, 观察气球也落地. 试把二人看成点, 求他们在第一次处于同样高度时, 米沙的高度下降速度.

该题可以采用直观解法, 通过观察二人的下降曲线来做.

瓦夏的高度变化曲线是一条直线 l, 而米沙是正弦曲线 (参阅图 217). 在降落伞落地时, 正弦曲线与 t 轴相切, 这意味着, 在落地时刻的 "左边" 直线 l "高于" 正弦曲线. 我们来沿着直线 l 往左行. 首先假设直线 l 不与正弦曲线在任何一点相切. 于是, 在经过下一个交点之后, 直线 l 低于正弦曲线, 而再下一个之后, 又高于正弦曲线, 从而开始时, 直线 l 低于正弦曲线, 这是不可能的.

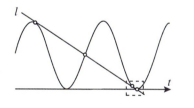 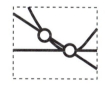

图 217

这就说明, 直线 l 与正弦曲线的一个公共点是切点. 如果我们能证得该点就是最左边的公共点, 那么也就意味着米沙开始时的高度变化速度与瓦夏的相同, 亦即 1 m/s, 这样我们的问题也就解出来了.

下面就来证明, 直线 l 与正弦曲线不可能在第二个和第三个公共点处相切. 而这一点可由如下事实推出: 正弦曲线的切线与正弦曲线的交点全都位于切点的同一侧 (除了切线为水平直线之外). 事实上, 可以认为正弦曲线就是函数 $y = \sin x$ 的图像, 而切线 l 在横坐标为 $x_0 \in \left(0, \frac{\pi}{2}\right)$ 处与曲线相切. 由函数在第一象限中的凸性可知, 直线 l 在区间 $\left[0, \frac{\pi}{2}\right]$ 中都不与曲线相交, 这意味着在点 $\frac{\pi}{2}$ 处, 直线在高于直线 $y = 1$ 处穿过, 因此它在 $x \geqslant \frac{\pi}{2}$ 中与正弦曲线不再有交点.

415. 答案: a) ± 400; b) ± 1000.

以 S 表示数列中各项的绝对值之和. 我们来证明, 对于满足题中条件的等差数列来说, $\frac{S}{n^2 d}$ 是常数. 并且当 $d > 0$ 时, 有 $\frac{S}{n^2 d} = \frac{1}{4}$, 当 $d < 0$ 时, 有 $\frac{S}{n^2 d} = -\frac{1}{4}$.

为确定起见, 我们设 $d > 0$. 根据题中条件, 函数

$$S(x) = |x - a_1| + |x - a_2| + \cdots + |x - a_n|$$

在三个不同点上的值相同. 若记 $A_i = (a_{i+1} + \cdots + a_n) - (a_1 + \cdots + a_i)$, 则容易看出

$$S(x) = (2i - n)x + A_i, \quad \text{其中} \begin{cases} i = 0, & x < a_1, \\ i = 1, \cdots, n-1, & a_i \leqslant x < a_{i+1}, \\ i = n, & x \geqslant a_n. \end{cases} \tag{1}$$

显然, $A_0, A_1, \cdots, A_n$ 严格下降.

如果 $n = 2m+1$ 为奇数, 那么数组 $a_1, a_2, \cdots, a_n$ 有唯一的中位数 a_{m+1}. 当 $x < a_{m+1}$ 时, 由表达式 (1) 看出 $S(x)$ 是严格下降的; 而当 $x > a_{m+1}$ 时, 容易验证 $S(x)$ 是严格上升的. 所以此时 $S(x)$ 不可能在三个不同点上的值相同. 所以 $n = 2m$ 为偶数.

由表达式 (1) 可以看出, 若 $n = 2m$ 为偶数, 则当 $x < a_m$ 时, 函数 $S(x)$ 严格下降; 而当 $x > a_{m+1}$ 时, $S(x)$ 严格上升; 当 $a_m \leqslant x \leqslant a_{m+1}$ 时, $S(x)$ 保持为常数.

既然 $S(x)$ 在三个不同点上的值都是 S, 所以 $n = 2m$ 为偶数, 并且

$$S = S(m) = A_m = (a_{m+1} + \cdots + a_{2m}) - (a_1 + \cdots + a_m) = m^2 d = \frac{n^2 d}{4}.$$

416. a) 考察方格表中的任意一个边长为 105 的子方格表, 称其为 "大表"; 把它划分为 25 个边长为 21 的子方格表, 称为 "小表".

离开某个小表中心的距离小于 10 的编有号码的方格必然也在该小表中. 由于小表与小表两两不交, 所以在整个大表中至少有 25 个方格编有号码. 显然它们之中的最大号码与最小号码之差大于 23. 并且, 大表中的任何两个方格之间的距离都不大于 $105\sqrt{2} < 150$.

b) 考察方格表中的任意一个边长为 66 的子方格表, 称其为 "大表"; 把它划分为 36 个边长为 11 的子方格表, 称为 "小表".

离开某个小表中心的距离小于 5 的编有号码的方格必然也在该小表中. 由于小表与小表两两不交, 所以在整个大表中至少有 36 个方格编有号码. 显然它们之中的最大号码与最小号码之差大于 34. 并且, 大表中的任何两个方格之间的距离都不大于 $66\sqrt{2} < 99$.

417. 答案: 如果 $ABCD$ 可内接于圆, 则它在 3 次操作之后变回原来的凸四边形. 任何 "可允许的" 凸四边形, 都可在经过 $6k$ (k 为正整数) 次操作之后, 变回原来的四边形, 因此可取 $n_0 = 6$.

将两条对角线的中垂线的交点记为 O. 我们指出, 该点是所进行的操作的 "不动点", 即在每次操作之下, 它的位置都保持不变. 将 $ABCD$ 的周界与线段 AO, BO, CO, DO 所成的夹角分别记为 $\alpha_1, \alpha_2, \cdots, \alpha_8$ (见图 218(a)). 经过 3 次操作之后, 四边形的四条边 a, b, c, d 的排列顺序恢复原状, 而 8 个角 $\alpha_1, \alpha_2, \cdots, \alpha_8$ 的排列位置却有所变化 (见图 218(b)).

如果 $\alpha_1 + \alpha_4 = \alpha_2 + \alpha_3, \alpha_6 + \alpha_7 = \alpha_5 + \alpha_8$, 则凸四边形 $ABCD$ 为圆内接四边形, 此时它已经恢复原貌.

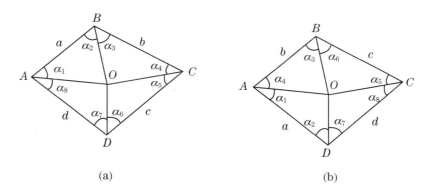

(a)　　　　　　　　(b)

图 218

而经过 6 次操作之后, 所有 8 个角也都恢复原位 (回到图 218(a) 所示的位置), 从而变回为原来的四边形.

418. 答案: $(9, 11, 25)$.

记 $n + l + m = x$, 由题中条件得

$$10^4 n + 10^2 l + m = x^3.$$

易证 $x < 100$. 事实上, 如果 $x \geqslant 100$, 则 $x^3 \geqslant 10^4 x = 10^4(n+l+m) > 10^4 n + 10^2 l + m = x^3$, 导致矛盾. 故知 x 为两位数, n 是 1 位数或 2 位数, x^3 或为 5 位数, 或为 6 位数. 此外, $x \geqslant 22$ (因为 $21^3 = 9261$ 是 4 位数). 注意

$$x^3 - x = 9999n + 99l,$$

即知 $x^3 - x$ 可被 99 整除. 由于

$$x^3 - x = x(x-1)(x+1),$$

所以在 $x, x-1, x+1$ 中有一个是 9 的倍数, 有一个是 11 的倍数.

对于满足条件 $22 \leqslant x \leqslant 99$ 的整数 x, 所有可能的情况可以列举如下:

(1) $x = 44$ $(x+1 = 45)$, $44^3 = 85184, 8 + 61 + 84 > 44$.
(2) $x = 45$ $(x-1 = 44)$, $45^3 = 91125, n = 9, l = 11, m = 25$.
(3) $x = 54$ $(x+1 = 55)$, $54^3 = 157464, 15 + 74 + 64 > 54$.
(4) $x = 55$ $(x-1 = 54)$, $55^3 = 166375, 16 + 63 + 75 > 55$.
(5) $x = 89$ $(x-1 = 88, x+1 = 90)$, $89^3 = 704969, 70 + 49 + 69 > 89$.
(6) $x = 98$ $(x+1 = 99)$, $98^3 = 941192, 94 + 11 + 92 > 98$.
(7) $x = 99$, $99^3 = 970299, 97 + 2 + 99 > 99$, 并且 2 不是两位数.

419. 将纸上原来画的圆记作 ω. 先来证明, 如何通过 $2n + 1$ 次尝试, 找出其中一个"米氏点". 设直线 l 不与题中所说的圆相交. 在该直线上任取 $n + 1$ 个点 $X_0, X_1, \cdots, X_n$. 可以打听到它们到各自的最近的米氏点的距离. 由抽屉原理 (参阅专题分类 1°) 知, 其中至少有两个点 (称之为 X_i 与 X_j, 有 $i < j$), 它们所到的最近的米氏点是相同的某个点 Y.

引理　对于任何 $i < k < j$, 点 X_k 所到的最近的米氏点亦是点 Y.

引理之证 设 ω_i 与 ω_j 分别是以 X_i 和 X_j 为圆心的经过点 Y 的圆, 并设这两个圆的另一个交点是 Y' (二圆相切的情形留给读者作为练习). 设 ω 是以点 X_k 为圆心的经过点 Y 和点 Y' 的圆 (参阅图 219). 只需证明, 圆 ω 被包含在圆 ω_i 与 ω_j 的并集之中.

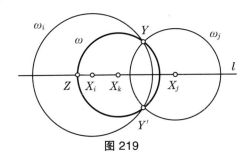

图 219

首先注意, 圆 ω 与圆 ω_i 和 ω_j 只相交于点 Y 和点 Y' (因为圆与圆至多相交于两个点), 这意味着在圆 ω 上被点 Y 和 Y' 所分成的两段弧, 或者整个含在圆 ω_i 与 ω_j 的并集当中, 或者整个在其外部. 为了证明不可能出现后一种情况, 首先证明, 圆 ω 与直线 l 的交点位于圆 ω_i 与 ω_j 的并集之中.

设 Z 是圆 ω 与直线 l 的交点之一, 不失一般性, 设它位于线段 $X_k X_i$ 的延长线上. 则有 $X_i Z = X_k Y - X_k X_i < X_i Y$, 因而点 Z 在圆 ω_i 内部. 引理证毕.

根据引理, 如果以所取的 $n+1$ 个点作为圆心, 以米沙所说的距离作为半径作圆, 则这些圆的交点之一, 便是一个米氏点. 并且在该二圆的两个交点中, 只有位于圆 ω 内的交点才有可能是米氏点. 所以柯良只要依次指着圆 ω_i 与 ω_{i+1} 的这类交点, 共询问 n 次, 即可至少问出一个距离为 0 的点.

从而通过 $2n+1$ 次尝试, 即可找出其中一个 "米氏点". 如此继续下去, 一共只需尝试

$$(2n+1) + (2n-1) + \cdots + 3 = (n+1)^2 - 1$$

次, 就可找出所有的 n 个米氏点.

第 69 届莫斯科数学奥林匹克 (2006)

420. 答案: 有 982 个学生连 1 道题都未解出.

假设有 n 个学生解出了所有的题目, 则有 $4n$ 个学生至少解出了 5 道题, 有 $16n$ 个学生至少解出了 4 道题, 如此等等, 有 $1024n$ 个学生至少解出了 1 道题. $1024n \leqslant 2006$, 故知 $n \leqslant \dfrac{2006}{1024} < 2$. 但因瓦夏只解出了 1 道题, 所以 $1024n > 0$, 意即 $n > 0$. 综合上述两方面, 得 $n=1$, 从而有 1024 个学生至少解出了 1 道题, 所以连 1 道题都未解出的学生有 $2006 - 1024 = 982$ 个.

421. 答案: 7 个非 0 实数.

如表 9 所示的例子表明, 存在 "每一行数的和, 每一列数的和都是 0" 的 3×3 方格表,

其中刚好有 7 个非 0 实数.

现在再证, 有奇数个非 0 实数, 但少于 7 个的 3×3 方格表不可能满足要求.

表9		
0	-1	1
-1	2	-1
1	-1	0

如果表中只有 1 个非 0 实数, 则该数所在的行与列中所有数的和都不可能为 0.

假如表中有 3 个非 0 实数. 如果它们在同一行, 那么每 1 列数的和都不可能是 0; 如果它们不都在同一行, 那么必有某一行中仅有 1 个非 0 实数, 该行数的和不可能为 0.

假如表中有 5 个非 0 实数, 则表中有 4 个 0, 从而必有两个 0 在同一行, 由于该行数的和是 0, 所以该行中的第三个数也是 0; 这样一来, 剩下的那个 0 所在的列中就刚好有两个 0, 从而该列数的和不可能是 0.

综合上述, 表中最少可能有 7 个非 0 数.

422. 解法 1 记 $CC_1 = x$, $CA_1 = y$. $\triangle A_1B_1C_1$ 是等腰三角形, 所以 $B_1C_1 = A_1C_1$ (参阅图 220(a)).

由于 $\angle A_1C_1B_1 = 90°$, 所以 $\angle BC_1B_1 + \angle CC_1A_1 = 90°$; 又由于 $\angle C_1CA_1 = 90°$, 所以 $\angle CA_1C_1 + \angle CC_1A_1 = 90°$, 从而 $\angle BC_1B_1 = \angle CA_1C_1$. 作 $B_1N \perp BC$, 点 N 为垂足. 在直角三角形 $\triangle B_1NC_1$ 与 $\triangle C_1CA_1$ 中, 斜边和一个锐角对应相等, 所以这两个三角形相互全等, 从而 $B_1N = x$, $NC_1 = y$. 而 $\triangle BNB_1$ 是等腰直角三角形, 则 $BN = B_1N = x$, 从而 $BC = y + 2x$, 因而 $AA_1 = AC - CA_1 = BC - CA_1 = 2x = 2CC_1$.

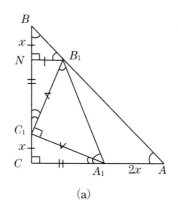
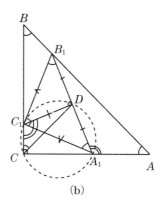

图 220

解法 2 设 D 为边 A_1B_1 的中点 (参阅图 220(b)), 于是 $\angle C_1DA_1 = 90°$, 从而 CC_1DA_1 是圆内接四边形. 从而 $\angle DCC_1 = \angle DA_1C_1 = 45°$, $\angle DC_1C = \angle DA_1A$. 由此可知 $\triangle DC_1C \sim \triangle B_1A_1A$, 它们的相似比为 $\dfrac{A_1B_1}{DC_1} = 2$, 所以 $AA_1 = 2CC_1$.

423. 由于任何两枚伪币都不相邻, 而一共有 9 枚硬币, 因此必有两枚真币相邻, 其余的真币与伪币则交替放置 (参阅图 221(a), 其中 H 代表真币, Φ 代表伪币). 因此只需找出两枚相邻放置的真币, 就可以暴露出所有的伪币. 从任意一枚硬币开始, 把硬币依次编为 1—9 号 (参阅图 221(b)). 有多种不同的称量方法.

解法 1 先称 1 号和 4 号硬币, 存在两种可能情况:

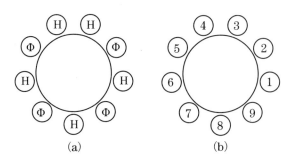

图 221

情况 1 1 号和 4 号一样重. 此时再称 2 号和 3 号硬币. 如果它们一样重, 那么它们就都是真币, 因为只有 2 枚真币才能相邻放置. 如果它们不一样重, 不妨设 2 号硬币较重, 那么它就是伪币, 从而 1, 3 和 4 号都是真币 (因为任何 2 枚伪币不相邻), 于是找到了 2 枚相邻的真币 (3 号和 4 号).

情况 2 1 号和 4 号不一样重. 不妨设 4 号较重, 于是它是伪币. 此时 3 号, 5 号以及 1 号都是真币, 2 号是伪币 (否则 3 枚真币相连, 此为不可能). 此时再称 6 号和 9 号. 如果它们一样重, 那么它们都是伪币, 从而 7 号与 8 号是 2 枚相邻的真币. 如果它们不一样重, 则其中较轻的是真币, 此时亦找到了 2 枚相邻的真币.

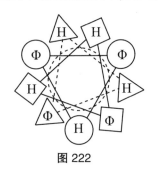

图 222

解法 2 将 9 枚硬币分为 3 组: 147, 258, 369. 有两个组中各有 1 枚伪币, 有一个组中有 2 枚伪币. 第一步, 先将 147 和 258 分置天平两端. 如果一端较重, 则该组中有 2 枚伪币. 如果天平平衡, 则剩下的一组 369 中有 2 枚伪币. 总之, 我们找到了有 2 枚伪币的组. 第二步, 从有 2 枚伪币的组中取出 2 枚硬币各置天平一端, 如果平衡, 则它们都是伪币, 否则较重一端和剩下的硬币是伪币. 圆周上介于这 2 枚伪币之间的 2 枚硬币就是 2 枚相邻的真币 (参阅图 222).

解法 3 也是将 9 枚硬币分为 3 组: 123, 456, 789. 有两个组中各有 1 枚伪币, 有一个组中有 2 枚伪币. 第一步, 先将 123 和 456 分置天平两端. 如果一端较重, 则该组中有 2 枚伪币. 如果天平平衡, 则剩下的一组 789 中有 2 枚伪币. 总之, 我们找到了有 2 枚伪币的组, 不妨设其就是 123. 根据题中条件, 任何两枚伪币都不相邻, 所以只能是 1 号和 3 号是伪币. 这样一来, 就又可推知 9 号, 2 号和 4 号是真币 (参阅图 223(b)). 第二步, 将 8 号和 5 号分置天平两端. 如果它们一样重, 那么它们就都是伪币, 从而 6 号和 7 号是 2 枚相邻的真币; 如果它们不一样重, 不妨设 5 号较轻, 那么 5 号和 4 号就是 2 枚相邻的真币.

424. 一个例子如图 224 所示. 重要的是分割不是按方格进行.

425. 答案: n 为除了 1, 2, 4, 5, 8, 11 之外的正整数.

让我们来计算瓦良在本星期之后的每个星期中各门功课成绩的和. 先来看在 "成功的" 星期里, 该和数如何变化. 假设有 x 门功课的成绩下降, 那么就应当至少有 $x+2$ 门功课的成绩上升. 由于 $x+(x+2) \leqslant 7$, 所以 $x \leqslant 2$. 被瓦良估计上升的功课一共至少上升 $x+2$ 分, 而被他估计下降的功课一共最多下降 $2x$ 分. 由于 $x \leqslant 2$, 所以 $2x \leqslant x+2$, 意即他下降的分

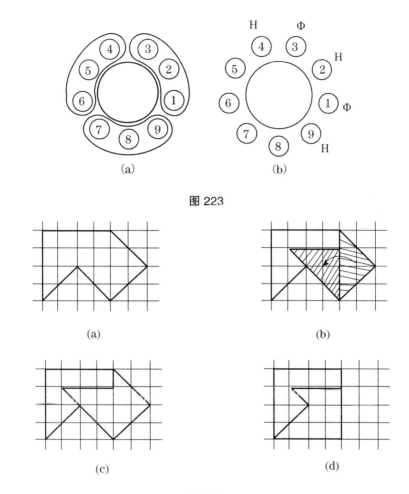

图 223

图 224

数不超过增长的分数. 这样一来, 瓦良的成绩的和不会下降, 而且他仅在有两门成绩各下降 2 分, 而另有 4 门成绩各上升 1 分时, 保持总分不变.

由于最后一个星期的各门功课的成绩都与最初一个星期的成绩完全相同, 所以总分在这段时间的开头与最后一样, 没有上升, 而每个星期的总分都不比前一个星期下降. 因此他不必再关心所谓的成功性. 只需注意: 分数下降的幅度总是两分, 而上升的幅度总是 1 分, 但是, 分数上升的功课门数是下降的门数的两倍. 从而每个星期分数有变化的课程数目都是 3 的倍数.

假设瓦良有连续 n 周观察到自己是 "成功的", 不算第一周. 我们来看 n 可能是怎样的正整数. 下面观察数种情况:

(1) 设 n 是 3 的倍数. 我们给出 $n = 3$ 时的一种分数变化情况表 (即表 10). 对于 $n = 3k$, 只需把后 3 个星期重复 k 次 (表中数字, 楷体表示下降, 宋体表示不变, 黑体表示上升).

表10

第一周	5	5	3	3	4	4	5
第1个成功的星期	3	3	**4**	**4**	**5**	**5**	5
第2个成功的星期	**4**	**4**	**5**	**5**	3	3	5
第3个成功的星期	**5**	**5**	3	3	**4**	**4**	5

(2) 设 $n=3k+1$. 每一周成绩变化的门数是 3 的倍数, 所以在一个周期中, 每门课成绩发生变化的次数是 3 的倍数. 由于 $n=3k+1$, 所以每周有一门功课的成绩不变, 而其余课程的成绩都变. 由于共有 7 门课, 所以周数最少为 7. 下面给出 $n=7$ 时的一种分数变化情况表 (即表 11). 通过增加 $n=3$ 时的后 3 行, 可得任何 $n=3k+1$ 时的表格 ($k \geqslant 3$).

表11

第一周	5	5	3	3	4	4	5
第1个成功的星期	3	3	**4**	**4**	**5**	**5**	5
第2个成功的星期	**4**	**4**	**5**	**5**	5	3	3
第3个成功的星期	**5**	**5**	5	3	3	**4**	**4**
第4个成功的星期	5	3	3	**4**	**4**	**5**	5
第5个成功的星期	3	**4**	**4**	**5**	**5**	5	3
第6个成功的星期	**4**	**5**	**5**	5	3	3	**4**
第7个成功的星期	**5**	5	3	3	**4**	**4**	5

(3) 设 $n=3k+2$. 经过与上类似的讨论, 可知, 在一个周期中, 每门课的成绩有两周不变化, 但每周只能有一门课的成绩不变. 因此, 至少需要 14 周. 我们只需把上面的 $n=7$ 时的表格的后 6 行重复一遍, 即可得到 $n=14$ 时的一种表格, 再通过增加 $n=3$ 时的表格的后 3 行, 即可得到一切 $n=3k+2$ 时的表格 ($k \geqslant 5$).

综合上述, n 可为除 1, 2, 4, 5, 8 和 11 以外的所有正整数.

426. 答案: $n=37$.

如果瓦夏第一天吃了 a 颗巧克力, 那么在连续的 n 天中, 一共吃了

$$a+(a+1)+(a+2)+\cdots+(a+n-1) = \frac{n(2a+n-1)}{2}$$

颗巧克力, 从而 $\frac{n(2a+n-1)}{2} = 777$. 由此可知 n 可以整除 $2 \times 777 = 1554$. 但因 $1554 = n(2a+n-1) > n^2$, 所以 $n < 40$. 注意, $1554 = 2 \times 3 \times 7 \times 37$, 知可以整除 1554 的小于 40 的最大整数为 37, 所以 $n=37$.

427. 如果有学生未能解出任何一道题, 那么就不考虑他. 如果有某道题没有人解出, 我们也不考虑它. 在这种假设之下, 仍然是"各个学生所解出的题数都不一样, 每道题被解出的人数也不一样". 设现在还剩下 m' 个学生和 n' 道题, 则有 $m' \geqslant 1$, $n' \geqslant 1$. 如果这 m' 个学生所解出的题数各不相同, 并且都在 2 与 n' 题之间, 那么 $m' \leqslant n'-1$. 由于解出各道题的人数都在 1 到 m' 个人之间, 并且各不相同, 所以又有 $n' \leqslant m'$, 导致矛盾.

428. 考察所作二矩形的外接圆, 记它们的第二个交点为 X, 如图 225 所示则有

$\angle BXN = \angle BXK = 90°$. 所以点 N, X, K 都在 BX 的同一条垂线上, 并且 $\triangle NAB \cong \triangle KLB$, 从而 $\angle NXA = \angle NBA = \angle LBK = \angle LXK$. 这就表明, 三点 A, X, L 亦共线. 同理, M, C, X 三点共线. 于是, X 就是这三条直线的交点.

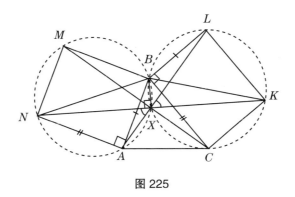

图 225

429. 将展开后的多项式记作 $f(x)$, 则 $f(x)$ 的最高次项 $x^{4 \cdot 2006}$ 的系数等于 1; 常数项等于 $f(0)$, 即 2^{2006}. 而展开式中的各项系数之和等于 $f(1)$, 即 $(1+1-3+1+2)^{2006} = 2^{2006}$. 由于该和值小于 $x^{4 \cdot 2006}$ 的系数与常数项之和, 所以其中必有 x 的某一个方幂的系数是负的.

430. 如图 226(a) 所示, 在水平线段的下方作一个半径为 R 的大的半圆, 在其上方作两个半径为 $\dfrac{R}{2}$ 的小的半圆, 使得两个小的半圆相互外切, 并且切点刚好是大的半圆的圆心, 记之为 M. 我们来证明: 该条 "小路" 即可满足要求.

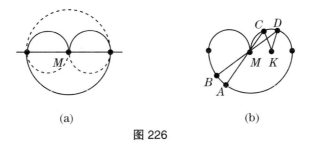

图 226

现在, 如图 226(b) 所示, 任作两条经过点 M 的直线, 设它们分别与 "小路" 相交于点 A, C 和点 B, D, 其中点 A, B 在大的半圆上, 点 C, D 在一个小的半圆上. 设 K 是该小的半圆的圆心. 易知

$$\widehat{CD} = \frac{R}{2} \cdot \angle CKD = \frac{R}{2} \cdot 2\angle CMD = \frac{R}{2} \cdot 2\angle AMB = \widehat{AB},$$

这就表明: 只要直线 AC 平分 "小路" 的周长, 那么直线 BD 也就平分 "小路" 的周长. 由于根据做法, 经过点 M 的水平直线平分 "小路" 的周长, 所以任何经过点 M 的直线都平分 "小路" 的周长.

431. 答案: 不可能.

将波尔所取的 5 个数依次记为 $a_1, a_2, \cdots, a_5$, 将米沙所取的 5 个数依次记为 $b_1, b_2, \cdots, b_5$. 我们只要证明: 不论老师如何填表, 对任何 k, 都有 $a_k \geqslant b_{6-k}$. 为此, 我们观察波尔取过第

$k-1$ 个数以后的情形和米沙已经取过第 $5-k$ 个数以后的情形. 此时, 在波尔的表上, 还剩下 $6-k$ 行和 $6-k$ 列数, 而在米沙的表上, 则还剩下 k 行和 k 列数. 这就意味着此时有一行和一列, 不仅在波尔的表上未被删去, 而且在米沙的表上也未被删去. 设该行与该列相交处的数为 x, 那么就有 $a_k \geqslant x \geqslant b_{6-k}$.

432. 答案: 不可能.

解法 1 如图 227 所示, 两个二次三项式的图像的开口都向上, 在 $x=1000$ 处它们都位于 x 轴的上方, 从而它们的和的图像在 $x=1000$ 处位于 x 轴的上方. 另一方面, 它们的和的图像开口向上, 如果它有一个根大于 1000, 还有一个根小于 1000, 那么在 $x=1000$ 处它的图像就应该位于 x 轴的下方, 导致矛盾.

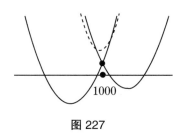

图 227

解法 2 将两个二次三项式的图像都向左平移 1000 个单位, 这相当于在题目中用 0 取代 1000. 假设此时它们的方程分别为 $x^2+p_1 x+p_2$ 和 $x^2+q_1 x+q_2$, 那么前一个二次三项式的两个根均为负数, 而后一个二次三项式的两个根均为正数, 从而 $p_2>0$, $q_2>0$. 于是两个二次三项式的和的二次项系数为 2, 常数项为 $p_2+q_2>0$, 故由韦达定理知: 它的两个根的乘积为正数, 从而不可能一正一负.

433. 答案: 不可能.

解法 1 设三角形的三个内角为 α, β, γ, 那么

$$\begin{aligned}
\tan\alpha+\tan\beta+\tan\gamma &= \tan\alpha+\tan\beta+\tan[\pi-(\alpha+\beta)] \\
&= \tan\alpha+\tan\beta-\tan(\alpha+\beta) \\
&= \tan(\alpha+\beta)(1-\tan\alpha\tan\beta)-\tan(\alpha+\beta) \\
&= -\tan\alpha\tan\beta\tan(\alpha+\beta) \\
&= \tan\alpha\tan\beta\tan\gamma.
\end{aligned}$$

这就是说, 任何三角形的三个内角的正切值的和都等于它们的乘积. 由于在锐角三角形中, 三个内角的正切值的乘积是正的, 而在钝角三角形中, 三个内角的正切值的乘积却是负的, 所以它们不可能相等.

解法 2 由于钝角三角形中的最大角大于锐角三角形中的最大角, 但是任何三角形中的三个内角的和却是常数, 所以锐角三角形中必有一个锐角大于钝角三角形中的一个锐角. 假设在锐角三角形中该角为 α, 其他二角为 β 和 γ. 假设在钝角三角形中小于 α 的锐角为 α', 另一个锐角为 β', 钝角为 γ'. 注意 $\pi-\gamma'>\beta'$, 并且 $\pi-\gamma'$ 与 β' 都是锐角. 由正切函数在第一象限中的上升性知 $\tan(\pi-\gamma')>\tan\beta'$, 将 $\tan(\pi-\gamma')=-\tan\gamma'$ 代入其中, 得到

$\tan\beta' + \tan\gamma' < 0$. 如此一来, 即知

$$\tan\alpha + \tan\beta + \tan\gamma > \tan\alpha > \tan\alpha' > \tan\alpha' + \tan\beta' + \tan\gamma'.$$

这就是说, 任何锐角三角形的三个内角的正切值的和都大于任何一个钝角三角形的三个内角的正切值的和, 所以它们不可能相等.

434. 答案: 可以.

为此, 需要选用展开图如图 228 所示的四面体 $ABCD$, 其中 $CA = AB = BD$, $\angle CAB = \angle CAD = \angle ABD = \angle CBD = 90°$. 可以有多种用这种四面体把整个空间都充满的方法.

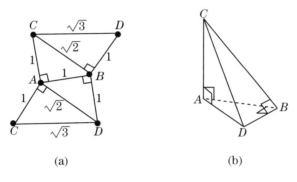

图 228

解法 1 四面体 $ABCD$ 以及它的关于平面 ADC 对称的图形的并形成底面为正方形的四棱锥, 它有一条侧棱垂直于底面并且等于底面正方形的边长 (参阅图 229). 三个这样的四棱锥形成一个正方体 (参阅图 230), 立方体当然可以充满整个空间.

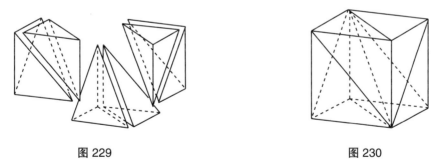

图 229　　　　　　　　图 230

可以从另一个角度来描述这个方法. 在空间中引入直角坐标系, 并考察坐标满足关系式 $0 \leqslant x \leqslant y \leqslant z \leqslant 1$ 的所有点 (x, y, z) 所构成的集合. 这是一个四个顶点的坐标分别为 $(0,0,0)$, $(0,0,1)$, $(0,1,1)$, $(1,1,1)$ 的与 $ABCD$ 相似的四面体. x, y, z 之间的其他 5 种不同的大小关系同样给出 5 个类似的四面体. 这 6 个四面体构成一个正方体.

解法 2 观察由正方体的中心与它的一个侧面所形成的四棱锥. 这种四棱锥有 4 个对称平面[①], 将其分为 8 个与 $ABCD$ 相似的四面体. 因此, 正方体可以分解为 48 个这样的四面体.

---

① 相对棱所决定的平面, 共有两个; 相对面 (它们都是等腰三角形) 的中线所决定的平面, 也有两个, 这四个平面都是这种四棱锥的对称平面. —— 编译者注

解法 3 四面体 $ABCD$ 以及它的关于平面 ABC 对称的图形形成底面为等腰直角三角形的四面体, 它有一条侧棱垂直于底面并且经过底面等腰直角三角形的顶点. 由两个关于公共侧面对称的这样的四面体, 组成一个底面为等腰直角三角形, 高落在弦的中点处的四面体. 而由两个这样的四面体可以组成与 $ABCD$ 相似的四面体 (为了验证这一点, 只需用经过顶点 A, B 以及棱 CD 的中点的平面分隔四面体 $ABCD$ 即可). 这就表明, 用 8 个这样的四面体可以组成一个与之相似但棱长加倍的四面体. 重复进行这一过程, 即可充满整个空间.

435. 答案: 11 个空盒.

我们来讨论一般情形, 并证明如下结论: 设 n, k 为正整数, 则当 $2^{k-1} \leqslant n < 2^k$ 时, 需要 k 个空盒.

首先来证明: k 个空盒足矣, 并且当 $n = 2^{k-1}$ 时, 一旦原来的盒子空出, 就不需要再运用它. $k = 1$ 的情形显然. 假设结论已经对某个正整数 k 成立.

先看 $n = 2^k$ 的情形. 将 $k+1$ 个空盒编为 1 至 $k+1$ 号. 由归纳假设知, 可以只利用第 1 至 k 号盒子, 把放在上面的 2^{k-1} 张卡片挪到第 k 号盒子中, 并且不需要用到原来的盒子, 当然它还未空出. 类似地, 只利用第 1 至 $k-1$ 号和第 $k+1$ 号盒子, 把其余 2^{k-1} 张卡片挪到第 $k+1$ 号盒子中. 根据卡片的摆放规则, 此时两个盒子中的卡片的号码都是自上而下递增的. 这时我们再把放在第 k 号盒子中的前 2^{k-1} 张卡片挪入第 $k+1$ 号盒子中, 由于挪动前第 $k+1$ 号盒子中的最上方卡片的编号刚好比第 k 号盒子中的最下方卡片的编号大 1, 所以在这个挪动过程中, 第 $k+1$ 号盒子相当于一个空盒, 因此我们只需利用第 1 至 $k-1$ 号和第 $k+1$ 号盒子, 就可以把前 2^{k-1} 张卡片挪到第 $k+1$ 号盒中原有卡片的上方. 此过程中, 在原来的盒子空出后, 就没有再运用它.

下设 $2^k < n < 2^{k+1}$. 我们先按照上面所说的办法, 利用第 1 至 $k+1$ 号盒子, 把上面的 2^k 张卡片挪入第 $k+1$ 号盒中. 根据归纳假设, 可以只利用第 1 至 k 号盒子, 把放在剩下的 $n - 2^k < 2^k$ 张卡片挪到第 k 号盒中. 这时可以再把前 2^k 张卡片从第 $k+1$ 号盒挪入第 k 号盒子中, 其理由如同上述.

至此, 我们已经证得 "当 $2^{k-1} \leqslant n < 2^k$ 时, k 个空盒足矣; 并且当 $n = 2^{k-1}$ 时, 一旦原来的盒子空出, 就不需要再运用它".

为了证明 "当 $2^{k-1} \leqslant n < 2^k$ 时, 最少需要 k 个空盒", 我们首先指出: 在挪空原先的盒子过程中, 所有空盒会在某一时刻同时被占用. 因若不然, 假设开始时, 第 i 号盒子未被占用. 那么当我们在某一步上往它里面放了卡片, 根据假设, 此后必有某个盒子是空的, 设为第 j 号盒子. 于是我们就从该步开始, 把 i 与 j 交换, 使得第 i 号盒子仍然空着. 以后每当要往第 i 号盒子放卡片时, 我们都这么做, 于是我们最终把最后一张卡片放到了某个 j 号盒中. 此时把该盒当作原来放卡片的盒子, 把前面的所有操作按相反顺序进行一遍, 于是所有的卡片都被挪到该盒中, 而第 i 号盒子始终未被用到, 从而可以把它去掉.

下面就来证明 "当 $2^{k-1} \leqslant n < 2^k$ 时, 不能少于 k 个空盒". $k = 1, 2$ 的情形显然. 假设结论已经对某个正整数 $k \geqslant 2$ 成立, 我们来看 $2^k \leqslant n < 2^{k+1}$ 的情形. 假设此时也只需 k 个空盒. 我们将 n 张卡片分为 "上部" 和 "下部", 每一部分卡片都不少于 2^{k-1} 张. 根据上面所证, 为了挪空原来的盒子, "下部" 的卡片在某一时刻需要同时占领 k 个盒子. 而此时 "上

部" 的卡片已经不能回到原来的盒子 (该盒此时并未空出, 但是 "下部" 的最上方一张卡片已经挪走). 这就意味着它们被放在另外某个盒子 (设其号码为 i) 中, 并且位于 "下部" 的最上方一张卡片 (记之为 a) 的上方. 由于 "下部" 的卡片占据了 $k > 1$ 个盒子, 所以它们 (包括 a) 还要被挪到一个盒中. 为此, 就要求在某个时刻, "上部" 的卡片占领另外 k 个盒子, 这些盒子中不能有 "下部" 的卡片 (因为 "上部" 的卡片只能直接放在 a 的上方, 但是为了挪出 a, 必须拿走 "上部" 的卡片). 这样一来, 就必然还要多出一个盒子 (才能解决 "上部" 卡片的放置问题). 从而一共需要不少于 $k+1$ 个空盒.

436. 设 $3n+1 = a^2, 10n+1 = b^2$, 其中 a, b 为正整数; 设 $29n+11$ 是某个质数 p.

解法 1 由所设可得 $30n^2 + 13n + 1 = (ab)^2$. 将该式两端分别减去恒等式 $n^2 + 2n + 1 = (n+1)^2$ 的两端, 得到 $29n^2 + 11n = (ab)^2 - (n+1)^2$, 亦即 $pn = (ab-n-1)(ab+n+1)$. 该式右端至少有一个因数可被 p 整除, 因而不小于 p. 这就表明, 必有 $ab + n + 1 \geq p = 29n + 11$, 从而 $ab \geq 28n + 10$, 故有 $(ab)^2 \geq (28n+10)^2 = 784n^2 + 560n + 100$. 但另一方面, 却有 $(ab)^2 = 30n^2 + 13n + 1$, 此为矛盾.

解法 2 我们可以找到两个实数 x 和 y, 使得对一切正整数 n, 都有
$$x(3n+1) + y(10n+1) = 29n + 11,$$
事实上, 只需解方程组
$$\begin{cases} 3x + 10y = 29 \\ x + y = 11 \end{cases},$$
即可求得 $x = \dfrac{81}{7}$, $y = -\dfrac{4}{7}$. 如此一来, 我们就有
$$29n + 11 = \frac{81a^2 - 4b^2}{7},$$
亦即
$$(9a+2b)(9a-2b) = 7p.$$

由此易知 $9a + 2b > 7$, 因此 $9a + 2b \geq p = 29n + 11$. 由于 $9a - 2b > 0$, 所以 $18a > 9a + 2b > 29n$. 从而 $a > n$, $3n + 1 = a^2 > n^2$, $n < 3$. 但是通过对 $n = 1, 2$ 的直接验证, 即知 $3n+1$ 与 $10n+1$ 不可同为完全平方数, 此为矛盾.

437. 设 P_a', P_b', P_c' 分别是点 P 在 $\triangle ABC$ 的三条边所在的直线上的投影. 易知, 这三点共线, 事实上, 我们有
$$\angle PP_c'P_a' = \angle PBP_a' = \angle PAC$$
$$= 180° - \angle PP_c'P_b'.$$

其中第一个等号和最后一个等号是由于四边形 $PBP_a'P_c'$ 和 $PP_c'P_b'A$ 都内接于圆. 所得的直线就是点 P 关于 $\triangle ABC$ 的西姆松线 (参阅图 231). 因此, P_a, P_b, P_c 也三点共线 (记为 l_P), 并且 l_P 与点 P 的距离是西姆松线的两倍. 对于点 Q 关于 $\triangle ABC$ 的三边的对称点 Q_a, Q_b, Q_c, 也有类似的结果, 将它们所在的直线记为 l_Q. 我们在本题中所考察的点 A', B', C' 可以分别确定为直线 PQ_a 与 QP_a, 直线 PQ_b 与 QP_b, 直线 PQ_c 与 QP_c 的交点.

假设经过点 P 的平行于 l_Q 的直线交 l_P 于点 X, 经过点 Q 的平行于 l_P 的直线交 l_Q 于点 Y(参阅图 232). $\triangle PXP_a$ 的三条边分别平行于 $\triangle Q_aYQ$ 的三条边, 这意味着这两个三角形同位相似. 于是直线 PQ_a, P_aQ 和 XY 都应该经过位似中心, 即点 A'. 亦即点 A' 在直线 XY 上. 同理可证, B' 和 C' 在直线 XY 上.

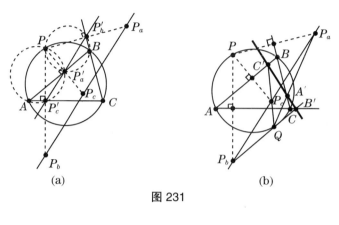

图 231

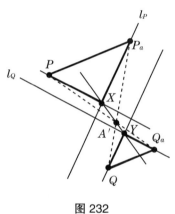

图 232

438. 答案: $\dfrac{\pi}{4}$.

对于区间 $\left[0, \dfrac{3\pi}{2}\right]$ 中的递增的等差数列 $\alpha_1, \alpha_2, \cdots, \alpha_5$, 将其公差记为 δ. 易知 $0 < \delta < \dfrac{\pi}{2}$, 并且 $\cos\delta \neq 1$. 分别考察如下两种情况:

$1°$. $\alpha_3 \leqslant \pi$. 此时 $0 \leqslant \alpha_1 < \alpha_2 < \alpha_3 \leqslant \pi$, 而 $\cos\alpha_1 > \cos\alpha_2 > \cos\alpha_3$, 由此可得

$$2\cos\alpha_2 = \cos\alpha_1 + \cos\alpha_3 = 2\cos\dfrac{\alpha_3 + \alpha_1}{2}\cos\dfrac{\alpha_3 - \alpha_1}{2} = 2\cos\alpha_2\cos\delta.$$

由于 $\cos\delta \neq 1$, 所以 $\cos\alpha_2 = 0$, $\alpha_2 = \dfrac{\pi}{2}$(这也就表明 $\alpha_3 > \dfrac{\pi}{2}$, 从而归为如下的第二种情况).

$2°$. $\alpha_3 \geqslant \dfrac{\pi}{2}$. 此时 $\dfrac{\pi}{2} \leqslant \alpha_3 < \alpha_4 < \alpha_5 \leqslant \dfrac{3\pi}{2}$, 于是 $\sin\alpha_3 > \sin\alpha_4 > \sin\alpha_5$, 因而就有

$$2\sin\alpha_4 = \sin\alpha_3 + \sin\alpha_5 = 2\sin\dfrac{\alpha_5 + \alpha_3}{2}\cos\dfrac{\alpha_5 - \alpha_3}{2} = 2\sin\alpha_4\cos\delta.$$

由于 $\cos\delta \neq 1$, 所以 $\sin\alpha_4 = 0$, $\alpha_4 = \pi$ (这也就表明 $\alpha_3 < \pi$, 从而归为如上的第一种情况).

如此一来，两种情况其实就是同一种情况，并且 $\alpha_2 = \dfrac{\pi}{2}, \alpha_4 = \pi$，所以公差 $\delta = \dfrac{\pi}{4}$.

439. 答案：$a = 5, b = 2$.

设 a 与 b 互质，并且 a 为 10 进制 n 位数. 于是题中条件可以表述为

$$\dfrac{a}{b} = \overline{b.a} \iff \dfrac{a}{b} = b + a \cdot 10^{-n} \iff 10^n(a - b^2) = ab,$$

由此可知 $a > b$. 由于 a 与 b 互质，所以 $a - b^2$ 既与 a 没有 (大于 1 的) 公约数，也与 b 没有 (大于 1 的) 公约数，所以

$$a - b^2 = 1, \quad 10^n = ab.$$

利用 a 与 b 的互质性，并考虑到 $a > b$，经过逐个检验，可知方程 $10^n = ab$ 的解只能为：$a = 10^n, b = 1$ 或 $a = 5^n, b = 2^n$. 但是若将 $a = 10^n, b = 1$ 代入方程 $a - b^2 = 1$，则得 $10^n = 2$，此为不可能. 将 $a = 5^n, b = 2^n$ 代入方程 $a - b^2 = 1$，得

$$5^n - 4^n = 1 \iff \left(\dfrac{5}{4}\right)^n = 1 + \left(\dfrac{1}{4}\right)^n.$$

当 n 增大时，上式左端也增大，但是右端却减小，所以它不会多于 1 个解. 由于 $n = 1$ 满足方程，所以它就是方程的唯一解. 由此易得 $a = 5, b = 2$.

440. 答案：不能.

沿着任意一条母线将圆锥展开，其展开面如图 233 中平面角 $A_0 O A_1$ 所示，并将平面角 $A_0 O A_1$ 记为 α. 带子所缠绕的第 1 圈可以视为由边 OA_0 过渡到边 OA_1 的具有平行边的带状形. 再在展开图的一侧贴上又一个具有同样大小的平面角 α 的展开图 $A_1 O A_2$，带子的轨迹在越过新角的边 OA_1 之后，将带状形延续到边 OA_2，它代表带子所缠绕的第 2 圈，如此等等.

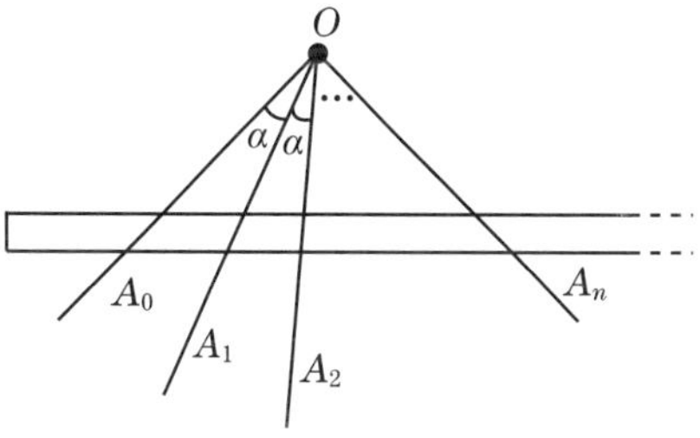

假如带子共缠绕了 n 圈，并且 $n > \dfrac{\pi}{\alpha}$. 那么带状形 (根据题意，它不经过顶点 O) 便相继与射线 $OA_1, OA_2, \cdots, OA_n$ 都相交，而这就导致了如下的矛盾：

$$\pi > A_0 O A_n = n\alpha > \pi,$$

图 233

从而 n 不能超过 $\dfrac{\pi}{\alpha}$，亦即至多能缠绕有限圈.

441. 答案：甲有取胜策略.

甲不用考虑乙每次取多少枚硬币，他第一次取 1 枚，第二次取 2 枚，第三次取 3 枚，即每次都比自己的上一次多取一枚. 这并不违反游戏规则，因为在这种取法之下，乙第一次可取 1 或 2 枚，第二次可取 2 或 3 枚，如此等等. 这样，在甲取过第 k 次之后，他们两人所取出的硬币的枚数之和不小于

$$(1 + 2 + \cdots + k) + (1 + 2 + \cdots + k - 1) = k^2;$$

不大于

$$(1 + 2 + \cdots + k) + (2 + 3 + \cdots + k) = k(k+1) - 1.$$

由于 $1331 = 36 \times 37 - 1$, 所以这些硬币无论如何都够甲取 36 次; 又因为 $36^2 = 1296$, $1331 - 1296 = 35$, 所以这些硬币无论如何都不够乙取 36 次, 故乙必输.

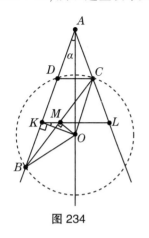

图 234

442. 答案: 这些三角形的底边中点的轨迹是: 角的平分线, 但不含其顶点与固定点; 由固定点向角的两边所作的垂线的垂足的连线, 但不包括端点. 在图 234 中, 即为不含点 A 与 O 的射线 AO, 以及不含端点 K 与 L 的线段 KL.

设给定角的顶点为 A, 其平分线上的固定点为 O, 所考察的等腰三角形为 $\triangle OBC$ ($OB = OC$), M 为其底边 BC 的中点. $\triangle OBC$ 可以使得 $AB = AC$, 此时 BC 的中点 M 必在角平分线 AO 上; 并且对于平分线 AO 上除了 A 与 O 以外的任何点 M, 都可以构作一个等腰三角形 OBC, 使得 M 是其底边 BC 的中点. 所以, 不含点 A 与 O 的射线 AO 属于底边中点 M 的轨迹.

现设 $AB \neq AC$ (参阅图 234). 设 D 是顶点 C 关于 AO 的对称点. 于是 D 在边 AB 上, 并且 $OD = OC = OB$. 作 $OK \perp BD$. 由于 $OD = OB$, 所以 $KD = KB$. 因此 KM 是 $\triangle OBD$ 中的中位线, 所以 $KM \parallel DC$, $KM \perp AO$. 延长 KM 与射线 AC 交于点 L, 则 $KL \perp AO$, 并且点 M 一定在线段 KL 上.

反之, 设 M 是线段 KL 内部任意一点, 且不在射线 AO 上. 经过点 M 作与 OM 垂直的直线, 分别与给定角的两边相交于点 B 与 C. 记 $\angle BAO = \angle OAC = \alpha$. 由于 $OK \perp AB, KM \perp AO$, 所以 $\angle OKM = \angle BAO = \alpha$. 由于 $\angle BKO = \angle BMO = 90°$, 所以 B, K, M, O 四点共圆, 因此 $\angle OBM = \angle OKM = \alpha$ (同弧所对圆周角相等). 于是 $\angle OBC = \alpha = \angle OAC$, 因此 A, C, O, B 四点共圆. 由于 $\angle BAO = \angle OAC = \alpha$, 所以弦 $OB = OC$, 从而 $\triangle OBC$ 为等腰三角形, 并且 $BM = MC$, 从而点 M 属于底边中点的轨迹.

443. 答案: a) 在 $n = 10, k = 3$ 时, 买价格为 $4, 7, 10$ 元的糖果; b) 对一般的正整数 $n \geqslant k$, 买价格为

$$\left\lceil \frac{n}{k} \right\rceil, \quad \left\lceil \frac{2n}{k} \right\rceil, \quad \cdots, \quad \left\lceil \frac{(k-1)n}{k} \right\rceil, \quad \left\lceil \frac{kn}{k} \right\rceil = n$$

元的糖果, 其中 $\lceil x \rceil$ 表示不小于实数 x 的最小整数.

设 $a_1 \leqslant a_2 \leqslant \cdots \leqslant a_n$ 分别为价格为 $1, 2, \cdots, n$ 元的盒子里所装的糖果重量, 而 $n_1, n_2, \cdots, n_k$ 是需要购买的装糖果的盒子的编号.

$1°$. 我们首先证明: 需要购买的装糖果的盒子的编号必须满足如下条件:

$$n_j \geqslant \frac{jn}{k} =: m_j, \quad j = 1, 2, \cdots, k. \tag{1}$$

该式在 $n = 10, k = 3$ 时, 就是

$$n_1 \geqslant \frac{10}{3} = 3.3, \quad n_2 \geqslant \frac{2 \cdot 10}{3} = 6.6, \quad n_3 \geqslant \frac{3 \cdot 10}{3} = 10.$$

用反证法. 假设存在某个 j, 使得 $n_j < m_j$. 那么, 在如下的情形

$$a_1 = \cdots = a_{n_j} = \frac{n_j}{n} < a_{n_j+1} = \cdots = a_n = 1 + \frac{n_j}{n}$$

中, 我们就能得到
$$a_1+\cdots+a_n = n_j\cdot\frac{n_j}{n}+(n-n_j)\left(1+\frac{n_j}{n}\right)=n,$$
$$a_{n_1}+\cdots+a_{n_k} = (k-j)\left(1+\frac{n_j}{n}\right)+j\cdot\frac{n_j}{n}$$
$$= k-j+n_j\cdot\frac{k}{n} < k-j+\frac{jn}{k}\cdot\frac{k}{n}=k,$$

从而
$$a_{n_1}+\cdots+a_{n_k} < \frac{k}{n}(a_1+\cdots+a_n),$$

小寸糖果总量的 $\frac{k}{n}$, 不合题中要求.

2°. 我们来证明: 只要不等式 (1) 成立, 即可满足题中要求. 事实上, 在 $n=10, k=3$ 时, 我们有
$$\begin{aligned}a_4+a_7+a_{10} &\geqslant \frac{a_2+a_3+a_4}{3}+\frac{a_5+a_6+a_7}{3}+\frac{a_8+a_9+a_{10}}{3}\\ &= \frac{10(a_2+a_3+a_4+a_5+a_6+a_7+a_8+a_9+a_{10})}{30}\\ &\geqslant \frac{9(a_1+a_2+a_3+a_4+a_5+a_6+a_7+a_8+a_9+a_{10})}{30}\\ &= \frac{3}{10}(a_1+a_2+a_3+a_4+a_5+a_6+a_7+a_8+a_9+a_{10}).\end{aligned}$$

在一般情况下, 若记 $\varepsilon_j = n_j-m_j \in [0,1)$, 以及 $n_0=m_0=a_0=0$, 则有
$$\begin{aligned}a_{n_1}+\cdots+a_{n_k} &\geqslant \frac{a_1+\cdots+a_{n_1}}{n_1-n_0}+\frac{a_{n_1+1}+\cdots+a_{n_2}}{n_2-n_1}+\cdots+\frac{a_{n_{k-1}+1}+\cdots+a_{n_k}}{n_k-n_{k-1}}\\ &\geqslant \frac{\varepsilon_0 a_0+a_1+\cdots+a_{n_1-1}+(1-\varepsilon_1)a_{n_1}}{m_1-m_0}\\ &\quad +\frac{\varepsilon_1 a_{n_1}+a_{n_1+1}+\cdots+a_{n_2-1}+(1-\varepsilon_2)a_{n_2}}{m_2-m_1}\\ &\quad +\cdots+\frac{\varepsilon_{k-1}a_{n_{k-1}}+a_{n_{k-1}+1}+\cdots+a_{n_k-1}+(1-\varepsilon_k)a_{n_k}}{m_k-m_{k-1}}\\ &= \frac{k}{n}(a_1+a_2+\cdots+a_n).\end{aligned}$$

这是因为对每个 j, 都有等式 $m_j-m_{j-1}=\frac{n}{k}$ 与下述不等式成立:
$$\frac{a_{n_{j-1}+1}+\cdots+a_{n_j}}{n_j-n_{j-1}} \geqslant \frac{\varepsilon_{j-1}a_{n_{j-1}}+a_{n_{j-1}+1}+\cdots+a_{n_j-1}+(1-\varepsilon_j)a_{n_j}}{m_j-m_{j-1}}.$$

该不等式表明: 当减小较大的函数值, 减小较小的函数值时, 函数的平均值减小. 这里指的是阶梯函数
$$f(x)=a_j, \quad j-1<x\leqslant j, \quad j=1,2,\cdots,n,$$

并且把对它的平均理解为在给定区间上的积分除以区间长度, 同时还把区间由 $(n_{j-1},n_j]$ 换为 $(m_{j-1},m_j]$.

事实上, 该不等式可以按如下办法推出:

$$(n_{j-1} - m_{j-1})(a_{n_{j-1}+1} + \cdots + a_{n_j}) - \varepsilon_{j-1}(n_j - n_{j-1})a_{n_{j-1}}$$
$$= \varepsilon_{j-1}\Big((a_{n_{j-1}+1} - a_{n_{j-1}}) + \cdots + (a_{n_j} - a_{n_{j-1}})\Big) \geqslant 0$$
$$\geqslant \varepsilon_j\Big((a_{n_{j-1}+1} - a_{n_j}) + \cdots + (a_{n_j} - a_{n_j})\Big)$$
$$= (n_j - m_j)(a_{n_{j-1}+1} + \cdots + a_{n_j}) - \varepsilon_j(n_j - n_{j-1})a_{n_j}.$$

这样, 只要购买编号为满足不等式 (1) 的最小整数 n_j 的 k 盒糖果, 即能满足题中要求, 并且价格之和最小.

第 70 届莫斯科数学奥林匹克 (2007)

444. 答案: 500 人.

假设该村原来有 x 个居民. 则经过一年, 变为 $x + n = x + 300\% x = 4x$ 个居民, 亦即 $n = 3x$. 再经过一年后, 变为 $4x + 300 = 4x + n\% \cdot 4x$ 个居民, 此即表明 $n\% \cdot 4x = 300$, 把 $n = 3x$ 代入, 得到 $4x^2 = 10000$, 故知 $x = 50$. 从而该村第二年末有 $4x + 300 = 500$ 个居民.

445. 答案: 一定是的.

平方根 $\sqrt{n}$ 位于某两个相连的正整数 b 和 $b+1$ 之间时, n 就相应地位于 b^2 和 $(b+1)^2$ 之间. 区间 $(b^2, (b+1)^2)$ 的中点是二端点值的算术平均值, 亦即 $b^2 + b + \frac{1}{2}$, 其值不一定是整数, 所以 n 不一定刚好就是中点值.

下面分两种情况.

情况 1 n 在中点的右边, 意即离 $(b+1)^2$ 更近. 此时 $n > b^2 + b + \frac{1}{2} = \left(b + \frac{1}{2}\right)^2 + \frac{1}{4}$, 所以 $\sqrt{n} > b + \frac{1}{2}$, 意即 $\sqrt{n}$ 离 $b+1$ 比离 b 更近. 因此所述方法给出的是正确的答案, 即 $b+1$.

情况 2 n 在中点的左边, 意即离 b^2 更近. 此时 $n < b^2 + b + \frac{1}{2}$, 由于 n 是整数, 故 $n \leqslant b^2 + b = \left(b + \frac{1}{2}\right)^2 - \frac{1}{4}$, 故 $\sqrt{n} < b + \frac{1}{2}$, 意即 $\sqrt{n}$ 离 b 比离 $b+1$ 更近. 因此所述分法给出的也是正确的答案, 即 b.

446. 答案: 15 支.

每支球队参加 15 场比赛, 所以最多可得 $15 \times 3 = 45$ 分, 这就表明, 得分不低于 23 分的球队就是 "成功的".

假设其中有 n 支 "成功的" 球队, 那么它们所得的分数之和不少于 $23n$. 另一方面, 每场比赛最多产生 3 分, 一共进行 $C_{16}^2 = 120$ 场比赛, 所以最多一共产生 $3 \times 120 = 360$ 分. 由此可知 $23n \leqslant 360$, 亦即 $n < 16$.

下面说明有可能出现 15 支 "成功的" 球队. 将所有球队编号. 假设第 16 号球队输给了其他所有球队. 再将第 1 至 15 号球队放到一个圆周上, 假定每支球队都赢了按顺时针方向位于其后的 7 支球队, 并输给其余球队. 那么这 15 支球队中的每一支球队都赢了 8 场球, 所以都得 24 分, 因而都是 "成功的".

447. 设 △ABC 的内心是 I, 则 I 位于 ∠A 的平分线上 (见图 235). 由于 △AMN 是等腰三角形, IA 不仅是顶角的平分线, 而且是底边上的高, 所以 IA⊥MN. 结合题中条件 KX⊥MN 知 KX//MN.

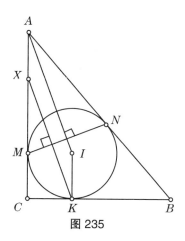

图 235

我们指出 IK⊥BC, 因而 IK//AC, 所以 AXKI 是平行四边形, 故有 AX = KI.

而在矩形 KIMC 中有 IK = IM(都是内接圆半径), 所以 KIMC 是正方形, 因此 CK = KI = AX.

448. 答案: 能够.

傅克斯在喊 "结束" 之前, 一共说 52 轮, 在每一轮中都把所有 52 张牌按同样的顺序各说一次, 于是共说了 52^2 次牌. 显然每一轮中都有牌被移位. 我们指出, 在每一次移位时, 牌都是按同一个方向移动的: 如果牌 a 是第一张被移到空位的牌, 假定它是按逆时针方向被移到空位的, 那么就说明牌 a 原在空位的顺时针的邻位上, 假定牌 a 的原来顺时针的邻位上的牌是 b. 如果同一轮中还有别的牌被移位, 那么首当其冲的就是牌 b, 显然此时它已经处于空位的顺时针的邻位上, 所以也是按逆时针方向被移到空位的, 依此类推, 这一轮中被移位的其他牌 (如果还有) 也都是按逆时针方向被移到空位上的; 而如果同一轮中没有别的牌被移位, 那么就说明在傅克斯说牌时, 在说出牌 a 之前就已经说过牌 b 了, 因此在下一轮中, 还是先说牌 b 再说牌 a, 而现在牌 b 是在空位的顺时针的邻位上, 所以就该把它按逆时针方向移到空位上.

由于每一轮中都至少有一张牌被移位, 并且又都是同一个方向移动, 所以经过 52 轮之后, 每一张牌都至少被移动了一次, 所以每张牌都离开过原来的位子; 又因为在每一轮中, 每一张牌都至多被移动了一次, 所以每张牌都至多被移动了 52 次, 由于一共有 53 个位子, 所以每张牌都未能回到原位. 综合上述两方面, 知所有的牌在结束时都不在开始时的位置上.

▽1. 事实上, 傅克斯只需按某种同样的顺序把所有的牌说 51 遍.

▽2. 在第 28 届城市邀请赛 (它与本届莫斯科数学奥林匹克同一天举行) 中也考了这道题, 不过它还有第二问: 傅克斯是否一定能够在结束时使得与空位为邻的牌是 A(爱司)?

这一问的答案是不能. 因为, 对于傅克斯说牌的任何一种顺序, 都存在一个起始状况, 它最终可转化为 A(爱司) 与空位相邻的状态. 事实上, 当再一次说牌的时候, 我们又 "滚动" 到原来的步骤. 而如果按相反的顺序说完整个序列, 我们则从终结状态 "滚回" 起始状态. 去掉那个使得 A(爱司) 毗邻空位的终结状态, 我们再来滚动, 即可得到一种对于所说的序列不能取胜的初始状态.

449. 答案: $30°$.

解法 1 在直线 CM 上取一点 C_1, 使得 $C_1M = CM$; 在直线 BM 上取一点 B_1, 使得 $B_1M = BM$ (见图 236(a)). 在四边形 BCB_1C_1 中, 两条对角线相互平分, 所以 BCB_1C_1 是平行四边形. 又由于 $\angle BMC = 90°$, 说明 BCB_1C_1 的两条对角线还相互垂直, 所以它是菱形. 因此

$$BC = BC_1 = B_1C = B_1C_1. \tag{1}$$

又由于四边形 $ACDC_1$ 和 $ABDB_1$ 的对角线均相互平分, 它们都是平行四边形, 故有

$$AB = BC = CD = DB_1 = B_1C_1 = C_1A. \tag{2}$$

由式 (1) 和式 (2), 知 $\triangle CDB_1$ 和 $\triangle ABC_1$ 都是等边三角形, 故知 $\angle CDB_1 = \angle C_1AB = 60°$.

将 AC 与 BD 的交点记作 P (见图 236(b)), 并记 $\angle MBC = \angle 1, \angle MCB = \angle 2, \angle BCA = \angle 3, \angle DBC = \angle 4$. 不难知道 $\angle 1 + \angle 2 = 90°$. 我们只需求出 $\angle BPA = \angle 3 + \angle 4$ ($\triangle BPC$ 的外角).

由 $AB = BC$, 知 $\angle BAC = \angle 3$. 又由于菱形的对角线就是角平分线, 所以 $\angle C_1BM = \angle CBM = \angle 1$. 在 $\triangle ABC$ 中, 有 $180° - 2\angle 1 - 2\angle 3 = \angle ABC_1 = 60°$, 故知 $\angle 1 + \angle 3 = 60°$. 同理可知 $\angle 2 + \angle 4 = 60°$. 从而 $\angle BPA = \angle 3 + \angle 4 = (\angle 1 + \angle 3) + (\angle 2 + \angle 4) - (\angle 1 + \angle 2) = 60° + 60° - 90° = 30°$.

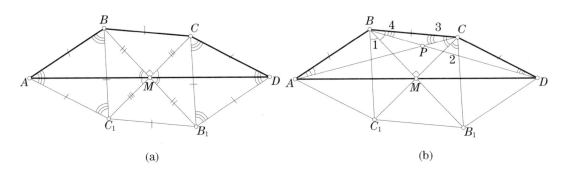

图 236

解法 2 设点 O, K, L 分别为边 BC, AC 和 BD 的中点, 点 P 是直线 AC 与 BD 的交点. 点 K 与点 L 不会重合 (否则, $ABCD$ 为菱形, $\angle BMC < \angle BPC = 90°$, 与题中条件矛盾). 注意, $\angle BKC = \angle BMC = \angle BLC = 90°$ (等腰三角形底边上的中线就是该边上的高), 所以, 点 K, M, L 都在以 BC 作为直径的圆上. 弦 KM 作为 $\triangle ACD$ 的中位线, 等于 $\frac{1}{2}CD = OC$, 所以 $\triangle KOM$ 是等边三角形, $\angle MOK = 60°$. 同理, $\angle MOL = 60°$, 因此

$\angle KOL = 120°$. $\angle KBL$ 是弧 $\overset{\frown}{KL}$ 或其补弧①所对的圆周角, 所以它等于 $60°$ 或 $120°$. 无论如何, 这都表明在 $\triangle BKP$ 中, 有 $\angle B = 60°$, 所以 $\angle BPK = 30°$.

▽. 上述证明对于非凸四边形 $ABCD$ 仍然适用.

450. 答案: 还有两届: 第 81 届 (2018 年), 第 92 届 (2029 年).

假设在某一年中出现所说的现象. 当届数是两位数时, 则该年年号的末尾两位数与届数的和是 11 的倍数 (两个由数字 a 和 b 按不同顺序构成的数的和等于 $11(a+b)$). 由于每过一年该和增加 2, 所以这种现象至多经过 11 年重复出现一次. 事实上, 第 81 届莫斯科数学奥林匹克和第 92 届莫斯科数学奥林匹克分别于 2018 年和 2029 年举办, 都出现了所说的现象.

如果竞赛届数是 3 位数, 那么届数的第二位数字应当与年号的倒数第二位数字相同, 因此, 年号与届数之差的倒数第二位数字只能是 0 或 9. 但事实上, 这个差数永远是 1937, 此为矛盾.

如果竞赛届数是 4 位数, 那么届数就是年号的倒置②, 此时两者的各位数字之和相等, 从而它们被 9 除的余数相同, 说明它们的差是 9 的倍数. 但事实上 1937 被 9 除的余数是 2, 亦为矛盾.

所以 2029 年以后不再会出现所说的现象.

451. 答案: $\dfrac{ab}{c}$.

解法 1 设直线 AB 与 CD 交点的纵坐标是 l_0, 则直线 AB 的方程是 $y = kx + l_0$, 因此, a 和 b 是方程 $x^2 - kx - l_0 = 0$ 的根. 根据韦达定理, 它们的乘积等于 $-l_0$. 同理, C 和 D 横坐标的乘积等于 $-l_0$. 因此, D 的横坐标是 $\dfrac{-l_0}{c} = \dfrac{ab}{c}$.

解法 2 设点 D 的横坐标为 d, 我们来证明 $ab = cd$, 由此即可得出 $d = \dfrac{ab}{c}$.

观察点 $A(a, a^2)$ 和 $B(b, b^2)$, 可能有如下两种情况.

情况 1 直线 AB 与 CD 的交点 P 位于上半平面中 (见图 237(a)). 分别作 Ox 轴的垂线 AA_1 和 BB_1, 得到梯形 ABB_1A_1. 它的两底长度分别为 a^2 和 b^2, 线段 OP 与两底平行, 它把腰分成的两段之比为 $OA_1 : OB_1 = |a| : |b| = \sqrt{a^2} : \sqrt{b^2}$. 因而线段 OP 把梯形分为两个彼此相似的梯形, 所以 $a^2 : OP = OP : b^2$, 由此即得 $OP = -ab$. 经过对点 C 和 D 的类似讨论, 可知 $OP = -cd$.

情况 2 直线 AB 与 CD 的交点 P 位于下半平面中 (见图 237(b)). 分别作 Oy 轴的垂线 AA_1 和 BB_1. 显然 $\triangle PAA_1 \sim \triangle PBB_1$, 故而 $PA_1 : PB_1 = AA_1 : BB_1$, 亦即 $\dfrac{OP + a^2}{OP + b^2} = \dfrac{a}{b}$, 由此知 $OP = ab$. 经过对点 C 和 D 的类似讨论, 亦得 $OP = cd$.

▽. 本题中的断言类似于一个关于圆的弦的乘积的定理, 即所谓伽利略几何定理. 欲进一步了解该问题, 可阅读有关书籍, 例如 А. В. Хачатуряна 所著《Геометрия Галилея》, 该书由莫斯科不间断数学教育中心出版, 2005.

452. 答案: $(2,3)$; $(3,5,7)$.

---

① 圆周上的任意两点, 只要不是对径点, 都将圆周分成一段劣弧和一段优弧, 这两段弧互称补弧. —— 编译者注

② 这 1000 年中, 最大的届数是 1070, 最大的年号是 3007, 所以当竞赛届数是 4 位数时, 年号也是 4 位数. —— 编译者注

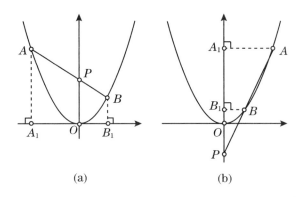

图 237

设数列的公差为 d.

如果 $d=1$, 则数列中存在偶数. 质数中只有一个偶数 2, 所以所言的数列为 $(2,3)$.

如果 $d=2$, 则数列中相连的 3 项 $(a, a+2, a+4)$ 被 3 除的余数各不相同, 所以其中必有一项是 3 的倍数, 而它又是质数, 所以这一项只能为 3. 由此得到数列 $(3,5,7)$.

如果 $d>2$, 则数列中最后面的 $d-1$ 项被 $d-1$ 除的余数各不相同, 所以其中必有一项是 $d-1$ 的倍数, 将其记作 a. 由于 $d-1>1$, 而 a 为质数, 所以 $a=d-1<d$. 由于 $a+(d-1)d=(d-1)(d+1)$ 不是质数, 所以 $a+(d-1)d$ 不是数列中的项, 但是数列中的项多于 d 项, 这就表明 $a-d$ 是数列中的项, 因而 $a-d$ 是正数 (质数都是正整数), 此为矛盾.

综合上述, 满足要求的数列只有 $(2,3)$ 和 $(3,5,7)$.

453. 答案: 不一定.

我们来观察以 O 为圆心, 以 1 为半径的半圆. 将包含着它的直径的直线记为 ℓ. 我们可以将所给定的三角形平移, 使得它的一个顶点位于 ℓ 上的某点 X 处, 其余两个顶点则同半圆在 ℓ 的同一侧. 再将三角形平移一个向量 $\overrightarrow{XO}$, 则它的一个顶点在半圆的圆心上, 而其余两个顶点都在圆周上. 所以, 以 1 为半径的半圆具有题中所述的性质.

还有别的凸图形也具有题中所述的性质, 例如, 两个半径为 1 的半圆的公共部分, 只要这两个半圆相互间的位置恰当, 它们的公共部分就能具有所述的性质[1].

454. a) 如果两支球队 "赢的场数相同, 败的场数相同, 平的场数也相同", 则称为 "战况相同", 简称为 "同况". 由所有相互同况的队构成的组称为 "同况组".

如果两支球队所得总分相同, 则它们所平的场数的差是 3 的倍数[2]. 每个队所平的场数介于 0 和 $n-1$ 之间. 所以, "同况组" 的数目不超过 $k=\left[\dfrac{n+2}{3}\right]$, 即不小于 $\dfrac{n}{3}$ 的最小整数. 这就表明, 可以找到这样的同况组, 其中不少于 3 支球队. 假设所有的同况组都是由 3 支甚至更少的球队组成的, 那么就刚好有 k 个同况组 (否则, 就有 $n<3k-2$ 和 $\left[\dfrac{n+2}{3}\right]<k$, 导致矛盾). 我们来看, 平的场数最少的同况组 G_1 和平的场数最多的同况组 G_2.

---

[1] 例如, 两个半径为 1, 圆心距也为 1 的圆的公共部分就具有所述的性质. —— 编译者注

[2] 设第一个队赢了 x_1 场, 输了 y_1 场, 平了 $n-x_1-y_1$ 场; 设第二个队赢了 x_2 场, 输了 y_2 场, 平了 $n-x_2-y_2$ 场. 由于它们所得总分相同, 所以 $3x_1+(n-x_1-y_1)=3x_2+(n-x_2-y_2) \Longrightarrow 2x_1-y_1=2x_2-y_2 \Longrightarrow 2(x_1-x_2)=y_1-y_2$, 因此, 它们所平的场数的差 $(n-x_2-y_2)-(n-x_1-y_1)=(x_1-x_2)+(y_1-y_2)=3(x_1-x_2)$ 是 3 的倍数. —— 编译者注

如果 $n=3k-2$, 则 G_1 中各球队平的场数均为 0, 而 G_2 中各球队平的场数均为 $3k-3$. 这意味着 G_2 中各球队每一场球都踢平, 包括与 G_1 中各球队也是踢平, 但是 G_1 中各球队平的场数均为 0, 此为矛盾.

如果 $n=3k-1$, 且 G_1 中各球队平的场数均为 l, 则 G_2 中各球队平的场数均为 $l+3k-3$. 这意味着 G_2 中各球队都有 $1-l$ 场球不是平局. 如果 $l=1$, 则 G_2 中只能有 1 支球队, 因若 G_2 中至少有两支球队的话, 那么由于它们都与 G_1 中各球队踢平, 从而各球队平的场数至少为 $2>1=l$, 此为矛盾. 如果 $l=0$, 则 G_1 中只能有 1 支球队, 因若 G_1 中至少有两支球队的话, 那么由于它们都与 G_2 中各球队分出胜负, 从而 G_2 中各球队未踢平的场数至少为 $2>1$, 此亦为矛盾. 因此, 或者 G_1 中, 或者 G_2 中, 只能有 1 支球队. 而这样一来, 其余的球队不能分成 $k-1$ 个同况组, 使得每个同况组中的球队数目都不超过 3, 此为矛盾.

如果 $n=3k$, 则每个同况组里都应当是 3 个队. 在此, 如果 G_1 中每个队都踢平 l 场球, 那么 G_2 中每个队都应有 $2-l$ 场球未踢平[①]. 于是这两个同况组间的球队与球队的比赛共进行了 $3l+3(2-l)=6$ 场比赛, 这是不符合事实的.

综合上述即知, 一定存在至少包含 4 个球队的同况组, 意即可以找到 4 支球队, 它们赢的场数相同, 败的场数相同, 平的场数也相同.

b) 对于 $n=10$, 不难造出这样的例子, 其中存在 3 个 "同况组": 第一组中每个队都赢 1 场, 平 8 场; 第二组中每个队都赢 2 场, 输 2 场, 平 5 场; 第三组中每个队都赢 3 场, 输 4 场, 平 2 场; 于是各个队的总分都是 11 分. 但是却可能有多种不同的情况 (见图 238): 在图 238(a) 中, 第一组和第三组各两个队, 第二组 6 个队; 在图 238(b) 中, 第一组和第三组各 3 个队, 第二组 4 个队. 这表明, 在 $n=10$ 时不一定找到 5 支战况相同的球队. 下面证明, 当 $n<10$ 时, 均一定找到 5 支战况相同的球队.

考察不是所有的球队都 "战况相同" 的情形. 于是可以找到两种类型的球队, 其中第一种类型的球队 "赢多输少", 即所赢的场数多于所输的场数; 第二种类型的球队则 "赢少输多", 即所赢的场数少于所输的场数.

首先假定存在这样两支球队, 它们的输赢场数之差都是 1: 第一个队赢了 x 场, 输了 $x-1$ 场, 平了 $n-2x$ 场; 第二个队赢了 $y-1$ 场, 输了 y 场, 平了 $n-2y$ 场. 由于两队所得总分相同, 故有 $3x+(n-2x)=3(y-1)+(n-2y)$, 亦即 $x=y-3$. 由于 $n-2y \geqslant 0$, 所以 $n-2x \geqslant 6$. 又由于 $x \geqslant 1$, 所以 $n \geqslant 8$. 再设存在这样的一些球队, 它们的输赢场数之差都大于 1. 经过类似的讨论, 可知存在这样的球队, 它至少踢平了 9 场. 如此一来, 不等式 $n \geqslant 8$ 是永远成立的, 而不等式 $n<10$ 仅在各个队的输赢场数之差都不超过 1 时才可能成立.

现设 $n=8$. 正如上面所证, 有 k 支球队, 它们中的每一支都是赢的场次比输的场次多 1; 另有 k 支球队, 它们中的每一支都是赢的场次比输的场次少 1; 其余 $8-2k$ 支球队, 它们中的每一支都是输赢场次一样多. 在此, 第一组中的每支球队平的场数比第二组中的每支球队平的场数多 6. 那么这仅有一种可能, 即第一组中的球队都是赢 1 场, 平 6 场; 相应地, 第二组中的球队都是赢 3 场, 输 4 场. 第一组的球队与第二组的球队共进

[①] 因为共有 k 个同况组, 各组平的场数差是 3 的倍数, 所以 G_2 中每个队所平的场数为 $l+3(k-1)$, 从而未踢平的场数为 $(3k-1)-(l+3k-3)=2-l$. —— 编译者注

	1	1	1	1	1	1	1	3	
1		1	1	1	1	1	3	1	
1	1		3	0	1	1	1	3	0
1	1	0		3	1	1	1	3	0
1	1	3	0		1	1	1	3	0
1	1	1	1	1		3	0	0	3
1	1	1	1	1	0		3	0	3
1	1	1	1	1	3	0		0	3
1	0	0	0	0	3	3	3		1
0	1	3	3	3	0	0	0	1	

(a)

	1	1	1	1	1	3	1	1
1		1	1	1	1	1	3	1
1	1		1	1	1	1	1	3
1	1	1		0	1	1	0	3	3
1	1	1	3		1	1	0	0	3
1	1	1	1	1		3	3	0	0
1	1	1	1	1	0		3	3	0
0	1	1	3	3	0	0		3	0
1	0	1	0	3	3	0	0		3
1	1	0	0	0	3	3	3	0	

(b)

图 238

行了 k^2 场比赛, 其中没有平局 (因为第二组中的球队的战况中没有平局), 但仅有 k 场比赛未踢平 (因为第一组中的球队的战况中都仅有一场未踢平), 这意味着 $k^2 \leqslant k$, 意即 $k = 1$ 和 $n - 2k = 8 - 2k > 4$. (存在这样的比赛结局.) 类似可证, 当 $n = 9$ 时, 有 $k \leqslant 2$ 和 $n - 2k = 9 - 2k > 4$.

455. 解法 1 设点 T 关于直线 BC, CA 和 AB 的对称点分别是 T_a, T_b 和 T_c, 而 $\triangle T_a T_b T_c$ 的外心是 T'. 由于 $CT_a = CT = CT_b$, 所以直线 CT' 是线段 $T_a T_b$ 的中垂线和角 $\angle T_a C T_b$ 的平分线, 因此, 直线 CT 和 CT' 关于 $\angle C$ 的平分线对称. 同理, 直线 BT 和 BT' 关于 $\angle B$ 的平分线对称, 直线 AT 和 AT' 关于 $\angle A$ 的平分线对称 (见图 239(a)).

再设 T'_a, T'_b 和 T'_c 分别是设点 T' 关于直线 BC, CA 和 AB 的对称点. 经过与上面类似的讨论, 可知点 T 是 $\triangle T'_a T'_b T'_c$ 的外心, 而直线 BC, CA 和 AB 分别是它的三条边的中垂线. 这意味着该三角形的 3 个内角都是 $60°$, 从而该三角形是等边三角形. 因而, 点 T'_a, T'_b 和 T'_c 分别在直线 AT, BT 和 CT 上, 而 AT, BT 和 CT 分别关于 BC, CA 和 AB 的对称直线都经过点 T'(见图 239(b)).

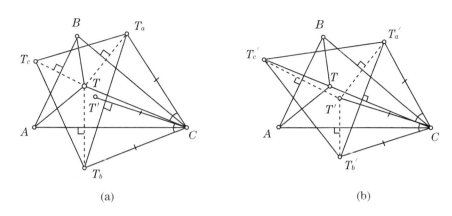

图 239

▽. 该解答中所用到的点 T' 是点 T 关于平面上除三角形顶点之外的任意一点 P 的对称点. 相应的点 P' 称为点 P 的等角伴随点.

点 T 和 T' 分别称为 $\triangle ABC$ 的第一托里拆利点 (即费马点) 和第一阿波罗尼奥斯点. 关于这些点以及等角伴随点的性质, 可参阅有关资料, 例如, 发表在《Математическое просвещение》第 11 辑中的有关文章.

解法 2 在解法 1 中所定义的点 T'_c 具有如下性质: $\angle T'_c AB = \angle TAC, \angle T'_c BA = \angle TBC$, 意即直线 $T'_c A$ 和 CA 关于 $\angle TAB$ 的平分线对称, 而直线 $T'_c B$ 和 CB 关于 $\angle TBA$ 的平分线对称. 这意味着, 点 T'_c 与点 C 是关于 $\triangle TBA$ 的等角伴随点. 既然点 C 位于该三角形中的 $\angle ATB$ 的平分线上, 所以点 T'_c 也在该平分线上, 亦即直线 CT 经过点 T'_c, 因此, 它的关于 AB 对称的直线经过点 T'. 同理可证, 另外两条直线也经过点 T'.

▽. 有趣的是, 本题中的断言可以陈述为如下形式: 如果由点 T 以相同的速度朝着与三角形 3 个顶点相反的方向同时发出 3 个台球, 则经过三角形的边弹射之后, 3 个台球撞击在一起. 事实上, 由上述解法 1 看出: 三个台球到达点 T' 的路径长度分别等于 TT'_a, TT'_b 和 TT'_c, 它们都等于 $\triangle T'_a T'_b T'_c$ 的外接圆半径, 所以彼此相等.

456. 答案: $\dfrac{1}{4}$.

解法 1 将单位正方形的 4 个顶点分别记为 A, B, C, D, 使得点 L 在边 AB 上, 点 M 在边 BC 上, 点 N 在边 CD 上, 点 K 在边 AD 上. 将线段 KM 与 LN 的交点记作 O, 并设线段 AL 与 AK 的长度分别为 x 和 y. 于是由勾股定理, 得 $1-x-y = \sqrt{x^2+y^2}$. 两端平方, 得 $1 = 2x+2y-2xy$. 因而有 $ADLNBC$ 和 $ABKMCD$, 故 $OL = y, OK = x$, 从而 $OM = 1-x, ON = 1-y$. 这表明 $NC = 1-x, MC = 1-y$. 所以 $\triangle NMC$ 的面积等于 $\dfrac{1}{2} NC \cdot MC = \dfrac{1}{2}(1-x)(1-y) = \dfrac{1}{2}(1-x-y+xy) = \dfrac{1}{4}$.

解法 2 如同解法 1 那样为正方形的顶点标注字母. 考察正方形的内切圆 ω. 将其与边 AD 和边 AB 的切点分别记为 K' 和 L', 它们分别是边 AD 和边 AB 的中点. 由于 $\triangle AKL$ 的周长是线段 AK' 的 2 倍, 故可推知圆 ω 是 $\triangle AKL$ 的旁切圆. 利用半周长、边长以及与该边相切的旁切圆的半径来表示三角形的面积, 得知 $S_{AKL} = \dfrac{1}{2}\left(\dfrac{1}{2} - KL\right)$. 这意

味着

$$S_{MNC} = \frac{1}{2}S_{MONC} = \frac{1}{2}(1 - S_{MKAB} - S_{NLAD} + 2S_{AKL})$$
$$= \frac{1}{2}\left(1 - AK - AL + \frac{1}{2} - KL\right) = \frac{1}{4}.$$

457. 答案: 不能.

将外面五边形的所有顶点依次记为 A, B, C, D, E, 而内部五角星的五个相应的顶点则为 A', B', C', D', E'. 我们来证明, 对于每种至少染了外面五边形的一条边的颜色, 都对应地有内部五角星的两条边也染为这种颜色.

显然, 利用这一结论就可以给出题目中的答案了: 因为五边形的 5 条边至少需要染为 3 种不同颜色. 事实上, 两种颜色是不够的, 这是由于 5 是奇数, 不可能交替地用两种颜色. 既然每种颜色都要在五角星中染两条边, 于是 3 种颜色就要染 6 条边, 然而五角星却一共只有 5 条边, 此为矛盾!

我们来看外面五边形的任意一条边, 例如 AB. 假设 AB 是蓝色, 于是 AA' 与 BB' 都不能为蓝色. 我们来证明, 五角星上有一条以 A' 为端点的边和一条以 B' 为端点的边是蓝色的. 事实上, 五角星上以 A' 为端点的两条边都应与 AA' 异色, 并且它们之间又应相互异色, 换言之, 以 A' 为端点的 3 条线段应当是 3 种不同颜色. 既然 AA' 不是蓝色, 所以有一条以 A' 为端点的五角星上的边是蓝色的. 同理, 也应有一条以 B' 为端点的五角星上的边是蓝色的.

▽. 本题中所出现的图就是著名的彼得森图[①].

458. 答案: 不存在这样的正整数.

假设存在这样的正整数 x 与 y.

若 $x = y$, 则 $x^2 + x + 1 = x^n$, 此时, 等式右端是 x 的方幂, 这意味着左端的数是 x 的整数倍, 而这仅当 $x = 1$ 时才行, 然而这样一来, 原等式变为 $3 = 1$, 此为矛盾.

若 $x \neq y$, 不失一般性, 可设 $x > y$, 于是 $x^2 > y^2 + y + 1$, 从而只能是 $y^2 + y + 1 = x^1$, 于是就又有 $(y^2 + y + 1)^2 + (y^2 + y + 1) + 1 = x^2 + x + 1 = y^n$, 去括号, 得 $y^4 + 2y^3 + 4y^2 + 3y + 3 = y^n$. 其右端可被 y 整除, 因而左端亦然, 从而 y 是 3 的约数. 然而, 无论是 3 还是 1, 都不能满足要求.

459. 同第 448 题.

460. 由于 $\angle XAB = \angle XBC$, 所以所有的点 X 都在经过点 A 和点 B 的同一个圆周 ω 上. 向直线 BP 作垂线 OY. 再由 $PX \perp OX$ 可知 Y, O, P, X 四点共圆, 由此亦得 $\angle BYX = \angle PYX = \angle POX = \angle BAX$. 这表明, 点 Y 亦在圆周 ω 上. 所以所有的点 P 都在经过点 B, 以及以 OB 作为直径的圆与 ω 的交点的一条直线上.

461. 答案: 可以.

记 $f(x) = \dfrac{1+x}{x}$, $g(x) = \dfrac{1-x}{x}$.

首先证明, 经过有限次这种操作, 可以得到 $f(x)$ 与 $g(x)$ 的反函数.

[①] Peterson graph, 一般译为彼得森图, 是一种有趣的简单连通图. 关于这种图的性质有许多讨论. —— 编译者注

易知, 当 $x \neq -1$ 时, 有
$$f(g(f(x))) = -x, \quad f(g(f(g(f(x))))) = \frac{1}{1+x}.$$

因此, 当 $x \neq -1$ 时, 有
$$f(g(f(g(f(g(f(x))))))) = x;$$

当 $x \neq 1$ 时, 有
$$f(g(f(g(f(g(x)))))) = x.$$

由以上知, 我们可由 2 得到 -2, 以及反之. 又因 $f(-2) = \frac{1}{2}$, $g\left(\frac{1}{2}\right) = 1$, 这就表明, 我们可由 2 得到 1.

由于 $g(-1) = -2$, 而由 -2 可得 2, 因此可由 -1 得到 2.

由于 $g(2) = -\frac{1}{2}$, $f\left(-\frac{1}{2}\right) = -1$, 故可由 -2 得到 -1.

综合上述, 我们已经证得操作的可逆性.

下面我们来证明, 从 1 出发, 可通过有限次所说的操作, 得到任何有理数. 分别对分子和分母运用数学归纳法. 将我们所要得到的有理数表示为既约分数 $\frac{m}{n}$.

当 $m+n=2$ 时, 结论显然成立. 假设当 $m+n < k$ 时, 可从 1 出发, 通过有限次这种操作, 得到有理数 $\frac{m}{n}$. 我们来证明, 当 $m+n=k$ 时, 仍可从 1 出发, 通过有限次所说的操作, 得到有理数 $\frac{m}{n}$.

如果 $m > n$, 则因
$$\frac{m}{n} = 1 + \frac{1}{\dfrac{n}{m-n}} \quad \text{和} \quad n + (m-n) = m < m+n,$$

而由归纳假设知, 有理数 $\frac{n}{m-n}$ 可由 1(通过有限次所说的操作) 得到. 如果 $m < n$, 则因
$$\frac{m}{n} = \frac{1}{1 + \dfrac{n-m}{m}} \quad \text{和} \quad (n-m) + m = n < m+n,$$

而由归纳假设知, 有理数 $\frac{n-m}{m}$ 可由 1 得到. 因此, $\frac{m}{n}$ 可由 1(通过有限次所说的操作) 得到. 这就证得了, 可由 1(通过有限次所说的操作) 得到任何有理数.

再由上述操作的可逆性, 知可由任何有理数出发, 通过有限次所说的操作, 得到 1.

综合上述两方面, 即知: 任何有理数出发, 都可通过有限次这种操作, 得到任何有理数.

462. 答案: 可以使得最小相邻号码差大于 3, 最小相邻号码差的最大可能值是 9.

事实上, 如果按照如下方式编号, 就可使得最小相邻号码差为 9:

$$1, 11, 2, 12, 3, 13, 4, 14, 5, 15, 6, 16, 7, 17, 8, 18, 9, 19, 10, 20.$$

最小相邻号码差不可能达到 10, 因为 10 号扇形有两个相邻的扇形, 而与 10 相差 10 的号码只有一个 (即 20 号).

463. 答案: 第二个方程有 4014 个根.

将第二个方程变形

$$4^x + 4^{-x} = 2\cos ax + 4 \iff 4^x - 2 + 4^{-x} = 2(1 + \cos ax)$$
$$\iff (2^x - 2^{-x})^2 = 4\cos^2 \frac{ax}{2}$$
$$\iff \begin{cases} 4^{\frac{x}{2}} - 4^{-\frac{x}{2}} = 2\cos \frac{ax}{2} \\ 4^{\frac{x}{2}} - 4^{-\frac{x}{2}} = -2\cos \frac{ax}{2} \end{cases}$$
$$\iff \begin{cases} 4^{\frac{x}{2}} - 4^{-\frac{x}{2}} = 2\cos \frac{ax}{2}, \\ 4^{-\frac{x}{2}} - 4^{\frac{x}{2}} = 2\cos \frac{ax}{2}. \end{cases}$$

如果对最后这个方程组中的两个方程分别采用变量代换 $x = 2y$ 和 $x = -2z$, 则都变为第一个方程. 所以它们中的每一个都有 2007 个根. 但这两个方程不可能有公共根, 事实上, 如果存在公共根 $x = x_0$, 那么则会有 $4^{-\frac{x_0}{2}} - 4^{\frac{x_0}{2}} = 0$ 和 $\cos \frac{ax_0}{2} = 0$, 然而这两者是不可能同时成立的. 所以, 这两个方程不可能有公共根. 因此, 它们一共有 $2 \times 2007 = 4014$ 个根.

464. 答案: 6, 42, 1806.

设 k 个互不相同的质数的乘积 $n = p_1 \cdot p_2 \cdot \cdots \cdot p_k$ 满足题中条件, 其中 $p_1 < p_2 < \cdots < p_k$, $k \geqslant 2$. 由于质数中只有一个偶数 2, 所以 p_2 一定是奇数. 由于 n 可被偶数 $p_2 - 1$ 整除, 所以 n 是偶数, 因此 $p_1 = 2$. 数 $n = p_1 \cdot p_2 \cdot \cdots \cdot p_k$ 在区间 $(0, p_2)$ 中只有一个约数 p_1, 而 $p_2 - 1$ 也是它在该区间中的约数, 所以 $p_2 - 1 = p_1 = 2$, 亦即 $p_2 = 3$, 因此, n 可以是 $2 \times 3 = 6$.

如果 $k \geqslant 3$, 则根据题意, $p_3 - 1$ 是 n 的约数, 该数属于区间 (p_2, p_3). 而属于该区间的 n 的约数只可能有一个, 即 $p_1 \cdot p_2 = 6$. 因此, $p_3 = p_1 \cdot p_2 + 1 = 7$. 整数 $2 \times 3 \times 7 = 42$ 满足题中条件.

如果 $k \geqslant 4$, 则根据题意, $p_4 - 1$ 是 n 的约数, 该数属于区间 (p_3, p_4). 由上面的推导, 知属于该区间的 n 的约数只可能有一个, 即 $p_1 \cdot p_2 \cdot p_3 = 42$. 因此, $p_4 = p_1 \cdot p_2 \cdot p_3 + 1 = 43$. 整数 $2 \times 3 \times 7 \times 43 = 1806$ 满足题中条件.

如果 $k \geqslant 5$, 则根据题意, $p_5 - 1$ 是 n 的约数, 该数属于区间 (p_4, p_5). 由 n 为偶数, 知它的属于该区间的约数只能为 $p_1 \cdot p_4 = 86, p_1 \cdot p_2 \cdot p_4 = 258, p_1 \cdot p_3 \cdot p_4 = 602$ 和 $p_1 \cdot p_2 \cdot p_3 \cdot p_4 = 1806$. 质数 p_5 只能为这些约数中的某一个加 1, 然而, 87, 259, 603, 1807 却都是合数. 这表明, n 不可能有多于 4 个质约数.

465. 答案: $n = 5$.

由正弦定理知, 对 $k = 1, 2, \cdots, n$, 在 $\triangle SA_kO$ 中有

$$\sin \angle SOA_k = \frac{SA_k}{SO} \sin \angle SA_kO.$$

既然有 $SA_1 = SA_2 = \cdots = SA_n$ 和 $\angle SA_1O = \angle SA_2O = \cdots = \angle SA_nO$, 所以上式表明

$$\sin \angle SOA_1 = \sin \angle SOA_2 = \cdots = \sin \angle SOA_n.$$

这样一来, 对于每个 k, $\angle SOA_k$ 都只能取两个值之一, 而只要取定该值, 再结合 SO 和 SA_k, 即可确定 $\triangle SA_kO$.

如果 $n \geqslant 5$, 则在诸 $\triangle SA_kO$ 中, 至少有 3 个相互全等, 为确定起见, 设 $\triangle SA_1O \cong \triangle SA_2O \cong \triangle SA_3O$. 由 $OA_1 = OA_2 = OA_3$ 知, 点 O 是 $\triangle A_1A_2A_3$ 的外心. 设 SH 是三棱锥 $SA_1A_2A_3$ 的高, 则 H 也是 $\triangle A_1A_2A_3$ 的外心, 所以 $H = O$.

当 $n = 4$ 时, 由题中条件不一定能推出 SO 是棱锥的高. 例如, 若 $A_1A_2A_3A_4$ 是等腰梯形, 其中 $A_1A_2 = A_3A_4$, 点 O 是它的两条对角线的交点, H 是它的外心. 如果经过点 H 作 $A_1A_2A_3A_4$ 所在平面的垂线, 在该垂线上任取一点 S, 则四棱锥 $SA_1A_2A_3A_4$ 满足题中所有条件. 事实上, 现在有 $\triangle SHA_1 \cong \triangle SHA_2 \cong \triangle SHA_3 \cong \triangle SHA_4$(因为这些直角三角形中的两条直角边对应相等), 因此, 第一, 我们有 $SA_1 = SA_2 = SA_3 = SA_4$; 第二, 易知 $\triangle SA_1A_3 \cong \triangle SA_2A_4$, 所以 $\angle SA_1O = \angle SA_2O = \angle SA_3O = \angle SA_4O$. 但是, 却有 $H \neq O$(见图 240). 因此, 当 $n \leqslant 4$ 时, 不能由题中条件推出 SO 是棱锥的高 (可按前述的办法, 考察它的一个部分三棱锥 $SA_1A_2A_3$).

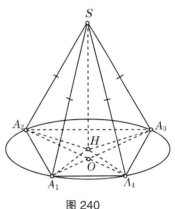

图 240

466. 答案: $2n - 4$ 个.

易知, 如果能从某个着色状态 P 出发, 经过题述的染色过程, 使得表中所有方格都成为黑色; 那么只要把整个过程反向进行, 就可以从全黑状态回到状态 P. 在这种反向过程中, 整行整列的恒同着色 (即所有方格都保持原色) 和反转着色 (即所有方格都变为与原来相反的颜色, 黑变白, 白变黑) 仍然变为恒同着色和反转着色. 因此, 状态 P 的各行本来就只有两种不同情况, 即或者与第一行相同, 或者是它的反转. 反之, 从任何一种具有这种性质的状态出发, 可以先将各行全都变为同一情况, 然后在必要时, 通过列的变化, 变为全黑. 而每一种这样的着色状态, 都具备下列条件之一:

$1°$. 每一行中的方格均为同一颜色. 此时, 由题中条件可知, 第一行与最后一行均为全黑, 因此, 黑格不少于 $2n$ 个.

$2°$. 每一行中不少于两个黑格, 因此, 黑格不少于 $2n$ 个.

$3°$. 存在一行, 其中刚好有一个黑格, 此时, 或者第一行, 或者最后一行的情况与它不同, 因而是它的反转, 亦即有 $n-1$ 个黑格, 因此, 黑格数目不少于 $(n-1) \cdot 1 + 1 \cdot (n-1) = 2n - 2$ 个.

综合上述知, 着色状态 P 中不可能少于 $2n - 2$ 个黑格. 这就表明, 至少需要预先染黑 $2n - 4$ 个方格. 图 241 中的 $n \times n$ 方格表中, 第二行至最后一行都是第一行的反转, 其中预先染黑的方格恰好为 $2n - 4$ 个.

467. 设 γ_A 与 γ_C 分别是 $\triangle AHC'$ 与 $\triangle CHA'$ 的外接圆. 由于点 B 和点 H 关于 $\triangle ABC$ 的中位线 $C'A'$ 对称, 所以 $C'H = C'B = C'A$, $A'H = A'B = A'C$, 意即 $\triangle AHC'$

与 $\triangle CHA'$ 都是等腰三角形. 因此, $A'C'$ (AC) 是 $\triangle AHC'$ 与 $\triangle CHA'$ 的公切线.

设 S 为直线 HM 与 $A'C'$ 的交点, 则有 $SC'^2 = SM \cdot SH = SA'^2$, 意即 S 为 $A'C'$ 的中点, 且 $\angle CBB' = \angle CBS$(参阅图 242). 设 γ_B 是 $\triangle BA'C'$ 的外接圆. 我们来证明, 点 M 位于圆 γ_B 上. 事实上, 若记 $\triangle ABC$ 的三个内角为 α, β 和 γ, 则有 $\angle C'MA' = 2\pi - \angle C'MH - \angle C'MA' = 2\pi - (\pi - \alpha) - (\pi - \gamma) = \pi - \beta$.

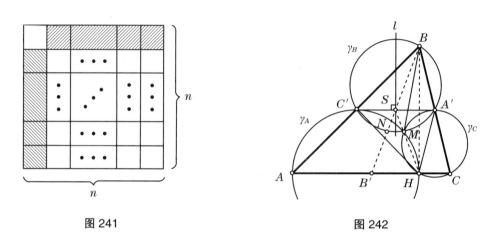

图 241 图 242

设 l 为 $A'C'$ 的中垂线. 圆 γ_B 关于 l 对称. 由于 $\angle HSC' = \angle BSC' = \angle A'SB'$, 所以线段 SH 与 SB' 关于 l 对称. 这表明, M 关于 l 的对称点 N 在圆 γ_B 和线段 BB' 上, 且 $\stackrel{\frown}{C'M} = \stackrel{\frown}{NA'}$, 因此它们所对的圆周角相等, 故 $\angle C'BM = \angle NBA'$. 从而, $\angle ABM = \angle C'BM = \angle NBA' = \angle CBB'$.

468. 答案: a) 不行; b) 可以.

a) 解法 1 假设科莉亚指出了 3 条直线 l_1, l_2, l_3. 不失一般性, 我们可认为所指出的直线各不相同, 且都与圆至少有一个公共点. 我们来证明, 可以找到两个满足题中条件的多边形, 它们都与所给 3 条直线相交, 而它们的周长至少相差 0.6.

直线 l_1 将圆周所分成的两段弧的中点分别记作 A 和 B(则 AB 就是该圆的直径). 再设 C 和 D 分别是直线 l_2, l_3 与圆交出的不同于点 A 和 B 的交点. 以 A, B, C 和 D 为顶点的四边形满足题中条件, 且与 3 条直线 l_1, l_2, l_3 都相交, 它的周长 P_1 不超过线段 AC, CB, AD 和 DB 的长度之和, 因此也不超过圆内接正方形的周长, 意即 $P_1 \leq 4\sqrt{2} < 4 \times 1.42 = 5.68$. 通过在所给的圆周上增加多边形的顶点, 可使多边形的周长 P_2 接近于 2π, 亦即 $2\pi > 2 \times 2.14 = 4.28$.

由于科莉亚不能 "区分" 两个所述的多边形, 从而她不能保证误差不超过 $0.3 < \frac{P_2 - P_1}{2}$.

解法 2 假设科莉亚成功地想出了一个 3 步之内使得误差不超过 0.3 的猜测周长的办法. 对于每一步中科莉亚所指出的直线, 米莎都将告诉她该直线是否与多边形相交. 根据假设, 对于所有可能的 8 种回答中的每一种, 科莉亚都有办法给出周长的误差不超过 0.3 的估计值. 因此, 周长的实际值属于 8 个区间之一, 它们的长度之和不超过 $8 \times 0.6 = 4.8$. 另一方面, 根据题中条件, 多边形的周长可取区间 $(0, 2\pi)$ 中的任何值, 其长度为 $2\pi > 4.8$. 因此, 存在这样的多边形, 使得科莉亚不能按照所要求的误差范围给出它的周长的估计值. 此为矛盾.

b) 以给定的单位圆的圆心 O 为原点建立直角坐标系 Oxy. 设 q 为正整数. 对于任何 $k = 0, 1, 2, \cdots, q-1$, 以 Ox_k 表示将数轴 Ox 绕原点 O 逆时针旋转角度 $\varphi_k = \dfrac{k\pi}{q}$ 所得的轴, 而 $Ox_0 = Ox$.

对于任何正整数 p, 在每个 $k = 0, 1, 2, \cdots, q-1$ 之下, 我们都能对所猜测的多边形在轴 Ox_k 上的正交投影 $[a_k, b_k]$ $(a_k \leqslant 0 \leqslant b_k)$ 的长度 d_k 给出一个精确度为 $\dfrac{1}{2^p}$ 的估计值 $\hat{d}_k$. 为此, 我们依次指出轴 Ox_k 的 p 条垂线 $l_{k,m}$, 它们的垂足在轴 Ox_k 上的坐标记为 $\dfrac{r_m}{2^m}$ $(m = 1, 2, \cdots, p)$, 其中, $r_1 = 1$, 而

$$r_{m+1} = \begin{cases} 2r_m + 1, & \text{若垂线 } l_{k,m} \text{ 与多边形相交}, \\ 2r_m - 1, & \text{若垂线 } l_{k,m} \text{ 不与多边形相交}. \end{cases}$$

于是, $\dfrac{r_{p+1}}{2^{p+1}}$ 的值与 b_k 的值相差不超过 $\dfrac{1}{2^{p+1}}$. 经过类似的 p 次尝试, 亦能给出 a_k 的相同精确度的估计值.

我们来证明, 只要正确选择 p 和 q, 则 $2\sin\dfrac{\pi}{2q} \cdot \sum\limits_{k=0}^{q-1} \hat{d}_k$ 就是所猜测的多边形周长 P 的具有所要求的精度的估计值. 设 n 为该多边形的边数, 将其各边分别记为 $\varDelta_j$ $(j = 1, 2, \cdots, n)$, 将边的长度记为 $|\varDelta_j|$, 并将其在轴 Ox_k 上的正交投影的长度记为 $D_{j,k}$. 区间 (a_k, b_k) 中的每个点都是所猜测的多边形周界上的刚好两个点的正交投影. 这意味着 $\sum\limits_{j=1}^{n} D_{j,k} = 2d_k$. 令

$$\varLambda_j = \sum_{k=0}^{q-1} D_{j,k} = \sum_{k=0}^{q-1} |\varDelta_j| \cdot \cos\vartheta_{k,j} = |\varDelta_j| \sum_{k=0}^{q-1} \cos(\psi_j + \varphi_k),$$

其中, $\vartheta_{k,j} \in \left[-\dfrac{\pi}{2}, \dfrac{\pi}{2}\right)$ 是边 $\varDelta_j$ 与轴 Ox_k 之间的夹角, $k = 1, 2, \cdots, q-1$; 其中的正负号按如下方式确定: 如果两者间的锐角在由边 $\varDelta_j$ 朝着与轴 Ox_k 平行的方向旋转时为逆时针方向, 则为正号, 否则为负号, 而 $\psi_j \in \left[-\dfrac{\pi}{2}, -\dfrac{\pi}{2} + \dfrac{\pi}{q}\right)$ 为这些值中的最小者. 我们有

$$\begin{aligned} 2\varLambda_j \sin\dfrac{\pi}{2q} &= |\varDelta_j| \sum_{k=0}^{q-1} 2\sin\dfrac{\pi}{2q} \cos(\psi_j + \varphi_k) \\ &= |\varDelta_j| \sum_{k=0}^{q-1} \left[\sin\left(\psi_j + \varphi_k + \dfrac{\pi}{2q}\right) - \sin\left(\psi_j + \varphi_k - \dfrac{\pi}{2q}\right)\right] \\ &= |\varDelta_j| \left[\sin\left(\psi_j + \dfrac{(2q-1)\pi}{2q}\right) - \sin\left(\psi_j - \dfrac{\pi}{2q}\right)\right] \\ &= 2|\varDelta_j| \cdot \sin\left(\psi_j + \dfrac{(2q-1)\pi}{2q}\right). \end{aligned}$$

由于 $\psi_j \in \left[-\dfrac{\pi}{2}, -\dfrac{\pi}{2}+\dfrac{\pi}{q}\right)$,故知 $\left|1-q-\dfrac{2q\psi_j}{\pi}\right| \leqslant 1$ 和

$$\begin{aligned}
\left||\Delta_j| - \Lambda_j \sin\dfrac{\pi}{2q}\right| &= |\Delta_j|\cdot\left|1-\sin\left(\psi_j + \dfrac{(2q-1)\pi}{2q}\right)\right|\\
&= |\Delta_j|\cdot\left[\cos\left(\dfrac{\psi_j}{2}+\dfrac{(2q-1)\pi}{4q}\right)-\sin\left(\dfrac{\psi_j}{2}+\dfrac{(2q-1)\pi}{4q}\right)\right]^2\\
&= 2|\Delta_j|\cdot\sin^2\left[\dfrac{\pi}{4}-\left(\dfrac{\psi_j}{2}+\dfrac{(2q-1)\pi}{4q}\right)\right]\\
&= 2|\Delta_j|\cdot\sin^2\left[\dfrac{(1-q)\pi}{4q}-\dfrac{\psi_j}{2}\right] \leqslant 2|\Delta_j|\cdot\left[\dfrac{(1-q)\pi}{4q}-\dfrac{\psi_j}{2}\right]^2\\
&= 2|\Delta_j|\cdot\dfrac{\pi^2}{16q^2}\left[1-q-\dfrac{2q\psi_j}{\pi}\right]^2 \leqslant \dfrac{\pi^2|\Delta_j|}{8q^2}.
\end{aligned}$$

由此和不等式 $P < 2\pi$,得知

$$\left|P-\sin\dfrac{\pi}{2q}\sum_{j=1}^n \Lambda_j\right| = \left|\sum_{j=1}^n\left(|\Delta_j|-\Lambda_j\sin\dfrac{\pi}{2q}\right)\right| \leqslant \sum_{j=1}^n \dfrac{\pi^2|\Delta_j|}{8q^2} = \dfrac{\pi^2 P}{8q^2} < \dfrac{\pi^3}{4q^2}.$$

此即表明

$$\begin{aligned}
\left|P - 2\sin\dfrac{\pi}{2q}\sum_{k=0}^{q-1} d_k\right| &= \left|P - 2\sin\dfrac{\pi}{2q}\sum_{k=0}^{q-1}\sum_{j=1}^n D_{j,k}\right|\\
&= \left|P - 2\sin\dfrac{\pi}{2q}\sum_{j=1}^n\sum_{k=0}^{q-1} D_{j,k}\right| = \left|P - 2\sin\dfrac{\pi}{2q}\sum_{j=1}^n \Lambda_j\right| < \dfrac{\pi^3}{4q^2}.
\end{aligned}$$

因此

$$\begin{aligned}
\left|P - 2\sin\dfrac{\pi}{2q}\sum_{k=0}^{q-1} \hat{d}_k\right| &\leqslant \left|P - 2\sin\dfrac{\pi}{2q}\sum_{k=0}^{q-1} d_k\right| + 2\sin\dfrac{\pi}{2q}\sum_{k=0}^{q-1}|d_k - \hat{d}_k|\\
&\leqslant \dfrac{\pi^3}{4q^2} + \dfrac{\pi}{q}\cdot\dfrac{q}{2^p} = \dfrac{\pi^3}{4q^2} + \dfrac{\pi}{2^p}.
\end{aligned}$$

令 $p=11$ 和 $q=90$,得到

$$\left|P - 2\sin\dfrac{\pi}{2q}\sum_{k=0}^{89}\hat{d}_k\right| < \dfrac{\pi^3}{32000} + \dfrac{\pi}{2000} < 0.003,$$

(注意, $\pi < \sqrt{10} < 3.2$). 在此,为确定 $\hat{d}_k$ 的值,我们进行了 $2pq = 1980 < 2007$ 次尝试.

▽. 解答中所用到的方法,即利用凸多边形在多个不同方向上的正交投影的长度来近似多边形的周长的方法,把我们引导到了现代分析中的重要公式. 事实上, 利用 Favard 公式

$$P = \int_0^\pi l(\varphi)\mathrm{d}\varphi$$

可以求出任一凸图形的周长的确切值,其中被积变量 φ 是直线与 Ox 轴形成的夹角,而被积函数 $l(\varphi)$ 则是凸图形在该直线上的正交投影的长度.

例如, 可以利用 Favard 公式得到这样一个有趣的结论: 在任何直线上的正交投影的长度皆为常数 d 的任一凸图形 (这种图形称为宽度为常数的图形) 的周长都等于以 d 为直径的圆的周长.

第 71 届莫斯科数学奥林匹克 (2008)

469. 答案: 是的.

设 n 为任一正整数, 它与它后面的正整数的乘积等于 $n(n+1)$, 如果在乘积后面添上两个 0, 那么就得到 $n(n+1)\cdot 100 = 100n^2 + 100n$, 配方后得知其就是 $(10n+5)^2 - 25$. 这就表明, 只要在原乘积后面添加数字 2 和 5, 就可得到完全平方数 $(10n+5)^2$.

▽1. 这个问题的反问题就是众所周知的求以 5 结尾的正整数的平方的老办法: $(\overline{n5})^2 = \overline{m25}$, 其中 $m = n(n+1)$.

▽2. 当 $n > 3$ 时, 除了 2 和 5 外不可能在末尾添加别的数字来得到完全平方数.

470. 早场时, 50 个孩子分坐在 7 排, 由抽屉原理知, 必然会有某一排坐着不少于 8 个孩子. 晚场时, 这 8 个孩子即使分坐在 7 排, 故必然会有两个孩子坐在同一排.

471. 解法 1 由于 $\triangle AKO$ 是等腰三角形, 故若设 $\angle AKO = \alpha$, 则 $\angle AOK = \alpha$, 从而 $\angle MOC = \angle AOK = \alpha$(对顶角相等). 再设 $\angle MKC = \beta$, 则有 $\angle MCK = \angle MKC = \beta$, 此因 $\triangle MKC$ 亦是等腰三角形. 由于 $KM//AC$, 所以 $\angle ACO = \beta$. 由 $\triangle AKC$ 可得 $\angle CAK = 180° - \alpha - \beta$; 由 $\triangle MOC$ 可得 $\angle OMC = 180° - \alpha - \beta$. 因此 $\angle CAK = \angle AMC$. 而由 $KM//AC$ 可知, $\angle MKB = \angle CAK$ 和 $\angle ACM = \angle KMB$. 所以 $\triangle AMC \cong \triangle BKM$(角边角), 故而 $AM = KB$(参阅图 243(a)).

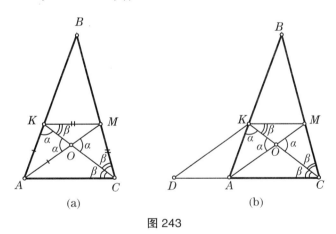

图 243

解法 2 正如证法一所表明的, 射线 CK 是 $\angle ACB$ 的平分线. 根据这一事实, 即知 CA 与 CB 关于该平分线对称. 设 KD 是线段 KB 关于直线 CK 的对称线段 (参阅图 243(b)), 则点 D 在边 CA 的延长线上. 我们来证明, $DKMA$ 是平行四边形. 事实上, $DA//KM$, 且 $\angle KAM = \angle KAO = 180° - 2\alpha$, $\angle DKA = \angle DKC - \angle AKC$, 再由对称性, 等于 $\angle BKC - \angle AKC = \angle BKM + \angle MKC - \angle AKC = 180° - 2\alpha$, 因而 $DK//AM$, 所以 $DKMA$ 的确是平行四边形, 故 $DK = AM$, 亦即 $BK = AM$.

▽. 可以严格证明点 D 在边 CA 的延长线上 (在点 A 外侧). 为此, 只需证明

$\angle CKB > \angle AKC$, 亦即只要证明 $\angle AKC$ 是锐角. 而这一点很容易证明, 因为 $\triangle AKO$ 是等腰三角形, $\angle AKC$ 是其底角, 当然只能是锐角.

472. 答案: 两个.

解法 1 将某人称为*存疑者*, 如果难以确定其究竟是运动员还是裁判员的身份. 每个裁判员都只与运动员合影, 即都只与不超过 20 个人合过影. 另一方面, 每个运动员都与其余每个运动员及至少一个裁判员合过影, 也就是都至少与 20 个人合过影. 这就说明, 只有那些刚好与 20 个人合了影的人才有可能成为*存疑者*.

我们指出, 如果某个运动员刚好与 20 个人合了影, 那么则表明他在与其余 19 个运动员比赛时都是由同一个裁判员担任裁判工作的, 于是在所有有他的照片上, 都有另一个同样的人.

假设某甲是一个存疑者. 由于我们可把他暂时认定为一个运动员, 那么如上所说, 在有甲出场的每一张照片上, 都会有另外一个人某乙. 甲乙二人一起共拍了 19 张照片, 这就说明, 这两个人中必有一人是裁判员. 从而在这些照片上出现的第三者都一定是运动员.

如此一来, 我们就已经确定出了 19 名运动员, 剩下的一位运动员就是某甲和某乙之一, 并且其余的 9 个人就都是裁判员. 而若我们能够确定出甲和乙之一的身份, 那么其余的人的身份也都随之确定, 从而也就不存在任何存疑者. 这就表明, 至多仅有甲和乙两个存疑者.

解法 2 可以有多种不同的办法确定每个人究竟是运动员还是裁判员. 如果两个人在某种解释 A 之下都是运动员, 那么他们就会同时出现在某一张照片上, 而如果两个人在某种解释 B 之下都是裁判员, 那么他们就不会同时出现在任何一张照片上. 因此, 至多有一个在解释 A 之下的运动员会在解释 B 中被认作裁判员. 反之亦然. 这就表明, 解释 A 与解释 B 的区别仅在于两个人: 一个是在解释 A 中被认作运动员而在解释 B 中被认作裁判员的人, 另一个人则恰恰相反. 我们将前一个人叫作甲, 后一个人叫作乙.

由于在解释 A 中乙被认作裁判员, 所以那些在两种解释之下都是裁判员的人就不会同他一起出现在任何一张照片上. 但在解释 B 中, 乙是运动员, 因此应当有一个裁判员同他一起合影, 这个人只能是甲. 于是在所有的照片上, 或者同时都有甲乙二人, 或者同时没有他们二人. 在他们二人同时出场的照片上, 他们二人中一个为裁判员, 一个为运动员, 从而这些照片上的第三者一定都是运动员, 那么其余的人自然就都是裁判员, 仅仅只有甲乙二人不能唯一确定身份.

▽. 我们可以根据这一摞照片确定出运动员的人数和裁判员的人数. 事实上, 由所进行的比赛次数可以确定出运动员的数目, 再根据照片上所出现的不同人的数目确定出裁判员的人数.

473. 这样的 9 个点的例子如图 244(a) 所示. 下面来证明, 其中任何 6 个给出点中都有某 3 个点在同一条直线上. 将含有 3 个给出点的直线都称为*重要直线*. 下面来证明, 无论从 9 个给出点中擦去哪 3 个点, 都存在这样的重要直线, 其上未被擦去任何一个给出点.

用反证法. 假设我们可以擦去某 3 个给出点, 使得每一条重要直线上都至少有一个给出点被擦去. 注意, 图 244 中的点 O 位于 4 条重要直线上. 如果点 O 未被擦去, 那么我们从这些直线上就都应当擦去别的点, 因而至少擦去 4 个点. 但我们一共只能擦去 3 个点, 此

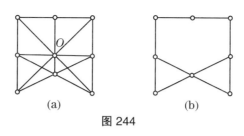

图 244

为矛盾. 这就表明, 我们应当擦去点 O, 从而留下如图 244(b) 所示的图形, 其中剩下 5 条重要直线. 每个给出点至多属于其中两条直线. 因此再擦去另外两个给出点后, 至少还有一条重要直线上未被擦去任何一个给出点.

▽1. 可按如下方式想出这个例子: 先将 9 个点列成 3×3 的方阵. 但这种情况并不能满足题中要求, 例如其中 6 个双圈点中没有 3 个点在同一条直线上 (见图 245). 问题在于, 其中有一些不得力的点, 它们仅在两条重要直线上. 通过移动其中一个点, 得到所需的正确例子.

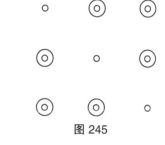

图 245

▽2. 还有满足要求的其他例子. 其中既有 9 条重要直线的 (见图 246 (c),(d),(e)), 也有 8 条重要直线的 (见图 246 (a),(b)). 上述解答中的证明, 并不都适用于这些例子; 但都可以证明它们满足题中要求, 而且无须逐一考虑各种去点的情况. 其中有的例子 (例如图 246 (e)) 并不很显然, 但它确实是可以实现的 (即可以在平面上画出来). 对其可以通过程序性算法来证明, 或者运用连续映射来证明.

474. 答案: M 和 N 中一者不大于另一者的 3 倍.

假设在某一回合开始前, 游戏者手中剩有 A 枚金币和 B 枚银币. 我们来看一个回合下来, 钱币数目会发生怎样的变化. 假定该人在红格中放入 x 枚金币和 p 枚银币, 在黑格中放入 y 枚金币和 q 枚银币. 根据庄家的选择, 他可能增加 $z=x-y$ 枚金币和 $r=p-q$ 枚银币, 也可能减少如此数目的钱币. 显然, $|z|\leqslant A$ 和 $|r|\leqslant B$ 这个范围内的任何 z 和 r 都可以得到.

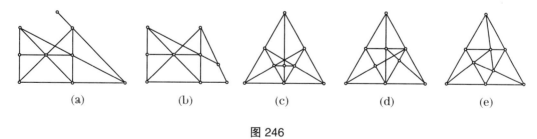

图 246

假设 A 与 B 相差两倍以上, 例如 $A>3B$, 那么庄家可以使得在一个回合之后仍然保持这一差距. 事实上, 如果不论庄家作何选择, 这一差距都被破坏的话, 那么就应当有 $A-z<3(B-r)$ 和 $A+z<3(B+r)$, 将这两个不等式相加, 得 $2A<6B$, 与事实相矛盾. 这就表明, 只要开始时二者相差两倍以上, 那么庄家就可以使得这一差距一直保持下去. 这

就意味着, 在 $M > 3N$ 的情况下, 庄家可以干扰游戏者达到目的.

如果 $M = 3N$ 或 $N = 3M$, 则游戏者的目的已经达到. 故只需讨论 $M < 3N$ 或 $N < 3M$ 的情形.

我们来尝试选取这样的 z 和 r, 使得无论开始时钱币的比例如何, 都能变为所需的比例. 为此, 我们建立方程组:
$$\begin{cases} A + z = 3(B + r), \\ 3(A - z) = B - r. \end{cases}$$

解此方程组, 得到
$$z = \frac{5}{4}A - \frac{3}{4}B, \quad r = \frac{3}{4}A - \frac{5}{4}B.$$

可以看出, 如果 $A < 3B$ 和 $B < 3A$, 则都有 $|z| < A$ 和 $|r| < B$. 而若 $A + B$ 为 4 的倍数, 则 z 和 r 亦为整数. 这表明在此种情况下, 游戏者可仅通过一个回合就达到目的.

下面只需再说明, 如何可使 $A + B$ 成为 4 的倍数. 事实上, 游戏者只需把手中的所有钱币都放到红格中, 于是一个回合下来, 他或者输掉所有钱币, 或者使得钱币数目翻番, 如此再做一次, 即可使得钱币总数成为 4 的倍数. 此时, 仍然保持 $A < 3B$ 和 $B < 3A$.

▽1. 可以运用几何语言描述这一解答. 当游戏者手中有 A 枚银币和 B 枚金币时, 我们将其对应为平面上坐标为 (A, B) 的点. 于是每一回合即可视为: 游戏者选取一个整坐标的向量 $\boldsymbol{a}$, 而庄家把现有的点移动 $+\boldsymbol{a}$ 或 $-\boldsymbol{a}$ (试比较第 482 题). 在此, $\boldsymbol{a}$ 的长度应当较小, 以期无论庄家如何移动, 点都在第一象限中 (游戏者不能超支). 游戏者的目的是落到直线 $y = 3x$ 或直线 $x = 3y$ 上的某个点处.

假设点的初始位置在这两条直线形成的夹角外部, 那么显然庄家可以使得该点始终处于夹角的外部, 特别地, 点始终不能落在角的边上, 从而游戏者不能取胜 (参阅图 247(a)).

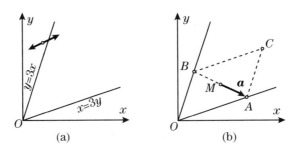

图 247

现在假设点的初始位置在这两条直线所形成的夹角内部, 将该点记作 M. 我们来尝试选取向量 $\boldsymbol{a}$, 使得无论移动 $+\boldsymbol{a}$ 还是移动 $-\boldsymbol{a}$, 点 M 都能落到角的边上. 为此我们在角的两边至少分别取点 A 和 B, 使得 M 是线段 AB 的中点 (参阅图 247(b)).

点 A 和点 B 的取法如下: 作向量 $\overrightarrow{OC} = 2\overrightarrow{OM}$, 再过点 C 分别作角的两边的平行直线. 这些直线与角的边的交点即为所求的点 A 和点 B. 再取 $\overrightarrow{MA}$ 作为向量 $\boldsymbol{a}$, 通过计算 (计算过程与解答中相同) 可知, 只要点 M 的两个坐标之和是 4 的倍数, 则向量 $\boldsymbol{a}$ 具有整值坐标. 而这可以通过两次移远点 M 来实现, 就像解答中所做的那样.

▽2. 下面给出关于结论: 当 M 和 N 中一者不大于另一者的 3 倍时, 庄家不能干扰游戏者达到自己的目的的又一个证明. 与原来的证明不同, 这个证明几乎不要作任何计算.

(1) 如果游戏者能够从某种数目的钱币出发, 达到其中一种钱币是另一种钱币的恰好 3 倍的目标, 则称他可以对该组钱币取胜. 将由 n 枚金币和 m 枚银币构成的钱币组记作 (n,m).

(2) 我们来指出两件事实:

① 如果游戏者可以对钱币组 (x,y) 取胜, 那么他也可以对钱币组 (kx,ky) 取胜, 其中 k 是正整数. 事实上, 他只要按照 (x,y) 的情形去做, 只不过每次都把数目改为原来的 k 倍即可.

② 如果游戏者可以对钱币组 (a,b) 和钱币组 (x,y) 取胜, 那么他也可以对钱币组 $(a+x,b+y)$ 取胜. 事实上, 他只要在红格中放上 (a,b), 在黑格中放上 (x,y). 在一个回合之后, 他手中的钱币组变为 $(2a,2b)$ 或 $(2x,2y)$, 此后他便知道该怎么做了.

(3) 假设开始时游戏者拥有钱币组 (n,m), 不失一般性, 可设 $n<m$. 我们来对 n 归纳, 以证明当 $m \leqslant 3n$ 时, 游戏者可以取胜.

奠基: 我们来验证, 游戏者可对钱币组 $(1,1),(1,2),(1,3)$ 取胜.

钱币组 $(1,3)$ 本身就已经成功.

如果游戏者拥有钱币组 $(1,1)$, 那么他第一回合将两枚钱币都放入红格, 从而他或者变为没有钱, 或者变为 $(2,2)$. 如果是后者, 那么就在第二回合中分别在红格和黑格中放入 $(1,0)$ 和 $(0,1)$, 留下 $(1,1)$, 于是无论结局如何, 他都会达到 $(1,3)$ 或 $(3,1)$ 的局面之一.

如果游戏者拥有钱币组 $(1,2)$, 那么他第一回合中在某一种颜色的格中放入 $(0,1)$, 其结果是他或者变为 $(1,3)$, 或者变为 $(1,1)$. 若为后一种情况, 再按上面所说操作.

过渡: 假设对于钱币组 $(n,n), (n,n+1), \cdots, (n,3n)$, 游戏者都能取胜, 我们来证明, 对于钱币组 $(n+1,n+1), (n+1,n+2), \cdots, (n+1,3n+3)$, 游戏者也都能取胜.

对于钱币组 $(n+1,n+1), (n+1,n+2), \cdots, (n+1,3n+1)$, 游戏者都能在红格中放入 $(1,1)$, 并把其余钱币都放在黑格中, 意即

对 $(n+1,n+1)$, 放 $(1,1)$ 和 (n,n);

对 $(n+1,n+2)$, 放 $(1,1)$ 和 $(n,n+1)$;

对 $(n+1,n+3)$, 放 $(1,1)$ 和 $(n,n+2)$;

如此等等;

对 $(n+1,3n+1)$, 放 $(1,1)$ 和 $(n,3n)$.

而对于其余两种情形, 则按下法放置:

对 $(n+1,3n+2)$, 放 $(1,2)$ 和 $(n,3n)$;

对 $(n+1,3n+3)$, 放 $(1,3)$ 和 $(n,3n)$.

于是根据归纳假设以及上面的说明, 即知在每种情况下, 游戏者都可取胜.

▽3. 我们来看, 题中的结论在多大的程度上依赖于 3 这个数? 说确切一点, 我们试图解答更为广泛的问题: 游戏者希望一种钱币数目变为另一种钱币数目的 k 倍.

与 $k=3$ 的情形相类似, 可以证明: 若开始时, 游戏者手中的一种钱币数目多于另一种钱币数目的 k 倍, 庄家可以干扰其目的的实现. 而若两者的比例小于 k(按照 ▽1 中的说法,

点的初始位置在夹角内部),我们来尝试运用题目解答中的办法. 于是在计算赌注 (采用 ▽1 中的说法, 即向量 a) 时, 在分母上得到数 k^2-1 (若 k 为奇数, 则是 $\dfrac{k^2-1}{2}$). 由于我们会对起始的数加倍, 所以当 k^2-1 是 2 的方幂数时, 我们的解法能够行得通. 这样的数 k 仅有一个, 即 $k=3$.

因此, 若 $k \neq 3$, 则我们的办法并不都能行得通, 即使开始时两种钱币数目的比例小于 k. 这种局面并非偶然. 事实上, 当 $k \neq 3$ 时, 我们的答案不仅仅依赖于 M 对 N 的比值.

下面是关于一般的 k 的答案: 庄家不能干扰游戏者达到目的, 如果 (且仅仅如果) 下述条件满足:

(1) 数 M 与 N 的比值不超过 k.
(2) 存在正整数 r, 使得 $2^r(M+N)$ 是 $k+1$ 的倍数.
(3) 存在正整数 s, 使得 $2^s(M-N)$ 是 $k-1$ 的倍数.

关于该结论的证明留给读者作为练习.

475. 答案: 可能存在这种情况.

例如, 对于甲队, 前 3 轮比赛 6 个裁判所给的分数都是 (333334), 第 4 轮比赛则为 (334444); 而对于乙队, 4 轮比赛 6 个裁判所给的分数都是 (333344). 于是, 计算机算给甲队的成绩为: 3 个 3.2 和 1 个 3.7; 算给乙队的成绩为: 4 个 3.3. 从而甲队所得成绩之和为 13.3, 而乙队所得成绩之和为 13.2, 故按规则, 甲队获胜. 但事实上, 各位裁判实际打给甲队的分数总和是 79 分, 打给乙队的分数总和是 80 分, 后者反而高于前者.

▽. 可以证明, 如果仅进行三轮比赛, 则不可能出现所说的情况.

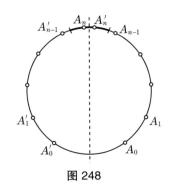

图 248

476. 将环状公路上的点 A 和 A' 称为对称的, 如果由点 A 沿一个方向到达异常路段一端的距离等于由点 A' 沿相反方向到达异常路段另一端的距离. 如此一来, 如果该自行车运动爱好者夜宿异常路段上的某个点, 那么醒来时就在其对称点上. 我们用圆周来表示环状公路 (参阅图 248), 于是存在以经过异常路段中点的直径为对称轴的轴对称性.

我们来证明如下引理:

引理 如果该自行车运动爱好者自某个点开始旅行, 那么他或迟或早会在其对称点上入睡.

引理之证 事实上, 如果该自行车运动爱好者自点 A_0 开始旅行, 第一夜在点 A_1 处露营, 第二夜在点 A_2 处露营, 如此下去, 直到第 n 夜, 他露营在异常路段上的点 A_n 处. 于是他醒来时身处 A_n 的对称点 A'_n 上. 容易验证, 接下去的夜晚, 他将夜宿点 A_{n-1} 的对称点 A'_{n-1} 处, 接下去则是夜宿点 A_{n-2} 的对称点 A'_{n-2} 处, 如此等等, 直到夜宿点 A_0 的对称点 A'_0 处. 引理证毕.

下面分两种情况:

情况 1 该自行车运动爱好者的旅行出发点 A 不在异常路段上. 则根据引理所证, 他会有一次要在点 A 的对称点 A' 上入睡 (及醒来). 再对点 A' 运用引理, 那么他迟早要夜宿其对称点, 亦即点 A.

情况 2 该自行车运动爱好者的旅行出发点 A 在异常路段上. 根据引理所证, 他会有一次要在点 A 的对称点 A' 上入睡, 但醒来时却在点 A 处. (竞赛中, 有的考生指出: 所谓 "夜宿某一处" 应当理解为在该处入睡或者在该处醒来.)

如此一来, 无论何种情况, 该自行车运动爱好者都迟早要夜宿出发点.

477. **解法 1** 记 $\angle ABC = \beta$(参阅图 249), 设 $\beta < 90°$, 则 $\angle AOC = 2\beta$, 因其是 $\angle ABC$ 的圆心角. 由于 $\triangle AOC$ 是等腰三角形, 所以 $\angle OAC = 90° - \beta$. 由于 $\triangle ABL \cong \triangle ADL$(边角边), 所以 $\angle ADL = \beta$. 将直线 AO 与 DL 的交点记作 S. $\angle SAD + \angle SDA = 90°$, 所以 $\triangle ASD$ 是直角三角形, 此即为所证.

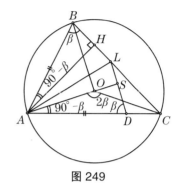

图 249

若 $\beta > 90°$, 则证法类似, 有 $\angle SAD = \beta - 90°$, $\angle SDA = 190° - \beta$.

若 $\beta = 90°$, 则点 D 在射线 AO 上, $\triangle ABL \cong \triangle ADL$, 故 $\angle ADL = 90°$, 此即为所证.

解法 2 设 AH 是 $\triangle ABC$ 的高. 现证 AO 与 AH 关于 AL 对称. 设 $\beta < 90°$, 则 $\angle HAB = 90° - \beta = \angle OAC$, 且 AO 和 AH 都在 $\angle BAC$ 内部, 所以它们关于角平分线 AL 对称. 设 $\beta > 90°$. 则 $\angle HAB = \beta - 90° = \angle OAC$, 故得 AO 和 AH 都在 $\angle BAC$ 外部, 这亦表明它们关于 AL 对称. 当 $\beta = 90°$ 时, 点 D 在射线 AO 上, 而点 H 重合于点 B, 直线 AO 与 AB 关于角平分线 AL 对称.

直线 LB 与 LD 关于 AL 对称, 此因 $\triangle ABL \cong \triangle ADL$, 这就意味着, 直线 AO 与 LD 之间的夹角等于与它们对称的直线 AH 和 LB 之间的夹角, 即等于 $90°$.

478. 答案: 存在.

记 $N = 10^{500}$. 我们来证明, 在 0 和 $N-1$ 之间存在所说的数. 将该区间中的每个正整数加码 100 次, 都可以得到一个小于 $10^{600} = (10^{300})^2$ 的正整数. 刚好存在 10^{300} 个小于 10^{600} 的完全平方数.

取定一个这样的完全平方数 k. 通过加码方式能够得到它的那些正整数的个数不会超过将它删去 100 位数字的所有不同删法的个数. 而删法的个数严格地小于从它的各位数字中任意选取数字组的方式数目. 而后者等于

$$2^{k\text{的位数}} \leqslant 2^{600}.$$

这就表明, 在 0 和 $N-1$ 之间的可以将它们通过加码方式得到完全平方数的正整数的个数不多于

$$10^{300} \cdot 2^{600} = 10^{300} \cdot 8^{200} < 10^{500} = N.$$

所以在 0 和 $N-1$ 之间存在一个正整数, 使得无论怎样把它加码, 都不能得到完全平方数.

▽. 这里所给的解答是非构造性的, 它只是证明了存在着具有所述性质的数, 却未指出如何找出其中的哪怕一个数. 难道可以把 1 到 10^{500} 的整个区段搜索一遍, 逐个删去那些不符合要求的数, 来寻找我们所要的数? 恐怕连现今的任何一种计算机都不可能在合理的时间内完成这项工作.

尽管具有这种明显的缺点, 非构造性证明却在现代数学中证明各种存在性问题时发挥着巨大的作用.

479. 答案: 2550 卢布.

如果每次放进一张卡, 每次都要求提取 50 卢布 (或每次都要求提取 51 卢布), 如此 100 次下来, 某甲可以得到这么多钱. 现证他不能保证得到更多的钱.

设想有一个银行的工作人员某乙就站在某甲旁边, 他知道各张卡中的存款数目. 每当甲说出一个提款数目, 乙就选择一张卡放进取款机. 我们只需证明, 乙有策略使得甲不能取出多于 2550 卢布的钱.

事实上, 只要有这样的策略存在, 那么回到原题, 甲拥有这些银行卡. 无论甲如何做, 他都有可能恰如乙 "坑他" 时的做法那样放进银行卡, 从而他不能得到多于 2250 卢布的钱.

乙的策略如下: 每当甲说出一个提款数目时, 乙都找出一张款额低于该数目的卡放进提款机, 只要这种卡存在, 否则, 他就放进一张手中款额最大的卡. 前一种情况下被使用的卡称为 "被宓掉的"[①]; 在后一种情况下被使用的卡称为 "被兑现的". 显然, 甲只能从 "被兑现的" 卡上取到钱, 而且银行卡依照款额递降的顺序被兑现.

假设甲的最大一笔提款数是 n 卢布, 而且该数目是在一张款额为 m 卢布的卡上被兑现的, $m \geqslant n$. 那么我们注意到如下两点: 其一, 所有款额小于 n 卢布的卡此时都已经被吞掉, 因若不然, 乙会放进这样的一张卡; 其二, 这些卡全都被 "宓掉" 了. 事实上, 任何款额为 $k < n$ 卢布的卡都不可能 "被兑现", 因为它不可能早于款额为 m 卢布的卡被兑现, 此因 $k < m$.

这样一来, 甲的可 "被兑现的" 卡不多于 $100 - n + 1$ 张, 从每张这样的卡上取出的钱不多于 n 卢布, 因此, 某甲最多可取出 $n(100 - n + 1)$ 卢布的钱, 其最大值在 $n = 50$ 或 $n = 51$ 处达到.

480. 解法 1 可以把一个曲边六边形 (其边界为两段圆弧) 切开后拼成一个曲边正方形和一个凸透镜[②](参阅图 250).

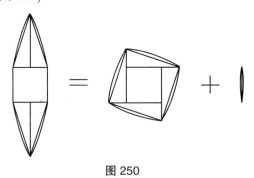

图 250

解法 2 考察这样的梯形 $ABCD$, 它的 3 条边 $AB = BC = CD = 1$, 面积与边长为 1 的正三角形相等. 众所周知, 可以把任何多边形切割后拼成与之面积相等的任何多边形. 我们来切割该梯形, 并将其拼为正三角形 F. 现在再作一条经过梯形 $ABCD$ 各个顶点的圆弧 (见图 251 (a)), 并把这三段弧 $\overset{\frown}{AB}$, $\overset{\frown}{BC}$ 和 $\overset{\frown}{CD}$ 分别 "镶到" 正三角形 F 的 3 条边上, 就

---
① 所谓宓掉, 就是一分不给地吞掉. —— 编译者注
② 凸透镜是由六边形中部的小曲边正方形的两条圆弧边所拼成. —— 编译者注

可得到一个曲边正三角形 (见图 251 (c)). 由此即知, 把图 251 (a) 中的图形对称化后的图形 (见图 251 (b)) 可以切拼成这样的两个曲边正三角形.

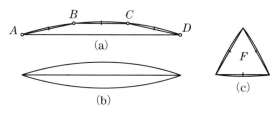

图 251

481. 答案: 3 个学生.

如图 252 所示, 一个学生可能被 2,3 甚至 6 台鼾声测量仪监测到, 这表明, 7 应当是若干个 2,3 或 6 的和, 其中加项的个数就是打瞌睡的学生人数. 显然, 加项中不可能有 6, 因为 $7-6=1$ 不能再表示为若干个 2,3 或 7 的和, 这就意味着所有的加项都是 2 或 3. 如果打瞌睡的学生数不大于 2, 那么被检测到的人数之和不大于 $2\times 3=6<7$. 而如果打瞌睡的学生数不小于 4, 那么被检测到的人数之和不小于

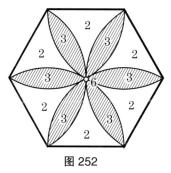

图 252

$4\times 2=8>7$. 所以, 唯一的可能就是 3 个学生在打瞌睡, 事实上, $7=3+2+2$. 故本题的答案是 3.

482. 答案: 点 P 的坐标为 $p=\dfrac{m}{2^n}$, 其中 m 与 n 为非负整数, 且 $m\leqslant 2^n$.

首先指出, 对于 $p<0$ 和 $p>1$, 乙都可取胜. 事实上, 他只需每次都让机器人往远离目标的方向移动即可.

现证, 对于 $p\in [0,1]$, 甲可取胜当且仅当 $p=\dfrac{m}{2^n}$, 其中 m 与 n 为非负整数, 分数为既约分数.

先证充分性. 假设在某一步上, 机器人所到达的点在 0 和 1 之间, 且具有所说形式的坐标. 那么甲就说 $\dfrac{1}{2^n}$, 无论乙怎么说, 机器人必然到达坐标为 $\dfrac{m+1}{2^n}$ 或 $\dfrac{m-1}{2^n}$ 的点. 约分后, 这个点的坐标形如 $\dfrac{k}{2^l}$, 且 $l<n$, 因为 m 是奇数. 如果 $l>0$, 则该点仍然在 0 和 1 之间, 于是甲又可说 $\dfrac{1}{2^l}$, 如此等等. 由于分母中的 2 的指数单调下降, 所以终究变为 0, 意即分母终究变为 1, 此即表明机器人到达坐标为 0 或为 1 的两个点之一, 故甲取胜.

再证必要性. 假设在某一步上, 机器人所到达的点的坐标 x 不具有所说的形式, 则对于甲所说的任一距离 d, 坐标 $x-d$ 与 $x+d$ 之中至少有一者不具有所说的形式, 因若不然, x 就具有所说的形式了. 于是乙可使得机器人所到达的新点仍然不具有所说形式的坐标. 但 0 和 1 都具有所说形式的坐标, 所以乙将取胜.

483. 答案: 可以.

将所排成的一行数记为 $a_1,a_2,\cdots,a_{134}$. 则当 $a_{2k-1}=101-k$, $a_{2k}=-34+k$, 亦即排

为 $100, -33, 99, -32, \cdots, 34, 33$ 时，对每个 k 都有 $a_{2k-1} + a_{2k} = 67$, $a_{2k} + a_{2k+1} = 66$. 于是，它们的倒数中有 67 个 $\dfrac{1}{67}$ 和 66 个 $\dfrac{1}{66}$，所以这些倒数的和等于 2.

484. 将所给的多项式记为 $P(x)$，将所说的 k 个整点记为 $x_1 < x_2 < \cdots < x_k$. 由于 $P(x_k) - P(x_1)$ 可被 $x_k - x_1 \geqslant k-1$ 整除，而其绝对值不超过 $k-2$，所以 $P(x_k) - P(x_1) = 0$. 如此一来，存在某个多项式 $Q(x)$，使得 $P(x) = P(x_1) + (x-x_1)(x-x_k)Q(x)$.

如果对某个 $i=3,4,\cdots,k-3,k-2$，有 $P(x_i) \neq P(x_1)$，则 $Q(x_i) \neq 0$，从而

$$|P(x_i) - P(x_1)| \geqslant |(x_i - x_1)(x_i - x_k)| \geqslant 2(k-2) > k-2,$$

与题意相矛盾，所以 $P(x_i) = P(x_1)$. 此即表明 $P(x_3) = \cdots = P(x_{k-2}) = P(x_1)$. 所以对某个多项式 $R(x)$，使得

$$P(x) = P(x_1) + (x-x_1)(x-x_3)(x-x_4)\cdots(x-x_{k-3})(x-x_{k-2})(x-x_k)R(x).$$

如果 $P(x_2) \neq P(x_1)$，则 $R(x_2) \neq 0$，从而

$$|P(x_2) - P(x_1)| \geqslant (k-4)!(k-2) > k-2,$$

再次与题意相矛盾，所以 $P(x_2) = P(x_1)$. 同理可证 $P(x_{k-1}) = P(x_1)$.

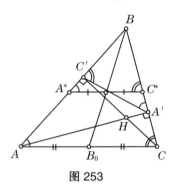

图 253

485. 由于四边形 $AC'A'C$ 内接于圆 (见图 253)，所以 $\angle BAC = \angle BA'C'$, $\angle BCA = \angle BC'A'$. 我们来看与 $\triangle ABC$ 关于 $\angle BAC$ 的平分线对称的 $\triangle A^*BC^*$. 该三角形是 $\triangle ABC$ 的以点 B 为中心的同位相似. 这表明，BB_0 经过线段 A^*C^* 的中点. 所以，与 BB_0 关于 $\angle BAC$ 的平分线对称的直线经过线段 $A'C'$ 的中点. 显然，AC' 与 CA' 都是 $\triangle AHC$ 的高. 因此，经过与上面类似的讨论，可知与 HB_0 关于 $\angle AHC$ 的平分线对称的直线经过线段 $A'C'$ 的中点. 所以，题中所说的两条直线在直线 $A'C'$ 上相交.

486. 答案：b) N 为奇数.

a) 观察其中任意一种颜色，不妨设红色. 取两个被染为红色的数，使得它们的差是 8 的倍数 (这样的两个数是可以找到的，因为被 8 除的余数只有有限种，而被染为红色的数有无限个，所以其中必有两个数被 8 除的余数相同，这两个数即为所求). 如图 254 所示，将这两个数记为 a 和 b，将整数 $\dfrac{a+b}{2}$ 的颜色记为 C_1. 易知，整数 $\dfrac{3a+b}{4}$ 与 $\dfrac{a+3b}{4}$ 的颜色相同 (因为它们都是红颜色的数与 C_1 色的数的算术平均值)，将它们的颜色记为 C_2. 同理，整数 $\dfrac{7a+b}{8}, \dfrac{5a+3b}{8}, \dfrac{3a+5b}{8}$ 与 $\dfrac{a+7b}{8}$ 的颜色相同 (都是红颜色的数与 C_2 色的数的算术平均值)，将它们的颜色记为 C_3. 如此一来，$\dfrac{a+b}{2}, \dfrac{3a+b}{4}$ 和 $\dfrac{a+3b}{4}$ 就都是两个 C_3 色的数的算术平均值，故知 C_1, C_2 与 C_3 是同一种颜色.

再来看整数 $\dfrac{9b-a}{8}$ 的颜色，将该颜色记为 C_4. 于是，$\dfrac{a+7b}{8}$ 和 b 就都是 C_4 色和 C_1

色的数的算术平均值, 所以它们同色, 这样一来, 即知 C_1 色就是红色.

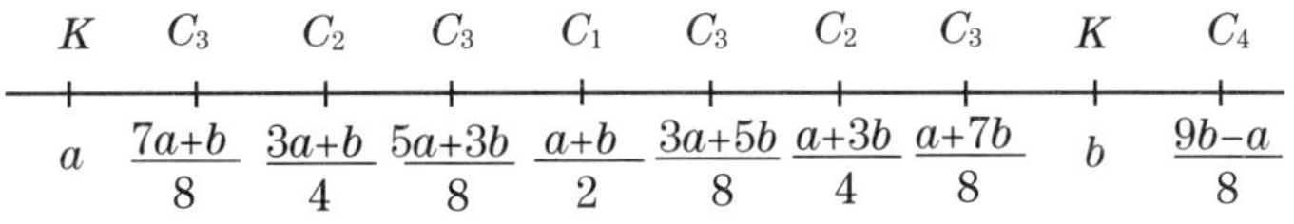

K	C_3	C_2	C_3	C_1	C_3	C_2	C_3	K	C_4
a	$\frac{7a+b}{8}$	$\frac{3a+b}{4}$	$\frac{5a+3b}{8}$	$\frac{a+b}{2}$	$\frac{3a+5b}{8}$	$\frac{a+3b}{4}$	$\frac{a+7b}{8}$	b	$\frac{9b-a}{8}$

图 254

b) 将 N 种颜色编号为 $1,2,\cdots,N$. 若 N 为奇数, 则当整数 $n \equiv j \pmod{N}$ 时, 将其染为 j 号色. 不难验证此种染色满足题中要求.

下面证明, 对于任何满足题中要求的染色方式, 都有 N 为奇数.

我们来证明, 每种颜色所染的数都形成公差为奇数的等差数列, 以红色为例. 将红色的数记为 $a_1 < a_2 < \cdots$. 下面用归纳法证明, 对任何 n, 数列 $a_1, a_2, \cdots, a_n$ 都是公差为奇数的等差数列.

当 $n = 2$ 时, 差 $a_2 - a_1$ 一定是奇数, 因若不然, 如 a) 款所证, 整数 $\frac{a_1 + a_2}{2}$ 也应当是红色的, 此与 a_1, a_2 之间再无其他红色的数的假设相矛盾.

假设当 $n = k$ 时, 所证的断言已经成立, 我们来看 $n = k+1$. 首先 $a_{k+1} - a_k$ 不可能为偶数, 否则整数 $\frac{a_k + a_{k+1}}{2}$ 也应当是红色的, 此为矛盾. 故知 $a_{k+1} - a_k$ 是奇数. 于是, 由归纳假设知 $a_{k+1} - a_{k-1}$ 是偶数. 这样一来, 由 a) 款所证, 知 $\frac{a_{k-1} + a_{k+1}}{2}$ 也是红色的数. 由于在 a_{k-1} 与 a_{k+1} 之间仅有一个红色的数 a_k, 所以 $\frac{a_{k-1} + a_{k+1}}{2} = a_k$, 故知断言对 $n = k+1$ 也成立.

分别将 $1, 2, \cdots, N$ 号色数所形成的等差数列的公差记为 $d_1, \cdots, d_N$. 我们来证明 $\sum_{j=1}^{N} \frac{1}{d_j} = 1$. 将最小的 j 号色的正整数记为 b_j, 并记 $b = \max_{1 \leqslant j \leqslant N} b_j$. 再将 $d_1, \cdots, d_N$ 的最小公倍数记为 D. 易知, 在整数 $b+1, \cdots, b+D$ 中恰有 $\frac{D}{d_j}$ 个 j 号色的数 (因为 j 号色的数形成公差为 d_j 的等差数列). 这表明 $D = \sum_{j=1}^{N} \frac{D}{d_j}$, 意即 $\sum_{j=1}^{N} \frac{1}{d_j} = 1$.

既然所有的 d_j 都是奇数, 所以 N 也是奇数, 此因诸 $\frac{1}{d_j}$ 的公分母是奇数. 当把 $\sum_{j=1}^{N} \frac{1}{d_j} = 1$ 写成一个公式时, 其分子上是 N 个奇数的和, 其值与分母相等, 即为奇数, 故知 N 也是奇数.

487. 答案: $x = -\frac{p}{6}$.

将两个交点的横坐标记为 x_1 和 x_2 $(x_1 < x_2)$, 则对任何 $x_0 \in [x_1, x_2]$, 原图形中位于竖直直线 $x = x_0$ 左侧的面积等于

$$S(x_0) = \int_{x_1}^{x_0} \left(-2x^2 - (x^2 + px + q) \right) dx = \int_{x_1}^{x_0} (-3x^2 - px - q) dx,$$

意即等于抛物线

$$y = -3x^2 - px - q$$

和 x 轴之间所夹的面积, 而该抛物线与 x 轴相交于点 x_1 和 x_2, 这就意味着它关于竖直直线 $x = \dfrac{x_1+x_2}{2}$ 对称, 所以它的面积被该竖直直线二等分, 即原图形被该直线二等分. 由韦达定理知, 此时

$$x_0 = \frac{x_1+x_2}{2} = -\frac{-p}{2\cdot(-3)} = -\frac{p}{6}.$$

▽. 可以不通过积分表示来解答本题.

488. 答案: 47.

如果 $n^2 \leqslant 2008$, 则 2008! 可被 n^n 整除, 此因 $n, 2n, \cdots, (n-1)n$ 和 n^2 都是 2008! 的因数. 由于 $44^2 < 2008 < 45^2$, 所以只需对 $n \geqslant 45$ 验证 2008! 对 n^n 的整除性.

(1) 2008! 可被 $45^{45} = 5^{45}\cdot 3^{90}$ 整除, 因为在数 $1,2,\cdots,2007,2008$ 中存在 45 个数可被 5 整除, 也存在 90 个数可被 3 整除, 事实上, $5\cdot 45 = 225 < 2008$, $3\cdot 90 = 270 < 2008$.

(2) 2008! 可被 $46^{46} = 2^{46}\cdot 23^{46}$ 整除, 因为在数 $1,2,\cdots,2007,2008$ 中多于 46 个偶数, 且存在 46 个数可被 23 整除, 事实上, $23\cdot 46 = 1058 < 2008$.

(3) 2008! 不可被 47^{47} 整除, 因为 47 是质数, 而在数 $1,2,\cdots,2007,2008$ 中仅存在 42 个数可被 47 整除, 事实上, $42\cdot 47 = 1974 < 2008 < 2021 = 43\cdot 47$.

容易验证, 对任何正整数 x, 使得 n^n 不能整除 $x!$ 的最小的正整数 n 是满足条件 $p^2 > x$ 的最小质数 p.

489. 答案: 不可能.

以 x 表示不超过 3 个错误的考生人数, 以 y 表示出现 4 个或 5 个错误的考生人数, 以 z 表示至少出现 6 个错误的考生人数, 则有 $x+y+z = 333$.

假设 $z > x$, 则 $z = x+t$, 其中 $t \geqslant 1$, 从而会有

$1000 \geqslant 0\cdot x + 3y + 6z = 3y + 3(x+t) + 3z = 3(x+y+z) + 3t = 999 + 3t \geqslant 1002,$

此为不可能.

490. 由于 OD 是直角三角形 $\triangle MAO$ 的高, 所以 $MO^2 = MA\cdot MD$(见图 255). 由于 O 是 $\triangle ABC$ 的内心, 所以 $\angle CAO + \angle ACO + \angle OBC = \dfrac{\pi}{2}$. 另一方面, 由 $\triangle AOC$ 得知

$$\angle AOC = \pi - (\angle CAO + \angle ACO) = \pi - \left(\dfrac{\pi}{2} - \angle OBC\right) = \dfrac{\pi}{2} + \angle OBC > \dfrac{\pi}{2}.$$

故知

$$\angle MOC = \angle AOC - \dfrac{\pi}{2} = \angle OBC,$$

以及 $\triangle MOB \sim \triangle MCO$ ($\angle OMC$ 为公共角). 因此

$$\dfrac{MO}{MC} = \dfrac{MB}{MO},$$

所以 $MO^2 = MB\cdot MC$. 于是 $MA\cdot MD = MB\cdot MC$, 因而 $\triangle MAB \sim \triangle MCD$, 故 $\angle MBA = \angle MDC = \pi - \angle ADC$, 这就表明四边形 $ABCD$ 内接于圆, 亦即 A, B, C, D 四点共圆.

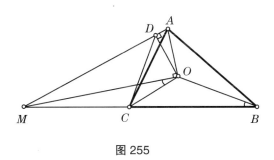

图 255

▽. 亦可利用 OM 是 $\triangle ADO$ 和 $\triangle OBC$ 的外接圆的公切线给出本题的另一种解答.

491. 答案: a) 2; b) 2,4,38,76.

(1) 假定经过 t 分钟后, 传送带上有 A 型元件 $m(t)$ 件, B 型元件 $k(t)$ 件. 由于 $m(t)$ 与 $k(t)$ 的奇偶性不同, 所以 $|m(t)-k(t)|$ 只能取值 $1,3,5\cdots$. 每一分钟仅往传送带上补充数目较少的那种元件, 而落入储藏箱的可能是任何一种元件, 所以, $|m(t)-k(t)|$ 或者不变, 或者减少. 而根据题意, 存在某个正整数 n, 每经过 n 分钟后, 传送带上元件的分布情况重复出现初始时的状况 (意即经过 $2n,3n,\cdots$ 分钟后亦是如此), 这就表明, 对于一切 t, 差值 $|m(t)-k(t)|$ 都保持不变.

(2) 假若 $|m(t)-k(t)| \geqslant 3$. 由于 $|m(t)-k(t)|$ 不变, 而 $m(t)$ 与 $k(t)$ 的值都只能变化 1, 所以 $m(t)$ 与 $k(t)$ 也保持不变. 这表明任何时刻都在补充同一种元件, 而落入储藏箱的也都是这一种元件, 这就意味着传送带上只有这一种元件, 此与题意相矛盾. 因而, 对于一切 t, 都有 $|m(t)-k(t)|=1$.

(3) 以 $a_1,\cdots,a_{75}$ 表示开始时排列在传送带上的 75 件元件的类型 (即 A 型或 B 型), 其中脚标越小越靠近传送带末端. 再以 $a_{76},a_{77},\cdots$ 表示新补充的元件的类型. 我们已经证明了, 对任何 i, 在 $a_{i+1},\cdots,a_{i+75}$ 中, 都或者恰有 38 个 A 和 37 个 B, 而 $a_{i+76}=B$; 或者反过来, 恰有 37 个 A 和 38 个 B, 而 $a_{i+76}=A$. 意即对任何 i, 在 $a_{i+1},\cdots,a_{i+76}$ 中, 都恰有 38 个 A 和 38 个 B.

(4) 既然对任何 i, 在 $a_i,\cdots,a_{i+75}$ 中, A 和 B 各有 38 个; 在 $a_{i+1},\cdots,a_{i+76}$ 中, A 和 B 也各有 38 个, 所以, 对任何 i, 都有 $a_i=a_{i+76}$, 故知, 76 是序列 $a_1,\cdots,a_{75},a_{76},a_{77},\cdots$ 的周期.

(5) 假设经过 n 分钟后, 传送带上首次出现初始时的状况, 则 n 是序列 $a_1,\cdots,a_{75},a_{76},a_{77},\cdots$ 的周期; 反之, 如果 q 是该序列的周期, 则每经过 q 分钟, 传送带上的状况重复出现. 因此, n 是序列 $a_1,\cdots,a_{75},a_{76},a_{77},\cdots$ 的最小正周期.

(6) 周知, 最小正周期是任一周期的约数, 因此 76 可被 n 整除. 又由于在任何长度为 76 的区段上, A 和 B 都出现同样多的次数, 所以在任何长度为 n 的区段上亦是如此. 由此可知, n 是偶数, 故仅可能有 $n=2,4,38,76$.

(7) 设 $n=2k$, $n|76$. 我们来构造一个无穷序列, 其前 k 项全是 A, 接下来的 k 项全是 B, 然后不断重复前面 $2k$ 项. 如果开始时, 传送带上排列着的 75 个元件就是我们这个序列的前 75 项, 那么我们的序列就被生成, 并且每隔 $2k$ 分钟就重复出现开始时的状况. 这就说明, 对于 $n=2,4,38,76$ 中的每种情况都有可能实现.

492. 答案: $v \geqslant 1+\sqrt{2}$.

以顶点 A 为原点建立直角坐标系, 使得顶点 B,C,D 的坐标分别为 $(0,1),(1,1)$ 和 $(1,0)$.

我们先来指出, 存在某个值 v, 使得至少有一只兔子可以获救, 然后再来确定这个 v 值. 在我们的坐标系中, 方程为 $y=x+a$ 与 $y=x+b$ 的两条直线之间的距离等于 $\dfrac{|a-b|}{\sqrt{2}}$. 因此, 当猎人从其中一条直线跑到另一条直线上时, 每一只兔子都跑过距离 $\dfrac{|a-b|}{\sqrt{2}v}$.

根据题意, 猎人开始时在直线 $y=x$ 上. 那么, 当他到达直线 $y=x+a$ 上时, 原来在顶点 B 和 D 上的兔子就只能分别到达点 $\left(0,1+\dfrac{a}{\sqrt{2}v}\right)$ 和 $\left(1-\dfrac{a}{\sqrt{2}v},0\right)$(只要这些坐标都非负). 将原来在顶点 B 上的兔子称为兔甲, 原来在顶点 D 上的兔子称为兔乙. 假设两只兔子一直采用这一策略.

不失一般性, 设猎人先抓住兔甲. 这一事件发生时, 点 $\left(0,1+\dfrac{a}{\sqrt{2}v}\right)$ 属于直线 $y=x+a$, 因此 $1+\dfrac{a}{\sqrt{2}v}=a$, 解得 $a=\dfrac{\sqrt{2}v}{\sqrt{2}v-1}$, 此亦为该点的纵坐标. 根据所设, 此时兔乙所在的点的横坐标为 $1-\dfrac{a}{\sqrt{2}v}=\dfrac{\sqrt{2}v-2}{\sqrt{2}v-1}$(如果此值为负, 则兔乙在兔甲被抓之前就已经逃入兔窝, 因而获救). 如果在兔甲被抓之时, 猎人所在的点的纵坐标与兔乙所在的点的横坐标的比值大于 v, 则兔乙就有时间逃入兔窝. 这就表明, 如果

$$\frac{\sqrt{2}v}{\sqrt{2}v-1} > \frac{\sqrt{2}v-2}{\sqrt{2}v-1}v,$$

亦即 $v<1+\sqrt{2}$, 则根据所言的策略, 至少有一只兔子可以获救.

现设 $v \geqslant 1+\sqrt{2}$. 我们来给出猎人的一种行事策略, 只要遵循这一策略, 猎人就可以抓住两只兔子. 他一开始以最快的速度沿着直线 $y=x$ 朝着顶点 A 跑. 由于猎人可以比两只兔子都先跑到点 A, 所以存在这样一个时刻, 即猎人离点 A 的距离等于两只兔子中离点 A 距离的较小者, 不妨设兔甲离点 A 的距离较小. 设此时猎人和兔甲所在点的坐标分别为 (a,a) 和 $(0,\sqrt{2}a)$. 那么猎人此时就以最快的速度沿直线跑到点 $(0,2a)$, 再跑到点 A, 那么他就可以抓住兔甲, 且不比兔乙晚到点 A(参阅图 256). 事实上, 当猎人由点 (a,a) 跑到点 $(0,2a)$ 时, 兔甲跑过的距离不多于 $\dfrac{\sqrt{2}a}{v}$. 由于在 $v \geqslant 1+\sqrt{2}$ 时, 有 $\sqrt{2}a+\dfrac{\sqrt{2}a}{v} \leqslant 2a$, 所以它未能跑过点 $(0,2a)$; 而因 $\sqrt{2}a-\dfrac{\sqrt{2}a}{v} \geqslant \dfrac{2a}{v}$, 所以猎人在由点 $(0,2a)$ 跑到点 A 的过程中抓住兔甲. 由于此时猎人又回到了直线 $y=x$ 上, 而兔乙离点 A 不比兔甲近, 所以猎人到达点 A 不会比兔乙晚, 然后他只要再沿着射线 AD 跑动, 就可以抓住兔乙.

493. 答案: a) 不是; b) 可以; c) 可以.

a) 我们来证明, 如图 257 所示的正八面体 $ABCDEF$ 就不能选出 4 个顶点使它们具有 a) 款所说的性质. 不失一般性, 可设所选的 4 个顶点是 A,B,C 和 F. 由于可以通过一些运动把正八面体这样来变为自身, 使得所选的 4 个顶点变为任意 4 个其他不共面的顶点. 设正方形 $BCDE$ 的中心是 O. 易知, 四面体 $ABCF$ 在平面 BCD 上的正交投影就是 $\triangle OBC$, 而八面体 $ABCDEF$ 在该平面上的正交投影却是正方形 $BCDE$, 两者的面积比

等于 $\frac{1}{4}$.

b) 在任一多面体 Λ 上选取四个顶点 A, B, C, D, 使得它们所形成的四面体具有最大可能的体积 (如果这样的四面体不止一个, 则任取其中之一). 以 α 表示经过顶点 A 的平行于 BCD 的平面. 如果在 Λ 上存在这样的顶点 F, 它与顶点 B, C, D 不在平面 α 的同侧, 则四面体 $FBCD$ 的体积大于四面体 $ABCD$, 此与对顶点 A, B, C, D 的选取相矛盾. 这就表明, 在平面 α 把空间所分成的两个部分中, 多面体 Λ 只与其中的一个部分有公共点. 经过类似的讨论可知, 对于经过顶点 B 的平行于 ACD 的平面 β, 对于经过顶点 C 的平行于 ABD 的平面 γ 和对于经过顶点 D 的平行于 ABC 的平面 δ, 都有相应的结论. 这就证明了, 多面体 Λ 整个位于由平面 α, β, γ 和 δ 所围成的四面体 $A'B'C'D'$ 之中 (见图 258).

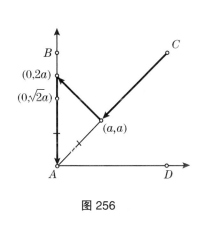

图 256

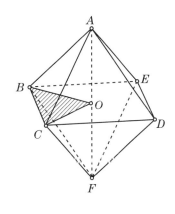

图 257

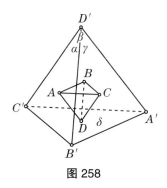

图 258

在四面体 $ABCD$ 中, 连接顶点 A 和 $\triangle BCD$ 的重心的线段称为四面体的一条中线, 类似地定义它的其他 3 条中线. 根据立体几何知识, 四面体的 4 条中线相交于同一个点 G, 并把每条中线分为长度是 $3:1$ 的两段 (顶点到交点 G 间的一段是 3). 我们来看以交点 G 为中心, 以 -3 为系数的同位相似变换. 在该位似变换下, 四面体 $ABCD$ 的面 BCD, ACD, ABD 和 ABC 的重心被分别变为顶点 A, B, C, D, 而它们所在的平面被分别变为 α, β, γ 和 δ. 因而, 四面体 $ABCD$ 是四面体 $A'B'C'D'$ 的系数为 $-\frac{1}{3}$ 的同位相似, 而它的各个顶点 A, B, C, D 则分别是四面体 $A'B'C'D'$ 的各个侧面 $B'C'D', A'C'D', A'B'D'$ 和 $A'B'C'$ 的重心. 这样一来, 四面体 $ABCD$ 在各个平面 Π 上的投影也就将是 $A'B'C'D'$ 在该平面上的投影的系数为 $-\frac{1}{3}$ 的同位相似, 因此两者的面积比为 $\frac{1}{9}$. 多面体 Λ 在平面 Π 上的投影包含在四面体 $A'B'C'D'$ 在该平面上的投影之中, 所以不超过四面体 $ABCD$ 投影面积的 9 倍.

c) 我们来继续 b) 款解答中的讨论. 分别作平面 α, β, γ 和 δ 关于平面 BCD, ACD, ABD 和 ABC 的对称平面 α', β', γ' 和 δ'. 经过类似于 b) 款的讨论, 可知多面体 Λ 整个

位于这几个平面的一侧,这意味着,Λ 整个位于由平面 $\alpha, \beta, \gamma, \delta, \alpha', \beta', \gamma'$ 和 δ' 所围成的多面体 Ω 内部. 由于点 A, B, C, D 分别是四面体 $A'B'C'D'$ 的各个侧面 $B'C'D', A'C'D'$, $A'B'D'$ 和 $A'B'C'$ 的重心,所以平面 BCD, ACD, ABD 和 ABC 分别将这个四面体的各条与它们相交的棱分成长度比为 $2:1$ 的两段 (分别从点 A', B', C' 和 D' 算起). 但此时,平面 α', β', γ' 和 δ' 却分别将这些棱分为长度比为 $1:2$ 的两段 (分别从点 A', B', C' 和 D' 算起). 如此一来,多面体 Ω 就是由四面体 $A'B'C'D'$ 去掉 4 个角上的小四面体得到的 (参阅图 259). 因此,多面体 Ω 的外表面在 4 对两两平行的分别平行于侧面 BCD, ACD, ABD 和 ABC 的平面中,所以它们分别是一些与其所平行的四面体 $ABCD$ 的侧面全等的三角形,以及由此种三角形所形成的一些六边形.

我们来看四面体 $ABCD$ 和多面体 Ω 在任一平面 Π 上的投影. 由于在四面体 $ABCD$ 的投影中的每一个点上刚好重叠了该四面体的外表面中的两个不同的点的映象,所以该投影的面积等于四面体所有侧面投影的面积的一半. 同理,多面体 Ω 的投影的面积也等于它的各个侧面投影面积的一半. 将这两个和中的加项按上面所说的 4 对平行平面分类,我们发现,Ω 在每一对平行平面方向上侧面的投影面积都 7 倍于四面体 $ABCD$ 在相应方向上的侧面的投影面积. 这就表明,多面体 Ω 在平面 Π 上的投影面积都 7 倍于四面体 $ABCD$ 在其上的投影面积. 多面体 Λ 在 Π 上的投影包含在多面体 Ω 的投影之中,因此其面积不大于 $ABCD$ 在 Π 上的投影面积的 7 倍.

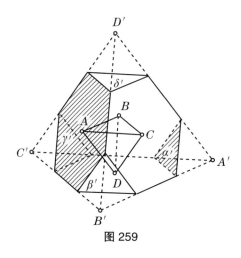

图 259

第 72 届莫斯科数学奥林匹克 (2009)

494. 答案: 在这个句子中, "70% 的数字可被 2 整除; 60% 的数字可被 3 整除; 40% 的数字既可被 2 整除, 又可被 3 整除"; 或 "80% 的数字可被 2 整除; 60% 的数字可被 3 整除; 40% 的数字既可被 2 整除, 又可被 3 整除".

▽1. 可以证明, 不存在其他解答.

▽2. 我们来说明, 这些解答是如何找出的. 在我们所面对的句子中, 一共不多于 $3\times 2+4=10$ 个数字①. 所以每个省略号处的数都是两位数, 故而句子中刚好一共 10 个数字, 这也就意味着所有省略号处的数皆以 0 结尾. 这就表明, 句子中含有 3 个 0. 这 3 个 0 当然既可被 2 整除, 又可被 3 整除, 因此, 所有省略号处的数都不小于 30. 再考虑到句子中已经有两个 2 和两个 3, 可知前两个省略号处的数都在 50 与 80 之间, 第三个省略号处的数则在 30 与 60 之间.

接下来的问题就不太复杂了, 可以采用逐一枚举、逐步修正的办法. 我们先从如下的句子开始:

在这个句子中, 50% 的数字可被 2 整除; 50% 的数字可被 3 整除; 30% 的数字既可被 2 整除, 又可被 3 整除.

这个句子显然不符合事实, 因为句中可被 3 整除的数字有 6 个, 占 60%, 而不是 50%, 故将其修正为

在这个句子中, 50% 的数字可被 2 整除; 60% 的数字可被 3 整除; 30% 的数字既可被 2 整除, 又可被 3 整除.

但依然不符合事实, 再次修正后, 变为

在这个句子中, 60% 的数字可被 2 整除; 70% 的数字可被 3 整除; 40% 的数字既可被 2 整除, 又可被 3 整除.

还是不符合事实, 再作修正, 得到

在这个句子中, 80% 的数字可被 2 整除; 60% 的数字可被 3 整除; 40% 的数字既可被 2 整除, 又可被 3 整除.

495. 答案: $\angle A = 36°$, $\angle B = 54°$.

将 CK 与 AL 的交点记作 O(见图 260), 由题意知, CO 是直角三角形 $\triangle ACL$ 斜边上的中线, 故有 $AO=CO=LO$, 因而 $\angle OCA = \angle OAC = \angle OAK$ (注意, AL 是角平分线). 记这些角的值为 α, 则有 $\angle A = 2\alpha$.

我们来求 $\angle B$. 由于 $\triangle CBK$ 为等腰三角形 $(CK=CB)$, 而 $\angle CKB$ 是 $\triangle ACK$ 在顶点 K 处的外角, 所以 $\angle B = \angle CKB = \angle ACK + \angle KAC = 3\alpha$.

由于 $\angle A + \angle B = 90°$, 所以 $2\alpha + 3\alpha = 90°$, 故 $\alpha = 18°$, 因而 $\angle A = 2\alpha = 36°$, $\angle B = 3\alpha = 54°$.

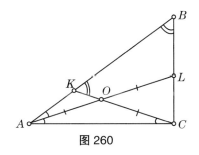

图 260

496. 答案: 该公共根是 1.

---

① 在这个句子中, 每个省略号处都至多为一个两位数 (3×2), 再加上句子关于整除性的陈述中用到了 4 个数字, 所以一共不多于 10 个数字. —— 编译者注

解法 1 将第一个方程乘以 x 后减去第二个方程, 得到

$$(ax^3+bx^2+cx)-(bx^2+cx+a)=0 \iff a(x^3-1)=0.$$

易知, 原来两个方程的公共根必是该方程的根. 而该方程有唯一实根 1, 所以所求的公共根是 1.

解法 2 还可通过"试验"来求解本题. 先找出对怎样的 x, 两个二次三项式相等, 为此, 可解方程

$$ax^2+bx+c=bx^2+cx+a,$$

亦即

$$(a-b)x^2+(b-c)x+(c-a)=0.$$

可用求根公式求出其根, 但较为简单的办法是: 可看出 1 是方程的一个根 (这并不奇怪, 因为两个二次三项式在 $x=1$ 时都等于 $a+b+c$), 而当 $a\neq b$ 时, 可由韦达定理知其另一根为 $\dfrac{c-a}{a-b}$.

不难通过例子验证, $x=1$ 确实是我们的两个二次三项式的公共根, 这只需将 a,b,c 取为任何满足条件 $a+b+c\neq 0$ 的非 0 实数即可. 下面来验证 $x=\dfrac{c-a}{a-b}$ 是否为公共根. 将其代入第一个方程, 知此时应当有 $a(a^2+b^2+c^2-ab-ac-bc)=0$, 但事实上, 却有

$$a^2+b^2+c^2-ab-ac-bc=\frac{1}{2}\big((a-b)^2+(b-c)^2+(c-a)^2\big),$$

它仅在 $a=b=c$ 时等于 0, 而此时我们的方程无实根.

497. 答案: 无论怎样放置标记, 玩具汽车都将冲进房子.

解法 1 我们注意到, 如果玩具汽车可以由方格 A 走到方格 B, 那么也就可以由方格 B 走到方格 A, 为此只需按照相反的顺序行走即可. 所以我们只需证明, 玩具汽车可以由房子驶出, 并可驶出方格表的边界.

事实上, 假设玩具汽车自中心方格朝北驶出, 此后每一步它都朝北或朝西行驶, 只要任何时候都不朝南或朝东, 那么在不多于 101 步后它就必然驶出方格表的边界.

解法 2 假如玩具汽车自右下角进入方格表, 那么无论该方格中放置的是哪种标记, 它都可能朝上也都可能朝左行驶 (见图 261). 因此可以认为根本不存在右下角方格, 玩具汽车是直接 (从任一方向) 驶入方格表的其余部分的 (见图 262(a)).

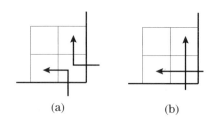

图 261

但这样一来, 就又出现新的右下角方格, 我们也可以类似的方式将其去掉 (见图

262(b)). 重复进行这样的讨论, 每一次都去掉一个方格, 而该方格的右方与下方均已没有其他方格, 直到中心方格可以直接进入为止.

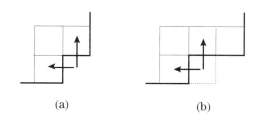

图 262

498. 一种可能的连法如图 263 所示. 其中上方两个多边形是整体围绕点 A 的旋转关系, 而下方两个多边形则关于点 O 对称.

▽1. 可类似地用 5 条折线连接两个点, 使得所得到的 4 个多边形彼此全等; 但却无法用 6 条折线连接两个点, 使得所得到的 5 个多边形彼此全等.

▽2. 有趣的是, 可以用这种形状的多边形充满整个平面, 并且不是以周期性方式 (参阅图 264).

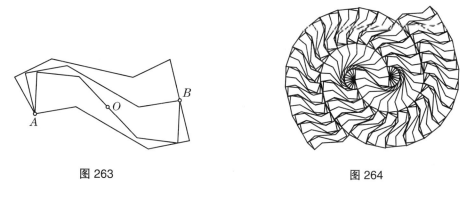

图 263　　　　　　　　　　图 264

▽3. 仅仅由图 263 还看不出这种图形是普遍可行的, 下面就来解释其原因.
我们只需构造如图 265(a) 所示的九边形 $AA'XX'B'BB''X''A''$.
(1) 折线 $AA'XX'B'$ 绕点 A 旋转后变为折线 $AA''X''B''B$ (见图 265(a)).
(2) 折线 $AA'XX'B'B$ 是中心对称的.

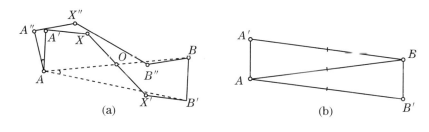

图 265

我们来看任意一个一条对角线与一对对边相等的平行四边形 $AA'BB'$ (见图 265(b)). 在绕点 A 旋转 $\angle B'AB$ 后, 其顶点 B' 变为顶点 B, 于是现在不难实现条件 (1) 中的要求了. 可以取两个点 X 和 X', 再把点 A', X 和 X' 作这一旋转后的像取为 A'', X'' 和 B''. 而为了实现条件 (2), 只需将 X' 取为点 X 关于线段 AB 的中点 O 的对称点即可.

最后仅剩下一个问题, 就是点 X 必须取得恰当, 使得最终所得的图形真正是一个多边形, 亦即折线 $AA'X'B'$ 不与折线 $AA''X''B''B$ 相交, 并且它们都不与线段 BB' 相交.

我们指出, 为了前一点, 只需折线 $AA'XX'B'$(因而也就意味着其旋转后的像折线 $AA''X''B''B$) 与点 A 的距离为常数. 事实上, 每一个以点 A 为圆心的圆与这两条折线都分别有一个交点, 而且这些交点互不重合, 因为它们都是绕点 A 旋转一个非零角度而得的. 而为了不与线段 BB' 相交, 只需所有的点 (在与线段 BB' 垂直的直线上的投影) 都在线段 BB' 的左方即可.

而只要将点 X 取在 AA' 的垂线上, 并使 $\angle AXO$ 为钝角, 则上述要求都可满足 (而为了能够找到这样的点, 最好是一开始就把平行四边形 $AA'BB'$ 取得足够的细长, 意即使得对角线 AB 远远长于边 AA').

499. 答案: 后开始的人有取胜策略.

按开始的先后, 分别将二人称为甲和乙.

首先, 乙可保证与甲战平. 事实上, 他只需任何时候都写各位数字和等于 1 的正整数 (特别地, 就干脆每次都写 1) 就行. 因为他可以不比甲写出更多的数, 而他所写的每一个数的数字和都不比甲的大. 并且, 只要甲有一次写出的正整数的各位数字和大于 1, 那么甲就输了.

如果二人现在都只写各位数字和为 1 的数, 亦即 1, 10, 100, 1000 或 10000. 那么此时乙必不会输, 而为了能赢得甲, 他必须让甲所写出的数的个数比他多, 亦即逼着甲去写最后一个数.

我们来证明, 如下的策略即可使乙达到目的: 当甲写 10 或 1000 时, 他写 1; 当甲写 100 或 1 时, 他写 10. 事实上, 每一步之后, 黑板上的所有的数的和都是 11 的倍数, 而 10000 不是 11 的倍数. 所以只需证明这一策略总能行得通即可, 亦即在乙写过之后, 黑板上的所有数的和不会首次超过 10000. 这是因为第一个超过 10000 的可被 11 整除的正整数是 10010, 而任何一个小于 10000 的正整数加 1 或加 10 都不会等于 10010.

▽. 可以证明, 如果将 10000 换成任意一个正整数 N, 则乙有取胜策略, 当且仅当 N 被 11 除的余数是奇数.

500. 答案: -1.

任何与 $y=kx$ 平行的直线都具有形如 $y=kx+b$ 的方程, 其中 b 为某个常数. 它与双曲线 $y=\dfrac{x}{k}$ 的交点的横坐标是方程 $\dfrac{x}{k}=kx+b$ 的根. 该方程等价于 $kx^2+bx-k=0$. 根据韦达定理, 该方程的两个根的乘积等于 $\dfrac{-k}{k}=-1$. 将 5 个这样的乘积相乘, 即得答案.

▽1. 所说的每个一元二次方程都有两个实根, 此因它们的判别式为 $b^2+4k^2>0$. 这一事实的几何解释是: 每一条与 $y=kx$ 平行的直线都与双曲线 $y=\dfrac{x}{k}$ 有两个交点.

▽2. 正如解答所显示的, 我们可以证明一个更为一般的事实, 即直线与双曲线 $y=\dfrac{x}{k}$ 二交点的横坐标的乘积仅与 k 的值以及直线的斜率有关.

501. 事实上, 存在着许多这样的多边形. 我们仅举几个例子.

在如图 266(a) 所示的例子中, 两个全等的多边形中的一个是由另一个平移得到的. 这个例子可以推广为: 线段平分多边形的一条边, 并把另一条边分成长度比为 $x:y$ 的两段. 可以这样来做: 先将一个矩形等分为两个同样的矩形, 再分别在它们的上方各增添一个"凸起", 使得上边被"凸起"分为 $x:y$ 的两段.

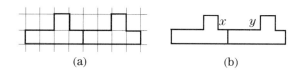

图 266

还可构造如图 267 所示的例子, 其中两个全等的多边形, 一个旋转后与另一个靠拢.

还有一种构造这类例子的思路: 在如图 268(a) 所示的"骨架"中, 线段 AB 被点 E 分成 $2:1$ 的两段, 线段 CD 被点 F 等分. 所求作的多边形应当包含与多边形 $AEFC$ 和多边形 $BEFD$ 全等的片断. 没有什么东西可以妨碍我们将这样的两个片断扩充为一个完整的多边形. 如图 268(b) 所示, 将 $BEFD$ 任意地置于"骨架"的左方, 并把它与"骨架"中的 $AEFC$ 任意地连成多边形, 即得左半部, 再类似地作出右半部即可.

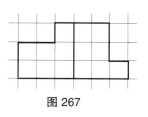

图 267

(a)

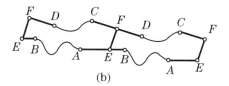

(b)

图 268

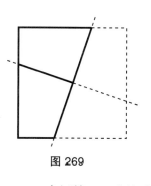

图 269

有趣的是, 甚至还存在满足条件的凸四边形, 意即它可被一条线段分为具有所说性质的两个部分. 事实上, 如果在某个正方形中, 经过其中心作两条相互垂直的线段, 使它们将边分为 $2:1$ 的两段, 则正方形被分为四个彼此全等的部分 (见图 269). 我们来看其中一条线段将正方形所分成的两个梯形之一 (如图 269 中粗线条所示). 显然, 另一条线段将其分为两个彼此全等的四边形, 而且它等分梯形的一条边, 并把其对边分为 $2:1$ 的两段.

502. 参阅第 497 题解答.

503. 答案: 他一定能实现自己的愿望, 意即数列一定可以无限地延长下去.

由于数列的前 3 项 a_1, a_2, a_3 形成递增的等比数列, 所以它们具有形式 a, aq, aq^2, 其中 $q>1$. 接下来, 我们按照这样的方式添加数列中的项: 使第 3 项为它的前后两个邻项的算术平均值, 第 4 项为它的前后两个邻项的几何平均值, 第 5 项为它的前后两个邻项的算术平均值, 如此交替下去. 容易看出, 序列是递增的.

我们来证明, 所得到的数列中的各项都是正整数. 由于第 3 项是它的前后两个邻项的算术平均值, 所以
$$a_4 = 2a_3 - a_2 = 2aq^2 - aq = aq(2q-2).$$
易知该数为正整数, 因为原来 3 项所成的数列是递增的, 并且都是正整数. 继而, 第 4 项是它的前后两个邻项的几何平均值, 所以
$$a_5 = \frac{a_4^2}{a_3} = \frac{a^2q^2(2q-1)^2}{aq^2} = 4aq^2 - 4aq + a = 4a_3 - 4a_2 + a_1.$$
既然 a_1, a_2, a_3 都是正整数, 而且递增, 所以 a_5 也是正整数.

我们注意到 a_3, a_4, a_5 仍然是递增的等比数列, 所以按同一法则往后定义的 a_6, a_7 也是正整数, 并且 a_5, a_6, a_7 仍然是递增的等比数列. 如此下去, 即得以正整数为项的无穷数列, 它的脚标为偶数的项是其前后两个邻项的几何平均值, 除首项外的脚标为奇数的项是其前后两个邻项的算术平均值.

最后只需指出, 任何两个互不相同的数的算术平均值都不等于它们的几何平均值, 所以我们的数列从任一项往后都不是清一色的算术平均值, 也不是清一色的几何平均值.

▽. 本题有另一种解答思路.

先来分析构成递增的等比数列的 3 个正整数. 它们的公比可由前两项的比值得到, 因而是一个大于 1 的有理数. 设其既约形式为 $\frac{n+k}{n}$. 这样一来, 第 1 项可被 n^2 整除, 设其为 an^2. 于是这 3 个正整数为 an^2, $an(n+k)$ 和 $a(n+k)^2$. 可按如下方式延伸这个数列: an^2, $an(n+k)$, $a(n+k)^2$, $a(n+k)(n+2k)$, $a(n+2k)^2$, $a(n+2k)(n+3k)$, $a(n+3k)^2, \cdots$, 意即 $a_{2i} = a(n+(i-1)k)(n+ik)$, $a_{2i+1} = a(n+ik)^2$. 容易看出, 数列中脚标为偶数的项都是其前后两项的几何平均值, 而脚标为奇数的项都是其前后两项的算术平均值.

504. 解法 1 作点 B 关于直线 AC 的对称映射, 将其像点记作 B_1. 延长线段 BP 与 BQ, 使它们分别与 AB_1 和 CB_1 相交于点 M_1 与点 N_1(见图 270). 于是 $\triangle AMP \cong \triangle AM_1P$, $\triangle CNQ \cong \triangle CN_1Q$, 而 $\triangle AM_1P$, $\triangle CN_1Q$ 以及五边形 $M_1PQN_1B_1$ 的面积和等于菱形 $ABCB_1$ 的面积的一半.

我们再来证明四边形 $M_1BN_1B_1$ 的面积亦等于菱形 $ABCB_1$ 的面积的一半. 为此, 我们指出 $\angle M_1BB_1 + \angle B_1BN_1 = 60° = \angle B_1BN_1 + \angle N_1BC$, 因而有 $\triangle M_1BB_1 \cong \triangle N_1BC$ (除了二角外, 还有边 $BB_1 = BC$). 既然 $\triangle B_1BC$ 的面积等于菱形 $ABCB_1$ 的面积的一半, 所以四边形 $M_1BN_1B_1$ 的面积亦等于菱形 $ABCB_1$ 的面积的一半. 于是就有
$$S_{AM_1P} + S_{M_1PQN_1B_1} + S_{CN_1Q} = S_{PQB} + S_{M_1PQN_1B_1},$$
所以 $\triangle PQB$ 的面积等于 $\triangle AM_1P$ 与 $\triangle CN_1Q$ 的面积之和, 也就是等于 $\triangle AMP$ 与 $\triangle CNQ$ 的面积之和.

解法 2(本解法基本取自一位参赛女选手的答卷) 如同解法 1, 作点 B 关于直线 AC 的对称映射, 将其像点记作 B_1. 延长线段 BP 与 BQ, 使它们分别与 AB_1 和 CB_1 相交于点 M_1 与点 N_1(见图 270), 并可同那里一样, 证明 $\triangle M_1BB_1 \cong \triangle N_1BC$, 于是 $MB = M_1B_1 = N_1C$. 作线段 MN_1, 使之与 AC 相交于点 O(见图 271). 根据对称性, 线段

NM_1 亦经过同一个点 O. 由于线段 MB 与线段 N_1C 平行且相等, 所以 $MN_1 // BC$, 因此 BON_1C 为梯形. 这意味着 $S_{BOQ} = S_{CN_1Q} = S_{CNQ}$. 同理, $S_{BOP} = S_{AM_1P} = S_{AMP}$. 这就表明, $S_{PQB} = S_{BOP} + S_{BOQ} = S_{AMP} + S_{CNQ}$, 这就是所要证明的.

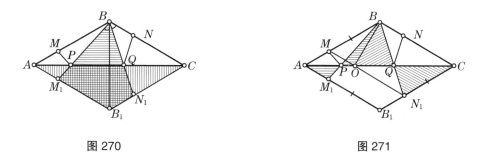

图 270　　　　　　　　　图 271

505. 答案: 乙可保证自己取胜.

论据与思路　在诉说乙的取胜策略之前, 我们先来说明, 如何可以猜出答案和解法. 首先, 乙有保证获得平局的简单策略: 每次都把自己的点取得与甲刚刚所取的点关于圆心对称. 因而, 讨论甲的策略毫无意义, 并且游戏或者以平局告终, 或者乙将取胜.

现在来看 $n = 2$ 的情形. 如果甲取到某两个对径点, 则他可保证获得平局或取胜. 事实上, 如果蓝点分布在两个半圆上, 则为平局; 而若分布在同一个半圆上, 则甲获胜. 因此, 乙第一步就应该把点取为甲刚刚所取的点的对径点. 此后, 甲便只能在所得的半圆之一上取点 (从而所得的弧长 $l < \pi R$), 而乙可在另一个半圆上取点, 使得所得的弧长 L 满足条件: $l < L < \pi R$, 因而乙获胜.

现在来寻求这一策略在 $n > 1$ 时的正确的对应版本. 如果甲有机会标出某个正 n 边形的所有顶点, 则乙至多能获得平局. 因为已经不可能得到比 $\dfrac{2\pi R}{n}$ 更长的弧段. 而要破坏甲的每一段弧, 乙只有在其中的每一段上都标上一个自己的点, 而这样一来, 所有的蓝点就都用上了, 但却未能得到任何以蓝点为端点的弧段, 故为平局. 所以乙应当至少在甲带头标注了一个顶点的正 n 边形上标注一个顶点. 此后便不难明白, 乙应该就在该多边形上继续后来的步骤. 由此得到如下的解法:

我们来按照乙的取胜策略行事. 以甲第一步所标注的点作为一个顶点画出一个正 n 边形. 只要该多边形的顶点未被全部标注, 乙就每次都标注它的一个顶点. 由于该多边形上已经有一个红色顶点, 所以在乙的所有步骤结束以前, 它的顶点都已经全被标完.

现设该多边形的 n 个顶点都已经被标注完毕, 并且其中有 r 个红点和 $b = n - r$ 个蓝点. 如果某两个相邻的顶点都被染为红色, 我们就称连接它们的弧段为红色的, 否则, 就称连接它们的弧段为蓝色的. 红色的弧段不多于 $r - 1$ 条, 因为红色弧段被分为一个或多个相邻组. 红点分隔这些弧段, 在每个相邻组中, 弧段的条数都比红点的个数少 1. 所以红色弧段的数目少于红点的个数. 但是弧段的条数与顶点的个数是相等的, 这就意味着, 蓝色弧段的条数比蓝点的个数多, 意即蓝色弧段的条数不少于 $b + 1$.

在接下来的 $r - 1$ 步中, 乙应当在每一条红色弧段上面各标注一个点. 我们来看, 乙将面临怎样的情景? 甲标注了正 n 边形上的 r 个顶点, 以及另外的 $n - r = b$ 个别的点. 因此, 至少在一条蓝色的弧段上没有甲所标注的点, 从而乙可以保证自己的最长的蓝色弧段的长

度任意地接近 $\frac{2\pi R}{n}$. 另一方面, 在每一段长度为 $\frac{2\pi R}{n}$ 的红色弧段上都至少有一个蓝点. 如此一来, 乙可获胜.

506. 答案: 1100 卢布.

设费佳付了 n 卢布, 而代办商要抽取 $k\%$ 的手续费. 则有 $\frac{847}{100-k} = \frac{n}{100}$, 亦即 $84700 = (100-k)n$. 对 84700 作质因数分解, 得

$$84700 = 2^2 \cdot 5^2 \cdot 7 \cdot 11^2.$$

根据题意, $70 < 100 - k < 100$, 所以应当找出 84700 在这一区间中的约数. 经过不太繁杂的列举, 即可找出唯一合适的对象 $7 \cdot 11 = 77$, 此即表明 $k = 23$. 所以, 费佳为手机充值, 付给了代办商 1100 卢布.

507. 答案: 未必.

我们来考察数列: $1, 2, 4, 6, 9, 12, 16, 20, \cdots, k^2, k(k+1), (k+1)^2, (k+1)(k+2), (k+2)^2, \cdots$. 注意,

$$k(k+1) = \sqrt{k^2 \cdot (k+1)^2}, \quad (k+1)^2 = \frac{k(k+1) + (k+1)(k+2)}{2},$$

知其中几何平均值与算术平均值交替出现. 而该数列既非等差数列, 又非等比数列, 事实上, 相邻两项的差 $k(k+1) - k^2 = k$ 和相邻两项的比 $\frac{k(k+1)}{k^2} = \frac{(k+1)}{k}$ 均与 k 有关. 这就表明, 所述的序列即为所求.

508. 答案: 一定能找到.

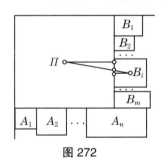

图 272

考察左上角处的矩形 Π. 假设在其下方自左至右依次排列着矩形 $A_1, \cdots, A_n$, 在其右侧自上至下依次排列着矩形 $B_1, \cdots, B_m$ (参阅图 272). 那么, 或者 Π 的下方边界与 B_m 的下方边界在同一条直线上, 或者 Π 的右方边界与 A_n 的右方边界在同一条直线上. 因若不然, 矩形 A_n 就会与矩形 B_m 相交. 不失一般性, 我们设 Π 的下方边界与 B_m 的下方边界在同一条直线上. 选择矩形 B_i, 使得 Π 的右方边界的中点在其边界上. 如果这样的矩形有两个, 则任择其一. 于是连接 Π 和 B_i 中心的线段 l 不与任何其他矩形相交, 因为 l 与 Π 的右方边界的交点位于 Π 右方边界的中点和 B_i 左方边界的中点之间.

509. 答案: 不存在.

假设存在某种初始状态和一系列的移动步骤, 使得某一枚珠子可以逆时针移过整整一圈甚至更多. 将该枚珠子称为珠子甲, 将其的初始位置记作 O. 则珠子的位置可由与点 O 的夹角来定义, 且顺时针方向的角为负角, 逆时针方向的角为正角 (见图 273). 将各枚珠子依次编号, 珠子甲编为第 2009 号, 并以 α_i 表示与第 i 号珠子间的夹角. 那么开始时, 有

$$-2\pi < \alpha_1 < \alpha_2 < \cdots < \alpha_{2009} = 0.$$

对于 $i = 2, \cdots, 2008$, 对第 i 号珠子的移动相当于将角 α_i 换为 $\frac{\alpha_{i-1} + \alpha_{i+1}}{2}$; 而对 1 号珠子

的移动, 相当于将角 α_1 换为 $\dfrac{\alpha_2 + \alpha_{2009} - 2\pi}{2}$; 对第 2009 号珠子的移动, 相当于将角 α_{2009} 换为 $\dfrac{\alpha_1 + \alpha_{2008} + 2\pi}{2}$. 珠子甲转过了一整圈或更多, 相当于 α_{2009} 变得不小于 2π. 但是在开始时, 有 $\alpha_i < \dfrac{2\pi i}{2009}$, 而在上述变换中这一性质始终保持, 这就意味着, 恒有 $\alpha_{2009} < 2\pi$, 此为矛盾. 所以不存在所说的情况.

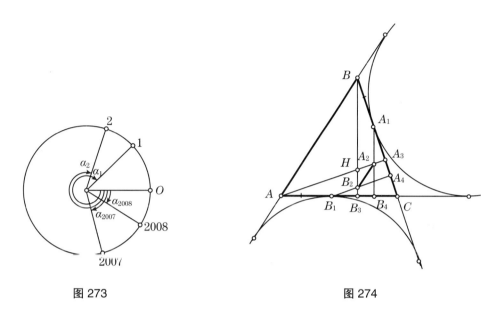

图 273　　　　　　　　　　　　　图 274

510. 分别由点 B 和 A_1 作 AC 的垂线, 得到垂足 B_3 和 B_4, 再类似地得到点 A_3 和 A_4(参阅图 274). 以 p 表示 $\triangle ABC$ 的半周长, 易见 $AB_1 = BA_1 = p - c$. 故知 $A_3A_4 = B_3B_4 = (p-c)\cos\gamma$. 线段 A_3A_4 和 B_3B_4 分别是线段 A_2B_2 在直线 AC 和 BC 上的投影, 既然它们的长度相等, 所以线段 A_2B_2 与它们的夹角相等. 这就意味着, A_2B_2 或者垂直于 $\angle C$ 的平分线, 或者平行于该平分线. 将 $\triangle ABC$ 的垂心记作 H. 由于点 B_1 在线段 AC 上, 所以点 A_4 在线段 A_3C 上, 因而点 B_2 在射线 HB_3 上. 同理可知, 点 A_2 在射线 HA_3 上. 这表明, $\angle A_3HB_3$ 的平分线与线段 A_2B_2 相交. 而该角平分线平行于 $\angle ACB$ 的平分线 (由于在四边形 HA_3CB_3 中, $\angle A_3$ 与 $\angle B_3$ 都是直角). 如此一来, 可知 A_2B_2 不平行于 $\angle C$ 的平分线, 从而垂直于该平分线, 此即为所证.

511. 设 $0 < k < m < n$, 我们来考察 n 元集合中的 m 元子集以及含于该子集中的 k 元子集的 "对子" 的个数. 一方面, 可以先从 n 元集合中选择 k 个元素, 再把它扩充为 m 元子集, 故知共有 $C_n^k C_{n-k}^{m-k} = C_n^k C_{n-k}^{n-m}$ 种方法. 另一方面, 可以先从 n 元集合中选择 m 个元素, 再从这 m 个元素中选择 k 个元素, 因此共有 $C_n^m C_m^k$ 种选法. 故有 $C_n^k C_{n-k}^{n-m} = C_n^m C_m^k$, 意即 $\dfrac{C_n^m}{C_n^k} = \dfrac{C_{n-k}^{n-m}}{C_m^k}$. 但是 $C_n^k > C_m^k$, 这就表明, C_n^k 与 C_n^m 的最大公约数大于 1.

512. 答案: $2 + \sqrt{2}$.

由于 $h'(t_0) = 0$ 和 $h(t_0) = 0$, 所以 $a \neq 0$ (否则, 函数 h 恒等于 0, 此与题意相矛盾, 因为题中条件表明, 水的深度 h 随时间 t 在降低), 而抛物线 $y = h(t)$ 的顶点的横坐标和纵坐

标分别为 t_0 和 0, 所以
$$h(t) = a(t-t_0)^2, \quad t \leqslant t_0.$$
将把所有的水全都放光所需的时间记作 T, 则由题意可知
$$h(t_0 - T) = 2h(t_0 - T + 1) \implies aT^2 = 2a(T-1)^2$$
$$\implies T^2 - 4T + 2 = 0 \implies T = 2 \pm \sqrt{2}.$$
由于 $T > 1$, 所以 $T = 2 + \sqrt{2}$.

▽. 由函数的变化规律可知, 函数 $y = h(t)$ 满足如下的微分方程:
$$y' = -k\sqrt{y}, \quad k > 0,$$
这是一个刻画底部具有窟窿的容器中的液面高度的方程. 解此方程, 即得上述解答中 (水被全部放光前) 的二次函数.

513. 答案: 不可能.

每根辐条在穿透钢筋束时, 在钢筋束的表面上产生两个图形: 一个在入口处, 一个在出口处. 因此, 所得的圆柱的表面积由钢筋束的表面积 (钢筋束的表面积可能由于被辐条穿破而减小, 但终究是正的) 和这些图形的面积累加而得. 每个这种图形不小于由辐条的横截面所形成的圆的面积. 根据题意, 每个这种圆的半径是 1, 并且一共有 72 根辐条. 将它们所形成的圆柱的高记为 h, 得到关于其表面积的不等式
$$2 \cdot \pi \cdot 6^2 + 2\pi \cdot 6 \cdot h > 2 \cdot 72 \cdot \pi,$$
由此得知 $h > 6$.

514. 过函数 $y = \sin x$ 图像上的给定点 $(x_0, \sin x_0)$ 作图像的切线, 其中 $x_0 \in (0, \alpha)$, 其斜率, 即切线与轴 Ox 间夹角的正切值, 为 $\cos x_0$. 而为了利用直尺和圆规作出它, 只需作出长度为 1 的线段. 事实上, 有了 1 和 $\sin x_0$ 之后, 我们就可以 (借助于三角圆) 构作线段 $|\cos x_0|$ 和正切值等于 $\cos x_0$ 的角. 下面说明如何作长度为 1 的线段.

a) 由函数图像上的点 $A = (a, \sin a)$, 其中 $a \in \left(\dfrac{\pi}{2}, \alpha\right)$, 作纵轴 Oy 的垂线 (见图 275(a)). 由于 $\sin(\pi - a) = \sin a$, 所以该垂线与图像还相交于另一点 $B = (\pi - a, \sin a)$. 过线段 AB 的中点作轴 Ox 的垂线, 它与图像相交于点 $\left(\dfrac{\pi}{2}, 1\right)$. 该垂线上位于轴 Ox 和函数 $y = \sin x$ 图像间的线段的长度就是 1.

b) 此处有若干个较难的构作长度为 1 的线段的问题. 剩下的构作过程如下:

设 a 和 b 是轴 Ox 上的两个点, 满足条件 $0 < b < a < \alpha$. 作一长度为 $\sin a + \sin b$ 的线段 AB. 经过点 B 作与 AB 垂直的射线 l. 以 A 为圆心, 以 $2\sin\dfrac{a+b}{2}$ 为半径的圆与射线 l 相交于点 C(见图 275(b)). 由于 $\sin a + \sin b = 2\sin\dfrac{a+b}{2}\cos\dfrac{a-b}{2}$, 所以 $\angle CAB = \dfrac{a-b}{2}$. 在线段 BC 上取一点 D, 使得 $BD = \sin\dfrac{a-b}{2}$. 经过点 D 作平行于线段 AB 的直线, 该直线与线段 AC 相交于点 E. 线段 AE 的长度等于 1, 此因
$$\sin \angle CAB = \sin\dfrac{a-b}{2} = \dfrac{BD}{AE}.$$

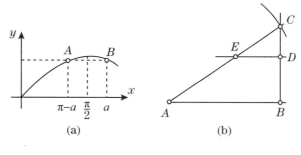

图 275

515. 答案: b) $72°, 108°, 72°, 108°$ 或 $72°, 72°, 72°, 144°$.

设题中所给的四边形为 $ABCD$,其内切圆圆心为 O,并设 AO 和 CO 是所给的 3 条直线中的两条.

a) 如果点 O 在直线 AC 上,则该直线是四边形 $ABCD$ 的对称轴 (因为 AO 和 CO 分别是 $\angle A$ 和 $\angle C$ 的平分线),因此直线 BO 和 DO 同时具有题中所说的性质. 下面来看 AO 和 CO 不相互重合,且分别与四边形的边界相交于点 P 和 Q 的情形,为确定起见,我们设点 P 在边 CD,点 Q 在边 AD 上 (见图 276).

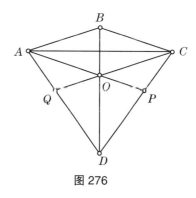

图 276

由题中条件知, $\triangle AOQ$ 与 $\triangle COP$ 的面积相等, 而它们的由顶点 O 所作的高相等, 所以 $AQ = CP$. 此外, 还有 $\angle AOQ = \angle COP$, 故有 $AO \cdot OQ = CO \cdot OP$. 再由余弦定理得

$$AO^2 + OQ^2 - 2AO \cdot OQ \cos \angle AOQ = AQ^2 = CP^2$$
$$= CO^2 + OP^2 - 2CO \cdot OP \cos \angle COP.$$

由此可知 $AO + OQ = CO + OP$. 所以,或有 $AO = OP$ 与 $OQ = CO$,或有 $AO = CO$ 与 $OQ = OP$(根据韦达定理的逆定理), 以及 $\triangle AOQ \cong \triangle COP$. 在此,若有 $AO = OP$ 与 $OQ = CO$, 则 $\angle OAQ = \angle OPC$, 因而 $AD // CD$, 此为不真. 故知 $\angle OAQ = \angle OCP$ 和 $AO = CO$, 由此可知 $\angle CAO = \angle ACO$, 这意味着 $\angle CAD = \angle ACD$ 和 $AD = CD$, 因而又有 $AB = BC$(此因 $AB + CD = BC + AD$). 这表明,四边形 $ABCD$ 关于直线 BD 对称, 点 O 在此直线上, 因而直线 BO 与 DO 重合.

b) 我们已在小题 a) 中证得四边形 $ABCD$ 关于其一条对角线对称. 如果它也关于另一条对角线对称,那么它就是菱形, 因而它的 4 个内角就是: $72°, 108°, 72°, 108°$. 反之, 具有如此 4 个内角的菱形满足题中条件. 我们来看四边形仅关于其一条对角线对称的情形 (不失一般性, 可设其正如图 276 所示). 正如小题 a) 中那样, 我们可得 $\triangle AOB$ 与 $\triangle DOP$ 面积相等及全等. 在此, $\angle OAB \neq \angle OPD$(否则, $AB // CD$, 根据对称性, 又有 $BC AD$, 又因 $AC \perp BD$, 从而 $ABCD$ 为菱形), 因而 $\angle OAB = \angle ODP$, 由此

可得 $\angle BAD = \angle ADC = \angle BCD < 90°$ (由于 $\angle AOD > 90°$, 故知 $\angle OAD < 45°$). 所以, $\angle BAD = \angle ADC = \angle BCD = 72°$, $\angle ABC = 144°$.

满足题中条件的具有这种内角的四边形 $ABCD$ 是存在的. 它可以由彼此全等的三角形 $\triangle AOB$, $\triangle COB$, $\triangle DOQ$, $\triangle DOP$ 和彼此全等的三角形 $\triangle AOQ$, $\triangle COP$ 构成 (参阅图 277). 前 4 个三角形中由点 O 所作的高相等, 所以点 O 是四边形 $ABCD$ 内切圆的圆心, 直线 AO, BO, CO 和 DO 中的每一条都把其分成构成相同的两部分, 意即分为面积相等的两部分.

▽1. 三角形可为其一条边、该边上的高以及该边所对的角所唯一确定这一事实可用纯几何方法证明, 只需用到如下命题: 对给定的线段张成定角的点的轨迹是以该线段为弦的两段圆弧 (参阅图 278).

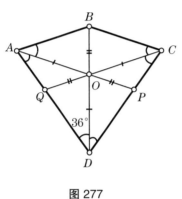

图 277

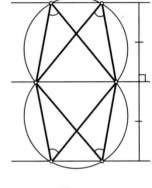

图 278

▽2. 如果一个四边形被经过它的顶点和内心的每一条直线都分为两个面积相等的部分, 则该四边形是菱形, 或者有 3 个内角相等且第 4 个内角较大的凸矛尖形 (3 个相等的角不一定为 72°, 本题之所以以 72° 作为答案, 是因为本届比赛是第 72 届莫斯科数学奥林匹克), 其 4 个内角的一般形式为 α, α, α 和 $360° - \alpha$, 且 $\alpha < 360° - \alpha < 180°$, 意即 $60° < \alpha < 90°$.

516. 答案: $p+1$.

如果 $(p^2)!$ 可被 $(p!)^n$ 整除 ($n \in \mathbf{N}_+$), 则 $n \leqslant p+1$, 因为 p 在 $p!$ 的质因数分解式中的指数是 1 (因而在 $(p!)^n$ 的质因数分解式中的指数是 n), 而在 $(p^2)!$ 的质因数分解式中的指数是 $p+1$. 我们来证明, $(p^2)!$ 可被 $(p!)^{p+1}$ 整除.

解法 1 设想将一个 p^2 元集合中的所有元素列成一个 $p \times p$ 表格. 将两个这样的表格称为等价的, 如果其中一个可由另一个经过某一行中的元素重新排列得到, 或者经过行与行之间的某种重新排列得到. 易知, 每个等价类中包含着 $(p!)^{p+1}$ 个不同表格, 事实上, 一行中 p 个元素有 $p!$ 种不同排列, p 行元素共有 $(p!)^p$ 种排列, 而行与行之间还有 $p!$ 种不同排列, 所以一共有 $(p!)^{p+1}$ 个不同表格. 另一方面, p^2 个不同元素共可列成 $(p^2)!$ 个不同表格. 既然这些表格可以分为各含有 $(p!)^{p+1}$ 个表格的等价类, 所以 $(p^2)!$ 可被 $(p!)^{p+1}$ 整除.

解法 2 对于任何正整数 $k \leqslant n$, 组合数

$$C_n^k = \frac{n(n-1)\cdots(n-k+1)}{k!}$$

都是整数, 此因 n 元集合的 k 元子集的个数是整数. 因此, $\dfrac{(p^2)!}{(p!)^p} = \prod_{j=1}^{p} C_{jp}^p$ 可被 $p!$ 整除, 此因对 $j = 1, \cdots, p$, 都有

$$C_{jp}^p = \frac{jp(jp-1)\cdots(jp-p+1)}{p \cdot (p-1)!} = jC_{jp-1}^{p-1}$$

可被 j 整除.

解法 3 我们来证明, 对于任何质数 $q \leqslant p$, 其在 $(p!)^{p+1}$ 的质因数分解式中的指数都不超过它在 $(p^2)!$ 的质因数分解式中的指数. 以 $[x]$ 表示不超过实数 x 的最大整数.

由于在正整数 $1, \cdots, p$ 中恰好有 $\left[\dfrac{p}{q^j}\right]$ 个数可被 q^j 整除, 所以在 $(p!)^{p+1}$ 的质因数分解式中 q 的指数是 $(p+1)\sum_{j=1}^{[\log_q p]} \left[\dfrac{p}{q^j}\right]$ (求和号的上限是满足关系式 $q^k \leqslant p$ 的最大整数 k), 根据同样的理由, q 在 $(p^2)!$ 的质因数分解式中的指数是 $\sum_{j=1}^{[\log_q p^2]} \left[\dfrac{p^2}{q^j}\right]$.

周知, 对于正整数 n, 有不等式 $n[x] \leqslant [nx]$ 成立 (此因 $n[x] \leqslant nx$, 而 $n[x]$ 是整数), 故知

$$p\left[\frac{p}{q^j}\right] \leqslant \left[\frac{p^2}{q^j}\right], \quad j = 1, \cdots, [\log_q p]. \tag{1}$$

而利用不等式 $[\log_q p] \leqslant \log_q p$, 可得

$$\left[\frac{p}{q^j}\right] \leqslant \left[\frac{p^2}{q^{[\log_q p]+j}}\right], \quad j = 1, \cdots, [\log_q p]. \tag{2}$$

将不等式 (1) 和 (2) 对 j 求和, 得

$$(p+1)\sum_{j=1}^{[\log_q p]} \left[\frac{p}{q^j}\right] \leqslant \sum_{j=1}^{2[\log_q p]} \left[\frac{p^2}{q^j}\right] \leqslant \sum_{j=1}^{[\log_q p^2]} \left[\frac{p^2}{q^j}\right].$$

517. 首先将所说的 100 个二位数按照图 279 所示的方式写在表格中. 称其中的两个方格是相邻的, 如果在它们的边界上有公共的线段. 易见, 每两个写在相邻方格中的数都相差 1, 10 或 11.

以任意方式将 100 个二位数分为两组. 将第一行中的方格称为黑格 (目前全是空着的), 并把所有这样的方格 S 也称为黑格, 对于它们, 都可以找到一条起始于 S 的中心, 终止于某个第一行中的方格中心的折线 $L(S)$, 其上面的每一段都连接着两个不写有第二组数的相邻方格的中心, 再把与黑格相邻的其余方格都称为白格. 易知, 白格中都写着属于第二组的数.

如果在最下面一行中能够找到一个黑格 S, 则我们就沿着折线 $L(S)$ 一直走到其与第一行的交点处, 并把折线所经过的方格中的数依次写成一列 (见图 280). 所得数列中的相邻项分布在相邻的方格中, 因此都相差 1, 10 或 11, 并且折线 $L(S)$ 穿越了表格中的每一行, 这就表明, 在数列各项的首位数中出现了所有 10 个不同的数码. 此时, 所求的数列均由第一组中的数构成.

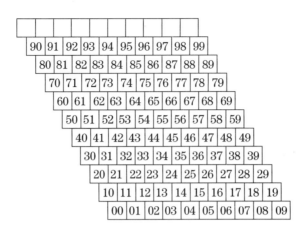

图 279

如果在最下面一行中找不到黑格 S,我们就来考察由所有黑格所形成的图形 (见图 281). 该图形的周界也是一条闭折线, 折线上的所有顶点都是表格中方格的顶点, 折线上的各段分为两种类型: 或者是表格周界上的线段; 或者是白格与黑格公共边上的线段. 其中一些第二种类型的线段形成一条起始于表格左边边缘, 终止于表格右边边缘的折线 l. 我们就沿着折线 l 上的各段从表格的左边边缘走到表格的右边边缘, 并把以这些段作为边界的白格中的数依次写成一列. 所有这些数都属于第二组. 我们指出, 如果折线 l 上的某两个相邻段不属于同一个白格的边界, 则以这两段作为边界的两个白格本身就是相邻的, 因此, 所构作的数列中相应的两个邻项的差是 1, 10 或 11. 由于该数列中的第一项和最后一项分别是写在表格左边边缘和表格右边边缘上的方格中的数, 所以折线 l 经过了表格中的每一竖列的左侧边界. 因此, 在所构作的数列各项的个位数中出现了所有 10 个不同的数码. 此时, 所求的数列均由第二组中的数构成.

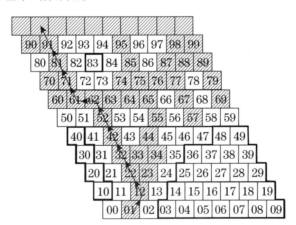

图 280

我们指出, 在上述两种情况下所构作的数列中都可能出现相同的项. 通过消去数列中的 "循环节", 可以得到没有相同项的数列.

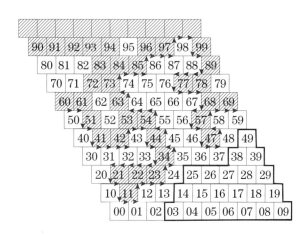

图 281

关于图 280 和图 281 的说明:

在图 280 和图 281 中,黑格均画有阴影线. 用粗黑线框住的方格未在解答中用到.

在图 280 中,箭头标注的是折线 $L(S)$ 所经过的路径. 数列中的项皆由第一组数构成,该图中所示的 (有箭头指向的方格中的数依次列出) 数列为: 01, 12, 22, 32, $\cdots$, 81, 91.

在图 281 中,箭头标注的是折线 l 所经过的路径 (每一段上一个箭头). 数列中的项皆由第二组数构成,图中所示的数列为: 50, 40, 30, 31, 32, 43, 33, 32, $\cdots$, 58, 59. 该数列的构成法则是: 把以折线 l 上各段作为边界的白格中的数依次列出,当折线上的相邻的两段或多段属于同一个白格的边界时,该白格中的数仅列出一次,但若折线不相邻的段属于同一个白格的边界,即经过若干段后再次经过该白格的边界,则该白格中的数将再次列出. 通过删去 "循环节" 的办法,可消去数列中重复出现的项. 该数列中的 "循环节" 是: 32, 43, 33, 32, 31 和 98, 88, 87.

第 73 届莫斯科数学奥林匹克 (2010)

518. 考察所有 3 位数中的立方数, 它们是: $5^3 = 125$, $6^3 = 216$, $7^3 = 343$, $8^3 = 512$, $9^3 = 729$ ($10^3 = 1000$ 已经是 4 位数, 而 $4^3 = 64$ 只是 2 位数). 由于不同的字母代表不同的数字, 所以, КУБ 和 ШАР 都不可能是 343. 但是 3 位数中其余的立方数都有一个共同的数字2, 而 КУБ 和 ШАР 却没有共同的数字. 所以, 若 КУБ 是立方数, 则 ШАР 就不可能是立方数.

519. 答案: $60\,\mathrm{g}$.

解法 1 取形成菱形的 4 枚硬币, 正如图 282(a) 所示, 其中有两枚硬币的重量相等. 如果继续考察这种菱形, 那么就会发现图 282(b) 中标注有相同数字的硬币的重量彼此相同.

周界上的 18 枚硬币中, 刚好有 6 枚硬币标注数字 1, 有 6 枚硬币标注数字 2, 也有 6 枚硬币标注数字 3, 而 3 枚标注不同数字的硬币的重量之和是 10 g, 所以, 周界上的 18 枚

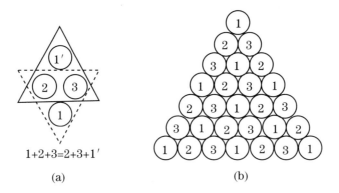

图 282

硬币的重量之和是 $(6 \times 10)\,\mathrm{g} = 60\,\mathrm{g}$.

解法 2 除了正中间的 1 枚硬币之外, 其余硬币如图 283(a) 所示形成 9 个三角形. 而除了周界上的和正中间的硬币之外, 其余硬币如图 283(b) 所示形成 3 个三角形. 每个三角形上的 3 枚硬币的重量之和是 $10\,\mathrm{g}$, 所以, 周界上的 18 枚硬币的重量之和是 $[(9-3) \times 10]\,\mathrm{g} = 60\,\mathrm{g}$.

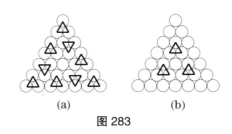

图 283

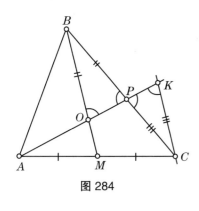

图 284

520. 答案: 1:2.

解法 1 过点 C 作直线 BM 的平行直线, 设其与直线 AP 相交于点 K(见图 284).

在 $\triangle OBP$ 与 $\triangle KCP$ 中, $\angle BOP = \angle CKP$(内错角相等), $\angle BPO = \angle CPK$ (对顶角相等), 所以, $\triangle OBP \sim \triangle KCP$. 由题中条件知 $\triangle OBP$ 是等腰三角形, $\angle BOP = \angle BPO$, 所以, $\angle CPK = \angle CKP$. 亦即 $\triangle KCP$ 也是等腰三角形, $CP = KC$. 然而, OM 在 $\triangle CAK$ 中是中位线, $OM \underset{=}{\parallel} \dfrac{1}{2} CK$. 所以, $OM:PC = OM:CK = 1:2$.

解法 2 根据梅涅劳斯定理, 在 $\triangle MBC$ 中, 有
$$\frac{MO}{OB} \cdot \frac{BP}{PC} \cdot \frac{CA}{AM} = 1.$$

再利用条件 $AM = MC$, $BO = BP$, 得到 $OM : PC = 1 : 2$.

521. 答案: 可以.

首先我们举例说明, 勇士们的速度应当满足怎样的条件, 才能无限长时间地按互不相同的常速行进. 假设环状道路的长度是 1. 我们考察其中任意两个勇士, 设他们的速度分

别是 u 和 v, $u < v$, 于是他们相互接近的速度是 $v - u$. 所以他们两次碰面的间隔时间为 $\dfrac{1}{v-u}$. 为了能够满足题中条件, 在这一段时间内, 他们都应当跑了整数圈, 意即 $\dfrac{u}{v-u}$ 和 $\dfrac{v}{v-u}$ 都应当是整数. 如果勇士们以供他们相互超越的点作为起点, 那么 (任何两个勇士都) 满足刚才所说的条件, 就可使得他们能够无限长时间地按互不相同的常速行进下去.

这样一来, 就需要找出 33 个两两不等的正数 $v_1, v_2, \cdots, v_{33}$, 使得对任何 i 以及任何与其不相等的 j, 都有 v_i 可被 $v_i - v_j$ 整除.

我们采用归纳式的方法, 如果 n 个正数 $v_1, v_2, \cdots, v_n$ 已经满足上述条件, 那么一旦增加一个数 $v_{n+1} = 0$, 所说的条件当然仍可满足. 问题是如何修正所得到的数组, 使得每个数都是正数. 事实上, 这件事并不难实现: 我们可以将每个 v_i 同时加上同一个正数 V, 而为了保证整除性, 只需选择 V, 使得它对任何 $i \neq j$, 都可被 $v_i - v_j$ 整除. 为此, 取 $V = \prod_{i<j} |v_i - v_j|$ 即可.

于是, 我们先从 $v_1 = 1$, $v_2 = 2$ 开始, 按照上述方法进行 31 次, 即可得到所需的 33 个正数.

522. MN 是中位线, 故有 $MN // AB$, 从而 $\angle BAN + \angle MNA = 180°$, 即
$$\frac{1}{2}\angle BAN + \frac{1}{2}\angle MNA = 90°.$$

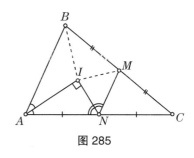

图 285

另一方面, 点 I 是 $\triangle ABC$ 的内心, $\angle AIN = 90°$, 这意味着 $\frac{1}{2}\angle BAN + \angle INA = 90°$, $\angle INA = \frac{1}{2}\angle MNA$, 所以点 I 在 $\angle MNA$ 的平分线上 (参阅图 285). 从而, 点 I 到直线 AB, BC, AC, MN 的距离相等, 这也就意味着, $\triangle ABC$ 的内切圆也与其中位线 MN 相切. 于是, 点 I 是四边形 $ABMN$ 的内心, 从而
$$\angle IBM + \angle IMB = \frac{1}{2}\angle ABM + \frac{1}{2}\angle BMN = 90°,$$
所以
$$\angle BIM = 180° - (\angle IBM + \angle IMB) = 90°.$$

523. 解法 1 假设每个方格里都放有箭头. 将箭头为水平方向的方格染为黑色, 箭头为竖直方向的方格染为白色.

由一个方格的中心可以走到任一邻格 (包括依对角线相邻的方格) 的中心, 所经过的方格的全体称为由方格所形成的路. 下面将证明这样的引理: 在我们的方格表里, 或者存在着一条由黑色方格所形成的路, 它连接着方格表的最上面一行和最下面一行; 或者存在着一条由白色方格所形成的路, 它连接着方格表的最左面一列和最右面一列. 不失一般性, 可认为表中存在着一条由黑色方格所形成的路, 它连接着方格表的最上面一行和最下面一行. 根据题中条件知, 周界上的方格中的箭头刚好顺时针地形成一圈, 这就说明, 这条路上的最上面方格中的箭头与最下面方格中的箭头方向相反. 这就意味着, 该条路上有两个相邻方格里的箭头方向相反, 此与题中条件相矛盾.

现在给出引理的粗略证明：由最上方开始，观察沿着黑格所能到达的所有位置. 如果这些黑格所形成的图形与最下面一行有交，那么就存在着一条由黑色方格所形成的路，它连接着方格表的最上面一行和最下面一行. 否则，沿着该图形的下方边界，我们就能经由白格从最左面一列到达最右面一列 (参阅图 286).

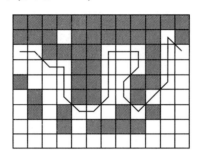

图 286

解法 2 假设每个方格里都放有箭头. 对于由方格所形成的每一条闭路，我们都定义一个指数：一开始为 0，如果下一个方格中的箭头的方向是现在箭头方向顺时针旋转 $90°$，那么就加上 $\frac{1}{4}$；如果是现在箭头方向逆时针旋转 $90°$，那么就减去 $\frac{1}{4}$；如果与现在同向，那么就既不加也不减[①]，当我们走遍闭路上的所有方格之后，所得的代数和就是该闭路的指数.

根据题中条件可知，由沿着周界的所有方格形成的闭路的指数是 1. 我们来逐步收缩这条闭路：如图 287 和图 288 所示，先缩进它的左上部分. 在这样的操作之下，闭路的指数不发生变化 (因为方格 A, B, C, D 中的箭头的指向没有相反的). 我们这样一步一步地缩下去，最终得到一条仅由一个方格构成的闭路，它的指数是 0. 此与收缩不改变闭路的指数这一事实相矛盾.

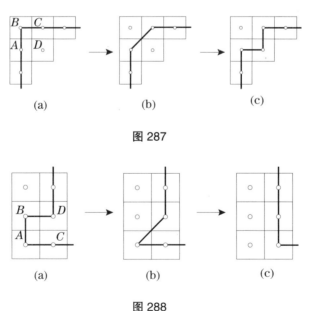

图 287

图 288

▽1. 上述解法 2 事实上证明了一个更广泛的结论：如果在某个图形的一些方格里放有

---

① 根据题意，任何两个相邻 (包括依对角线相邻) 方格中的箭头的方向都不刚好相反.—— 编译者注

箭头, 使得关于图形边界的指数不是 0, 那么图形内部一定存在空格 (即没放箭头的方格). 更进一步, 如果关于图形边界的指数是 k, 则内部会有 $|k|$ 个空格.

▽2. 本题的结论是如下的拓扑学中的著名事实的离散版本: 设在圆上给定了一个向量场, 即在圆的每一点上都给定了一个向量, 而且向量关于点是连续的. 如果在圆周上的向量都指向切线方向 (参阅图 289(a)), 则圆内必有一点处的向量为 **0**.

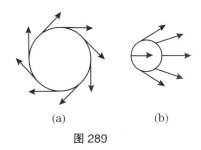

图 289

这个结论的证明思路完全与解法 2 相同. 为向量场中的每一条曲线定义一个指数, 并验证对于圆周而言, 该指数是 1, 而对于环绕着向量是 **0** 的点的很小的迴路而言 (参阅图 289(b)), 该指数是 0. 然后证明, 如果向量场中没有零向量的话, 那么在缩小迴路的过程中, 指数是不变的.

这样一来, 我们就得到一个定理: 如果在某个区域边界上向量场具有非 0 指数, 那么在区域内部, 场至少具有一个奇异点, 向量在该点处为 **0**.

524. 答案: 狼将感觉到饥饿.

分别将小猪和山羊的 "顶饱程度" 记作 p 和 k. 则由题中条件知:

$$3p + 7k < 7p + k,$$

故有 $6k < 4p$, 意即 $k < \frac{2}{3}p$. 从而 $11k < 7k + 3p$, 这表明, 如果空腹吃掉 11 只山羊, 狼会感觉到饥饿.

525. 答案: $90°$.

由于 (参阅图 290)

$$\angle MAE = \angle MPE = \angle CPM = \angle MBC = 90°,$$

所以四边形 $AEPM$ 与 $BMPC$ 均内接于圆, 因此

$$\angle BPA = \angle BPM + \angle MPA = \angle BCM + \angle MEA$$
$$= 180° - \angle EMA - \angle CMB = \angle EMC = 90°.$$

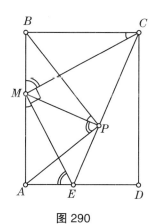

图 290

526. 答案: 每只蟑螂所平均拥有的同志数目较多.

假设魔鬼城共有 n 个居民, 第 i 个居民拥有 a_i 只蟑螂. 于是每个居民所平均拥有的蟑螂数目为

$$\frac{a_1+a_2+\cdots+a_n}{n},$$

而每只蟑螂所平均拥有的同志数目为

$$\frac{a_1^2+a_2^2+\cdots+a_n^2}{a_1+a_2+\cdots+a_n}.$$

我们来证明

$$\frac{a_1^2+a_2^2+\cdots+a_n^2}{a_1+a_2+\cdots+a_n} \geqslant \frac{a_1+a_2+\cdots+a_n}{n},$$

即要证明

$$n(a_1^2+a_2^2+\cdots+a_n^2) \geqslant (a_1+a_2+\cdots+a_n)^2. \tag{1}$$

式 (1) 右端等于

$$a_1^2+a_2^2+\cdots+a_n^2+2a_1a_2+2a_1a_3+\cdots+2a_{n-1}a_n,$$

故只需利用 $a_i^2+a_j^2 \geqslant 2a_ia_j$, 即可证得式 (1).

式 (1) 表明, 每个居民所平均拥有的蟑螂数目有可能等于每只蟑螂所平均拥有的同志数目. 但等号成立的条件是 $a_1=a_2=\cdots=a_n$, 由题意知, 该条件不成立, 所以式 (1) 中的等号不可能成立.

▽1. 式 (1) 是柯西不等式的特殊情形.

▽2. 本题反映了所谓的 "下贱定律": 人们乘坐超载的公交车的次数往往多于乘坐未超载的次数; 行走的里程往往多于正常里程.

527. 答案: 2005.

将圆周上的数按顺时针方向依次记作 $a_1,a_2,\cdots,a_{2009}$, 将自 a_k 开始的顺时针相连 10 个数的乘积记作 s_k.

若 $s_k=s_{k+1}$, 则

$$a_k\cdot\cdots\cdot a_{k+9}=a_{k+1}\cdot\cdots\cdot a_{k+10},$$

故得 $a_k=a_{k+10}$.

如果所有的 s_k 都是 1, 则依前所证, 有

$$a_1=a_{11}=\cdots=a_{2001}=a_2=\cdots,$$

从而圆周上所有的数全都相等, 此与题意相矛盾.

如果所有的 s_k, 除了一个之外, 其余的都是 1, 不妨设

$$s_1=\cdots=s_{2008}=1=-s_{2009},$$

那么就有

$$a_1=a_{11}=\cdots=a_{2001},$$

$$a_2 = a_{12} = \cdots = a_{2002},$$
$$\cdots\cdots\cdots\cdots,$$
$$a_{10} = a_{20} = \cdots = a_{2000}.$$

由等式
$$s_{2000} = s_{2001} = \cdots = s_{2008},$$
可得
$$a_{2000} = a_1, \quad a_{2001} = a_2, \quad \cdots, \quad a_{2007} = a_8.$$

同时又有 $s_{2008} = -s_{2009} = s_1$, 故知 $a_{2008} = -a_9$, $a_{2009} = -a_{10}$. 设 $a_1 = 1$, 则有
$$a_2 = a_3 = \cdots = a_8 = a_{10} = 1 = -a_9$$

和 $s_1 = -1$, 与事实不符. 类似地, 若 $a_1 = -1$, 亦可得出 $s_1 = -1$. 此即表明, 在诸 s_k 中 1 的个数不多于 2007.

对于 2007 个 1 的情形可举例如下:
$$a_1 = a_2 = \cdots = a_{2007} = 1, \quad a_{2008} = a_{2009} = -1.$$

此时, $s_{1999} = s_{2009} = -1$, 其余的 s_k 均为 1.

如此一来, 所有乘积之和的最大可能值为 2005.

528. 答案: 9 条.

假设共有不多于 8 条直线, 则它们的交点个数不多于 $C_8^2 = 28$. 折线上的顶点, 除了起点和终点之外, 都应当在这些直线的交点上, 因此该条闭折线至多有 29 段, 此与题中条件相矛盾.

图 291 给出了分布在 9 条直线上的折线的例子. 图中绘出了圆的 9 个等分点 (正九边形的 9 个顶点), 每个顶点连出两条直线, 共 9 条. 折线就分布在这 9 条直线上 (图中用空心的白线段表示).

图 291

529. 我们来证明, 通过 4 次操作就可以得到一个个位数, 困难的是如何选择第一次操作.

我们期望, 通过第一次操作所得到的数至多有 3 位数字非 0. 假设给了我们一个正整数 N, 它的奇数位上的数字之和为 A, 偶数位上的数字之和为 B. 在 N 的各位数字之间添加加号, 求得的和数为 $A + B$. 如果擦去放在某两个数字 a 和 b 之间的加号, 则所得和数增大 $9a$. 现设 $A \geqslant B$ ($A < B$ 的情形可作完全类似的讨论). 我们来逐个擦去放在奇数位数字后面的加号. 当所有这些加号都被擦去后, 所得的和数不小于 $10A + B - 9$ (之所以减 9, 是因为最后一位数字后面没有加号, 无从擦去). 我们来证明, 在经过一系列擦去加号的变化之后的某一时刻, 所得到的和数的首位数字增大.

事实上, 若和数 $A + B$ 的首位数字为 c, 则有
$$c \cdot 10^n \leqslant A + B < (c+1) \cdot 10^n.$$

如果首位数字不发生变化,则有

$$c \cdot 10^n \leqslant 10A + B - 9 < (c+1) \cdot 10^n.$$

把前一个不等式两端同乘以 -1 后加到后一个不等式两端,得到

$$-10^n < 9A - 9 < 10^n.$$

既然 $A \geqslant B$, 故由第一个不等式可知

$$A \geqslant \frac{c}{2} \cdot 10^n,$$

代入第三个不等式,得知

$$\frac{9c}{2} \cdot 10^n - 9 < 10^n,$$

亦即

$$\frac{9c - 2}{2} \cdot 10^n < 9.$$

这只有 $n = 0$, 即 $A + B$ 为个位数时才有可能成立, 这种情况显然不是我们感兴趣的.

这就说明, 可以经过一系列擦去放在某一奇偶性的数位之前的加号, 使得所得和数的首位数上升. 于是我们就这样来依次擦去若干个加号, 直到所得到的和数的首位数上升为止. 在此过程中, 每擦去一个加号, 至多使得和数上升 81, 所以在终止擦去时, 得到的和数具有形式 $\overline{*000\cdots000**}$ (如果在首位处不产生进位) 或者 $\overline{10000\cdots000**}$. 这样一来, 我们便完成了第一次操作.

接下来的操作就只需对各位数字简单求和了. 在第二次操作 (求和) 之后, 所得之数不超过 27; 在第三次操作之后, 所得之数不超过 10; 在第四次操作之后, 便得到一个个位数了.

530. 答案: 没有实根.

将 3 个二次三项式分别记为 $f_1(x), f_2(x)$ 和 $f_3(x)$. 根据题意, 它们中的任何两个的和都没有实根, 既然 3 个二次三项式的首项系数都是 1, 所以对一切实数 x, 二次三项式 $f_1(x) + f_2(x), f_2(x) + f_3(x)$ 和 $f_1(x) + f_3(x)$ 的值都是正数. 从而对一切实数 x, 都有

$$2(f_1(x) + f_2(x) + f_3(x)) = (f_1(x) + f_2(x)) + (f_2(x) + f_3(x)) + (f_1(x) + f_3(x)) > 0,$$

这就说明, 方程 $f_1(x) + f_2(x) + f_3(x) = 0$ 没有实根.

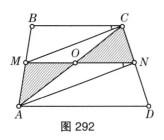

图 292

▽. 存在这样的情况: 任何两个二次三项式的和都有实根, 但所有二次三项式的和没有实根. 请读者找出这样的例子.

531. 答案: $MN = \sqrt{ab}$.

首先证明 $MC // AN$. 事实上, 补上 $\triangle AON$ 后, $\triangle MOA$ 与 $\triangle CON$ 分别成为 $\triangle AMN$ 与 $\triangle ACN$(见图 292). 它们具有公共底边 AN, 故由 $S_{AMO} = S_{CNO}$ 知, 它们在此边上的高相等. 这意味着, 点 M 和 C 到直线 AN 的距离相等. 它们显然位于该直线的同侧, 所以 $MC // AN$.

我们有两对相似三角形: $\triangle MCN \sim \triangle ADN$ (故有 $AD:MN = AN:MC$) 和 $\triangle MCB \sim \triangle ANM$ (故有 $AN:MC = MN:BC$), 故知

$$\frac{AD}{MN} = \frac{MN}{BC},$$

由此即得

$$MN^2 = AD \cdot BC = ab,$$

亦即 $MN = \sqrt{ab}$.

532. 答案: 可以.

由平面三角知识知, 当 $\sin t > 0$ 和 $s \neq 0$ 时, 有

$$\sin t = \frac{1}{\sqrt{1+\cot^2 t}}$$

和

$$\cot \arctan \frac{1}{s} = s.$$

在这两个等式中分别代入 $t = \operatorname{arccot} 2$, $s = \dfrac{1}{\sqrt{1+\cot^2 t}}$, 得到

$$\cot \arctan \sin \operatorname{arccot} 2 = \sqrt{2^2+1}.$$

同理, 可得

$$\cot \arctan \sin \operatorname{arccot} \sqrt{2^2+1} = \sqrt{2^2+2}.$$

由于

$$2010 = \sqrt{2^2 + \underbrace{1+\cdots+1}_{2010^2-2^2 \text{ 个 } 1}},$$

故只需重复进行上述运算 $2010^2 - 2^2$ 次, 就可以由 2 得到 2010.

这表明

$$2010 = \underbrace{\cot \arctan \sin \operatorname{arccot} \cdots \cot \arctan \sin \operatorname{arccot}}_{2010^2-2^2 \text{ 次}} 2,$$

或者较为简短的, 有

$$2010 = \cot \underbrace{\arctan \sin \cdots \arctan \sin}_{2010^2-2^2 \text{ 次}} \operatorname{arccot} 2.$$

▽. 1935 年开始的莫斯科中学生数学奥林匹克不仅仅在俄罗斯堪称首次[①], 而且在众多国家引起了教育界和学术界的讨论. 在第 2 届莫斯科中学生数学奥林匹克上, 就出现了由著名的英国理论物理学家、1933 年诺贝尔物理学奖获得者波尔·迪拉克 (Paul Dirac) 所供给的试题 (参阅《第 1—50 届莫斯科数学奥林匹克》中译本, 科学出版社, 1990). 该题如下:

[①] 一般认为, 1933—1934 年间举办的列宁格勒中学生数学奥林匹克是人类历史上的首次, 但是列宁格勒的竞赛是以口试方式进行的; 而莫斯科中学生数学奥林匹克则是首次以笔试方式举办的竞赛. —— 编译者注

试对任一正整数给出一个表达式，其中可以出现任意的数学运算符号，但只能出现三个 2.

该题的解答简单而优美：

$$-\log_2(\log_2(\sqrt{2})) = 1,$$
$$-\log_2(\log_2(\sqrt{\sqrt{2}})) = 2,$$
$$-\log_2(\log_2(\sqrt{\sqrt{\sqrt{2}}})) = 3,$$

如此等等.

本题 (第 532 题) 的供题者，当他还是一个中学生的时候，读了一篇文章中关于迪拉克问题的介绍[①]，他想，能否去掉两个 2，仅用一个 2 来达到目的？经过长达 17 年的思考，他终于寻得了答案：一个 2 就够了！解答并不复杂，只需具体验证即可. 数学中经常出现这样的情况：意料之外的结果在等着人们，只是需要自己去寻找和验证！

本题还有一种解法：

$$2010 = \tan\underbrace{\operatorname{arccot}\cos\cdots\operatorname{arccot}\cos}_{2010^2-2^2 \text{次}}\arctan 2.$$

这种解法与第一种解法相比，只是把 sin 换成了 cos，把 tan 换成了 cot 而已. 这种情形并不多见，试想一想其中的原因.

533. 答案：可以.

解法 1 我们来观察数

$$n = \sum_{k=0}^{99} 10^{10^k} = 10 + 10^{10} + \cdots + 10^{10^{99}},$$

在其 10 进制表达式中，有 100 个 1 和数目更多的 0.

我们按如下方式求其立方：将 3 个这种和式相乘，去括号，但不合并同类项. 如此共得 100^3 个加项，其中每个加项都是 10 的方幂数.

如果这些加项各不相同，那么在求和之后，所得的数的 10 进制不等式中就有 100^3 个 1 和若干个 0，从而其各位数字之和就是 100^3. 然而遗憾的是，其中有些加项是相同的. 不过，如果我们能够证明，每种加项的个数都少于 10 个，因而在求和时不至于产生进位，那么其各位数字之和也就确切地等于 100^3 了.

我们来看，每种类型的加项可能有多少个. 每一个这种加项都是 3 个数的乘积，其中第一个具有 10^p 个 0 的数来自第一个括弧，第二个具有 10^q 个 0 的数来自第二个括弧，第三个具有 10^r 个 0 的数来自第三个括弧. 我们指出，具有这么多个 0 的加项只能由这三个数按照不同顺序由各个括弧取得，我们最多一共有 $3! = 6$ 种不同方法得到它们，所以同一类型的加项数目不会多于 6 个.

这就表明，在求和过程中不会产生进位现象，因此，n^3 的各位数字之和等于 100^3.

[①] 例如，可参阅《Квант(量子)》1981, No.9, p40 上发表的 Н.Малов 的文章 Задача Дирака.——编译者注

解法 2 下面来证明一个更加广泛的事实:对于任何正整数 x,都可以找到这样一个正整数 n,在它的 10 进制表达式中仅出现 0 和 1,而在 n^2 的 10 进制表达式中仅出现 0,1 和 2,并且 $S(n) = x$, $S(n^2) = x^2$ 和 $S(n^3) = x^3$. 此处我们用 $S(p)$ 表示正整数 p 的各位数字之和.

我们来对 x 作归纳.

对 $x = 1$, 取 $n = 1$, 就有 $S(1) = 1$, $S(1^2) = 1^2 = 1$ 和 $S(1^3) = 1^3 = 1$.

假设对某个正整数 x, 已经找到正整数 n, 使得 $S(n) = x$, $S(n^2) = x^2$ 和 $S(n^3) = x^3$, 并且在 n 的 10 进制表达式中仅出现 0 和 1, 在 n^2 的 10 进制表达式中仅出现 0,1 和 2. 我们来证明,对于 $x+1$, 也可以找到正整数 m, 使得 $S(m) = x+1$, $S(m^2) = (x+1)^2$ 和 $S(m^3) = (x+1)^3$, 并且在 m 的 10 进制表达式中仅出现 0 和 1, 在 m^2 的 10 进制表达式中仅出现 0,1 和 2.

假设 n 是 10 进制的 k 位数,那么我们就取 $m = n + 10^{10k}$, 于是 m 的各位数字都是 0 或 1. 显然,$S(m) = S(n) + 1 = x + 1$(注意 $10^{10k} > 10n$), 并且

$$S(m^2) = S\left((n+10^{10k})^2\right) = S\left(n^2 + 2n \cdot 10^{10k} + 10^{20k}\right)$$
$$= S(n^2) + 2 \cdot S(n) + 1 = x^2 + 2x + 1 = (x+1)^2.$$

上述等式是成立的,因为当 n 是 10 进制的 k 位数时,有 $n < 10^k$, 因此 $n^2 < 10^{2k}$, 故知,在对 n^2, $2n \cdot 10^{10k}$ 和 10^{20k} 求和时,不会有其中某两项在同一个数位上都非 0. 由此也同时明白,在 m^2 的 10 进制表达式中仅出现 0,1 和 2. 最后,由于

$$m^3 = n^3 + 3n^2 \cdot 10^{10k} + 3n \cdot 10^{20k} + 10^{30k},$$

故可通过类似的讨论,得知 $S(m^3) = (x+1)^3$, 其间需要用到已经证明了的等式 $S(m^2) = (x+1)^2$.

特别地,对于任何正整数 x, 都可找到正整数 n, 使得 $S(n) = x$ 和 $S(n^3) = x^3$. 故若取 100, 即得题中结论.

不难看出,如果在归纳过渡时,取 $m = n + 10^{10(k-1)}$, 则在 99 步归纳之后,就得到了数 $\sum_{k=0}^{99} 10^{10k}$, 这正是我们在解法 1 中所采用的正整数 n.

534. 答案: $\dfrac{7}{2}$.

假设在 $\triangle ABC$ 中,有 $1 = AB < AC < BC$, 于是中线 AA' 等于 AC 边上的高,中线 BB' 等于 AB 边上的高. 这表明,由点 A' 到直线 AC 的距离等于 AA' 的一半,所以 $\angle A'AC = 30°$. 同理可知 $\angle B'BA = 30°$.

设 M 是 $\triangle ABC$ 的重心. 由于 $\angle A'B'M = \angle B'BA = \angle B'AM$ (参阅图 293),所以 $\triangle B'A'M \sim \triangle AA'B'$, 故知 $A'B'^2 = A'M \cdot AA' = 3A'M^2$. 因此,$\angle A'MB'$ 或者等于 $120°$, 或者等于 $60°$.

但若 $\angle A'MB' = 120°$, 则 $\triangle ABC$ 为等边三角形,此与题意相矛盾,所以 $\angle A'MB' = 60°$. 此时有 $\angle B'A'A = \angle A'AB = 90°$, $\angle BB'A = 30°$ 和 $AB' = AB$. 因此,$AC = 2AB$,

$\angle BAC = 120°$. 再由余弦定理求得 $BC = \sqrt{7}$, 这表明边 AB 上的中线等于 $\dfrac{\sqrt{21}}{2}$, 边 BC 上的高等于 $\sqrt{\dfrac{3}{7}}$, 所以它们的比等于 $\dfrac{7}{2}$.

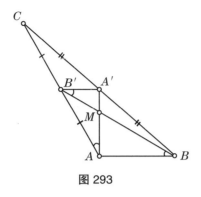

图 293

535. 先证一共连了不少于 $6n$ 条线段.

我们来观察图 G, 它的顶点集合 V 就是所有给定点的集合, 它的边集 E 则由两两连接的点对构成. 则根据题意知, $|V| = 4n$, 并且对于任何 $W \subset V$, $|W| \geqslant n+1$, 都能找到 $x, y \in W$, 形成边 $(x,y) \in E$.

我们来取 V 的任意一个这样的子集 Q_1, 其中不含有任何边, 而且是这类子集中含有顶点个数最多的一个. 显然 $|Q_1| \leqslant n$. 并且根据子集 Q_1 元素个数的最大性可知, $V \setminus Q_1$ 中的任何一个顶点都至少与子集 Q_1 中的一个顶点相邻①. 这就表明, 边集 E 中至少有 $3n$ 个元素, 即 $3n$ 条线段.

从 V 中去掉子集 Q_1. 对于剩下的图 $G_1 = (V_1, E_1)$ 而言②, 有 $|V_1| \geqslant 3n$, 并且对于任何 $W \subset V_1$, $|W| \geqslant n+1$, 都能找到 $x, y \in W$, 形成边 $(x,y) \in E_1$. 再从 V_1 中取出任意一个这样的子集 Q_2, 其中不含有任何边, 而且是这类子集中含有顶点个数最多的一个. 显然亦有 $|Q_2| \leqslant n$. 并且根据子集 Q_2 元素个数的最大性可知, $V_1 \setminus Q_2$ 中的任何一个顶点都至少与子集 Q_1 中的一个顶点相邻. 这就表明, 边集 E_1 中至少有 $2n$ 个元素, 即 $2n$ 条线段. 这些线段的两个端点都在 V_1 中, 所以它们都与前一步中所找到的 $3n$ 条线段不重合. 如此一来, 便知边集 E 中至少有 $5n$ 个元素, 即 $5n$ 条线段.

再经过一个与上完全类似的步骤, 即可证得边集 E 中至少有 $6n$ 个元素, 即 $6n$ 条线段.

为了证明边集 E 中至少有 $7n$ 个元素, 即 $7n$ 条线段, 我们要来略为加强前述的过程. 现在我们要来考虑 G 中的距离因素, 因为它是平面上的一个有距图, 意即有边相连的仅仅是 V 中相距 1 cm 的点对. 回到前述的第一步, 我们已经知道, $V \setminus Q_1$ 中的任何一个顶点在子集 Q_1 中都至少有一个相邻的顶点. 现在把 $V \setminus Q_1$ 分成两个子集 W_1 和 W_2. 其中, W_1 中的每个顶点在子集 Q_1 中都恰好有一个相邻的顶点, 而 W_2 中的每个顶点在子集 Q_1 中都至少有两个相邻的顶点. 若能证得 $|W_1| \leqslant 2n$, 则第一步所得到的 $|E|$ 中的元素个数就

---
① 图论中的概念, 如果顶点 x 与 y 之间连有线段 (x,y), 就称顶点 x 与 y 相邻.—— 编译者注

② 由于任意一个图 G, 都由它的顶点集合 V 和边集 E 构成, 所以图往往写作 (V, E). 当写成等式 $G = (V, E)$ 时, 就意味着 V 和 E 分别是图 G 的顶点集合和边集.—— 编译者注

不再是不少于 $3n$, 而是不少于 $4n$ 了, 从而一共不少于 $7n$ 个.

假设 $|W_1| > 2n$, 于是根据抽屉原理, 在子集 Q_1 中存在顶点 q, 它至少与 W_1 中的 3 个顶点 x_1, x_2, x_3 有边相连. 如果在某两个 x_i 与 x_j 之间无边相连, 那么我们可自 Q_1 中去掉顶点 q, 补入顶点 x_i 与 x_j, 则所得的子集中仍然不含任何边, 元素个数却大于 $|Q_1|$, 此与 $|Q_1|$ 的最大性相矛盾. 从而, 在顶点 x_1, x_2, x_3 和 q 中的任何两者之间都有边相连. 但是, 以长度为 1 cm 的线段不可能在平面上实现顶点数为 4 的完全有距图, 此为矛盾. 至此, 题中断言证毕.

▽. 本题直接与现代组合几何中的问题有关. 称图 $G = (V, E)$ 是平面上的有距图 (或距离图), 如果

$$E \subseteq \Big\{(x, y): x, y \in V, |x - y| = a\Big\},$$

其中 a 为给定的正数. 在这里, a 的值通常不起作用, 因而为确定起见, 往往假设 $a = 1$, 并将相应的图称为单位距离图.

关于有距图的最著名的问题是所谓平面色数问题 (参阅参考文献 [97], [98], [99]). 同时还涌现出了大量的与有距图有关的寻求边的条数的严肃的学术问题. 例如, 下面就是一个非常重要的问题: 平面上的具有 n 个顶点的有距图中边数 e_n 的最大可能值是多少? 尽管在组合几何领域中有着许多能力很强的专家, 对这个问题却一如既往地未能寻得最终的答案. 到目前为止, 仅仅获得一些关于 e_n 的上下界估计. 例如, 存在常数 $c > 0$, 使得 $e_n \leqslant cn^{\frac{4}{3}}$. 详细的讨论可见参考文献 [100].

有距图中还有一个深入的问题是: 顶点的独立集合能够有多大? 所谓顶点的独立集合, 意指该集合中的顶点两两之间均无边相连. 现在知道, 平面上的任何具有 n 个顶点的有距图中都有一个尺寸[①]不小于 $[0.2293n]$ 的独立集合 (见参考文献 [100] 和 [101]).

本题 (第 535 题) 与上面提到的两个问题都有关. 事实上, 可以这样来陈述我们的问题: 平面上具有 n 个顶点且不含有尺寸为 $\frac{n}{4} + 1$ 的独立集合的有距图中的边数的最小值是多少? 看起来, 无论怎样, 该最小值都不会小于 $\frac{7n}{4}$. 我们指出, 对于足够大的 n, 这样的图是可以实现的.

不仅对于平面, 对于任何 n, 在 n 维欧氏空间 $\mathbf{R}^n$ 中都存在着类似的问题 (见参考文献 [100], [101], [102]).

536. 答案: 最大比值为 $1 : 203$, 在 $a = 2, b = 9, c = 1$ 时达到.

由于 a, b, c 都是不大于 9 的正数, 所以对任何 a 和 c, 都有

$$\frac{1}{a + \dfrac{2010}{9 + \dfrac{1}{c}}} \geqslant \frac{1}{a + \dfrac{2010}{b + \dfrac{1}{c}}}.$$

因此, 如果 a 和 c 为不同的非零数字, 则右端表达式在如下两个情况之一中达到最大值:

[①] 图的尺寸就是图中的顶点个数, 又称为图的大小. —— 编译者注

(1) $a=1$, $c=2$; (2) $a=2$, $c=1$. 经过验证, 可知

$$\frac{1}{1+\dfrac{2010}{9+\dfrac{1}{2}}} = \frac{19}{4039} < \frac{1}{203} = \frac{1}{2+\dfrac{2010}{9+\dfrac{1}{1}}},$$

此因 $19 \times 203 = 3857 < 4039$.

537. 答案: 玛莎的蛋糕数目更多.

假设在沙箱里共放有 m 个玛莎的蛋糕和 n 个芭莎的蛋糕. 设桶的底面面积为 S. 由于所有的蛋糕的高度相同, 体积也相同, 所以每个圆锥状蛋糕的底面面积为 $3S$(根据圆锥与圆柱的体积公式得出).

一方面, 沙箱的底面积等于沙层的体积 (因为沙层的厚度是 1), 亦即等于所有蛋糕的体积之和 $2(m+n)S$(蛋糕的高度是 2); 另一方面, 沙箱的底面积却大于所有蛋糕的底面积之和 $mS+3nS$, 这是因为蛋糕的底面两两不交, 而且它们都是圆形的, 不可能覆盖整个沙箱的底面. 由此乃得 $2(m+n)S > mS+3nS$, 即 $m > n$.

538. a), b) 两个小题可以一起解答, 但小题 a) 也可以不依赖于小题 b) 单独解答.

a) 单独解答: 分别用 y, z 和 x 乘三个方程的两端, 得到

$$\begin{cases} y^2 = x^2y + pxy + qy, \\ z^2 = y^2z + pyz + qz, \\ x^2 = z^2x + pxz + qx. \end{cases}$$

将上述 3 个方程相加, 得到

$$x^2+y^2+z^2 = x^2y+y^2z+z^2x+pxy+pxz+pyz+qx+qy+qz. \tag{1}$$

再用 z 乘原方程组中第一个方程的两端, 用 x 乘第二个方程的两端, 用 y 乘第三个方程的两端, 得到

$$\begin{cases} yz = x^2z + pxz + qz, \\ xz = y^2x + pxy + qx, \\ xy = z^2y + pyz + qy. \end{cases}$$

再将这三个方程相加, 得到

$$xy+xz+yz = x^2z+y^2x+z^2y+pxy+pxz+pyz+qx+qy+qz. \tag{2}$$

式 (1) − 式 (2), 得

$$x^2+y^2+z^2-(xy+xz+yz) = x^2y+y^2z+z^2x-(x^2z+y^2x+z^2y).$$

由于 $\dfrac{x^2+y^2}{2} \geqslant xy$, $\dfrac{x^2+z^2}{2} \geqslant xz$, $\dfrac{y^2+z^2}{2} \geqslant yz$, 所以上式左端非负, 因而其右端非负, 此即为所证.

b) 对所要证明的不等式作等价变形:

$$x^2y+y^2z+z^2x \geqslant x^2z+y^2x+z^2y$$

$$\begin{aligned}&\Longleftrightarrow\quad x^2y-x^2z+z^2x-y^2x+y^2z-z^2y\geqslant 0\\&\Longleftrightarrow\quad x^2(y-z)-x(y+z)(y-z)+yz(y-z)\geqslant 0\\&\Longleftrightarrow\quad \left(x^2-x(y+z)+yz\right)(y-z)\geqslant 0\\&\Longleftrightarrow\quad (x-y)(y-z)(z-x)\leqslant 0.\end{aligned}$$

如果数 x,y,z 中有两个相等, 则所要证明的不等式归结为已经成立的等式. 现设这三个数两两不同. 不失一般性, 可设 x 最小, 我们来证明 $z<y$, 这样就可保证三个差数 $x-y$, $y-z$ 和 $z-x$ 中有两个正数和一个负数.

函数 $f(t)=t^{2010}+pt+q$ 对一切实数 t 均可导, 有 $f'(t)=2010t^{2009}+p$. 记 $t_0=\sqrt[2009]{-\dfrac{p}{2010}}$. 易知, 当 $t<t_0$ 时, 有 $f'(t)<0$; 当 $t>t_0$ 时, 有 $f'(t)>0$. 故知, 当 $t<t_0$ 时, 函数 $f(t)$ 下降; 当 $t>t_0$ 时, 函数 $f(t)$ 上升. 如果 $y\leqslant t_0$, 则有 $x<y\leqslant t_0$ 和 $y=f(x)>z=f(y)$. 而如果 $z>y\geqslant t_0$, 则有 $x=f(z)>z=f(y)>t_0$, 导致矛盾. 从而有 $x<z<y$, 所以

$$(x-y)(y-z)(z-x)\leqslant 0.$$

▽. 小题 b) 的证法不仅适合于题目中的特定函数, 而且适用于一切具有非降导函数的函数 (即所谓凸函数), 只不过需将严格的不等号换为不严格不等号. 因此, 对于每个这样的函数, 都能成立不等式

$$x^2y+y^2z+z^2x\geqslant x^2z+y^2x+z^2y,$$

只要其中的变量满足等式 $y=f(x)$, $z=f(y)$, $x=f(z)$. 特别地, 对于小题 a) 中所证明的不等式, 也可由 b) 中的证法证得, 只不过需将函数 $f(t)=t^{2010}+pt+q$ 换成函数 $f(t)=t^2+pt+q$, 相应地, 将 $t_0=\sqrt[2009]{-\dfrac{p}{2010}}$ 换成 $t_0=-\dfrac{p}{2}$.

539. 答案: 满足题中条件的函数 f 最多可取 4 个不同的值.

我们先来依次证明, 题中所描述的函数 f 具有下述各种性质:

(1) f 在任何 (经过点 O 的) 直线上至多取两个不同的值. 事实上, 如果它在一条直线上的 3 个向量处取互不相同的值, 并且在向量 $\boldsymbol{v}$ 处的值最大, 在某个非 0 向量 $\boldsymbol{u}$ 处的值最小, 则对某个数 α, 我们得到如下矛盾:

$$\boldsymbol{v}=\alpha\boldsymbol{u}\implies f(\boldsymbol{v})=f(\alpha\boldsymbol{u}+0\boldsymbol{u})\leqslant\max\{f(\boldsymbol{u}),f(\boldsymbol{u})\}=f(\boldsymbol{u}).$$

(2) f 在任何 (经过点 O 的) 平面上至多取三个不同的值. 事实上, 如果它在一个平面上的 4 个向量处取互不相同的值, 并且在向量 $\boldsymbol{v}$ 处的值最大, 在某两个不共线 (根据前一款, 可以找到这样两个) 的向量 $\boldsymbol{u_1}$ 和 $\boldsymbol{u_2}$ 处取较小的值, 于是, 对某两个实数 α_1 与 α_2, 我们得到如下矛盾:

$$\boldsymbol{v}=\alpha_1\boldsymbol{u_1}+\alpha_2\boldsymbol{u_2}\implies f(\boldsymbol{v})=f(\alpha_1\boldsymbol{u_1}+\alpha_2\boldsymbol{u_2})\leqslant\max\{f(\boldsymbol{u_1}),f(\boldsymbol{u_2})\}.$$

(3) f 在整个空间中多取四个不同的值. 事实上, 如果它在 5 个向量处取互不相同的值, 并且在向量 $\boldsymbol{v}$ 处的值最大, 在某 3 个不共线 (根据前一款, 可以找到这样 3 个) 的向量

u_1, u_2 和 u_3 处取较小的值, 于是, 对某 3 个实数 α_1, α_2 与 α_3, 我们得到如下矛盾:

$$v = \alpha_1 u_1 + \alpha_2 u_2 + \alpha_3 u_3 \implies$$
$$f(v) = f(\alpha_1 u_1 + (\alpha_2 u_2 + \alpha_3 u_3))$$
$$\leqslant \max\{f(u_1), f(\alpha_2 u_2 + \alpha_3 u_3)\}$$
$$\leqslant \max\{f(u_1), \max\{f(u_2), f(u_3)\}\}$$
$$= \max\{f(u_1), f(u_2), f(u_3)\}.$$

下面再给出一个满足题中条件的函数 f 的例子, 它刚好取 4 个不同的值. 引入以 O 为原点的空间直角坐标系, 定义

$$v = (x, y, z) \implies f(v) = \begin{cases} 0, & x = y = z = 0; \\ 1, & x = y = 0 \neq z; \\ 2, & x = 0 \neq y; \\ 3, & 0 \neq x. \end{cases}$$

▽. 本题中所涉及的函数产生于伟大的俄罗斯数学家李雅普诺夫 (А. М. Ляпунов) 关于运动稳定性的研究: 向量 v 是形成 n 维空间 (本题中为 3 维) 的线性系统的解, 而函数 f 的值则是它的李雅普诺夫指数.

此类函数满足本题中所陈述的不等式条件:

$$f(\alpha u + \beta v) \leqslant \max\{f(u), f(v)\},$$

因此可以推知, 在一个系统的解中不可能有多于 n 个不同的李雅普诺夫指数 (不把根据定义等于 $-\infty$ 的非零解算作指数).

为了证明这一事实, 只需注意: 任意一条闭射线 $[-\infty, y]$ 在函数 f 之下在原空间中的逆像是一个线性子空间, 此因

$$f(u), f(v) \leqslant y \implies f(\alpha u + \beta v) \leqslant y,$$

这就意味着如果函数可取 $n+2$ 个不同值

$$y_0 < y_1 < \cdots < y_{n+1},$$

则与它们所代表的射线相应的逆像构成 $n+2$ 个维数递增的子空间

$$L_0 \subsetneq L_1 \subsetneq \cdots \subsetneq L_n \subsetneq L_{n+1},$$

从而与原空间是 n 维的事实相矛盾.

540. 作直线 BC 的垂线 AK, DL, MN 和 PQ (见图 294). 由于 $AM = MD$, 所以 $KN = NL$, 而因为 $MB = MC$, 所以 $BN = NC$. 因而 $KB = CL$. 由直角三角形 $\triangle AKB$ 和 $\triangle BPQ$ 可得

$$\cos \angle KBA = \cos \angle BPQ = \frac{KB}{AB} = \frac{QP}{BP}.$$

类似地，由直角三角形 $\triangle CLD$ 和 $\triangle QPC$ 可得
$$\cos\angle LCD = \cos\angle CPQ = \frac{CL}{CD} = \frac{QP}{CP}.$$
由此即得
$$\frac{QP}{KB} = \frac{BP}{AB}, \quad \frac{QP}{CL} = \frac{CP}{CD},$$
意即 $\tan\angle PAB = \tan\angle PDC$.

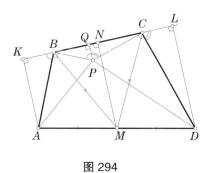

图 294

541. 答案：a) 1；b) $\left[\dfrac{n}{k}\right]$.

我们指出，每个人在任何计划之下的行动策略都由同队的其余人头上的帽子的颜色所唯一确定 (此因他再无任何别的信息).

a) 假设 $n = k = 2$. 一旦第一个人被戴上帽子，便唯一决定了第二个人该选择何种颜色的围巾. 但因为第二个人头上帽子的颜色有两种不同的可能，所以他未必能保证所选的围巾与自己头上的帽子颜色相同，这表明不能保证得到 2 分. 我们来证明，无论如何都可有办法得到 1 分.

如果两人预先商定，第一个人选择与第二个人帽子颜色相同的围巾，而第二个人选择与第一个人帽子颜色不同的围巾，那么，当两个人头上的帽子颜色相同时，第一个人可得 1 分，而当两个人头上的帽子颜色不同时，第二个人可得 1 分. 所以，无论如何都可得到 1 分.

b) 假设 n 与 k 是任意两个给定的正整数. 我们先来证明，不能确保得到多于 $\left[\dfrac{n}{k}\right]$ 的分数. 设除了第一个人以外的 $n-1$ 个人的帽子颜色都已确定，那么第一个人的帽子仍可能为 k 种不同颜色中的任何一种. 由于第一个人的行动策略被其余 $n-1$ 个人的帽子颜色所唯一确定，所以在 k 种可能场合之中只有一种场合，第一个人可得到 1 分. 由于其余 $n-1$ 个人的帽子存在 k^{n-1} 种不同的颜色分布，所以在所有 n 个人的帽子的 k^n 种不同的可能颜色分布中，仅在 k^{n-1} 种不同场合下，第一个人可以得到 1 分. 这一结论对于每个人都成立. 在任何预先设定的行动策略中，对于所有 n 个人的帽子的所有 k^n 种不同的可能颜色分布，仅可能保证有某些参赛者一共获得 nk^{n-1} 分，因此，对于每一种颜色分布，仅可能保证得到 $\dfrac{nk^{n-1}}{k^n} = \dfrac{k}{n}$ 分，在一切场合下的最低得分不会超过 $\left[\dfrac{n}{k}\right]$，因为所得分数是整数.

下面来给出一种行动策略，它可保证在任何场合下都至少能得到 $\left[\dfrac{n}{k}\right]$ 分. 将 k 种颜色编为 $0,1,2,\cdots,k-1$ 号，将 n 个参赛者分为 $\left[\dfrac{n}{k}\right]$ 组，每组 k 个人 (剩下的人任他们自由行事). 将每组中的 k 个人都编为 $0,1,2,\cdots,k-1$ 号. 在游戏中，第 i 号人使得本组内其余人

帽子颜色的号码之和与自己所选围巾的颜色号码的总和被 k 除的余数为 i. 即如果与他同组的其余人的帽子颜色的号码之和为 a, 那么他就选择一个 $x \in \{0, 1, 2, \cdots, k-1\}$ 作为自己围巾颜色的号码, 使得 $x + a \equiv i \pmod{k}$. 对于任何 a 和 i, 该 x 的值都是唯一确定的, 于是各组中的每个人的行动策略都已确定. 并且, 可以保证, 每一组都一定有一个人可以得到 1 分. 事实上, 如果全组人头上帽子颜色的号码之和被 k 出的余数是 j, 那么那个将自己的围巾选为 j 号色的人即可得 1 分. 如此一来, 任何时候所有的人所得的总分都不会少于 $\left[\dfrac{n}{k}\right]$ 分.

▽. 本题产生于对于 "民俗问题" 的讨论集体 (参阅《Квант(量子)》, 2006, No.3, 数学第 2000 题).

第 74 届莫斯科数学奥林匹克 (2011)

542. 在天平的左边秤盘中放顶点 A 和 E 处的帽子, 在右边秤盘中放顶点 B 和 D 处的帽子.

如果顶点 A 与 D 处的帽子被对调, 则左盘重 $(4+5)\text{g}=9$ g, 右盘重 $(1+2)\text{g}=3$ g, 左重右轻; 而如果顶点 B 与 E 处的帽子被对调, 则左盘重 $(1+2)\text{g}=3$ g, 右盘重 $(4+5)\text{g}=9$ g, 左轻右重; 如果顶点 C 与 F 处的帽子被对调, 则左盘重 $(1+5)\text{g}=6$ g, 右盘重 $(2+4)\text{g}=6$ g, 左右一样重. 故可根据天平两端的倾斜情况判断哪两项帽子被对调.

543. 答案: 9 岁.

假设彼得与保尔分别出生于 $\overline{18xy}$ 年和 $\overline{19uv}$ 年. 当他们在生日庆典上相遇时, 彼得为 $1+8+x+y=9+x+y$ 岁, 保尔为 $1+9+u+v=10+u+v$ 岁. 这就意味着, 这一年是公元 $1800+10x+y+(9+x+y)$ 年 (彼得的出生年份加上他的岁数), 也是公元 $1900+10u+v+(10+u+v)$ 年 (保尔的出生年份加上他的岁数). 所以

$$1800+10x+y+(9+x+y)=1900+10u+v+(10+u+v),$$

化简, 得

$$11(x-u)+2(y-v)=101.$$

其中 $x-u$ 与 $y-v$ 都是绝对值不超过 9 的整数. 将上式变形为

$$11(x-u)+2(y-v-1)=99.$$

由于 99 与 $11(x-u)$ 都是 11 的倍数, 所以 $y-v-1$ 也是 11 的倍数, 既然 $-9 \leqslant y-v \leqslant 9$, 所以 $y-v=1$, 从而 $x-u=9$. 故知彼得比保尔大

$$1900+10u+v-(1800+10x+y)=100-10(x-u)-(y-v)=9 \ (\text{岁}).$$

为解答完整, 还应考虑如下两种情况: 一种情况是彼得出生于 1900 年 (仍然属于 19 世纪), 另一种情况是保尔出生于 2000 年 (仍然属于 20 世纪). 如果是第一种情况, 则他们

在生日庆典上相遇时，彼得为 $1+9+0+0=10$ 岁，这就意味着这一年是 1910 年. 于是，保尔的出生不会早于 1901 年，也不能迟于 1909 年，但无论如何，此时他的年龄不小于 11 岁，此为矛盾. 在第二种情况下，在生日庆典上相遇时，保尔只有 2 岁，意味着这一年是 2002 年，从而出生于 19 世纪的彼得不小于 102 岁. 但是，从 1801 到 1900 的任何一个整数的各位数字之和都不大于 27，此亦为矛盾.

544. 答案：存在这样的六边形，例子如图 295 所示.

图 295 中的六边形可被一条直线分为 4 个三角形，它们的 3 边之长都是 3,4 和 5.

注 本质上不存在别的满足题中条件的例子. 任何满足题意的六边形都必须由 4 个直角三角形组成.

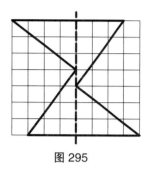

图 295

545. 答案：不可能.

假设存在具有所述性质的折线. 我们来观察正方形方格表的这样一条边，其上没有折线的任何端点. 如果不存在这样的边，则折线由正方形的一个角连到另一个角，那么我们就来观察折线的第一段所在的边 (参阅图 296). 该边上的每一个结点都属于折线上的某一段，并且恰好属于一个沿着该边行走的段. 事实上，如果该结点是折线的顶点但不是端点，则该结点属于折线的两段，其中一段是沿着该边行走的. 如果该结点是折线的端点，则对边的选择保障了所述性质的成立.

由于每一段的长度都是奇数，所以属于每一段的结点个数都是偶数，因此该边上的结点总数目应当是偶数. 但事实上却为 101 个. 所得的矛盾表明我们的假设是错误的，意即不存在折线具有所述性质.

546. 将边 AD 的中点记为 Q (见图 297).

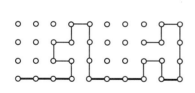

图 296

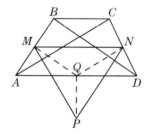

图 297

由于 MQ 和 NQ 分别为 $\triangle ABD$ 与 $\triangle ACD$ 的中位线，所以 $MQ//BD, NQ//AC$，因此，MP 与 NP 都是 $\triangle MNQ$ 的高，而点 P 是其垂心. 这就表明 $PQ \perp MN$. 由于 $MN//AD$，所以 $PQ \perp AD$，因而 PQ 是线段 AD 的中垂线，所以 $PA = PD$.

547. 设正方形方格表的行数与列数为 n.

首先证明 $a \leqslant b$. 假设 $a > b$. 将第 $1, 2, \cdots, n$ 行中的最大的数分别记为 $A_1, A_2, \cdots, A_n$，第二大的数分别记为 $B_1, B_2, \cdots, B_n$. 根据题意，对每个 $i \in \{1, 2, \cdots, n\}$，都有 $A_i + B_i = a$. 由于 $A_i \geqslant B_i$，所以对每个 i，都有 $A_i \geqslant \dfrac{a}{2}$.

我们来证明 $A_1, A_2, \cdots, A_n$ 中的任何两个数都不同列. 事实上, 如果它们中有某两个数同在某一列, 那么, 一方面, 该两个数之和不超过该列中的两个最大的数的和, 亦即不大于 b; 另一方面, 这两个数都不小于 $\dfrac{a}{2}$, 因此它们的和不小于 a. 从而 $a \leqslant b$, 此与我们的假设相矛盾.

这就说明, 数 $A_1, A_2, \cdots, A_n$ 分别属于不同的列, 亦即每列都恰好有一个. 假设 $A_1, A_2, \cdots, A_n$ 中最小的数是 A_k. 那么在 B_k 所在的列中也有 $A_1, A_2, \cdots, A_n$ 中的一个数, 设其为 A_l. 于是 $A_l \geqslant A_k$, 因为 A_k 是 $A_1, A_2, \cdots, A_n$ 中最小的一个. 从而 $A_l + B_k \geqslant A_k + B_k = a$. 这表明, 存在两个同列之数的和不小于 a. 显然, 这两个数之和不大于 b, 从而 $a \leqslant b$. 这与前面的假设相矛盾.

类似可证 $b \leqslant a$. 综合这两方面, 得 $a = b$.

548. 答案: $2011^{2011} + 2009^{2009} > 2011^{2009} + 2009^{2011}$.

左式减右式, 得

$$2011^{2011} + 2009^{2009} - (2011^{2009} + 2009^{2011})$$
$$= (2011^{2011} - 2011^{2009}) - (2009^{2011} - 2009^{2009})$$
$$= 2011^{2009}(2011^2 - 1) - 2009^{2009}(2009^2 - 1).$$

由于 $2011^{2009} > 2009^{2009}$, $2011^2 - 1 > 2009^2 - 1$, 所以被减数大于减数, 其差为正, 亦即 $2011^{2011} + 2009^{2009} > 2011^{2009} + 2009^{2011}$.

549. 答案: 不可能.

假设他们三人的断言都不错. 将参赛者的人数记作 n, 将裁判员的人数记作 m. 将裁判员按其所裁判的场数的递增顺序排列, 则第 1 号裁判员至少裁判了 1 场, 第 2 号裁判员至少裁判了 2 场, $\cdots\cdots$, 第 m 号裁判员至少裁判了 m 场, 从而他们一共至少裁判了 $1+2+\cdots+m = \dfrac{m(m+1)}{2}$ 场. 另一方面, 每两个参赛者都比赛 1 场, 所以一共比赛了 $C_n^2 = \dfrac{n(n-1)}{2}$ 场. 每一场有一名裁判员担任裁判工作, 所以 $\dfrac{m(m+1)}{2} \leqslant \dfrac{n(n-1)}{2}$, 即 $m \leqslant n-1$.

由于伊万诺夫共参加 $n-1$ 场比赛, 他的各场比赛的裁判员互不相同, 所以 $m \geqslant n-1$, 从而 $m = n-1$. 这样一来, 第 k 号裁判员刚好裁判了 k 场比赛, $k = 1, 2, \cdots, n-1$. 并且每个裁判员都为伊万诺夫担任一场裁判工作.

由于彼得罗夫和斯多罗夫也都分别参加 $n-1$ 场比赛, 如果他们各场比赛的裁判员也互不相同, 那么每个裁判员都也要为他们担任一场裁判工作.

我们来看 1 号裁判员. 一方面, 他一共只担任过一场比赛的裁判工作, 另一方面, 他却为伊万诺夫、彼得罗夫和斯多罗夫三个人都担任过裁判, 每场比赛只有两个人参加, 此为矛盾. 所以不可能三人的断言都不错.

550. 将内切圆与边 BC 的切点记作 E(见图 298). 内心 I 是三个内角平分线的交点, 所以 $\angle CAI = 15°$, $\angle ACI = \angle BCI = 45°$, $\angle CBI = \angle ABI = 30°$. 因此 $\angle CIE = 90° - \angle ICE = 45° = \angle ICE$, 故知 $\triangle CEI$ 是等腰直角三角形, $CE = IE$.

在直角三角形 $\triangle IEB$ 中, $\angle IBE = 30°$, 所以 $\angle EIB = 60°$. 由于 IE 与 ID 都是半径,

所以它们相等. 故知 $\triangle IED$ 为等边三角形.

由上所证得 $CE = IE = DE$, 所以 $\triangle CED$ 为等腰三角形, 其顶点 E 处的内角等于

$$\angle CED = 180° - \angle BED$$
$$= 180° - (90° - \angle IED) = 150°.$$

故知 $\angle DCE = \dfrac{1}{2}(180° - \angle CED) = 15°.$

最后,

$$\angle IAC + \angle ACD = 15° + (90° - \angle DCE) = 90°,$$

所以 $AI \perp CD$.

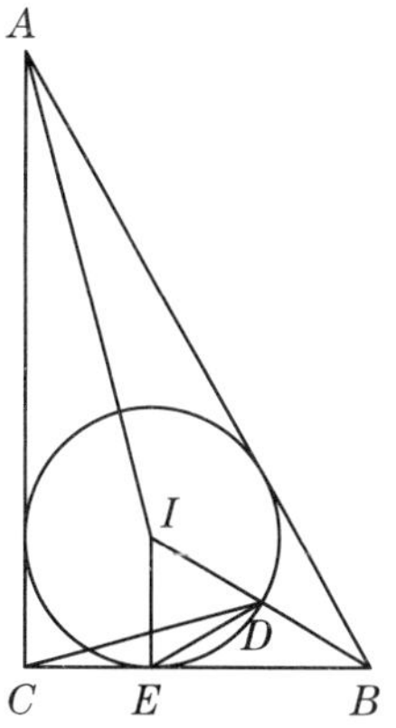

图 298

551. 答案: 存在. 下面给出两个例子.

例1 三个数为 25, 40 和 40. 先按图 299 所示的办法操作, 得到 25, 60 和 100. 然后就可以将各个数加上自身的 (100%), 即翻番 (乘以 2), 显然, $25 \cdot 2^7 = 3200 > 2011$.

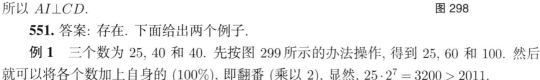

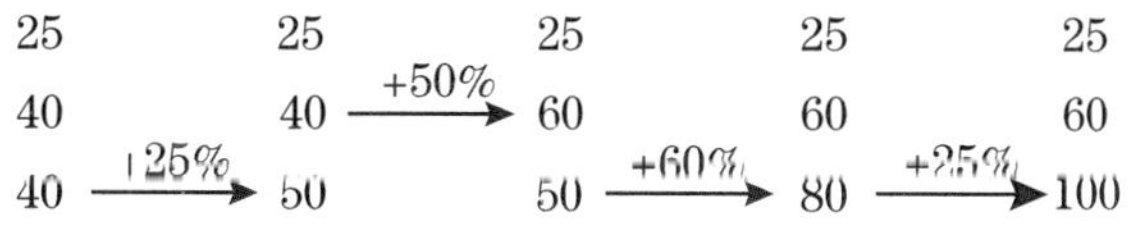

图 299

例2 三个数为 25, 28 和 16. 先按图 300 所示的办法操作, 得到 25, 28 和 20. 只要对第三个数继续进行这种操作 (加两次 25%, 再加一次 28%), 就可以得到任意大的正整数.

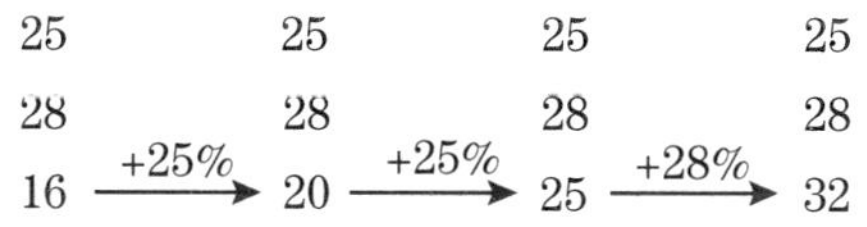

$$\begin{array}{ccccccc}
25 & & 25 & & 25 & & 25 \\
28 & & 28 & & 28 & & 28 \\
16 & \xrightarrow{+25\%} & 20 & \xrightarrow{+25\%} & 25 & \xrightarrow{+28\%} & 32
\end{array}$$

图 300

注 我们来分析一下上面的第二个例子, 看看它是怎样想出来的. 易知, 欲使一个数 x 乘以 $\dfrac{100+n}{100}$ 后是整数, 只需且必须 $x(100+n)$ 可被 100 整除.

如果我们自始至终都对其中一个数操作, 那么我们就务必要注意, 每次乘过一个分母为 100 的分数之后, 其分子都应当可被 2 的若干次幂和 5 的若干次幂整除. 这样我们就需要选择那些不大于 40 的正整数 n, 使得我们的目的可以实现.

易知, $128 = 2^7$, $125 = 5^3$. 从而我们可以利用分数 $\dfrac{128}{100} = \dfrac{2^5}{5^2}$ 和 $\dfrac{125}{100} = \dfrac{5}{2^2}$ 来达到目的. 事实上, 只要把它们连乘三次, 就可得到整数:

$$\dfrac{5}{2^2} \cdot \dfrac{5}{2^2} \cdot \dfrac{2^5}{5^2} = 2.$$

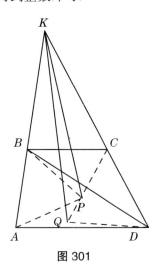

图 301

552. 首先, 由 $AD//BC$ 知 $\angle ADB = \angle DBC$(内错角相等, 参阅图 301). 其次, 由点 P 是 $\triangle ABD$ 的外心知 $\angle APB = 2\angle ADB$(圆心角等于同弧所对圆周角的 2 倍). 同理, $\angle DQC = 2\angle DBC$. 于是

$$\angle APB = 2\angle ADB = 2\angle DBC = \angle DQC.$$

再由 $AP = BP, CQ = DQ$, 可知 $\triangle APB \sim \triangle CQD$(两组对应边成比例, 夹角相等). 于是 $\angle KAP = \angle KDQ$, $AP : DQ = AB : DC$. 由此以及平行线性质 $AK : DK = AB : DC$, 知 $\triangle APK \sim \triangle DQK$(两组对应边成比例, 夹角相等). 由此立得 $\angle PKA = \angle QKD$.

553. 答案: $n!$ 个互不相同的表达式.

写在黑板上的所有表达式可以分成相反的差式对: $x_1 - x_2$ 与 $x_2 - x_1$, 等等. 如果在某个和式中既不包含 $x_i - x_j$, 又不包含 $x_j - x_i$, 那么若将其加上 $(x_i - x_j) + (x_j - x_i)$, 则不改变该和的值. 而在某个和式中既包含 $x_i - x_j$, 又包含 $x_j - x_i$, 那么删去这两项后, 和值亦不变. 因此, 在那些练习本中仅出现一次的和式中, 都出现每个相反对中的一个差式.

我们来看被辽莎在练习本中仅写了一次的某个和式. 根据这个和式, 可以作一个有向图: 图的顶点是变量 $x_1, x_2, \cdots, x_n$, 由顶点 x_i 引出一个箭头指向顶点 x_j, 如果在该和式中出现差式 $x_i - x_j$. 由前所证知, 在任何两个顶点之间都只引了一个箭头: 或者 $x_i \to x_j$, 或者 $x_j \to x_i$, 绝不可能两者都有.

在我们所作的有向图中不存在有向圈, 即不存在这样一些顶点 $x_{i_1}, x_{i_2}, \cdots, x_{i_k}$, 使得 $x_{i_1} \to x_{i_2}, x_{i_2} \to x_{i_3}, \cdots, x_{i_{k-1}} \to x_{i_k}, x_{i_k} \to x_{i_1}$, 因若不然, 则在相应的和式中包含着

$$(x_{i_1} - x_{i_2}) + (x_{i_2} - x_{i_3}) + \cdots + (x_{i_{k-1}} - x_{i_k}) + (x_{i_k} - x_{i_1}) = 0,$$

其值与不存在这个圈的和式相同.

既然图中没有圈, 所以存在一个顶点, 没有由它引出任何箭头 (如若不然, 我们可以从任何一个顶点出发, 沿着所引箭头进入另一个顶点, 再从该顶点出发, 进入又一个顶点, 如此下去, 必在有限步之后到达某个已经到过的顶点, 此与不存在圈的事实相矛盾). 去掉该顶点后, 又在剩下的图中找到一个顶点, 没有由它引出任何箭头, 如此等等.

设按照上述方式找出的第 1 个顶点是 x_{i_1}, 第 2 个顶点是 x_{i_2} …… 第 n 个顶点是 x_{i_n}, 则所对应的和是

$$(x_{i_1} - x_{i_2}) + (x_{i_1} - x_{i_3}) + \cdots + (x_{i_1} - x_{i_n})$$
$$+ (x_{i_2} - x_{i_3}) + \cdots + (x_{i_2} - x_{i_n})$$
$$+ \cdots$$

$$+ (x_{i_{n-1}} - x_{i_n})$$
$$= (n-1)x_{i_1} + (n-3)x_{i_2} + \cdots + (3-n)x_{i_{n-1}} + (1-n)x_{i_n}.$$

下面再证,每个这样的和都在和式中刚好出现一次. 我们来看 $x_{i_1} > x_{i_2} > \cdots > x_{i_n}$ 的情形. 此时, 上述和式中的每一项都是正的, 因此, 其余情形下的和式的值都严格小于此时的值. 这表明, 辽莎在练习本中写下其他任何一个表达式都不可能等于该式的值.

显然, 这种和式的个数等于 $1, 2, \cdots, n$ 的所有不同排列的个数, 即一共有 $n! = n \cdot \cdots \cdot 2 \cdot 1$ 个.

注 熟悉线性代数的读者可采用如下解法: 以 e_{ij} 表示空间 $\mathbf{R}^n$ 中的仅有两个坐标不为 0 的这样的向量: 它的第 i 维坐标为 1, 第 j 维坐标为 -1. 于是, 差值 $x_i - x_j$ 等于向量 e_{ij} 与向量 $(x_1, x_2, \cdots, x_n)$ 的内积. 在这样的意义下, 表达式的和对应于向量的和. 于是可将原题改述为: 考察所有向量 e_{ij}, 它们中所有不同的两两之和、三三之和, 如此等等. 一共有多少个互不相同的向量?

将所有这些向量的集合记作 $\mathcal{R}$, 则该集合具有下述性质 (请读者自行验证这些性质):

$1°$. 如果 $\mathcal{R}$ 中的向量 α 与 β 共线, 则 $\alpha = \beta$.

$2°$. 对于 $\alpha \in \mathcal{R}$, 以 H_α 表示与 α 垂直的超平面 (即 $n-1$ 维的线性子空间), 则集合 $\mathcal{R}$ 关于 H_α 对称.

在通常情况下, 欧几里得空间 V 中具有性质 $1°$ 和 $2°$, 并且张成空间 V 自身的有限个非零向量的集合 $\mathcal{R}$ 称为根系. 然而我们的集合不是张成空间 $\mathbf{R}^n$ 自身, 而仅仅张成由方程 $x_1 + x_2 + \cdots + x_n = 0$ 所确定的一个超平面 (试证明之), 所以它不是整个空间 $\mathbf{R}^n$ 中的根系, 而仅仅是该超平面中的根系.

根系是数学和物理学中的重要研究对象. 它出现在许多不同的领域之中, 有时起着沟通复杂关系的作用. 作为根系的另一个例子, 可以观察由表达式 $\pm x_i \pm x_j$ 所刻画的 $2n(n-1)$ 个向量 (D_n 系), 或者与平面上的正 m 边形的顶点所对应的向量 ($I_2(m)$ 系). 尝试用根系解答我们的问题, 并考察该根系.

读者如果希望对根系 (以及将它们运用到我们题目的解答) 做进一步的了解, 可阅读 E.Yu.Smirnoff 的《考克斯特群与正多面体》(俄文版), 莫斯科不间断数学教育中心, 2009, 电子版: http://www.mccme.ru/smirnoff/papers/dubna.pdf.

554. 答案: 存在.

我们来看首项为 10, 公差为 40 的等差数列:

$$10, 50, 90, 130, 170, 210, 250, 290, \cdots.$$

由于首项不可被 8 整除, 公差却可被 8 整除, 所以数列中的每一项都不可被 8 整除. 由所写出的片断知, 数列中有些项可被 9 整除, 有些项不可被 9 整除. 而数列中的每一项都可被 10 整除.

555. 假设与方格表长边平行的多米诺是竖放的.

解法 1 考察被竖放的多米诺所占据的区域的所有边界. 它是由小方格的边所组成的一些闭折线. 显然, 每一条这样的闭折线的长度都是偶数. 事实上, 如果我们从折线上的任意一点出发, 走遍整条折线, 则必回到出发点, 这就说明, 我们往上走的距离与往下走的距离相等, 往右走的距离与往左走的距离相等, 所以折线的长度是偶数.

上述边界由两部分构成: 一部分是横放的多米诺所占据的区域与竖放的多米诺所占据的区域之间的边界, 另一部分是方格表本身的边界. 我们只需证明, 在方格表的边界上, 竖放的多米诺一共占据偶数个小方格即可. 在方格表的纵向边界上, 每个竖放的多米诺占据两个方格; 在方格表的横向边界上, 每个横放的多米诺占据两个方格. 由于方格表的横边长度为偶数, 所以竖放的多米诺在横向边界上共占据偶数个小方格, 此即为所证.

解法 2 假设共有 n 个竖放的多米诺. 既然每个多米诺的周长是 6, 所以所有竖放的多米诺的周长之和为 $6n$. 易知, $6n$ 是三部分长度的和: $6n = l_1 + 2l_2 + p$, 其中, l_1 是横放的多米诺所占据的区域与竖放的多米诺所占据的区域之间的边界长度, l_2 是竖放的多米诺相互之间的边界长度, p 是竖放的多米诺所盖住的方格表的边界线的长度. 其中 l_2 之所以乘以 2, 是因为两个竖放的多米诺都对总周长贡献了它们之间的边界长度. 现证 p 是偶数. 事实上, 竖放的多米诺所盖住的方格表的纵向边界线的长度是偶数, 因为它由一些长度为 2 的线段组成. 方格表的横边长度之和为 $2 \cdot 2010$, 为偶数. 横放的多米诺所盖住的横向边界线的长度为偶数, 所以竖放的多米诺所盖住的横向边界线的长度也是偶数. 故知 p 是偶数. 这样一来, 横放的多米诺所占据的区域与竖放的多米诺所占据的区域之间的边界长度 $l_1 = 6n - 2l_2 - p$ 是偶数.

556. 答案: $120°$.

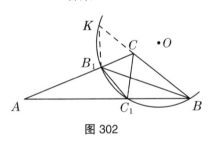

图 302

延长 BC 使之与 $\triangle BB_1C_1$ 的外接圆相交于点 K(见图 302). 由于 BB_1 是角平分线, 所以 $\angle KBB_1 = \angle C_1BB_1$, 由于它们分别是 $\overset{\frown}{KB_1}$ 与 $\overset{\frown}{C_1B_1}$ 所对的圆周角, 所以 $KB_1 = C_1B_1$. 注意, K 与 C_1 都在 $\triangle BB_1C_1$ 的外接圆上, 该圆的圆心在直线 AC 上, 所以 K 与 C_1 关于直线 AC 对称. 得知 $\angle BCC_1 = \angle C_1CB_1 = \angle B_1CK$. 由于这三个角的和为 $180°$, 所以 $\angle BCC_1 = \angle C_1CB_1 = \angle B_1CK = 60°$, 从而 $\angle ACB = \angle BCC_1 + \angle C_1CB_1 = 120°$.

注 1 容易证明, 圆心 O 只能位于线段 AC 的延长线上点 C 外侧, 所以直线与外接圆的交点只能在图 302 所示的位置上.

注 2 也可利用 B, C, O, C_1 四点共圆来解答本题, 还可以利用 $\triangle BB_1C_1$ 的外接圆是点 A 与点 C 的阿波罗尼奥斯圆来解答本题.

557. 答案: 可以断言.

假设呆瓜现有的 3 根短棍长度分别为 $x_1 \geqslant x_2 \geqslant x_3$, 板斧现有的 3 根短棍长度分别为 $y_1 \geqslant y_2 \geqslant y_3$. 由于呆瓜现有的 3 根短棍不能构成三角形, 所以 $x_1 \geqslant x_2 + x_3$, 如果板斧现有的 3 根短棍也不能构成三角形, 则有 $y_1 \geqslant y_2 + y_3$. 二式相加, 得

$$x_1 + y_1 \geqslant x_2 + x_3 + y_2 + y_3.$$

由于 6 根短棍的长度之和是 $2\,\text{m}$, 所以 $x_1 + y_1 \geqslant 1\,\text{m}$, 这意味着它们中有一者不短于 $50\,\text{cm}$. 这样的短棍不可能是周长为 $1\,\text{m}$ 的三角形的一条边, 与题意相矛盾.

558. 解法 1 我们来证明, 题中的结论对任何长方体的剖分都成立. 为方便起见, 我们有时将整个长方体叫作盒子, 将它的三个互不平行的面分别叫作左侧面、下底面和正表面; 将所分出的长方体叫作砖头; 将满足题中条件的剖分叫作正确剖分.

引理 如果用平行于表面的平面分割盒子与砖头, 则可得到盒子的两个较小的正确剖分.

引理之证 如果两块砖头在与分割平面平行的面上的投影有重叠, 则它们落在一个小盒子中的小块的投影没有变化, 因此仍然有重叠. 在相反的情况下, 投影的交或者被分割所破坏, 或者本身就是空的. 在前一种情况下, 砖头小块的投影与投影之交的相应部分相重叠; 在后一种情况下, 砖头之一整个地落在某一个小盒子中, 它的投影与另一砖头的相应小块的投影的重叠部分不变. 引理证毕.

现在我们回到题目本身. 假设题中断言不成立, 则存在这样的情况, 其中有三个砖头 X, Y 和 Z, 使 X 与 Y 的投影在下底面中有重叠; X 与 Z 的投影在左侧面中有重叠; Y 与 Z 的投影在正表面中有重叠. 从这些情况中找出砖头数目最少的一种. 假设砖头 X 与 Y 无接触 (没有公共点). 可认为 Y 的位置比 X 高. 观察长方体中位于 Y 的下表面之下, X 的上表面之上的盒子的这样一个部分, 它在下底面的投影与 X 和 Y 的投影之交相重合. 该部分既不属于 X, 也不属于 Y 和 Z. 它可能属于另一砖头, 也可能属于某几个砖头; 假设这些砖头之一是 K. 我们来看, K 与 Z 的投影会在哪一个外侧面中有重叠: 左侧面还是正表面 (下底面显然不可能)? 如果是在左侧面中, 那么, 砖头 K, Y 和 Z 也是一种情况. 我们用经过砖头 X 上表面的平面分割盒子. 在所得的上部盒子中有着砖头 K, Y 和 Z, 它们形成情况. 而在该盒子中没有 X 的任何部分, 所以上部盒子中的砖头更少, 此与所选情况中的砖头数目的最少性相矛盾. 同理, 如果 K 与 Z 的投影在正表面中有重叠, 也会导致矛盾.

这样一来, 便知砖头 X 与 Y 有接触, 同理, 砖头 X 与 Z 有接触, 砖头 Y 与 Z 有接触. 假设 M 是 X, Y 与 Z 的公共点. 用它们不能盖住以 M 为顶点的 8 个卦限中的某一对相对卦限, 所以这两个卦限中的砖头不可能具有有重叠的投影, 此为矛盾.

解法 2 (该解法出自一名考生的答卷) 以正方体的一个顶点为坐标原点, 以正方体的经过该顶点的三条棱所在直线为坐标轴, 引入空间直角坐标系. 设正方体的棱长为 1. 只需考察物体在三个坐标平面 (分别称为前平面、左平面和下平面) 上的投影.

长方体的各个表面都分别平行于各个坐标平面. 我们指出, 任何两个长方体都至多会在一个坐标平面上的投影有重叠: 因若不然, 如果某两个长方体在两个坐标平面上的投影有重叠, 那么它们在三条坐标轴上的投影有重叠, 从而这两个长方体自身有重叠部分, 此与题意相矛盾.

假设存在三个长方体 A, B 与 C 不满足题中条件. 那么, 对于它们之中的任何两个, 都存在一个自己的 (坐标) 平面, 使得这两个长方体在该平面上的投影有重叠部分. 设 B 与 C 在与它们自己的平面相垂直坐标轴上的距离为 a; A 与 C 在与它们自己的平面相垂直坐标轴上的距离为 b; A 与 B 在与它们自己的平面相垂直坐标轴上的距离为 c. 在所有不满足题中条件的情况中, 取出 $a+b+c$ 最小的一种情况.

情况 1 $a+b+c=0$ (见图 303), 此时 $a=b=c=0$, 从而三个长方体具有公共点. 在由该点发出的卦限中, 有两个相对的卦限不能被 A, B, C 所盖. 从而它们只能被其余两个长

方体 D 与 E 所盖. 这两个长方体应当整个含于相应的卦限, 而这两个卦限在任何坐标平面中的投影都无重叠, 此与题中条件相矛盾.

情况 2 $a+b+c > 0$ (见图 304). 为确定起见, 不妨设 $a > 0$. 设 B 在 C 的左面, C 比 A 低, A 比 B 远. 我们来观察位于 B 与 C 之间, 且在左平面中的投影与 B, C 的投影有重叠的所有的长方体.

在它们之中必然存在这样一个长方体 F: 它的上表面不低于 C 的上表面; 它的远表面不比 B 的远表面近. 如果 F 与 A 在下表面中的投影有重叠, 我们就来观察 3 元组 (A, B, F); 而如果 F 与 A 在前表面中的投影有重叠, 我们就观察 3 元组 (A, F, C). 无论何种情况, 我们所得到的 3 元组都不满足题中条件, 且 $a+b+c$ 的值比原来的 3 元组 (A, B, C) 更小: 因为三个距离中, 均有一个距离不变, 有一个距离不增大, 有一个距离变小. 此与我们对 3 元组的选择标准相矛盾.

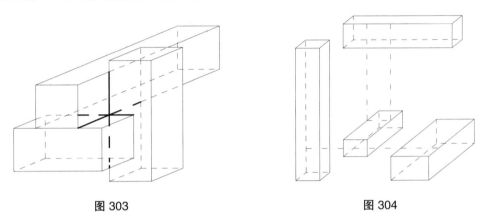

图 303 图 304

在两种情况下, 都得到矛盾, 所以不存在所述的三个长方体.

559. 答案: 可以.

将 4 个天才程序设计员分别记为 G_0, G_1, G_2 和 G_3. 假设还有另外 4 个 "非常好的" 程序设计员 F_0, F_1, F_2, F_3. 假设每个 "非常好的" 程序设计员 F_i 与每个天才程序设计员 G_j 之间由认识链

$$F_i = H_{ij}^0 \longleftrightarrow H_{ij}^1 \longleftrightarrow \cdots \longleftrightarrow H_{ij}^{k_{ij}} = G_j$$

所联系, 其中 H_{ij}^l 与 H_{ij}^{l+1} 相互认识, 而 k_{ij} 是链长. 这些链仅存在于可以通过认识关系相互联系的人群之中. 我们来证明: 在如下情况下, 后开始招聘的公司都一定至少招到 3 个天才程序设计员:

$$k_{0,0} = 13, \quad k_{0,1} = 12, \quad k_{0,2} = 11, \quad k_{0,3} = 10,$$
$$k_{1,0} = 12, \quad k_{1,1} = 11, \quad k_{1,2} = 10, \quad k_{1,3} = 13,$$
$$k_{2,0} = 11, \quad k_{2,1} = 10, \quad k_{2,2} = 13, \quad k_{2,3} = 12,$$
$$k_{3,0} = 10, \quad k_{3,1} = 13, \quad k_{3,2} = 12, \quad k_{3,3} = 11.$$

将由所给定的时刻到把某个程序设计员招到自己公司所需的最少步数称为该公司与该程序设计员之间的距离. 下面给出后开始招聘的公司在 3 种情况下所应采取的策略:

(1) 如果先开始招聘的公司第一步招了一个"非常好的"程序设计员, 那么后开始的公司就选择这样一个"非常好的"程序设计员, 使得 4 个天才程序设计员中至少有 3 个到自己的距离比到对方更近. 例如, 若先开始招聘的公司第一步招了 F_0, 那么后开始的公司就应当选择 F_1, 因为这样一来, G_0, G_1 和 G_2 就到自己比到对方更近.

(2) 如果先开始招聘的公司第一步招了一个天才程序设计员 (例如 G_3), 那么后开始的公司可以先随便招一个"非常好的"程序设计员.

(3) 如果先开始招聘的公司第一步在联系着某个天才程序设计员 (例如 G_3) 和某个"非常好的"程序设计员 F_i 的链上招了一个人, 那么后开始的公司就把 F_i 招走.

在上述 3 种情况下, 后开始的公司只要按照下法行事, 就可以把 G_0, G_1, G_2(将他们称为"目标") 招到手. 如果对方在自己的步骤里在连向天才程序设计员 G_j ($j \leqslant 2$) 的链上招收人员, 那么它就缩短自己到 G_j 的距离, 也在连向 G_j 的链上招收人员. 否则, 它就缩短自己到 3 个目标之中最远的那个距离 (如果到其中两个甚至 3 个都是最远, 那么就任择其一). 不难看出, 在后开始的公司的每一步之后, 3 个目标离该公司的距离都比离先开始的公司近, 所以先开始的公司不可能招走他们.

560. 答案: 等比数列中的第 4 项与等差数列中的第 74 项相同.

假设两个数列的第 1 项为 a, 等差数列的公差为 d, 等比数列的公比为 q. 由题意可知

$$a+d = aq, \quad a+9d = aq^2.$$

于是 $d = a(q-1)$, $9d = a(q^2-1) = a(q+1)(q-1)$, 从而

$$a(q+1)(q-1) = 9a(q-1).$$

由于 $q \neq 1$, 所以 $q+1 = 9$, 即 $q = 8$, 且

$$aq^3 = a + (aq^3 - a) = a + a(q-1)(q^2+q+1)$$
$$= a + (q^2+q+1)d = a + 73d,$$

亦即等比数列中的第 4 项与等差数列中的第 74 项相同.

561. 答案: $x^{2011} + 2011x - 1$ 的最小正根小于 $x^{2011} - 2011x + 1$ 的最小正根.

解法 1 设 $x_1 > 0$ 是 $x^{2011} + 2011x - 1$ 的根, $x_2 > 0$ 是 $x^{2011} - 2011x + 1$ 的根, 则有 $x_1^{2011} + 2011x_1 - 1 = 0$ 和 $x_2^{2011} - 2011x_2 + 1 = 0$, 将此两等式相加, 得

$$(x_1^{2011} + x_2^{2011}) + 2011(x_1 - x_2) = 0,$$

由此得知

$$x_1 - x_2 = -\frac{x_1^{2011} + x_2^{2011}}{2011},$$

意即 $x_1 < x_2$.

解法 2 函数 x^{2011} 在 $x > 0$ 时只取正值, 而函数 $2011x - 1$ 在区间 $\left(0, \dfrac{1}{2011}\right)$ 中只取负值, 这意味着方程 $x^{2011} = 2011x - 1$ 在该区间中没有根. 而函数 $x^{2011} + 2011x - 1$ 在该区间两个端点处的符号相反, 说明它在该区间中有零点. 所以 $x^{2011} + 2011x - 1$ 的最小正根小于 $x^{2011} - 2011x + 1$ 的最小正根.

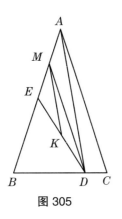

图 305

562. 令 $x = AM = ME$, $y = BE$(见图 305). 由于 $DM /\!/ AC$, 所以 $\angle MDB = \angle ACB = \angle ABD$, 从而 $DM = MB = x + y$. 将线段 DE 的中点记作 K. 由于 MK 是 $\triangle ADE$ 的中位线, 所以 $AD = 2MK$. 由三角形不等式即得

$$AD + DE = 2(DK + KM) > 2MD$$
$$= 2x + 2y = (2x + y) + y = AB + BE.$$

563. a) 见第 547 题解答.

b) 当 $k = 3$ 时, 满足不等式 $a \neq b$ 的数表的例子如表 12 所示.

表12

2	2	3	0
2	2	3	0
2	2	0	3
2	2	0	3

564. 将正四面体的四个顶点记作 A, B, C, D, 将其中心记作 O(见图 306(a)). 将其正交投影到某个平面 Π 上, 分别将 A, B, C, D 与 O 的像记作 A', B', C', D', O'. 如果平面 Π 平行于棱 AB 和 CD, 则投影是一个对角线长为 1 的正方形 (见图 306(b)), 其中可以放下一个半径为 $\dfrac{\sqrt{2}}{4}$ 的圆.

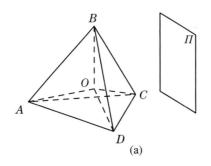
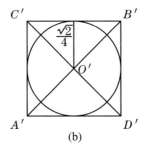

(a)   (b)

图 306

下面给出进一步解答的两种解法:

解法 1 假设能够找到一个平面 Π, 使得棱长为 1 的正四面体在其上面的正交投影中可以放下一个圆心为 I 的半径 $R > \dfrac{\sqrt{2}}{4}$ 的圆. 于是, 四面体的投影或者是一个以点 A', B', C', D' 为顶点的四边形 (见图 307(a)), 或者是以其中某三个点为顶点的三角形 (见图 307(b)). 我们来考察 $\triangle O'A'B'$, $\triangle O'A'C'$, $\triangle O'A'D'$, $\triangle O'B'C'$, $\triangle O'B'D'$ 和 $\triangle O'C'D'$. 这些三角形中至少有一者有一条边也是投影的边, 并且包含着点 I, 不妨设就是 $\triangle O'A'B'$.

将经过点 I 的垂直于平面 Π 的直线记作 ℓ. 于是由棱 AB 到直线 ℓ 的距离不小于 R, 且大于 $\frac{\sqrt{2}}{4}$. 另一方面, 直线 ℓ 与 $\triangle OAB$ 相交于某个点 E(见图 308). 由点 E 到棱 AB 的距离不超过由点 O 到棱 AB 的距离, 亦即不大于 $\frac{\sqrt{2}}{4}$. 这一矛盾表明不存在这样的平面 Π 和这样的投影.

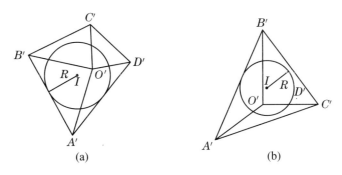

图 307

解法 2 我们来证明: 在棱长等于 1 的正四面体的任何一个正交投影中都不能放下半径大于 $\frac{\sqrt{2}}{4}$ 的圆.

四面体的投影或者是四边形, 或者是三角形. 如果投影是三角形, 那么该投影就刚好是四面体的一个面的投影. 不妨设就是面 ABC 的投影 (见图 309(a)). 将 $\triangle ABC$ 的内心记作 Q, 易知 $\triangle ABC$ 的内切圆半径为 $\frac{\sqrt{3}}{6} < \frac{\sqrt{2}}{4}$. 设 Q 的投影为 Q'. 于是, 以 Q' 为圆心的半径为 $\frac{\sqrt{3}}{6}$ 的圆包含着 $\triangle A'B'C'$ 三边的中点, 或者与之内切, 或者超出其范围. 在后一种情况下, 我们作该圆的 3 条切线, 使它们分别平行于投影三角形的各边 (见图 309(b)), 得到该圆的外切三角形 $\triangle A''B''C''$, 它包含着 $\triangle A'B'C'$. 这意味着, 如果可在投影中放入半径大于 $\frac{\sqrt{3}}{6}$ 的圆, 则该圆也应包含在 $\triangle A''B''C''$ 中, 这是不可能的.

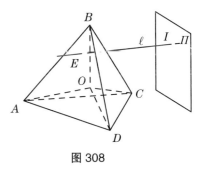

图 308

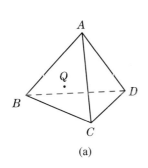
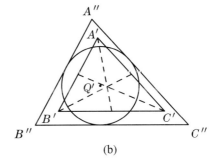

图 309

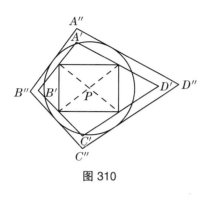

图 310

如果四面体的投影是四边形, 为确定起见, 设其为 $A'B'C'D'$(见图 310). 于是, 它的四边中点是以点 P 为中心的平行四边形的 4 个顶点, 对角线长不超过 $\frac{\sqrt{2}}{2}$. 我们来观察以点 P 为圆心的半径为 $\frac{\sqrt{2}}{4}$ 的圆. 该圆包含着所说的平行四边形, 或者内切于投影四边形, 或者超出其范围. 作出该圆的外切四边形 $A''B''C''D''$, 它包含着四边形 $A'B'C'D'$. 这就意味着, 如果可在 $A'B'C'D'$ 中放入半径大于 $\frac{\sqrt{2}}{4}$ 的圆, 则该圆也可放入四边形 $A''B''C''D''$ 中, 这是不可能的.

565. 答案: 是的.

称数 a 是 "合适的", 如果 $0 < a < 1$ 且售货员可利用该 a 达到自己的目的. 不难看出, 如果数 a 是 "合适的", 则数 $1-a$ 也是 "合适的". 现证, 如果数 a 是 "合适的", 则数 $\sqrt{a}$ 也是 "合适的".

假设可以借助于天平通过有限次分成重量比为 $a : (1-a)$ 的两部分, 而将奶酪分成等重的两包. 我们来看, 为了将重量为 p 的一块奶酪分成重量比为 $a : (1-a)$ 的两块, 可以只通过有限次分成重量比为 $\sqrt{a} : (1-\sqrt{a})$ 的两块的操作来达到目的. 事实上, 若按此法操作, 则 1 次操作之后, 得到重量分别为 $\sqrt{a}p$ 和 $(1-\sqrt{a})p$ 的两块奶酪; 若再按此法分割前一块奶酪, 则一共可得到重量分别为 ap, $\sqrt{a}(1-\sqrt{a})p$ 和 $(1-\sqrt{a})p$ 的 3 块奶酪; 后两块奶酪的重量之和就是 $(1-a)p$. 于是, 每一分为重量比为 $a : (1-a)$ 的操作可被两次分为重量比为 $\sqrt{a} : (1-\sqrt{a})$ 的操作所代替.

显然, $a_0 = \frac{1}{2}$ 是 "合适的", 从而由上所说, $a_1 = \sqrt{\frac{1}{2}}$, $a_2 = \sqrt[2^2]{\frac{1}{2}}$, $\cdots$, $a_n = \sqrt[2^n]{\frac{1}{2}}$, $\cdots$ 都是 "合适的". 从而, $b_0 = 1-a_0$, $b_1 = 1-a_1$, $b_2 = 1-a_2$, $\cdots$, $b_n = 1-a_n$, $\cdots$ 都是 "合适的". 注意, 对一切正整数 n, 都有

$$\frac{b_{n-1}}{b_n} = 1 + \sqrt[2^n]{\frac{1}{2}} < 2.$$

若对一切正整数 m 和一切非负整数 n, 令

$$b_{m,n} = \sqrt[2^m]{b_n},$$

则所有的 $b_{m,n}$ 都是 "合适的". 由于对任何 $x > 0$ 都有 $(1+x)^2 > 1+2x$, 由此并利用归纳法, 可证对任何正整数 k, 都有

$$(1+x)^{2^k} > 1 + 2^k x. \tag{1}$$

(众所周知, 对一切正整数 m 和 $x \geqslant -1$, 都有 $(1+x)^m \geqslant 1+mx$, 这叫作贝努利不等式.) 在式 (1) 中令 $x = 0.001$ 和 $k = 10$, 得到

$$(1.001)^{1024} > 1 + 1024 \times 0.001 > 2.$$

于是, 对一切正整数 n, 都有

$$\frac{b_{n-1,10}}{b_{n,10}} = \sqrt[1024]{\frac{b_{n-1}}{b_n}} < \sqrt[1024]{2} < 1.001$$

和

$$b_{0,10} = \sqrt[1024]{b_0} = \sqrt[1024]{\frac{1}{2}} > \frac{1}{1.001} > 0.999.$$

由此即知, 对一切正整数 n, 都有

$$0 < b_{n-1,10} - b_{n,10} = b_{n,10}\left(\frac{b_{n-1,10}}{b_{n,10}} - 1\right) < 0.001.$$

由于对一切正整数 n, 都有

$$\frac{b_{n-1}}{b_n} = 1 + \sqrt[2^n]{\frac{1}{2}} > \frac{3}{2},$$

所以存在正整数 n_0, 使得 $b_{n_0} < 0.001^{1024}$, 因而 $b_{n_0,10} < 0.001$.

于是, 对于 $n = 0, 1, 2, \cdots, n_0$, 数 $b_{n,10}$ 都是 "合适的", 并且

$$b_{n_0,10} < b_{n_0-1,10} < \cdots < b_{1,10} < b_{0,10},$$
$$b_{n_0,10} < 0.001, \quad b_{0,10} > 0.999, \quad b_{n-1,10} - b_{n,10} < 0.001.$$

于是, 不难看出, 区间 $(0,1)$ 中任何一个长度为 0.001 子区间中都有该组数中的成员.

注 只需对解答略作改动, 就可证明命题: 对于区间 $(0,1)$ 中任何一个长度不为 0 的子区间, 都可在其中找到 "合适的" 数 a. 具有这种性质的数的集合称为在区间 $(0,1)$ 中处处稠密. 例如, 全体真分数的集合就在区间 $(0,1)$ 中处处稠密. 可以尝试证明: 对任何无理数 q, 集合 $\{nq | n = 1, 2, \cdots\}$ 的分数部分都在区间 $(0,1)$ 中处处稠密. 这一断言的证明, 最初是由著名数学家卡尔·雅可比于 19 世纪上半叶给出的. 关于集合概念的进一步发展是在 20 世纪实现的, 这一发展导致集合的离散理论的产生, 后者是研究精确集合构造的数学分支. 苏联科学院院士、莫斯科大学教授尼古拉·尼古拉耶维奇·鲁金对这一理论的建立作出了重要贡献. 由于他和他的学生的工作, 使得集合的离散理论与数学对象的有效确定性以及数学问题的可解性之间建立起密切的联系.

566. 答案: 存在这样的坐标系. 例如, 新坐标系的原点在老坐标系中的坐标为 $\left(-\frac{\pi}{2}, -1\right)$, 而新坐标系的长度单位是老坐标系长度单位的两倍.

为了解答本题, 我们只需给出一个合适的坐标系即可. 令 $y = \sin x$. 由于

$$\sin^2 t = \frac{1 - \cos 2t}{2} = \frac{1 + \sin\left(2t - \frac{\pi}{2}\right)}{2},$$

故只要令 $x = 2t - \frac{\pi}{2}$ 和 $z = \frac{y+1}{2}$ (或者说, 令 $y = 2z - 1$), 即得 $z = \sin^2 t$. 新坐标系 $O'tz$ 的原点 O' 在老坐标系中的坐标是 $\left(-\frac{\pi}{2}, -1\right)$, 长度单位则是老坐标系长度单位的两倍.

注 可以证明: 对任何整数 n, 都可将老坐标系中的点 $\left(-\frac{\pi}{2} + n\pi, (-1)^{n+1}\right)$ 取作新坐标系的原点, 并以老坐标系长度单位的两倍作为新坐标系的长度单位.

567. 答案: 一定可以.

假定卡片中有 x 张写着 1, y 张写着 2, z 张写着 3. 于是有 $x+y+z=100$ 和

$$\frac{x+y-z}{2}+\frac{z+y-x}{2}+\frac{x+z-y}{2}=\frac{x+y+z}{2}=50.$$

因此, 可用这些卡片排成 $\frac{x+y-z}{2}=50-z$ 个片断 21, $\frac{z+y-x}{2}=50-x$ 个片断 32, $\frac{x+z-y}{2}=50-y$ 个片断 31. 在这里面, 写着 1 的卡片出现

$$(50-z)+(50-y)=100-y-z=x$$

次, 写着 2 的卡片出现 y 次, 写着 3 的卡片出现 z 次. 并且绝对不含任何片断 11, 22, 33, 123 或 321. 哪怕是 x,y,z 中的一者等于 50, 所说的结论也成立.

568. 答案: $\sqrt{2}$.

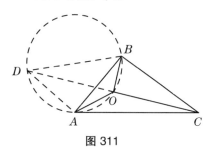

图 311

解法 1 作点 C 关于直线 BO 的对称点 D(见图 311), 则 $\angle BDO = \angle BCO = \angle BAO$. 这表明点 D 在 $\triangle ABO$ 的外接圆上, $\angle ADO = \angle ABO = \angle CAO$, 因此 $\triangle DAC \sim \triangle AOC$. 故知 $\frac{DC}{AC}=\frac{AC}{OC}$, 即 $\frac{2OC}{AC}=\frac{AC}{OC}$, 所以 $\frac{AC}{OC}=\sqrt{2}$.

解法 2 由于 $\angle BAO = \angle BCO$, 所以点 A 和点 C 属于对线段 BO 张成等角的点集 Γ. 点集 Γ 由分布在直线 BO 两侧的两段弧构成 (不含点 B 与点 O). 设直线 CO 与 Γ 的弧段相交于点 D(点 O 位于点 C 与点 D 之间). 由于 $\angle BOC = 90°$, 所以 $\angle DOB = \angle COB$, $DO = CO$. 于是 $\angle ODA$ 与 $\angle OBA$ 是同弧所对圆周角, 因而相等. 又由题中条件知 $\angle ABO = \angle CAO$, 因此 $\triangle DAC \sim \triangle AOC$. 因而 $\frac{OC}{AC}=\frac{AC}{DC}=\frac{AC}{2OC}$, 即 $\frac{AC}{OC}=\sqrt{2}$.

注 本题还有别的解法, 例如利用关于 $\triangle ABC$ 的赛瓦定理以及关于 $\triangle AOB$, $\triangle AOC$, $\triangle BOC$ 的正弦定理.

569. 答案: 当 $a_1=2, a_2=3, \cdots, a_{2010}=2011, a_{2011}=1$ 时, 所说的数最大.

设所求的排列为 $a_1, a_2, \cdots, a_{2011}$. 不难看出, 应当有 $a_{2011}=1$. 因若不然, 只要交换 $a_k=1$ ($k \neq 1$) 与 a_{2011} 的位置, 就可使数变大.

下面来比较数 a^{b^c} 与数 b^{a^c} 的大小, 其中 $a \neq b$, 且 $a \geqslant 2, b \geqslant 2$. 由于函数 $y = \ln x$ 在 $x > 0$ 时严格上升, 所以差 $a^{b^c} - b^{a^c}$ 与如下的差的符号相同:

$$b^c \ln a - a^c \ln b = a^c b^c \big(a^{-c}\ln a - b^{-c}\ln b\big).$$

我们来求函数 $y = x^{-c}\ln x$ 的单调区间:

$$y' = -cx^{-c-1}\ln x + x^{-c-1} = x^{-c-1}\big(1 - c\ln x\big).$$

由此可知: 当 $0 < x < \mathrm{e}^{1/c}$ 时, $y' > 0$; 当 $x > \mathrm{e}^{1/c}$ 时, $y' < 0$. 所以, 当 $0 < x < \mathrm{e}^{1/c}$ 时, 函数 $y = x^{-c} \ln x$ 严格上升, 当 $x > \mathrm{e}^{1/c}$ 时, 严格下降.

对于 $c = 1$, 由 $3 > \mathrm{e}$, 知

$$3^{-1} \ln 3 > 4^{-1} \ln 4 = 2^{-1} \ln 2 > 5^{-1} \ln 5 > \cdots > 2011^{-1} \ln 2011.$$

这表明, 若 $3 \leqslant a < b$, 则 $a^{-1} \ln a > b^{-1} \ln b$. 因此, 当 $3 \leqslant a < b$ 时, 有 $a^{b^1} > b^{a^1}$. 若 $c \geqslant 2$, 则 $1 < \mathrm{e}^{1/c} < 2$, 所以此时有

$$2^{-c} \ln 2 > 3^{-c} \ln 3 > 4^{-c} \ln 4 > \cdots > 2011^{-c} \ln 2011.$$

故当 $2 \leqslant a < b$ 时, 有 $a^{b^c} > b^{a^c}$.

下面用归纳法证明. 在我们的排列中, 有

$$a_{2011-n} = 2012 - n, \quad n = 1, 2, \cdots, 2010.$$

先令 $n = 1$. 如果 $2011 = a_k$, 其中 $k \leqslant 2009$, 则 $2 \leqslant a_{k+1} < a_k$, 由上所证, 对一切正整数 c, 都有 $a_k^{a_{k+1}^c} < a_{k+1}^{a_k^c}$. 因此, 若交换 $a_k = 2011$ 与 a_{k+1} 的位置, 可使所得结果增大. 这一矛盾表明: $a_{2010} = 2011$. 经过类似的讨论, 可得如下的归纳步骤: 假设已对某个正整数 $n \leqslant 2007$, 证得 $a_{2011-n} = 2012 - n$, 但却有 $a_{2011-(n+1)} \neq 2012 - (n+1)$. 那么我们就会得到矛盾, 因为由上所证, 对 $a_k = 2012 - (n+1)$ 和一切正整数 c, 都有 $a_k^{a_{k+1}^c} < a_{k+1}^{a_k^c}$, 其中 $k \leqslant 2011 - (n+1)$. 从而我们已经证得 $a_3 = 4, a_4 = 5, \cdots, a_{2010} = 2011, a_{2011} = 1$. 为了证明 $a_1 = 2, a_2 = 3$, 只需注意: 对于 $c = 4^{5^{2011}} > 2$, 我们有不等式 $2^{3^c} > 3^{2^c}$. 于是, 为使题中的表达式达到最大, 必须且只需 $a_1 = 2, a_2 = 3, \cdots, a_{2010} = 2011$ 和 $a_{2011} = 1$.

570. 由题意可知, 沿着每条棱都只能有两只甲虫爬行, 并且爬行方向相反. 由于爬行速度有下限限制, 所有每只甲虫都不可能无限多时间滞留在同一条棱上, 因此, 找到这样的时刻, 每一只甲虫都翻越过了三棱锥的一个顶点. 我们来观察此后的某一时刻, 这些甲虫的所有可能的不同分布情况. 如果此时某只甲虫处于某个顶点上, 那么我们就认为它同时位于两条棱上, 即它所来的棱和所要去的棱. 下面所列举的就是所有可能的不同分布情况:

a) 某两只甲虫处于同一条棱上. 如果它们迎面爬行, 自然会相遇; 如果它们相向爬行, 那么它们已经相遇过了, 因为它们都曾翻越该棱的一个顶点.

b) 某 3 只甲虫分别处于有公共顶点的 3 条棱上, 并且都朝着该顶点爬行. 我们只需留意此后其中一只 (或多只同时) 到达该顶点的第一时刻, 此时必有某两只甲虫处于同一条棱上, 从而归结为情况 a).

c) 4 只甲虫分别位于 4 条不同的棱上, 这 4 条棱中的任何 3 条都不具有公共顶点. 此时, 剩下的两条棱也没有公共顶点. 这种情况除去顶点的叫法不同之外, 事实上一共就只有一种情形: 4 只甲虫分别位于棱 AB, AC, BD, CD 上, 并且位于棱 AB 上的甲虫是由顶点 A 往顶点 B 爬行, 且始终处于面 ABC 上. 于是, 当它在棱 AC 上时, 是由顶点 C 往顶点 A 爬行. 这就说明, 那只处于棱 AC 上的甲虫, 是在由顶点 A 往顶点 C 爬行. 观察该甲虫以及它所在的面 ACD, 可推知, 此一时刻处于棱 CD 上的甲虫是在由顶点 D 往顶点 C 爬行. 依此类推, 可知此一时刻处于棱 BD 上的甲虫是在由顶点 D 往顶点 B 爬行. 如果棱

AC 或棱 BD 上的甲虫最先到达顶点，则归结为情况 a)．如果棱 AB 上的甲虫最先到达顶点 B，那么它就在棱 BC 上，从而 3 只甲虫都朝着顶点 C 爬行．如果棱 DC 上的甲虫最先到达顶点 C，那么它就处在棱 CB 上，于是就有 3 只甲虫都朝着顶点 B 爬行．这两种情形都归结为情况 b)．

d) 某 3 只甲虫分别处于有公共顶点的 3 条棱上，但不都朝着该顶点爬行．于是除了顶点的叫法不同之外，可以认为 3 只甲虫分别处于棱 AB, AC, AD 上，并且位于棱 AB 上的甲虫是由顶点 A 往顶点 B 爬行，且始终处于面 ABC 上．经过与 c) 中的类似讨论，可知这 3 只甲虫都朝着远离顶点 A 的方向爬行．不失一般性，可认为棱 AB 上的甲虫最先爬到棱锥的顶点，此时它翻越到棱 BC 上．如果那只始终处于面 BCD 上的甲虫刚好也在棱 BC 上，那么就归结为情况 a)；如果该甲虫在棱 CD 上，那么就有 3 只甲虫都在以顶点 C 为公共端点的棱上朝着顶点 C 爬行，从而归结为情况 b)；如果该甲虫在棱 BD 上，则 4 只甲虫分别位于棱 AC, AD, BC, BD 上，归结为情况 c)．

综合上述，在任何情况下，都会有两只甲虫在某一时刻相遇．

注 事实上，题中的结论对任何一个凸多面体都成立．当然需要附加类似的条件，即每个面都有自己的甲虫，任何两只位于相邻面中的甲虫按相反的方向沿它们的公共棱爬行，并且速度都不小于 1 cm/s(每秒 1 厘米)．这一结论不仅获得证明，而且在莫斯科大学 A·A·克里亚契科的副博士论文中被用来证明高等代数中的新定理，参阅 A. Klyachko, A funny property of a sphere and equations over groups, Comm. Algebra, 1993, V.21, p2555-2575.

第 75 届莫斯科数学奥林匹克 (2012)

571. 答案：如下 4 种表示方式中的任何一种都可以：
$$2012 = 353 + 553 + 553 + 553 = 118 + 118 + 888 + 888$$
$$= 118 + 188 + 818 + 888 = 188 + 188 + 818 + 818.$$

下面说明如何找到这样的 4 个 3 位数 (尽管题中并不要求这种说明)．

第一种方式不难通过枚举法找到．表达式中只用两个不同数字的 3 位数不多，所以可以先假定所求的 4 个数相同，2012 刚好可被 4 整除，得到 $2012 = 503 + 503 + 503 + 503$，可惜 503 需要用到 3 个不同数字：5,0 和 3．我们尝试去掉 0．如果把 0 都换成 5，那么和数增加 $50 \times 4 = 200$，于是再把其中一个数的百位数由 5 换成 3，就可得到原来的和数．这便是第一种表示方式：$2012 = 353 + 553 + 553 + 553$．

第二种和第四种方式则是先将 2012 除以 2，得到 1006．再找表达式中一共只用到两个不同数字的两个数，使它们的和等于 1006．显然，这两个数的相加过程中，在十位数上产生进位，若无此进位，那么和的百位数应当是 9．这就表明，我们所要寻找的两个 3 位数的百位数的和等于 9(这也说明这两个数的百位数不相同)．由于它们的个位数的和为 6，它表明这两个 3 位数的个位数必须相同 (否则个位数的和就是 9)，而这只能为 $3 + 3 = 6$ 或

$8 + 8 = 16$. 若为前一情况, 则不可能得到 10 位数的和等于 10, 故只能为后一种情况, 由此得知一个数字是 8, 从而另一数字是 1. 将第二、四两种方式结合, 得到第三种方式.

572. 答案: 8 次.

如图 312(a) 所示, 沿着路径 $FABGQEDCH$ 跳动 8 次, 可以到遍所有 8 个需到之点, 其中点 Q 是以 GE 为底边的等腰三角形的顶点 ($QG = QE = 50$ cm).

另一方面, 若只跳动 7 次或更少次数, 则不能达到目的. 事实上, 如果它跳动 7 次可以到遍所有 8 个点, 那么它必须由其中一个点出发, 并终止于其中另一个点. 然而, 对于点 E, F, G, H 而言, 同它们距离为 50 cm 的点都分别只有一个, 即 D, A, B, C (参阅图 312(b)). 因此, E, F, G, H 中的每一个都不能作为起点, 也不能作为终点. 从而, 它们中的某两个点应当在路径上相邻. 然而, 它们中任何两者间的距离都不是 50 cm. 这一矛盾表明, 不可能少于 8 次跳动.

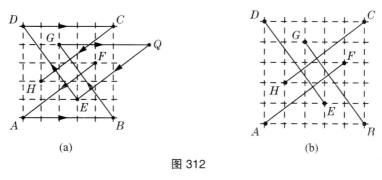

图 312

573. 答案: 不一定.

可以有多种构造反例的办法, 为解答本题, 只需给出一个反例.

反例 1 沿着圆周放置 3 段劣弧, 它们可以通过旋转 120° 彼此得到 (见图 313(a)). 在每段劣弧上放 33 个点, 再在圆心上放 1 个点. 由圆心连向任何一段弧上的点的线段与其余两段弧上的任意两个点的连线都不相交. 而这样的线段存在, 因为两段弧上的总点数大于一段弧与圆心上的点数之和.

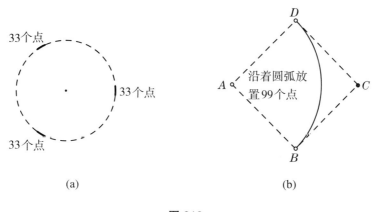

图 313

反例 2 作一个正方形 $ABCD$, 以 A 为圆心, 以 AB 为半径作圆 ω, 在 $\overset{\frown}{BD}$ 上放置 99 个点 $Q_1, Q_2, \cdots, Q_{99}$, 并将顶点 C 取为第 100 个点 (见图 313(b)). 于是, 无论萨沙将哪

个点 Q_n 与 C 相连,线段 Q_nC 都不与其余 98 个点中的任何两点的连线 Q_iQ_j 相交,因为 Q_iQ_j 在圆 ω 内,而 Q_nC(除了端点 Q_n 之外) 都在圆 ω 外.

反例 3 首先指出,如果萨沙能够成功实现每两条线段都相交,那么对于他所打算连接的两个点而言,其余 98 个点都应当平均分布在经过这两个点的直线的两侧 (即每侧各 49 个点,因为他所要连的其余各条线段都应与以这两个点为端点的线段相交,所以其余线段中的每一条的两个端点都应分别在该线段的不同侧).

现在任取两个点 A 和 B,并使其余的点在直线 AB 两侧各 49 个点,且使这 98 个点都在经过点 B 的与直线 AB 相垂直的直线的非 A 所在的一侧 (见图 314(a)). 如果萨沙将 A 与其余任意一个点 Q 相连,则在直线 AQ 两侧并非都是 49 个点,而若萨沙连接线段 AB,则 AB 与其余任何其他线段都不相交.

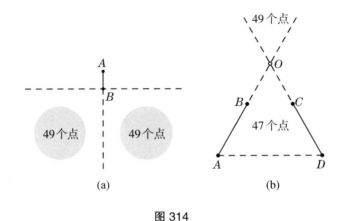

图 314

反例 4 考察任意一个三角形 $\triangle AOD$. 分别在边 AO 与 OD 上取点 B 和 C,并设给定点在平面上如下分布:

(1) A,B,C,D 4 点属于给定点之列.

(2) 在 $\triangle AOD$ 内部还有另外 47 个给定点.

(3) 在以 O 为顶点,以线段 AO 与 DO 的延长线为边的角内部还有另外 49 个给定点 (见图 314(b)).

于是,为了在相应的直线两侧各有 49 个点,萨沙只能将点 A 与点 B 相连,点 C 与点 D 相连,然而,线段 AB 与 CD 并不相交.

574. 解法 1 设 L 是线段 CD 的中点 (见图 315(a)),则 $ML\perp CD$,因为 ML 是等腰三角形 $\triangle CMD$ 的中线. 我们来看 $\triangle KLB$. 其中,$LK\perp BK$,此因 $BK//CD$,且有 $BM\perp KL$,此因 $KL//AD$. 这表明,M 是 $\triangle KLB$ 的垂心 (3 条高的交点),故有 $KM\perp BL$. 但因 $BL//KD$,所以 $KM\perp KD$,这就是所要证明的.

解法 2 设 L 是线段 CD 的中点,N 是直线 DK 与 BC 的交点 (见图 315(b)). 由于 $AD//NB$,所以 $\angle ADK=\angle BNK$,又因 $\angle AKD=\angle BKN$ 及 $AK=KB$,所以 $\triangle KAD\cong\triangle KBN$. 由此知 $NB=BC$,且 BM 是线段 CN 的中垂线,ML 亦是线段 CD 的中垂线. 因此,M 是 $\triangle NCD$ 的外心. 于是,MK 是线段 ND 的中垂线,故而 $\angle MKD=90°$.

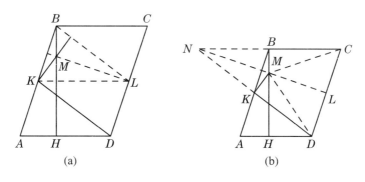

图 315

注 上述两种解法的思路是密切相连的, 事实上, $\triangle NCD$ 的外心就是 $\triangle BKD$ 的垂心.

从参赛学生的试卷中, 还发现了一些别的解法, 以下就是其中的两种解法.

解法 3 作 M 关于 K 的对称点 P (见图 316(a)). 于是, $\triangle AKP \cong \triangle MKB$, 因此 $AP = BM$. 又因 $\angle PAK = \angle MBK$, 因此 $AP // BM$. 因而, $\angle PAD = 90°$. 再由平行四边形的性质, 知 $AD = BC$, 故有 $\triangle MBC \cong \triangle PAD$ (两对对应边相等, 且夹角为直角). 这表明 $PD = MC$. 于是, $\triangle PDM$ 是等腰三角形 $(MD = MC = PD)$, 既然 DK 是其底边中线, 因而也是高.

解法 4 设 P 与 Q 分别是线段 MC 与 MD 的中点 (见图 316(b)). 于是, PQ 是 $\triangle MCD$ 的中位线, 所以它平行于线段 CD 且等于它的一半. 另一方面, BK 也平行于 CD 且等于其一半, 这表明, BK 与 PQ 平行且相等, 所以 $BPQK$ 是平行四边形.

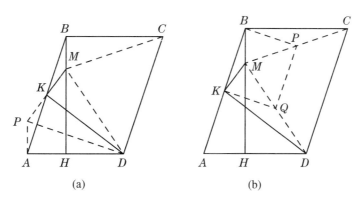

图 316

又由于 BP 是直角三角形 $\triangle MBC$ 的中线, 因而 $\dfrac{MC}{2}$, 事实上, $KQ = BP = \dfrac{MC}{2} = \dfrac{MD}{2}$. KQ 是 $\triangle MKD$ 的中线且等于相应边的一半. 这表明, 该三角形是直角三角形, $\angle MKD = 90°$.

注 本题还有一种利用圆周角的解法见第 579 题.

575. 设 x, y, z 的最小公分母为 D, 亦即

$$x = \frac{a}{D}, \quad y = \frac{b}{D}, \quad z = \frac{c}{D},$$

其中 $(a,b,c,D)=1$(否则, x,y,z 可同时约分, 从而与 D 的最小性相矛盾).

由题意知, $x^2+y^2+z = \dfrac{a^2+b^2+cD}{D^2}$ 是整数, 意即 a^2+b^2+cD 是 D^2 的倍数, 特别地, a^2+b^2 是 D 的倍数. 同理, b^2+c^2 和 a^2+c^2 是 D 的倍数, 从而

$$D \mid (b^2+c^2)+(a^2+c^2)-(a^2+b^2)=2c^2.$$

同理, $D|2a^2$, $D|2b^2$.

到此为止, 我们已经可以断言: D 或者是 1, 或者是 2. 事实上, 如果 D 含有某个质约数 $p>2$, 则由 $D|2c^2$ 可推知 $p|c$, 同理, $p|a$, $p|b$, 于是 $(a,b,c,D) \geqslant p > 1$, 此与 D 的性质相矛盾. 该矛盾表明 D 是 2 的方幂数. 如果 $4|D$, 则亦可推知 $2|a,b,c$, 又使我们陷入矛盾. 所以, D 或者是 1, 或者是 2, 特别地, $2x = \dfrac{2a}{D}$ 是整数.

576. 答案: 对于任何正整数 m 和 n, 都有此可能.

根据题意, 如果某个方格中写着 1, 那么它刚好有一个邻格中写着 1, 这就意味着 1 形成 1×2 矩形 (称为 "1-多米诺"), 并且任何两个 "1-多米诺" 都无公共边, 更不相交.

假定我们在 $m \times n$ 方格表成功地安排若干 "1-多米诺", 使之满足如下条件:

(1) 任何两个 "1-多米诺" 都无公共边, 更不相交.

(2) 如果方格不属于任何一个 "1-多米诺", 那么它不与 1 个 "1-多米诺" 相邻 (就是说, 它可以与 0 个, 2 个, 3 个, 甚至 4 个 "1-多米诺" 相邻).

于是, 我们就可以在每个 "1-多米诺" 中写 1, 在其余方格中写它们的邻格中的 1 的个数, 即可得到满足题中要求的数表. 这样一来, 下面只需讨论如何安排 "1-多米诺", 使之满足上述要求 (1) 和 (2), 而无须再填数.

我们指出, 如果 m 和 n 被 3 除的余数都是 1, 那么可以按照如图 317 所示的方式 (在 $(3l+1) \times (3k+1)$ 方格表中) 安排 "1-多米诺".

下面解决 m 与 n 之一被 3 除的余数是 1, 另一者任意的情形. 以 $n=3k+1$, m 为大于 14 的任意正整数的情形为例. 如果 m 可被 3 整除, 则先按图 317 所示的方式在 $(m-5) \times n$ 方格表中安排 "1-多米诺", 再在下方贴上一条如图 318 所示的带子即可. 如果 m 被 3 除的余数是 2, 则先按图 317 所示的方式在 $(m-10) \times n$ 方格表中安排 "1-多米诺", 再在下方贴上两条如图 318 所示的带子 (在 $5 \times (3k+1)$ 方格表中安排 "1-多米诺") 即可.

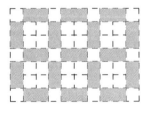

图 317

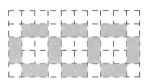

图 318

对于 m 与 n 都是大于 14 的任意正整数的情形, 可通过在右端贴上一条或两条 $m \times 5$ 的带子来解决, 此处应根据 m 被 3 除的余数来选择如图 318, 图 319(在 $5 \times 3k$ 方格表中安排 "1-多米诺") 或图 320(在 $5 \times (3k+2)$ 方格表中安排 "1-多米诺") 所示的带子.

图 321 中给出了 17×15 方格表的一种安排方式.

供题者注 这是一道真正的研究型问题, 数学家经常需要决断: 对于哪些值, 所说的参数存在 (或者不存在). 在此, 通常需要划分不同的情况, 给出不同的组合构造, 对于有些情况, 则需证明不存在性.

为方便起见, 我们将情形限制在 $m,n>100$ 的情形. 然而, 问题本身却可以对任意正整数 m 和 n 进行讨论. 例如, 可按题中要求填出数表 $2\times n$, 当且仅当 n 为奇数 (试证明之!). 在如图 322 所示的表中, 对于 $m,n\in\{1,2,\cdots,15\}$, 给出了哪些 $m\times n$ 数表存在 (用 "+" 表示), 哪些不存在 (用 "−" 表示).

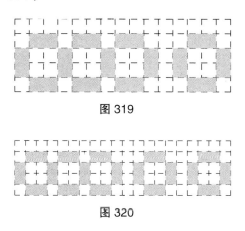

图 319

图 320

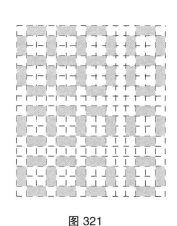

图 321

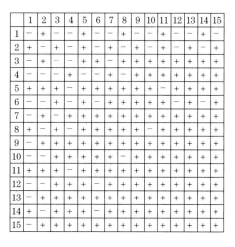

图 322

577. 答案. 最少可能拥有 6 个人省.

将该国的省份按照人口递增的顺序排列. 显然, 排在第一和第二的省份都不可能是大省, 因为找不到另外两个人口都少于它们的省份. 排在第三的省份拥有不超过全国 14% 的人口, 因为两个人口比它少的省份的人口数目之和不超过全国人口的 $7\%+7\%=14\%$. 排在第四的省份拥有不超过全国 21% 的人口, 因为任何两个人口比它少的省份的人口数目之和不超过全国人口的 $14\%+7\%=21\%$. 按照同样的道理, 排在第五的省份拥有不超过全国 $14\%+21\%=35\%$ 的人口.

将所得数据相加, 知在这 5 个省份中共拥有不超过全国 $7\%+7\%+14\%+21\%+35\%=84\%$ 的人口, 由于 $84\%<100\%$, 所以至少应当有 6 个省.

另一方面, 如果各个省份分别拥有全国人口的 $7\%, 7\%, 11\%, 16\%, 25\%$ 和 34%, 则题中条件全部满足, 所以有可能仅拥有 6 个省.

578. 首先将梨子按重量递增的顺序排列, 则题中的条件依然满足. 事实上, 如果任取两个相邻的梨子重量 x 与 y, 其中 $x<y$. 我们在原来的顺序之下由它们中的前一个梨子走到后一个, 每一步所跨越的两个梨子的重量之差都不超过 $1\,\mathrm{g}$. 由于没有哪个梨子的重量在 x 与 y 之间, 所以我们所跨越的每一步都或者由重量不大于 x 的梨子跨到重量不小于 y 的梨子, 或者刚好反过来, 这就表明 $y-x\leqslant 1$.

对于重排过的一行梨子, 我们将第 1 个与第 $2n$ 个梨子放在第 1 个袋中, 将第 2 个与第 $2n-1$ 个梨子放在第 2 个袋中, 如此下去, 将第 n 个与第 $n+1$ 个梨子放在第 n 个袋中. 我们来证明这种方法符合题中要求. 假设在相邻的两个袋中所放梨子的重量为 a,b,c,d, 并且 $a\leqslant b\leqslant c\leqslant d$, 则 a 与 b 是相邻的重量, c 与 d 是相邻的重量, 两个袋子的重量分别为 $a+d$ 与 $b+c$. 我们注意

$$-1\leqslant a-b\leqslant (a+d)-(b+c)\leqslant d-c\leqslant 1,$$

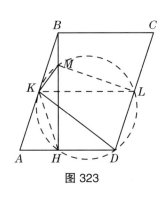

图 323

便知 $|(a+d)-(b+c)|\leqslant 1$. 这就表明每两个相邻袋子的重量之差都不超过 $1\,\mathrm{g}$.

579. 可参阅第 574 题解答, 也可采用如下解法:

设边 CD 的中点为 L, 由于点 M 与 C,D 等距, 所以 M 在 CD 的中垂线上, 即 $ML\perp CD$, 如此一来, 就有 $\angle MLD+\angle MHD=180°$. 这表明 M,L,D,H 四点共圆 (见图 323).

又由于 $KH=\dfrac{1}{2}AB=AK=DL$, 所以 $KLDH$ 是等腰梯形, 故它有外接圆.

上述两个圆重合, 因为它们具有 3 个公共点: L,D 和 H. 既然 $\angle MLD=90°$, 所以 $\angle MKD=90°$.

580. 答案: $2x$ 必为整数. 参阅第 575 题解答.

581. 首先证明, 所得的三角形与 $\triangle ABC$ 相似. 设将直线 ℓ 逆时针旋转角度 δ 后与 AB 平行. 于是, 由对称性可知, 将直线 ℓ_b 旋转角度 $-\delta$ 后与 BC 平行, 将直线 ℓ_a 旋转角度 $-\delta$ 后与 AC 平行, 故知, ℓ_a 与 ℓ_b 的夹角等于 $\triangle ABC$ 中的内角 $\angle C$. 这就说明, 所得的三角形与 $\triangle ABC$ 相似.

下面再证, 该三角形与 $\triangle ABC$ 全等.

引理 经过三角形垂心的直线 k 关于三角形三边的对称直线相交于一点.

引理之证 利用如下的周知事实: 垂心关于三角形三边的对称均位置外接圆上, 知

---

① 以 H_y 为例. 由对称性知 $\angle H_yZX=\angle XZH_z$, 而 $\angle H_yYX=90°-\angle X=\angle XZH_z$, 所以 $\angle H_yZX=\angle H_yYX$, 故知 H_y,X,Y,Z 四点共圆, 即 H_y 在 $\triangle XYZ$ 的外接圆上. —— 编译者注

$\triangle XYZ$ 的垂心 H 关于边 YZ, ZX, XY 的对称点 H_x, H_y, H_z 都在其外接圆上[①].

分别将直线 k 关于边 YZ, ZX, XY 的对称直线记作 k_x, k_y, k_z. 于是, $\widehat{H_xH_y}$ 所对圆周角等于直线 k_x 与 k_y 的夹角 (因为 k_x 旋转角度 $2\angle Z$ 后变为 k_y), 此即表明 k_x 经过点 H_x, 而 k_y 经过点 H_y, 并且它们相交于外接圆上一点. 对直线 k_z 与 k_x 可作类似的讨论. 如此即知, 直线 k_x, k_y, k_z 相交于 $\triangle XYZ$ 的外接圆上 (参阅图 324). 引理证毕.

回到原题, 我们指出, $\triangle ABC$ 的内心 I 就是三个外角平分线所围成的三角形的垂心. 记经过 I 的平行于直线 ℓ 的直线为 ℓ'. 对 ℓ' 运用引理, 即知 ℓ' 关于三个外角平分线的对称直线相交于一点. 此时, 直线 ℓ_a, ℓ_b, ℓ_c 到该点的距离都等于 $\triangle ABC$ 的内切圆半径 r, 这就说明, 由这三条直线所围成的三角形的内切圆半径也等于 r. 既然由三条外角平分线所围成的三角形是锐角三角形, 所以 r 就是内切圆半径, 而不是旁切圆半径.

综合上述两个方面, 即知由 ℓ_a, ℓ_b, ℓ_c 三条直线形成的三角形与 $\triangle ABC$ 全等.

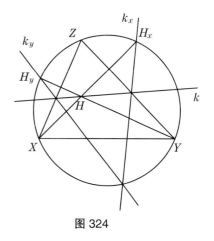

图 324

582. 答案: a) 74; b)

$$\begin{cases} n-1, & \text{若 } n>3, \\ 3, & \text{若 } n=2 \text{ 或 } 3. \end{cases}$$

小题 a) 是小题 b) 的特殊情况. 但也可以单独给出解答, 我们将在本题解答的最后给出. 先来解答 b).

如果只有两支或 3 支球队参加比赛, 则获得第一名的球队与获得最后一名的球队所得分数之差的最小可能值显然是 3 ($n=3$ 时, 若 3 场比赛结果为: 甲乙踢平, 甲赢丙, 乙丙踢平, 则甲与丙的积分差就是 3, 而且各支球队所得总分互不相同). 下面直接对 n 支球队解答问题.

根据抽屉原则, 在 n 支球队参赛的情况下, 如果各支球队所得总分互不相同, 则获得第一名的球队与获得最后一名的球队所得分数之差不可能小于 $n-1$. 下面用归纳法证明, 在 $n>3$ 时, 存在这样的情况, 使得获得第一名的球队与获得最后一名的球队所得分数之差恰为 $n-1$.

$n=4$ 时, 所说的结论成立, 因为可以存在如下的情况 (见图 325). 注意, 此时最高分为 5, 最低分为 2. 下面就来证明, 对一般的 $n>3$, 可以存在最高分为 $2n-3$, 最低分为 $n-2$ 的情况.

假设结论已经对 $n=k\geq 4$ 成立, 我们来证明结论对 $n=k+1$ 也成立. 将原来的 k 支球队按积分分为 3 支一组: 第一组: $2k-3, 2k-4, 2k-5$; 第二组: $2k-6, 2k-7, 2k-8$; 如此等等, 再增加一支球队. 下面根据 k 被 3 除的余数, 分为 3 种情况:

(1) $k=3m+1$. 让新增加的球队与第一组踢成情况: 它赢了积分为 $2k-3$ 的球队, 输给其余两支球队, 于是第一组中的 3 支球队的积分变为 $2k-3, 2k-1, 2k-2$, 即原来的第二名和第三名分别上升为第一名和第二名, 原来的第一名下降为第三名, 且各名次的积分比原来增加 2 分. 再让新增加的球队与其余各组均踢成类似情况, 于是各个名次的积分都

球队	甲	乙	丙	丁	积分
甲	×	3	1	1	5
乙	0	×	1	3	4
丙	1	1	×	1	3
丁	1	0	1	×	2

图 325

比原来增加 2 分, 它们中的最低分现为 $k+1$. 此时, 新增加的球队已经积了 $3m = k-1$ 分, 且只剩下一支原积分为 $k-2$ 的球队未同它比赛. 我们让这两支球队踢平, 于是新增加的球队的最终积分为 k, 而原积分为 $k-2$ 的球队现在积 $k-1$ 分, 仍为最后一名.

(2) $k = 3m+2$. 让新增加的球队与前 m 组所踢情况与上类似, 此时, 前 $3m$ 球队积分各不相同, 最低分为 $k+2$, 而新增加的球队已积 $3m = k-2$ 分, 还剩两支原积分分别为 $k-1$ 和 $k-2$ 的球队未与它踢. 我们让原积分为 $k-2$ 的球队踢赢新增加的球队, 让原积分为 $k-1$ 的球队与新增加的球队踢平, 于是, 原积分为 $k-2$ 的球队现积 $k+1$ 分, 原积分为 $k-1$ 的球队现积 k 分, 新增加的球队共积 $k-1$ 分.

(3) $k = 3m$. 让新增加的球队与前 $m-1$ 组所踢情况与上类似, 此时, 前 $3m-3$ 球队积分各不相同, 最低分为 $k+3$, 而新增加的球队已积 $3m-3 = k-3$ 分, 还剩最后一组中的 3 支球队未与它踢, 它们的原积分分别为 $k, k-1$ 和 $k-2$. 让原积分为 $k-1$ 的球队踢赢新增加的球队, 让原积分为 k 的球队输给新增加的球队, 让原积分为 $k-2$ 的球队与新增加的球队踢平. 于是, 原积分为 $k-1$ 的球队现积 $k+2$ 分; 新增加的球队共积 $k+1$ 分; 原积分为 k 的球队仍积 k 分; 原积分为 $k-2$ 的球队现积 $k-1$ 分, 仍为最后一名.

综合上述, 断言都成立. 证毕.

关于小题 a) 的解答: 现在我们来单独给出关于小题 a) 的解答.

解法 1 先构造一个 6 支球队的赛程表, 其中各个球队的得分各不相同, 第一名与最后一名的分数差为 5 分 (参阅图 326 中的上表, 其中表的最右一栏给出了各支球队所得的总分), 将该表称为表 A. 再构造下面的表 B 和表 C.

$$A = \begin{pmatrix} \times & 3 & 1 & 0 & 0 & 0 & | & 4 \\ 0 & \times & 3 & 1 & 0 & 1 & | & 5 \\ 1 & 0 & \times & 3 & 1 & 1 & | & 6 \\ 3 & 1 & 0 & \times & 3 & 0 & | & 7 \\ 3 & 3 & 1 & 0 & \times & 1 & | & 8 \\ 3 & 1 & 1 & 3 & 1 & \times & | & 9 \end{pmatrix}$$

$$B = \begin{pmatrix} 3 & 3 & 1 & 1 & 1 & 1 \\ 1 & 3 & 3 & 1 & 1 & 1 \\ 1 & 1 & 3 & 3 & 1 & 1 \\ 1 & 1 & 1 & 3 & 3 & 1 \\ 1 & 1 & 1 & 1 & 3 & 3 \\ 3 & 1 & 1 & 1 & 1 & 3 \end{pmatrix} \quad C = \begin{pmatrix} 0 & 1 & 1 & 1 & 1 & 0 \\ 0 & 0 & 1 & 1 & 1 & 1 \\ 1 & 0 & 0 & 1 & 1 & 1 \\ 1 & 1 & 0 & 0 & 1 & 1 \\ 1 & 1 & 1 & 0 & 0 & 1 \\ 1 & 1 & 1 & 1 & 0 & 0 \end{pmatrix}$$

图 326

再按照图 327的方式将上述表格 A,B,C 组合成较大的表格: 其中两个表 A 处于左上角和右下角位置, 表 B 处于左下角, 表 C 处于右上角位置, 得到关于 12 支球队的赛程表. 而进一步, 可按图 327 右表的方式得到关于 $6n$ 支球队的赛程表.

在图 327 所示的右表中, 所有的表 B 都处在主对角线的下方, 此时, 第一名与最后一名的分数差为 $6n-1$ 分. 这是因为: 表 B 的每一行的分数和都是 10 分, 而表 C 的每一行的分数和都是 4 分, 所以每下一组的 6 支球队的得分都比上一组的 6 支球队的得分多 6 分. 当 $n=12$ 时, 在 72 支球队中, 得最后一名的球队得到 48 分, 第一名的球队得到 119 分.

现在再增加 3 支球队, 它们之间的战况如图 328 中的表格所示. 再把原来的 72 支球队三三分组 (即每组 3 支球队). 让 3 支增加的球队中的每一支都与每一组中的 2 支球队踢平, 并战胜第 3 支球队, 在此, 每一组中的每一支球队都输一场, 并且分别输给 3 支增加的球队中的不同球队. 于是, 每一支增加的球队都从原来的 72 支球队那里赢得 120 分, 而每一支原来的球队都从 3 支增加的球队那里赢得 2 分. 从而原来的 72 支球队的得分各不相同, 它们的得分从 50 分到 121 分每样都有, 而新增加的 3 支球队的得分分别为 121 分, 123 分和 124 分.

A	C
B	A

=

×	3	1	0	0	0	0	1	1	1	1	0	8
0	×	3	1	0	1	0	0	1	1	1	1	9
1	0	×	3	1	1	1	0	0	1	1	1	10
3	1	0	×	3	0	1	1	0	0	1	1	11
3	3	1	0	×	1	1	1	1	0	0	1	12
3	1	1	3	1	×	1	1	1	1	0	0	13
3	3	1	1	1	1	×	3	1	0	0	0	14
1	3	3	1	1	1	0	×	3	1	0	1	15
1	1	3	3	1	1	1	0	×	3	1	1	16
1	1	1	3	3	1	3	1	0	×	3	0	17
1	1	1	1	3	3	3	3	1	0	×	1	18
3	1	1	1	3	3	3	1	1	3	1	×	19

A	C	C	$\cdots$	C
B	A	C	$\cdots$	C
B	B	A	$\cdots$	C
$\cdots$	$\cdots$	$\cdots$	$\cdots$	$\cdots$
B	B	B	$\cdots$	A

图 327

×	3	1	4
0	×	3	3
1	0	×	1

图 328

上例中的缺陷是有两支球队都得 121 分. 我们再来调整, 使得各支球队的得分互不相等. 为此, 只需让 72 支球队中得分最多的队 A_1 (即得 121 分的队) 在与得 123 分的队 B_1 对阵时取胜, 注意, 原来这场球是踢平的, 而现在 A_1 赢了, 从而它的总分上升了两分 (在该场球中, 它由得 1 分变为得 3 分), 变为 123 分; 而 B_1 的总分则下降了 1 分 (在该场球中, 由得 1 分变为 0 分), 变为 122 分. 这样一来, 75 支球队的总得分由 50 分到 124 分, 各不相同. 而获得第一名的球队与获得最后一名的球队所得分数之差为 74. 由于各队的得分各不相同, 所以只有当它们是 75 个相连的正整数时, 最大数与最小数的差最小, 这个最小差值就是 74.

解法 2 在如图 329 所示的赛程表中, 12 支球队的得分由 8 分到 19 分, 各不相同.

×	3	3	3	3	1	1	1	1	1	1	1	19
0	×	3	3	3	3	1	1	1	1	1	1	18
0	0	×	3	3	3	3	1	1	1	1	1	17
0	0	0	×	3	3	3	3	1	1	1	1	16
0	0	0	0	×	1	1	1	3	3	3	3	15
1	0	0	0	1	×	1	1	1	3	3	3	14
1	1	0	0	1	1	×	1	1	1	3	3	13
1	1	1	0	1	1	1	×	1	1	1	3	12
1	1	1	1	0	1	1	1	×	3	1	0	11
1	1	1	1	0	0	1	1	0	×	3	1	10
1	1	1	1	0	0	0	1	1	0	×	3	9
1	1	1	1	0	0	0	0	3	1	0	×	8

图 329

下面采用类似的办法, 给出 75 支球队的一种赛程表. 将 75 支足球队分为 A, B, C 三组, 每组 25 支球队, 分别记为 $A_1, A_2, \cdots, A_{25}, B_1, B_2, \cdots, B_{25}$ 和 $C_1, C_2, \cdots, C_{25}$. 各组内标号为 i 和 j 的球队比赛结果如表 13 所示.

表 13

	A	B	C	$\sum$
A	$\begin{cases} 3 & i > j \\ 0 & i < j \end{cases}$	$\begin{cases} 3 & i \leqslant j \\ 0 & i > j \end{cases}$	1	$99 + i$
B	$\begin{cases} 1 & i < j \\ 0 & i \geqslant j \end{cases}$	$1\ (i \neq j)$	$\begin{cases} 3 & i \geqslant j \\ 0 & i < j \end{cases}$	$74 + i$
C	1	$\begin{cases} 1 & i > j \\ 0 & i \leqslant j \end{cases}$	$\begin{cases} 3 & i = j + 1 \text{ 或 } (i,j) = (1, 25) \\ 1 & i \neq j - 1, j, j + 1; (i,j) \neq (1,25), (25, 1) \\ 0 & i = j - 1 \text{ 或 } (i,j) = (25, 1) \end{cases}$	$49 + i$

583. 答案: 30.

设二次三项式具有表达式 $ax^2 + bx + c$, 它的两个根为 m 与 n.

由韦达定理知 $c = amn$, 所以黑板上所写的 5 个整数中至少有一个可被另外 3 个整除.

而在黑板上所剩下的数中, 仅有 2 和 4 两个数中的一个可被另一个整除, 可见被擦去的数是 c. 再次利用韦达定理, 知 $b = -a(m + n)$, 这就表明 $a | b$, 所以只能有 $a = 2, b = 4$. 从而两个根为 3 与 -5, 故得 $c = amn = 2 \cdot 3 \cdot (-5) = -30$.

584. 如果一个方格在经过若干次操作之后被改变了符号, 则该方格所在的行与列共被操作了奇数次; 而若共被操作了偶数次, 则符号不变. 这就表明: 第一, 最终的结果与操作顺序无关; 第二, 可以认为各行各列都至多被操作了一次. 假设我们在改变了 x 行与 y 列中的符号之后, 到达了全为加号的局面. 如果 $x + y \leqslant n$, 则结论已经成立. 如果 $x + y > n$, 则未被改变符号的行与列共有

$$(n - x) + (n - y) = 2n - (x + y),$$

其数目少于 n. 此时, 如果我们不改变原来的 x 行与 y 列中的符号, 而代以改变其余的行与其余的列中的符号, 则我们仍然可到达全为加号的局面. 事实上, 那些被操作了两次的方格都变为未被操作, 那些未被操作的方格则都变为被操作两次; 而那些被操作了一次的方格仍都被操作一次.

585. 答案: 可以.

在被剪去的三角形的 3 边的延长线上分别取点 A_1, B_1 和 C_1, 使得 $AA_1 = BB_1 = CC_1 = xAB$ (见图 330(a)), 因而 $\triangle A_1AB_1 \cong \triangle B_1BC_1 \cong \triangle C_1CA_1$, 故 $\triangle A_1B_1C_1$ 是等边三角形. 延长 $\triangle A_1B_1C_1$ 的各边, 在它们上面分别取点 A_2, B_2 和 C_2, 使得 $A_1A_2 = B_1B_2 = C_1C_2 = xA_1B_1$, 于是 $\triangle A_2A_1B_2 \cong \triangle B_2B_1C_2 \cong \triangle C_2C_1A_2$, 且相似于 $\triangle A_1AB_1$ (边 — 角 — 边). 再按此法取点 A_3, B_3, C_3, 并一直如此下去. $\triangle A_kB_kC_k$ 的边长按等比数列增加, 所以整个平面上的点都终将被盖住. 这样一来, 我们就得到了将平面的其余部分划分为形如 $\triangle A_iA_{i-1}B_i$, $\triangle B_jB_{j-1}C_j$ 和 $\triangle C_kC_{k-1}A_k$ 的相似三角形的办法.

现在来看等边三角形 $\triangle A_kB_kC_k$. 它们有共同的中心, $\triangle A_{k-1}B_{k-1}C_{k-1}$ 与 $\triangle A_kB_kC_k$ 的边的方向相差角度 $\angle B_1C_1B$. 为使得划分出的三角形不彼此位似, 应选取 x, 使得 $\angle B_1C_1B$ 的度数为无理数, 于是任何两个划分出的三角形的长边都不彼此平行, 这就意味着它们不彼此位似. 所以, 所作的划分满足题中要求.

说明: 上述的覆盖平面的办法不是唯一的, 还可以有多种不同的做法. 下面仅略述一二.

图 330(b) 中的盖法与上类似, 不同的是: 图 330(a) 中大三角形的顶点在小三角形的边的延长线上, 而图 330(b) 中小三角形的顶点在大三角形的边上. 为了使得三角形相似但不位似, 应使 $\angle B_1CB$ (的度数) 为无理数.

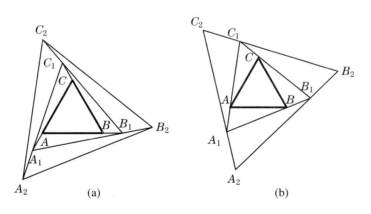

图 330

图 331 中所给出的两种盖法都是用三个内角分别为 $30°, 60°$ 和 $90°$ 的直角三角形来覆盖, 而且 (a) 图中的三角形全是彼此全等的. 在这两种盖法之下, 不用选择任何角度.

586. 解法 1 将最轻的梨记作 X, 最重的梨记作 Y.

在圆周上, 按顺时针方向由 X 走到 Y, 沿途将梨按由轻到重依次重排, 继续由 Y 按顺时针方向走到 X, 沿途将梨按由重到轻依次重排, 则每两个相邻的梨的重量差仍然不超过 1g. 事实上, 如果两个原来相邻的梨调整后不再相邻, 那么每个插在它们之间的梨都是轻于它们中较重的, 而重于它们中较轻的, 所以相邻梨重的差只会减小, 不会增大.

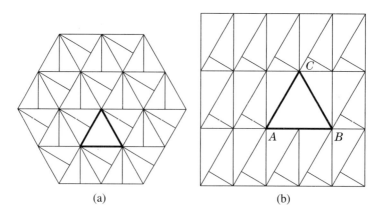

图 331

如果 X 与 Y 不处于对径点上, 我们来做如下调整: 先把所有的梨按重量递增的顺序排成一列, X 最前, Y 最后, 并对它们自前往后依次编号. 我们来证明, 对于该列中的每个梨, 只要它后面不少于两个梨, 那么紧跟其后的两个梨都至多比它重 $1g$. 事实上, 对于任意一个这样的梨 Z, 都至少有两个梨至多比它重 $1g$: 其中一个是在圆周上按重量重排后, 排在它的顺时针邻位上的梨; 另一个是把 Z 调到 X 与 Y 连线的另一侧的圆周上, 排在它的顺时针邻位上的梨 (因为 Z 的重量介于 X 与 Y 之间, 所以一定能把它插到另一侧的圆周上, 不破坏相邻梨的重量差不大于 $1g$ 的性质). 现在, 仍然把梨放回圆周上, 先把 X 和 Y 放在一条直径的两端. 再从 X 开始, 按顺时针方向, 依次放置队列中的所有奇数编号的梨; 按逆时针方向, 依次放置排列中的所有偶数编号的梨. 根据前面所证, 相邻梨的重量差仍不大于 $1g$.

最后, 我们从 X 开始, 按逆时针方向, 依次把各条直径另一端的梨并到这一端, 即可使得任何两个相邻对中的梨的重量差不大于 $1g$.

解法 2 我们用归纳法证明如下结论:

对任何正整数 n, 都可以把题中所说的 $2n+2$ 个梨配成 $n+1$ 对, 满足题中要求.

当 $n=1$ 时, 共有 4 个梨. 把其中最轻的和最重的配为一对, 其余两个配为一对即可.

设 $k \geqslant 2$. 假设对 $n=k-1$ 所说结论成立, 即可以把 $2k$ 个梨配成 k 对, 满足题中要求. 我们来看 $n=k$ 的情形. 设现在的 $2k+2$ 个梨中最轻的和最重的梨分别是 A 和 B. 易知, 如果从圆周上把 A 和 B 取走, 那么剩下的梨中的任何两个相邻梨的重量差仍然都不超过 $1g$. 于是根据归纳假设, 可以把它们配成 k 对, 满足题中要求.

如果把 A 和 B 配成对子 (A,B), 则 (A,B) 的重量与已经配成的 k 个对子的重量相比较, 存在如下 3 种可能情况:

情况 1 对子 (A,B) 既非最轻亦非最重;

情况 2 对子 (A,B) 最轻;

情况 3 对子 (A,B) 最重.

在情况 1 下, 在已经配成的 k 个对子中, 存在两个对子 (C_1,C_2) 和 (D_1,D_2), 使得

$$m(C_1)+m(C_2) \leqslant m(A)+m(B) \leqslant m(D_1)+m(D_2),$$

于是在 (C_1,C_2) 和 (D_1,D_2) 把圆周所分成的两段弧的任何一段上, 都可找到 (A,B) 的位置.

在情况 2 下, 假设 A' 和 A'' 是其余 $2k$ 个梨中最轻的两个梨, 那么它们都比 A 重, 但重量差都不大于 1g(因为在圆周上有两个与 A 相邻的梨). 下面再分两种情况讨论:

情况 2.1 A' 和 A'' 分属两个不同的对子 (A',B') 和 (A'',B''), 则易见

$$0 \leqslant \big(m(A')+m(B')\big) - \big(m(A)+m(B)\big) \leqslant m(A')-m(A) \leqslant 1,$$

此因 $m(B')-m(B) \leqslant 0$, 同理

$$0 \leqslant \big(m(A'')+m(B'')\big) - \big(m(A)+m(B)\big) \leqslant 1.$$

从而, 已经分成的 k 个对子中的最轻的两个对子 (X_1,Y_1) 和 (X_2,Y_2) 与 (A,B) 的重量差都不大于 1g, 为确定起见, 不妨设 (X_1,Y_1) 比 (X_2,Y_2) 重.

如果在圆周上 (X_1,Y_1) 和 (X_2,Y_2) 不相邻, 则从圆周上把 (X_1,Y_1) 拿下, 并把它放到与 (X_2,Y_2) 相邻的位置上. 注意, 此时, 圆周上任意两个相邻对的重量差仍都不超过 1g. 然后把 (A,B) 插到 (X_1,Y_1) 和 (X_2,Y_2) 之间即可.

情况 2.2 A' 和 A'' 配成一对 (A',A''). 此时, 我们找出圆周上最重的一对 (B',B''), 把它和 (A',A'') 都从圆周上取下, 重新配成对子 (A',B') 和 (A'',B''). 易知, 在原来 (A',A'') 和 (B',B'') 所分成的两段弧上都可以为这两个新对子找到位子, 使得任何相邻对的重量差都不大于 1g. 此时再运用情况 2.1 的做法即可.

情况 3 与情况 2 类似.

587. 答案: ℓ_I 的轨迹是 $\triangle ABC$ 外接圆圆周.

如图 332(a) 所示, 设直线 ℓ 分别与直线 AB,AC,BC 相交于点 K,M,N, 设直线 ℓ_a 与 ℓ_b 相交于点 C_1, 直线 ℓ_a 与 ℓ_c 相交于点 B_1, 直线 ℓ_b 与 ℓ_c 相交于点 A_1. 于是, AM 和 AK 是 $\triangle MA_1K$ 中的角平分线 (根据直线 ℓ 的位置的不同, 它们可能是内角平分线, 也可能是外角平分线). 因此, 点 A_1 处的角平分线 (根据直线 ℓ 的位置的不同, 可能是内角平分线, 也可能是外角平分线) 也经过点 A. 但无论如何, 该平分线一定是 $\triangle A_1B_1C_1$ 中顶点 A_1 处的内角平分线. 同理, $\triangle A_1B_1C_1$ 中顶点 B_1 和 C_1 处的内角平分线分别经过点 B 和点 C. 设这 3 条内角平分线的交点为 O. 注意,

$$\angle ABC = \angle BNK + \angle BKN = 90° - \angle BB_1K$$
$$= 90° - \angle OB_1C_1 = \angle AO_1C_1 = \angle AOC,$$

故知点 O 在 $\triangle ABC$ 的外接圆上.

现证, $\triangle ABC$ 外接圆上任意一点都是对某条直线 ℓ 按照上述方法做出的 $\triangle A_1B_1C_1$ 的内心.

设 ℓ 是任意一条经过顶点 B 的直线, 而 $\triangle A_1B_1C_1$ 是与此相应的直线 ℓ_a,ℓ_b,ℓ_c 所围成的三角形 (见图 332(b)), 显然此时 B_1 与 B 重合, 其内心仍用 O 表示. 设 $\widetilde{\ell}$ 是经过顶点 B 的另一条直线, 它与直线 ℓ 形成夹角 φ. 分别用 $\widetilde{\ell}_a,\widetilde{\ell}_b,\widetilde{\ell}_c$ 表示与 $\widetilde{\ell}$ 相应的 3 条对称直线, 用 $\triangle \widetilde{A}_1\widetilde{B}_1\widetilde{C}_1$ 表示它们所围成的三角形, 用 $\widetilde{O}$ 表示该三角形的内心. 我们来证明

$\angle OB\widetilde{O}=\varphi$. 显然, $\widetilde{B}_1$ 也与顶点 B 重合, 所以 $B\widetilde{O}$ 是 $\angle \widetilde{A}_1B\widetilde{C}_1$ 的角平分线, 正如 BO 是 $\angle A_1BC_1$ 的角平分线. 由于 $\angle AB\widetilde{A}_1=\varphi$, $\angle CB\widetilde{C}_1=\varphi$, 所以, $\angle A_1BC_1$ 的角平分线 BO 与 $\angle \widetilde{A}_1B\widetilde{C}_1$ 的角平分线 $B\widetilde{O}$ 间的夹角也等于 φ, 亦即 $\angle OB\widetilde{O}=\varphi$. 这样一来, 如果我们将直线 ℓ 绕着点 O 旋转 $0°$ 到 $360°$ 之间的任一角度 φ, 则直线 OB 也旋转了同一角度 φ. 换言之, 我们可在 $\triangle ABC$ 外接圆上的任意位置得到点 O.

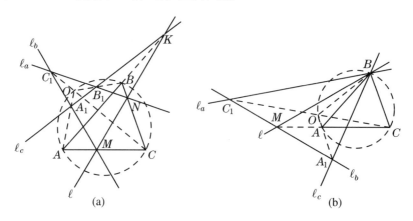

图 332

588. 答案: $\dfrac{(n-1)(n-2)}{6}$, 其中 $n=2^k$, $k\geqslant 2$.

以 $G=(V,E)$ 表示所给的图, 其中 V 是 G 的顶点集合 (即集合 $\{1,2,3,\cdots,n\}$ 的所有 3 元子集), E 是 G 的边集. 如果图 G 的两个顶点之间连有线段, 就称这两个顶点为相邻的. 把图 G 的每个顶点都染为一种颜色, 使得每两个相邻顶点均不同色, 称为 G 的正确染色. 正确染色所需的最少颜色种数称为图 G 的色数, 记为 $\chi(n)$.

考察图 G 的顶点集合 V 的这样的子集: 其中的顶点两两都不相邻. 以 $\alpha(G)$ 表示这种子集所含顶点的最大个数. 由抽屉原理知

$$\chi(n)\geqslant \frac{|V|}{\alpha(G)}=\frac{C_n^3}{\alpha(G)}=\frac{n(n-1)(n-2)}{6\cdot \alpha(G)}.$$

下面用两种不同方法证明 $\alpha(G)\leqslant n$.

线性代数方法 假设给定了一些两两互不相邻的顶点 $M_1,M_2,\cdots,M_s$, 将每个顶点都视为集合 $\{1,2,3,\cdots,n\}$ 的一个 3 元子集, 不相邻的顶点所对应的子集不是恰好有一个公共元素. 每个顶点 M_k 都可用一个 n 维向量 $\boldsymbol{x}_k=(x_1,x_2,\cdots,x_n)$ 来表示, 其中,

$$x_i=\begin{cases} 1, & \text{如果 } i\in M_k, \\ 0, & \text{如果 } i\notin M_k. \end{cases} \quad k=1,2,\cdots,s.$$

在这种表述之下, $|M_t\cap M_u|\neq 1$ 等价于内积 $\boldsymbol{x}_t\cdot\boldsymbol{x}_u\neq 1$. 众所周知, 两两内积不为 1 的向量组是线性无关的, 而线性无关的向量组中的向量个数不多于 n 个.

数学归纳法 当 $n=1,2,3,4$ 时, 结论显然成立. 给定某个 $n\geqslant 5$, 并假设对集合中的元素个数小于 n 的情形, 断言都已经成立, 我们来证明断言对于 n 也成立. 如果所说的一些顶点所对应的 3 元子集两两不交, 那么它们的个数当然严格地小于 n. 故假定它

们中包括顶点 $M_1 = \{1,2,3\}$ 和 $M_2 = \{1,2,4\}$. 于是会有如下两种可能情况: 一种情况是还有某个顶点所对应的 3 元子集中既含有 1 又含有 2; 另一种情况是不存在这样的顶点. 如果是后一种情况, 则不难看出, 所有的顶点, 除了 M_1 和 M_2 之外, 所对应的 3 元子集都或者是包含在集合 $\{1,2,3,4\}$ 中, 或者与它不交. 于是只要分别对集合 $\{1,2,3,4\}$ 和 $\{5,\cdots,n\}$ 运用归纳假设, 即可搞定. 如果是前一种情况, 则不失一般性, 可认为存在某个 $r > 4$, 使得在所说的一些顶点中包含着 $M_1, M_2, \cdots, M_r$, 它们所对应的 3 元子集分别为 $M_1 = \{1,2,3\}$, $M_2 = \{1,2,4\}$, $\cdots$, $M_{r-2} = \{1,2,r\}$. 于是不难看出, 此时其余顶点所对应的 3 元子集都只能包含在集合 $\{r+1,\cdots,n\}$ 中, 因此, 只要分别对集合 $\{1,2,\cdots,r\}$ 和 $\{r+1,\cdots,n\}$ 运用归纳假设, 即可搞定.

如此一来, 我们证得了 $\alpha(G) \leq n$, 从而知道色数 $\chi(n)$ 的下界为

$$\chi(n) \geq \left\lceil \frac{(n-1)(n-2)}{6} \right\rceil.$$

下面再证这个下界不需改进.

解法 1 只考虑 $n = 2^k$ 的情形, 此时 $\left\lceil \dfrac{(n-1)(n-2)}{6} \right\rceil = \dfrac{(2^k-1)(2^k-2)}{6}$. 我们来对 k 归纳. $k = 2$ 时, 有 4 个顶点, 它们分别对应着集合 $\{1,2,3,4\}$ 中所有的 3 元子集, 其中每两个子集都有两个公共元素, 所以, 4 个顶点两两不相邻, 所以一种颜色即够, 有 $\chi(4) = 1$. 假设对所有 $k \leq m$, 都已经证得 $\chi(2^k) = \dfrac{(2^k-1)(2^k-2)}{6}$, 我们来看 $k = m+1$. 将集合 $\{1,2,\cdots,2^{m+1}\}$ 分成两个子集 $A_1 = \{1,2,\cdots,2^m\}$ 和 $A_2 = \{2^m+1, 2^m+2, \cdots, 2^{m+1}\}$. 将所对应的 3 元子集分别包含于 A_1 和 A_2 的图的顶点所构成的子集分别记作 U_1 和 U_2, 于是根据归纳假设, U_1 和 U_2 中的色数均达下界 $\chi(2^m) = \dfrac{(2^m-1)(2^m-2)}{6}$. 并且, 我们可对 U_1 和 U_2 使用同样的一组颜色, 此因 U_1 中的每个顶点都不与 U_2 中的各个顶点相邻. 还需对这样一些顶点染色, 它们所对应的 3 元子集与 A_1 和 A_2 都有交, 我们将这些顶点的集合记作 U_3. 下面证明, 为给 U_3 中的顶点正确染色, 只需 $2^{m-1}(2^m-1)$ 种不同颜色. 将 A_i 的所有 2 元子集 (无序数对) 的集合记作 P_i, 易知 $|P_i| = C_{2^m}^2 = 2^{m-1}(2^m-1)$, $i = 1, 2$. 不难看出, 可将 P_1 分割成 $2^m - 1$ 个两两不交的子集 (将它们称作块) $N_1, \cdots, N_{2^m-1}$, 使得每块中都包含着 2^{m-1} 个无序数对, 而且每一块中的任何两个无序数对都不相交. 对 P_2 亦作相应的分割 $L_1, \cdots, L_{2^m-1}$.

取定 $i \in \{1, 2, \cdots, 2^m - 1\}$ 和 $j \in \{1, 2, \cdots, 2^{m-1}\}$. 记 $N_i = \{(u_1, u_2), (u_3, u_4), \cdots\}$, $L_i = \{(v_1, v_2), (v_3, v_4), \cdots\}$. 我们来观察如下的 4 元数组, 其中的脚标按模 2^m 理解:

$$(u_1, u_2, v_{2j-1}, v_{2j}), \quad (u_3, u_4, v_{2j+1}, v_{2j+2})$$
$$(u_5, u_6, v_{2j+3}, v_{2j+4}), \quad \cdots.$$

以 $C(i,j)$ 表示这样的 3 元数集的集合, 其中每一个 3 元数集都包含在上述的一个 4 元数组中. 不难看出, 在每个 $C(i,j)$ 中都无棱相连 (即所对应的顶点两两不相邻), 而所有这些 $C(i,j)$ 覆盖了整个 U_3. 所以, 为 U_3 中的顶点作正确染色, 只需 $2^{m-1}(2^m-1)$ 种不同颜色.

综合上述,我们一共需要
$$\frac{(2^m-1)(2^m-2)}{6}+2^{m-1}(2^m-1)=\frac{(2^{m+1}-1)(2^{m+1}-2)}{6}$$
种颜色.

解法 2 我们来看, 对 $n=2^k$, 如何用 $x=\left\lceil\dfrac{(n-1)(n-2)}{6}\right\rceil=\dfrac{(2^k-1)(2^k-2)}{6}$ 种颜色来为顶点正确染色. 写出正整数 0 到 2^k-1 的 2 进制表达式, 不足 k 位的, 前面补 0, 补足 k 位, 得到由 0 和 1 构成的一切可能的 k 维向量全体, 并把它们从小到大依次与 $1,2,\cdots,2^k$ 一一对应, 于是, 每个顶点 v 都表示为 3 个此类向量的集合 $\{(a_{1j}),(a_{2j}),(a_{3j})\}$. 对于 $v=\{(a_{1j}),(a_{2j}),(a_{3j})\}$, 我们令其与 $b(v)=\{(b_{1j}),(b_{2j}),(b_{3j})\}$ 相对应, 其中 $b_{1j}=a_{2j}+a_{3j}$, $b_{2j}=a_{1j}+a_{3j}$, $b_{3j}=a_{1j}+a_{2j}$, 其中的加法按模 2 进行①. 显然, 向量 $(b_{1j}),(b_{2j}),(b_{3j})$ 两两不等, 此因 $(a_{1j}),(a_{2j}),(a_{3j})$ 两两不等. 因而,$\{(b_{1j}),(b_{2j}),(b_{3j})\}$ 也是集合 $\{1,2,\cdots,2^k\}$ 的 3 元子集. 我们让每个这样的 $\{(b_{1j}),(b_{2j}),(b_{3j})\}$ 表示一种颜色, 不同的 3 元子集表示不同的颜色, 将顶点 v 染为颜色 $b(v)$, 于是就得到了一种染色方式. 容易看出, 如果顶点 v_1 与 v_2 所对应的 3 元子集恰有一个公共元素, 则 $b(v_1)$ 与 $b(v_2)$ 一定不等. 因此所给出的染色方式是正确的. 我们只需计算所用到的颜色种数. 不难看出如下几点:

(1) $(b_{1j}),(b_{2j}),(b_{3j})$ 中都不包含全 0 向量.

(2) $b_{1j}+b_{2j}+b_{3j}=2(a_{1j}+a_{2j}+a_{3j})=0\pmod 2$.

(3) 任何满足上述两条的由 3 个互不相同的 k 维 0-1 向量 $(b_{1j}),(b_{2j}),(b_{3j})$ 所构成的集合, 都可用前述的方法由一个图的顶点集合得到, 为此, 只需考察顶点 $\{0,(b_{3j}),(b_{2j})\}$.

由所述的 3 条即可推知, 与我们图中的顶点相对应的互不相同的 3 元向量集合 $\{(b_{1j}),(b_{2j}),(b_{3j})\}$ 的数目等于 x, 这就是我们所要证明的.

589. 同第 583 题.

590. 解法 1 函数 $y=2a+\dfrac{1}{x-b}$ 与函数 $y=2c+\dfrac{1}{x-d}$ 的图像关于点 $\left(\dfrac{b+d}{2},a+c\right)$ 中心对称, 所以, 它们刚好有一个公共点的充要条件是: 当 $x=\dfrac{b+d}{2}$ 时, 有
$$2a+\frac{1}{x-b}=2c+\frac{1}{x-d}=a+c.$$
这一条件等价于 $(a-c)(b-d)=2$.

同理, 函数 $y=2b+\dfrac{1}{x-a}$ 与函数 $y=2d+\dfrac{1}{x-c}$ 的图像关于点 $\left(\dfrac{a+c}{2},b+d\right)$ 中心对称, 所以, 它们刚好有一个公共点的充要条件是: 当 $x=\dfrac{a+c}{2}$ 时, 有
$$2b+\frac{1}{x-a}=2d+\frac{1}{x-c}=b+d.$$
而这一条件也等价于 $(a-c)(b-d)=2$.

从而, 如果函数 $y=2a+\dfrac{1}{x-b}$ 与函数 $y=2c+\dfrac{1}{x-d}$ 的图像刚好有一个公共点, 则表

---
① 模 2 加法是: $0+0=0$, $1+0=0+1=1$, $1+1=0$. —— 编译者注

明 $(a-c)(b-d)=2$, 故而函数 $y=2b+\dfrac{1}{x-a}$ 与函数 $y=2d+\dfrac{1}{x-c}$ 的图像也刚好有一个公共点.

解法 2 题中条件等价于方程 $2a+\dfrac{1}{x-b}=2c+\dfrac{1}{x-d}$ 有唯一解, 而若 $a=c$ 或 $b=d$, 则该方程不可能有唯一解, 所以 $a\neq c$, $b\neq d$. 当 $a\neq c$, $b\neq d$ 时, 该方程等价于如下的二次方程:
$$2(a-c)x^2+2(a-c)(b-d)x+2(a-c)bd+(b-d)=0$$
(显然, b 和 d 都不是该方程的根). 该方程有唯一解的充要条件是其判别式等于 0, 即
$$4(a-c)^2(b-d)^2-8(a-c)\Big[2(a-c)bd+(b-d)\Big]=0.$$

化简上式, 并注意到 $a-c\neq 0$, 可得 $(a-c)(b-d)=2$. 同理可证, 条件 $(a-c)(b-d)=2$ 等价于方程 $2b+\dfrac{1}{x-a}=2d+\dfrac{1}{x-c}$ 有唯一解, 亦即等价于函数 $y=2b+\dfrac{1}{x-a}$ 与函数 $y=2d+\dfrac{1}{x-c}$ 的图像刚好有一个公共点.

解法 3 不难看出, 点 (x_0,y_0) 是函数 $y=2a+\dfrac{1}{x-b}$ 与函数 $y=2c+\dfrac{1}{x-d}$ 的图像的公共点, 当且仅当 $x=x_0,y=y_0$ 是如下的方程组的解:
$$\begin{cases}(y-2b)(x-a)=1,\\(y-2d)(x-c)=1.\end{cases} \tag{1}$$

然而, 当数组 $x=x_0$, $y=y_0$ 是方程组 (1) 的解时, 数组 $x=\dfrac{y_0}{2}$, $y=2x_0$ 却是如下的方程组的解:
$$\begin{cases}(y-2a)(x-b)=1,\\(y-2c)(x-d)=1.\end{cases} \tag{2}$$

在题中条件之下, 方程组 (2) 仅有唯一解. 这就意味着, 函数 $y=2b+\dfrac{1}{x-a}$ 与函数 $y=2d+\dfrac{1}{x-c}$ 的图像刚好有一个公共点.

591. 解法 1 设 $\triangle ABC$ 的外心是 O. 若 $\angle ACB=90°$, 则垂心 H 与顶点 C 重合, 于是
$$AH+BH=AC+BC>AB=2R.$$

如果 $\angle ACB<90°$, 则 $\triangle ABC$ 是锐角三角形, 垂心 H 与外心 O 均在其内部 (参阅图 333(a)). 我们来证明, 外心 O 在 $\triangle AHC$ 的内部或其周界上. 事实上, 我们有
$$\angle AOB=2\angle ACB,$$
$$\angle HAB=90°-\angle ABC\geqslant 90°-\angle ACB=\angle OAB,$$
$$\angle HBA=90°-\angle BAC\geqslant 90°-\angle ACB=\angle OBA.$$

因此,射线 AO 与 BO 在 $\triangle AHC$ 的内部或其周界上相交.

将射线 AO 与线段 BH 的交点记作 P(当 $\angle A = \angle B = \angle C = 60°$ 时,点 P, H 与 O 重合). 由三角形不等式得 $AH + PH \geqslant AP$, $OP + PB \geqslant BO$, 将此二不等式相加, 得

$$AH + PH + OP + PB \geqslant AP + BO.$$

由此即得

$$AH + BH = AH + HP + PB \geqslant AP + BO - OP = AO + BO = 2R.$$

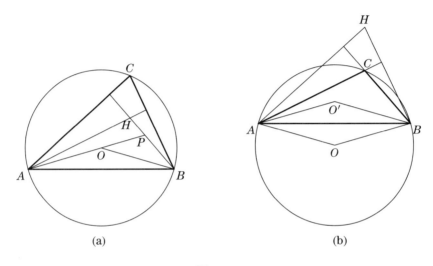

图 333

如果 $\angle ACB > 90°$, 则 $\triangle ABC$ 是钝角三角形, 外心 O 在直线 AB 的一侧, 而垂心 H 与顶点 C 均在直线 AB 的另一侧 (参阅图 333(b)). 此时, $\angle AOB = 360° - 2\angle ACB$, 而

$$2\angle OAB = 180° - \angle AOB = 180° - (360° - 2\angle ACB)$$
$$= 2\angle ACB - 180° = \angle ACB - \angle ABC - \angle BAC,$$
$$2\angle HAB = 180° - 2\angle ABC = \angle ACB + \angle BAC - \angle ABC > 2\angle OAB.$$

亦即 $\angle HAB > \angle OAB$. 同理可证 $\angle HBA > \angle OBA$. 以 O' 表示点 O 关于直线 AB 的对称点, 则有 $\angle HAB > \angle O'AB$ 和 $\angle HBA > \angle O'BA$. 以下步骤与 $\triangle ABC$ 为锐角三角形的情形类似, 可得 $AH + BH > AO' + BO' = AO + BO = 2R$.

解法 2 $\angle ACB = 90°$ 的情形解法同解法 1. 下设 $\angle ACB \neq 90°$. 分别过顶点 A, B 和 C 作对边的垂线 AE, BD 和 CF(参阅图 334, 其中图 334(a) 为锐角三角形的情形, 图 334(b) 为钝角三角形的情形).

由于 $\angle BAC \leqslant \angle ABC < 90°$, 所以 CF 的垂足 F 一定在边 AB 上. 分别考察 $\triangle DBA$ 和 $\triangle BHF$, 有

$$\angle BAC + \angle DBA = 90° = \angle BHF + \angle DBA,$$

故知 $\angle BAC = \angle BHF$. 同理可证 $\angle ABC = \angle AHF$. 由此可得
$$AB = AF + FB = AH \cdot \sin \angle ABC + BH \cdot \sin \angle BAC.$$
$\angle ACB$ 与 $180° - \angle ACB$ 之一是锐角, 并且 $\angle BAC \leqslant \angle ABC \leqslant \angle ACB$, $\angle BAC \leqslant \angle ABC < \angle BAC + \angle ABC = 180° - \angle ACB$, 所以

$$\sin \angle BAC \leqslant \sin \angle ABC \leqslant \sin \angle ACB = \sin(180° - \angle ACB).$$

由此即得

$$AH + BH \geqslant AH \cdot \frac{\sin \angle ABC}{\sin \angle ACB} + BH \cdot \frac{\sin \angle BAC}{\sin \angle ACB} = \frac{AB}{\sin \angle ACB} = 2R.$$

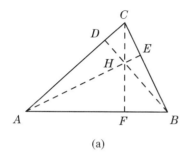
(a)

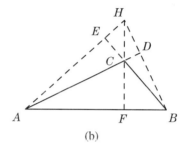
(b)

图 334

解法 3 有多种方法可以证得 $AH = 2R \cdot \cos \angle BAC$, $BH = 2R \cdot \cos \angle ABC$, 所以可把对题中不等式的证明化归证明 $\cos \angle BAC + \cos \angle ABC \geqslant 1$. 下面就来证明这个不等式.

记 $\varphi = \frac{1}{2}(\angle ABC + \angle ACB)$, 则有 $\angle BAC \leqslant \angle ABC \leqslant \varphi$, $60° \leqslant \varphi < 90°$ 和 $\angle BAC = 180° - 2\varphi$. 注意, 在第一象限余弦函数下降, 即得

$$\cos \angle BAC + \cos \angle ABC \geqslant \cos \angle BAC + \cos \varphi = \cos(180° - 2\varphi) + \cos \varphi$$
$$= \cos \varphi - \cos 2\varphi = \cos \varphi - (2\cos^2 \varphi - 1)$$
$$= 1 + \cos \varphi(1 - 2\cos \varphi) \geqslant 1.$$

592. a) 假设 A 是与会者之一, 设他有 k 个熟人. 这 k 个熟人形成 C_k^2 个对子. 我们来证明: $C_k^2 = n - 1$.

由于 A 与任何一个别的与会者都刚好有两个共同的熟人, 这些熟人当然都在 A 的 k 个熟人之列. 所以, 我们可以把每个别的与会者都对应于这 C_k^2 个对子中的一个. 现在的问题是: 是否不同的人所对应的对子互不相同?

假设 B 和 C 是这些对子中的任意一对. 由于 B 和 C 恰有两个共同的熟人, 除了 A 之外, 还有一个, 不妨称为 D. 至于 A 和 D 的共同熟人, 正如我们所知, 是 B 和 C. 这就说明, D 不再认识 A 的任何其他熟人, 因而不可能再与 C_k^2 个对子中其他任何对子相对应. B 和 C 因为只有一对熟人, 所以也就不会再对应 D 之外的 A 的其他熟人. 这样一来, 其余 $n-1$ 个人与 C_k^2 个对子形成一一对应, 所以 $C_k^2 = n - 1$.

对于每个与会者,都有自己的熟人数目 k,对于每个这样的 k,都应满足等式 $C_k^2 = n-1$. 因此,这些 k 彼此相等,意即各个与会者都有相同数目的熟人.

b) 我们来给出一个 $n=16$ 个人的例子. 假设 16 个人站成 4×4 的方阵, 每个人都认识与自己同行的人, 也认识与自己同列的人①, 此外不再认识其他人. 于是, 每两个人都恰好有两个共同的熟人. 事实上, 任何两个同行的人都共同认识同行的其余二人, 再别无其他共同熟人. 同列二人情况类似. 对于任何两个既不同行也不同列的人甲和乙, 则在甲所在的行与乙所在的列相交处恰有一个人丙, 在甲所在的列与乙所在的行相交处也恰有一个人丁, 这个丙和丁就是甲和乙的共同熟人.

593. 解法 1 设 $a_1, a_2, a_3, \cdots$ 是正整数构成的非降数列. 对于 $k \geqslant 2$, 记 $S_k = a_1 + \cdots + a_{k-1}$, 并令 $S_1 = 0$. 我们来证明: 任何正整数都可以表示为数列 $\{a_k\}$ 中若干个不同项的和, 当且仅当对每个 k, 都有如下不等式成立:

$$a_k \leqslant S_k + 1. \tag{1}$$

必要性易证, 事实上, 如果对某个 k, 有 $a_k > S_k + 1$, 那么正整数 $S_k + 1$ 就不能表示为该数列中若干个不同项的和. 为证明充分性, 我们用归纳法证明: 由 1 到 S_k 的任一正整数都可以只用 S_k 中的某些加项的和来表示.

首先, 由 $a_1 \leqslant S_1 + 1 = 1$, 得 $a_1 = 1$ 和 $S_2 = 1$, 知断言对 $k=2$ 成立.

假设断言已对 $k=n$ 成立, 即由 1 到 S_n 的任一正整数都只利用 $a_1, a_2, \cdots, a_{n-1}$ 中一些项的和来表示, 要证断言对 $k=n+1$ 也成立. 为此, 只需证明, 由 $S_n + 1$ 到 S_{n+1} 的任一正整数都只利用 $a_1, a_2, \cdots, a_{n-1}, a_n$ 中一些项的和来表示. 由于 $a_n \leqslant S_n + 1$, 所以对任何正整数 $S_n < m \leqslant S_{n+1}$ 都有 $0 \leqslant m - a_n \leqslant S_{n+1} - a_n = S_n$, 如果 $m - a_n = 0$, 则 $m = a_n$ 已经表示成功, 如果 $m - a_n > 0$, 则 $m - a_n$ 属于由 1 到 S_n 之间的正整数, 根据归纳假设, 可以表示为 $a_1, a_2, \cdots, a_{n-1}$ 中一些项的和.

为解答原题, 我们将 3 个等比数列: (1) $\{3^n\}_{n=0}^{\infty}$, (2) $\{4^n\}_{n=0}^{\infty}$, (3) $\{5^n\}_{n=0}^{\infty}$ 中的项按递增顺序混合列成一个由正整数构成的非降数列 $\{a_k\}$:

$$1,1,1,3,4,5,9,16,25,27,64,81,125,243,256,625,729,1024,2187,3125,4096,\cdots.$$

我们来证明, 该数列对每个 k, 都满足不等式 (1).

$k=1,2,3$ 时, 有 $a_1 = a_2 = a_3 = 1$. 假设对 $k>3$, 和数 S_k 刚好由数列 (I) 中的 n 项 (从 1 到 3^{n-1}); 数列 (II) 中的 m 项 (从 1 到 4^{m-1}) 和数列 (III) 中的 $l = k-n-m$ 项 (从 1 到 5^{l-1}) 相加而成. 那么数列 $\{a_n\}$ 中的下一项 a_k 就是 $\min\{3^n, 4^m, 5^l\}$. 我们有

$$S_k = \sum_{i=0}^{n-1} 3^i + \sum_{i=0}^{m-1} 4^i + \sum_{i=0}^{l-1} 5^i = \frac{3^n-1}{2} + \frac{4^m-1}{3} + \frac{5^l-1}{4}$$
$$\geqslant \left(\min\{3^n, 4^m, 5^l\} - 1\right)\left(\frac{1}{2} + \frac{1}{3} + \frac{1}{4}\right)$$
$$= \frac{13}{12}\left(\min\{3^n, 4^m, 5^l\} - 1\right) > \min\{3^n, 4^m, 5^l\} - 1 = a_k - 1.$$

---
① 这里说的 "认识" 是指相互认识, 即互为熟人. —— 编译者注

这就说明,我们可以根据上面所证的断言,得出题中所需的结论.

解法 2 对 $1,2,\cdots,9$ 可以直接验证所述的断言成立,事实上: $1=0+0+1$, $2=0+1+1$, $3=3+0+0$, $4=0+4+0$, $5=0+0+5$, $6=1+4+1$, $7=3+4+0$, $8=3+4+1$, $9=3^2+0+0$.

下面用归纳法证明,断言对所有正整数 $n>9$ 都成立. 假设断言已经对所有小于 n 的正整数都成立,我们来证明断言对 n 也成立.

假设在对小于 n 的正整数的表示中,所用到的最大的三种类型的数分别是 3^k, 4^l 和 5^m,其中,k,l 和 m 都是正整数,且 $k\geqslant 2$. 如果 $n<2\cdot 3^k$,则 $n-3^k<3^k$. 根据归纳假设,$n-3^k$ 可以表示为一个第 1 种类型数,一个第 2 种类型数和一个第 3 种类型数的和. 把其中的第 1 种类型数加上 3^k,由于 $n-3^k<3^k$,所以我们得到一个新的第 1 种类型数,它与原先的第 2 种类型数和第 3 种类型数的和就是 n. 如果 $n<2\cdot 4^l$ 或 $n<2\cdot 5^m$,则同理可知断言成立.

现设 $n\geqslant 2\cdot 3^k$, $n\geqslant 2\cdot 4^l$ 且 $n\geqslant 2\cdot 5^m$. 分别用 a,b 和 c 表示 3^k, 4^l 和 5^m 中的最大的数、第二大的数和最小的数,则有 $\frac{n}{2}\geqslant a>b>c$ 且 $n-a-b>0$. 如果 $n-a-b<c$,则 $n-a-b<b$ 且 $n-a-b<a$. 根据归纳假设,可将 $n-a-b$ 表示为一个第 1 种类型数、一个第 2 种类型数和一个第 3 种类型数的和. 把相应类型的数分别加上 a 和 b,基于 $n-a-b<b$ 且 $n-a-b<a$,可以得到新的相应类型的数,它们与那个未变的类型数的和就是 n. 如果 $n-a-b=c$,则 $n=a+b+c$ 就是所求的表达方式. 如果 $n-a-b>c$,则 $n-a-b-c>0$,还需再分情况讨论. 如果 $n-a-b-c<c$,则可以通过关于 $n-a-b-c$ 的表达式来得到 n 的表达式. 下面来看 $n-a-b-c\geqslant c$ 的情形.

我们证明,此时必有
$$3^{k-1}<n-a-b-c<2\cdot 3^{k-1}.$$

事实上,$3^{k-1}=\frac{3^k}{3}\leqslant \frac{n}{6}$, $3^{k+1}>n$, $4^{l+1}>n$ 和 $5^{m+1}>n$,这表明 $c>\frac{n}{5}$,从而
$$n-a-b-c\geqslant c>\frac{n}{5}>3^{k-1}$$
$$n-a-b-c<n-\frac{n}{3}-\frac{n}{4}-\frac{n}{5}<\frac{2n}{9}<2\cdot 3^{k-1}.$$

由此即得
$$0<n-a-b-c-3^{k-1}<3^{k-1}.$$

于是,可按归纳假设,把 $n-a-b-c-3^{k-1}$ 表示为一个第 1 种类型数、一个第 2 种类型数和一个第 3 种类型数的和,再把其中的第 1 种类型数加上 $3^{k-1}+3^k$,第 2 种类型数加上 4^l,第 3 种类型数加上 5^m,即得关于 n 的表达式.

594. 答案: a) 不能; b) 可以.

a) 矩形族
$$4^k\times \frac{1}{2\cdot 4^k}, \quad k=1,2,\cdots$$

中的每个矩形的面积都等于 $\frac{1}{2}$, 所以, 对任何正数 S, 都能从中找出一些矩形, 它们的面积之和大于 S. 我们要来证明: 这个矩形族不能覆盖整个平面.

证法 1 我们来看任意一个边长为 1 的正方形. 可以放进该图形中的最长的线段的长度是 $\sqrt{2}$. 因此, 任何一个宽度为 $\frac{1}{2 \cdot 4^k}$ 的矩形与该正方形的交都是一个这样的多边形, 它可以分解为一些梯形和三角形, 这些梯形和三角形的底都不超过 $\sqrt{2}$, 而它们的高的和不超过 $\frac{1}{2 \cdot 4^k}$, 这就是说, 这个多边形的面积不超过 $\frac{\sqrt{2}}{2 \cdot 4^k}$. 于是, 整个矩形族盖住这个正方形的面积之和不超过

$$\frac{\sqrt{2}}{2 \cdot 4} + \frac{\sqrt{2}}{2 \cdot 4^2} + \cdots + \frac{\sqrt{2}}{2 \cdot 4^k} + \cdots = \frac{\sqrt{2}}{6} < 1,$$

意即不能盖住整个平面.

证法 2 我们指出, 在相距 $\frac{2}{n^2}$ 的两条平行直线之间, 不能放入单位圆上的一段长度为 $\frac{2\pi}{n}$ 的弧 ($n = 1, 2, \cdots$). 事实上, 如果能够放入这样的一段弧的话, 那么就可以放入由这段弧和界出它的弦所围成的弓形, 该弓形中可以放入一个直径为 $1 - \cos\frac{\pi}{n}$ 的圆, 然而①

$$1 - \cos\frac{\pi}{n} = 2\sin^2\frac{\pi}{2n} > \frac{2}{n^2},$$

此为矛盾.

我们的矩形族中的第 k 个矩形是介于相距 $\frac{1}{2 \cdot 4^k}$ 的两条平行直线之间的图形. 每一对这样的平行直线与单位圆至多交出两段长度不大于 $\frac{\pi}{2^k}$ 的弧. 这意味着, 整个矩形族在单位圆的圆周上所盖住的弧长之和小于

$$\frac{2\pi}{2} + \frac{2\pi}{2^2} + \cdots + \frac{2\pi}{2^k} + \cdots = 2\pi.$$

既然连一个单位圆的圆周都不能完全盖住, 当然不能盖住整个平面.

b) 我们来考察任意一族满足题中条件的无穷多个正方形. 如果对某个 $a > 0$, 该族中包含无穷多个边长不小于 a 的正方形, 那么毫无疑问, 它们可以盖住整个平面 (只需使用这些边长不小于 a 的正方形就可以了. 先按图 335(a) 所示的方式, 用 $a \times a$ 的方格网划分平面, 再用这些边长不小于 a 的正方形覆盖这些方格就行了).

现假设不存在上述现象. 那么就可以找出族中边长最大的正方形, 设其边长为 a. 我们先来对族中正方形的长度进行 "正则化": 凡是边长 x 满足条件 $\frac{a}{2^{k-1}} < x \leqslant \frac{a}{2^k}$ 的正方形, 一律用边长为 $\frac{a}{2^k}$ 的正方形来代替, $k = 1, 2, \cdots$. 将原来的正方形族记为 Π, 将正则化后的正方形族记为 Π'. 易知, 正方形族 Π' 仍然满足题中条件. 事实上, 比起正方形族 Π 来说, 正方形族 Π' 中的每个正方形的边长比原来缩小不到一半, 所以面积大于原来的四分之一. 由于对于任何正数 S, 都能从 Π 中找出有限个正方形, 它们的面积之和大于 $4S$, 故这些正方形 "正则化" 以后的面积之和仍大于 S.

---

① 不等式在 $n \geqslant 2$ 时成立.——编译者注

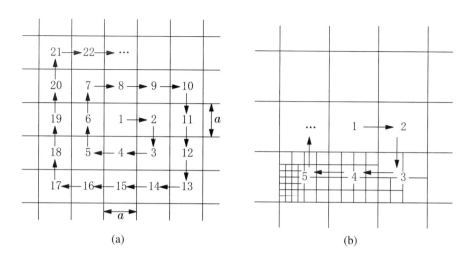

图 335

显然我们只需证明: 正方形族 Π' 可以覆盖整个平面. 下面, 我们先通过对非负整数 n 归纳, 证明: 任意有限个正方形 $Q_1, \cdots, Q_m$, 它们的边长为 $\dfrac{a}{2^k}$, $k = 0, 1, \cdots, n$, 只要它们的面积之和 $S \geqslant la^2$, 就可以盖住任意 l 个边长为 a 的正方形.

当 $n = 0$ 时, 正方形 $Q_1, \cdots, Q_m$ 的边长都为 a, 面积之和为 $S = m \cdot a^2$, 故知 $m \geqslant l$, 所以它们可以盖住任意 l 个边长为 a 的正方形. 假设所证断言已经对某个非负整数 n 成立, 我们要证它对 $n+1$ 也成立. 假设在这 m 个边长为 $\dfrac{a}{2^k}$, $k = 0, 1, \cdots, n, n+1$ 的正方形 $Q_1, \cdots, Q_m$ 中恰有 p 个边长为 a, 那么这 p 个正方形可以盖住 p 个边长为 a 的正方形. 现证剩下的 $l-p$ 个正方形可以盖住其余 $l-p$ 个边长为 a 的正方形. 如果记 $b = \dfrac{a}{2}$, 那么剩下的 $l-p$ 个正方形的边长具有形式 $\dfrac{b}{2^k}$, $k = 0, 1, \cdots, n$, 面积之和 $S_1 \geqslant (l-p)a^2 = 4(l-p)b^2$. 根据归纳假设, 它们可以盖住任意 $4(l-p)$ 个边长为 b 的正方形, 那么当然也就可以盖住任意 $l-p$ 个边长为 a 的正方形. 可见所证之断言对一切非负整数 n 都成立.

现在我们就可以用正方形族 Π' 来覆盖整个平面了: 先像图 335(a) 那样, 把平面布上边长为 a 的方格网, 再逐一用族 Π' 中有限个正方形覆盖网中的边长 a 的正方形 (见图 335(b)). 既然可以用正方形族 Π' 来覆盖整个平面, 那么当然也就可以用正方形族 Π 来覆盖整个平面.

595. 答案: 19 个.

假设原来的若干个相连正整数是 $n+1, n+2, \cdots, n+m$, 而在它们中每一个数的末尾添上两位数字, 所得到一列相连正整数的平方为 $(l+1)^2, (l+2)^2, \cdots, (l+m)^2$, 则对每个 $k = 1, 2, \cdots, m$, 都有

$$100(n+k) \leqslant (l+k)^2 \leqslant 100(n+k) + 99.$$

将该不等式的每一部分都加上 $50^2 - 100(l+k)$, 并利用 $(l+k)^2 + 50^2 - 100(l+k) = (l+k-50)^2$, 得到

$$50^2 + 100(n-l) \leqslant (l+k-50)^2 \leqslant 50^2 + 100(n-l) + 99.$$

记 $p = 50^2 + 100(n-l)$,则当 $p \geq 1$ 时,可由上述不等式得到

$$\sqrt{p} \leq |l+k-50| \leq \sqrt{p+99}.$$

这表明,对于每个 $k = 1, 2, \cdots, m$,整数 $l+k-50$ 或者全都属于区间 $[-\sqrt{p+99}, -\sqrt{p}]$,或者全都属于区间 $[\sqrt{p}, \sqrt{p+99}]$. 每个这样的区间中包含着不多于 $(\sqrt{p+99} - \sqrt{p}) + 1$ 个整数,因此

$$m \leq \sqrt{p+99} - \sqrt{p} + 1 = \frac{99}{\sqrt{p+99} + \sqrt{p}} + 1 \leq 10.$$

但若 $p \leq 0$,则不等式 $p \leq (l+k-50)^2 \leq p+99$,即为 $0 \leq (l+k-50)^2 \leq p+99$,故知:对于每个 $k = 1, 2, \cdots, m$,整数 $l+k-50$ 或者全都属于区间 $[-\sqrt{p+99}, \sqrt{p+99}]$. 该区间中包含着奇数个整数,且因 $2\sqrt{p+99} + 1 < 21$,故知此时 $m \leq 19$. 意即该列正整数不可能多于 19 个.

$m = 19$ 的例子有 $16, 17, \cdots, 34$,在它们的末尾分别添上两位数字,所得到的相连正整数的平方为: $1681 = 41^2$, $1764 = 42^2$, $\cdots$, $3481 = 59^2$.

596. 答案: 是一定可相交于一点.

既然 5 盏探照灯所射出的光线与水平面所交成锐角只有 α 或 β 两种角度,所以其中必可找到 3 盏探照灯,它们所射出的光线与水平面交成同样的角度,不妨设为 α.

设这 3 盏探照灯分别位于 A, B 和 C 点处,并假定它们所射出的光线相交于点 D. 将由点 D 向平面 ABC 所作的垂线的垂足设为 H. 直角三角形 $\triangle ADH$, $\triangle BDH$ 和 $\triangle CDH$ 彼此全等,因为它们有一条公共的直角边 DH 和一个相等的锐角 α,故知 $AH = BH = CH$,从而 H 是 $\triangle ABC$ 的外心,并且 $DH = AH \cdot \sin \alpha$. 这就说明,在地平面上方的半空间中,这 3 盏探照灯所射出的光线只有唯一的交点 D.

现在再来考察又一盏探照灯. 根据题意,任何 4 盏探照灯所射出的光线都可相交于一点. 那么这一盏探照灯与前 3 盏探照灯所射出的光线可相交于一点,显然这一点只能是点 D. 同理,剩下的最后一盏探照灯与前 3 盏探照灯所射出的光线也相交于点 D. 所以,点 D 是所有 5 盏探照灯所射出光线的交点.

597. 我们来对 n 归纳,以证明题中断言. 当 $n = 1$ 时,黑板上只写着 x 与 $1-x$,其中 x 本身就是一个增函数,而 $x + (1-x)$ 是常数,所以断言成立.

假设对某个正整数 k,断言已经对 $n = k$ 成立,我们要证断言对 $n = k+1$ 也成立. 假设老师把其中前 m 个多项式相加 $(2 \leq m \leq 2^{n+1})$. 那么他所得到的就是如下形式的和式:

$$x \cdot x \cdot \cdots \cdot x \cdot x + x \cdot x \cdot \cdots \cdot x \cdot (1-x) + x \cdot x \cdot \cdots \cdot (1-x) \cdot x + \cdots,$$

其中每一项都是区间 $[0,1]$ 上的 $k+1$ 个非负函数 x 或 $1-x$ 的乘积.

如果 $m \leq 2^k$,则这些乘积中的第一个因式都是 x,一旦把它提到括弧外面,那么括弧里面的每一项就都是 k 个 x 或 $1-x$ 的乘积,根据归纳假设,括号里面的和或者是常数,或者是区间 $[0,1]$ 上的 x 的增函数. 从而乘以 x 以后,是区间 $[0,1]$ 上的 x 的增函数.

如果 $m = 2^{k+1}$,则该老师把所有的多项式相加,他所得的和式为 $\big(x + (1-x)\big)^n = 1$,是常数,说明此时题中的断言成立.

如果 $2^k < m < 2^{k+1}$, 我们用 $f(x)$ 表示该老师所得的和式. 我们来考虑未被该老师加进去的所有多项式的和, 显然, 这个和等于 $1 - f(x)$. 这 $2^{k+1} - m$ 个加项中的第一个因式都是 $1-x$. 把这个 $1-x$ 提到括弧外面, 把括弧里面的加项按倒过来的顺序写, 得

$$(1-x)\cdot(1-x)\cdot\cdots\cdot(1-x)\cdot(1-x)$$
$$+(1-x)\cdot(1-x)\cdot\cdots\cdot(1-x)\cdot x$$
$$+(1-x)\cdot(1-x)\cdot\cdots\cdot x\cdot(1-x)+\cdots,$$

其中每一加项都是 k 个 x 或 $1-x$ 的乘积.

如果令 $t = 1-x$, 那么括弧中的和式就是

$$t\cdot t\cdot\cdots\cdot t\cdot t+t\cdot t\cdot\cdots\cdot t\cdot(1-t)+t\cdot t\cdot\cdots\cdot(1-t)\cdot t+\cdots,$$

其中, 每一加项都是 k 个 t 或 $1-t$ 的乘积. 根据归纳假设, 它或者是常数, 或者是区间 $[0,1]$ 上的 t 的增函数, 从而, 它或者是常数, 或者是区间 $[0,1]$ 上的 x 的减函数. 把它乘以 $1-x$ 后, 依然是区间 $[0,1]$ 上的 x 的减函数. 但这个函数是 $1-f(x)$. 这就是说, $f(x)$ 是区间 $[0,1]$ 上的 x 的增函数.

598. 答案. $\dfrac{2}{3}$.

对于桌布上的每一点 P, 分别用 $f(P)$ 和 $g(P)$ 表示它关于两组对边中点连线中的这一条和另一条的对称点, 用 $h(P)$ 表示它关于这样一条对角线的对称点, 当沿着这条对角线折叠桌布时, 看见的污斑的面积是 S_1; 用 $k(P)$ 表示它关于另一条对角线的对称点. 于是, $h(k(P))$ 和 $f(g(P))$ 就都是点 P 关于桌布中心的对称点. 由此可知, 对于污斑中的每一点 P, 点 $k(P)$ 与 $h(f(g(P)))$ 亦相互重合.

假设 $S_1 < \dfrac{2S}{3}$. 那么桌布上的 $P = g(Q)$ 和 Q 都被污斑盖住的点 Q 的集合的面积有 $2(S - S_1) > \dfrac{2S}{3}$. 同理, $R = f(Q)$ 和 Q 都被污斑盖住的点 Q 的集合的面积有 $2(S - S_1) > \dfrac{2S}{3}$.

我们指出, 对于两个面积分别为 s_1 和 s_2 的图形, 如果它们的并的面积不大于 S, 那么它们的交的面积不小于 $s_1 + s_2 - S$.

这样一来, 那些同时满足两个条件的点 Q (即点 $Q, P = g(Q)$ 和 $R = f(Q)$ 都被污斑盖住) 的集合的面积大于 $\dfrac{2S}{3} + \dfrac{2S}{3} - S = \dfrac{S}{3}$. 这也就意味着, 那些 P 和 $R = f(Q) = f(g(P))$ 都被污斑盖住的点 P 的集合的面积大于 $\dfrac{S}{3}$.

同理可知, 那些 $P = g(f(R))$, R 和 $T = h(R)$ 同时都被污斑盖住的点 R 的集合的面积大于 $\dfrac{S}{3} + \dfrac{2S}{3} - S = 0$. 这就表明, 那些 P 和 $T = h(R) = h(f(g(P)))$ 都被污斑盖住的点 P 的集合的面积大于 0.

但另一方面, $T = h(f(g(P))) = k(P)$. 根据题中条件, 那些 P 和 $k(P)$ 同时都被污斑盖住的点 P 的集合的面积为 0. 由此得出矛盾. 所以, $S_1 \geqslant \dfrac{2S}{3}$, 亦即 $(S_1 : S) \geqslant \dfrac{2}{3}$.

使得 $S_1 : S$ 达到最小可能值 $\dfrac{2}{3}$ 的例子如图 336 所示. 其中正方形桌布的每条边被 6 等分. 如果将其边长记作 a, 则分别有 $S = \dfrac{a^2}{2}$ 和 $S_1 = \dfrac{a^2}{3}$.

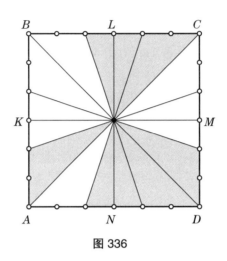

图 336

599. 设 k 为质数, 而

$$n = n_0 + n_1 \cdot k + n_2 \cdot k^2 + \cdots + n_{p-1} \cdot k^{p-1} + n_p \cdot k^p = (n_p n_{p-1} \cdots n_1 n_0)_k$$

是 n 的 k 进制表达式. 我们来用两种方法证明:

$$S(n,k) = (n_0+1)(n_1+1) \cdots (n_p+1). \tag{1}$$

解法 1 我们来看整系数多项式. 称两个整系数多项式 $P_n(t)$ 与 $Q_n(t)$ 是模 k 同余的, 如果它们中的 t 的所有相同次幂的系数都是模 k 同余的 (即被 k 除的余数相同). 如果 $P_n(t)$ 与 $Q_n(t)$ 是模 k 同余的, 我们就记为 $P_n(t) \stackrel{(k)}{=} Q_n(t)$. 下面我们将用到关于多项式模 k 同余性的如下一些性质:

(1) 如果 $P_n(t) \stackrel{(k)}{=} Q_n(t)$ 且 $T_n(t) \stackrel{(k)}{=} S_n(t)$, 则 $P_n(t)T_n(t) \stackrel{(k)}{=} Q_n(t)S_n(t)$.

(2) 如果 k 为质数, 则对任何 $m = 1, \cdots, k-1$, 组合数 C_k^m 都可被 k 整除, 而对任何 $n < k$ 和 $m = 0, \cdots, n$, 组合数 C_n^m 都不可被 k 整除.

以下的 k 均为质数.

我们先来证明: 对任何 m, 都有

$$(t+1)^{k^m} \stackrel{(k)}{=} t^{k^m} + 1.$$

对 m 归纳. 当 $m = 1$ 时, 有

$$(t+1)^k = \sum_{j=0}^{k} C_k^j t^j \stackrel{(k)}{=} t^k + 1.$$

假设已经有 $(t+1)^{k^m} \stackrel{(k)}{=} t^{k^m}+1$, 那么

$$(t+1)^{k^{m+1}} = \left((t+1)^{k^m}\right)^k \stackrel{(k)}{=} \left(t^{k^m}+1\right)^k \stackrel{(k)}{=} t^{k^{m+1}}+1.$$

现在来证明我们关于 $S(n,k)$ 的基本关系式 (1). 此处要对 n 的 k 进制表达式中的位数归纳. 当 $n \leqslant k-1$ 时, 该表达式的位数是 1, 其中 $n_0=n$, 由性质 (2) 知, $(1+x)^n$ 的展开式中每一项的系数都不可被 k 整除, 即有 $S(n,k) = n+1 = n_0+1$.

假设对具有如下的 k 进制表达式的 n, 关系式 (1) 已经成立:

$$n = n_0 + n_1 \cdot k + n_2 \cdot k^2 + \cdots + n_{p-1} \cdot k^{p-1}, \quad 0 \leqslant n_j \leqslant k-1, \ j=0,1,\cdots,p-1.$$

我们来看正整数

$$N = n_0 + n_1 \cdot k + n_2 \cdot k^2 + \cdots + n_{p-1} \cdot k^{p-1} + n_p \cdot k^p$$
$$= n + n_p \cdot k^p, \quad 0 \leqslant n_j \leqslant k-1, \quad j=0,1,\cdots,p.$$

易知

$$(1+x)^N = (1+x)^n \left((1+x)^{k^p}\right)^{n_p} \stackrel{(k)}{=} (1+x)^n \left(x^{k^p}+1\right)^{n_p}$$
$$= \sum_{j=0}^{n_p} C_{n_p}^j (x^{k^p})^j (1+x)^n.$$

由于 $n_p < k$, 所以由性质 (2) 知, $C_{n_p}^j$ 都不可被 k 整除, $j=0,1,\cdots,n_p$. 并且对于不同的 j, 多项式 $(x^{k^p})^j(1+x)^n$ 之间没有 x 的相同幂次的项. 因此, $(1+x)^N$ 的展开式中不可被 k 整除的系数的个数等于 $(1+x)^n$ 的展开式中不可被 k 整除的系数的个数乘以 n_p+1, 这就是所要证明的.

解法 2 $(1+x)^n$ 的展开式中 x^m 的系数等于 $C_n^m = \dfrac{n!}{m!(n-m)!}$, 所以应当计算 $\{C_n^m, m=0,1,2,\cdots,n\}$ 中不可被 k 整除的组合数的个数.

以 $\lfloor x \rfloor$ 表示不超过实数 x 的最大整数. $n!$ 中所含有的质数 k 的次数等于 $\left\lfloor \dfrac{n}{k} \right\rfloor + \left\lfloor \dfrac{n}{k^2} \right\rfloor + \left\lfloor \dfrac{n}{k^3} \right\rfloor + \cdots$, 事实上, 其中第一项是由 1 到 n 的整数中可被 k 整除的数的个数; 第二项是其中可被 k^2 整除的数的个数; 第三项是其中可被 k^3 整除的数的个数; 如此等等. 而 $n!$ 中所含有的质数 k 的次数等于: 其中 "可被 k 整除但不可被 k^2 整除的数的个数" 加上 "可被 k^2 整除但不可被 k^3 整除的数的个数的 2 倍" 加上 "可被 k^3 整除但不可被 k^4 整除的数的个数的 3 倍" 加上 "$\cdots\cdots$". 只要把求和的顺序重新整理, 就会发现两者的一致性. 这样一来, 组合数 C_n^m 中所含有的质数 k 的次数等于

$$\left(\left\lfloor \frac{n}{k} \right\rfloor + \left\lfloor \frac{n}{k^2} \right\rfloor + \left\lfloor \frac{n}{k^3} \right\rfloor + \cdots\right) - \left(\left\lfloor \frac{m}{k} \right\rfloor + \left\lfloor \frac{m}{k^2} \right\rfloor + \left\lfloor \frac{m}{k^3} \right\rfloor + \cdots\right)$$
$$- \left(\left\lfloor \frac{n-m}{k} \right\rfloor + \left\lfloor \frac{n-m}{k^2} \right\rfloor + \left\lfloor \frac{n-m}{k^3} \right\rfloor + \cdots\right)$$
$$= \left(\left\lfloor \frac{n}{k} \right\rfloor - \left(\left\lfloor \frac{m}{k} \right\rfloor + \left\lfloor \frac{n-m}{k} \right\rfloor\right)\right) + \left(\left\lfloor \frac{n}{k^2} \right\rfloor - \left(\left\lfloor \frac{m}{k^2} \right\rfloor + \left\lfloor \frac{n-m}{k^2} \right\rfloor\right)\right)$$

$$+ \left(\left\lfloor \frac{n}{k^3} \right\rfloor - \left(\left\lfloor \frac{m}{k^3} \right\rfloor + \left\lfloor \frac{n-m}{k^3} \right\rfloor \right) \right) + \cdots.$$

如果以 $\{x\}$ 表示实数 x 的小数部分, 则对任何实数 x, 都有 $x = \lfloor x \rfloor + \{x\}$. 设 x 与 y 为实数, 易知 $\lfloor x+y \rfloor \geqslant \lfloor x \rfloor + \lfloor y \rfloor$, 且

$$\lfloor x+y \rfloor = \lfloor x \rfloor + \lfloor y \rfloor \iff \{x\} + \{y\} < 1 \iff \{x\} \leqslant \{x+y\}.$$

由此可知, 在关于 "组合数 C_n^m 中所含有的质数 k 的次数" 的表达式中的每一加项都非负, 而且, 欲 C_n^m 不可被 k 整除, 则其中的每一加项都应当为 0, 而这等价于

$$\left\{\frac{m}{k}\right\} \leqslant \left\{\frac{n}{k}\right\}, \quad \left\{\frac{m}{k^2}\right\} \leqslant \left\{\frac{n}{k^2}\right\}, \quad \left\{\frac{m}{k^3}\right\} \leqslant \left\{\frac{n}{k^3}\right\}, \quad \cdots. \tag{2}$$

现设 $n = (n_p n_{p-1} \cdots n_1 n_0)_k$ 与 $m = (m_p m_{p-1} \cdots m_1 m_0)_k$ 分别是 n 与 m 的 k 进制表达式, 则条件 (2) 等价于

$$m_0 \leqslant n_0, \quad m_1 \leqslant n_1, \quad m_2 \leqslant n_2, \quad \cdots,$$

即对每个 $0 \leqslant i \leqslant p$, 都有 $m_i \leqslant n_i$.

对于给定的 n_i, 满足条件 $m_i \leqslant n_i$ 的非负整数 m_i 只有 $n_i + 1$ 种不同取法, 即只能取 $0, 1, \cdots, n_i$. 所以, 满足条件的非负整数 m 只有 $(n_0+1)(n_1+1)\cdots(n_p+1)$ 个, 此即表明公式 (1) 成立.

现在可以来解答题目中的两个问题了.

a) 由于 3 是质数, 所以可用所得的公式 (1) 计算 $S(2012, 3)$. 写出 2012 的 3 进制表达式: $2012 = (2202112)_3$, 即知 $S(2012, 3) = 3^4 \cdot 2^2 = 324$.

b) 我们来证明 $S(2012^{2011}, 2011)$ 可被 2012 整除.

注意, 2011 也是质数. 写 $2012^{2011} = (1+2011)^{2011}$, 由牛顿二项式定理, 得

$$2012^{2011} = (1+2011)^{2011} = \sum_{m=0}^{2011} C_{2011}^m \cdot 2011^m.$$

从其中的第 4 项起, 都可被 2011^4 整除, 而前 3 项的和为 $1 + C_{2011}^1 \cdot 2011 + C_{2011}^2 \cdot 2011^2 = 1 + 2011^2 + 1005 \cdot 2011^3$. 这表明, 在 2012^{2011} 的 2011 进制表达式中的末尾 4 位数分别为 $n_0 = 1$, $n_1 = 0$, $n_2 = 1$, $n_3 = 1005$. 对于质数 2011, 可用所得的公式 (1) 计算 $S(2012^{2011}, 2011)$. 由于其中含有因数 $(n_0+1)(n_3+1) = 2012$, 所以 $S(2012^{2011}, 2011)$ 可被 2012 整除.

第 76 届莫斯科数学奥林匹克 (2013)

600. 答案: 可以得到更小的和数 207. 例如: $207 = 2+3+5+41+67+89$, $207 = 2+3+5+47+61+89$ 或 $207 = 2+5+7+43+61+89$.

▽1. 所有偶的数字, 除了数字 2, 都应当位于十位上面 (否则相应的数不是质数), 其余的数则应都是个位数. 可以证明, 在其他场合下, 和数都不会小于 225.

▽2. 除了上述例子之外, 再无其他例子.

601. 设 M' 是边 BC 的中点, 点 N' 将边 AB 分为比例为 $3:1$ 的两段 (由点 B 算起)(见图 337). 显然, $MN = M'N'$(此因 $\triangle BMN \cong \triangle BM'N'$).

现在只需证明四边形 $APM'N'$ 是平行四边形. 由于 $M'P$ 是 $\triangle CBM$ 的中位线, 所以它平行于 BM, 且等于它的一半, 故与 AN' 平行且相等. 所以 $APM'N'$ 是平行四边形.

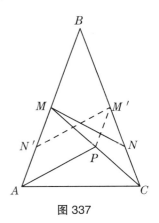

图 337

602. 答案: 是的, 他解出了第 10 题.

如果一共有 11 个学生, 各人所解出的题目数量各不相同, 那么他们所解出的题数就是从 0 到 10 每样一个, 从而一共解出 $0+1+\cdots+10=55$ 道题. 但现在一共只有 10 个学生, 所以必然缺少其中一种情况, 从而所解出的总题数为 $55-x$, 其中 x 为某个 0 到 10 的整数.

由于各道题都有相同数目的学生解出, 所以总题数应当是 10 的倍数, 故知 $x=5$, 这就意味着没有哪位学生恰好解出 5 道题. 某甲解出了第 1 题到第 5 题, 故他至少还应再解出一道题, 既然他未解出第 6 题到第 9 题, 所以他一定解出了第 10 题.

603. 答案: 375.

将圆周上的数依次记为 $a_1,a_2,\cdots,a_{1000}$, 并且假定红数为奇数足标, 蓝数为偶数足标. 于是 $a_4=a_3-a_2=a_3-a_1a_3=a_3(1-a_1)$. 另一方面, $a_4=a_3a_5$. 由于各数都非 0, 所以知有 $a_5=1-a_1$, 亦即 $a_1+a_5=1$. 同理可知, 任何两个足标之差为 4 的红数的和都等于 5.

解法 1 将所有 500 个红数分成 250 对, 使得每一对红数的足标差为 4, 即知所有红数的和等于 250.

下面用另一种方式求所有蓝数的和. 根据题意, 有

$$a_1+a_3+\cdots+a_{999}=(a_{1000}+a_2)+(a_2+a_4)+\cdots+(a_{998}+a_{1000})$$
$$=2(a_2+a_4+\cdots+a_{1000}).$$

这就表明, 所有蓝数的和等于所有红数的和的两倍. 从而所有 1000 个数的和等于 $250+125=375$.

解法 2 既然任何两个足标之差为 4 的红数的和都等于 5, 故整个圆周上的数可用 a 和 b 两个字母表示为

$$a,ab,b,(1-a)b,1-a,(1-a)(1-b),1-b,a(1-b),a,ab,\cdots.$$

故知, 8 也是数列的周期. 易知每个周期中的 8 项之和等于 3, 而 $a_1,a_2,\cdots,a_{1000}$ 中共包含 125 个周期, 所以这 1000 个数的和等于 $125\times 3=375$.

▽. 由解法 2 知, 在圆周上放置满足题中条件的实数的想法是可以实现的, 只需任取两个实数 a 和 b, 只要它们都不等于 0 和 1, 再按解法 2 那样构作数列即可. 如若取 $a=b=\dfrac{1}{2}$,

则所有红数都等于 $\frac{1}{2}$,所有蓝数都等于 $\frac{1}{4}$.

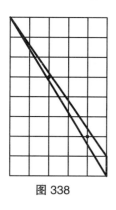

图 338

604. **注** 如图 338 所示,三角形内的两个格点未必是相邻的 (既不一定依边相邻, 也不一定依对角线相邻), 而且这两个格点之间的距离可以任意地远. 所以本题的解答远非想象的那样简单.

将题中所述的三角形记为 $\triangle ABC$, 经过其形内的两个格点 X 和 Y 作直线, 如果该直线不经过三角形的任何一个顶点, 那么它必与三角形的两条边相交. 为确定起见, 设其不与边 AB 相交.

解法 1 假设线段 YX 的延长线与边 BA 的延长线相交 (见图 339(a)), 我们来作平行四边形 $AXYZ$(亦即将点 A 平移向量 $\overrightarrow{XY}$). 由于该平行四边形有 3 个顶点是格点, 所以它的第 4 个顶点 Z 也是格点[①]. 如此一来, 在 $\triangle ABC$ 内部就又有一个格点, 此与题中条件相矛盾. 所以必有 $XY//AB$.

(点 Z 在 $\triangle ABC$ 内部, 这是因为, 在平行于给定线段的位于三角形内部的所有线段中, 以那一条有一个端点在顶点上, 而另一个端点在其对边上的线段最长.)

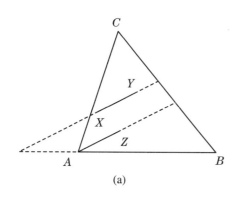
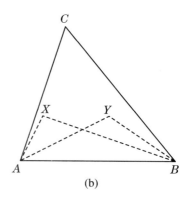

图 339

解法 2 我们来运用关于格点三角形 (即三个顶点都是格点的三角形) 面积的毕克公式[②]: 任意一个格点三角形的面积等于 $i + \frac{b}{2} - 1$, 其中 i 是三角形内部的格点数目, b 是其周界 (包含顶点) 上的格点数目.

如图 339(b) 所示, $\triangle AXB$ 和 $\triangle AYB$ 都是格点三角形, 而且在它们的内部, 以及除了边 AB 以外的其余两条边的内部, 都没有格点, 所以由毕克公式知, 它们的面积相等. 这样一来, 它们的公共边 AB 上的高也就相等. 这就表明, 格点 X 和 Y 与直线 AB 的距离相等, 所以直线 $XY//AB$.

解法 3 (解题思路) 考察经过与直线 XY 距离最近的两个格点的平行于 XY 的直线.

[①] 事实上, 如果顶点 A 的坐标是 (a_1, a_2), 格点 X 的坐标是 (x_1, x_2), 格点 Y 的坐标是 $(x_1 + d_1, x_2 + d_2)$, 则点 Z 的坐标是 $(a_1 + d_1, a_2 + d_2)$. —— 编译者注

[②] 更详细的讨论参阅参考文献 [103] 和 [104]. —— 编译者注

可以证明, 由于在 $\triangle ABC$ 内部不再含有别的格点, 所以该三角形整个被夹在这两条平行直线所形成的带状区域中. 因此, 或者该三角形的一个顶点在直线 XY 上, 或者在该带状区域的两条边界之一上有着该三角形的两个顶点 (亦即直线 XY 平行于三角形的一条边).

605. 答案: $N=2$, $N=17$, 以及除 $N=16$, $N=34$ 和 $N=289$ 外的所有合数 N.

将那些可以使得先开始对其操作的人取胜的 N 称为"好数", 相应地, 将那些不能使得先开始对其操作的人取胜的 N 称为"坏数". 一个数是好数, 当且仅当存在一种操作把它变为坏数; 而一个数是坏数, 当且仅当任何一种操作都把它变为好数[①].

按照这一概念, 我们来依次逐个考察各个正整数的"好"与"坏": 1 是坏数, 2 是好数, 3 是坏数 (因为仅能将其减 1, 从而变为对手的好数), 4 是好数 (因为可将其变为 3), 等等:

1	2	3	4	5	6	7	8	9	10	11	12	13	14	15	$\cdots$
坏	好	坏	好	坏	好	坏	好	好	好	坏	好	坏	好	好	$\cdots\cdots$

乍一见到这张表, 会使人感觉, 似乎所有的合数都是好数, 而所有的奇质数都是坏数, 因为, 对所有的合数都有一种操作, 将其变为质数, 而对所有的奇质数, 都只能将其变为合数.

但事实却并不尽然, 存在这样一些合数, 例如对于 2 的一些方幂数, 并不存在操作将其变为质数. 由于可以将 4 减 1 变为质数 3, 又可以将 8 减 1 变为质数 7, 所以 16 自身就是一个坏数, 从而质数 17 为好数, 接下去, 尽管 34 是合数, 但却是坏数 (所有 3 种操作: 变为 2, 变为 17, 变为 33, 都将其变为好数). 因此, 暂时还不清楚, 这类特例的个数仅仅为有限个, 还是有无穷多个.

无论如何, 我们可以证明, 2 和 17 是质数中仅有的两个好数. 若非如此, 我们设下一个是好数的质数为 p. 于是对其可以进行的唯一操作结果 $p-1$ 就应当是坏数, 从而 $p-1$ 的质因数就不能是坏的质数, 这就是说, 只能有 $p-1=2^n\cdot 17^k$. 但是:

(1) 若 $p-1=2^n\cdot 17^k$ (n,k 为正整数), 则可将 $p-1$ 变为坏数 34, 故知其为好数.

(2) 若 $p-1=2^n$, 则 $n>4$(因为 $p>17$), 可将 $p-1$ 变为坏数 16, 故知其为好数.

(3) 不可能有 $p-1=17^k$, 因为 $p-1$ 是偶数.

下面再看合数 N. 如果 N 具有除了 2 和 17 以外的质因数 p, 则可将其变为坏数 p, 故知 N 是好数. 如果 $N=2^n\cdot 17^k$, 则

(1) 若 $N=2\cdot 17=34$, 则 N 是坏数.

(2) 若 $N=2^n\cdot 17^k$ (n,k 为大于 1 的正整数), 则可将 N 变为坏数 34, 因而是好数.

(3) 若 $N=2^n$ ($n\leqslant 4$), 已经逐一列举.

(4) 若 $N=2^n$ ($n>4$), 则可将 N 变为坏数 16, 因而是好数.

(5) 若 $N=17^2=289$, 则 N 是坏数.

(6) 若 $N=17^k$ ($k>2$), 则可将 N 变为坏数 17^2, 因而是好数.

综合上述, 即得我们开头的结论.

606. 答案: 9 个包子.

应当指出, 如果只有 1 个包子, 那么伊戈尔会绕两个整圈. 我们假定伊戈尔从某个包子开始计算圈数. 如果共有 4 个包子, 那么伊戈尔会绕 5 个整圈 (参阅图 340). 如果共有 6

[①] 这是公平博弈中的致胜局面与致败局面普遍概念的具体体现, 更详细的介绍可参阅参考文献 [105]. —— 编译者注

个包子, 那么伊戈尔会绕 6 个整圈; 而如果共有 9 个包子, 那么伊戈尔恰如题中所说, 会整整绕 7 个圈.

现证符合题中条件的解是唯一的. 如果包子多于 9 个, 那么伊戈尔在经过一段距离之后才会使得包子剩下 9 个, 而在到达最近的包子之后才开始绕行整整 7 圈. 这表明他所绕的圈数多于 7. 而如果包子的数目 $k<9$, 那么伊戈尔从某个包子 A 开始绕圈. 我们在桌上逆着伊戈尔的行进方向再放上 $9-k$ 个包子: 第 1 个包子放在包子 A 和其下一个包子之间, 以后则每隔两个包子放一个. 于是, 如果伊戈尔从最后放上的包子之前的两个包子开始, 则他刚好绕行 7 圈, 经过 $9-k$ 个被吃掉的包子后, 到达包子 A. 这就表明, 如果包子的数目 $k<9$, 那么伊戈尔所绕的圈数少于 7.

607. (1) 由于 BM 为直角三角形斜边上的中线, 所以 $AM=BM=CM$(参阅图 341). 故知 $\triangle AMB$ 是等腰三角形, $\angle ABM=\angle BAM$.

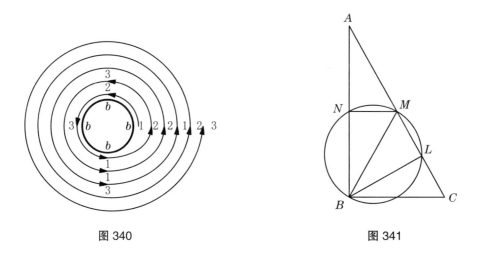

图 340　　　　　　　　　　图 341

(2) 结合条件 $\angle ABM=\angle MBL$ 可知 $\angle MAN=\angle MBL$.

(3) 四边形 $BLMN$ 内接于圆, 所以

$$\angle MNB+\angle MLB=180°,$$

又由 $\angle MNB+\angle MNA=180°$, 得知 $\angle MNA=\angle MLB$.

(4) 综合上述, 即知 $\triangle AMN\cong\triangle BML$, 从而 $AN=BL$.

608. 假设其中任何 3 个数都可以作为三角形的 3 边之长, 则有

$$a<b+c,\quad b<c+d,\quad c<d+e,\quad d<e+a,\quad e<a+b.$$

既然 a,b,c,d,e 都是正数, 故可由上述不等式推出

$$a^2<ab+ac,\quad b^2<bc+bd,\quad c^2<cd+ce,\quad d^2<de+ad,\quad e^2<ae+be.$$

将这些不等式相加, 得到

$$a^2+b^2+c^2+d^2+e^2<ab+ac+ad+ae+bc+bd+be+cd+ce+de.$$

此与题中条件相矛盾.

▽. 可以证明, 在 $S = \{a,b,c,d,e\}$ 中至少存在 6 个 3 元子集, 不能以每一个这种子集中的元素作为三角形的 3 边之长.

事实上, 利用上面的证法, 可以证明: 在如下表格 (即表 14) 中的每一行中, 都至少有一个不等式不成立.

表 14

$a<b+c$	$b<c+d$	$c<d+e$	$d<e+a$	$e<a+b$
$b<a+c$	$c<b+d$	$d<c+e$	$e<d+a$	$a<e+b$
$c<a+b$	$d<b+c$	$e<c+d$	$a<d+e$	$b<e+a$

但是表格中的每一列都至多可有一个不等式不成立, 这就表明, 上述三行中的不成立的不等式出现在三个不同的列. 因此, 在如下 5 个 3 元子集中, 至少有 3 个中的 3 个数不能作为三角形的 3 边之长:

$$\{a,b,c\}, \quad \{b,c,d\}, \quad \{c,d,e\}, \quad \{d,e,a\}, \quad \{e,a,b\}.$$

同理可证, 在如下 5 个 3 元子集中, 也至少有 3 个中的 3 个数不能作为三角形的 3 边之长:

$$\{a,c,e\}, \quad \{b,c,e\}, \quad \{b,d,e\}, \quad \{a,b,d\}, \quad \{a,c,d\}.$$

综合上述, 在 S 中至少存在 6 个 3 元子集, 不能以每一个这种子集中的元素作为三角形的 3 边之长.

609. 答案: 如图 342 所示.

▽. 让我们来尝试沿着方格线作分割. 矩形角上的两个方格应当分属两个不同部分, 并且两个部分中的方格应当相互对应. 将这些方格中的一个转移到另一部分中, 或者可以转动 $90°$, 或者利用不固定的对称. 经过直接验证, 即可发现, 利用第一种办法不能得到所需的分割, 而利用第二种方法则得到了我们现在的分法.

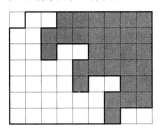

图 342

610. 解法 1 在该三角形内部任取两个格点 X 和 Y, 并作经过它们的直线 s. 如果直线 s 平行于三角形的一条边, 或者经过它的一个顶点, 则命题已经获证. 否则, 可以经过三角形的每一个顶点都作一条与 s 平行的直线, 使得这些直线互不重合. 这些直线中有一条位于 s 的一侧, 另外两条则位于 s 的另一侧. 因为如果这 3 条平行直线都位于 s 的同一侧的话, 那么格点 X 和 Y 就不可能位于三角形的内部了. 现在给三角形的三个顶点标注字母, 使得经过顶点 A 的直线 a 单独在直线 s 的一侧, 而经过顶点 B 和 C 的直线 b 和 c 同在直线 s 的另一侧, 且假定直线 b 比直线 c 离直线 s 更近. 设 s 与边 AB 的交点是 K, s 与边 AC 的交点是 L, b 与边 AC 的交点是 M. 注意, 线段 BM 比线段 KL 长, 而格点 X 和 Y 都在线段 KL 上.

现在我们关注这样一件事实: 如果 X, Y 和 Z 都是格点, 而 $XYZW$ 是平行四边形, 则 W 也是格点. 事实上, 如果点 X 的坐标是 (x_1, x_2), 点 Y 的坐标是 (y_1, y_2), 点 Z 的坐标是 (z_1, z_2), 则点 W 的坐标就是 $(x_1 + z_1 - y_1, x_2 + z_2 - y_2)$, 既然 $x_1, x_2, y_1, y_2, z_1, z_2$ 都是整数, 所以 W 也是格点.

在射线 BM 上截取线段 $BZ = XY$. 由于 $BM // XY$, 所以或者 $XYBZ$ 是平行四边形, 或者 $XYZB$ 是平行四边形, 这表明 Z 也是三角形内部的格点.

为确定起见, 不妨设 $XYBZ$ 是平行四边形. 在射线 BY 上取点 Y', 使得 $BY' = 2BY$, 在射线 BZ 上取点 Z', 使得 $BZ' = 2BZ$, 则 Y' 与 Z' 都是格点, 此因 $YY'ZX$ 与 $ZZ'YX$ 都是平行四边形. $\triangle YBZ$, $\triangle XZZ'$ 与 $\triangle Y'YX$ 彼此全等, 因为它们的对应边平行且相等. 从而 $\angle Y'XY = \angle XZ'Z$, 这表明 Y', X, Z' 三点共线, 并且点 X 在线段 $Y'Z'$ 上. 然而, 点 X 却与顶点 B 在直线 AC 的同一侧, 这就表明, 点 Y' 和 Z' 之一也与顶点 B 在直线 AC 的同一侧 (否则, 整个线段 $Y'Z'$ 都在直线 AC 的另一侧). 如果该点为 Y', 则在形内选取格点 Y' 和 Y, 则经过它们的直线经过顶点 B. 否则, Z' 就与顶点 B 在直线 AC 的同一侧, 此时就选择格点 Z' 和 Z, 则经过它们的直线经过顶点 B.

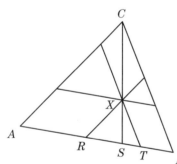

图 343

解法 2 观察所给的 $\triangle ABC$ 和其中的一个格点 X. 经过点 X 作平行于三角形 3 条边的直线, 将 $\triangle ABC$ 分为三个三角形和三个平行四边形 (见图 343). 形内其余的格点或者在所作的 3 条直线上, 或者落在所分出的某个三角形或某个平行四边形中, 在此, 在 $\triangle ABC$ 内至少还有一个别的格点 Z. 我们来分情况讨论.

如果格点 Z 位于 3 条所作的直线之一上, 则直线 XZ 按其所作平行于三角形的某条边.

如果格点 Z 位于某个所分出的平行四边形中, 我们经过点 Z 也作 3 条分别平行于三角形 3 条边的直线, 则格点 X 位于由此所分成的一个三角形内. 对换字母 X 与 Z, 可归结为下面的情形.

如果格点 Z 位于某个所分出的三角形中, 不妨设在 $\triangle TRX$ 中. 将直线 CX 与 AB 的交点记为 S, 则有如下两种情形:

(1) $CX \geqslant XS$, 则 $\overrightarrow{XZ}$ 是整向量, 且两个点 $Z' = C + \overrightarrow{XZ}$ 和 $Z'' = C + 2\overrightarrow{XZ}$ 都在 $\triangle ABC$ 内部, 并且它们都是格点. 此时点对 (Z', Z'') 即为所求.

(2) $CX < XS$, 则 $\overrightarrow{CX}$ 是整向量, 格点 $Z''' = X + \overrightarrow{CX}$ 在 $\triangle ABC$ 内部, 此时点对 (X, Z''') 即为所求.

综合上述, 无论格点 Z 位于 $\triangle ABC$ 内部何种位置, 都能找到所需的格点对.

611. 答案: 82 位智者.

由抽屉原理, 至少有两节车厢, 在它们中一共有不少于 18 位智者, 否则, 一共只有不多

于 $17+8\times 10=97<100$ 位智者，与题中条件相矛盾. 这就表明，列车员有可能一开始就与 18 位智者同处一节车厢.

我们来证明，所有不是一开始就与列车员同处一节车厢的智者，以后就可能永远不会与列车员同处一节车厢看见. 在列车员出现直到他们第一次转移之前，每个智者都有三种可能的方式转移到其他车厢. 我们称一个车厢为"好的"，如果在列车员刚刚登车的时候，在它和它的相邻车厢里都没有列车员. 无论列车员怎样转移，"好的"车厢里的智者都不会在列车员的第一次转移中被撞上.

假设智者位于列车前半截的第 k 号车厢里 $(k\neq 1)$. 对于位于后半截的情形类似可证.

(1) 只要智者能够留在原地不动 (意即在相邻的车厢里没有列车员)，那么就留在原地不动. 假设并非如此.

(2) 如果有列车员在第 $k+2$ 号车厢里，那么通过跑动 $k\to k+3\to k+4$，就可到达"好的"车厢. 再设在第 $k+2$ 号车厢里没有列车员.

(3) 先转移到第 $k+2$ 号车厢，再看下两节车厢里有无列车员. 如果都没有，那么第 $k+3$ 号车厢是"好的"车厢；如果在第 $k+3$ 号车厢有列车员，则跑到第 $k+5$ 号车厢；如果在第 $k+4$ 号车厢有列车员，则作跑动 $k+2\to k+5\to k+6$.

现在假设我们一开始在第 1 号车厢里. 于是可以以如下方式出现在"好的"车厢里.

(1) 如果在第 2 号车厢里有列车员，那么我们就可以像前述的情形那样行动，只不过视 $k=1$ 而已，因为我们只需朝列车后部跑去. 故可假设在第 2 号车厢里没有列车员.

(2) 跑进第 2 号车厢. 如果在第 3 号车厢里没有列车员，那么就可待在第 2 号车厢里. 假设第 3 号车厢里有列车员，那么我们就看第 4 号车厢.

(3) 如果在第 4 号车厢里有列车员，那么就按 $2\to 5\to 6$ 跑动. 假如没有列车员，那么我们就跑进第 4 号车厢.

(4) 再看后面两节车厢. 如果都没有列车员，那么就跑进第 5 号车厢；如果仅在第 5 号车厢里有列车员，那么就跑进第 7 号车厢；而如果仅在第 6 号车厢里有列车员，那么就跑回第 1 号车厢.

注意，我们一共只采用了不多于 3 种跑动方式. 对于在列车两头的情形，仅有如下情况：如果我们在 1 号车厢，列车员在 3 号车厢，则跑到 6 号车厢；或者对于 $k=6$，我们在 12 号车厢，则当列车员在 10 号车厢时，我们跑到 7 号车厢，或者当列车员在 10 号车厢时，我们跑到 5 号车厢. 在最后一种情形下，我们来看对称的情形：此时我们在 1 号车厢，列车员在 3 号车厢，则跑到 6 号车厢，或者列车员在 3 号车厢，我们跑到 8 号车厢. 这种应对对我们来说，是恰当的.

现在来讨论：当列车员开始走动时，该如何应对？将列车员称为积极态的，如果他下一步将作移动，相应地，将列车员称为消极态的，如果他刚刚已经移动过了. 如果智者看见列车员，那么他当即知道该列车员是处于积极态，还是处于消极态：在两个相邻车站之间的整个区间中，该智者处于第 k 号车厢，并观察了第 $k-2$ 号至第 $k+2$ 号车厢. 如果在他的视线中出现了列车员，或者列车员完成了在车厢中的转移，那么该列车员在前一个区间中处于积极态，这也就意味着，他将进入消极态. 而如果该列车员没有完成他的转移，那么他就将处于积极态.

我们来看智者不在列车两端的情形.

(1) 假设智者不在第 2 和 11 号车厢,则他可见 5 节车厢,其中可能有 4 节车厢不能去 (其中 3 节是因为那个积极态的列车员,1 节是因为消极态的列车员),他可前往其中的第 5 节车厢. 假定他这么做了,并且他所到达的车厢不是第 1 号,也不是第 12 号. 我们指出,此时智者必然是在第 3 号车厢或第 10 号车厢里,而两个列车员都在与之相邻的车厢里,于是智者可跑过两节车厢,去往第 6 号或第 7 号车厢,恰好不在危险的车厢中.

(2) 假设智者在第 2 号车厢里. 他可看见 4 节车厢. 如果这些车厢中没有安全的,则第 5 节车厢是安全的,于是它可跑向那里. 现在假设其中有安全的车厢.

(3) 假设安全的车厢不是第 1 号车厢,那么他就跑向那里. 如果仅有第 1 号车厢是安全的. 如果他能看见两个列车员,那么他们就在第 3 和 4 号车厢里,于是它可跑到第 5 号车厢或留在第 2 号车厢里. 假定他只看见一个列车员,那么该列车员就在第 3 号车厢里.

(4) 他应当首先跑到第 1 号车厢,等积极态的列车员移动过后再跑到他刚才所在的车厢里,亦即第 3 号车厢. 应当注意这个方案将行动分为两步进行.

我们指出,上述每一种行动之后,智者都不在第 1 号车厢里. 而这种局面只可能发生在如下两种起始状况之下,即一开始时,两个列车员在第 3 和 6 号车厢里或在第 3 和 8 号车厢里. 此时,智者停着等待列车员转移到第 3 个位置,然后立即跑到他原来的地方. 第二个列车员此时处于积极态,并可能在第 5,6,7,8,9 号车厢里. 而对于开始分布不在两端车厢里的情形,智者该如何跑动,我们都已经说过了.

如此一来便知,那些一开始未与列车员撞上的智者,都可以始终不被列车员撞上. 而为了开始时被列车员看见的智者人数不多于 18 个,智者们上车时就应当在每车厢不多于 9 个人,亦即有 8 节车厢各有 8 个人,而其余 4 节车厢各有 9 个人.

612. 设 $M(x_0,0)$, $A(x_1,0)$, $B(x_2,0)$. 两个二次三项式的首项系数都是 1,第一个二次三项式的两个根是 x_0 和 x_1,第二个二次三项式的两个根是 x_0 和 x_2,因此这两个二次三项式就分别是 $(x-x_0)(x-x_1)$ 和 $(x-x_0)(x-x_2)$. 点 C 的纵坐标就是第一个二次三项式在零点的值,即 x_0x_1. 同理,点 D 的纵坐标是 x_0x_2. 注意到

$$\frac{AO}{BO}=\frac{|x_1|}{|x_2|}=\frac{|x_0x_1|}{|x_0x_2|}=\frac{CO}{DO},$$

并且还有 $\angle AOC=90°=\angle BOD$,故知 $\triangle AOC \sim \triangle BOD$.

613. 答案: 10 个.

解法 1 我们来观察相邻而坐的 "男孩与女孩" 的对子数目. 开始时,只有 1 对. 显然,如果新来的男孩坐到两个男孩之间,那么这种对子的数目不变;而如果他坐到一个男孩与一个女孩之间,则他破坏了一个这种对子的同时又建立了一个这种对子,所以这种对子的数目也不变. 只有这个男孩坐到两个女孩之间,亦即他是大无畏的时候,这种对子的数目增加了两个. 对于新来的女孩亦可作相应的讨论. 既然到最后时刻,"男孩与女孩" 的对子数目变成了 21,因此,大无畏的人数等于 $\frac{21-1}{2}=10$.

解法 2 我们来用归纳法解题,即证明: 如果在长凳上原来坐着一个男孩和一个女孩,朝着长凳走来 $2n$ 个小孩,在他们都坐下后,长凳上的男孩与女孩相间排列,则在新来的孩

子中共有 n 个大无畏的人. $n=0$ 时结论显然. 我们来由 $n=k$ 向 $n=k+1$ 过渡. 不失一般性, 可认为最后一个在长凳上坐下的是一个女孩. 显然, 她是坐在两个男孩之间的, 因若不然, 最终就会有两个女孩相邻而坐. 那么, 这两个男孩中较后一个坐下的就不是大无畏的. 又易知, 如果他没有到来, 那么除了最后一个女孩外, 其余各个孩子的 "无畏性"(即谁是大无畏的, 谁不是大无畏的) 并不发生变化. 事实上, 她仅仅只能改变那些跟他相邻而坐的孩子的 "无畏性"; 但是他的一侧没有人再坐下, 而坐在他的另一侧的是另一个男孩.

如此一来, 可以认为这个男孩是倒数第二个到来的. 于是在他到来之前, 长凳上的孩子们仍然是男孩与女孩恰好相间排列. 根据归纳假设, 其中有 $n=k$ 个大无畏的. 加上最后一个女孩, 便得 $n=k+1$ 个大无畏的, 此即为所证.

根据题中条件, 一共走来 20 个孩子, 所以其中有 $\frac{21-1}{2}=10$ 个大无畏的.

614. 答案: $\frac{S}{2n}$.

下面给出三种解法, 在每种解法中, 我们都要用到如下性质: 以 O 表示我们的多边形的中心, 则整个多边形的面积为

$$S_{OA_1A_2} + S_{OA_2A_3} + \cdots + S_{OA_{4n-1}A_{4n}} + S_{OA_{4n}A_1} = 4nS_{OA_1A_2}.$$

于是, 如果将 $\triangle OA_iA_{i+1}$ 的面积记为 x, 则整个多边形的面积为 $S=4nx$. 换言之, 我们有 $x=\frac{S}{4n}$. 现证所求的四边形的面积等于 $2x=\frac{S}{2n}$.

解法 1 A_1 与 A_{2n+1} 是多边形的相对顶点, 因此, 弦 A_1A_{2n+1} 经过点 O(见图 344). 易见

$$A_1A_{2n+1} // A_2A_{2n} // A_3A_{2n-1} // \cdots // A_{1+(n-1)}A_{2n+1-(n-1)} = A_nA_{n+2}.$$

因此, $\triangle A_1A_nA_{n+2}$ 与 $\triangle OA_nA_{n+2}$ 面积相等, 因为它们同底等高. 由此即知

$$\begin{aligned}
S_{A_1A_nA_{n+1}A_{n+2}} &= S_{A_1A_nA_{n+2}} + S_{A_nA_{n+1}A_{n+2}} \\
&= S_{OA_nA_{n+2}} + S_{A_nA_{n+1}A_{n+2}} = S_{OA_nA_{n+1}A_{n+2}} \\
&= S_{OA_nA_{n+1}} + S_{OA_{n+1}A_{n+2}} = 2S_{OA_nA_{n+1}} = 2x,
\end{aligned}$$

这就是所要证明的.

解法 2 容易看出 $\triangle A_1A_{n+1}A_{n+2} \cong \triangle A_1A_{3n}A_{3n+1}$(见图 345), 这意味着

$$S_{A_1A_nA_{n+1}A_{n+2}} = S_{A_1A_{n+1}A_n} + S_{A_1A_{3n}A_{3n+1}}.$$

设正多边形的边长为 a. 注意到, $A_{n+1}A_n$ 与 $A_{3n}A_{3n+1}$ 是正多边形中相对的边, 因此相互平行. 因而, 由三角形面积公式得知

$$\begin{aligned}
S_{A_1A_{n+1}A_n} + S_{A_1A_{3n}A_{3n+1}} &= \frac{A_{n+1}A_n \cdot h_1}{2} + \frac{A_{3n}A_{3n+1} \cdot h_2}{2} \\
&= \frac{a(h_1+h_2)}{2},
\end{aligned}$$

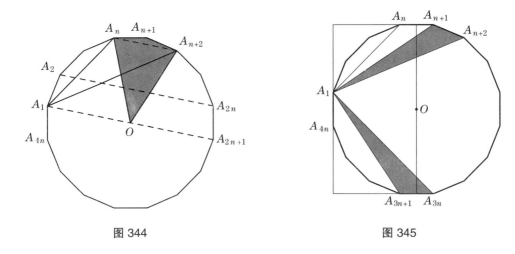

图 344　　　　　　　　　图 345

其中 h_1 与 h_2 分别是 $\triangle A_1 A_{n+1} A_{n+2}$ 与 $\triangle A_1 A_{3n} A_{3n+1}$ 中由顶点 A_1 所作的高的长度. 但和数 $h_1 + h_2$ 等于平行直线 $A_{n+1}A_n$ 与 $A_{3n}A_{3n+1}$ 之间的距离. 因此

$$S_{A_1 A_n A_{n+1} A_{n+2}} = S_{A_1 A_{n+1} A_n} + S_{A_1 A_{3n} A_{3n+1}} = S_{OA_{n+1}A_n} + S_{OA_{3n}A_{3n+1}} = 2x,$$

此因由点 O 所作 $A_{n+1}A_n$ 与 $A_{3n}A_{3n+1}$ 的垂线长度之和与由点 A_1 所作的垂线长度之和相等.

解法 3　我们按如下公式来求所说四边形的面积:

$$S' = \frac{1}{2} A_1 A_{n+1} \cdot A_n A_{n+2} \cdot \sin\angle(A_1 A_{n+1}, A_n A_{n+2}),$$

其中, $\angle(A_1 A_{n+1}, A_n A_{n+2})$ 是其两条对角线间的夹角. 在圆心为 O, 半径为 R 的圆中作内接正 $4n$ 边形. 于是, 四边形的所有的边和对角线都是圆中的弦. 由此得

$$A_1 A_{n+1} = 2R \sin \frac{\angle A_1 O A_{n+1}}{2} = 2R \sin \frac{\pi}{4} = \sqrt{2} R,$$

$$A_n A_{n+2} = 2R \sin \frac{\angle A_n O A_{n+2}}{2} = 2R \sin \frac{\pi}{2n},$$

$$\sin \angle (A_1 A_{n+1}, A_n A_{n+2}) = \sin \frac{\angle A_1 O A_n + \angle A_{n+1} O A_{n+2}}{2} = \sin \frac{\pi}{4} = \frac{\sqrt{2}}{2}.$$

这表明

$$S' = R^2 \sin \frac{\pi}{2n} = 2\left(\frac{1}{2} R \cdot R \cdot \sin \frac{\pi}{2n}\right) = 2x.$$

615. 解法 1　我们想象学生们从场上被替下后依次重新列队 (称为第二队). 当第一队中的学生全都上过场以后, 第二队中的学生按照队中的顺序接着依次上场. 我们指出, 如果在第一队的开头站着的是一个理科生, 那么在第二队的开头站着的也是一个理科生 (就是那个被第一队开头的学生所替换下来的人), 如果在第一队的第二个人是一个文科生, 那么在第二队的第二个人也是一个文科生, 如此等等. 换言之, 两个队列中的文科生和理科生数目相等, 而且具有相同的交替顺序. 将第一队中的文科生和理科生自前往后分别依次编号 (把开始时对打的那个文科生和理科生分别编为 0 号). 于是, 第二队中各个位置上所站的学生的号码都比第一队中相应位置上的学生的号码小 1. 事实上, 当第 i 号理科生第一次上

场的时候, 在第二队中他所对应的位置上站着的就是第 $i-1$ 号理科生, 也就是那个在他前面上场的理科生. 在第二队最前面的学生上场前, 出场的两个人是第一队中最后的理科生和最后的文科生, 即第 $n-1$ 号文科生和第 $m-1$ 号理科生. 这样一来, 理科生和文科生的号码仿佛沿着圆周逐个减 1(除了 0 号之外, 其余号码都减 1, 而 0 号理科生变为 $m-1$ 号, 0 号文科生变为 $n-1$ 号). 这种现象发生在 $m+n-2$ 场比赛之后.

现在我们来证明, 队伍的末端事实上也是这样沿着桌子分布的. 这就相当于让所有学生沿着一个圆周站立, 当一场新的比赛开始时, 那个刚出局的学生就立即成为队伍的末端 (事实上并未离开桌子). 任选一个理科生甲和一个文科生乙. 我们来数数, 在 $k=(m+n-2)mn$ 场比赛 (也就是 mn 轮比赛) 中他们一共转了多少圈? 由前述讨论, 我们知道, 每个理科生在 m 轮比赛中都在 $m-1$ 轮中出场 (因为理科生的号码刚好有 m 减 1, 所以甲刚好有一轮未出场). 类似地, 每个文科生在 n 轮比赛中有 $n-1$ 轮出场. 故知, 甲在 $k=(m+n-2)mn$ 场比赛中出场 $n(m-1)$ 次, 而乙则出场 $m(n-1)$ 次. 由于 $n \neq m$, 所以 $n(m-1) \neq m(n-1)$. 这就意味着其中一者在某个时候超越另一者. 而超越的位置只能在乒乓桌旁, 这也就意味着甲和乙同时出场对阵.

解法 2 分别将第一场对打出场的理科生和文科生称为 L_1 和 W_1, 而把其余的理科生和文科生按照他们在队列中的顺序, 依次称为 $L_2, \cdots, L_m$ 和 $W_2, \cdots, W_n$. 将方格平面划分为一系列 $m \times n$ 的矩形. 如果 L_i 与 W_j 出场对打, 我们就将在每个这样的矩形中的第 i 行与第 j 列相交处的方格涂黑.

在每个矩形中都首先涂黑左上角处的方格, 而每结束一场新的对打之后, 都再把刚刚涂黑的方格的右侧或下侧的邻格之一涂黑. 由于在第 $m+n-1$ 场对打中出场的是最后一个理科生和最后一个理科生, 所以在第 $m+n-1$ 场对打之后, 每一个矩形的左上角方格都通过被涂黑的方格所形成的链与该矩形中的右下角方格相连. 注意现在, 在第 $m+n-1$ 场对打之中, L_m 与 W_n 相遇, 而接下来各场对打的先后接替顺序都与第一轮相同 (意即由理科生和文科生所分别形成的段的长度和交替规律都相同), 所以在第 $m+n-2+k$ 步所染黑的方格是第 k 步所染黑的方格的左上邻格. 这就意味着, 只要有某个方格被染黑, 那么贯穿它的整条对角线也会全被染黑.

我们来给对角线自左往右依次编号. 将经过某个矩形左上角方格的对角线编为 1 号. 于是, 在将该矩形的左上方格与右下方格连起来的过程中, 我们显然已经将 1 至 $|m-n|$ 号对角线上的方格全都染黑了. 并且, 只要第 k 号对角线被染黑, 那么第 $k \pm m$ 号与第 $k \pm n$ 号对角线也必然被染黑, 从而第 $k \pm (m,n)$ 号对角线也被染黑, 其中 (m,n) 是 m 与 n 的最大公约数. 由于 $(m,n) \leqslant |m-n|$, 所以整个平面都被染黑, 此与题中所要求证明的结论相等价.

616. 答案: 存在.

解法 1 我们来通过对 k 归纳证明一个更为广泛的命题: 如果对任何质数 p, 满足题中条件的多项式 $Q_p(x)$ 的次数都不大于 k, 则函数 $f(x)$ 在所有整点上的值都与某个次数不大于 k 的多项式的值相等.

当 $k=0$ 时, 对于每个质数 p, 都存在一个常数 Q_p, 使得对任何整数 x, 差值 $f(x)-Q_p$

都可被 p 整除. 从而对任何 x,y 和任何质数 p, 差值

$$(f(x)-Q_p)-(f(y)-Q_p)=f(x)-f(y)$$

都可被 p 整除. 而这只有当 $f(x)=f(y)$ 时才有可能成立, 意即 $f(x)$ 在整点上为一常值, 故结论对 $k=0$ 成立.

为从 k 向 $k+1$ 过渡, 需要两个引理.

对于函数 $h(x)$, 我们用 $\Delta h(x)$ 表示 $h(x+1)-h(x)$.

引理 1 如果 $h(x)$ 是次数不高于 m 的多项式, 则 $\Delta h(x)$ 是次数不高于 $m-1$ 的多项式[1].

引理 1 之证 $h(x+1)$ 与 $h(x)$ 是次数相同的多项式, 且首项系数相等, 所以 $\Delta h(x)$, 即 $h(x+1)-h(x)$ 的次数低于 $h(x)$ 的次数. 引理 1 证毕.

引理 2 如果 $\Delta h(x)$ 在所有整点上的值重合于某个次数不高于 $m-1$ 的多项式的值, 则 $h(x)$ 在所有整点上的值重合于一个次数不高于 m 的多项式的值.

引理 2 之证 我们来对 m 归纳. 当 $m=1$ 时, $\Delta h(x)$ 在所有整点上的值都等于一个常数 c, 于是对于任何整数 x, 都有 $h(x)=h(0)+cx$. 假设结论已对 m 成立, 我们来向 $m+1$ 过渡. 假设 $\Delta h(x)$ 在所有整点上的值都与某个次数不高于 m 的多项式的值相同, 设该多项式的 x^m 项的系数等于 a(a 可能为 0). 我们令

$$h_0(x)=h(x)-\frac{a}{m+1}x(x-1)(x-2)\cdots(x-m+1)(x-m),$$

则有

$$\begin{aligned}\Delta h_0(x)&=h_0(x+1)-h_0(x)\\&=\Delta h(x)-ax(x-1)(x-2)\cdots(x-m+1),\end{aligned}$$

且其在所有整点上的值与某个次数不高于 $m-1$ 的多项式的值相同. 因此, 根据归纳假设, $h_0(x)$ 在所有整点上的值与一个次数不高于 m 的多项式的值相同. 由于 $h(x)-h_0(x)$ 是一个次数不高于 $m+1$ 的多项式, 所以 $h(x)$ 是次数不高于 $m+1$ 的多项式. 归纳过渡完成, 引理 2 证毕.

现在来实现主干证明中的归纳过渡. 不难看出, 函数 $\Delta f(x)$ 满足归纳的假设条件, 因为 $\Delta f(x)-\Delta Q_p(x)$ 在任何整数 x 处都可被 p 整除, 而根据引理 1, $\Delta Q_p(x)$ 是次数不高于 $k-1$ 的多项式. 因此, $\Delta f(x)$ 在整点处的值都与某个次数不高于 $k-1$ 的多项式的值相同. 由此即可根据引理 2 得知, $f(x)$ 在整点处的值都与某个次数不高于 k 的多项式的值相同. 归纳过渡完成.

解法 2 我们来尝试接近题目的解答: 寻找一个次数不高于 2013 的多项式 $f_0(x)$, 使得它在点 $1,2,\cdots,2014$ 处的值都与 $f(x)$ 的值相同. 这种多项式称为拉格朗日插值多项式[2], 在我们的问题中, 它的形式为

$$f_0(x)=f(1)\cdot\frac{(x-2)(x-3)\cdots(x-2014)}{(1-2)(1-3)\cdots(1-2014)}$$

---
[1] 事实上, $h(x)$ 是刚好比 $\Delta h(x)$ 高 1 次的多项式. —— 编译者注
[2] 关于拉格朗日多项式, 可参阅, 例如参考文献 [106]. —— 编译者注

$$+ f(2) \cdot \frac{(x-1)(x-3)(x-4)\cdots(x-2014)}{(2-1)(2-3)(2-4)\cdots(2-2014)}$$

$$+ \cdots + f(i) \cdot \frac{(x-1)\cdots(x-(i-1))(x-(i+1))\cdots(x-2014)}{(i-1)\cdots(i-(i-1))(i-(i+1))\cdots(i-2014)}$$

$$+ \cdots + f(2014) \cdot \frac{(x-1)(x-2)\cdots(x-2013)}{(2014-1)(2014-2)\cdots(2014-2013)}.$$

可以看出, 对于 $f_0(i)$, 除了第 i 项外, 其余各项都等于 0, 而第 i 项的值刚好就是 $f(i)$. 所以 $f_0(x)$ 满足我们的愿望.

为简单起见, 我们记 $c = (2013!)^2$. 易见 $cf_0(x)$ 的各项系数都是整数. 设 p 是大于 c 的质数, 则 $cQ_p(x) - cf_0(x)$ 的次数不高于 2013, 且依模 p 有 2014 个互不相同的根, 这些根就是 $1, 2, \cdots, 2014$, 此因对于 $i = 1, 2, \cdots, 2014$, 都有

$$cQ_p(i) - cf_0(i) = c\Big(Q_p(i) - f(i)\Big) = 0.$$

所以该多项式模 p 恒等于 0. 这就意味着

$$c\Big(f(x) - Q_p(x)\Big) + c\Big(Q_p(x) - f_0(x)\Big) = cf(x) - cf_0(x)$$

在任何整点 x 处都能被足够大的质数 p 整除, 意即在任何整点 x 处, 都有 $f(x) = f_0(x)$.

617. 将直线 A_1A' 与直线 A_2I 的交点记作 X_A, 将 $\triangle ABC$ 的外接圆记作 ω (见图 346). 根据题中条件, 知 $\angle A_2 X_A A_1 = 90°$. 由于 $A_2 A_1$ 是圆 ω 的直径, 所以点 X_A 在圆周 ω 上. 现在来看 $\triangle ABC$, $\triangle BIC$ 和 $\triangle IX_A A_1$ 的外接圆. 前两个圆的根轴是直线 BC, 第一个圆与第三个圆的根轴是直线 $X_A A_1$ (即包含着二圆公共弦的直线)[①]. 这表明, 点 A' 是这三个圆的根心[②]. 我们指出,

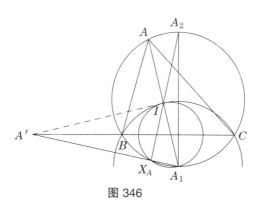

图 346

$$\angle IBA_1 = \angle IBC + \angle CBA_1 = \angle IBA + \angle A_1AC = \angle IBA + \angle BAA_1 = \angle BIA_1,$$

因此 $A_1I = A_1B = A_1C$, 意即点 A_1 是 $\triangle BIC$ 的外心. 由于 $\angle IX_A A_1$ 是直角, 所以 IA_1 是 $\triangle A_1 I X_A$ 的外接圆直径. 因而, $\triangle BIC$ 与 $\triangle A_1 I X_A$ 的外接圆相切于点 I. 这表明由点

[①] 将值 $|OP|^2 - R^2$ 称为点 P 关于以 O 为圆心, 以 R 为半径的圆 ω 的幂. 将关于两个圆的幂相等的点的集合称为这两个圆的根轴.——编译者注

[②] 将关于三个圆的幂相等的点称为这三个圆的根心. 关于根轴与根心的进一步介绍可参阅有关书籍, 例如本题解答后面所附的参考文献 [107] 和 [108], 等等.——编译者注

I 所作的这两个圆的公切线经过点 A', 并且点 A' 关于 $\triangle BIC$ 的幂等于

$$A'I^2 = A'B \cdot A'C.$$

我们来看圆 ω 和点 I, 把 I 视为退化为点的圆. 由上面最后一个等式推知, 点 A' 位于这两个圆的根轴上. 同理可知, 点 B' 和 C' 也位于这两个圆的根轴上. 由于两个圆的根轴是一条直线, 所以这三个点位于同一条与此二圆的连心线 OI 相垂直的直线上.

618. 解法 1 设两个二次三项式的公共根是 a. 于是这两个二次三项式可分别表示为 $(x-a)(x-b)$ 和 $(x-a)(x-c)$, 从而它们的和为

$$(x-a)(x-b) + (x-a)(x-c) = (x-a)(2x-b-c) = 2(x-a)\left(x - \frac{b+c}{2}\right).$$

我们知道, 如果一个二次三项式 $Ax^2 + BX + C$ 有两个实根 x_1 和 x_2, 则它的判别式等于

$$\begin{aligned}B^2 - 4AC &= A^2\left(\left(\frac{B}{A}\right)^2 - 4\frac{C}{A}\right) \\ &= A^2\left((x_1+x_2)^2 - 4x_1x_2\right) = A^2(x_1-x_2)^2.\end{aligned}$$

所以根据题中条件可知

$$\begin{aligned}(a-b)^2 + (a-c)^2 &= 4\left(a - \frac{b+c}{2}\right)^2 \\ &= \left((a-b)+(a-c)\right)^2 \\ &= (a-b)^2 - 2(a-b)(a-c) + (a-c)^2,\end{aligned}$$

故知 $(a-b)(a-c) = 0$, 从而表明, 或有 $a=b$, 或有 $a=c$. 这就意味着, 这两个二次三项式中至少有一者的判别式为 0.

解法 2 设所给的两个二次三项式为 $x^2+p_1x+q_1$ 和 $x^2+p_2x+q_2$, 则它们的判别式分别为 $\Delta_1 = p_1^2 - 4q_1$ 和 $\Delta_2 = p_2^2 - 4q_2$. 而这两个二次三项式的和为 $2x^2 + (p_1+p_2)x + (q_1+q_2)$, 其判别式等于

$$\Delta = (p_1+p_2)^2 - 8(q_1+q_2).$$

根据题意, $\Delta_1 + \Delta_2 = \Delta$, 亦即

$$p_1^2 + p_2^2 - 4q_1 - 4q_2 = p_1^2 + 2p_1p_2 + p_2^2 - 8q_1 - 8q_2,$$

由此可知 $p_1p_2 = 2(q_1+q_2)$.

设第一个二次三项式的两个根为 x_0 和 x_1, 第二个二次三项式的两个根为 x_0 和 x_2. 根据韦达定理, 有

$$p_1 = -(x_0+x_1), \quad p_2 = -(x_0+x_2), \quad q_1 = x_0x_1, \quad q_2 = x_0x_2.$$

代入等式 $p_1p_2 = 2(q_1+q_2)$, 得

$$(x_0+x_1)(x_0+x_2) = 2(x_0x_1 + x_0x_2),$$

$$x_0^2 + x_0x_1 + x_0x_2 + x_1x_2 = 2x_0x_1 + 2x_0x_2,$$
$$x_0^2 - x_0x_1 - x_0x_2 + x_1x_2 = 0,$$
$$(x_0 - x_1)(x_0 - x_2) = 0.$$

于是, 或者有 $x_0 = x_1$, 或者有 $x_0 = x_2$, 相应地, 或者 $\Delta_1 = 0$, 或者 $\Delta_2 = 0$.

解法 3 设所给的两个二次三项式为 $x^2 + p_1x + q_1$ 和 $x^2 + p_2x + q_2$, 设它们的判别式分别为 Δ_1 和 Δ_2, 再设它们的和的判别式为 Δ. 如同解法 2, 由题中条件 $\Delta_1 + \Delta_2 = \Delta$ 可推出等式 $p_1p_2 = 2(q_1 + q_2)$, 故有

$$\Delta = (p_1 + p_2)^2 - 8(q_1 + q_2) = (p_1 + p_2)^2 - 4p_1p_2 = (p_1 - p_2)^2.$$

条件两个二次三项式有公共根表明, 对于正负号的某种选择, 有如下的等式成立:

$$\frac{-p_1 \pm \sqrt{\Delta_1}}{2} = \frac{-p_2 \pm \sqrt{\Delta_2}}{2},$$
$$p_1 - p_2 = \pm\sqrt{\Delta_1} \pm \sqrt{\Delta_2}.$$

这就表明

$$\Delta = (p_1 - p_2)^2 = (\pm\sqrt{\Delta_1} \pm \sqrt{\Delta_2})^2 = \Delta_1 + \Delta_2 \pm 2\sqrt{\Delta_1\Delta_2}.$$

结合条件 $\Delta_1 + \Delta_2 = \Delta$ 便可由上式得知 $\sqrt{\Delta_1\Delta_2} = 0$, 意即 $\Delta_1 = 0$ 或 $\Delta_2 = 0$.

解法 4 我们指出, 首项系数为 1 的二次三项式 $f(x) = x^2 + px + q$ 的判别式不因平移而变化, 事实上, 当将 x 换为 $x + h$ 时, 有

$$f(x+h) = (x+h)^2 + p(x+h) + q = x^2 + (2h+p)x + (h^2 + ph + q).$$

其判别式等于

$$(2h+p)^2 - 4(h^2 + ph + q)$$
$$= 4h^2 + 4ph + p^2 - 4h^2 - 4ph - 4q = p^2 - 4q,$$

与 $f(x)$ 的判别式相同. 故不失一般性, 可设题中所给的两个二次三项式的公共根为 $x_0 = 0$. 于是两个二次三项式分别具有形式: $x^2 + p_1x$ 和 $x^2 + p_2x$, 它们的和为 $2x^2 + (p_1 + p_2)x$. 由题意知 $(p_1 + p_2)^2 = p_1^2 + p_2^2$, 故知 $p_1p_2 = 0$, 意即 p_1 或 p_2 为 0. 这也就是说, 其中一个二次三项式的判别式为 0.

619. 答案: 2 和 3, 2 和 5, 3 和 11.

解法 1 不失一般性, 可设 $p \leqslant q$. 根据题意, 存在正整数 k 和 l, 使得 $7p + 1 = kq$ 和 $7q + 1 = lp$, 从而

$$kq = 7p + 1 \leqslant 7q + 1,$$

由此得知 $(k-7)q \leqslant 1$, 这表明 $k \leqslant 7$. 另一方面,

$$klp = k(7q+1) = 49p + 7 + k,$$

故得 $k+7=(kl-49)p$. 因而知 $p \leqslant k+7 \leqslant 14$, 从而 p 只能取 $2,3,5,7,11$ 或 13 这几个值. 相应地, $7p+1$ 所取的值为: $15=3\times 5$, $22=2\times 11$, $36=2^2\times 3^2$, $50=2\times 5^2$, $78=2\times 3\times 13$ 和 $92=2^2\times 23$. 通过逐个检验上述各值的质约数, 可知满足题意的数对 p 和 q 只有如下 3 对: 2 和 3, 2 和 5, 3 和 11.

解法 2 先看质数 p 与 q 中有一个为偶数, 即 2 的情形. 由于 $7\times 2+1=15=3\times 5$, 故此时可得两组解: 2 和 3, 2 和 5.

下面考虑 p 与 q 都是奇数的情形. 由题意知, 对某正整数 a 与 b, 有

$$7p+1=2aq, \quad 7q+1=2bp.$$

因此

$$7(7p+1)=14aq=2a(2bp-1).$$

由此得

$$p=\frac{2a+7}{4ab-49}.$$

类似地, 可知

$$q=\frac{2b+7}{4ab-49}.$$

上述二分数中的分母应当为正数, 所以 $ab>\dfrac{49}{4}$, 意即 $ab\geqslant 13$. 另一方面, $p\geqslant 3$, 所以 $2a+7\geqslant 3(4ab-49)$, 意即 $12ab-2a\leqslant 154$, $6ab-a\leqslant 77$.

如果 $ab\geqslant 14$, 则 $84-a\leqslant 6ab-a\leqslant 77$, 由此知 $a\geqslant 7$. 同理可知 $b\geqslant 7$. 于是我们有

$$77\geqslant a(6b-1)\geqslant 7(6\times 7-1)=287,$$

此为不可能. 所以仅存 $ab=13$ 这一种可能情况.

当 $ab=13$ 时, 有 $a=1$, $b=13$, 或反过来, $a=13$, $b=1$. 此时 $4ab-49=4\times 13-49=3$, 我们找到一组满足题中条件的质数: $\dfrac{2\times 1+7}{3}=3$ 和 $\dfrac{2\times 13+7}{3}=11$.

解法 3 首先指出, 数对 2 和 3, 2 和 5 满足题中条件. 在其余的解中都有 $p,q\geqslant 3$. 此时 $7p+1$ 与 $7q+1$ 都是偶数, 故对某正整数 a 与 b, 有 $7p+1=2aq$, $7q+1=2bp$. 所以

$$4ab=2a\cdot 2b=\frac{7p+1}{q}\cdot\frac{7q+1}{p}=49+\frac{7}{p}+\frac{7}{q}+\frac{1}{pq},$$

因此

$$49<4ab\leqslant 49+\frac{7}{3}+\frac{7}{3}+\frac{1}{9}<56.$$

$4ab$ 作为 4 的倍数又满足上述不等式, 所以仅有一种可能, 即 $4ab=52$, 亦即 $ab=13$. 若 $a=1$, $b=13$, 我们得

$$7p+1=2q, \quad 7q+1=26p,$$

故知

$$49p+7=14q=52p-2,$$

因而
$$p = \frac{9}{3} = 3, \quad q = \frac{7 \cdot 3 + 1}{2} = 11.$$
对于 $a = 13$, $b = 1$, 我们亦得 $p = 11$, $q = 3$.

620. 解法 1 将由点 A 所作直线 BC 垂线的垂足记作 S. 将由点 C 所作直线 AD 垂线的垂足记作 P(见图 347(a)). 我们指出, A, S, C, P 四点共圆, 且 AC 为直径, 此因 $\angle ASC = \angle APC = 90°$. 同样地, A, B, S, M 四点共圆, 且 AB 为直径, 圆心为 K; D, M, C, P 四点共圆, 且 CD 为直径, 圆心为 L. 于是, 直线 AS 经过圆 $ASBM$ 与圆 $ASCP$ 的交点 (AS 称为这两个圆的根轴), 而直线 PC 经过圆 $MCDP$ 与圆 $ASCP$ 的交点. 众所周知, 如果三个圆两两相交, 则分别经过其中两个圆交点的 4 条直线相交于同一个点 (该点称为这三个圆的根心). 因此, 点 H 位于圆 $ASBM$ 与圆 $MCDP$ 的两个交点的直线上. 这表明直线 MH 垂直于这两个圆连心线所在的直线 KL.

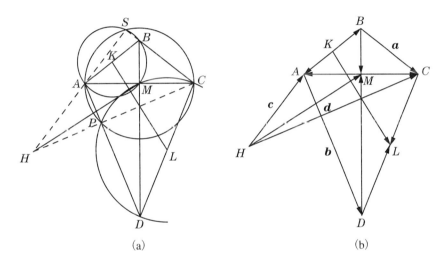

图 347

解法 2 记 $\boldsymbol{a} = \overrightarrow{BC}$, $\boldsymbol{b} = \overrightarrow{AD}$, $\boldsymbol{c} = \overrightarrow{HA}$, $\boldsymbol{d} = \overrightarrow{HC}$(见图 347(b)). 我们指出:
$$\overrightarrow{KL} = \overrightarrow{KB} + \boldsymbol{a} + \overrightarrow{CL} = \overrightarrow{KA} + \boldsymbol{b} + \overrightarrow{DL}.$$

由此可知 $2\overrightarrow{KL} = \boldsymbol{a} + \boldsymbol{b}$. 同理可知 $2\overrightarrow{HM} = \boldsymbol{c} + \boldsymbol{d}$. 因此, $KL \perp HM$, 当且仅当
$$(\boldsymbol{a} + \boldsymbol{b}) \cdot (\boldsymbol{c} + \boldsymbol{d}) = 0.$$

根据题中条件, 有 $AB = BC$, $AD = DC$, 故直线 BD 是线段 AC 的中垂线. 因此, 点 M 在直线 BD 上, 且 $BD \perp AC$. 我们来看向量
$$\boldsymbol{a} - \boldsymbol{b} = \overrightarrow{BM} + \overrightarrow{MC} + \overrightarrow{DM} + \overrightarrow{MA} = \overrightarrow{BM} + \overrightarrow{DM} \perp \overrightarrow{AC} = \boldsymbol{d} - \boldsymbol{c}.$$

如此一来, 便知
$$(\boldsymbol{a} - \boldsymbol{b}) \cdot (\boldsymbol{d} - \boldsymbol{c}) = 0.$$

而根据题意, 有 $HA\perp BC$, $HC\perp AD$, 故知 $\boldsymbol{a}\cdot\boldsymbol{c}=0$ 和 $\boldsymbol{b}\cdot\boldsymbol{d}=0$. 因而

$$(\boldsymbol{a}+\boldsymbol{b})\cdot(\boldsymbol{c}+\boldsymbol{d}) = \boldsymbol{a}\cdot\boldsymbol{c}+\boldsymbol{a}\cdot\boldsymbol{d}+\boldsymbol{b}\cdot\boldsymbol{c}+\boldsymbol{b}\cdot\boldsymbol{d}$$
$$= -\boldsymbol{a}\cdot\boldsymbol{c}+\boldsymbol{a}\cdot\boldsymbol{d}+\boldsymbol{b}\cdot\boldsymbol{c}-\boldsymbol{b}\cdot\boldsymbol{d}$$
$$= (\boldsymbol{a}-\boldsymbol{b})\cdot(\boldsymbol{d}-\boldsymbol{c}) = 0.$$

这就是所要证明的.

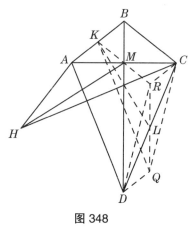

图 348

解法 3 分别将 $\triangle AKD$ 与 $\triangle BKC$ 扩展为平行四边形 $AKQD$ 和 $BKRC$ (见图 348). 我们指出, $DRCQ$ 亦为平行四边形, 点 L 为其两条对角线的交点, 因此, L 是线段 QR 的中点.

由于根据题中条件有 $AB=BC$, $AD=DC$, 故知直线 BD 是线段 AC 的中垂线. 因而点 M 在直线 BD 上, 且 $BD\perp AC$, 而向量 $\overrightarrow{AD}$ 与向量 $\overrightarrow{BC}$ 在直线 AC 上的正交投影相等. 这表明, 向量 $\overrightarrow{KQ}$ 与向量 $\overrightarrow{KR}$ 在该直线上的正交投影也相等. 因此 $QR\perp AC$. 于是, $\triangle KQR$ 的三条边 KQ, QR 和 RK 分别垂直于 $\triangle HCA$ 的三条边 HC, CA 和 AH, 从而它们中对应的中线 KL 与 HM 也相互垂直.

621. 答案: 可以.

我们来取一个直角坐标系, 使得所有的水平直线和竖直直线, 以及所有的方格线都具有形如 $x=n$ (n 为整数) 和形如 $y=m$ (m 为整数) 的方程. 把满足如下的一些方格染为黑色 (仅把这样的一些方格染黑): 如果它们中的所有的点都满足这样的 4 个不等式之一, 即 $y\geqslant x^2$, $y\leqslant -x^2$, $x\geqslant y^2$, $x\leqslant -y^2$ (参阅图 349). 其余的方格则都染为白色. 于是每一条竖直直线都仅与夹在抛物线 $y=\pm x^2$ 之间的有限个白色方格相交, 而每一条水平直线都仅与夹在抛物线 $x=\pm y^2$ 之间的有限个白色方格相交. 我们指出, 每一条斜向直线都仅与有限个黑色方格相交, 因为每一条这样的直线与下述的每一个区域的交集或者为空集, 或者为一个点, 或者是一条线段:

$$y\geqslant x^2, \quad y\leqslant -x^2, \quad x\geqslant y^2, \quad x\leqslant -y^2.$$

622. 答案: 不能.

将 3 个运动员按照他们的运动速度递降的顺序编号 (1 号最快), 我们来绘制他们的运动轨迹 (参阅图 350), 以 Ox 轴表示时间, 以 Oy 轴表示与点 A 的距离, 点 O 为坐标原点. 点 S 在 Oy 的正半轴上, 使得 $OS=60\,\mathrm{m}$. 点 K, L, M 分别为 3 个运动员到达点 B 时在图像上的位置, 点 T 在 Ox 轴上, 表示最终时刻, 点 P, Q, R 分别对应于 1 号运动员与 2 号运动员在 A, B 之间相遇时的位置, 2 号运动员与 3 号运动员在 A, B 之间相遇时的位置以及 1 号运动员与 3 号运动员在 A, B 之间相遇时的位置, P', Q', R' 为这 3 个点在 Oy 轴上的投影.

我们知道, 对于直线上的任意 3 个给定点, 都唯一存在一个点, 它到各个给定点的距离之和最小, 这个点就是 3 个给定点中居中的那个点. 因此, 教练应当始终与那个跑在中间的

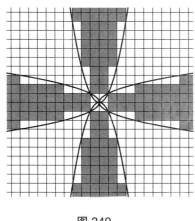

图 349

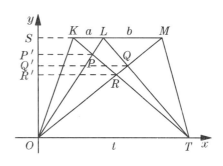

图 350

运动员跑在一起. 于是教练的运动轨迹就是折线 $OPRQT$, 他所跑过的路程长度等于线段 OP', $P'R'$, $R'Q'$, $Q'O$ 的长度之和.

分别用 a, b, t 表示线段 KL, LM 和 OT 的长度. 由于 $KL // OT$, 故有 $\triangle KPL \sim \triangle TOP$ 和

$$\frac{KP}{PT} = \frac{KL}{OT} = \frac{a}{t}.$$

同理可得

$$\frac{LQ}{QT} = \frac{LM}{OT} = \frac{b}{t}$$

和

$$\frac{KR}{RT} = \frac{KM}{OT} = \frac{a+b}{t}.$$

根据线段成比例定理, 知

$$\frac{SP'}{P'O} = \frac{KP}{PT} = \frac{a}{t}.$$

由此可得 $OP' = \frac{60t}{a+t}$. 同理可知 $OQ' = \frac{60t}{b+t}$ 和 $OR' = \frac{60t}{a+b+t}$. 这表明

$$l = OP' + P'R' + R'Q' + Q'O$$
$$= 60t\left(\frac{1}{a+t} + \left(\frac{1}{a+t} - \frac{1}{a+b+t}\right) + \left(\frac{1}{b+t} - \frac{1}{a+b+t}\right) + \frac{1}{b+t}\right)$$
$$= 120t\left(\frac{1}{a+t} + \frac{1}{b+t} - \frac{1}{a+b+t}\right).$$

由于 $b < t - a$, 而

$$\frac{1}{b+t} - \frac{1}{a+b+t} = \frac{a}{(b+t)(a+b+t)}$$

的值随着 b 增加而减小, 所以

$$\frac{a}{(b+t)(a+b+t)} > \frac{a}{(2t-a)(2t)},$$

从而

$$l > 120t\left(\frac{1}{a+t} + \frac{1}{2t-a} - \frac{1}{2t}\right) = 120t\left(\frac{3t}{(a+t)(2t-a)} - \frac{1}{2t}\right).$$

二次三项式 $(a+t)(2t-a)$ 在 $a = \dfrac{t}{2}$ 时取得最大值 $\dfrac{9t^2}{4}$,这表明

$$l > 120t\left(\dfrac{4}{3t} - \dfrac{1}{2t}\right) = 100\,\text{m}.$$

623. a) 每一场比赛中产生 1 分,一共 25 场比赛,共产生 25 分. 这表明每个队都得到 12.5 分. 假设所有参赛者的得分各不相同. 注意,各个人的得分只能有如下 11 种不同可能值:$0, 0.5, 1, 1.5, \cdots, 4.5, 5$,这就表明,其中只有一种分数没有人得到. 由于

$$0 + 0.5 + 1 + 1.5 + \cdots + 4.5 + 5 = 25 + 2.5,$$

而两个队所得分数之和为 25,所以那种没有人得到的分数只能是 2.5.

另一方面,那个得了 5 分的棋手甲和那个得了 4.5 分的棋手乙不可能分属两个不同的队,因为甲赢了对方每一位棋手,从而对方得分最高的棋手所得之分不会超过 4 分,于是甲和乙必然同属一个队. 如此一来,那个得了 4 分的棋手丙就又不可能属于对方了,因若不然,他必须输给甲,且至多与乙战平,从而最多只能得到 3.5 分. 这样一来,甲乙丙三人同属一个队,仅他们三人的得分之和就已经为

$$4 + 4.5 + 5 = 13.5,$$

这是不可能的. 这个矛盾说明,10 位棋手中必有两人所得总分相同.

b) 设第一队棋手所得分数从高到低依次为 $a_1, a_2, \cdots, a_n$,第二队棋手所得分数从高到低依次为 $b_1, b_2, \cdots, b_n$. 由于一共赛了 n^2 场,共产生 n^2 分,所以

$$a_1 + a_2 + \cdots + a_n + b_1 + b_2 + \cdots + b_n = n^2.$$

假设所有这些分数 $a_1, a_2, \cdots, a_n, b_1, b_2, \cdots, b_n$ 各不相同. 这些分数值都属于 $2n+1$ 元集合 $\{0, 0.5, 1, 1.5, \cdots, n\}$,所以其中仅有一种分数值无人得到. 既然

$$0 + 0.5 + 1 + 1.5 + \cdots + n = n^2 + 0.5n,$$

所以无人得到的分数值是 $0.5n$.

我们来观察分数值 $a_1, a_2, \cdots, a_n, b_1, b_2, \cdots, b_n$ 中最高的 p 个值,假设它们是 $a_1, a_2, \cdots, a_k$ 和 $b_1, b_2, \cdots, b_m$,其中 k 与 m 的值都依赖于 p,且 $k + m = p$. 获得这些分数值的 p 位棋手共在

$$km + k(n-m) + m(n-k) = np - km$$

场比赛中出现. 因此

$$a_1 + a_2 + \cdots + a_k + b_1 + b_2 + \cdots + b_m \leqslant np - km. \tag{1}$$

另一方面,却有

$$a_1 + a_2 + \cdots + a_k + b_1 + b_2 + \cdots + b_m$$

$$= n + \left(n - \frac{1}{2}\right) + \cdots + \left(n - \frac{p-1}{2}\right) = np - \frac{p(p-1)}{4}.$$

故应当有
$$np - km \geqslant np - \frac{p(p-1)}{4},$$

即 $p^2 - 4km \geqslant p$. 我们有 $p^2 - 4km = (k+m)^2 - 4km = (k-m)^2$, 故得

$$(k-m)^2 \geqslant p > 0. \tag{2}$$

现设正整数 p 介于 $n+1$ 与 $2n-1$ 之间, $a_1, a_2, \cdots, a_k, b_1, b_2, \cdots, b_m$ 是 p 个最高的得分值, 其中 $k + m = p$. 现在式 (1) 当然成立, 但由于无人得到 $0.5n$ 分, 所以

$$a_1 + a_2 + \cdots + a_k + b_1 + b_2 + \cdots + b_m$$
$$= n + \left(n - \frac{1}{2}\right) + \cdots + \frac{n-1}{2} + \frac{n+1}{2} + \cdots + \left(n - \frac{p}{2}\right)$$
$$= np - \frac{p(p-1)}{4} + \frac{n}{2}.$$

由此和式 (1), 乃得
$$np - km \geqslant np - \frac{p(p-1)}{4} + \frac{n}{2},$$
$$p^2 - 4km \geqslant 2n \quad p$$

和
$$(k-m)^2 \geqslant 2n - p > 0. \tag{3}$$

k 与 m 的值都依赖于 p, 故分别记为 $k(p)$ 和 $m(p)$. 现在让正整数 p 的值由 1 逐个变到 $2n-1$, 我们来考察 $k(p)$ 和 $m(p)$ 的变化情况. 不失一般性, 可设 $k(1) = 1$, $m(1) = 0$.

我们来证明, 对一切 p, 都有 $k(p) > m(p)$. 对 p 作归纳. $p = 1$ 时, 有 $k(1) > m(1)$. 假设对某个 $l \in \{1, 2, \cdots, 2n-2\}$, 已有 $k(l) > m(l)$, 我们来看 $p = l + 1$. 由于 $k(l+1) \geqslant k(l)$, $m(l+1) \leqslant m(l) + 1$, 所以

$$k(l+1) - m(l+1) \geqslant k(l) - m(l) - 1 \geqslant 0.$$

而由式 (2) 和式 (3) 知 $k(l+1) - m(l+1) \neq 0$, 所以必有 $k(l+1) - m(l+1) > 0$, 即 $k(l+1) > m(l+1)$.

既然对一切 p, 都有 $k(p) > m(p)$, 所以对一切 $k \in \{1, 2, \cdots, n\}$, 都有 $a_k > b_k$, 这也就意味着

$$a_1 + a_2 + \cdots + a_n > b_1 + b_2 + \cdots + b_n,$$

此与题意相矛盾.

624. 答案: 三种可能: $(1,1,1)$, $(1,2,2)$ 和 $(3,3,3)$, 单位: kg.

分别将两个强盗称为甲和乙. 设 5 块金锭的重量按非降顺序依次为 a, b, c, d 和 e.

如果甲拿了 d 和 e, 那么乙就必须把其余 3 块都拿到手, 因若不然, 甲所得的就不少于 $a + e + d$, 乙所得的则不多于 $b + c$. 然而 $a + e + d > e + d \geqslant b + c$, 不合题意, 故知 $e + d = a + b + c$.

类似地, 如果甲拿了 c 和 e, 乙也应当把其余 3 块都拿到手, 因若不然, 甲所得的就不少于 $e+c+a > e+c \geqslant d+b$, 与题意不符, 由此可知 $e+c = a+b+d$, 结合已得的等式 $e+d = a+b+c$, 可知 $c = d$ 和 $e = a+b$.

如果甲拿了两块 c, 那么乙应当拿多于 1 块金锭, 因若不然, 他所得不超过 e, 而甲则得到 $a+b+c+c = 2c+e$, 此为不妥; 乙亦不该拿 a 和 b, 因若不然, 则有 $a+b = 2c+e = 2c+a+b$, 此为不可能. 由此知可能有如下各种情况:

(1) 如果乙拿了 a 和 e, 则有 $2c+b = a+e = 2a+b$, 从而有 $a=b=c=d=1$ 与 $e=2$, 这是一种合理的情况.

(2) 如果乙拿了 b 和 e, 则有 $2c+a = b+e = a+2b$, 从而有 $a=b=c=d=1$ 与 $e=2$, 这种结果与 (1) 相同.

(3) 如果乙拿了 a, b 和 e, 则有 $2c = a+b+e = 2e$, 从而有 $a=b=1$ 和 $c=d=e=2$, 这也是一种合理的情况. 至于 $a=1, b=2$ 而 $c=d=e=3$, 也是一种合理的情况. 而 $a=1$ 且 $c=d=e=2$ 的情况我们已经考虑过了 (此时必有 $b=1$).

所有可能的情况均已一一列举.

625. 答案: $a = e^{1/e}$.

我们来观察函数 $y = a^x$ 与 $y = \log_a x$ 的图像 (见图 351). 既然这两个函数互为反函数, 所以使得它们相等的点在直线 $y = x$ 上. 如果方程 $a^x = \log_a x$ 有唯一解 x_0, 则 $a^{x_0} = x_0$, 而对 $x \neq x_0$, 都有 $a^x \geqslant x$.

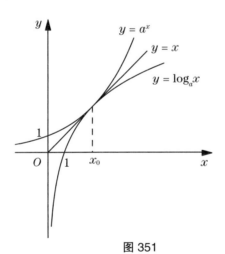

图 351

考察函数 $f(x) = a^x - x$, 我们有 $f(x_0) = 0$. 由于 x_0 是该函数的最小值点, 所以又有 $f'(x_0) = 0$, 这样一来, 即得
$$a^{x_0} = x_0, \quad a^{x_0} \ln a - 1 = 0.$$
由此可知 $x_0 \ln a = 1$, $x_0 = \dfrac{1}{\ln a}$. 这表明
$$a^{\frac{1}{\ln a}} = \frac{1}{\ln a}, \quad e = \frac{1}{\ln a}, \quad \ln a = \frac{1}{e}, \quad a = e^{\frac{1}{e}}.$$

下面来验证所得的 a 值满足题中条件. 事实上, 对于这样的 a 值, 原方程具有形式

$e^{x/e} = e\ln x$, 它有解 $x = e$. 且再无其他解, 此因

$$f'(x) = \begin{cases} \dfrac{1}{e}e^{x/e} - 1 > 0, & \text{当 } x > e, \\ \dfrac{1}{e}e^{x/e} - 1 < 0, & \text{当 } x < e, \end{cases}$$

这就表明, 当 $x \neq e$ 时, 皆有 $f(x) > 0$. 所以 $x = e$ 是方程 $f(x) = 0$ 的唯一解.

626. 答案: 前一个数较小.

将前一个数记作 A, 后一个数记作 B. 我们有

$$\begin{aligned}
A^2 &= \left(1 + \frac{2}{3^3}\right)^2 \left(1 + \frac{2}{5^3}\right)^2 \cdots \left(1 + \frac{2}{2013^3}\right)^2 \\
&< \left(1 + \frac{2}{2^3}\right)\left(1 + \frac{2}{3^3}\right)\left(1 + \frac{2}{4^3}\right)\left(1 + \frac{2}{5^3}\right) \cdots \left(1 + \frac{2}{2012^3}\right)\left(1 + \frac{2}{2013^3}\right) \\
&< \left(1 + \frac{2}{2^3 - 1}\right)\left(1 + \frac{2}{3^3 - 1}\right)\left(1 + \frac{2}{4^3 - 1}\right)\left(1 + \frac{2}{5^3 - 1}\right) \cdots \\
&\quad \left(1 + \frac{2}{2012^3 - 1}\right)\left(1 + \frac{2}{2013^3 - 1}\right) \\
&= \frac{2^3 + 1}{2^3 - 1} \cdot \frac{3^3 + 1}{3^3 - 1} \cdot \frac{4^3 + 1}{4^3 - 1} \cdot \frac{5^3 + 1}{5^3 - 1} \cdots \frac{2012^3 + 1}{2012^3 - 1} \cdot \frac{2013^3 + 1}{2013^3 - 1}.
\end{aligned}$$

注意

$$\frac{n^3 + 1}{n^3 - 1} = \frac{(n+1)(n^2 - n + 1)}{(n-1)(n^2 + n + 1)}$$

和

$$(n+1)^2 - (n+1) + 1 = n^2 + n + 1.$$

故若对分子分母作因式分解, 并利用上述相等关系, 即可将所得的分数化简为

$$\begin{aligned}
A^2 &< \frac{3 \cdot 3}{1 \cdot 7} \cdot \frac{4 \cdot 7}{2 \cdot 13} \cdot \frac{5 \cdot 13}{3 \cdot 21} \cdot \cdots \cdot \frac{2014 \cdot (2013^2 - 2013 + 1)}{2012 \cdot (2013^2 + 2013 + 1)} \\
&= \frac{3}{2} \cdot \frac{2013 \cdot 2014}{2013^2 + 2013 + 1} < \frac{3}{2} = B^2,
\end{aligned}$$

意即 $A < B$.

627. 答案: 是的, 存在这样的多面体.

满足条件的多面体可以由一个恰当的三角形翻折得到. 如图 352(a) 所示, 在 $\triangle ABC$ 中, 有 $AB = AC = 3$, $BC = 2$. 且有 $BM = MK = KA = 1$, $CN = NL = LA = 1$ 和 $BP = PC = 1$.

先沿着直线 KL 和 MN 折叠, 使得点 A 与点 P 在空间重合成一点 S. 这是可以做到的, 因为 $\triangle ABC$ 是等腰三角形, AP 是底边 BC 上的中线, 所以也是该边上的高, 它垂直于 KL 和 MN, 且被它们三等分. 再沿着直线 MP 和 NP 折叠, 使得点 B 与点 K 重合, 点 C 与点 L 重合. 由此所得到的四棱锥 $SKLMN$ 即可满足题中条件.

如图 353(a) 所示, 也可先沿着直线 MC 和 KC 折叠, 使得点 B 与点 L 在空间重合成一点 S. 这是可以做到的, 因为 $\angle BCM$, $\angle MGK$ 和 $\angle KCL$ 这 3 个角中的任何两个的和

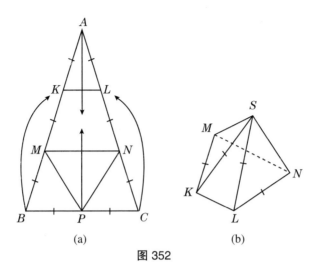

图 352

都大于第三个,且 $BC = LC$. 然后沿着直线 KL 折叠,使得点 A 与点 M 重合,由此所形成的四面体 $SKMC$ 也满足题意,它的相对棱两两不等.

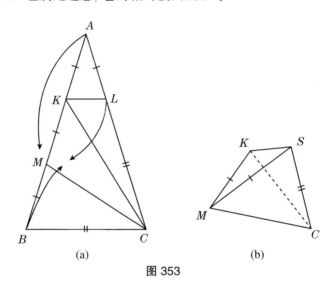

图 353

注 在以沙雷金命名的数学奥林匹克竞赛中,曾经有过一个与此类似的问题:能否沿着四面体的棱剪开,将其展开为一个边长为 3,4 和 5 的直角三角形?

628. 答案: a) 可以; b) 也可以.

a) 假设季玛告诉萨沙这样 17 个号码: $1,2,\cdots,10,40,50,60,70,80,90$ 和 100. 如果一开始,萨沙写在第 m 号位置上的数与写在第 n 号位置上的数相同 $(n > m)$, 则萨沙所写的数的个数可被 $n-m$ 整除. 季玛所说的 17 个号码中的号码差包括了 $1,2,\cdots,10,30,31,\cdots,99$.

我们来从 1 到 100 逐个考察萨沙所写的数的个数的可能值. 如果萨沙一共就写了一个数,那么季玛就只需比较 1 号数与 2 号数是否相同即可知晓. 假设季玛已经知道萨沙写了不少于 k 个数,其中 $k = 2, 3, \cdots, 99$, 我们来证明, 季玛如何来确定萨沙是否刚好写了 $k+1$ 个数.

如果 $k = 2, 3, \cdots, 9$, 则季玛比较 1 号数与 $k+1$ 号数. 如果这两个数相同, 则表明萨沙

所写的数的个数是 k 的倍数. 由于季玛已经知道萨沙所写的数的个数不少于 k, 于是他立即知道萨沙一共就写了 k 个数. 同理, 如果 $k=10,30,31,32,\cdots,99$, 那么他就比较两个号码差为 k 的数, 即可确切知道萨沙所写的数的个数是否就是 k. 如果 $k=11,12,\cdots,29$, 则季玛应当从萨沙所告知的数中找出两对数来, 前一对的号码差为 $2k$, 后一对的号码差为 $3k$. 如果这两对数都分别相同, 那么 k 毫无疑问就是萨沙所写的数的个数, 因为 k 是唯一的不小于 k 的既可整除 $2k$ 又可整除 $3k$ 的数. 最后, 如果 $k=100$, 那么季玛立即可以断言, 萨沙一共写了 100 个数.

b) 假设萨沙一共写了 n 个数. 我们来展示, 季玛只需说出 15 个号码就可以探明 n 的质因数分解式.

将 1 到 100 的所有正整数的最小公倍数记作 N, 则 N 是如下一些数的连乘积: 2^6, $3^4, 5^2, 7^2, 11, 13, 17, 19, 23, 29, 31, 37, 41, 43, 47, 53, 59, 61, 67, 71, 73, 79, 83, 89$ 和 97. 我们将每个 2^k 对应于 2^{7-k} ($k=1,2,\cdots,6$), 每个 3^l 对应于 3^{5-l} ($l=1,2,\cdots,4$), 每个 5^m 和 7^m 分别对应于 5^{3-m} 和 7^{3-m} ($m=1,2$), 而由 11 到 97 的每个质数都对应于它们自己. 我们指出, $1+\dfrac{N}{s}$ 号数, 其中 s 是 N 的正约数, 重合于 1 号数的充要条件是 $\dfrac{N}{s}$ 整除 n. 我们还指出, $\dfrac{N}{s}$ 整除 n, 当且仅当对于 n 的任何一个形如 2^k, 3^l, 5^m, 7^m, $11, \cdots, 97$ 的约数而言, 其所对应的数都不是 s 的约数.

我们来枚举季玛所应当说的号码. 假定季玛首先说了 1 号. 不难看出, 2^4, $3^3, 5^2, 7^2, 11$, $13, 17, 19, 23, 29, 31, 37, 41, 43, 47, 53, 59, 61, 67, 71, 73, 79, 83, 89$ 和 97 这 25 个数中的任何两个都不可能同时为 n 的约数. 现在用 2 进制依次为这 25 个数编制 2 位数代码, 即 2^4 的代码是 00001, 3^3 的代码是 00010, 如此下去, 直到最后, 97 的代码是 11001. 我们让季玛所说的第 2 个号码到第 6 个依次为

$$1+\frac{N}{s_1}, \quad 1+\frac{N}{s_2}, \quad 1+\frac{N}{s_3}, \quad 1+\frac{N}{s_4}, \quad 1+\frac{N}{s_5},$$

其中 s_j 是所有与上述 25 个数的代码中第 j 位数为 1 的数相对应的数的乘积, $j=1,2,\cdots,5$.

这些号码可以帮助季玛确认, 上述 25 个数中有无某个数是 n 的约数. 为此, 他需要将 1 号数逐个与 $1+\dfrac{N}{s_j}$ 号数比较 $j=1,2,\cdots,5$. 再构造一个新的代码: 如果 1 号数与 $1+\dfrac{N}{s_j}$ 号数相同, 则代码的第 j 位数为 0, 如果不相同, 则为 0. 如果所得的代码为 00000, 则表明上述 25 个数都不是 n 的约数. 如果得到的是其他的代码, 则季玛可以确认, 具有该代码的数就是 n 的约数.

2^6, 3^4 和 5 中的任何两个都不可能同时为 n 的约数. 用 2 进制二位数依次为它们编制代码 01, 10 和 11. 再让季玛说第 7 个与第 8 个号码 $1+\dfrac{N}{s_6}$ 和 $1+\dfrac{N}{s_7}$, 其中 s_{5+j} 是所有与所列 3 个数的代码中第 j 位数为 1 的数相对应的数的乘积, $j=1,2$. 与前面的情况一样, 这两个号码可以帮助季玛确认, 所列 3 个数中有无哪个数是 n 的约数, 如果有, 那么是哪一个.

再让季玛说出如下 7 个号码:
$$1+\frac{N}{2^2}, \quad 1+\frac{N}{2^4}, \quad 1+\frac{N}{2^5}, \quad 1+\frac{N}{2^6}, \quad 1+\frac{N}{3^3}, \quad 1+\frac{N}{3^4}, \quad 1+\frac{N}{7^2}.$$

如同前面所述, 这些号码可以帮助季玛确认, 数 $2^5, 2^3, 2^2, 2, 3^2, 3$ 和 7 是否为 n 的约数.

如此一来, 季玛就可以确定 n 的质因数分解式, 因而确认 n 自身, 所说号码数目少于 16 个.

我们指出, 15 远远不是季玛所需要说出的号码个数的最小值, 我们只是说明了, 借助于所说的 15 个号码, 季玛一定可以确定出 n 来. 请读者给出自己的办法, 使得所需的号码个数尽可能地少 (但要保证一定能确定出 n 来).

附录 专题分类

在本部分中,罗列了一些在解题中经常会遇到的概念与定理. 此处提纲挈领地介绍这些概念或定理的内容,并开列了本书中若干具有代表性的试题.

组 合

1°. 抽屉原理

抽屉原理又叫鸽笼原理,也可叫作迪里希莱原理. 它的最简单的形式可表述为:"9 个笼子里关着 10 只兔子,则至少有一个笼子里有不少于两只兔子." 抽屉原理的较为一般的形式是: 如果要将多于 kd 只兔子关入 k 个笼子,则至少有一个笼子里有不少于 $d+1$ 只兔子. 在连续值的情况下,迪里希莱原理可表述为: 如果 n 个人分食体积为 v 的粥,则其中必有某个人分到的体积不小于 $\dfrac{v}{n}$, 也有某个人分到的体积不大于 $\dfrac{v}{n}$.

本书中较好体现抽屉原理的试题有: 164b) 和 334.

其他题目还可见: 143,164,183,191,225,282,334,405,419 等.

本书所附参考文献: [62].

2°. 不变量与半不变量

经常会遇到如下形式的题目: 给定某种形式的操作,询问能否通过有限次这种操作,由某种状态到达另一种状态. 证明不可能性的标准解法是寻找不变量. 在此类操作之下不发生改变的量就叫作不变量. 如果在前一种状态下,该量取一个值,而在后一种状态下,该量取另一个值,那么就不可能通过所述的操作,由前一状态变为后一状态.

在所述的操作下,仅朝一个方向变化的量叫作半不变量,例如,只增不减的量,等等. 如果存在着某种半不变量,并且在操作过程中它发生了改变,那么就不可能回到初始状态.

本书中较好体现不变量的试题有: 107,163,170,256.

本书中较好体现半不变量的试题有: 145,377.

本书所附参考文献: [62].

3°. 图,连通分支,树

在许多场合下,可以方便地用点表示所考察的对象,用线段表示它们之间的联系. 这种

表示方式就叫作图 (Graph). 例如, 航空线路, 地铁线路, 等等. 其中的点叫作图的顶点, 而线段叫作图的边.

图叫作连通的, 如果沿着它的边可以由任何顶点到达其他任何顶点. 图中的这样的顶点序列 $A_1, A_2, \cdots, A_n$ 叫作圈, 如果其中的每一个顶点都与前一个顶点有边相连, 而第一个顶点与最后一个顶点有边相连.

不含圈的连通图叫作树. 具有 n 个顶点的树中恰有 $n-1$ 条边.

由给定的顶点沿着图中的边所能到达的顶点的集合叫作图中该顶点的连通分支. 连通图由单一的连通分支构成, 而不连通图分解为若干个分支.

有时还会遇到带有纽结的图 (所谓纽结, 就是顶点自己与自己相连的迴路, 中间不经过其他顶点), 也有带多重边的图 (所谓多重边就是同样的两个顶点之间连有多条线段, 例如北京与上海之间有多个航空公司开设的航线, 每个公司的航线都用一条线段连接).

在各条边上都标有方向的图叫作有向图.

有关试题: 143, 235, 272, 322, 351, 388.

本书所附参考文献: [62], [45].

4°. 周期性

我们来观察无穷序列 $a_1, a_2, a_3, \cdots, a_n, \cdots$, 为简单计, 直接用 a_n 表示该序列.

序列 a_n 称为周期的, 如果存在这样的 m, 使得对所有大于某个常数 K 的 n, 都有 $a_{n+m} = a_n$. 在这里, 有限数列 $a_{K+1}, a_{K+2}, \cdots, a_{K+m}$ 称为循环节, m 称为周期, 又称为循环节长度.

具有所述性质的最小的正整数 m 称为最小循环节长度, 相应的周期称为最小正周期.

例如, 对于序列

$$BBBBBBABBABBABBABBAB\cdots$$

可取 $K=5, m=3$ (循环节为 BBA), 亦可取 $K=5, m=6$ (循环节为 $BBABBA$), 甚至可取 $K=6, m=3$ (循环节为 BAB). 由此可见, K 与 m 都不是唯一确定的.

定理 设 a_n 是以 m 为最小正周期的周期序列. 正整数 l 也是该序列 a_n 的一个周期, 当且仅当 l 可被 m 整除 (参阅专题分类 5°).

设正整数 m 是序列 a_n 的最小正周期, 将 K 取为其最小可能值. 则 $a_1, \cdots, a_N$ 称为序列 a_n 的周期前部分. 因此, 任何周期序列都具有如下结构:

周期前部分 循环节 循环节 循环节 ……

因而, 通常将其写为周期 (循环节) 前部分, 例如, 我们上面所举的例子中的序列就可写为 $BBBBB(BBA)$.

注 通常将循环节长度称为周期. 将 $a_1, \cdots, a_N$ 称为序列 a_n 的周期前部分时亦无须假定 K 的最小性.

有关试题: 111, 142, 175, 274, 328, 406.

数　论

5°. 整除性

称整数 a 可被整数 b 整除 (或称 a 是 b 的倍数), 如果存在整数 c, 使得 $a = bc$. 此时我们亦说 b 可整除 a (例如: 2 可整除 6, 或 6 可被 2 整除, -1 可整除 -5, 等等), 记为 $b|a$.

性质: (1) 任何整数都可被 ± 1 和自己整除; 0 可被任何整数整除; 任何非 0 整数都不可被 0 整除.

(2) 如果 $d|a$ 且 $d|b$, 则 $d|a \pm b$, 此外, 对任何整数 c, 亦有 $d|ac$; 如果 $c|b$ 且 $b|a$, 则 $c|a$.

(3) 如果 $b|a$, 则 $|b| \leqslant |a|$ 或 $a = 0$.

(4) 如果 $d|a$ 且 $d|b$, 则对任何整数 k 与 l, 都有 $d|ka + lb$, 更一般地, 如果整数 $a_1, a_2, \cdots, a_n$ 中的每一个都可被 d 整除, 则对任何整数 $k_1, k_2, \cdots, k_n$, 都有
$$d \mid k_1 a_1 + k_2 a_2 + \cdots + k_n a_n.$$

我们用 (a, b) 表示整数 a 与 b 的最大公约数. 如果 $(a, b) = 1$, 就称 a 与 b 互质, 换言之, 如果由 $d|a$ 且 $d|b$ 推出 $d = \pm 1$, 则称 a 与 b 互质.

有关试题: 113, 154, 159, 169, 205, 227, 241, 253, 264, 273, 282, 284, 308, 332, 344, 356, 371, 375, 392, 396, 403, 412, 418.

本书所附参考文献: [29] 第 1 章.

6°. 整除的特征

(1) 整数是偶数, 当且仅当它的最后一位数字是偶数.

(2) 整数被 5 除的余数就是其最后一位数字被 5 除的余数. 特别地, 整数可被 5 整除, 当且仅当其最后一位数字可被 5 整除.

(3) 整数被 9 除的余数就是其各位数字之和被 9 除的余数. 特别地, 整数可被 9 整除, 当且仅当其各位数字之和可被 9 整除. 对于 3 的整除性亦有类似的断言.

有关试题: 105, 135, 205, 219, 241, 309.

7°. 带余除法

设 a 和 b 为整数, $b \neq 0$, 则存在整数 q 与 r, 使得

(1) $a = qb + r$.

(2) $0 \leqslant r < |b|$.

其中, q 与 r 分别称为 a 被 b 除的商数和余数.

设 $b > 0$, 则被 b 除的余数可能为 $0, 1, \cdots, b-1$. 一个整数被 b 除的余数等于 r, 当且仅当该数具有 $qb + r$ 的形式. 循此, 所有整数被分成 b 个 (无穷) 等差数列. 例如, 对于 $b = 2$, 这两个数列就是 $\{2n\}$ 和 $\{2n+1\}$; 对于 $b = 3$, 这三个数列就是 $\{3n\}, \{3n+1\}$ 和 $\{3n+2\}$; 等等.

一个整数可被 b 整除当且仅当它被 b 除的余数等于 0.

和 (差, 积) 的余数由各个加项 (因数) 的余数所唯一确定. 例如, 假设整数 a 和 b 被 7

除的余数分别是 3 和 6, 则 $a+b$ 被 7 除的余数就是 $2 = 3+6-7$, $a-b$ 被 7 除的余数就是 $4 = 3-6+7$, 而 ab 被 7 除的余数就是 $4 = 3\times 6 - 14$.

更确切地说, 就是: 如果 a_1 被 b 除的余数是 r_1, a_2 被 b 除的余数是 r_2, 则 a_1+a_2 被 b 除的余数就等于 r_1+r_2 被 b 除的余数, 而 $a_1 a_2$ 被 b 除的余数就等于 $r_1 r_2$ 被 b 除的余数.

有关试题: 105b),152,198,211,282,292,352,406,412.

本书所附参考文献: [29] 第 1 章, [30] 第 2 节.

$8°$. 若 $t|s$, 则 $a^t-1|a^s-1$

证明 若 $t|s$, 则存在正整数 k, 使得 $s=kt$, 于是
$$a^s - 1 = (a^t)^k - 1 = (a^t - 1)(1 + a^t + a^{2t} + \cdots + a^{(k-1)t}),$$
所以 $a^s - 1$ 可被 $a^t - 1$ 整除.

利用欧几里得辗转相除法 (参阅参考文献 [30] 第 3 节) 可以证明: 当 $a>1$ 时, 有 $(a^t - 1, a^s - 1) = a^{(s,t)} - 1$.

有关试题: 273,371,412.

$9°$. 若 $d|ab$ 且 $(a,d)=1$, 则 $d|b$. 特别地, $2k+1|2x$, 当且仅当 $2k+1|x$ (参阅第 308 题)

若质数整除乘积, 则它整除其中的某个因数. 确切地说, 若质数 p 整除乘积 $a_1 a_2 \cdots a_n$, 则对某个 i, 有 $p|a_i$.

有关试题: 130,141,264,308,318,344,371,375,409,412,418.

本书所附参考文献: [29] 第 1 章.

$10°$. 质因数分解

整数 $p>1$ 称为质数, 如果它仅能被 $\pm p$ 和 ± 1 整除. 其余的大于 1 的整数都称为合数. 每一个合数都可以表示为若干个质数的乘积. 通常把相同质数的乘积写为乘方的形式, 因而可把这种乘积表示成如下形式:
$$p_1^{n_1} p_2^{n_2} \cdots p_k^{n_k},$$
其中 $p_1, p_2, \cdots, p_k$ 为互不相同的质数, 而 $n_1, n_2, \cdots, n_k$ 为正整数.

算术基本定理 正整数的质因数分解式唯一 (不计因数的排列顺序).

不很明显地用到质因数分解唯一性的试题有: 227,384.

有关试题: 139,162,169,198,227,247,252,264,273,371,375,384,396.

$11°$. 数的 10 进制表示

表达式 $\overline{a_n a_{n-1} \cdots a_2 a_1}$ 表示一个 n 位正整数, 它的首位数为 a_n, 第 2 位数为 $a_{n-1}, \cdots$, 末位数为 a_1. 因而
$$\overline{a_n a_{n-1} \cdots a_2 a_1} = 10^{n-1} a_n + 10^{n-2} a_{n-1} + \cdots + 10 a_2 + a_1.$$

有时我们也采用写法 $\overline{ab}$, 其中 a 与 b 未必是数字, 这种写法表示, 将正整数 b 接写在正整数 a 的右端所得到的正整数. 如果 b 是 k 位数, 则有
$$\overline{ab} = 10^k a + b.$$

如果 b 是 k 位数, 则 $10^{k-1} \leqslant b < 10^k$.

有关试题: 130,139,141,152,205,219,241,259,274,279,309,392,418.

12°. 计数系统

除了 10 进制外, 还有其他计数系统. 在数的 m 进制系统中, 表达式 $\overline{a_n a_{n-1} \cdots a_2 a_1}$ 表示整数 $m^{n-1} a_n + m^{n-2} a_{n-1} + \cdots + m a_2 + a_1$. m 进制系统中的数字有 $0, 1, 2, \cdots, m-2, m-1$.

2 进制系统和 3 进制系统在数学中尤其重要, 而在信息论中, 2 进制、8 进制和 16 进制系统非常重要.

有关试题: 142,174,241,395.

13°. 10 进制无穷小数

每一个实数都可以表示为一个 10 进制无穷小数:
$$\pm a_n a_{n-1} \cdots a_1 . b_1 b_2 b_3 \cdots,$$
其中 a_i 与 b_j 为数字. 该表达式的含义是

$$a_n a_{n-1} \cdots a_1 . b_1 b_2 b_3 \cdots$$
$$= 10^{n-1} a_n + 10^{n-2} a_{n-1} + \cdots + 10 a_2 + a_1 + 10^{-1} b_1 + 10^{-2} b_2 + 10^{-3} b_3 + \cdots$$

(等号右端是一个无限的和式, 亦即级数和, 参阅参考文献 [75] 第 3 章).

实数 x 为有理数, 当且仅当相应的 10 进制无穷小数是周期的 (参阅专题分类 4°).

推广: 亦可将实数表示为 m 进制无穷小数, 参阅专题分类 12°.

有关试题: 117,142.

几　何

14°. 直角三角形的中线

一个三角形为直角三角形, 当且仅当它的一条边上的中线等于该边的一半.

一种等价的说法是: 对线段 AC 两端张成直角视角的点的轨迹是以 AC 作为直径的圆周 (不包括 A, C 两点). 一方面这个断言还可以陈述为: 圆周上的任一点 (除了该直径的两端) 都对直径张成直角视角.

如果点 B 位于以 AC 作为直径的圆内, 则 $\angle ABC$ 为钝角, 如果位于该圆圆外, 则为锐角.

有关试题: 111,167,188,206,228,278,285,302,305,327,357,385,398.

15°. 弦切角

圆的切线与经过切点的弦所形成的夹角称为弦切角, 它等于该角内所含弧段度数的一半.

较为确切地说, 就是: 设 AB 为弦, l 为经过点 A 的切线, 则将直线 l 绕着点 A 逆时针旋转使之与直线 AB 重合所转过的角度, 等于将圆周绕圆心顺时针旋转使得点 B 重合于点 A 所需转过的角度. 逆定理亦成立, 由所述角度的相等可以断言直线 l 与圆周相切.

有关试题: 138,186,199,258.

本书所附参考文献: [46] 第 2 章.

16°. 旁切圆

与三角形的一条边以及其余两条边的延长线相切的圆叫作三角形的*旁切圆*. 因此, 每个三角形都有三个旁切圆 (参阅图 354 (a)).

旁切圆的圆心是三角形的一个内角的平分线与两个外角的平分线的交点. 因此, 这三个角的平分线相交于同一点.

有关试题: 110,307,338,388.

17°. 两个圆的公切线

观察两个互不相交的圆. 共可向它们作出 4 条公切线 (即与它们都相切的直线, 参阅图 354(b)). 如图标注圆心和切点. 公切线 A_1A_2 与 B_1B_2 称为外公切线, 而公切线 C_1C_2 与 D_1D_2 称为内公切线. 两条内公切线的交点 R 位于连心线 O_1O_2 上, 且有

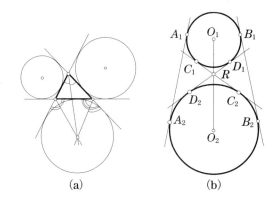

图 354

$$\frac{C_1R}{C_2R} = \frac{D_1R}{D_2R} = \frac{O_1R}{O_2R} = \frac{r_1}{r_2},$$

其中 r_1 与 r_2 分别为圆心是 O_1 与 O_2 的圆的半径.

对于外公切线的交点亦有类似的结论. 我们还指出: 对于两个相交的圆, 恰好可以作出两条外公切线; 而对于两个相切的圆, 则可作出三条公切线.

有关试题: 144,199,325.

18°. 面积以及面积的比

三角形的面积等于一边的长度与该边上的高的乘积的一半.

具有公共底边 AC 的 $\triangle ABC$ 与 $\triangle AB'C$ 的面积相等, 当且仅当它们在该边上的高相等, 如果直线 BB' 平行于 AC, 则这两个三角形的面积相等. 反之, 如果点 B 与点 B' 位于直线 AC 的同侧, 且 $\triangle ABC$ 与 $\triangle AB'C$ 的面积相等, 则 $BB'//AC$.

在图 355(a) 中, $\triangle ABC$ 与 $\triangle ADC$ 的面积之比等于 $\dfrac{AB}{AD}$. 在图 355(b) 中, $\triangle AB'C'$ 与 $\triangle ABC$ 的面积之比等于 $\dfrac{AB'}{AB} \cdot \dfrac{AC'}{AC}$.

有关试题: 220, 269, 393, 410.

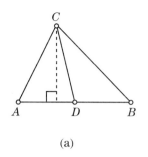
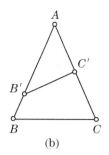

(a)   (b)

图 355

本书所附参考文献: [46] 第 4 章.

多 项 式

19°. 多项式相除与剩余定理

像整数那样, 可对有理系数多项式做带余除法 (参阅专题分类 7°):

定理 如果 f 与 g 都是多项式, 且 $g \neq 0$, 则唯一地存在多项式 q 与 r, 使得:
(1) $f = qg + r$; (2) r 的次数低于 g 的次数.

此处, q 与 r 分别称为 f 被 g 除的商式和余式. 对于实系数多项式亦有类似的定理. 我们在此指出, 零多项式的次数等于 $-\infty$.

例如, 多项式 $x^4 + 1$ 被多项式 $x^2 + x$ 除的商式是 $x^2 - x + 1$, 余式为 $1 - x$.

剩余定理 (比左定理) (1) 多项式 $f(x)$ 被 $x - a$ 除的余数等于 $f(a)$; (2) 多项式 $f(x)$ 可被 $x - a$ 整除, 当且仅当 a 是多项式 $f(x)$ 的根.

有关试题: 213, 244, 365.

本书所附参考文献: [48].

20°. 多项式的根与韦达定理

定理 (1) n 次多项式有不多于 n 个根.

(2) 若 $x_1, x_2, \cdots, x_n$ 是 n 次多项式 $f(x)$ 的互不相同的根, 则
$$f(x) = a(x - x_1)(x - x_2) \cdots (x - x_n),$$
其中 a 是多项式 $f(x)$ 的 x^n 项的系数.

(3) 如果
$$x^n + a_{n-1} x^{n-1} + \cdots + a_1 x + a_0 = (x - x_1)(x - x_2) \cdots (x - x_n),$$
则
$$a_{n-1} = -\sum_{1 \leqslant i \leqslant n} x_i,$$
$$a_{n-2} = \sum_{1 \leqslant i < j \leqslant n} x_i x_j,$$

$$a_{n-3} = -\sum_{1\leqslant i<j<k\leqslant n} x_i x_j x_k,$$

$$\cdots\cdots\cdots$$

$$a_0 = (-1)^n x_1 x_2 \cdots x_n.$$

(4) 特别地, 如果 $x_1, x_2, \cdots, x_n$ 是多项式 $x^n + a_{n-1}x^{n-1} + \cdots + a_1 x + a_0$ 的互不相同的根, 则有 (3) 中所列公式成立.

上述定理中的断言 (3) 和 (4) 称为韦达定理. 对于 $n = 3$, 断言 (3) 中的公式为

$$a_2 = -(x_1 + x_2 + x_3),$$
$$a_1 = x_1 x_2 + x_1 x_3 + x_2 x_3,$$
$$a_2 = -x_1 x_2 x_3.$$

当 $n = 2$ 时, 即为中学课本中为大家所熟知的韦达定理的通常形式.

韦达定理的逆定理也常会用到: 如果多项式的各项系数可由断言 (3) 中的公式确定, 则该多项式的根就是 $x_1, x_2, \cdots, x_n$.

有关试题: 165,169,217,244.

本书所附参考文献: [48].

21°. 多项式因式分解的唯一性

非常数的有理系数多项式称为在有理数中不可分的, 如果它不能表示为较低次数的有理系数多项式的乘积. 例如, 多项式 $x - 4$, $x^2 - 2$, $x^3 + x + 1$ 是不可分的, 而多项式 $x^3 - 1$, $x^4 + 4$, $x^5 + x + 1$ 是可分的.

任何一个有理系数多项式都可以唯一地表示为不可分有理系数多项式的乘积 (不计顺序与常数因子).

例如

$$x^2 - 1 = (x-1)(x+1) = (2x-2)\left(\frac{1}{2}x + \frac{1}{2}\right).$$

对于整数系数多项式、实系数多项式、复系数多项式等亦有类似的定理成立. 对于多变量多项式也有类似的定理成立.

有关试题: 174,291.

本书所附参考文献: [48].

22°. 差分

设 c 为非 0 常数, 则 $f(x+c) - f(x)$ 是比多项式 $f(x)$ 低 1 次的多项式. 更确切地说, 如果多项式 $f(x)$ 的首项为 $a_n x^n$, 则多项式 $f(x+c) - f(x)$ 的首项就是 $a_n c n x^{n-1}$.

有关试题: 174,291.

本书所附参考文献: [48].

各种事实

23°. 奇偶性

如果一个整数可被 2 整除 (参阅专题分类 5°), 就称为偶数, 否则就称为奇数. 偶数可表示成形式 $2n$, 奇数可表示成形式 $2n+1$.

如下知识是有用的:

(1) 两个偶数的和是偶数, 两个奇数的和是偶数, 一个奇数与一个偶数的和是奇数; 对于差亦有类似结论.

(2) 多个整数的和是偶数, 当且仅当加项中有偶数个奇数.

(3) 偶数与任何整数的乘积是偶数, 两个奇数的乘积是奇数; 多个整数的乘积是偶数, 如果其中至少有一个偶数, 否则乘积为奇数.

有关试题:107,112,170,182,205,222,247,259,282,286,315,326,328,329,332,350, 359,360.

本书所附参考文献: [62].

24°. 归纳, 完全归纳

数学归纳法是一种用来证明如下形式命题的方法: "对于每个正整数 n, 都有 ……." 这类命题可以呈现为一个命题链: "对于 $n=1$, 有 ……" "对于 $n=2$, 有 ……", 如此等等.

链中的第一个命题称为 "基础", 对它正确性的验证通常较为容易, 称为奠基或起步. 然后就要进行归纳过渡 (或言迈步): "如果第 n 号命题已经成立, 则第 $n+1$ 号命题也成立." 这一步如果获得证明, 那么也就意味着一系列的结论均已成立: "如果第 1 号命题已经成立, 则第 2 号命题也成立" "如果第 2 号命题已经成立, 则第 3 号命题也成立", 如此等等.

如果基础和过渡的正确性均已获得证明, 则整个系列中的命题就全都成立了 (这就是所谓的数学归纳法原理). 第 143 题、第 154 题和第 334 题是对数学归纳法的很好的诠释.

有时为证明链中的命题全都成立, 需要假定此前的所有命题全都成立, 此时的归纳过渡形式为: "如果第 1 号至第 n 号命题都已成立, 则第 $n+1$ 号命题也成立." 作为对此种过渡形式的诠释, 可见第 109 题和第 112 题.

在有些问题中, 倾斜式归纳和反向归纳会显得更方便: 如果第 $n>1$ 号命题的成立可以化归一个或数个编号较小的命题的正确性, 并且第一个命题成立, 则整个系列中的命题都成立.

倾斜式归纳通常表现为如下形式: 采用反证法, 考察使得命题不成立的最小编号 n, 并证明可以找到一个更小的编号 $m<n$, 使得编号为 m 的命题不成立, 由此得出矛盾. 例如, 可参阅第 163 和 193 题.

归纳往往以模糊的形式出现, 如术语 "如此等等" 常意味着一种隐形的归纳.

有关试题: 归纳法: 109,112,126,143,152,154,159,163,170,174,176,192,193, 257,261,266, 271,286,291,321,334,363,413;

隐形归纳: 114,207,216,267,309,338.

本书所附参考文献: [62].

25°. 线性性质

以 (x,y) 为坐标的平面上的函数 $f(x,y) = ax+by+c$ 叫作仿射函数, 以 $(x_1,x_2,\cdots,x_n)$ 为坐标的 n 维空间中的仿射函数的形式为
$$f(x_1,x_2,\cdots,x_n) = a_1x_1 + a_2x_2 + \cdots + a_nx_n + c,$$
如果 $c=0$, 则称为线性函数.

点在直线或平面上的投影就是点的坐标的仿射函数. 由点 (x,y,z) 到具有方程 $ax+by+cz+d=0$ 的平面 α 的有向距离 $f(x,y,z)$ 就是一个仿射函数 (在 α 的法线上的投影):
$$f(x,y,z) = \frac{ax+by+cz+d}{\sqrt{a^2+b^2+c^2}}.$$

这个公式成立的依据是: 位于平面中的向量与位于法线上的向量的内积为 0.

如下的一些断言值得注意: 仿射函数的和 (或线性组合) 是仿射函数. 平面上的仿射函数如果非 0, 则其 0 点的集合是一条直线. 所以为验证平面上的仿射函数是否为常数 (特别地, 是否为 0), 只需验证其在某个三角形的 3 个顶点处的值即可. 类似地, 为了验证 3 维空间中的仿射函数是否为常数 (特别地, 是否为 0), 只需验证其在某个四面体的 4 个顶点处的值即可 (参阅第 270 题).

在有些试题中出现了建立在模 2 剩余类域 $\mathbf{Z}/2\mathbf{Z}$ 上的线性空间. 在第 174 题的解法 2 中就用到了这样的事实: 任何 (不同于全空间的) 特征线性子空间中都将某个线性函数的 0 点集合包含在其内部.

第 237 题的解答基于这样一种想法: 有理系数线性方程组只要具有无理解 (即一个变量值为无理数), 那么它就具有无穷多组解 (解的参数族).

有关试题: 151, 170, 233, 270.

本书所附参考文献: [72], [73].

26°. 平均不等式

试题解答中经常不等式: $2ab \leqslant a^2+b^2$ (它对一切实数 a 和 b 成立) 和 $\sqrt{ab} \leqslant \dfrac{a+b}{2}$ (它对一切非负实数 a 和 b 成立). 后一个不等式具有几何意义: 在周长为定值的矩形中, 以正方形的面积为最大.

该不等式的推广就是经典的柯西不等式: 对任何非负实数 $a_1,a_2,\cdots,a_n$, 都有
$$\sqrt[n]{a_1,a_2,\cdots,a_n} \leqslant \frac{a_1+a_2+\cdots+a_n}{n}.$$

由 $n=3$ 时的这个不等式推出: 表面积相等的平行六面体中, 以正方体的体积为最大.

有关试题: 121, 156, 336.

27°. 数列的极限

无穷数列 a_n 具有极限 L (当 n 趋于 ∞ 时, a_n 趋于 L), 如果对任给的 $\varepsilon > 0$, 都存在某个脚标 k, 使得对一切 $n > k$, 都有 $|a_n - L| < \varepsilon$. 记为 $\lim\limits_{n\to\infty} a_n = L$.

如下的一些极限是解题时经常用到的:

(1) 如果 $|a| < 1$, 则 $\lim\limits_{n\to\infty} a^n = 0$.

(2) 对任何实数 a, 都有 $\lim\limits_{n\to\infty} \dfrac{a^n}{n!} = 0$.

(3) 若 P 与 Q 分别为 k 次和 l 次多项式, 则有

$$\lim_{n\to\infty}\frac{P(n)}{Q(n)} = \begin{cases} 0, & 若\ l > k, \\ \infty, & 若\ l < k, \\ 首项系数之比, & 若\ l = k. \end{cases}$$

有关试题: 243, 266, 297, 316, 394, 395.

本书所附参考文献: [75] 第 3 章.

28°. 定积分的性质

设 $f(x)$ 是定义在区间 $[a,b]$ 上的函数. 则在对 $f(x)$ 的某些限制条件下 (例如, $f(x)$ 连续, 等等), 可对 $f(x)$ 定义它在区间 $[a,b]$ 上的定积分, 记为 $\int_a^b f(x)\mathrm{d}x$. 如果 $f(x)$ 连续, 则它就是由横轴, 直线 $x=a$ 与 $x=b$ 以及函数 $f(x)$ 的图像所围成的图形的面积. 其中, 在 $f(x)$ 为负值的区段上, 面积为负值.

函数 $f(x)$ 的图像与函数 $f(a-x)$ 的图像关于直线 $x=\frac{a}{2}$ 对称, 所以 $\int_0^a f(x)\mathrm{d}x = \int_0^a f(a-x)\mathrm{d}x$ (参阅第 221 题).

通常运用牛顿——莱布尼茨公式计算定积分: 设 $F(x)$ 是 $f(x)$ 在区间 $[a,b]$ 上的原函数 (意即在开区间 (a,b) 上有 $F'(x)=f(x)$, 且 $F(x)$ 在 $x=a$ 和 $x=b$ 处连续), 则

$$\int_a^b f(x)\mathrm{d}x = F(b) - F(a).$$

连续函数的原函数必定存在, 但未必都能用初等函数表示出来.

定积分具有如下一些性质:

(1) $\int_a^b \big(c_1 f_1(x) + c_2 f_2(x)\big)\mathrm{d}x = c_1 \int_a^b f_1(x)\mathrm{d}x + c_2 \int_a^b f_2(x)\mathrm{d}x.$

(2) $\int_a^c f(x)\mathrm{d}x = \int_a^b f(x)\mathrm{d}x + \int_b^c f(x)\mathrm{d}x.$

(3) 若 $k \neq 0$, 则

$$\int_a^b f(kx+l)\mathrm{d}x = \frac{1}{k}\int_{ka+l}^{kb+l} f(x)\mathrm{d}x$$

(参阅第 294 题).

有关试题: 417, 221, 294.

本书所附参考文献: [75] 第 4 章.

关于第 119b) 题的解答

我们来观察某个整个没在水中的圆,在该圆的圆周上取定 4 个点 A_1, A_2, B_1 和 B_2,其中, A_1, A_2 被 B_1 和 B_2 隔开 (亦即由点 A_1 沿圆周到达点 A_2, 中途需经过点 B_1 或经过点 B_2).

设该圆的圆心为 O. 将射线 OA_1 与河岸的第一个交点记作 A_1'. 类似地定义 A_2', B_1' 和 B_2'. 将河的左岸、右岸和湖岸的并称为水岸曲线. 该曲线是一条不自交的封闭曲线,它由直线段和圆弧段构成.

我们将不止一次用到如下的 "拓扑学" 命题:

引理 0 点 A_1', A_2' 被点 B_1' 和点 B_2' 隔开 (亦即由点 A_1' 沿水岸曲线到达点 A_2', 中途需经过点 B_1' 或经过点 B_2').

引理 0 之证 假若不是如此,我们用字母 Γ 表示水岸曲线上介于点 A_1' 与点 A_2' 之间的不经过点 B_1' 和点 B_2' 一段 (见图 356). 显然, Γ 应当与射线 OB_1' 和射线 OB_2' 之一相交,不妨设之为 OB_1'. 易知交点离圆心 O 的距离比 B_1' 远. 我们来观察由 Γ 和线段 OA_1', OA_2' 所围成的迴路. 该迴路将点 B_1' 和点 B_2' 分隔开来, 因此点 B_1' 与点 B_2' 之间的水岸曲线应当与该迴路相交, 然而这是不可能的, 导致矛盾. 引理 0 证毕.

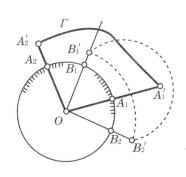

图 356

注 上述证明中用到了著名的若尔丹定理:不自交的封闭曲线将平面分为两个部分. 对于由直线段和圆弧段构成的封闭曲线,不难证明这一命题. 一般情况可查阅参考文献 [25].

引理 1 在题中的条件下,不存在圆心在河中且整个没在水中的半径为 $750\,\mathrm{m}$ 的圆.

引理 1 之证 假设存在这样的圆,设其圆心为 O. 我们来证明,在一侧的河岸上存在一个点,它到另一侧的河岸的距离大于 $100\,\mathrm{m}$.

将以点 O 为端点的射线分别染为 4 种颜色:如果射线与水岸曲线的第一个交点是在

河流右岸上的就将其染为蓝色,是在左岸上的就染为绿色,是在第一个湖泊中的就染为黄色,是在第二个湖泊中的就染为白色.

圆周上的每个点也就分别被染为相应的颜色. 我们将白点和黄点称为浅色点,将蓝点和绿点称为深色点. 于是, 整个圆周被分为不同颜色的弧段 (可能整个圆周就是一个弧段).

1°. 每种颜色的弧段都不多于一段.

证 假设不然, 不妨设至少有两个绿色弧段. 在两个绿色弧段上各取一点 A_1 和 A_2. 这两个点将圆周分成两个部分, 在每个部分上都至少可以找到一个别的颜色的点, 将它们分别记为 B_1 和 B_2. 再对它们运用引理 0, 即得所证.

我们指出, 每个弧段都可能是开的、闭的或半开半闭的.

注 老练的读者可能会产生这样的疑问: 各种颜色的点的集合未必就是有限段弧段的并. 然而由我们前面的讨论可知, 这些集合都是连通集, 而圆周上的连通集必然是弧段.

2°. 只要蓝色与绿色的弧段都存在, 那么白色和黄色的弧段就不可能有公共端点.

证 反证. 假设各色弧段按如下顺序依次排列: 白色弧段, 黄色弧段, 绿色弧段和蓝色弧段. 那么我们分别取一个白点, 一个绿点, 一个黄点和一个蓝点作为 A_1, A_2, B_1 和 B_2, 再对它们使用引理 0. 接下来的步骤与上类似.

3°. 每种浅色的弧段都不大于 180°, 所以每个不在湖中的点都可以用直线将其与湖水隔开. 这表明, 至少有一个深色弧段.

4°. 或者每种深色的弧段都为 180° (我们将这种情形称为特殊情形), 或者可以在圆周上找到点 A_1, A_2 和 B, 具有如下性质:

(1) A_1 与 A_2 互为对径点.

(2) 点 B 是两段弧 $\overparen{A_1A_2}$ 之一的中点.

(3) 点 B 是深色的, 而点 A_1 与 A_2 或者都是浅色的, 或者都与点 B 同色 (我们将这种情形称为一般情形).

证 可以认为蓝色弧段与绿色弧段都存在, 且都小于 180°, 因为其余情形都很显然. 首先假设两种浅色弧段都存在. 由第 2° 款知, 可以找到一条连接白点和黄点的直径 d_1. 我们来观察与之垂直的另一条直径 d_2.

只要 d_2 有一个端点是深色的, 就可将其取作点 B, 而将直径 d_1 的两端分别取作 A_1 和 A_2.

现设 d_2 的两端都是浅色的. 直径 d_1 与 d_2 将圆周四等分, 并且每个深色的弧段都完整地包含在其中一个部分中. 分别包含两个深色弧段的部分是相对的, 否则就会有一个浅色弧段大于 180°. 从而可以将任何一个深色点取作点 B.

至于有两段深色弧段和一段浅色弧段的情形留给读者作为练习.

5°. 我们先来看一般情形. 不妨设点 B 是蓝色的. 如同前面那样定义点 A_1', A_2' 和 B'. 设 $\varGamma$ 是夹在点 A_1' 与点 A_2' 之间且含有点 B' 的水岸曲线片段. 在必要的时候, 可以选择新的满足第 4° 款中的性质的点 A_i 和 B, 故可以假设在片段 $\varGamma$ 上不包含左岸上的点.

证 点 A_1' 和 A_2' 都不在左岸上, 这意味着, 或者在 $\varGamma$ 中没有左岸上的点, 或者 $\varGamma$ 中包含了整个左岸. 若为前一种情况, 则断言已经成立. 在后一种情况下, $\varGamma$ 中还整个包含着一个湖泊的湖岸 (不妨设为第一个湖泊). 于是存在两种可能: A_1 和 A_2 都是蓝点, 或者一个蓝点一个白点. 如果 A_1 和 A_2 都是蓝点, 则根据引理 0, 整个圆周都是蓝色的, 于是再次运用引理 0, 不难看出, 只需将点 B 换为其对径点. 如果 B 为白点, 则圆周仅由黄色弧段与蓝色弧段组成, 从而蓝色弧段大于 $180°$. 于是我们可以选择新的点 A_i 和 B, 从而归结为前一种情况. 断言证毕.

现在我们来构造一个迴路 (见图 357), 它由如下部分组成:

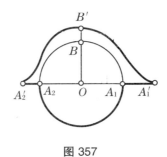

图 357

(1) 水岸曲线 $\varGamma$.
(2) 线段 A_1A_1' 和 A_2A_2'.
(3) 包含着点 A_1 和 A_2, 但不包含点 B 的半个圆周.

由于在 $\varGamma$ 上没有左岸上的点, 所以由点 B' 前往左岸的最短路径与片段 $A_1'A_1A_2A_2'$ 相交于某个点 X. 在任何一种情况下, 都有

$$\angle B'OX \geqslant 90°, \quad B'O \geqslant 750\,\mathrm{m}, \quad XO \geqslant 750\,\mathrm{m}.$$

再由余弦定理, 得知

$$B'X \geqslant \sqrt{B'O^2 + XO^2} \geqslant 750\sqrt{2}\,\mathrm{m} \geqslant 1000\,\mathrm{m},$$

此与所设条件相矛盾.

下面再来考虑特殊情况. 此时不能取得相互对径的蓝点, 但是可以取得 "几乎对径的" 蓝点. 确切地说, 我们可以使得 $\cos\alpha < \dfrac{1}{9}$, 其中 2α 是较短弧 $\overset{\frown}{A_1A_2}$ 的弧度. 于是前一不等式变为

$$B'X \geqslant \sqrt{B'O^2 + XO^2 - \dfrac{2B'O \cdot XO}{9}}$$

$$\geqslant \sqrt{B'O^2 + XO^2 - \dfrac{B'O^2 + XO^2}{9}} \geqslant \sqrt{\dfrac{8}{9}} \cdot \sqrt{750^2 + 750^2}\,\mathrm{m} = 1000\,\mathrm{m}.$$

引理 1 证毕.

引理 2 若河中的点 O 到左岸 (沿着水) 的距离不小于 $750\,\mathrm{m}$, 则它到右岸的距离不超过 $750\,\mathrm{m}$.

引理 2 之证 假设点 B 是岸上的点中到点 O 距离最近的点或最近的点之一, 则根据引理 1, 有 $OB < 750\,\mathrm{m}$.

在线段 OB 内部没有河岸上的点, 因而由点 O 到点 B 沿着水的距离就是沿着直线的距离. 由于由点 O 到左岸 (沿着水) 的距离不小于 $750\,\mathrm{m}$, 所以点 B 不可能在左岸上. 故若点 B 在右岸上, 则引理 2 即告证毕. 所以只需证明点 B 不在湖岸上. 我们将相应的湖岸记作 K_1.

假设左岸在点 P 和 Q 处转变为湖岸, 而右岸在点 R 和 S 处转变为湖岸.

设 K_1 是以点 O 为圆心、以点 OB 为半径的圆. 在该圆内部没有岸上的点. 这意味着, 或者弧段 K_1 与 K_2 相切, 或者 B 就是点 P,Q,R,S 之一 (参阅图 358(a)). 在后一情形下, 点 B 在河岸上, 这种情形我们已经考察过了. 不难看出, 在前一情况下, 点 B 仍然还是点 P,Q,R,S 之一 (否则我们就可以从外面游到湖岸了). 引理 2 证毕.

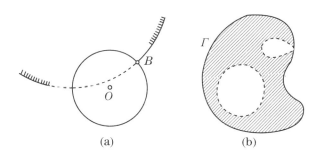

图 358

现在我们可以给出第 119b) 题的解答了.

解题思路 设 X 是满足如下两个条件的点 A 的集合:

(1) 点 A 在水中 (在河里, 或者在湖里).

(2) 由点 A 到左岸 (沿着水) 的距离小于 800 m.

则 X 是一个连通区域①. 其连通性可由如下事实推出: 由区域 X 中的任何一点都可以游到左岸, 所游过的点全都在区域 X 中.

设 Γ 是区域 X 的外边界, 意即边界中的这样一个部分, 由其中的每个点可以沿着不属于 X 的点远离河流和湖泊 (用数学语言说, 就是走到无穷远处, 参阅图 358(b)). 于是, Γ 是一条不自交的闭折线.

易知, Γ 由如下两类点构成:

(1) 由这些点到达左岸的距离刚好等于 800 m.

(2) (河流与湖泊的) 沿岸的点.

我们用 Γ_1 表示河流的左岸, 显然, Γ_1 整个含在 Γ 中. 事实上, 设 A 是左岸上的点, 如若由它略为往河中游动一点点, 那么就到了属于 X 的点; 而若由它朝干处略为移动一点点, 那么就到了不属于 X 的点. 这表明点 A 属于集合 X 的边界, 而且它处于边界的外侧, 因为由它可以沿着干处的点到达无穷远处.

这样一来, Γ 可以表示为 Γ_1 与 $\Gamma \setminus \Gamma_1$ 的并. 我们指出, $\Gamma \setminus \Gamma_1$ 连着左岸的终点, 也就是连着湖泊. 我们来证明, 引水员可以引导船舶沿着 Γ_1 的这个补集 (亦即 $\Gamma \setminus \Gamma_1$) 行走. 为此, 只需证明, $\Gamma \setminus \Gamma_1$ 中的每个点到每个岸边的距离都不大于 800 m, 只要这个点不在湖里.

观察 $\Gamma \setminus \Gamma_1$ 中的任一点. 它到左岸的距离不大于 800 m. 如果该点在右岸上, 则它到右岸的距离小于 800 m. 如果它在河里, 则由引理 2 可知结论. 题目解毕.

严格解答过繁, 此处略去.

---

① 粗略地说, 连通区域就是由一块区域构成; 或者说, 在该区域中的任何一点都可以走到该区域中的任何一点, 而无须越出该区域的边界. —— 编译者注

本书资料来源

1. Г. А. 嘎尔别林, А. К. 托尔贝戈. 第 1—50 届莫斯科数学奥林匹克 [M]. 苏淳, 葛斌华, 胡大同, 译. 北京: 科学出版社, 1990.

2. 苏淳. 苏联数学奥林匹克试题汇编 [M]. 北京: 北京大学出版社, 1992.

3. Материалы для проведения LI-LV Московских математических олимпиад, Жюри олимпиад.

4. Р. М. Федоров, А. Я. Канель-Белов, А. К. Ковальджи, И. В. Яшенко: Московские математические олимпиады 1993-2005 г. Под редакцией В. М. Тихомирова, Издательство МЦНМО, Москва, 2006.

5. LXIX Московская математическая олимпиада, элект эронная форма, Издательство МЦНМО, Москва, 2006.

6. LXX Московская математическая олимпиада, электронная форма, Издательство МЦНМО, Москва, 2007.

7. LXXI Московская математическая олимпиада, электронная форма, Издательство МЦНМО, Москва, 2008.

8. LXXII Московская математическая олимпиада, электронная форма, Издательство МЦНМО, Москва, 2009.

9. LXXIII Московская математическая олимпиада, электронная форма, Издательство МЦНМО, Москва, 2010.

10. LXXIV Московская математическая олимпиада, электронная форма, Издательство МЦНМО, Москва, 2011.

11. LXXV Московская математическая олимпиада, электронная форма, Издательство МЦНМО, Москва, 2012.

12. LXXVI Московская математическая олимпиада, электронная форма, Издательство МЦНМО, Москва, 2013.

参 考 文 献

入门读物

[1] Болл У., Кокстер Г. Математические эссе и развлечения[M]. Мир, 1986.

[2] Игнатьев Е. И. В царстве смекалки[M]. М.: Наука, 1978.

[3] Козлова Е. Г. Сказки и подсказки. Задачи для математического кружка[M]. М.: МЦНМО, 2004.

[4] Кордемский Б. А. Математическая смекалка[M]. Юниасм, МДС, 1994.

[5] Произволов В. В. Задачи на вырост[M]. М.: Бюро Квантум, 2003. (Приложение к журналу 《Квант》, No. 3, 2003.)

[6] Савин А. П. Занимательные математические задачи[M]. М.: АСТ, 1995.

[7] Спивак А. В. Тысяча и одна задача по математике[M]. М.: Просвещение, 2002.

[8] Уфнаровский В. А. Математический аквариум[M]. Ижевск: НИЦ 《Регулярная и хаотическая динамика》, 2000.

[9] Штейнгуз Г. Математический калейдоскоп[M]. М.: Наука, 1981.

[10] Ященко И. В. Математический праздник[M]. М.: МЦНМО, 2005.

数学家谈数学

[11] Аносов Д. В. Взгляд на математику и нечто из нее[M]. М.: МЦНМО, 2003. (Библ. 《Математическое просвещение》, вып. 3.)

[12] Болибрух А. А. Проблемы Гильберта (100 лет спустя)[M]. М.: МЦНМО, 1999. (Библ. 《Математи- ческое просвещение》, вып. 2.)

[13] Васильев Н. Б. Избранные статьи[M]. М.: Бюро Квантум, 1998. (Приложение к журналу 《Квант》, No. 6, 1998.)

[14] Гарднер М. Математичские досуги[M]. М.: Мир, 2000.

[15] Гиндикин С. Г. Рассказы о физиках и мамематиках[M]. М.: МЦНМО, 2001.

[16] Дынкин Е. Б., Успенский В. А. Математические беседы[M]. Ижевск: НИЦ 《Регулярная и хаотическая динамика》, 2002.

[17] Клейн Ф. Элементарная математика с точки зрения высшей[M]. М.: Наука, 1987.

[18] Колмогоров А. Н. Математика— Наука и профессия[M]. М.: Наука, 1988. (Библ. 《Квант》, вып. 64.)

[19] Курант П., Роббинс Г. Что такое математика? Элементарный идей и методов[M]. М.: МЦНМО, 2004.

[20] Радемахер Г.,Теплиц О. Числа и фигуры (опыты Математического мышления)[M]. М.: НИЦ 《Регулярная и хаотическая динамика》, 2000.

[21] Сингх С. Великая теорема Ферма[M]. М.: МЦНМО, 2000.

[22] Тихмиров В.М.Великие математики прошлого и их Великие теоремы[M].М.:МЦНМО,2003.(Библ. 《Математическое просвещение》, вып. 1.)

高等数学初步

[23] Александров П. С. Введение в теорию групп[M]. М.: Наука, 1980. (Библ. 《Квант》, вып. 7.)

[24] Алексеев В. Б. Теорема Абеля в задачах и решениях[M]. М.: МЦНМО, 2001.

[25] Болтянский В. Г., Ефремович В. А. Наглядная топология[M]. М.: Наука, 1982. (Библ. 《Квант》, вып. 21.)

[26] Бугаенко В. О. Уравнения Пелля[M]. М.: МЦНМО, 2001. (Библ. 《Математическое просвещение》, вып. 13.)

[27] Васильев Н. Б., Гутенмахер В. Л. Прямые и кривые[M]. М.: МЦНМО, 2004.

[28] Виленкин Н. Я. Рассказы о множествах[M]. М.: МЦНМО, 2004.

[29] Виноградов И. М. Основы теории чисел[M]. М.: Наука, 1981.

[30] Калужнин Л. А. Основная теорема арифметики[M]. М.: Наука, 1969. (Популярные лекции по математике, вып. 47.)

[31] Кантор И. Л., Солодовников А. С. Гиперкомплексные числа[M]. М.: Наука, 1973.

[32] Октоби Дж. Мера и категория[M]. М.: Мир, 1974.

[33] Рид М. Алгебрическая геометрия для всех[M]. М.: Мир, 1991.

[34] Смиров С. Г. Прогулки по замхутым поверхностям[M]. М.: МЦНМО, 2003. (Библ. 《Математиче- ское просвещение》, вып. 27.)

[35] Яглом А. М., Яглом И. М. Неэлементарные задачи в элементарном изложении[M]. М.: Наука, 1954.

[36] Ященко И. В. Парадоксы теории множств[M]. М.: МЦНМО, 2002. (Библ. 《Математическое просве- щение》, вып. 20.)

各类书籍

[37] Воробьев Н. Н. Числа Фибоначчи[M]. М.: Наука, 1992. (Популярные лекции по математике, вып. 6.)

[38] Гик Е. Я. Математика на шахматной доске[M]. М.: Наука, 1976.

[39] Гильберт Д., Кон-Фоссен С. Наглядная геометрия[M]. М.: Наука, 1981.

[40] Гордин Р. К. Это должен знать каждый матшкольник[M]. М.: МЦНМО, 2004.

[41] Долбилин Н. П. Жемчужины теории многогранников[M]. М.: МЦНМО, 2000. (Библ. 《Математическое просвещение》, вып. 5.)

[42] Какcетер Г. С.,Грейтецер С. Л. Новые встречи с геометрией[M]. Ижевск:НИЦ 《Регулярная и хаотическая динамика》, 2002.

[43] Линдгрсн Г. Занимательные задачи на разрезание[M]. М.: Мир, 1977.

[44] Мостеллер Ф. Пятьдесят занимательных вероятностных задач с решениями[M]. М.: Наука, 1985.

[45] Оре О. Графы и их применение[M]. М.: Эдиториал УРСС, 2002.

[46] Просолов В. В. Задачи по планиметрии[M]. М.: МЦНМО, 2006.

[47] Просолов В. В.,Шарыгин И. Ф. Задачи по стерометрии[M]. М.: Наука, 1989.

[48] Табачников С. Л. Многочлены[M]. М.: Фазис, 1996.

[49] Фейнман П.,Лейтон П.,сендс М. Фейнмановские лекции по физике[M]. М.: Эдиториал УРСС, 2004.

[50] Шклярский Д. О.,Ченцов Н. Н., Яглом И. М. Избранные задачи и теоремы элементарной математики (Алгебра, планиметрия, стеометрия)[M]. М.: Наука, 2000.

[51] Шклярский Д. О.,Ченцов Н. Н., Яглом И. М. Гепметрические неравенства и задачи на максимум и минимум[M]. М.: Наука, 1970.

[52] Энциклопедический словарьюного математика/Сост. А. П. Савин[M]. М.: Педагогика, 1985.

[53] Энциклопедия элементарной математики/ Под ред П. С. Александпова,А. И. Маркушевича,А. Я. Хинчина[M]. М. -Л.: ГТТИ, 1951, 1952; М.: Физматгиз, 1963; М.: Наука, 1966.

数学奥林匹克试题集

[54] Берлов С. Л., Иванов С. В., Кохась К. П. Петербургские математические олимпиады[M]. СПб.: Лань, 2003.

[55] Бугаенко В. О. Турниры им. Ломоносова (Конкурсы по математике)[M]. М.: МЦНМО, ЧеРо. 1998.

[56] Васильев Н. Б.,Гутенмахер В. Л., Раббот Ж. М., Тоом А. Л. Заочные математические олимпиады[M]. М.: Наука, 1987.

[57] Васильев Н. Б.,Егоров А. А. Задачи Всесоюзных математических олимпиад[M]. М.: Наука, 1988.

[58] Гальперин Г. А.,Толпыго А. К. Московские математические олимпиады[M]. М.: Просвещение, 1986.

[59] Горбачев Н. В. Сборник олимпиадых задач по математике[M]. М.: МЦНМО, ЧеРо. 2005.

[60] Дориченко С. А.,Ященко И. В. LVIII Московская математическая олимпиада:сборник подготобительных задач[M]. М.: ТЕИС, 1994.

[61] Зарубежные математические олимпиады/Под ред. И. Н. Сергеева[M]. М.: Наука, 1987.

[62] Канель- Белов А. Я., Ковальджи А. К. Как решают нестандартные задачи[M]. М.: МЦНМО, 2004.

[63] Леман А. А. Сборник задач масковских олимпиад[M]. М.: Просвещение, 1965.

[64] Маждународные математические олимпиады/Сост. А. А. Фомин, Г. М. Кузнецова[M]. М.: Дрофа, 1998.

[65] Морозова Е. А., Петраков И. С., Скворцов Б. А. Маждународные математические олимпиады[M]. М.: Просвещение, 1976.

[66] Московские математические олимпиады. 60 лет спустя / Сост. А. Я. Канель-Белов, А. К. Ковальджи. Под пед. Ю. С. Ильяшенко, В. М. Тихамирова[M]. М.: Бюро Квантум, 1995. (Приложение к журналу 《Квант》, No. 6, 1995.)

[67] Рукшен С. Е. Математические соревнования в Ленинграде–Санкт-Петербурге[M]. Ростов-на-Дону: «Март», 2000.

[68] Фомин Д. В. Санкт-Петербургские математические олимпиады[M]. СПб: Политехника, 1994.

高年级中学生与大学生读物

[69] Александров П. С. Курс аналитической геометрии и линейной алгебры[M]. М.: Наука, 1979.

[70] АрнольВ. И. Обыкновенные дифференциальные уравнения[M]. Ижевск: РХД, 2000.

[71] Верещагин Н. К.,Шень А. Начала теории множеств[M]. М.: МЦНМО, 2002.

[72] Винберк Э. Б. Курс алгебры[M]. М.: Факториал Пресс, 2002.

[73] Гельфанд И. М. Лекции по линейной алгебре[M]. М.: Добросвет, МЦНМО, 1998.

[74] Гриффитс Ф., Харрис Дж. Принципы алгебраической геометри:В 2 т[M]. М.: Мир, 1982.

[75] Зорич В. А. Математический анализ:В 2 т[M]. М.: МЦНМО, 2002.

[76] Картан А. Элементарная теория аналитических функций одного и нескольких комплексных переменных[M]. М.: ИЛ, 1963.

[77] Корнфельд И. П., Синай Я. Г., Фомин С. В. Эргодическая теория[M]. М.: Наука, 1980.

[78] Милнор Дж.,Уоллес А. Дифференциальная топология. Начальный Курс[M]. М.: Мир, 1972.

[79] Фоменко А. Т., Фукс Д. Б. Курс гомотопическии[M]. М.: Наука, 1989.

[80] Шафаревич И. Р. Основы алгебраической геометри: В 2 т[M]. М.: Наука, 1988.

各种论文

[81] Белов А.,Сапир М. «И возвращается ветер...», или периодичесность в математике[J]. Квант, 1990, No. 4,p. 6-10, 56.

[82] Ильыешенко Ю., Котова А. Подкова Цмейла [J]. Квант, 1994, No. 1,p. 15-19.

[83] Камнев Л. И. Иррациональность суммы радикалов [J]. Квант, 1972, No. 2,p. 26-27.

[84] Канель-Белов А. Я. Решение задачи 1.5 [J]. Математическое просвещение, Третья серия, 2002, Вып. 6, р. 139-140.

[85] Математическое просвещение. Третья серия, 2001, Вып. 5, p. 65-38.

[86] Фукс Д. Можно ли из тетраэдра сделать куб? [J]. Квант, 1990, No. 11, p. 2-11.

[87] Laczkovich M. Equidecomposability and discrepancy: a solution to Tarski's circle squaring problem [J]. Journal für die Reine aud Angewandte Mathematik, 1990. No. 404, S. 77-117.

[88] Wagon S. Partitioning intervals, shperes and balls into congruent pieces [J]. Canadian Mathematical Bulletin, 1983, No. 26, p. 337-340.

[89] http://www. livejournal. com/community/ru-math/112913. html.

[90] http://www. livejournal. com/community/ru-math/114368. html.

供教师和数学班组织者阅读的资料

[91] Адамар Ж. Исследование психологии процесса избретения в области математики[M]. M.: МЦНМО, 2001.

[92] Генкин С. А., Итенберг И. В., Фомин Д. В. Ленинградские математические кружки[M]. Киров: АСА, 1994.

[93] Кац М., Улам С. Математика и логика[M]. M.: Мир, 1971.

[94] Пойа Д. Математическое открытие[M]. M.: Наука, 1976.

[95] Сойер У. Прелюдия к математике[M]. M.: Мир, 1972.

[96] Стройк Д. Я. Краткий очепк истории маремагики[M]. M.: Наука, 1990.

第 73 届 MMO 所附参考文献

[97] А. М. Райгородский. Хроматические числа[M]. M.: МЦНМО, 2008.

[98] А. М. Райгородский. Проблема Борсука и хроматические числа метрических пространств[J]. Успехи матем. наук, 2001, 56, No. 1, p.107-146.

[99] А. Сойфер. Хроматическое число плоскости: его прошлое, настоящее и будущее[J]. Математическое просвещение, Ser. 3, 2004, No. 8, p.186-221.

[100] P. Brass, W. Moser, J. Pach. Research problems in diacrete geometry[J]. Spring, 2005.

[101] L. A. Székely. Erdös on unit distances and the Szemerédi-Trotter theorems[J]. Paul Erdös and his Mathematics, Bolyai Series Budapest, J. Bolyai Math. Soc., Spring, 2002, Vol. 11, p.649-666.

[102] А. М. Райгородский, К. А. Михйлов. О числах Рамсея для польных дистантзионных графов с вершинами в $\{0,1\}^n$[J]. Матем. сборник, 2009, 200, NO. 12, p.63-80.

第 76 届 MMO 所附参考文献

[103] Н. Б. Васильев. Вокруг формулы Пика[J]. Квант 1974, No. 12, p.39-43.

[104] А. Кушниренко. Целые точки в многоугольниках и многогранниках. [J]. Квант 1974, No. 4, p.13-20.

[105] А. Шель. Игры и стратегии с точки зрения математики[M]. М.: МЦНМО, 2008.

[106] Н. Б. Алфутова, А. В. Устинов. Алгебра и теория чисел. Сборник задач для математических школ[M]. М.: МЦНМО, 2009.

[107] В. В. Просолов. Задачи о планиметрии[M]. М.: МЦНМО, 2007.

[108] Я. П. Понарин. Элементарная метрия. Том Планиметрия[M]. М.: МЦНМО, 2008.

[109] А. А. Заслабцкий. Геометрические преобразования[M]. М.: МЦНМО, 2003.

[110] Математика в задачах. Сборник материалов выездных школ команды Москвы на Всероссийскую математическую олимпиаду[M]. М.: МЦНМО, 2009.

中国科学技术大学出版社中小学数学用书

原来数学这么好玩(3册)/田峰
我的思维游戏书/田峰
小学数学进阶.四年级上、下册/方龙
小学数学进阶.五年级上、下册/饶家伟
小学数学进阶.六年级上、下册/张善计　莫留红
小学数学思维92讲(小高版)/田峰
小升初数学题典(第2版)/姚景峰
初中数学思想方法与解题技巧/彭林　李方烈　李岩
初中数学千题解(6册)/思美
初中数学竞赛中的思维方法(第2版)/周春荔
初中数学竞赛中的数论初步(第2版)/周春荔
初中数学竞赛中的代数问题(第2版)/周春荔
初中数学竞赛中的平面几何(第2版)/周春荔
初中数学进阶.七年级上、下册/陈荣华
初中数学进阶.八年级上、下册/徐胜林
初中数学进阶.九年级上、下册/陈荣华
山东新中考数学分级训练(代数、几何)/曲艺　李昂
初升高数学衔接/甘大旺　甘正乾
平面几何的知识与问题/单墫
代数的魅力与技巧/单墫
数论入门:从故事到理论/单墫
平面几何强化训练题集(初中分册)/万喜人　等
平面几何证题手册/鲁有专

中学生数学思维方法丛书(12册)/冯跃峰
学数学(第1—6卷)/李潜
高中数学奥林匹克竞赛标准教材(上册、中册、下册)/周沛耕
平面几何强化训练题集(高中分册)/万喜人　等
平面几何测试题集/万喜人
新编平面几何300题/万喜人
代数不等式:证明方法/韩京俊
解析几何竞赛读本(第2版)/蔡玉书
全国高中数学联赛平面几何基础教程/张玮　等
全国高中数学联赛一试强化训练题集/王国军　奚新定
高中数学联赛二试强化训练题:代数/罗炜　雷勇
全国高中数学联赛一试强化训练题集(第二辑)/雷勇　王国军
全国高中数学联赛一试模拟试题精选/曾文军
全国高中数学联赛模拟试题精选/本书编委会

全国高中数学联赛模拟试题精选(第二辑)/本书编委会
全国高中数学联赛预赛试题分类精编/王文涛　等
第51—76届莫斯科数学奥林匹克/苏淳　申强
第77—86届莫斯科数学奥林匹克/苏淳
全俄中学生数学奥林匹克(2007—2019)/苏淳
圣彼得堡数学奥林匹克(2000—2009)/苏淳
圣彼得堡数学奥林匹克(2010—2019)/苏淳　刘杰
平面几何题的解题规律/周沛耕　刘建业
高中数学进阶与数学奥林匹克(上册、下册)/马传渔　张志朝　陈荣华　杨运新
强基计划校考数学模拟试题精选/方景贤　杨虎
数学思维培训基础教程/俞海东
从初等数学到高等数学(第1卷、第2卷、第3卷)/彭翕成
高考题的高数探源与初等解法/李鸿昌
轻松突破高考数学基础知识/邓军民　尹阳鹏　伍艳芳
轻松突破高考数学重难点/邓军民　胡守标
高三数学总复习核心72讲/李想
高中数学母题与衍生.函数/彭林　孙芳慧　邹嘉莹
高中数学母题与衍生.数列/彭林　贾祥雪　计德桂
高中数学母题与衍生.概率与统计/彭林　庞硕　李扬眉　刘莎丽
高中数学母题与衍生.导数/彭林　郝进宏　柏任俊
高中数学母题与衍生.解析几何/彭林　石拥军　张敏
高中数学母题与衍生.三角函数与平面向量/彭林　尹嵘　赵存宇
高中数学母题与衍生.立体几何与空间向量/彭林　李新国　刘丹
高中数学一题多解.导数/彭林　孙芳慧
高中数学一题多解.解析几何/彭林　尹嵘　孙世林
高中数学一点一题型(新高考版)/李鸿昌　杨春波　程汉波
高中数学一点一题型/李鸿昌　杨春波　程汉波
高中数学一点一题型.一轮强化训练/李鸿昌
高中数学一点一题型.二轮强化训练/李鸿昌　刘开明　陈晓
数学高考经典(6册)/张荣华　蓝云波
解析几何经典题探秘/罗文军　梁金昌　朱章根
高考导数解题全攻略/孙琦
函数777题问答/马传渔　陈荣华
怎样学好高中数学/周沛耕
高中数学单元主题教学习题链探究/周学玲

初等数学解题技巧拾零/朱尧辰
怎样用复数法解中学数学题/高仕安
面积关系帮你解题(第3版)/张景中　彭翕成
函数与函数思想/朱华伟　程汉波
统计学漫话(第2版)/陈希孺　苏淳